光明城

LUMINOCITY

看见我们的未来

深圳竞赛：
深圳城市/建筑设计国际竞赛
1994—2014

深圳市规划和国土资源委员会（市海洋局）编

同济大学出版社
TONGJI UNIVERSITY PRESS

目录 CONTENTS

深圳新建筑的背后：
深圳公开竞标制度的探索与实践

Behind the New Architecture of Shenzhen: Explorations and Practice of the Open Tender System

01.观澜版画基地美术馆及交易中心方案设计

02.深圳盐田港集团有限公司翡翠岛项目(坊城设计公司方案)

深圳新建筑背后：深圳公开竞标制度的探索与实践

周红玫

建筑是城市文化的空间载体。优秀的建筑使城市更美好，它可以优化城市、重铸生态、修补空间，更可以提升城市的文化气质。

那么，究竟是什么力量在推动深圳近年来一系列优秀建筑的诞生呢?

诚然，优秀建筑的背后有许多决定性的因素，比如：有远见的甲方，专业的建筑师，良好的施工方等。而在深圳，政府相关职能部门的推动作用尤为突出。

深圳这座城市具有与生俱来的先锋、开放、包容、进取的基因，以及理想主义的特质和对原创精神的渴求。从20世纪80年代起，深圳市规划局几经更名，成为如今的深圳市规划与国土资源委员会(市海洋局)（下文简称深圳市规土委），其对深圳城市发展的特殊作用与深圳的城市精神密不可分。它承接了这座城市自诞生之日起所肩负的责任，聚集了一批有使命感、有热情、有理想的专业人士，形成了充满活力的文化生态，以理性、专业著称，树立了坚持学术精神，能够自我批判的文化传统。

20世纪90年代起，深圳逐步开始了关于城市规划、城市设计的开拓性探索和实验，其中，福田中心区陆续开展了城市设计的国际咨询活动，深圳由此开启了一系列集中和高规格的设计竞赛历程。经过历届建设和管理人员的不断探索，具有独特性的深圳公开竞标制度已经成为业界知名品牌——“深圳竞赛”。

这些年来，虽然有希望，也有失望，有成功，亦有失败，然而，在批评、争议甚至攻击声中，“深圳竞赛”日臻成熟。

1.竞标制度：一个曲折前行的制度建设

制度创新是社会发展的源动力。所有创新活动都有赖于制度的积淀和激励，通过创新得以固化，并以制度化的方式持续发挥着自己的作用。这是制度创新的积极意义所在。创新可以改变人们的思维方式和行为方式，激发人们的积极性和创造热情，最终推动社会的进步。深圳的历史就是这样一段不断开拓、尝试制度创新的历史。

深圳的设计竞赛始于1997年的《深圳市建筑工程方案设计招投标管理试行办法》，该办法对设计招投标工作起指导作用。后经若干修订，直至2009年底，通过进一步梳理，完善了建设工程方案设计招投标管理制度操作等有关工作，其中的亮点是对公开竞标的阐述。

深圳的公开竞标制度明显有别于国家和其他省市的招标制度，其核心价值观是在保证招投标活动公开、公平、公正的前提下，倡导凸显专业特点、市场特点和项目特点的竞争方式；鼓励建筑设计创作，突出“创新、创意、创造”，繁荣建筑设计市场，促进建筑设计品牌化，提升建筑设计招投标的公信力，特别是适当扶持中小设计机构，关注深圳本地设计生态。

2.深圳公开竞标制度的突出特点

2.1 破除“门槛”限制，放宽投标资质条件，开放建筑设计市场

方案设计阶段招标对投标人资质不设门槛，鼓励成长型中小设计机构参与。

深圳庞大的经济和人口规模催生了设计行业的迅

速发展，并成长为中国主要的规划和建筑设计、平面设计、工业设计等机构和人才集聚地。作为大陆第一个“设计之都”，深圳缺乏各种先天与后续的支撑力，设计方面的学院数量很少，教育短板与经济强市的地位极不相称，设计人才绝大部分依靠输入，始终处于青黄不接的状态。这种设计环境不利于设计进步。

同时，传统的招标条件设置了过高的门槛，排斥国内外其他地区设计机构和本地中小设计机构的参与，不利于招投标设计市场的开放和繁荣创作。在这个前提下，竞标制度的创新着眼于培养强大的本土设计力量和生态，让深圳成为年轻设计师成长和实现设计理想的乐土，最终提升了深圳的整体设计水平与国际知名度。

自光明新区中央公园、深圳当代艺术与城市规划展览馆(“两馆”)项目的国际公开竞赛／咨询不设资质门槛起，“深圳竞赛”逐步吸引了众多高水平的国内外设计机构的积极参与。之后很多国际竞赛的报名单位均在100家左右。

其中，一个突出的案例是2009年“观澜版画基地美术馆及交易中心方案设计”国际竞赛，吸引了国内外200多家设计机构和个人报名参赛。最终，两名深圳的年轻建筑师朱雄毅和凌鹏志获得竞赛第一名。目前，朱雄毅在悉地国际(深圳)拥有名为“东西影”的独立工作室。

另一个案例是2011年深圳市盐田港集团有限公司“翡翠岛”项目规划及建筑设计公开竞赛，项目要求具有超高层办公建筑和酒店设计能力与实践经验的机构参与，同时也接受独立设计机构与具有国内建筑工程设计甲级资质的单位联合参赛。由马清运担纲主席的评审团再次爆冷，选出了名不见经传的小设计团队——坊城设计公司的方案，并最终成为实施方案。年轻的海归建筑师陈泽涛由此开启了他在深圳的设计事业。

2.2 鼓励采用两阶段的国际公开竞赛(招标)方式

结合深圳近年来多次举办国际竞赛(招标)的实际情况和经验，公开竞标鼓励采用两阶段的国际公开竞赛(招标)方式，即“公开报名+邀请招标(+自愿参赛)”。通过提供公开报名机会，广开报名途径，使“深圳竞赛”获得较大的参与基数。在此基础上，招标人组织专家通过对报名机构提交的业绩资料、计划提案(参加投标的人员构成、工作计划及对项目任务的解读和初步构想)或概念方案的评审，选取最终受邀参赛的设计机构，并发放招标文件。

值得关注的是，招标项目根据项目特点和业主意愿，可允许其他机构自由参赛，除没有补偿金外，评标和奖励条件与受邀机构相同。

2.3 专家定标制度和配套技术

2012年，深圳市规土委重新甄选、制定了新的专家库，更强调专业性、学术性、实践性和公正性，同时活化评标专家库，发挥专家的公共价值。具体包括以下两方面：

(1)建立专家评估机制。设立常委专家，定期考核专家的评审行为，建立专家进库、出库的动态机制。

(2)建立实习专家制度。专家库选择了30名创意型年轻建筑师作为实习专家，实习期为一年。他们在实习期间参与评标和评审，并可对投标作品进行评论，但不参与投票。实习期满，常委专家等会对实习专家在实习期间的评审行为进行评估，通过评估后方可转为正式专家，以此保证专家库不断有新的能量注入。

在评委会组织上，针对不同项目“定制”高水平评标委员会，这是公平、公开、公正以及高水平评标的重要保障。

03.汉京大厦第一名方案(摩弗西斯方案)

在专家选择标准上，要求专家必须与选手水平匹配，与题目涉及专业匹配，专业人士超出评选团2／3，专业构成以城市设计和建筑专家为主。在评选结果上，为提前消解结果与业主预期的矛盾，特设业主评委席位(要求是决策者)，可占不到1／3的份额。

在操作流程合理化上，结合项目特点，有针对性地提前确定评标委员会主席及专家。同时，提供1：3的适配专家进行抽签，避免直接指定专家，以达到廉政要求。

2.4 建立评审监督机制

公开所有投标方案和评审团主要的技术性点评意见，利于社会监督和技术交流。同时，建立评委意见网络讨论平台和评委评选表现内部档案。

2.5 坚持第一名中标的定标规则

使用国有资金投资或国家融资的工程建设项目，招标人必须确定排名第一的中标候选人为中标人，其他资金来源的项目也遵循该原则，这是对竞技规则的尊重和传承。投资人常常理所当然地认为可以决定建筑的“长相”。常规的做法是评出前三名，由业主自行确定，即所谓的“评定分离”，这个做法对设计行业的损害非常大。广东省建设厅曾到深圳进行调研，许多设计单位直言不讳地指出，这样的投标项目需要他们评估与甲方的关系，在后续的定标上进行大量的公关工作。针对这一点，深圳市规土委与业主进行了大量的讨论和博弈，笔者也曾多次向业主方开展关于“深圳竞赛”、城市建筑公共价值观方面的专业宣讲。这样反复的沟通与上述1／3业主评委席位的配合，通常能够成功说服业主决策层。为保护竞赛第一名的利益，第一名奖金或标底费应在竞赛结果公布之后支付。如果中标方案不是评选出的第一名方案，业主和最终中标机构应分别向第一名机构支付奖金的适当倍数作为补偿。

2.6 其他工作

强调设计竞赛以方案设计质量为主要衡量标准。在评标原则里，业主通常夹杂商务标的比例，当商务标所占份额偏大，往往会把最佳设计方案变成分数最低的方案。针对这一现象，深圳市规划与国土资源委员会(市海洋局)深圳市规土委提出两点建议：

(1)不设商务标评选，代之以业主明确的定额设计，这样亦能减少合同谈判时间。具体案例如“香港中文大学(深圳)”国际竞赛、宝安海纳百川中小企业总部大厦等。

(2)商务标前置，报名时即提交商务标，提前自权益。具体案例如汉京大厦国际招标。

2.7 城市仿真系统辅助评审

利用城市仿真系统，规定投标单位将设计方案制作成“3ds Max”模型，并纳入城市仿真系统，充分评估和分析建筑与周边城市关系。这样做的目的是减少“红线建筑师”和“红线建筑专家”(指仅关注建筑红线以内的建筑，忽视与周边城市关系的建筑师和专家评委)。建筑学的实践必须跨越城市研究、城市规划设计、社会学等领域，否则建筑师就成了纯粹的“工程师”，思考的维度受到很多局限。将建筑方案置入城市仿真系统，并切换不同的视角观看，建筑与城市的关系就变得非常直观，评价的原则会因此更加清晰。

3.精心策划“因地制宜的招标方案”

“深圳竞赛”的目标是高水准、因地制宜的设计方案，然而，目前仍有两个不利因素难以突破：

⑴当下很多建筑师沦为资本的绘图工具，职业操守在工期和销售的压迫下变异扭曲，不断复制“标准化开发”和“设计模型”。深圳充斥了各

种过度商业化的建筑设计，缺乏因地制宜的高品质设计。许多设计师在沿用简单化、同质化的设计方法，空间记忆和人文信息在城市设计空间层面严重缺失，无法创造具有差异性的城市空间。

⑵目前深圳仍处于超速发展的阶段，摩天楼建设突飞猛进，平均高度达200-300米左右的高层建筑集群对传统的建筑功能和城市形态产生极大的冲击，这将重新定义“高层高密度的现代化大都市景象”和新一代的“城市生活方式”。深圳这座城市依旧有盲目追求高度的危险倾向，不惜牺牲功能和能耗成本，过分追求地标性与过度商业化，城市关系上更是各自为阵。

这既是挑战，又是“深圳竞赛”的机会。作为快速城市化进程的主要推动者，规划和建筑设计管理部门不仅需要“管”，更需要有前瞻的专业视野，有对当下城市问题的敏锐观察和深入认识，还要有专业的理想和追求，并对城市的品质、品位负责，对城市的未来负责。同时，呼吁回归建筑学的使命和意义，即“城市／建筑为人”，公众的贡献基于公共利益或是改善人居环境的角度，这个角度需要政府、发展商和建筑师高度重视，并以强有力的工作推动成为城市共同的追求、理想和行动。

3.1 建筑文化价值观的输出和响应

在建筑的视觉性日益成为资本和权力表达的当下，深圳市规土委致力于促进业主对建筑地域性、公共性、社会性和文化性的认知和理解。

建筑首先是对功能性需求，即物质属性的回应。建筑也是社会行为，每座建筑都会对社会环境有所给予或索取，因此，设计必须关注居住在城市中的各种人群的居住状态，赋予人们尊重和安全感。建筑又是诗意的，它最终会超越硬性的指标和规则，表达出某些并不明确的人类状况，并提高人类的精神境界，激发好奇心，这可以称之为精神属性。

在一些竞赛文件的公告中(比如汉京大厦、华侨城大厦等国际竞赛)都会强调建筑的公共性、社会性和文化性，而地域性主要表现在对本土气候的回应，并要求建筑师对此有相应的表达。不断的宣讲收获了令人感动和激动的改变。比如，业主原本打算在基地内铺满购物中心，在游说后，业主开始注重与城市生活接近的低层部分的公共空间品质(比如开放性、互动性)的塑造，而高层建筑不仅成为城市的视觉地标，更成为新的城市生活地标。建筑在城市整体混杂的背景下，整合空间资源和景观资源，形成新的城市生活功能的聚集中心，呈现出对建筑公共性和社会维度的更深层次的表达。

汉京大厦的设计重新思考了传统的办公楼，探索了表达当代城市生活需求和价值的新办公大楼。飙升的高度和戏剧性的轮廓重新定义了深南大道的天际线，尤其是底层设置的宽阔的广场绿化给附近区域创建了一个新的城市生活地标。

03.香港中文大学(深圳)校区第二名方案

04.“深圳城市\建筑设计大师”论坛

05.香港中文大学(深圳)校区方案评标专家

06.“深圳城市\建筑设计大师”论坛

07. 香港中文大学(深圳)校区方案评标专家

华侨城大厦的设计保留了原本基地内的雕塑公园，关注城市肌理的组织，片区公共空间的连接，系统化的步行空间，着力打造人性化的城市尺度，以及有延续性的、富有活力和情调的街道生活。

“坪山文化聚落”项目从符号中传达出一种文化理念：公众建筑的文化价值取向以及“化整为零、融入城市肌理”的设计策略。这基于一种对现状的反思和批判立场。近年来，全国各地建设了很多标志性文化工程，一些项目贪大求洋，外观奇特、造价高昂、漠视地域特征和本土文化。这些工程在建成后成为政绩性展示项目，然而却在全球化的消费主义语境下沦为时尚符号或教条形式，缺乏城市公共性表达和公众互动，更不能提升城市的文化品位和气质。“坪山文化聚落”项目欲成为深圳近年来最具突破性的公共建筑群，回应文化和日常生活的关系，摆脱对奇观性、地标性和过度包装的追求，转而强调与城市空间环境、文化背景、地域气候的融合。该建筑群既隐喻着城市空间的生长历史，更为公众创造了平等的公共文化交流空间，体现公众视角，倾注人文关怀。

建筑的生产过程亦为社会与生态的重筑过程。“坪山文化聚落”的建筑设计避免简单的符号性、图解式的建筑语言，在传承文脉的基础上体现建筑的在地性与现代性，营造积极的、以人为尺度的城市公共空间，使项目成为融合当地文化和现代公共生活的场所，借此树立“坪山在哪里”的文化心理地标。

3.2 强调城市设计方法论，必要时引入城市设计专家工作坊

设计的物理尺度超越建筑范畴，而建筑则为人性尺度的城市生产。传统“红线建筑师”偏重地块内部，因此，竞标文件中明确提请建筑师关注外部城市的逻辑关系。近年来，深圳市规土委竭力

推行基于城市设计的思考方法，以及利用该方法进行的地块设计开发，倡导一体化设计理念，改变仅从建筑设计角度考虑问题的思维方式，转而从城市设计层面进行建筑设计，关注城市整体利益，整合空间资源，梳理城市空间，避免城市肌理的碎片化，塑造高品质城市空间和城市生活。

对公共利益的关注、贯彻和落实往往依赖于规划部门所制定的相关设计导则，然而城市设计编制不可能面面俱到，因此，大量项目在竞标题目中就明确了城市设计的思考方式和设计方法，并将城市设计的各项要素、要求落实到设计招标文件的具体条款中。比如“华侨城大厦及周边地区城市设计研究暨建筑方案设计”国际竞赛，主创建筑师听从了笔者关于将基地环境、人文信息作为设计要素的建议，收回原本关于巨型购物中心的方案构思。建筑师着眼于整个城市脉络的演变和发展，通过研究项目所在区域的地域属性、特质演变与形成过程以及建筑文化遗产，自然保留了基地雕塑公园——深圳重要的城市集体记忆和空间遗产。

事实上，即便有城市设计编制的约束，也需要在执行中不断应对各种挑战。比如“华润集团深圳湾总部”项目是一个集办公商业、文化、体育、娱乐于一体的高度复合的都市综合体，一组总面积达75万平方米的高层建筑集群，其所在的后海片区作为深港连接区域，是深圳湾极为重要的滨海水湾区，也是深圳建设滨海城市的标志性区域，代表未来最具活力的中心城区。华润总部基地位于后海中心区的核心位置，比邻著名的深圳湾体育中心“春茧”，建成后将与其形成有机的建筑群体，成为深圳湾超大型且极为重要的滨海都市综合体，提升后海中心区的功能。强势集团的进驻势必会改变原来强调小街坊的城市设计肌理，“巨无霸”购物中心将覆盖几个街区。为此，深圳市规土委与华润集团多次沟通，提出城市设计优化研究的要求，得到了集团和设计公司KPF的响应和配合。在KPF提交了中期研究成果后，深圳市规土委组织了由强大的专家阵容组成的城市设计工作坊，业主方、设计方、主管部门都秉承开放的态度进行开放式讨论，目的在于集思广益，征集各层面、各角度的专业指导意见。除了抽象的理论探讨之外，建筑专家更是进行了草图交流。在总体保留原有城市设计意图的基础上，专家也提出了一些具有启发性的创意。工作坊成功说服开发商将原本封闭的“巨无霸”拆解为开放街区和体验性的“华润天地”，融入城市肌理。对于城市设计编制不完善的地区，比如“科技生态城”“留仙洞1街坊”等项目，投标前必须由甲方委托设计单位进行周边更大范围的城市设计，以解读建筑设计方案对于城市公共空间的逻辑，并作为建筑设计乃至评审方案的依据。在“留仙洞1街坊”城市设计优化暨概念建筑方案设计国际竞赛中，城市设计和建筑设计作为不同比重的评价标准，其中，中标优选的城市设计成果被制定成导则，必要时引入城市设计专家工作坊进行提升。同时，以此成果为依据合理划分标段，并进行各标段的方案设计招标工作以及城市相邻地块的开发建设。四个标段的竞标结束后，各家设计公司再进行城市设计的整合深化。

3.3 量身打造多样化招标方式

3.3.1“独唱”案例

①深圳国际能源大厦建筑设计方案国际竞赛(2009年)
招标方式：公开报名+邀请招标+自愿参赛
参赛情况：61家设计机构报名，提交17份作品
评审主席：阿里桑德罗·柴拉波罗(Alejandro Zaera-Polo)
第一名：丹麦BIG建筑设计事务所+奥雅纳中国(ARUP)+德国Transsolar顾问公司

②双塔奇缘——国银民生金融大厦建筑设计方案国际竞赛(2011年)
招标方式：公开报名+邀请招标+自愿参赛

参赛情况：84家设计机构报名，提交14份作品
评审主席：汤姆·梅恩(Thom Mayne)
第一名：深圳市都市实践建筑事务所+丹麦ADEPT建筑事务所+北京中外建建筑设计有限公司深圳分公司

③罗兰斯宝(汉京大厦)建筑设计方案国际竞赛(2012年)
招标方式：公开报名+邀请招标+自愿参赛
参赛情况：108家设计机构报名，提交14份作品(6家入围单位，8家自愿参赛)
评审主席：严讯奇
第一名：汤姆·梅恩，美国摩弗西斯建筑事务所

3.3.2 合唱案例——集群设计竞赛探索

香港中文大学(深圳)整体规划及一期工程设计招标(2012年)
招标方式：公开报名+邀请招标
第一名：王维仁建筑设计研究室+嘉柏建筑师事务所有限公司+许李严建筑师事务所有限公司
第二名：深圳市都市实践建筑事务所+麦肯诺建筑师事务所+南沙原创建筑设计工作室有限公司+深圳市建筑科学研究院有限公司
第三名：美国摩弗西斯建筑事务所+美国Mack Scogin Merrill Elam事务所+美国Neil M. Denari建筑事务所(NMDA)+法国Jakob+Macfarlane建筑事务所+美国Griffen Enright建筑师事务所+美国Tom Wiscombe建筑师事务所

针对本案，笔者研究了过去“集群设计”的核心价值取向和利弊得失，既满足了公共项目必须进行招投标的要求，又鼓励设计的多样性，因地制宜地策划了“集群设计竞赛”，即由单个设计机构的“单打独斗”变成几组设计团队的“对垒”，由优秀建筑师组成设计师集群，以“1+X+1(X≥2)”模式组成联合体，即“牵头总建筑师(机构)+X个知名主创建筑师(机构)+深圳注册的建筑设计工程甲级资质设计机构(由于项目工期原因，要求一家深圳本地设计机构参与)”，体现强强联合、优势互补。担纲主导的牵头总建筑师应提出项目的设计理念和价值观，统筹整个校园规划设计和各单体设计标准，保证城市空间的整体性和连续性；邀请并协调其他精英建筑师加入，满足不同院系、不同书院的多元化建筑需求，避免单一思维的局限性。本次招标吸引了245家国内外知名设计机构，共组成119个设计机构联合体报名，最终遴选6家投标入围单位，资格预审主席由赵辰教授担任，后一轮评标特邀阿黛尔·诺德-桑多斯(Adèle Naudé Santos)担任评审主席。招标过程中，分别组织了香港中文大学沙田校区现场踏勘、座谈和香港中文大学(深圳)龙岗基地踏勘，以深入了解校园文化和传统。

根据之前的经验，在“坪山文化聚落城市设计优化暨建筑设计方案”竞赛中，基于项目的文化价值取向及复杂的功能要求，再次推出集群设计竞赛模式，创造富有活力的文化聚落。竞赛收到了40家由国内外设计机构组成的设计联合体，共120家设计单位报名参与，最终遴选出5家实力雄厚的参选团队。

崔愷院士担任评审主席，丁沃沃、顾大庆、黄居正、钟兵、朱荣远等组成评委团，他们坚持公平、公开、公正的原则，更用智慧、视野、情感和理念在竞赛过程中产生激烈的碰撞，带来了精彩的评审和未来公民建筑的走向。正如崔愷院士所说：“我们对‘坪山文化聚落’项目充满了期待，这次竞赛的评审原则、目标都写得非常好，非常朴实，与以往国内文化项目竞赛的提法都不一样。以前讲的是公共性，这次讲到了走向公民、地域性和公共性。集合设计的竞赛形式是一个很新鲜、很有意思的设计方法，每个设计团队都希望变成一个合作的设计群，也结合项目本身聚落的关系来做，我觉得这点挺好。”

部分设计团队也反馈说，这次竞赛的工作量是超

纪录的，但过程中受益匪浅，尤其是明星建筑师们学会了更好的协作。

4.竞标延伸品牌：建筑的公共教育

4.1“深圳城市、建筑设计大师”论坛

随着“深圳竞赛”逐步成为国际知名品牌，笔者开始策划并开设了以推广建筑设计文化和价值观为目的，面向公众的设计讲坛，邀请建筑大师和新锐设计师参与，以期吸取积极的设计能量，更敏锐地感知城市建筑、文化、生活的本质，启发公众的深度思考，追寻城市建筑的意义和使命。

截至目前，大师论坛已成功举办了20期，先后邀请了世界著名建筑师库哈斯、福克萨斯(Massimiliano Fuksas)、伊东丰雄、汤姆·梅恩、张永和等举办讲座，社会反响异常热烈。尤其是“西班牙建筑专场”和“向城市致敬——新世纪摩天楼的设计实践”两场论坛更是盛况空前，参与人数过千。

4.2“设计与生活”公众论坛

2008年11月19日，联合国教科文组织正式批准深圳加入创意城市网络，深圳自此被冠以“设计之都”的名号。这座城市拥有使设计业蓬勃发展、将设计融入大众生活的土壤，也拥有热切关注建筑、城市、设计的人群。基于此，2012年4月，笔者策划的“设计与生活”系列公众论坛面世，至今已成功举办了六期。该项目是集论坛、空间体验、设计展览于一体的，面向公众的系列活动，即现场版“锵锵三人行”论坛，并结合了设计师亲自导览的建筑小旅、工作坊和展览等形式。该活动以亲民的姿态，通过与设计师面对面的分享方式，搭起设计界与公众的桥梁，让设计走进生活、立足生活、改善生活。

该论坛以一个个切实的生活话题为开端，串联起真实项目中的设计者、需求者、使用者、投资者、经营者等。组织者希望提供一个让优秀设计思想发声，让精彩设计自我展示的平台。通过这个平台，一方面能够聆听使用者的声音，让使用者可以选择、发现、体验和参与设计，培养公众对建筑的兴趣和审美；另一方面，设计师通过使用者的反馈，重新审视设计、改善设计，以此找到生活的真谛，最终为人与生活方式而设计；再者能够搭建起行政与普通市民批评交流的界面，了解公众需求，满足公众对城市规划和建筑的知情权，还建筑权力于公众，促进各界对建筑文化性和社会性的认识和理解，为推动更广泛的公众参与和未来公民建筑的发展夯筑基础。2012年，“设计与生活”系列公众论坛在“南都全媒体集群”发起和主办的“深港生活大奖”评选中荣获年度文艺奖，这是公众给予“设计与生活”公众论坛最大的肯定和认可。

5.小结

“深圳竞赛”不仅仅是一项政府的行政程序，更是一块城市品牌。它的影响力和公信力日益扩大，并从中国走向世界。由于深圳始终走在中国改革的前沿，对于许多有追求的建筑师而言，“深圳竞赛”既是其理想的着陆点，也是其理想的守护者。在这个层面上，政府职能者更加深刻地认识到维护这个品牌的责任和意义。

原文刊登于2014年第4期的《时代建筑》杂志

注：

参考文献：[1]覃力.日本高层建筑的发展趋向[M]. 天津：天津大学出版社，2008.

周红玫于2009年至2016年担任深圳市规划和国土资源委员会（市海洋局）城市与建筑设计处副处长，2010年上海世博会城市最佳实践区深圳案例馆核心策展人之一、策划建设办公室主任，深圳参展案例《深圳大芬村：一个城中村的再生故事》总提案人，深圳城市 / 建筑设计大师论坛、“设计与生活”公众论坛主要推动者。

深圳在场：
关于深圳建筑竞赛的访谈
In Situ:
Shenzhen Architecture/
Urban Competitions
in Conversation

“怎样把一次过的竞赛变成一种长期的介入与参与，这可能是对竞赛更重要的课题”

黄伟文是深圳市公共艺术中心主任，深圳市城市设计促进中心创建负责人，深圳香港城市\建筑双城双年展主要推动者和组织者，哈佛设计学院Loeb Fellow学者，“土木再生”专业志愿者机构共同发起人。拥有建筑与城市规划设计专业训练和实践背景，自1996年起从事城市规划设计管理工作，曾任深圳市规划与国土资源委员会副总规划师、深圳市规划局城市与建筑设计处处长。主要关注中国快速城市化中的空间质量与宜居环境问题，反思中国城市建设理论和观念，探索中国城市人性化和可持续发展的可能性。

Q = 本书编写组
AC = 城市设计促进中心
AH = 黄伟文

Q：能从介绍城市设计促进中心和深圳竞赛的关系开始吗?你们的网站和各类平台中经常会发布竞赛的公告。

AC：城市设计促进中心正式成立于2011年，是以“城市设计创新的推广促进工作”为己任的事业机构，通过发布设计竞赛信息、组织设计交流和推进设计研究这些具体的措施，来整合各方资源，推动设计进步，这也是改革的探索。所以我们自身并不是政府法定的招标机构，也不是竞赛的主办机构——这些更多地是规土委在履行。我们的工作是代为组织一些招投标相关的事务。主要分两种情况：第一种是发布规土委主导的竞赛信息，一年可能有几十个，数量不等，会公布在我们的促进中心网站上；第二种是我们自己会参与所组织的一些项目，会帮助业主来策划这样一些竞赛。如果关心我们网站的话会看到其中一个版块叫“深成赛”，这个版块的附属内容基本上都是促进中心自己做的，但数量也不多，从2010年成立到2014年底大概积累了十个左右吧，其中包括大运中心三号地块和港中大深圳校区一期工程。

从招投标的程序来说，规土委和建筑设计处是监督所有招投标过程的，依照地块或者项目的重要性决定是不是走这个流程，也会推荐合适的组织方来进行具体的招投标工作。但促进中心本身并不是招标的服务代理机构，定位更偏向于参与一些有难度和有趣的课题策划。因为促进中心的兴趣并不在于招投标的过程，而是进行城市研究、帮助提出和解决一些城市问题。

Q：像超级总部这一类的竞赛信息也是在促进中心发布的。

AC：那就谈谈这个吧。这是个城市设计咨询，不是建筑方案，不会落地实施。从各方面渠道也知道一些国内外媒体对这个竞赛结果的评价，我个人也认为这个竞赛的目的、提出要解决的问题都还是不够清晰，一定程度上影响了竞赛结果的成效。

其实我们自己主动承担的项目中不光有竞赛，更鼓励开放研讨和合作。举一个可以与超级总部形成对比的例子，就是深圳工务署要建设一批消防站，找我们来组织竞赛。在这样一个项目中，我们在前期花了三四个月时间去做共同的一些问题，包括“标准化”研究，让参与的设计师和设计师之间形成的是合作而不是竞争关系。在超级总部的竞赛中我们最后一共收到124份参赛作品，来自124个设计机构，甚至更多，因为有很多联合体报名。但是如果这些参与竞赛的建筑师的时间和功夫能放到一个平台上来合作的话，最终结果会更好，而不是124个完全各异的畅想——每一个设计机构都投入了巨大的人力和物力，甚至打印和效果图制作上的投资总数都要以百万、千万计。我们的想法也是希望把竞赛中无谓的成本降到最低，最初阶段不需要效果图，画几张草图说明你的概念，不会产生额外的成本。

整个竞赛其实是一个生态系统，它构建出我们这个行业一个很大的生态系统。比如说现在的一些网站和媒体，他们本身是一个很大的专家库，拥有大量的资源和数据，其实这些都可以反映在设计竞赛的平台上。所以促进中心要做的是怎么帮助行业建立一个新的生态，通过现在在做的竞赛平台能慢慢实现。大家都可以参与、讨论，这不仅是一个相互竞争的擂台，也是可以相互研讨、学习的平台。

（以上文字根据对深圳城市设计促进中心刘磊的采访内容组织编写）

Q：黄主任您好，在翻阅了《深圳市中心区城市设计与建筑设计（1996—2002）》系列丛书之后，了解到您是深圳竞赛最早的推手，我们想从早期的情况开始了解。

AH：也说不上是最早的推手。我是1994年来的深圳，先在深圳规划院工作，两年以后，也就是1996年，陈一新开始组建福田中心区办公室，问我对这个工作感不感兴趣，我说考虑一下。还没考虑好，调令第二周就来了，然后就调到这个办公室了。我是规划师，这个办公室是新成立的，说起来可能是规划局的一个部门，但名字叫开发建设办公室，其实当时谁也不知道有没有开发建设的任务。

光明城市竞赛方案

我碰到的第一个就是国际竞赛，就是1996年开始的中心区核心段城市设计国际咨询，在我们办公室成立之前由规划局设计处组织，为整个中心区奠定了核心结构。我第一次参与组织评审，当时觉得评委阵容特别厉害，因为有吴良镛院士、周干峙院士、宾大城市设计教授的加利·海克，还有来自日本和香港的评委，总共五位。选手范围及水准应该说有一定局限，有美国的李名仪，法国的SCAU，新加坡雅科本（陈青松）和香港华艺（陈世民）。当时也是我第一次参加竞赛组织活动，事实上最大的感受是原来竞赛可以这样做的。

等到第二年，我们觉得优选方案的中轴线概念还是要发展，于是想再组织一次竞赛。当时我马上就着手办，去联系以前在学校念书时候知道的名人。后来只有黑川纪章回复说很愿意做这个事情（注：中轴线公共空间系统规划），没有其他人了，那我们就直接邀请黑川做了。他说可以把优选方案发展成一个挺好的概念，把信息和生态作为立体中轴线的主题。那时候觉得竞赛能把学生时代的大师带到你的面前，其实挺有意思的。

Q：那是哪年的事情？

AH：1997年。其实黑川来的时候更像上课，因为他是一个理论家，对未来有很多设想。他就跟我们讲未来会是怎么样的，全球城市间的移动，还会有更快速的飞机，要在滨海城市设更大的机场，洲际之间由干线连接，接着再分到国家其他城市。其实我们能从他对未来、对那些信息和生态的概念中学到很多东西。他提的生态对我们来说当时是特别遥远和模糊的概念，比如针对我们现在很热闹的书城，他当时提出应该在平台下做一些生态实验和展示。我们不理解生态展示是什么啊，也找不到功能来填充，于是就把书城找进来了。

当然从那个时候开始我也和他讨论问题。他当时的方案的大平台是覆盖书城两侧四个小公园，宽度达到250米，从市中心一直到莲花山，他觉得这可以做很重要的仪式庆典空间。后来我画了一张草图来提意见，说可以把平台缩小到70~80米，缩小的两边变成四个小公园。他接受了，将四个小公园起名分别叫“风、火、水、土”，还做了设计。其实现在想来，如果当时让他把设计按照自己的意愿完成了，可能更有趣。但当时有意见说政府办公楼后面不要有火、水的元素，后来我就建议改成“诗、 书、礼、乐”，对着图书馆的叫书园，对着音乐厅的叫乐园，等等——这就是我们刚开始做的事情。

后来就是音乐厅和图书馆的竞赛，那个竞赛做得挺好，请到了矶崎新、萨夫迪一共七八家来参与的。最后确定了矶崎新的方案，国际评委都很满意。但是在深圳市领导层决策的时候又颇费周折——当时我为这个项目还特别紧张，担心方案被砍掉，因为领导其实有点倾向于萨夫迪的方案。所以我们组织了本地建筑师的投票、本地政府部门的投票，为的就是说服领导还是要尊重国际评委的选择，这个方案是最好的。因为太担心方案有变数，为此我还专门写了一篇阐述自己立场的文章准备投到报社去，那篇文章主要介绍矶崎新是个怎样的人，他的设计怎么好，最后报社也没接受。所以这些是1996、1997、1998年做的一些竞赛。

Q：图书馆也是在1997、1998年做的。

AH：对，我就基本按时间顺序讲吧。之后就是1999年，我们继续做竞赛，因为觉得整个中心区还是不够系统，还是需要提升。于是那次请了德国的欧博迈亚、美国的SOM和日本设计（Nihon Sekkei）又做了一遍城市设计、交通、地下空间的综合规划咨询，当时就出现了“双龙飞舞”、提高密度这些想法，从这里开始慢慢理解城市设计。特别是SOM在参加这个竞赛之前，我们把两个街区委托给了他们做城市设计，叫22、23-1街坊。现在后续的工作还在进行，因为SOM规划了一条步行街，但是实施后并没有完全达到预想的效果，所以促进中心正在推动这条路的改进。我们从这些参与者身上学到很多东西，设计从空间上应该怎么做，布置一些公共的花园广场、公共空间，还有骑楼——这些城市设计手法都是从SOM身上学到的。

之后就到了2001年，其实中轴线实施的时候还做了竞赛，包括中心广场，反复做。可能这个过程反复得太多，所以有些疲劳。当时最重要的项目都请周干峙和吴良镛两位院士来做评审，但在中心广场的实施设计方案评审中，他们否定了我们委托的SOM的设计。那只好又回到竞赛，中标的是日本设计，把中心广场全做成了绿化，也就是现在看到的这样一个荒野的状态，没人进去。

后来我在设计处组织的招标竞赛及评审比较放开一些，更多地请北京刁中主持的一和建筑文化公司来组织。1先是光明新城，光明公园，龙岗三馆，一直到“四合一项目”，这些都是后面的竞赛。其实到了2007、2008年我已经不太喜欢做这些竞赛了。当时觉得替大银行、大商业公司这样的开发单位去组织竞赛，意义到底在哪里？跟他们的沟通也确实困难，他们也不理解为什么专家会觉得这些设计好。最重要的是，我开始问自己：建筑单体做得好又怎么样呢？我后来想，其实一栋建筑的好与坏已经不是太重要，更重要的是城市的质量——建筑质量和城市质量是两回事。建筑的品质做得再好，和城市品质的诉求还是有差距，但后者跟这座城市里每一个人的关系更大。一栋楼仅服务一栋楼的用户，城市和每一个人都有关系。加上碰上2008年汶川地震，我觉得应该把这些竞赛放一放，再想一想，去灾区看看。后来又去美国做访问学者，慢慢就减少了参与。

我觉得我们孜孜以求地把很多精力都放到了找一座好建筑、一个好单体上，这个意义真的不大，而城市甚至乡村的系统问题才是大问题。所以接下来我更多地转向城市课题。无论是做设计中心还是做竞赛，我们都希望开辟一种平台，给年轻建筑师机会做一些小项目，抓小放大。因为“高大上”的项目太多人关心了，总会有一个结果出来的，不会太坏，可能也未必有那么出色。我在很多场合表达过这个观点，做好建筑竞赛必须抓小放大，在大项目里花功夫不如研究小项目。

大项目只对知名建筑师有影响，就像是马太效应，这些大建筑师们已经那么多成就了，无非是在成就上多加一点光环。但是小项目能够让年轻的建筑师得到机会，得到锻炼和交流，通过竞赛被发现。对于小项目我特别提倡去找年轻的、深圳本土的设计师，这是一个往前推的过程。他们都有冲劲，想做出好作品，他们会拿出一百二十分的力气去做。这些建筑师可以有经验、有积累，但不必是成名的大师。

我也从组织竞赛的一和公司刁中那里学到一些东西。他们会对一个竞赛做全面的思考、研究和策划。之前我可能觉得竞赛只是组织一个活动，后来慢慢意识到其实一和的做法非常有必要。现在我们做竞赛平台也是这样，我们自己组织的和在平台上挂牌发布的竞赛是很不一样的。我们必须对题目做解读，重新来写一些东西，这个过程很重要，对一个竞赛的质量至关重要。甚至我后来专门做过一个PPT，就是讲如何做竞赛，竞赛相关各方诉求是什么？怎么样去平衡他们之间的利益和制定规则，让这个事情做得周到。所以促进中心现在的工作重心就是去搭平台和制定规则。

我还希望，降低竞赛的人工成本，包括参赛成本和评审成本，只有成本降低了才有可能把小项目吸引过来，因为小项目总会担心自己经费少、时间紧，再做招投标成本就太大了。有了专门的竞赛平台之后，小项目过来我们可以通过网络做，降低我们的人力成本，也降低参赛选手甚至评委的成本。因为小项目如果能在网上表述清楚，对方案线上的浏览和讨论可以实现的话，那么评委就不需要集中在一个地方开会。2003年SARS那一年我们也碰上大项目评审，当时大家分散在各地，最后就是通过远程评选，甚至动用了仿真，把我们这边模拟的漫游方案屏幕切换到对方电脑上。这些在当时很费劲，现在其实很容易了。总之我们现在重点是降低招投标的成本，让更多项目愿意进入这个平台，让更多建筑师有机会来参赛。

Q：但很多建筑师对参与竞赛还是相当谨慎的，特别是涉及公平和机会的时候。

AH：我们觉得公平是基本，如果这都不存在就不要做竞赛了。所以在促进中心这里，这一点绝对要保证。也可能有人会觉得这样一个类似设计淘宝的概念，面向的是更广泛的一群人，年轻的建筑师和学生为主体，难以形成正式、正规的竞赛规则。但是从我的经历来讲，做好一个竞赛平台并不仅仅是给大家一个参与的机会，还有一个挺重要的功能是交流。竞赛实际上是一种很好的交流，是提升设计的机会。但是往往我们没有有意识地去做，竞赛就这么一次过了，交了标之后等一个结果，结果出来之后甚至你也不知道别人的方案是怎么样的，也不知道评委为什么这么选，赛后选手之间也没有什么交流。对年轻人来说，他参赛了就应该知道他的方案是怎么被评价的。我们做过几次赛后的选手交流，觉得其实大家把各自的想法交流一下非常有意思，挺有帮助的。我看过太多的评委评语，这些意见对选手、对建筑师也是一种提升。所以我觉得竞赛是一种很好的专业交流方式。从我进入中心区办公室开始，在这样的机构内工作了这么多年，我自己觉得最重要的回报就是我有机会参与这些高水平的竞赛，可以跟这些大师交流，跟年轻人交流——这对我的个人专业能力的提升非常有价值。

Q：回过头来看，您觉得竞赛对深圳这座城市的影响在哪里呢？

AH：对整个城市而言，可能是局部的、点缀性的。我觉得这么多年公开公正竞赛的坚持，也许给深圳挣了个名声，就是深圳的竞赛尤其规土委组织的竞赛还是有一定的公信力和吸引力。这种公平性和专业性也吸引了一批建筑师到深圳来。但这不是深圳的全部，也有很多在“箱子”里的招投标，甚至可能有陷阱。但是至少我们这么多年的坚持，多多少少形成了“深圳竞赛”的影响力。如果在其他地方做竞赛，很可能是小概率的，风险很大，甚至是不知道深浅的竞赛。对我们来说的话，无论是规划局还是我们设计促进中心，这种公信力还是有的。

Q：讲到对城市的影响，就想接着问是不是对建筑行业也产生了影响？毕竟每年那么多大牌的建筑师来到深圳，做成了他们可能在别的地方无法实现的项目，也促成了本土建筑师与他们的合作，或者说思想的碰撞。

AH：这些大牌的建筑师当然也通过竞赛的方式获得项目，但其实不通过竞赛也能获得项目，对不对？所以竞赛并不是他们唯一的，或者说重要的途径。而且一旦涉及大型的竞赛，往往会小范围内设定门槛。一个小范围内的游戏对建筑学的推动能有多大呢？我是持怀疑态度的。

Q：那么您之前说到的抓小放大具体是指？

AH：当然这是我的个人视角，大项目关注的人多了，谁都想做好，谁都想干预。这样的话操办一个理想的专业竞赛难度会更大，因为各种干扰因素太多了，反而对专业来说不纯粹。当然，设计圈还是会聚焦重点项目，就像我们2014年刚结束的超级总部，几百个选手都来，奖金和宣传力度是主要的因素。但如果说要从专业水准上来看这个竞赛的话，它到底探索了什么问题？解决了什么问题？从这个角度来看，大竞赛不一定能解决大问题或者产生大影响。

我们之前做的竞赛，包括光明新城，都非常强调学术性和创新性。反而是后来大项目和大师越来越多的时候，会发现商业性越来越强，学术性越来越弱，最后几乎没有了——这些项目有自己的逻辑，自己的包装，自己的原则。相反，在早期的项目中，比如马清运在南科大的项目，他是很勇猛的，哪怕他知道自己的想法太超前了，不会为大多数评委所接受，但他还是向前。所以当时人们看了这个项目之后觉得很震撼，觉得中国还有马清运这样的建筑师，明知道一些想法缺乏可操作性，但还是选择了探索。我觉得这可能是竞赛的一些价值，就是给大家一些探讨的机会，所以后来在有些项目评审的时候还是为那些不能实施的方案设了创意奖，就是鼓励探索。

Q：您现在的工作是不是对竞赛制度的一种更精细化的操作？

02. 香蜜湖公园竞赛第一名方案，由深圳致道与香港华艺共同提交

AH：不，制度是很难挑战的，我们只是在制度覆盖不完全的地方做点事情。其实中国这种所谓招投标和采购制度，往往只重视程序公正而不重视结果，所以有问题。

Q：中小型建筑事务所和年轻的建筑师对这个有反应吗?

AH：有啊，比如局内的张之扬就说，就是因为深圳有这样一些开放竞赛，所以愿意回深圳，至少这对他是个理由。后面还有些更年轻的建筑师，比如坊城的陈泽涛和普集建筑的杨小荻，他们是促进中心竞赛活动的铁杆粉丝，和我们一起成长。有年轻人、有评委、有学术背景的支持是特别好的，而且也没有门派之见。

Q：您怎么看评定分离这个事情呢?

AH：其实这是我们一直在经历的。这就像体育比赛的结果当场不宣布，再由另一帮人讨论出一个结果再宣布，这种比赛可信吗？之所以有定标委员会，正是因为不能当场定谁是第一名。因此我们才专注于小项目，小项目里出现这种情况的几率小，我们就按自己制定的规则，评完了直接宣布结果。所以我说越是重要的项目，越没有太多作为竞赛的真正价值，这里面多少有政治因素，小项目离政治远一些，还能回到专业层面讨论问题。

现在政府机构组织的招标，其实是靠少数人的坚持和努力才能达到好的结果。我们更想面向市场的自由选择，如果你觉得小项目能通过促进中心的平台帮到你，能够找到性价比更高的建筑师，这从经济上说也是有利的。让它变成一个市场的自由选择好了，不要受太多干预，我是这样想的。

我们经常发布小课题，比如2014年做的二号路雨水收集系统，因为我们在平台上发布了这个课题，深圳水规院提供了方案，后来就被采纳了。我们把设计促进中心当成一个开放的平台，把一些问题当小课题发布，感兴趣的就过来。如果做得合适我们就一起去实施，帮他争取设计费实现出来。

Q：对如何干预或者改善城市系统有没有一个更明确的主张？

AH：我们现在所有在做的事情都是朝这个目标在走，包括双年展，包括设计促进中心，包括公共艺术中心，所有这些事情的目标都是为了提升城市的环境，这是总体的目标。双年展是一种对城市研究、讨论的形式。设计中心在一些具体的点或区域做实践。我们还在为光明新区出谋划策，替他们出各种规划的顾问、主意或者在编制规划的过程中给一些建议，前提是我们做了很多前期研究，和国际团队一起提出城市的系统理念。而刚才讲的雨水收集系统是微观的、局部的改善，是对城市改善的一些努力吧。城市系统太复杂了，必须依靠各种方法、各种领域、各种专业的合作。所以反过来想，我对大项目找大师不感冒，但我特别欢迎大师做小项目，因为小项目离普通人更近，等着被人每天去真正地体验、评价和验证，不敢掉以轻心。

对小项目我们的做法是先建立这类竞赛的品牌和影响力，里面当然也包括制度的改变。比如香蜜湖公园项目，我们从一开始就策划，把公园的小建筑变成四个小单元：一个游客中心，一个图书阅览与公园展示中心，一个垃圾回收和艺术创作中心，还有一个婚礼堂。我们规定四个小建筑占地大约一千多平方米，请建筑师参与竞赛来做设计。当我们与委托方有充分沟通和信任之后，竞赛在某种意义上也变成了委托，比如组织工作坊或者研究，它可以变成更有价值的机制。

我们在操作小项目的时候也发现，如果设计费机制没有改变的话，小项目不管放到大师手里还是年轻建筑师手里都很难做，可能人家就直接回绝了。从生产的角度当然是大项目挣钱，小项目的收益比例太低了，所以我们希望小项目设计费标准要改进。一方面是小项目的设计费一定要提高，另一个也体现出设立公共艺术基金的必要性——可以靠政府拨款，靠捐赠，靠服务大项目来平衡——当然这需要设立机构尤其是民营非企业的机构，才能接受捐助，才能建立基金。

Q：我想问一下黄主任，从1996年开始参加竞赛至今将近二十年间，有您觉得重要的节点性事件吗？

AH：我觉得如果把我经历的所有竞赛放在一起的话，最重要的可能是光明新城的竞赛，但结果也比较遗憾。当时我们想通过竞赛对中国的城市规划进行一些批判，所以竞赛的同时也做了平行研究。整个竞赛其实也是种引导，评委主席矶崎新在竞赛策划时就强调说，你们必须突破一些标准规范才有可能有设计创新。我们当时是带着一些野心去做这个事的，虽然最后也没对接上。比如我们做了竞赛之后，深圳本地的中规院也愿意去消化它，但这个时候成立了新区政府，这种情况下的交接是很困难的。前海也是这样，先做完竞赛，然后再成立前海局，慢慢地竞赛的成果就被淡忘了。所以现在看来，竞赛的确不是唯一的途径，反而是长期的介入、跟踪、参与，可能是更好的方法，怎么把一次过的竞赛变成长期的介入，这可能是更重要的课题。

我经历的重要的竞赛可能是这个。另一个比较遗憾的，就是深圳两馆——从这个项目得到的最大的体会就是：业主、用户和管理方缺位就不要做竞赛，必须这三方都要到位才行。我们中国大量的公共投资都缺这三个，在它们不到位的情况下，用户还没搞清楚的时候房子就盖起来了。我们正在给龙岗规划馆做策划，我们的观点是策划容易，但是顺序必须要理清楚：房子、内容和管理者，三者出现的顺序到底是什么？在中国往往先有房子，再填内容，填完再找人管理。正确的顺序刚好要倒过来，先有管理方提供定位，然后策划内容，再设计房子，但恰好大量的公共设施投资都是反其道而行之。

理想的状况可能很难达到，积极的影响就是我从竞赛中受益颇多。这么多竞赛成果的积累，需要有心人去研究。如果这些成果能重新分享、交流，就会有更多人从中受益，这对竞赛选手的意义也很大。通过竞赛就能一次次提高深圳在业界的影响力, 增强国际的知名度，这对深圳也是一种宣传。

理想的状况可能很难达到，积极的影响就是我从竞赛中受益颇多，能够在这个城区成长，喜欢这个城区，在其中创业。另一个可能很多人会忽略，就是要有心人去研究竞赛的成果，如果这些成果能重现分享、交流，就会有更多人从中受益，这对选手的意义很大。通过竞赛就能一次次提高深圳在业界的影响力，增强国际的知名度，这对深圳是一种宣传。

注:

(1).一和建筑技术研发中心于2000年成立于北京，2007年在深圳注册一和雅韵文化传播有限公司，长期为政府及大型国企提供建筑设计、城市规划的国际竞赛和招投标活动的咨询服务，并全程参与策划、组织国际竞赛及招投标活动，策划组织项目研讨等。在深圳深入参与了十几个国际竞赛的组织，其中包括光明新城、当代艺术馆与规划展览馆等。

“深圳给了我机会，建筑师需要的正是机会”

孟岩是都市实践合伙人。从上世纪九十年代开始，都市实践就以深圳为基地，进行了大量与城市相关的、不同尺度的研究与实践，并多次参与深圳城市 / 建筑的竞赛投标与评选。

采访者(Q) = 周渐佳
被访者(A) = 孟岩

Q: 我在看《深圳市中心区城市设计与建筑设计》那套丛书的时候，发现2001的项目中有一个叫地铁大厦的项目是都市国际，也就是现在的都市实践做的。应该说都市实践从很早就开始在深圳实践，我想是不是可以从这个项目谈起。

A: 我们来深圳之后是从竞赛开始的，地铁大厦也是最早的竞赛之一。刚创立的时候就相当于现在的年轻事务所，我们当时也就30多岁，在深圳人生地不熟。在当时，竞赛是你能拿到一个比较好的项目的唯一途径。在地铁大厦之前还有个规划局的立面改造，也是竞赛。当时没有人知道我们的设计能做成什么样，是不是能做得好，规划大楼的项目给了我们一个做立面改造的机会。等我们完成了，对方觉得挺好，设计费也合理，因此才有了参与深圳中心区地铁大厦投标的资格。当时的中心区很有意思的，因为深圳是最早开始实践城市设计的，也就是说当时已经有了原始的城市设计框架。建筑师的状态很像在一个框子里，或者说在笼子里跳舞的状态。

这点和很多城市不一样，这意味着建筑师在接触项目时就受了很大限制。以地铁大厦为例，比如说为什么它是那个高度，为什么和旁边的楼是这样的关系，事实上这个轮廓线在很早以前就确定了，因此不可能有太多变化。SOM做的22、23街坊比地铁大厦的状况还典型，因为编制了非常详尽的城市设计导则，包括该多高，退界多少距离，多少面积，哪里要做骑楼。这些规定是中国最早的设计研究，而且有专门的机构真正地推动、实施了下去。其实在中心区我们做了两个办

01. 都市实践早期在深圳的作品：地铁大厦

公项目，都是通过投标得来的，但是都市实践从来没有发表过。因为当时我们觉得很受限制，没办法充分发挥建筑师的创造力，甚至有些对这种“原教旨主义”颇有微词。但是放在今天来看，这样的导则是非常积极、非常有效的。建筑师应该有限制，如果没有限制，让建筑师、业主自由发挥，会是很可怕的事情。中国城市发展这么多年，结果大家都看到了。所以现在回想一下，觉得深圳的做法还挺有先见之明，地铁大厦是个很典型的案例。在高度、体量、所有形体条件都确定下来的情况下，先做了一轮概念的城市设计，拟出对城市设计的要求，然后再请各家参与。

Q: 我记得提交了好几个体量关系的研究比较。

A: 我还留着很多那个阶段的草图。其实这相当于一开始就要有一个价值观的输入，建筑师是借助这些条件认识建筑与城市各个方向的关系，远山近邻等等。必须突破所谓的“红线思维”，不能只考虑地块内部，而是考虑和城市的关系。

这点正是我们的优势，之所以能中标，这和我们一开始就对场地、对都市环境的分析有直接的关系，马上就进入了一个良好的对话状态。地铁大厦还有一点，就是我们从一开始就发现了深圳周边的重工业区呈现出未完成的状态，也比较混乱，所以希望把地铁大厦的体量做简单，从远看就是简单有力的形体，但每个立面又不一样。在当时大部分建筑都是白色的情况下，我们很冒险地选了深色。项

02. 百度大厦竞赛

03. 都市实践与大都会建筑事务所(OMA)合作的水晶岛规划

目在2004年建成了。

Q: 那么现在规土委平台上发布的竞标，包括以及后续的专家评审、工作坊里会包含很多城市设计层面上的考虑，是不是和当时一脉相承？

A: 我觉得真是一脉相承。深圳是最早有城市设计处的，但是很多人都不知道城市设计处到底是干嘛的，但是对我们这些刚从国外回来实践的人，一下子就清楚城市设计是什么意思。今天在这些我们参与的工作坊里，城市设计几乎是一个不需要讨论的问题，因为从一开始就要考虑。如果真是好评委，从这些活动里一下子就能看出建筑的问题，应该说关注城市设计是一种传统。

Q: 我在一些评审记录里看到好几次都是先由对这个片区规划比较了解的规划专家上台发言，介绍地块的公共性，或者和周边环境的关系等等。

A: 我给你举一个案例，就是阿里巴巴总部的竞标，最后之所以是这个方案中标，很大程度上是因为城市设计。当时竞争非常激烈，国际国内各家都有。一开始甲方更倾向于另一家香港公司的方案，我作为评审之一其实不太认可这个选择，所以和其他专家一起做了非常细致的引导工作，向甲方解释为什么他首肯的方案并不是最好的，是有问题的。我们花了很多时间做这些工作，最后证明这样的评审是个成功的案例。

实际上评审会是个非常好的研讨会，是关于价值观的、关于什么是好建筑的研讨会，大家各抒己见，往往争执不下，挑不出一个公认的最佳选择。阿里巴巴就是这样，有的方案做得整体，很有视觉冲击力；有的是拆分了做小地块，强调多样性和公共空间。当时我出了个主意，请城市设计处主管这个项目的领导做一个发言，陈述地块的价值观，其实就是看在最终三个方案做得都不错的情况下，哪一个更符合城市设计的观念。

观念阐述完之后，一开始非常分散的得票局面就改变了。原先这个三票那个两票，根本选不出来，即便选出来也跟点球决胜负一样，随机性太大。这样的选择是不行的，全靠评审的偏好和趣味，完全不理性。但是解释了城市设计的概念之后，票数变得非常集中，原先只有两票的方案最后作为实施方案几乎全票通过。后来我们发现这两个建筑师很年轻，虽然方案的视觉冲击力不强，但是做了非常详细扎实的城市设计研究，包括对阿里巴巴这种新兴产业的理解有自己的想法。我觉得这是个很好的案例，说明城市设计在评标中的意义。

Q: 您前面谈到好的评审会其实相当于一个高水准的研讨会，这让我想到都市实践有时候不是裁判，而是以运动员的角色参加投标，是不是有这样的感觉？特别是有几次联合体的投标经验。

A: 是的，比如说我们和OMA2009年合作的水晶岛。以往所谓的联合体都指我们和一家将来做施工图的单位合作，跟OMA的不一样，是他们主动来找的都市实践。我想对我们来讲，对他们来讲都是一次比较成功的合作，这是很少见的。整个项目就是一个不断寻找最佳组合的过程。作为一个国际公司，OMA对水晶岛这样的城市设计项目有很好的设计理念，也有对世界文化非常充分的研究动力，也有热情。当时的OMA处在一种饥渴的状态，希望更多地了解珠三角的独特背景和感受。先是我在香港设计周做了一个15分钟的演讲，库哈斯的演讲在我的后面，但是他听完我的演讲之后觉得很有启发，当天晚上就约我见面，问能不能一起联合做水晶岛的设计。

Q: 所以当时OMA已经被邀请参加竞赛了。

A: 对，一拍即合。我一开始都没想过合作这件事，但听了觉得是一种可以尝试的模式，所以就决定合作了。工作开展以后发现这种合作是碰撞，两家公司分别在北京和深圳，不断地相互派人去对方公司一起工作、讨论，是很激烈的碰撞，但是非常有意思，真的是一种互补式的合作，而这种合作相当少见。

库哈斯提了很多他们对珠三角的研究、对深圳的整体定位，最中央的这么重要的广场到底该怎么做，始终没有确切的答案。我们提出了很关键的一点，当时的深圳刚刚被评上设计之都，它和珠三角、香港的关系会被重新定义。而OMA当时在进行策划香港西九龙文化区域的工作，我们作为设计顾问也参与了，所以很自然地把这两件事（水晶岛和西九龙）联系在一起了，像深圳中心区到香港西九龙将来只要坐15分钟的高铁，这会对两个城市和两个大的文化区的关系产生影响，这一下子就触碰到一些问题的根本点。 我认为这种工作方法非常开放，大家的讨论是平等的，方案从深化到中标其实是一种智力上的较量，不断挑战对方，挑战自我，不断问问题，这是一个非常好的研讨。如果当时能把整个过程记录下来，会很有意思，对双方都有收获。投标结束后大家对结果很满意，对合作过程也很满意，对一家国际性的公司和一个本土公司来说，这样的合作非常难得。

另一种合作模式就是和本地设计院，如果能在结构、施工上找到优秀的合作方，真的会给设计加分。但是只有带着积极的、开放性的、合作的心态，才能得到好的结果。是否中标你无法控制，但是自己会觉得有收获。

04. 都市实践以联合体形式参与并中标的坪山文化聚落设计

Q: 都市实践参加的好几个竞标都采用了庞大的联合体模式，比如港中大和坪山文化聚落。

A: 没错。如何评价一个联合体的合作是否成功呢？我觉得如果合作的结果是比各家单做都来得好，那就是成功的，不管最后有没有中标，但是1+1>2的状态是积极的。坪山也是，最早叫文化综合体，以往每个区都要搞几大件或者叫“三馆一城”（文化中心、博物馆、剧院和书城）。但有意思的一点是在前期设计和调研之后，坪山被定位成了“文化聚落”。后来组织了工作坊，在还没投标的时候就请了很多专家一起讨论，给坪山定位，会在什么位置，创造什么样的机会，有什么诉求，对城市的诉求、对公众的诉求、对政府的诉求都是什么。这是很独特的一种工作方式，会避免很多盲目的政绩建设，从一开始就不落入视觉形象的窠臼。

这种经过研讨的定位直接影响了最后中标的结果，因为它先把价值观确定了，输出给各家，因此无论是谁来投标，都已经把我要的是什么明白地告诉你——我要的是一个公民性的建筑。然后大家带着这样的价值观来竞赛，也是在这个价值观下评选，而不是看个人的品味、喜好，在有共识的情况下评选就容易了。我觉得这是个可以重点来讲的案例。

Q: 我觉得您刚才提到的前期研究很有意思。往往前期研究是很难被别人看到的，这也是竞赛这种模式受到诟病的原因之一，因为往往只看到结果，或者认为整个过程就是开一天的会，选出一个结果。我也是通过采访慢慢发现背后还有这种积累，可能这种工作方式是对追求大而无当的视觉冲击、或者说与城市设计背离的那些建筑的反抗。我们最后往往只看到结果，而忽视了政府在这些事情上的一些努力，这种努力很难让人知道。

A: 这是个挺遗憾的事情，其实我觉得应该有更多渠道让人了解。深圳有城市设计促进中心，其实已经很好了，但应该更充分地共享。有意见当然可以抱怨，因为每个设计师一定觉得自己是最好的，也不理解为什么最后是选了某一个，公众也不理解。只有通过这种平台的输出，才能为这种价值观的共识带来贡献，大家才知道，哦，原来这件事之前之后有这么多的考量。

Q: 都市实践参加这样前置或者后续工作的机会多吗？

A: 要看是哪些项目，对城市的公共项目而言这种讨论是必须的。我们参与过一些前期的城市设计和定位，提过很多想法，其实就在输出这样的观念。

Q: 这种机制很独特。

A: 深圳之所以能成为深圳，就是在于创新和机制方面走得更远。可能其它东西上会落后于中国很多其它的城市，但制度创新永远是它前进的动力，一直在摸索制度上能不能再突破一点，再好一点。我觉得城市本性使然。

回过来说对本土青年建筑师的培养，这是个挺大的话题，也是个挺有意思的话题。深圳的开放性是很突出的，有点像当年的纽约，无论谁来都有机会，这也是为什么我们来了。其实都市实践的几个合伙人都是北京人，别人会觉得很奇怪，为什么跑到深圳来了。我问自己，从头到尾为什么会坐在这里，还坐了这么多年，因为深圳给了我机会，建筑师需要的就是机会。好的环境不是说待得舒服，而是能干事、有机会。为什么今天那么多年轻的建筑师、甚至外国建筑师到这里来，原因是一样的，就是被机会吸引，慢慢地发现这里的文化开放、包容，能找到属于自己的位置，这就是深圳。就像路上的小铺子、小店，那么多，因为没有东西能垄断，任何一个大企业都做不到垄断。

当年的都市实践就是两三个人这么起来的，虽然活得艰难，都是在缝隙里，但毕竟这个缝隙是敞开的，你能挤进来。一旦有本事，还能从这个缝隙里找到机会。虽然很难，但一定有。所以整个设计生态就是这样，不能说一个新兴的事务所能和国际大牌平起平坐地竞争，必须承认你竞争不过来。但总有其他途径应该开放给年轻建筑师。

我觉得国际大牌不是坏事，它可以使市场多样化，使建筑思想更活跃，促进整个行业的发展。所有这些东西带给中国的进步，都跟大的国际环境分不开。包括他们进入后带来的技术条件，要是没有那样的建筑项目，中国的施工水准不可能达到现在的状态。我也参与过这种国际级的评标，是很好的学习、讨论机会。但与此同时，深圳的公开投标系统应该给年轻建筑师机会，应该不断地修改和调整。

只有当这个机制把好的、坏的充分体现出来的时候才会有调整，才会暴露出制度有缺口的地方，才会意识到“深圳品牌”的价值是需要珍惜和维护的。

我想举个例子，有一段时间深圳在竞赛上弄过这样一个机制，名义上邀请六家单位，但是这六家以外还留了个缺口，其他家没有被选上的设计机构还可以参加，但是没有补偿费。首先说这个意愿很好，的确是给年轻建筑师机会，哪怕他可能真的竞争不过那六家，但他的确有机会竞争了。这个年轻建筑师在参与时也是隐去姓名，公平参评的，我们评审的时候也完全不知道谁是种子选手，谁是自选选手，甚至真的发生过自选选手打败种子选手的情况。可是我不认可，为什么？因为它带来了另一种负面的后果。就像我前面讲的，这个机制一点点充分体现的时候才会调整，当时这种做法引发了很多讨论，现在比较少了。它的动机是很好的，但是会发现你正式邀请的那六家单位是遵循国际惯例的，惯例是说我已经入选了，最后名单出来就是这六家，这是个信誉。有一次竞赛就发生了这样的情况，入选的六家来看基地了，但是现场又发现有了第七家，其中有一家当场转身就走了，他说这样的竞赛不公平，有操作的嫌疑。他不理解我们的做法，组织方是好心，但是这么一做，“深圳竞赛”的信誉就受损了，因为你没有按照国际惯例来执行。另一个是什么呢？在这里最常发生的情况就是有人钻这种政策的漏洞，一家公司可以派好几个团队冒充年轻设计师来参赛，这样同一个标就可能有三次机会，这就很糟糕了。

我在很多场合都公开呼吁过，对年轻建筑师来讲最重要的不是简单地提供机会，让他们和国际大牌竞争，而是开放二级市场，参与很多不同类型的建筑。让一个刚毕业的学生去做300米的高楼不现实，即便中标了他也干不了；但还有其他别的类型的项目，学校、低收入住宅等等，不是特别复杂，技术难度也不高，这些项目都到哪里去了？是不是应该把这些社会性的项目而不是商业项目开放出来？它们才适合年轻建筑师的实践和成长。让年轻人和大牌去拼，有拼过的可能吗？有，但是几率很小。而且过早地让年轻人进入商业的竞争并不是好事。

如果说都市实践获得了一点点的成绩，那是因为我们是从小型的公共项目起步的，最早的项目都是微乎其微的小项目，拼死拼活地干，但我觉得这对建筑师的成长是积极的，还没有过早地被商业利益、甲方取向影响。都市实践做到地铁大厦的时候已经具备了相当的实力，我们几个合伙人反思的时候都觉得如果我们的第一个项目是住宅，那么公司到今天一定形成了庞大的商业系统和商业模式，但肯定不是都市实践了。我们是在有意识地排除这些项目，去做公共型的设计，这给我们树立了很好的态度，也形成了我们研究型事务所的定位。

05. 都市实践早期在深圳的作品：罗湖美术馆

Q: 这也许是竞赛机制可以改进的地方。

A: 在相对商业的环境里，这样的竞赛会使得很多建筑师去拼商业项目，而不是把精力投入到公共建筑中。我觉得这是个遗憾的事情。另一方面，我想从机制上给招标平台提点建议，应该多扶持年轻建筑师，让市场多样化，也就是寻找更适合年轻人成长的项目，而不是一下子让他们进入一级市场。对年轻建筑师来讲，早熟不是好事。可能在机制上，公开竞标应该做些修改和调整，帮助本土建筑师更快地成长。

“我觉得深圳比较特殊的地方，
就是随时随地会发生一些自己都想象不到的事情”

杨小荻(左)和尹毓俊(右)是深圳普集建筑的创始合伙人与主持建筑师，分别于荷兰贝尔拉格建筑学院和美国哈佛大学设计学院毕业。作为深圳年轻一代建筑师的代表，自成立以来就植根于深圳的城市与行业环境，并且通过竞赛赢得了深圳湾生态城第二标段的重点项目。

Q = 周渐佳
AY = 尹毓俊
AX = 杨小荻

Q：能不能就进行中的深圳湾科技生态园做个介绍？这也是普集建筑通过竞赛赢得的项目。

AX：深圳湾这个项目开展得挺早，2011年的时候城市设计促进中心刚成立，这是前期公布的竞赛之一，也和我之前了解到的深圳竞赛差别比较大。

Q：能详细讲讲这种差别吗？

AX：首先第一轮没有资质要求。鉴于这个项目的规模和重要程度，第一轮是开放型的、纯粹的国际咨询，可能会有七八十家设计机构来参与这个投标。张永和老师作为评委会主席，评出了第一轮结果，从所有机构中选出了十来家参与第二轮。第一轮是城市设计，第二轮是建筑设计，整个项目分为两个阶段。

Q：第一阶段大概持续多久？

AX：首先第一轮没有资质要求。鉴于这个项目的规模和重要程度，第一轮是开放型的、纯粹的国际咨询，可能会有七八十家设计机构来参与这个投标。张永和老师作为评委会主席，评出了第一轮结果，从所有机构中选出了十来家参与第二

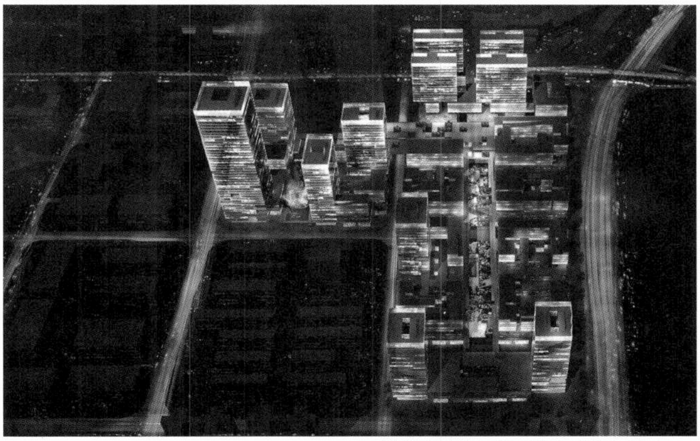

01. 普集建筑参与的深圳湾科技生态园项目

02. 建造中的科技生态园活动中心

轮。第一轮是城市设计，第二轮是建筑设计，整个项目分为两个阶段。

Q：第一阶段大概持续多久？

AX：一个多月吧，是一个比较快速的方案。这里又要讲到这个项目的特殊性，促进中心和深圳建科院一起在前期做了大概一年的规划研究，我们拿到的是一个非常详尽的任务书，对所有的建筑形态、空间法则都做了细致的规划，所以我们展开工作的设定条件就是怎样组织建筑和规划的关系。但是这一轮中我们提交的结果有点突破原始规划，但组织方也接受了。第一轮投标结束后组织了赛后的工作坊，再一次明确了要按照任务书制定的方向走，我们后来也做了别的尝试。

Q：这个工作坊发生在？

AX：第一轮和第二轮投标之间。正是有这样一个赛后交流会，我们可以总结一下第一轮的成果，看有哪些成果可以放到第二轮去深化。之后又开展了第二轮的投标。

Q：所有入选的机构都参加了工作坊吗？

AX：对。

Q：也就是说所有机构的想法、设计和资料都是公开的。

AX：没错，是公开的。当时的原计划是每个人都上去介绍自己的方案，由于时间有限，就改为播放视频，大家有疑问再提出来，会上对大致的方向和要求提出想法。比如说，我们最开始的想法是纯粹地希望用这样碎片化的空间将所有的大空间打散成小空间，以此强调城市的复杂性，但经过工作坊的讨论之后，最后还是决定在中间留出一个绿道，这样从规划层面可以确保场地的公共开放性。

这是不可缺少的要素，也是我们在前期尝试跟他们讨论的改变，但最后还是选择回到原定的方向，所以我们的第二轮方案中绿道基本上完全呈现，但核心的碎片化、连续化空间概念还是保留了下来。

Q：所以你们在第一轮中的提案中对原先的要求有所突破，但还是被接受了。

AX：对，当时评标的结果是我们入围了三个标段。

Q：竞赛开始的时候是整个地块一起启动，第一轮结束后再划分给各家，是这个意思吗？

AX：也不是，你可以决定做一个标段，或者全部都做，再根据你的入围情况，在每一个标段选出五六家。比如说你可以入围两个或三个标段，之后再选择自己想做。普集参与了三个标段。

Q：那么在整体推进的过程中，业主和地块的开发商有没有共同参与讨论？

AX：这个项目有一些特殊性，有点类似于半政府性的项目。城市设计促进中心和建科院的身份是帮助业主进行选择，特别是建科院，它会协调所有的关系，做一个统筹；促进中心作为前期的重要指导者，它的作用体现在城市规划层面。

Q：竞赛评审的主体也是专家？

AX：是的。甲方只在定标的时候有一些意见，但前期基本以专家意见为主。

Q：之后就进行到第三阶段了？

AX：对，第三阶段就是两个入围的设计做二选一，经过几轮汇报，我们中了第二标段。这个案例是比较有意思的，在第一轮的时候，我们谁都没有联合，是普集独立做的，当时也刚到深圳……

Q：对，这也是我想问的一个问题。你们的求学背景并不是在深圳，当时怎么会做来深圳开业、扎根的决定？

AX：我在荷兰贝尔拉格学院念书的时候压根没考虑过深圳，快毕业的时候，我的同学、坊城建筑的陈泽涛向我们推销说深圳好，深圳无敌地好（笑）。当时他的公司也面临转型，所以每天在游说我加入。所以我刚回来的第一年在坊城，当时对深圳还没有太大的感受，也没摸到门道，直到参加了深圳翡翠岛项目规划和建筑设计竞赛。这是我在深圳参与的第一个竞赛，也是第一次接触到竞赛市场，因为不了解所以没有抱很大希望，状态也比较放松。做完之后我也离开了坊城，这时候天空飘来五个字："我们中标了。"比较好笑的是中标这个消息没第一时间通知我们，大家都出去度假了，主办方到处找不到人。这也是我们第一次了解到深圳投标的环境，小插曲是当时的评委会主席和甲方意见不同，争执不下。

我们开始了解深圳的投标是以专家意见和城市为出发点作为主导方向的，正因为这个原因我们才会参加生态城的竞赛。有前因后果的原因吧，说实话在翡翠岛之前，我都想过要离开深圳了 。

AY：我是老深圳了，从毕业之后就留在这里，在都市实践也好，在筑博也好，前后参加了大大小小不少竞赛。从2006年到自己2012年中标，一些大型的投标我都参与了，对深圳竞赛的感情也比较深。在还没成立普集之前，我感觉深圳竞赛是开放、公平的平台，不设资质的限制还是给年轻人创造了很多机会。

比如说观澜版画美术馆中标的就是一个非常年轻的建筑师，在悉地国际有自己的工作室。刚工作三年就带领团队参加投标了。所以说深圳竞赛很注重质量，也看重年轻人的创新能力，刚才小获也说了，在我们参与生态城投标之前，根本没想过自己会中标，是因为没想到这么大型的项目可以把机会给我们年轻人。可能这里面有很多原因，促进中心和建科院的前期工作为我们后期真正开展竞赛时能清晰地解读任务书和场地本身提供了条件。

原本预期的成果能做成类似集群建筑的形式，但是操作起来不那么容易。但是竞赛的组织和协调过程是灵活的，通过研讨定下来的城市法则、建筑法则和对城市公共空间的一些定义最后落实到四个大区域，结果把尺度全部降了下来，再植入

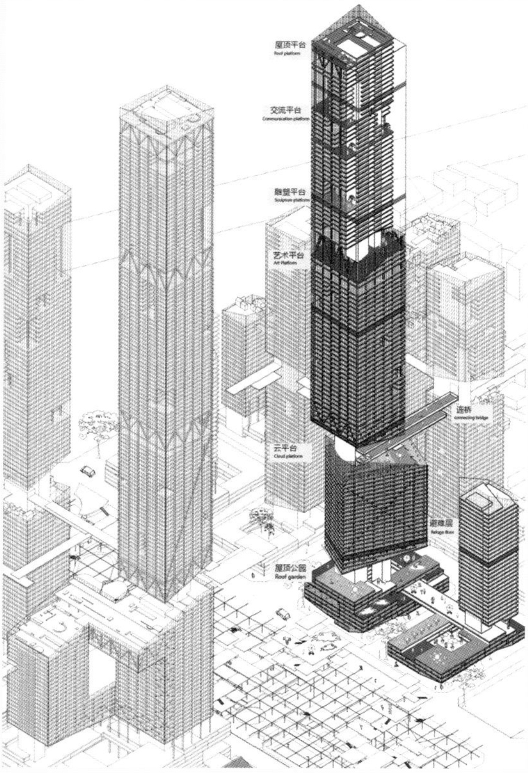

03. 普集建筑参与的消防站项目

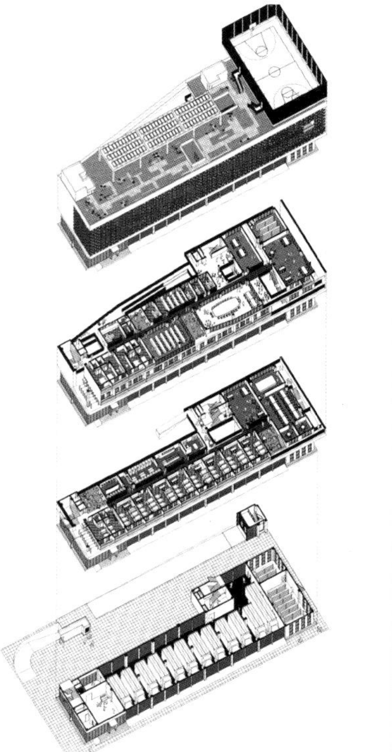
04. 普集建筑为超级总部竞赛提交的方案

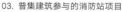

公共空间，我觉得这个与竞赛的组织过程分不开。

AX：我再补充一点，竞赛的组织过程很重要。虽然我们是一个年轻的小团队，但是第一轮入围之后，竞赛会安排一些寻找联合、资质审定的动作，帮助我们组队。其实在第二轮投标时，已经是一个大团队在一起做这个事情。

Q：第二轮的联合团队是？

AX：坊城和中外建。因为项目规模确实比较大，我们不仅需要建筑师，也需要专业的结构配合，那个时候团队的实力已经比较强大了。

Q：刚才小荻讲到一点，我觉得是做这本书有意义的地方，其实在没做这次采访之前，我自己都没有发现。因为我接触到的材料都是图版和评审记录，很容易让人觉得竞赛就是出一批结果，由一批人来选。但正是你们刚才介绍的工作坊机制或者建立平台中最有价值的东西是不断地交流、讨论。所以竞赛不仅是一个漫长的过程，也是一个动态的过程。这在别的城市很少见，另外也不太可能向没有资质的人开放门槛。

在刚开始着手构思这本书的时候，听到很多类似“做这本书是为政绩歌功颂德吗”的质疑，可我觉得这件事不能这么看。因为这是对其他城市有借鉴的，深圳自己在慢慢完善这个机制，通过这个机制追求更好的城市环境。今天跟你们聊下来更加深了这一点感触。我想问问还有没有参与其他类型的竞赛？

AY：有一个消防站的项目。

AX：消防站的项目比生态城的定位更准确，正式开始投标之前工作坊就组织了七、八次，每一次都会形成一个大家的想法。消防站对很多人来说很陌生，建筑师没办法去思考消防站是个什么样的建筑，所以才一起来思考、讨论。当时可能有二十家设计机构去消防站体验生活，和消防员聊天，发放问卷，最后才形成了第一轮成果——这个成果就是消防站投标竞赛的任务书。

光制定任务书就花了三个月左右，我们参与了从前期到最后投标的全过程。过程和生态城差不多，规模比较小，大概四五千平米的样子，也分成第一轮城市概念—交流—工作坊—第一轮投标，最后选两家入围，两家再定标。消防站也是促进中心牵头组织的项目，我们现在还在进行每周一次的赛后工作，希望能尽快确定下来未来的消防站标准到底是什么样子。我觉得这可能成为对城市的一个比较大的改变，因为有那么多家设计机构在对消防站的类型提出不同的模式，在讲究高效的过程中如何推广标准化，这个过程乐在其中。这个事情如果放到两三年前，绝对想象不到。我觉得深圳比较特殊的地方，就是随时随地会发生一些自己都想象不到的事情。

Q：我觉得这在建筑类型上也有挑战，以往都是由市政机构统筹。而且它不是工民建里的建筑，对专业知识有很多要求，能开放出来给建筑师参与，这很难得。

AX：也是在参与之后才发现消防站有好多东西可以被讨论，连消防站内部也在讨论。就深圳的情况来说，大部分消防站就是借用之前的建筑改建的，没形成太多类型上的东西。相反，香港的消防站都很有设计感，但没有形成统一的标准。因为我们在尝试把消防站做一个建筑学上的统计和整合，也算一个全新的内容。

Q：还会有类似消防站这样的竞赛吗？是不是一些有意思的、带研究性质的项目能够通过促进中心来做。

AY：还有幼儿园、中学等，由促进中心牵头，往往他们参与了就会带些研究，跟传统的竞赛模式不一样。我在开始自己的事务所之前也前后参与了一些竞赛，但的确某些项目政府操作起来会比较困难，所以会搁置起来。

AX：我想起来做翡翠岛的时候一个有意思的事情，当时特别没有经验，连基本的投标策略都没有，就是想着怎么把城市的价值观放到设计里，翡翠岛里做了个摩天塔，评委会并没有认可，但我挺喜欢这个概念的，因为它不是一座单纯的建筑，而是一个社会事件，不光在视线上能吸引到人群，也能创造一些供当地人使用的公共空间。坊城的第一轮方案里，基本把整个场地还给了市民，对场地的影响是很小的，原有的山路都保留了下来，可以说是在商业和公共之间做了个平衡。交标当天，我们做的模型还没放到车上就碎了，全碎了，然后模型公司跟着我们一路在车上粘模型，最后抱着个不完整的模型上去。我记得当时有个评委说，不是说这个方案有多么好，但是这个团队展现出来的东西证明他们有能力把这个项目深化，并且保持结果的平衡，这对我们是非常鼓舞的话语。这也是我在坊城期间对翡翠岛的一些回想吧。

Q：你们前面提到一点，对于年轻的小型事务所来说参加竞赛的成本很高的，能不能展开说说?

AX：主要成本就是这些模型，效果图和平面设计基本上都是我们自己做。

Q：自己做也要算人力成本啊。

AX：对，自己的成本考虑得比较少，毕竟还是在奋斗期，不能对投入斤斤计较，只能说我们尽量减少花在外面的成本。包括促进中心组织的竞赛，之所以采用第一轮预选，就是不希望给设计机构造成很大的压力。入围大名单之后再放开手脚做一些正式的成果，我觉得也是成本考量的一部分。

除此之外，竞赛模式对小事务所来说是很难的，因为投入很多，但不一定有回报。这也是我们一直在考虑的，选择投标还是选择做其他项目之间到底怎么权衡。

AY：我觉得深圳竞赛这么多年，对竞赛成果的要求越来越高，一开始连动画都很少见，但是到近期，对多媒体、动画和汇报已经有一系列成套的要求，所以竞赛本身的成本非常高，超级城市就是一个例子。这是我们有史以来投入最大的一个竞赛。

AX：项目面积最大，投入也最大，效果图、大模型，还有我们的人力成本，因为集合了团队最强的力量。

Q：最后的成果各个方向都有，不知道该怎么选。

AX：如果我是评委也会很头痛。

AY：这个类似概念竞赛，不是城市设计竞赛，结果中有很多突破红线或者突破任务书的。

Q：这个类似概念竞赛，不是城市设计竞赛，结果中有很多突破红线或者突破任务书的。

AX：这个竞赛不仅是一个参赛选手的很强的阵容，评标的阵容也很强大，有争议是很正常的。对我来说，看到这个结果，我觉得是一个亮点，你很难去讲谁是真正的第一名，因为每个方向，每一个建筑师都有做的好的，也有做的一般的。我觉得留下一个话题讨论是一个比较好的收场。

Q：跟超级城市形成对比的是“一百万”保障房的竞赛。

AY：当时我参与了策展。在做保障房展览之前，先做了竞赛，也和主策展人杜鹃讨论了，她从事这个研究已经很多年了。她当时就提出做这个竞赛不是为了一个结果，而是对这类事情的再思考，特别是保障房是不是直接由政府层面去做一个数字上的决策，比如过深圳今年建几千万平方米的保障房给社会人群居住；而是从保障房自己的空间需求、策略还有社会学的研究共同去做。所以既有空间尺度上的研究，也有策略上的研究，也征集提案。双年展上展出的时候得到很多有智慧的想法。

Q：所以是帮助政府在正式展开保障房计划的时候，面对的不是抽象的数字，而是实际的需求。

AY：促进中心想通过这样一个竞赛和展览给政府层面提供一些不一样的声音和想法，所以当时选择的展览的地方比较特别，在市民中心的地下。政府人员每天在政府大楼停车场停完车一定会经过那个通道，然后上到市民中心办公，希望通过这个事件来给他们不一样的声音。

“这座城市没有排他性，它会用有经验的方式去选择更好的智慧”

朱荣远是中国城市规划设计研究院深圳分院副院长，教授级高级城市规划师，多次参与深圳城市竞赛投标与评选，作品之一为深圳湾红树林公园。

Q = 周渐佳
A = 朱荣远

Q：我想从深圳湾公园开始，这个受欢迎的公园也是从竞赛开始的吧？我从城市设计委员会的会议资料中看到了这个滨海休闲带的构想。

A：那么我简单讲一下这个公园的背景吧，它源自深圳这座城市本身的发展，源自这座城市的不断扩张的一个趋势，也源自深圳这座城市一直没有在滨海地区的开发建设，而是可建设区域从内慢慢在往外面走。滨海大道建成之后，事实上就是把滨水这个东西推到这个城市的面前了。它既是生态的边界，也是一个边防的边界，所以它会引发出很多矛盾和很多冲突。2000年的时候，我们替规划局做过一次深圳湾地区的概念规划的方案征集，那还不能叫竞赛。

我们当时想得稍微多了点，想生态，想这个城市的发展，想城市的结构变化，因此我们又把它报告整理出来之后，就提出来很多观点。其中有一个观点就是不再填海了，然后把城市的一些功能性的系统和结构，特别是以公共空间为主的这个系统向海边延伸。我们就跟他建议把南山区的这个海岸城，原来叫南山商业文化中心继续向东，就拉到海边，就跟今天我们后来的后海中心对应上了。再一个就华侨城的这个“上山下海”的趋势。因为我们把深圳的城市空间逐渐分析了一下，就提出到福田中区、到华侨城都应该垂直于公共生活的轴线，或者城市的一些礼仪性空间的轴线。后来对它整理的时候，就提出城市这条轴线不是礼仪性的功能轴，而是以文化、娱乐、旅游，很轻松的一根生活轴线，串联若干公园，穿过主题公园然后一直到海边。那么这样到海边之后就要有一个收尾的公共场所，所以很自然地提出应该做海岸公园。2003年的时候开始搞投标，某种程度上，我们只是知道这个项目的背景和价值，所以就邀请了美国的SWA景观公司一起做，他们也愿意参加。因为当时竞赛费用低，所以报名的机构也少，我们很幸运地中标了。评委在看到我们方案的时候都特别高兴，觉得我们题解得很好，水准也高。

SWA对类似项目很有经验，中规院的出发点是从城市设计为主，他们以景观设计为主，所以两家在一起就是双剑合璧，既反映我们水准，也反映我们的价值，很顺利地就中标了。中标之后就进入实施设计，但是推进的过程不是特别顺利，翻来覆去地就填多少海，放什么功能在市里面还是讨论了很长时间。但好在是深圳，从某种程度来说，算是非常开明的。这也是他们反复论证填不填海的原因，因为填海是受到国家的海洋法制约的，需要申报，难度很大，如果没有正常旅游景点，做公园其实非常困难。要是不填海这个公园设计起来简直太困难了，它原来是一条直线，非常直的一条线，我们必须改变它的线形……

Q：原来的直线也是填海的结果吗?

A：对，就是修滨海大道的时候，把这个路填直了，边防修的路也是直的，非常直的一条。从公园的角度上来说，会对景观造成很大影响。当时正好有两条要修建的立交桥，那么就必须申报，所以改变了原来直线的边界，向外填了两块，把直线变成了几个大弯。

接下来就是讨论放什么项目，原本做了各种设想，但是政府经过讨论之后觉得这次就不放，或者只放最基本的项目，不是考虑成本，而是好多东西第一次吃不准，另外就是放进去之后觉得地方不够大，因为实际填海的面积没有我们方案中设想得那么大。之后政府就决定不再往里面增加重要的公共设施，只放公园配套的设施，以自然为主。这些都是技术层面的东西，实施战略规划中真正有价值的部分是不再填海，原来这个地区内填海填得非常多。

这种价值观我们一直称之为深圳社会的觉醒和觉悟，因为觉悟不在于老百姓本身，而是在中国的制度下，在政府的决策中，他们背后的价值观是否能够有文明的那个导向。深圳湾最近那个铁丝网事件，事实上也是反映社会的一种成熟状况，微博、微信的讨论全在这里。我们很早就知道这个事情肯定会引发出一次关于文明现象和标准的讨论，影响会有多大，我不知道，但肯定是个公众实践。我想这把火是我们点起来的，后来人大、政协委员的各种参与也在证明他们的价值。光深圳湾引发的一系列事情就可以看到老百姓喜欢这个滨海生活，也可以看到大家为了维护深圳湾的公共品质而凝聚成了市民力量，争取公益性的力量。所以深圳湾这个就是从一步一步过来，从战略到招标到实施，一直到今天，它所带来的正面效应真是很多，包括政府和边防的谈判、协商，其实这些后面还有很多故事。

Q：我去现场的时候觉得景观做得非常自然、野性。

A：这里面还有一个故事，当初在实施过程当中，有国内的一家专做城市公园的机构认为这个公园做得和我们通常看到的不一样，不习惯。我就说这个公园要懂得与自然对话，更何况是这么开阔的深圳湾的尺度。面向自然的时候，一定是大尺度，不能用街坊、城市公园那种小尺度的东西去做。只有用对语言，人在环境里的感觉才是对的。

Q：那里还有很多鸟，人们在滩涂里划船。

A：中国有一个组织是观鸟协会，但是观鸟协会只在深圳有一个正式成立民间组织叫深圳观鸟协会，每年有很多人都会专门到这边来观鸟。现在这个季节快到了，再降温的话，鸟就非常多，我看了都很感动。早上太阳出来那个深圳湾水面是粉红色的，满满的鸟，各种珍禽。这是城市和这个自然最接近的一个地方。

Q：我想接着这个问题往下问，因为之前谈到了这个项目也是源自对城市规划的看重。之前的采访中都聊到深圳的很多竞赛里都会设置工作坊和专家评审，特别强调对城市设计的维护和延续。您的角色又和建筑师不一样，是规划层面的，我想请您从这个规划的角度来谈谈这些经历。

A：我是规划的人，但参与实施性的东西多了之后也有点跨界了。所以深圳有一些建筑投标，或者规划投标中我参与的次数很多，其实也就源自我跟建筑师的这种合作关系，我知道他们能做什么，什么做得好。所以在招投标制度中，特别是任务书的设计中，我们也常常参与，评审的时候我往往第一个说话。因为大家都知道建筑师讲求个性，观点也往往从自己的角度去看，但这和城市规划那种一个体系、一个系统的方式不一样，要判断建筑就必须放回到这个系统里讲。所以我希望通过第一个发言，尽可能多地、尽可能全面地构建这个规划背景。建筑师必须走出建筑的圈圈，走出红线，向全面的环境出发。

其实深圳的规划系统里有一群有理想的人，这样才会有了好的、有深圳特点的竞标制度，包括工作坊的机制，都是他们在倡导，然后获得行业里的响应，这才形成了一种效应。今年和去年有一个工作坊很有代表性，就是宝安的西海岸。八家单位投标，国内外的机构以联合体的方式来做，最后专家投票选了三家，我所

01. 朱荣远及中规院深圳分院团队设计的深圳湾滨海休闲带

在的中规院是其中之一。按照常规来讲，第一名去做就好了，但是宝安没有这样做，他们希望三家都能参与进来，比如以第一家为主导，然后去组织一些工作。我就提议说能不能这样，既然是工作坊，我们三家在深化阶段的技术层面上是平等的，费用也均分，甚至工作坊的结果和知识产权就是三家共享的，提出之后大家都同意了。其实这就产出了一种理念，因为西海岸的项目很重要，它对应了人和自然，城市和海湾之间的关系，在里面做什么场所，做什么设施，其实反映的是深圳的社会和城市的态度。正好我们三家都是深圳的机构，为什么不能形成规划的合力，形成共同的价值，以工作坊的方式去集合智慧来表达这座城市基于规划的倡导？我们可以合作起来，我们并不指着某种利益，为了某种领域。所以深圳在这些方面，就是用这种工作坊，估计国内也没有过。

Q：我听了也觉得意外，我了解的工作坊都是比如说第一阶段完成之后，一起做一个工作坊，或者说就是在那个正式结果出来之前做工作坊，您刚才介绍的是结果出来之后再做的一个工作坊。

A：是的，一二三名都有了，再一起进入第二阶段。后来三家都采纳了我的建议，从技术上、从署名上，甚至从知识产权上都是三家共享的了。我这么做是想让深圳的规划界一起表个态，就是深圳的规划力量是可以在很多重大项目当中采取我们共同的价值，甚至用我们的行为去证明这件事情。

工作坊的制度，在集聚智慧这个角度肯定是非常好的，如果在机制设置当中操作得好的话，其实这种方式非常棒。因为它可以有长的工作坊，也可以有短的工作坊。张宇星曾经就深圳湾的填海区做过一个工作坊，号召建筑师、规划师一起参与，不光是讨论，还要画图，画了草图马上要通过投影和大家一起讨论。在深

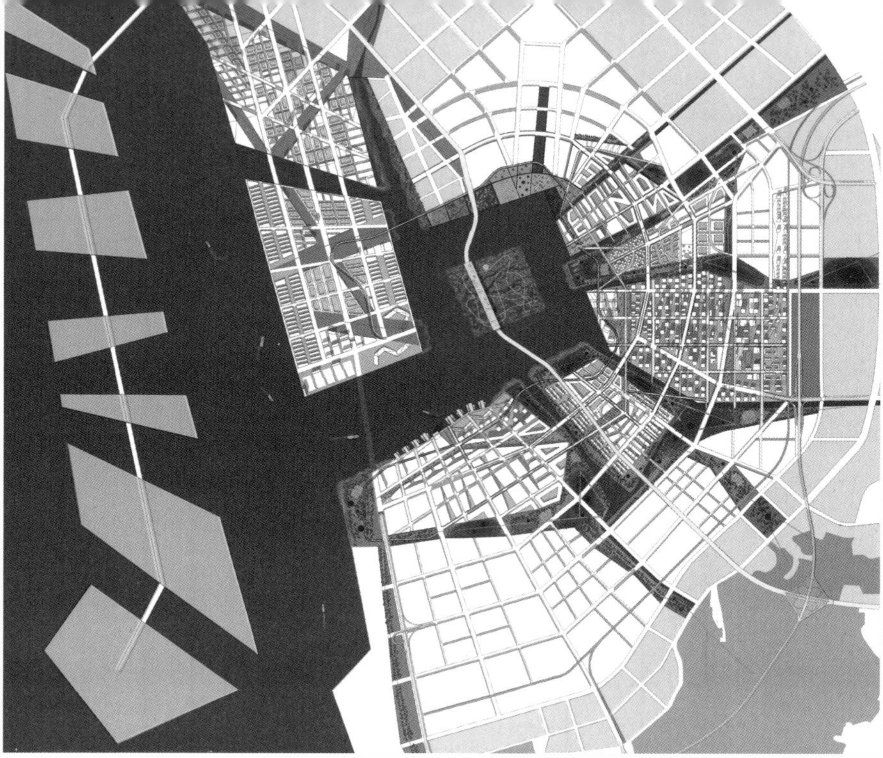

02. 中规院深圳分院为前海地块国际咨询提交的方案

圳，有能力的人就愿意继续参加，滥竽充数的人就不敢来了。所以我觉得深圳总是在有些方面对外表达我们要对未来负责的态度，其实是从今天的规划和设计开始的，因为这两项工作是指向未来的。包括在碰到各种问题、各种矛盾的时候要维护竞标制度的尊严，只有这样别人才相信专家的话语是有用的。

Q：所以才会坚持评定统一的看法，是吗？

A：评定分离好像是对甲方有利，其实不对。往深里说，深圳的招投标制度的演变，以及深圳招投标制度背后的那些深层次的东西，其实对中国整个社会的建设来讲，都很有启发，都很有对应性。我参加过一些地方的评标，要临时抽签、没收手机等等，但是请来的专家对当地的具体情况都不了解，也没法做准备工作。

Q：所以维护的是程序上的公平。

A：对，但是这样的公平是个伪命题，这样的评标只是一个冰冷的加工程序，不管放什么进去，出来什么，只要制度合理了，结果合不合理倒不在意，这样的制度是需要检讨的，对不起今天要开工建设的那些项目。它要求专家的社会责任、律已，还有理论知识在评标的那一瞬间能发挥作用，能引发智慧的碰撞，观点的碰撞，然后方便讨论和集约更好的判断，让这个方案做得更好一点。

Q：讲得真好。另外我看到您好像也参加了一些招标方案的前期研究，比如前海项目在正式招标之前，由中规院进行了一个比较长期的任务书制定和导向。

A：建筑设计它指向建筑的本身，规划指向的是社会，所以它必须对这种片区性的，而且承载着很多未来设计理想的区域，有一个价值导向。如果那个价值导向没有确定好，你的任务书就可能指向不明，你就会让所谓的这些智慧的团队和机构自己发散去思维，去提供案例或提供提案，那这样的话就浪费了招投标这个环节的价值，因为这个环节就是要回答同样的几个问题，而不是让他们完全按自己的方式去思想。

那么深圳特区是用什么方式来证明，表达进一步的深港合作，又是通过什么样的空间场所来支撑的？这就是后面任务书当中的非常重要的一个表述，如果你没有这些表述，他设计的东西就不会回答你的问题。所以编任务书其实非常重要，提出得好，后面的竞赛环境有效的成份和程度会提高，如果那个做得不好，浪费了所有人的时间，还浪费了国家的钱。

Q：对，像前海这样的竞赛，您对他们的成果怎么看待？

A：有些方案涉及水岸公园，想法很好，但是不是可行还有待论证。实际上想改善水动力的这些措施，政府都迟迟下不了决心。那么类似这种事，就是在未来在浅海湾的东西，有理想和现实之间的冲突和矛盾，再有一个今天的这个结果，其实我们从研究的角度，从前期研究的角度来说，我们并不认为前海应该是目前的状态，我们当时没有想到会有这么高的开发强度，因为我们认为前海湾的价值不是在于高度，不是在于强度，是在于它本身内涵的价值。我们曾经提过前海的概念，是一个中国沟通世界的中间地带，它甚至会有第三种制度的可能性。我们前期研究的就是产业和制度，就希望在这方面去做，跟楼高没有关系。其实我们原来更想看到它体现出的国家价值。

Q：那么超级城市呢？

A：我没当评委，但前期准备中规院一直在做的。从我个人角度来理解，这次活动的真正意义在于，深圳是一个创新和接纳创新思想的城市，拿“超级城市”的话题让人们去畅想各种可能性。某种程度是一次超越常规设计的竞赛，因为它来自全球，就是借题发挥的空间艺术活动，并不是说将来会建成这样，如果要这样理解，就把这次活动给搞歪了。

再说这次活动，我觉得它的价值其实在于表现了深圳这座城市的创新的开放度。如果要把它理解为现在说深圳搞奇奇怪怪的建筑，那你这个方向就完全不是在一个语境里。它释放了人类对这种高密度地区的城市空间的想象，因为它是一个复合型的东西，又有建筑形态，又有高科技技术，还有人对自然的价值观，还有交通的一些模式等等，全都在里边。那更多的是一种创作，和实际操作没关系，开脑洞。

Q：所以说前期研究也没有影响最后的成果。

A：没有，就是个思想竞赛而已。

Q：最后一个问题是，您觉得深圳公开招标制度，比如说最有价值的地方是什么？或者说您认为哪些地方还可以做得更好？

A：我觉得重大的项目尽量不要进冰冷的评标系统里做，不要用抽签的方式来决定，要在集聚智慧的每个环节都体现出智慧，不能说招标制度是请别人来是要智慧，但后面的组织和加工环节没有智慧，那就是不敬畏智慧。所以说招投标制度最完整的东西，每一个环节都对智慧有所交待的，是对应的，是匹配的。

那我们现在看来有些政府的招投标制度，在这方面还要改善。如果没有这个东西，那么所谓的智慧，它就离你越来越远，就渐行渐远。而深圳的招投标制度，对这座城市影响会很大，从一开始建特区到今天，实际上这种外来的智慧对这座城市的影响非常大，因为这座城市没有排他性，愿意接受无论是好的坏的东西，只是用有经验的方式去选择更好的智慧，不断在提高自己，我们从城市的角度来讲，叫公共审美的能力。

那公共审美是通过一些设计制度来创造的，是通过评选制度来创造的，是通过人们让大众能够获取审美的修为和修养，然后提高整体水准的时候，那么我们就会在面对滨海公园里出现的铁丝网时，说这是不美的，大家不会再麻木了。其实这都有关系，你可以说这是间接关系，大家知道什么是好的，那么就会知道什么是不好的。我觉得其实招投标制度在这个时候，不论是给领导提供决策的东西，还是建筑师之间的相互学习，参标单位的相互学习，都在判断这座城市以什么标准选择未来。

Q：感谢您愿意接受采访。

A：其实我也学习了一下，这样一聊反而能整理些平时没想过的东西。

“一个逐渐完善的竞争过程，会使所有有能力的人都有机会参加竞赛”

饶小军是深圳大学建筑与城市规划学院教授，国家一级注册建筑师，全国建筑学专业教学指导委员会委员，《世界建筑导报》总编辑。曾多次参与深圳城市 / 建筑竞赛的专家评审，以及建筑公众普及工作。

Q = 周渐佳
A = 饶小军

Q：您如何评价深圳这么多年在公开竞标上做的持续努力？无论是对资质的放宽、面向机构与个人报名形式的多样化等制度上的差异是否也带来了成果上的差异？

A：先回答第一个问题吧。竞赛的目的可能有多种：可能是方案优选、可能是利益平衡、也可能是探讨问题，总之是通过公平、公正、公开的比赛来达到相应的目的。然而，以前事情并不这么简单，竞赛总是被各种人为因素所干扰，比如长官意志、比如本位主义、比如行业门槛等，使得竞赛过程变得不那么公开。在这里要说的是，深圳建筑规划领域的公开竞标活动，恰恰是一个逐渐完善的公正竞争的过程，它使得所有有能力的人都可以有机会参加竞赛，打破了之前的某些垄断局面，当然就有可能获得一些优秀的设计方案。

Q：因为您在高校担任教学工作的背景，我想知道您怎样看待竞赛和学术之间的关系？在历史上有很多经典的竞赛往往伴随着非常具有实验性的成果的诞生，您认为这样的竞赛在深圳有没有机会？

A：我想分两个方面回答：一方面深圳是一个行业竞争十分激烈的城市，所有的建筑师不管你之前有什么样的专业背景或有多大的知名度，来到这里都必须从零开始，必须经历一个市场洗礼的过程，必须面对草根建筑师的挑战，必须面对低价设计的扰乱，只有在激烈的市场竞争中经受考验者才能重新获得排名和地位；另一方面，由于深圳行业市场的开放性，进入的门槛很低，在此汇集了海内外设计行业的精英，大家在激烈竞争的环境中不断激发出新的思想、新的作品，相互促进学习，使得设计质量和水平不断提高，从而带动了整个城市建筑发展的水准不断提升。

Q：其实我特别感兴趣的是竞赛提供的机会与大学之间的可能性。因为竞赛会带来一些城市价值观的输出，也会吸引一些国际级的知名建筑师来参加。其实一些竞赛的前期研究对大学而言也是很有价值的研究课题。

A：我认为竞赛和教育是两码事，之间并没有那么直接的联系。当然深大的学生处在深圳这样的城市，耳濡目染，受社会和行业的影响比较大，出来实战能力都很强，这是其特点。

Q：这么说也对。我比较深的感触是深圳的竞赛是一个动态的、长期的过程，不止是决出名次，确定一个实施方案，竞赛的前期研究和后续的评审也极有价值的积累。所以觉得这些阶段是有向教育开放出来的空间的。

A：这主要是规划部门的事情，他们相比其他城市的主管部门，更加积极主动地引导和推动行业设计水平的提高，通过设立一些项目前期的可行性研究，来寻求解决城市问题的最佳可能性。

Q：相信您也是深圳专家库的成员之一，而这部分的评审工作往往不像提交的成果那样为人熟知，想请您介绍一下专家库的工作模式，这样的评审工作包括后续的城市设计专家工作坊会对业主的决策、对成果的修改产生怎样的影响？

A：对我来说积极地参与到设计的过程中，通过过程控制寻找最佳方案更有意义，反而不是通过一次性的方案竞赛结果来达到目的。事实上一次性竞赛的结果往往由于时间匆忙和快速,并不是最好的成果。

Q：您认为深圳竞赛中最有价值的部分是什么？还有什么可以改进的地方？

A：我认为深圳竞赛最有价值的部分，一是国际化，二是公平竞争，三是评审的过程化参与。可以改进的地方是减少由于竞争所造成的社会资源的浪费，因为过多的设计单位参加竞赛和竞赛轮次的多次反复，造成了设计总成本的极大浪费，比如一个设计费不高的项目，由于参与单位很多，每家投入人力物力很大，综合起来成本就非常大。

“想和同行们一起给未中标的设计开个追悼会”

朱雄毅于2002年加入悉地国际，2009年与同事以个人名义参加观澜版画基地美术馆及交易中心竞赛，获得第一名并作为实施方案。此后组建东西影工作室，先后参加了数十个深圳市内的重要竞赛，其中百度大厦、深圳软件中心等被选为实施方案获建。

Q = 周渐佳
A = 朱雄毅

Q：我想先从观澜版画基地这个项目开始，我觉得无论是在机制还是建筑本身，这都是个很有意义的项目，在书中也会作为重点案例介绍。

A：可以。其实我觉得从2007年到2013、2014年左右应该是深圳竞赛品牌树立的重要阶段，它比我们参加过的国内很多竞赛要透明的多。同时深圳的规划管理部门也通过竞赛在向外传递一些城市的价值观，正好其中的几个我们参加了，比如南科大。这种价值观的传递不仅仅影响业主，影响建筑师，也都在一定程度上通过深港双年展这样的展览影响了公众。我觉得举办双年展这种展览本身，它的主旨其实都和主政部门对城市的理解有关，往往还是非常强烈的主张。从双年展2005年开始，我们开始不断接受，并且认同这样的价值观。对于2005年至今举办的一些竞赛，我们甚至会邀请自己的一些朋友一起参加，他们会说对深圳不熟悉，有点顾虑。但我告诉他们，来参加竞赛就好，深圳还是能有一个相对公平的取向，但如果你想取得更好的成绩，就有必要了解一下深圳对城市的价值观，比如要通过看双年展理解这个事。只有参赛的人主动去认可这样的价值观，才会去参与这样一种竞赛。

一方面深圳有一个良好的背景，另一方面我们出生在这儿，学习在这儿，实践也在这儿，和这座城市也有很深的感情，也很容易融入。到2009年的时候，有了观澜版画基地这个竞赛，我们原本以为是一个常规性的竞赛，但后来发现它的特殊性是比较少见的，其中一条是这个竞赛没有资质上的限定，这是它不一样的地方。评审真的不看你的来头，只看设计和文本本身，我觉得肯定是一个大胆的想法，也是一个挺危险的事。我想分两方面去讲它的特点，首先是这种做法真的能针对设计本身去讨论这个事情。当时的竞赛我所在的悉地国际（当时是中建国际）也参加了，当时是和凯达以联合体的形式报名，从竞赛规则上有几家邀请的设计单位会有标底费，剩余几家是完全开放的，评审的时候也一视同仁。开始的时候我陪着这个团队一起去看的基地，这个过程中发现大家的理解有偏差，我就想能不能自己去做这个事呢？正好公司里有一个很有意思的团队，后来我们就一起组队去独立报名了，前因后果就是这样。看了一下竞赛规则也没说这样不行，那我们就参加了，评审的结果的确出乎意料，在我印象中这种不看你的身份只看你的设计的评审真的没有先例，最后接到这个结果我们真的非常惊讶。接到这个竞赛的时候发现项目所在的位置比较特殊，另外有意思的一点是收到的设计任务书是我们职业经历中最最简单的一个，只有一个面积指标，印象特别深刻，15 000平方米的美术馆，15 000平方米的交易中心，总共30 000平方米的建筑面积，就这样。但也可以从这个简单的任务书中看出来很多事情没有讲清楚，没有想清楚，那就意味着很多的可能性。我们比较感兴趣的事情还是希望在没有太多资本的约束，没有太多官方意识形态的要求下，如何通过建筑专业的力量把这个事情做得更好一些。我们呈现的文本得到了概念征集第一名这样的结果，也有人会说后面的推进会非常痛苦的，这也是正反两面吧，所以还是觉得挺有意思的。

印象中评审的过程挺快的，先是听到传闻说我们成绩还可以，也没具体说怎么样，因此我们接到通知的那一刻完全是意料之外。后来接到规划局的一个电话，我印象特别深，一位唐工打的，跟我确认是不是投标等等。我们完全没想到会成为中标单位，只是觉得事情有意思就做了，对结果和后续没有多想。但确实在这样一个机制下又允许这样的事情发生，我们觉得不可思议，像做梦一样。结果出来以后是真的面临建造的，就会涉及实施主体的问题，当时有人希望我能独立出来做这个项目，可我觉得不是所有人的性格都适合在这样的环境下创业，另一方面这个项目的技术难度挺大的，会面临很多问题，所以还是在大公司里实现的可能性更高，毕竟竞赛阶段的任务书太简单了。最后我们理清了一些基础的问题和工作框架，但落实到现实中还是需要管理者介入才能真正确定，也就是我们常说的馆长。从中标的第一天我们就在提议能不能和馆长见个面，把问题讨论清楚，但项目的委托单位并不是规土委，他们相当于推动项目的政府主体，所以和馆长的沟通一直悬而未决。当时项目的实施单位是街道办，可是他们不是使用者啊，有些问题还是没有办法讨论清楚。一个项目从竞赛开始，到实施，到主体施工完成，最后馆长才到位，我们都非常焦虑。像有些局部的功能，特别是到室内设计的修改，如果能早点讨论的话，就会少走很多回头路。可能这就是竞赛有利有弊的地方，很多需求没有办法和业主直接讨论，我们确实希望有更多的对话渠道，渠道越宽，需求就能问得越清楚，我们需要去倾听业主，他们也需要尊重我们的

01.在深圳软件产业基地举办的“深圳创客周”

02. 建成的观澜版画基地美术馆及交易中心

专业意见，但这点在观澜项目中是缺少的。即便找了很多博物馆专家去论证了标准的实用功能，最后还是会面临一些特殊的需求。其实到今天完全实施了，我们对功能还是没有完全的把握。另外一个是结构技术的解决，现在回过来想想，选择中建国际去合作还是很正确的，技术深化时整个结构方案我们都比较满意，包括对中间大跨空间的实现，跟我们预想的比较接近，这些还是很有技术含量的。我不想刻意去表现技术，但是面对这样一个项目，背后有大公司从技术上、从人员上去支持它的实现，都有很多助益。

从我们开始做这样一件事情到今天的实现，还是觉得有它的价值，我记得竞赛结果出来后还成了为深圳申请“设计之都”的素材。当时的报道有正面也有负面，我记得ABBS建筑论坛上有十几版、甚至几十版关于我们身份合法性的讨论，对这个事情有这么多不同的心声，我觉得都很好，那段时间也是我们制度不断改善的过程，大家关心才会讨论。这个竞赛之后很有意思的现象是，这个竞赛对深圳很多的小事务所和小公司都起到了激励的作用，他们开始去参加公开竞赛，其实散发出很多正面的讯息，当然我的理解是其中也有一些会成为被利用的工具，其中也存在两面性。我先说负面的，因为我的感触很深，在10年左右深圳出现很多类似的公开竞赛，它真的不设标底费，只要报名做个提案，几页纸的深度就行……

Q：也是规土委组织的吗?

A：也有。但他们的确有一定的评审机制。我们也参加过几次类似的比赛，一下子收到四五十个方案，真的不知道该怎么选。

Q：这就有点矫枉过正了。

A：是，我觉得如果十几个、二十个左右是个好选的事情，到五十多个的时候……我也担任过评委，其实评选需要很综合的考虑。况且有些项目其实不那么适合去竞赛，或者至少从技术角度上来讲要用联合体的方式去做，比如大跨和会展型的建筑还是应该对资质有要求。

其实这个过程也是摸索，是规划的部门在摸索，比较好的情况是普集建筑他们参加的那次，我也觉得这是个正面的好事，就是第一阶段自己报名，第二阶段再采用联合的形式，所以你在第一阶段看到的文本是很薄的，看到你的创意，看到你的想法就行了。还有一个，在项目真正去实施的时候，投资方还是有预算和安全性的考虑，这个时候背后有一个技术主体去支持会好很多。特别是在国内，当一个小型团队赢了竞赛、签了合同，实施时会面临很大的工期压力，这种责任制其实未必能获得健全的保障。我想，正是出于这个原因，11年左右的联合体竞赛就特别多。那个阶段的状况和现在的又不一样，现在的竞赛我不太想谈，特别是出现了评定分离的情况，意味着专家只能做专业陈述，不能做评判，最后选出的方案不能排序，而是让业主去定。

Q：比如说最后选出三个方案，再让业主去选？

A：对，很多情况是三个，甚至五个都有。所以评审的专业性会让位于业主的偶然性。有时候评审选出的前三真的会保持比较一致的水准，选哪个都还行，但有的时候我个人觉得真的还是要第一名，它的作用会跟其他的很不一样。去年的时候还是维持评审会推荐的就是第一名，比如消防站那个，特别小。

Q：也是普集建筑做的，他们介绍过。

A：项目虽然特别小，但那次的评审也挺有意思，因为大家有价值观的讨论。竞赛的机制很重要，评审的选择同样重要，评审的水准会直接影响结果，我觉得消防站项目在机制和评委的水准上达到了应有的高度，因此选出来的结果是合理的，对这座城市也有交代。既然参与决策，那我们还是会把最后的评审当成相对公平的事情去看，因为评审的地位和身份，写的评语会对结果有一定的导向。深圳在相对重要竞赛的大方向上，我觉得大致是对的，但是到比较小层级的竞赛中就很难说了，有些机制会保证过程的公平性，但是忽略了结果的正确性，这很可惜。

Q：也就是能做到程序公正，但无法保证结果是好的。

A：对。有时候会想自己参加某些竞赛是不是做了“明珠暗投”的事情，有时间有精力的时候我们更愿意做有价值的事情，哪怕没有产值，或者去做个研究，为未来做准备。竞赛有时候也是一种浪费，这种浪费是完全不知道它在阐述什么，或者它的评审机制很模糊，因为看到太多这样的结果，我们宁愿不参加这类竞赛。

Q：说“浪费”可能是言重了。但它的确需要几乎不计成本的投入，是在不知道结果怎么样的情况下提前付出财力、时间和人力，特别是智力，对自己的意志力也有很多的要求。

A：有些时候就要调整自己的策略，这很痛苦。毕竟我们工作室会有大的方向，有比较连贯的设计想法，但竞赛时又要针对项目本身去讨论和调整，可它的反馈和结果又往往是混乱的，有时候不值得投入。

Q：你前面提到的几点正好让我想到有一度采用的机制是，除了通过资格审核的几家之外，预留出一些名额给其他团队，但不设标底费。我看到的观澜版画基地的资料，觉得进入最后阶段的可能就存在这样的情况，当时提交的总共有二十家左右吧。我觉得水平的确是参差不齐的，有些很难被放在东西影和都市实践方案的那个层面上比较，因为一旦这个口子打开了就面临泥沙俱下的局面，很难保证质量。我记得阿里巴巴有四十几家参与的情况，整个评审的时间非常长，讨论也很多。

A：阿里巴巴和百度我们都参与了竞赛，最后做了百度大厦，已经建成了。

Q：对，我昨天路过时看到了。

A：百度大厦旁边的软件产业基地也是我们在2009年竞赛时中标的。刚才说了一些负面的意见，但竞赛构成了我们90%的项目源，而且是通过公开竞赛，这种情况应该是我们大部分公共项目的机会。当然，其中有一些是完全公开，还有一小部分是定向，这两种情况或者两轮竞赛都会有。

Q：我想到你之前说到的馆长问题，因为深圳竞赛在前期会经常做一个长期的前置研究，对特定的课题会提出相应的导向，并拟定尽可能详尽的任务书，也会由熟悉该地块的城市方面的专家来介绍基本情况。但是业主的需求在这个过程中似乎没有被完全表达出来，包括我读到的阿里巴巴评审记录中，业主对于业态、办公形态都有自己强烈的诉求，但反而是这些需求在城市环境、在和建筑师的博弈中间没有那么多的体现。

A：业主的决定权应该多大呢？我想举几个例子，比如在政府主导开发的项目上会

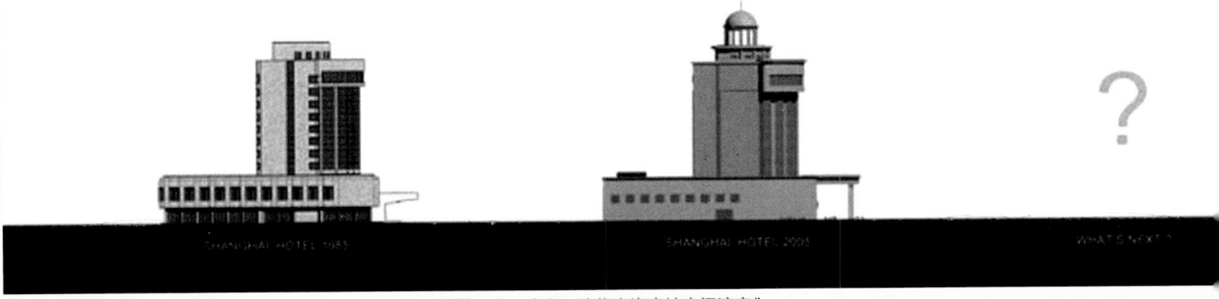

03. 朱雄毅及团队为2013年深港城市／建筑双城双年展提交的展品“中心／边缘上海宾馆空间演变”

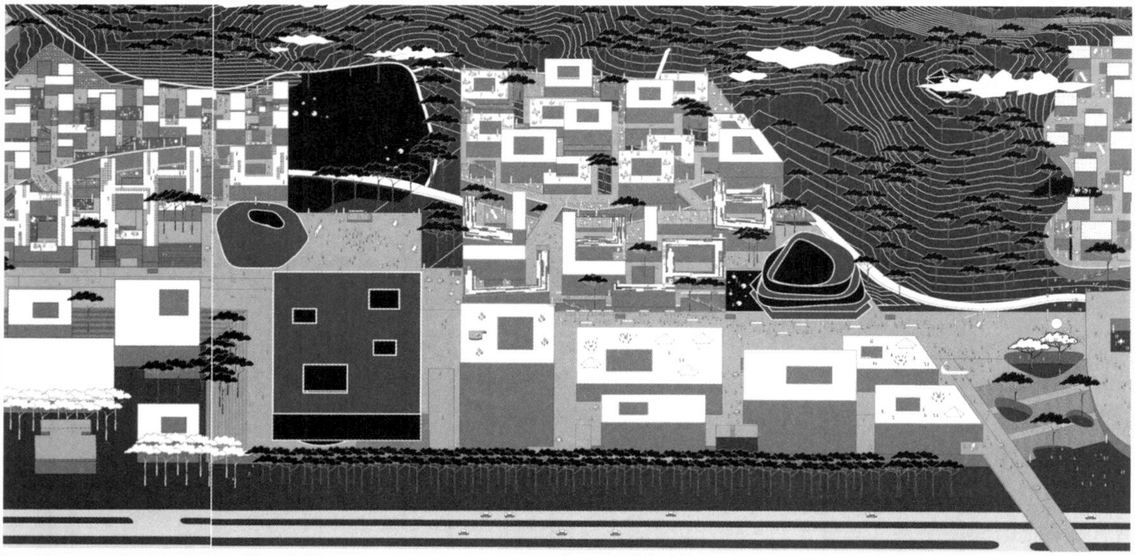

04. 东西影与普集建筑、坊城建筑以联合体形式递交的港中大深圳校区竞赛方案

存在一定的需求上的模糊性，它们未必是任务的制定者，也不会是使用者，只能依靠制度去做决定。

Q：先把建设量填满。

A：对，比如观澜版画基地这个项目，我个人的判断是当这件事刚启动，目标是模糊的，无论是使用需求还是城市设计要求，在任务书里体现得很少……

Q：它所在的环境也不在市区范围内。

A：对，这个项目的确比较特殊。可以把百度大厦和旁边的软件产业基地做个对比，先说软件产业基地，它也是政府指导开发，任务书的框架相对笼统一些，使用需求上来说是模糊的，面对的市场也是模糊的，那么就会在任务书中体现出市场灵活性的需求。但同时，城市规划者这块的需求就站到前面去了，既然需求定位不明确，那么城市规划部门就会用自己的专业性去引导。我接到的任务书里有把价值观写进去的，那么在做方案的时候，我们就会把自己理解的城市公共空间元素放进去，包括一些适应南方气候的架空空间，还有人流的自由穿越。它们在实施中都体现了，2015年的创客周就在那里，项目建造的时候有很多遗憾，但是看到创客周期间有很多人使用的那一刻我很感动，因为真的给公众很自由的空间，没有压力，还能够遮风避雨。我坐在那里的时候看到大疆的那些产品、那些机器人跟大家交流互动，觉得好有意思啊！在那个时候，那个地方，真的展示了我们对城市的诉求。

再说百度那个项目，两个地块离得很近，大概就100米的样子。百度第一轮的任务书就非常明确，因为在北京就有百度总部，我们去研究了他们的北京总部，理解了他们的设计，但在深圳的情形是需要用高密度去解决问题。可说到底企业能通过任务书把需求体现的很明确，但是城市规划会要求些什么？首先就是你首层的公共空间。

Q：这是深圳很有特色的地方。

A：他们也问过我，觉得深圳和北京、上海有什么区别？后来想一想，深圳的规划者或者主导部门本身就愿意赋予这座城市一些开放性，对市民权利的诉求能够付诸实践。我觉得这很可贵，这是有道理的，跟这座城市一直以来贯彻的开放，对市民的欢迎态度是一致的。市政部门会关注这些层面，包括街墙、围廊，并且去推动这种需求的兑现，建筑师也会思考同样的事情，如何处理能让城市的整体性更强。回到观澜，其实这些架空的空间也是在回应自然的边界，也就是一个很硬的房子如何能融进自然。

有些竞赛我们团队虽然没有参加，但是帮助规划部分研究了城市周边，包括对城市空间的设想，如何开放给市民等等，最后竞赛的方案会放到我们做的前期研究中去判定。

Q：我觉得这是很有价值的事情，这些研究最后对主管部门输出，可能影响他们以后的决定。

A：是，我们也在输出自己的价值观，能做一个项目最好，不能做的话把一种价值观延续下去也很有意义，比如我们一直非常关注气候和场所的结合。哦，我想起一个项目，香港中文大学深圳校区，我想讨论下这个竞赛。

A：这个会收录在书的案例里重点写。我看了一下报名港中大竞赛的设计机构非常多，当然在那个阶段很多竞赛都能吸引到近百家的设计机构报名，有些是初出茅庐的设计师，有些是真正的国际大牌。一方面这是好的讯号，说明深圳竞赛这个品牌真的能吸引到很多优秀的机构参加；另一方面这种情形多少会对本地的行业产生冲击，也有可能获得一些视觉上很吸引人，但对深圳情况不是那么合适的设计。

Q：所以我是这么理解这件事情的，我们不害怕外国的设计机构进来，前提是评审时能做到公平，能真的以方案评方案。我们递交的时候很有诚意，内容很具体，厚厚的一本文本，但我猜想在一天之内，评审们未必有机会从119个方案中认真地阅读你的想法，可能也会看你的业绩，看你的来头。当时我们联合了几家事务所，包括筑博、局内、坊城、普集几家名气不大，但都来自深圳本地，一度想叫深圳设计。当时做完之后觉得很伤心，因为付出了很多，而追求的公平是评审们真的能看过，真的能理解我们的想法。普集建筑的杨小荻带领他的团队画了很多轴测图。

当竞赛没有太多意思的时候还不如参加双年展，我们参加了两届，2013年的时候拿了组委会奖，题目是以中心－边缘的视角研究上海宾馆，大家都比较容易忽略的平常建筑，但它很深刻地影响了市民的生活。有些时候会认为这些是滥建筑，但是它有价值，这种价值取决于用什么角度去看待。因此准备双年展的时候我们采访了好多人，这些亲历者们愿意分享他们和上海宾馆的故事。所以你看无论做什么，我们的目的还是希望在城市规定的范围内做些事情。

Q：那么从这么多的事情中，你觉得竞赛制度对青年建筑师的影响是什么？年轻的事务所能通过竞赛的机会获得项目当然是很好的事情，但从大型的项目开始是不是适合也值得反思，毕竟小型的、功能比较单纯的项目可能更有益于青年建筑师的成长。

A：我们以前也了解过一些国外的竞赛，其实是很多元的，会有很多根据项目本身去量身定做的规则。大型的竞赛会达到几十万平方米的项目，甚至到一百万。那要梳理的问题真的是太多了，而且当中的很多未必是建筑学本身的问题，常常是市场和多方利益的不断权衡。所以当涉及大项目时，很多时候是任务的平衡，公众和私人的平衡，内部各个专业的平衡，但这些事情又不是依靠建筑学可以向前推动的。反过来说，建筑学上的东西是不是需要这么大的项目去实现？哪怕你有很好的想法，但是放到一百万平方米规模的建筑中，对于城市可能是个灾难。

所以可能像你说的，应该有很多层级的竞赛在发生，可能深圳竞赛慢慢成熟了会达到这样的状态。现在回想起来，观澜也是发生在这种语境转变下的一个案例，一个后话是项目还没有完全完成，有一半土地的征用还待商榷，但我觉得未必是坏事，因为格局还在，真的推掉这个事情就没有回头的机会了。当想得不那么清楚的时候，可能放一放也是好事，我们希望等以后更成熟的时候再投入这件事情。如果有些竞赛没有很好的实施基础，那么就只是停留在竞赛的概念贡献阶段就好了。

我现在更加愿意参与小型项目的工作，比如之前提到的消防站和刚进行评审的幼儿园，我们想输出的价值观可以帮甲方树立更清晰的框架，搭建一座桥梁，如何一步步去接受、去改变这件事。包括之前参加的香蜜公园评审中包含了小单体，功能上单纯，更适合做建筑学上的尝试。反过来，当碰到大项目时，我觉得应该

05. 幼儿园工作坊

做定向邀标，需要技术支持、经验支持，没有背景的话交给你也不放心，对业主也是不道德的。另外就是超大尺度的公开竞赛，我总觉得大家的呈现有点太着急了，把局部的东西放大到区域尺度会很怪，能不能把这种类型缩小一点去做呢？可能会更好。

Q：的确，最后会变成没办法选。

A：如果这种竞赛能够严肃一些，能够在早期制定框架的时候更明确一些，或者说哪怕费用很低甚至没有，也不要用草率的态度对待，不然就真成了笑话。这种情况下我觉得还不如不参加。

Q：那么参加竞赛的成本呢？特别是刚才讲到90%的项目来源是公开竞赛。

A：现在的情况是标底费越来越低，到最后基本没有。我们计算过保底的费用，也就是一分不赚。但关键还是在选择，要么不做，做一定是因为这件事有价值，这样的话我们把它看作是投资，也是机会成本吧。时间和人力的投入就更难计算了，对甲方来说，真的有一个项目有一百多家设计机构参与，补偿费怎么给？业主是承担不了的。国外的竞赛会对提交的成果有要求，有时只要提交几张纸，这样才比较公平。最怕的是出现这样的情况，即便不要求效果图和模型，但是别人做了，组织方也不拒绝这样的做法。

Q：会互相追加投入吧。

A：对，以前会出现这样的情况，其实没有价值。近期的竞赛好一些，要求十页纸，能够在这些限制内把概念阐述清楚了，最后呈现的东西虽然少，但是经过了充分的脑力激荡，要理解这个问题的框架和边界，包括怎么去呈现这十页纸。我们碰到的情况都是优中选优、删了又删，虽然最后呈现的内容很少，但对这些思考应该保留着。其实我们想过要不要给这些落选的设计开个追悼会，大家能有一个表达的空间，让更多人听到你在想什么。

Q：未建成啊。

A：说得更直白一些是设计追悼会，其实我们开过一次。

Q：很有意思的想法，对于中标单位来说是庆功会，对于落选单位来说是追悼会，重要的是一起交流成果。

A：我们愿意分享。一个作品有很多状态，未建成是另一种样子，也有它的价值，历史上很多经典的竞赛方案都有着广泛的影响。所以我们几个朋友打算长期开追悼会。

Q：对于评审意见而言是一样的，有必要也把这些意见公开拿出来讨论，这样大家就知道为什么中选，为什么落选。事情做完了，但还能有个后续，还能有积极的影响。

A：很多竞赛的确有交流会，我也参加过，以评审的身份或者以参赛者的身份跟公众交流。这些交流的组织方是城市设计促进中心，作用就是向普通市民传播和交流建筑观念，去普及建筑学的一些基本问题，政府有义务去做这些事。

Q：别的城市也有可能效仿。

A：这样的话很有意义。我记忆中有些竞赛的获胜方会去这个平台上讲，前几名也会讲，评审和主办方会把他们看到的价值和过程说出来，其中既有客观陈述，也有个人的看法。这样对评审本身，对竞赛的公信力都会起到很好的作用。我本身有类似的经历，在评委讲完后，听众中有些人是有情绪的，有些人不明白，但是沟通很重要，作为建筑师或者说专业人士，把这件事情说清楚责无旁贷。我们都很清楚建筑在公众中普及的状态，难道大家不希望改变这一点吗？如果没有交代的话，公信力又何在？

是不是追悼会无所谓，也可以是民间活动，大家上传竞赛成果，所有人都可以点评，但是没做成。如果一百多家设计机构里有二十家真的认真做过讨论和思考的话，都会有积极的作用。作为一个设计人员，经历过这件事，能看到别人是怎么想的就会意识到自己思考的盲点，事情可以很多元化，可以多方利好。我喜欢这样的交流活动，因为本身也是从竞赛中成长的，所以有时会去网站的公示上看一下评审意见。但有时文字的东西不能穷尽，想法写到纸上时还是会有点犹豫，另外这样公示的单方记录不是交流，只是陈述，告诉你一个结果而已。

Q：刚才说的让我想到两点：一是为什么是政府在主导做这件事，其实始终是在输出对城市的价值观；另一个，办追悼会是因为大家有竞赛这样一个对话基础，大家都参与了，有共同的经历可以分享，这已经很难得了。

“这片年轻的土壤决定了从中诞生出的果实”

曾群是同济大学建筑设计研究院（集团）有限公司副总裁，集团副总建筑师，教授级高工，长期在上海实践，主持了包括世博会主题馆、同济设计院新楼巴士一汽停车库改造等大量重点项目，受邀参与多次深圳的竞赛评审与工作坊活动。

Q = 周渐佳
A = 曾群

Q：能从您参加的深圳竞赛评审工作开始谈起吗？

A：我参加过几个高层的评标，当时参加的都是国际的顶尖大师，包括汤姆·梅恩、库哈斯和许李严。当时深交所已经建成了，但是想再寻找一些突破。深圳规土委在里面起了很大的作用，还有城市设计促进中心。

Q：上海也启动了自己的城市设计促进中心。

A：这些都是好想法，关键是组织的人是否真的有城市的理念，形式很容易效仿，但是执行的人很关键，他们会带来不同的结果。刚才讲到了设计促进中心，我的理解是它有点半官方，但又带些学术色彩，这样一个机构的介入多少会改变事情的性质。如果完全是从政府的角度出发，那就变成官方在把握整个事情，这样学术讨论就变成可有可无的了。相反，通过设计促进中心，就可以一边进行方案的投标，一边再展开一些学术活动，对深圳这座城市有很多探讨。应该说规土委和促进中心是从同一棵树里长出来的，但是努力的方向不同，互补合作吧。

刚才说的机构是一个，另一个比较有意思的他们的评选机制，有些遴选的机制的确不错。首先为了保证公平性，所有投标在第一轮的时候都是完全向社会公开的；在遴选你是否能进入第二轮的时候就要求你提交概念方案，也就是资质审核之后就是看方案了。

01. 墨菲西斯的汉京中心方案

Q：这在您参加的工作坊里有体现吗？大概是什么时候形成这样的惯例？

A：我参加过他们几次工作坊，其中一个项目是万科开发的，就以这个举例吧。一开始是很多家参与，然后从中再遴选几家参与第二轮招投标，但是确定设计机构名单之后，招投标工作并没有马上开始，而是先由规土委牵头组织了一个工作坊，请一些专家就前一轮的成果进行讨论，通过工作坊给出一个相对有指导意义的原则。因为这块地很大嘛，我估计有将近一百万平方米左右，而且是由很多家来合作的，因此就需要对一整块城市设计做统筹的考虑，到底怎么做才好对吧？多样性是一定要有的，但是这种多样性也不能失去控制，所以在正式开展第二轮招投标之前做工作坊挺好，然后再进入下一轮。这个工作坊的目的是针对大家前一轮的成果做共同的讨论，那么就会为下一阶段的招投标达成基础，也就是我们参与者的共识。这个工作坊要做两天，大家会提出自己的意见和建议。重要的是，这个工作坊是一个平台，一个底，通过这个平台再往上走。通常的做法是做一个“帽子”，大家来执行一个大框架，是一个往下走的过程。我一直批评的城市设计是后一种情况，把进退、大小、高度都弄好了，最后这种框架下造出的建筑没有多样性了，就是一张表皮，这个做法有一段时间在中国特别流行。当然这也不是说不可以，可是你必须要时刻想到建筑是突破的关键点，规划应该是一个底，不是一顶帽子，这个非常重要。建立好这种基础，在这个基础上再来推进建筑，这是工作坊的做法，所以我觉得它这种机制还是蛮好的，不是说靠一天半天的评比，大家讲好怎么就定了往这一个方向做，其实这种短期的决定很难有一个好的结果。第一个是你不知道实施出来是不是真的就跟设想的一样，第二个是有没有可能在这个半天以外、在这些方案以外还存在着更好的结果或者可能性？所以为了确保结果，深圳规土委在碰到特别重大的设计时会采用这样一种竞赛连同

02. 八十年代的深圳

现场学术讨论的做法。我们参与工作坊的时候都是要画图的，每个人都要展示你参与的成果，就是草图。

Q： 这是很有意思的地方，靠图、靠设计来说话的专家工作坊。

A： 还有一次是竞赛结束后已经有了比较明确的意向，也就是说想让这家做。但是在正式开展工作之前也组织了这样一次工作坊。也就是说虽然已经遴选了，但方案并不是最理想的，那么就通过工作坊对这个方案再做讨论。

Q： 当时参与工作坊的专家背景是怎样的呢？

A： 主要还是建筑师和规划师为主，包括城市设计促进中心主任黄伟文，他有专业背景也有政府背景。那次还有中科院建筑设计研究院副院长崔彤和来自深圳本土的深大院总建筑师龚维敏。我觉得这个工作坊里体现得比较好的是互动，这个阶段的选择也很有意思，不是说什么都没有，大家坐下来开个头脑风暴研讨会，虽然这是惯常的做法，但其实没什么太大的意义，因为你没有成果作为基础来推进。在我参与的这个情况里，是有了第一轮，或者说有一个方案之后大家再来对这个方案、或者说好几个方案来组织工作坊，这个时间段是比较有针对性的。

Q： 有一个共同工作的基础，再来做工作坊。

A： 对，工作的基础，毕竟工作坊的时间还是很短，最多只有两天左右。如果没有任何准备，只是上来做口头陈述，那么作用就不大了。但是当大家都有些东西了，这时候再做第二阶段的深化就比较有的放矢。相对来说，请到的专家也是在一线工作的人，思想比较开放、活跃，这是建立专家库的一个标准。其实评审的选择多少代表了价值观的取向。

我的另一次经历是汉京中心的评选，当时是汤姆·梅恩领衔的摩弗西斯与许李严，还有深圳当地的设计机构入围了最后的评选。这个设计做得挺不错的，但业主还是想再讨论一下。我觉得业主能接受这样的设计不只需要勇气，是很大的勇气，我想这样的建筑在上海可能不一定有机会。跟我其它的经验相比，汉京中心是很特殊的。我觉得在招投标之前，针对入选的设计机构，规土委就跟业主做了很充分的沟通，也就是说在做这件事情之前就先告诉你我们要选这些人，告诉你这些人会做成什么样子，所以汤姆·梅恩的设计出来之后，业主看了之后觉得就要这个。他们可能原先没有这样的准备，但政府方面做的前期沟通工作很重要。但我也跟周红玫处长说过，可能几次的个案这么做可以成功，但的确需要更明确的策略，比较保守的业主，比如说银行，就不能这么去推，换成有同类项目经验的福斯特业主可能更能接受。但她做得很好的是先跟业主沟通，看有没有接受的可能，反过来说在别的城市能做到这样吗？我觉得具体在操作的一批规土委的人还是非常有理想主义情怀的，他们想做一些好的东西，想为业主考虑，想为城市考虑，而不是说我完成了任务就好了。要知道在多数情况下，如果不是民营企业，业主对招投标的结果都是选择式的，组织方只要把大师的名字写上去，让业主自己挑好了。还有一点，最后专家评审阶段确定的第一名就是中标者，当场就写下来，专家的意见是从专业出发的，客观的，不是去跟随业主的意愿。但别的地方操作的方式很可能不一样，评审选三家，三家名单都提交给业主，让业主来评，给业主一个选择的余地，大家不都这么干吗？当然这也是另一种操作方式，留下一些可能性吧。

Q：那么专家的意见会影响业主吗？

A：会的。汉京也是一个比较典型的例子，因为汤姆·梅恩不完全熟悉中国的气候或者城市的特点，他是用欧洲或者美国的那种方式来思考的，把最漂亮的一个面做到了西面。我们在评审时就提出，这个面必须是在南边，而且南边是主干道，这才符合气候的特点，也兼顾到城市的环境。另外一个就是规土委非常强调公共空间的概念，特别是城市中形成的、服务于大众的公共空间，这点非常重要，我们在评审时每次都要强调这个建筑的公共性。这种公共性是建筑本身传达出的一种社会责任，而且这些东西是他们一开始就跟业主达成共识的，必须要在建筑里体现。反过来，上海也讲城市公共空间，但大多还是在谈文化设施，但他们具备公共性，或者说贴合市民日常需求的公共性吗？是真正为市民提供活动场所的地方吗？如果只是做一个文化设施，而这个设施没有公共性，那么在其他建筑中体现得就更少了。

Q：我在看所有资料的时候觉得深圳很突出的一点是确保招投标体制的完善，而且这种完善是逐步发生的，公平、公正、公开固然是一个口号，困难的是如何通过一系列机制来确保——不仅是招投标的程序，也是它的成果的合理性。

A：对。

Q：另外一个感触是他们对城市空间的重视，对公共性的重视，这保证了从福田中心区开始的城市设计思想的一贯延续。我自己感触比较深的还有那些开放给深圳本地青年建筑师的机会，特别是涉及公共性话题时，青年建筑师往往会更敏感，也有更有趣的策略。

A：我没有参评过这类项目，原因可能是他们对专家的选择还是有针对性的。我也了解他们在这方面比较开放，不是一味推举大师、大家。我参评大型项目的几率较大，比如一两百万平方米建筑面积，或者超高层。我觉得你刚才的总结很对，如果说这个竞赛方案好，一般他们会积极地推动，保证业主把设计执行下去，这是我觉得规土委做得比较好的地方。很多情况下，政府的介入到方案评选完成时就结束了，后面会做成什么样子是无法控制也无法监管的，但是深圳还比较重视这个。所以为什么要保证评定一致，第一名中标呢？因为他们信任专家共同讨论的结果会比长官或者业主的意志更好，也就是出来的成果会更好，说到底就是这样。如果说专家写的评语很好，规土委就会建议业主和设计方去尝试、去修改，在后期过程中达成。另外一个原因来自专家团队本身，大多数参与的设计师是非常看重城市公共性的，这直接保证了设计的成果中会有更好的公共空间体现，这个很重要。因为很难指望业主在一开始就考虑公共性的问题，那是不可能的，在追求商业最大化、利益最大化的时候，谁会想到这个呢？所以这个过程完全是需要政府或者专家来引导的，但同时又要告诉业主，其实这么做了以后是有好处的，更多的公众参与可能会带来更多的效益，指标上也有商榷的余地。那么一来二去之后就形成了一种常态，或者政府、业主和设计方之间的共识，很多人就知道，哦，应该这么去做。那么有一个人突然要做一个用围墙围起来的大建筑的情况就不太可能发生，因为这种对城市公共性的认识已经形成了。规土委在招投标的过程中是有自己相当的话语权的，但是他们能把权力放在一些对城市有积极贡献的地方。相反，那些以不破坏城市条例为底线的做法就非常不积极，以一个本来就很粗放的城市条例来约束你的设计，带来的结果并不一定是好的。

Q：我想城市条例的约束经常会出现在对风貌的限制上，特别是旧城区域。但是对深圳这座新城而言，这种阻力会比较少。

03. 都市实践作品大芬美术馆

A：这也是。这座城市是年轻的，它的整个机制是年轻的，所有的都是年轻的，那么它的土壤就能诞生出这个东西。所以深圳为什么在近十年和未来的十年会蓬勃发展可能也得益于这种性格。

我是这么看深圳过去的三十年的：八十年代我就去过深圳好多次，不同阶段都去过。九十年代的时候还不是很成熟，包括到2000年以前依然是不成熟的，但是近十年的发展势头让我觉得中国其他城市已经很难望其项背了。前面那么多年还是积累再积累，年轻的另一面是缺少经验，缺少人才。说实在的，经过这些年的积累，有很大改观。以前它也有观念，虽然和现在的观念会不一样，但当时的确是缺少真正的人才。到现在它有了自己的人才，也有了自己的经验，所谓的经验肯定是国际视野，跑得多了，见得多了，发展也多了。所以我觉得接下来的发展应该还会是快速的。

还有一个比较有意思的现象是“都市实践”，他们在深圳做了一大批有意思的实践。我这次应邀去遴选“深圳新建筑”的时候就跟组织方说，会不会都市实践入选的作品太多了？但反过来想想也的确需要这样的作品去表明自己的立场和这座城市的立场。相对来说深圳其他的设计机构和都市实践还是有一定距离，特别是作品上。我刚才讲到十年前，十年前都市实践还没有那么强的个性，反而是深圳的几个大型商业机构比较突出，但是深圳有自己的土壤，都市实践这样的事务所就会冒出来，其实这种现象就代表了深圳城市发展的历史，到了一定的时候一定会冒出来的，比较可惜的是，像都市实践这样的还是少。不像北京或者上海那样有一个完整的群体存在，我指的大概是六零、七零那一代。

Q：在深圳可能是更年轻的一代会冒出来。

A：对。当时没有最好的设计人才去深圳，其实也有人去，但去了基本就不做建筑了嘛，那个时候去深圳谁还做建筑呢？都去做房地产了，也出了很多有名的人。

你说得是对的，我觉得深圳接下来会冒出来的是七零末到八零一代的建筑师，在未来十年大有前途，我也跟周处长说你要关注一下那批年轻人，扶植优秀的年轻人很重要。

Q：在大小竞赛中都通过不设资质门槛为年轻的建筑师打开了通道，也就是说留给本土建筑师的机会很多，但设计文化的成熟的确需要时间。

A：对，所以说都市实践比较特殊，因为这几位主要的合伙人都是从国外回来的，不是深圳本地的。一开始也参与一些商业项目，后来坚持自己的东西，再加上各种展览和公共活动，就冒出来了。也只有在深圳冒出来，换别的城市不太可能的，比如大芬村美术馆，这不是传统意义上的美术馆，也不是所有人都能接受的。但是当都市实践在另一些城市做项目时，还是能感觉到对另一座城市的理解没有对深圳的理解那么强。相对来说，深圳提供了一个比较宽松的环境，比如说他们做的公寓，做的各种针对城中村的研究，换到别的城市是很难想象的。

Q：包括大芬村，必须对城市的运作有非常深刻的体会才能做出这样的作品。

A：对，上海世博的深圳馆也邀请了都市实践来策展，这说明政府部门愿意和有水平的民间力量合作，这点就很难得。可能主管的领导不是专业人士，但规划局一定是专业人士啊，在这些事情上应当有情怀、有坚持、有责任，不能一味地把重点项目划拨给大院去做。另外，规划局在这些事情上应该有态度、有坚持，愿意去和业主做充分的沟通，真正地促进城市的发展。所以我觉得这里边一定得把角色把握好，要去做业主的思想工作，但不是去卡业主，在公共空间和容积率上也可以协商，要给设计一个空间对吧？所以作为规土委或者促进中心必须本着这样一种责任，要去推广好的理念，要告诉那些投资商、其实也是城市建设者，他们担负的责任远远比选出一个好方案更重要，有些城市性的元素必须体现出来，哪怕是在最好的地段也得留出为市民服务的公共空间。首先是和业主协商，其次是往城市贡献上引导，最后必须实施出来，不然靠业主自己是很难想明白的。

Q：所以政府角色出现的位置和他能发挥的作用是很重要的。

A：很重要，说白了就是角色的位置要摆得对。当然实际上政府会因为很多方面的原因而妥协，但每次在尝试的时候，就是做十分的努力达到七分的目标，但一开始就只做七分的努力那就只有三分的目标，一开始只有三分那最后就什么都没有，就是这么回事。就得先拼命往前做，再往回收，无论政府和社会都会面临妥协的问题，问题是你要做到哪一步再妥协？这是重点。包括这些专家的态度是想传统还是想创新？是想保守还是想实验？这些都直接决定了建筑作品的取向和质量。

Q：我觉得深圳的土壤中要诞生出这种人也比较难。其实不能说深圳没有本土的先行者，大师级的也不少，今年还增加了孟建民院士。但最后谁也没有成为市场绝对的主要力量，或者形成强势的话语权，因为大家都明白这和这座城市的氛围不符。所以这是一个土壤，这个土壤诞生出来的果实自然就是那样的，可能再过二十年也不会有强势的话语出现，大家都要求客观，就事论事。

反过来说，如果政府部门对城市没有研究，没有认识，只是把每次的竞赛和招投标当作政府的职能去做，那么以后诞生出好的设计就会比较困难，尤其是那些大型的、重要的项目，必须去控制，不然的话偶然性会越来越大。

“我们需要不断去理解一座城市的规划意图，在这个基础上展示建筑师的创造与努力”

庄葵在中国最大的民营建筑设计公司悉地国际(CCDI)担任副总裁和公共建筑事业部总经理。作为经验丰富的职业建筑师和大型设计团队的领导者，他经历了多个深圳重大公建项目与商业项目的竞赛、建设与评审，也经历了与这座城市共同成长的几十年。

Q = 周渐佳
A = 庄葵

Q：您想先从大的话题开始讲吗？其实在拟定整个采访名单时，每一位受访对象所处的位置和所从事的职业不同，看到的问题、阐述的方式也都不太一样。

A：我的理解是这里面有历史的维度，还有机制的维度。其实从大的话题来讲，CCDI和我应该是深圳这种竞赛机制的受益者。为什么这么讲？站在公司的角度来讲，的确是有深圳这座城市的特殊性在。我觉得首先是深圳挺重视公平的，其次机会是相对平等的。可能有人会觉得公平和平等是一个意思，但我们回过头来看，过去的这些年里，深圳不会因为你是一个小公司，没有平台、没有影响力、没有业绩，就让你失去一些机会。

所以从这个角度来讲，我觉得深圳这个城市挺公平的，或者说也挺民主的，这是我们这座城市的特点。具体点说，我是2001年到深圳的，在2000年的时候我们公司还很小，小到只有60人，居然有时候我们投六个标能中五个。

Q：那个时候有哪些项目呢？

A：什么都有，规划、住宅、公建都有。最典型的是1998年、1999年的高交会，也是一个国际竞赛，是个临时建筑。

Q：是不是曾经一度要转变成永久建筑？

A：那不可能，因为有土地租用的期限。虽然我没有参与这个项目，但是后来听同事讲起参与投标的好像有几十家。你想我们公司的前身当时就这点规模，能够去做政府第一届高交会的场馆，我觉得这就是深圳相对比较公平、平等的环境。我觉得这在内地城市很难想象吧，但凡对设计院的规模、注册资本金、人员数量、业绩这些门槛一设定，那就意味着刚刚创业的公司基本没有可能获得大项目。但是在深圳这个地方，这种机制下面，也就自然而然地发生了。

所以总的来讲，CCDI是受益者，也就是说拥有一个相对平等的机会，再靠你自身的努力把握住这些机会，也就有了成长的可能性。总结一下，我觉得这样一种设计竞赛的机制，是为一些有理想或者有追求的创业者提供了平台，也就是说有成长的可能，对其他人来说也是这样。现在深圳的竞赛机制我倒要想一想，我们的确参与很多设计竞赛，但很少回过头去梳理它们到底分哪些方式……

A：这里的方式是指？

Q：比如说公开招标，比如说邀标，但我们并没有真正去研究各种方式对我们意味着什么。我们以选择项目为优先，就是说大家是否对项目有兴趣，然后就报名，资格预审，接着参加竞赛。如果没有机会，那就得等下一次了。

A：您刚才也讲到悉地刚起步时的公司规模和现在完全不一样，项目的级别也不一样，那么放到现在的实践环境下，小型的起步公司在深圳还有没有可能做到这种级别的项目？

Q：比较难。为什么？我也在想这个问题，毕竟那时候是90年代，距离现在快20年了。20年前无论是深圳的环境还是全国的环境都跟现在很不一样。当时深圳的开发度和城市品牌的影响力还很低，它能够吸引来的设计公司，无论是国际的还是国内的都不会有现在这么多，换句话说，现在的门槛比以前要高。城市的影响力，品牌和项目的影响力上去了，门槛自然而然地就会变高，也不会像以前有低效、甚至无效的投入。所以现在深圳的大型竞赛还是会采用资格预审的方式。我倒觉得资格预审的方式还挺好，一是减少大家无效的投入，对设计公司来讲，时间和人力就是成本，每一个竞赛动辄就是三十天或者六十天的周期，如果这段时间你不能全心全意地投入，肯定就做不好。资格预审就是在设计开始前告诉你有没有可能性，没有可能的话，精力自然就投到别的地方去了。反过来的做法我就挺反对的，很可能很多人就全身心地投入在这个项目里，花了很长时间，但是交上去之后连反馈都没有，这是浪费，还不如做了资格预审之后确认哪些人、哪些公司能参与，那么大家就认真去做，同样的会给予投标付出一个补偿，我觉得挺好。

Q：对于一些大型项目的投标参与的可能有几百家设计公司，水平也参差不齐，那么这种情况下是没有可能支付补偿费的。虽然想有更多公司参与是好心，但往往这种做法下结果就不会很好。

A：很多事看似公平，其实不公平。从竞赛的设计上来讲，你愿意来就来，愿意做就做，看起来是公平的。但不公平在哪里呢？事实上，从业主方面、组织者、专家这些人来讲，真的能做到公平地对待所有设计吗？我也参与过类似的评审，当数量到了一定程度的时候，那么多方案是看不过来的。没有精力，毕竟你只有一天的时间，有时候甚至更短。我在想，从组织方也好，评审专家也好，真的能对每一个设计付出同样的时间和精力吗？结果是显而易见的。

Q：换句话来说，竞赛流程应该被当成一个完整的机制来看，不光是建筑师提交的结果，也包括后续的评价，甚至结果的优化。我们目前对提交结果的公开和评价往往还是建筑行业内部在做，并没有涉及机制的层面。

A：如果换一个角度，从战略机制的方面来看，这里面会牵扯到很多人，有组织者、参与者、评审者，现在还多了监督者。无论从政府、行业、成果各种维度来看，大家追求的就是公平的环境，这就足够了，其他外界因素我们很少谈。一是公平，二是透明，但往往这成了我们很多行业里最害怕的两件事。要公平，什么叫公平？要透明，那敢不敢透明？都挺麻烦的。当大家都意识到这种困难的时候，可能就选择算了，把这件事按照程序正确的方式做完嘛，之前我们也讲了机会的公平。第二个我们还是要尊重设计者的劳动，作为一个竞赛的组织者，要考量参与者到底有没有能力可以完成这个项目的要求？专家也很重要，能不能做到认真地对待每一个方案背后的付出？我希望设计行业能够在一个公平的环境里，甚至带点主观性都没问题，专家都会有自己的意见。可得到反馈很重要，比如专家要有个评语吧，对我们提交的方案究竟是个什么样的评价，中标与否倒是其次。能中标最好，不中标也清楚自己的局限在哪里，这对行业来说才是进步，才有价值。我也能预想到一旦透明了，行业里不那么健康的东西就会开始浮现，各个环节上都会有问题……

Q：会遭受一些攻击。

A：暂时可能会出现这样的情况。但一个机制要追求公平与透明，这些事情就真的有必要去做，因为环境也会慢慢改变。哪怕最开始会有很多质疑，我觉得公开讨论也不是坏事。

Q：深圳的确在组织赛后交流会，无论是交流会还是大师论坛都在向大众输出有关城市和建筑的观念，怎样的城市才是好城市，怎样的建筑才是好建筑。

A：确实，我走过那么多城市，觉得深圳的规土委是国内首屈一指的。它们承担了大量我们所理解的政府管理部门以外的事情，在关注一座城市里建筑的意识和规划的意识，这很不容易。对于他们在认识层面上作出的努力，我本人非常尊敬。

Q：也跟管理者大多是专业出身有关，有专业热情。

A：有专业和没有专业的差别很大，有专业的人至少学过、见过、谈过，知道这些专业知识会对城市价值产生多大的影响，会很有信心；没有专业背景的人很难判断自己想做的事情对不对，那自然觉得在行政的机制下去做程序上正确的事就足够了。我觉得这要分成两件事看，专业的人会利用机制把诉求和价值放进去，而不专业的人，做这件事的基础是有待商榷的。

Q：另外就是悉地国际参加过很多大型甚至地标型建筑的投标，会遭遇很多国际知名的建筑师和设计公司，您如何看待他们进驻深圳或者中国的市场。

A：这个要谈到改革开放了。现在回过头看，开放促进了进步，至少让你视野开阔。开阔了之后就得考虑如何接轨的问题。坦率地讲，我觉得很多国际公司参与国内项目的竞争对行业有促进作用，是挺对的。一个封闭的城市最后只能带来封闭的意识。境外公司也好，大师也好，他们是来自不同文化背景下的团体或个人。开放的好处就是这样，这些文化一起碰撞，能够产生新的火花。

从本土建筑师的角度讲，这些年来我们行业的进步是挺快的，无论是设计的概念、表达甚至建造。要是在十多年前，刚开始有境外公司参与竞争，从文本就能看出来这是外国的，这是我国的。

Q：当时专业水平的差距确实很大。

A：对，从各种表象就能看出来。但是现在文本上不署名字，已经看不太出来了，这种经历对中国建筑师本身也有很大的提高。开放这件事挺好的，能有不同文化背景的建筑师参与到建筑活动中来，对行业的推动也是正向的。深圳一直是一个机会比较多的城市，如果每次你都很努力，把握好，哪怕没有中标，但是品牌知名度和影响力在提升。

我们参与的观澜版画艺术中心是一个挺好的例子。我们是当时为数不多的中国公司之一，最后还是中了这个标。其实一个项目最后的中标与实际意义有关，在城市上也有要求，也有功能和业主使用上的要求，所以是很多因素在决定一个项目能够实施。正好是2008年金融危机，实际项目都受到影响，观澜是个公开竞赛，就收到了很多方案，好像有200多个。

Q：包括扎哈在内的事务所也受到了邀请。

A：我们其实也是被邀请的。那次竞赛太有意思了，有点戏剧性。具体的项目朱雄毅会讲得更详细，我可以从公司管理的角度讲讲。

Q：最后是以个人名义参加的，另起炉灶。

A：对，身为管理者，必须考虑身份的问题与参与竞赛的合理性、合法性。因为一开始我们和另一家公司签署了联合体协议。对方作为设计的牵头方，悉地国际是联合体成员，是受邀的几家设计单位之一。当时竞赛的规定是也欢迎这几家之外的、未被邀请的单位或个人参与，并且承诺一视同仁，这是招标文件里说明的。结果是这样，最开始两家公司平行地去做概念，第一、第二轮做完之后，就在我们当时航天大厦的会议室里讨论用哪个方案，双方意见不一致，这也很正常。对方的设计挺国际化的，也挺有特点。但当时我们朱雄毅这组人的设计，用了独特的视角去看待观澜这块基地，特别体现在了轴线的处理上，这条隐含的轴线与美术馆有一种穿插关系。这个动作很大胆，也需要慎重地琢磨新建筑和旧建筑之间的关系，当时大家的意见就完全不一样了，谁也说服不了谁。我作为管理者得遵守竞赛的规则，当时的决定就是朱雄毅这组坚持他们的设计，与我们的理念也更相符，再换了一组人做联合体方案里的配合者，继续协助方案完成。因为有另一家联合体在，用了CCDI的名义，这几位就以个人名义参加吧。

Q：所以您还出谋划策了。

A：我算一个支持者吧。因为我能看懂什么样的设计是好的，不能让一个好的想法，好的设计被扼杀，我做不到。同时又不能违规，那么个人名义参赛是最好的选择。

Q：中标之后这个项目还是进入了CCDI，对吗？

A：对。说到底竞赛还是个项目，项目就不能以个人名义去做，对不对？中国还是要求资质的，有注册建筑师、结构师这些，这种情况下个人中标对甲方来说是个很头痛的事情。这的确是个问题，包括对这个项目怎么进入CCDI，程序上得有个说明，对公司能力也要有个考查。

Q：编制招标文件的时候可能就有问题，也就是说公开招标阶段接受个人方案，但到了要开始正式深化的时候，个人是干不了这个事情的。

A：对，没法做。

Q：但我相信他们的初衷是想给青年建筑师多一些机会，尤其是刚开始创业的。

A：主观上我觉得这样的想法特别好，但最终还是要反映在机制上。在给年轻创业者多一些机会的同时，如何做到可执行？因为建筑、建设工程都是有法律的。招标一开始就界定很清楚的话，我们鼓励建筑师以个人名义参加，但需要和有资质的单位联合，不也可以吗？

Q：对。

A：不过这也是个逐渐正规化的过程，可能当时就没想到这点。

Q：普集建筑在生态湾项目的程序上就是这样，第一轮比想法，第二轮再找有意愿的单位来合作。

A：对，在前期阶段，从建筑创作来讲这么做还是挺好的。但是在工程控制来讲，还是会有问题，这种合作就像齿轮一样，还没咬合得那么好。首先建筑行业的专业度还是挺高的，需要相关的政府主管部门颁发资质才能经营，资质是什么，就是对组织能力的一个评定。建筑不光是创意，还要看将来有没有能力来实施对建设的整体控制，这会牵扯到很多人。这种结合必然要通过一段时间才能相互适应。另一方面，作为有资质的机构和年轻建筑师合作也不一定这么顺畅，感觉就像非诚勿扰一样……

Q：拉郎配。

A：对，拉郎配这点很不好，是被动的。好的机制在处理上一定是主动的。因为一个工程花上三五年是很正常的事情，这三五年就意味着投入，这个时候主动的投入和被动的投入完全是两回事。

Q：我看到深圳湾的好几个项目都是悉地国际参与的。其实规土委也一直通过竞赛在输出一种城市的观念，就是强调城市设计的重要性，建筑与城市的关系等。我想听听您是如何来评价深圳湾建成或者在建的区域的，达到原先预想的城市性的效果了吗？

A：现在暂时不太好评价。首先深圳湾并没有完全建成，虽然很多项目已经呈现出来，还有相当大的一批在建造中，但呈现出来的是建筑的形象，整个片区还没有真正使用，比如说道路还没有完全打通，因为地铁的建造很多道路还是封闭的，那么规划中的城市生活就还没有呈现出来，所以我不太好去评价。但从设计过程上来讲，能很清楚地感知到城市规划对后海深圳湾片区的控制，包括步行系统的联系，建筑零退线，单行双行道与出入口设置，这些都还没有呈现出来，结果不知道会怎么样，目前还不能评价。

城市问题是挺复杂的，城市问题更像是人们生活的一种状态问题。所以我觉得深圳最鲜明的一点是在城市规划中体现出来的对公共性的尊重，这是很特殊的。那么我们在规划和建筑上会对公共性有很多探索，比如在软件园项目中就在思考怎么去理解边界。尤其是在南方的气候下，怎么去引导主动的活动，边界有没有可能是模糊的、吸纳的，而不是强行阻断的，这是建筑师想得比较多的事。这是一个区域、一个更大的系统对公共性的回应。对后海来说还需要一段时间去观察，我们用专业眼光去看待这些问题，会想得很多；普通大众更在意交通，适不适合步行，怎么到达这个区域，对不对？

Q：我觉得这个片区尺度感挺好的。

A：对，一些边界按规定要推出去做骑楼。但规划毕竟只能解决形态上的事，城市是要靠管理的，所以控制和管理是两个方面。如果能管理好，我相信后海片区还是挺棒的。从楼上往下看，很多项目的实施和完成还是很严格的，在主动回应城市规划上的要求。

Q：说明建筑师开始对这座城市的价值导向有了认识。

A：这个也是摸索出来的。生活在一个地方，会对它的生活状态有自身的感知。这就需要我们不断去理解一座城市的规划意图，在这个意图上建筑师去展示你的创造，你的努力。

01. 第一届深圳高新技术成果交易会展览馆方案

深圳竞赛十六则

16 Cases in Shenzhen Competitions

1996 从中心区核心地段开始

深圳市中心区城市核心地段城市设计国际咨询

The International Urban Design Consultation for Core Areas of Shenzhen Central District

=竞标类型=

定向邀请国际竞赛

=所处区域=

深圳市福田区

=投标方式=

向专业设计机构开放

=业主单位=

深圳市政府

竞赛背景

1994 年由深圳市城市规划设计院编制了中心区的城市设计。该设计参考了国外编制的内容构成以及北美国家最新的做法，于 1995 年完成。当年 5 月，深圳市政府邀请国内 20 位专家到深圳，评议几项主要规划设计成果。其中在评议《福田中心区城市设计》时，认为虽然做了一些开拓性的工作，但其中某些内容还不够理想，建议举行国际范围内的征询方案。此后经市领导研究，决定进行一次国际咨询。

1995 年底，经国内有关专家提议，市领导充分酝酿后，决定组织市中心城市设计国际咨询，主题是市中心中轴线部分 1.8 平方公里范围内的城市设计，并提供中轴线的主体建筑一市政厅（后改名为市民中心）和中轴线与城市干道交叉点（主要是深南大道）的设计构思。

基础资料

本次国际咨询的设计范围是原定中心区 4.2 平方公里中的一部分，即南北向空间主轴线及南半部中心商务区（CBD），此范围是市中心最核心和最重要的部分，包括中心广场，深南大道与主轴线的交叉点。

本次咨询的任务包括四部分：中轴线设计（南段、北段及中心广场），中心商务区（CBD）设计，内外交通联络（地上、地下、人流与车流，换乘等）以及位于中轴线上的市民中心单体方案构思。

国际咨询的缘起

在国际通行的招投标、竞赛和国际咨询三种方式中，深圳市中心的城市设计选用国际咨询的方式。本次国际咨询，经过事先周密的考虑并赴广州和上海调查研究，做了充分的准备工作，目的是使这次活动符合国际惯例，接近或达到国际水准，产生国际影响。这是因为，市中心的城市设计牵涉面广、因素多、难度大，地域上有一定的面积规模，不像个体建筑那样中标后即可由中标机构独家负责设计，也不是竞赛中“胜者取而败者弃”那样简单化的结论能解决的，而是必须发挥国际上设计精英们的才智与优秀水准，为下一步几个层次的具体设计打好基础。咨询的每个方案都是参谋性的意见，自然是各有其特点和优点。这样一个大场面的城市设计，各方面都做得无懈可击几乎是不可能的。因此，在所有提交的方案中，只能优选，即相对最优，但还要接受修改意见，进一步完善，其他非优选方案的特点，也应参考。

其次，为了确定被邀请设计机构，也进行了一些调查研究，包括了解国外规划设计机构的设计业绩，已设计并建成使用的项目的水平及评论，在国际上获奖的情况及国内曾经合作的经历等。

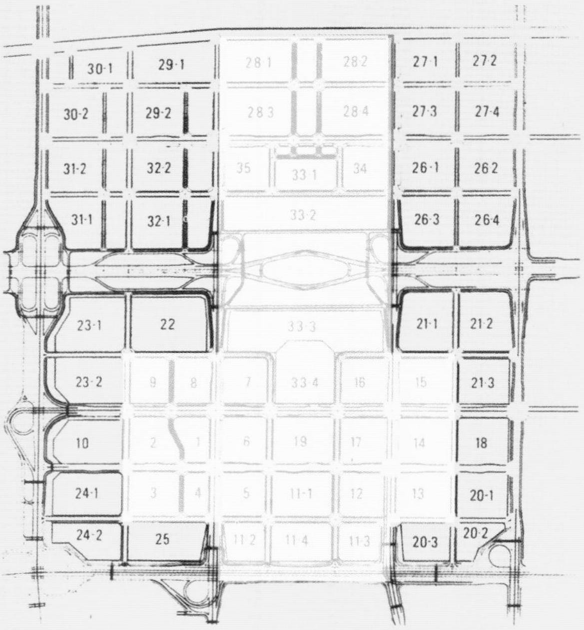

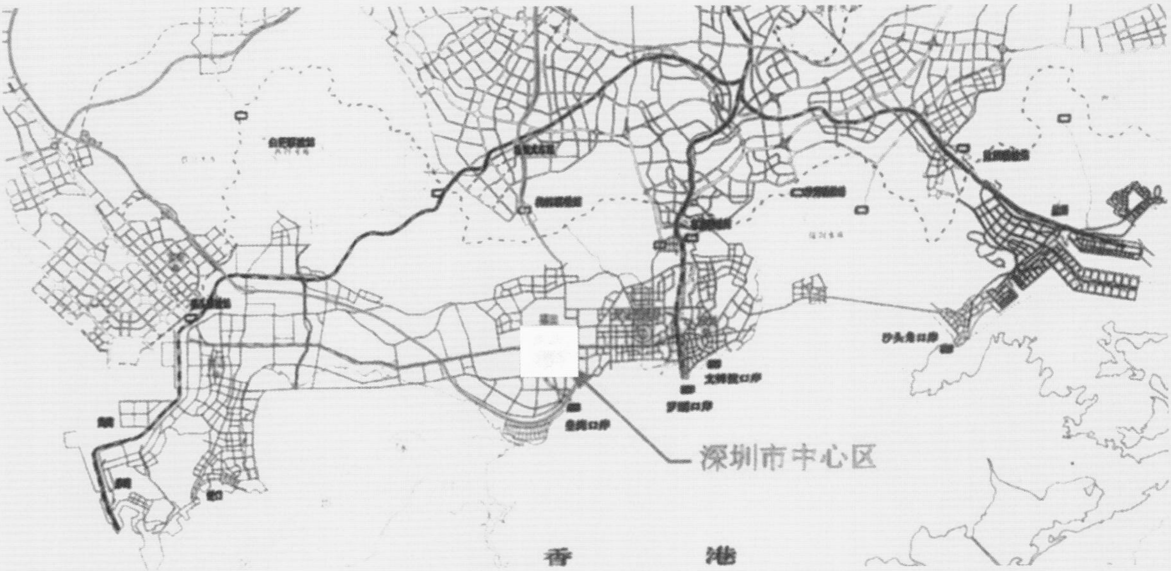

深圳市中心区所处位置

竞赛结果

第一名	01号	李名仪 / 廷丘勒建筑师事务所

设计机构入围名单

序号	国家/地区	机构名称
01	美国	李名仪 / 廷丘勒建筑师事务所 负责人：李名仪
02	法国	SCAU建筑与城市规划设计国际公司 负责人：查威·莫尼
03	新加坡	雅科本建筑规划咨询顾问公司 负责人：陈青松
04	中国香港	香港华艺设计顾问有限公司 负责人：陈世民

参评评委

周干峙	中国	中国科学院院士、中国工程院院士、教授
吴良镛	中国	中国科学院院士、中国工程院院士、清华大学建筑与规划研究所所长
钟华楠	中国香港	香港建筑学会会长
长岛孝一	日本	日本横滨大学客座教授、国际建筑师协会竞赛委员会委员
加利·海克 Gary Hack	美国	美国麻省理工建筑与规划学院规划系城市设计教授

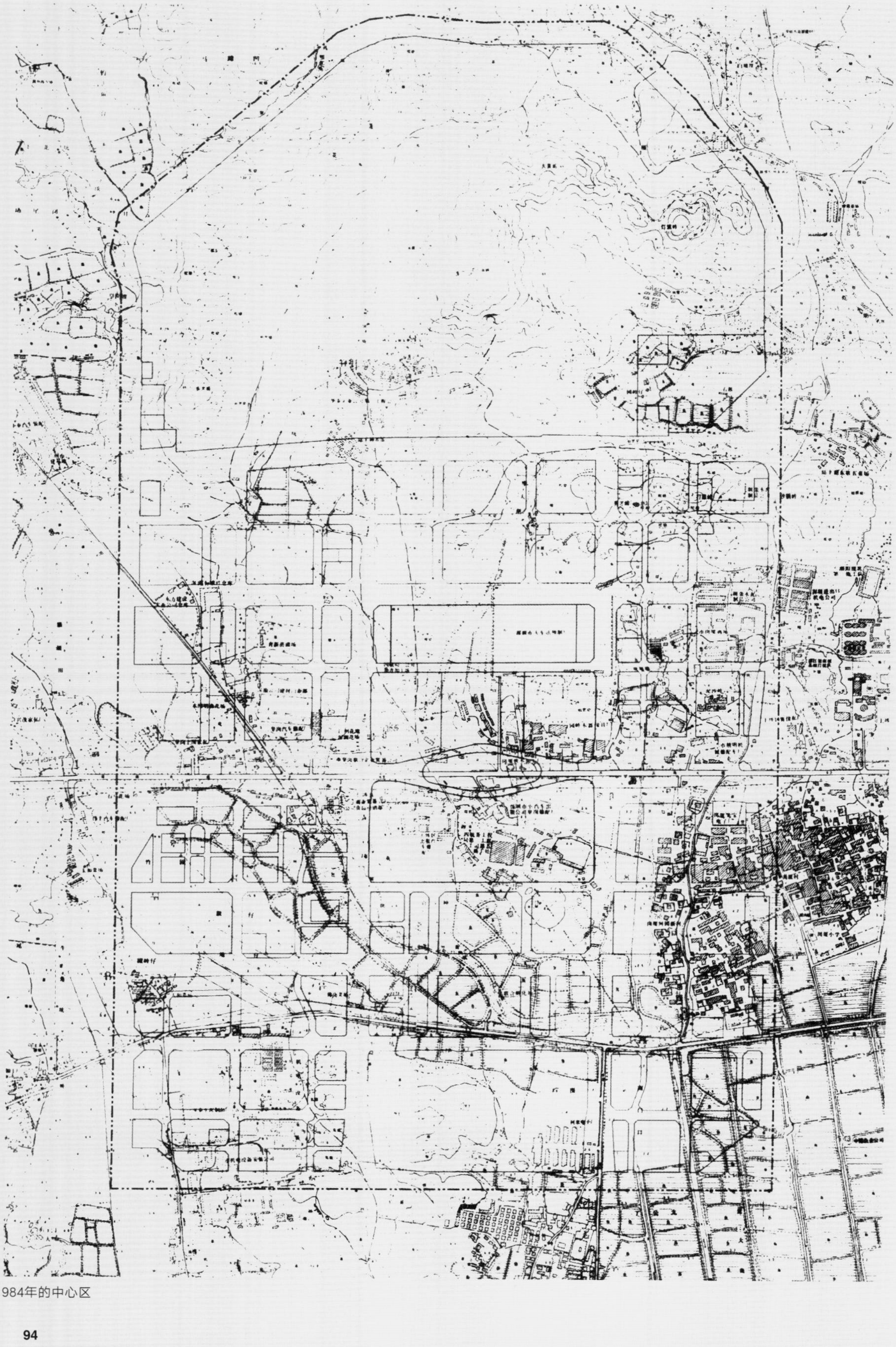
1984年的中心区

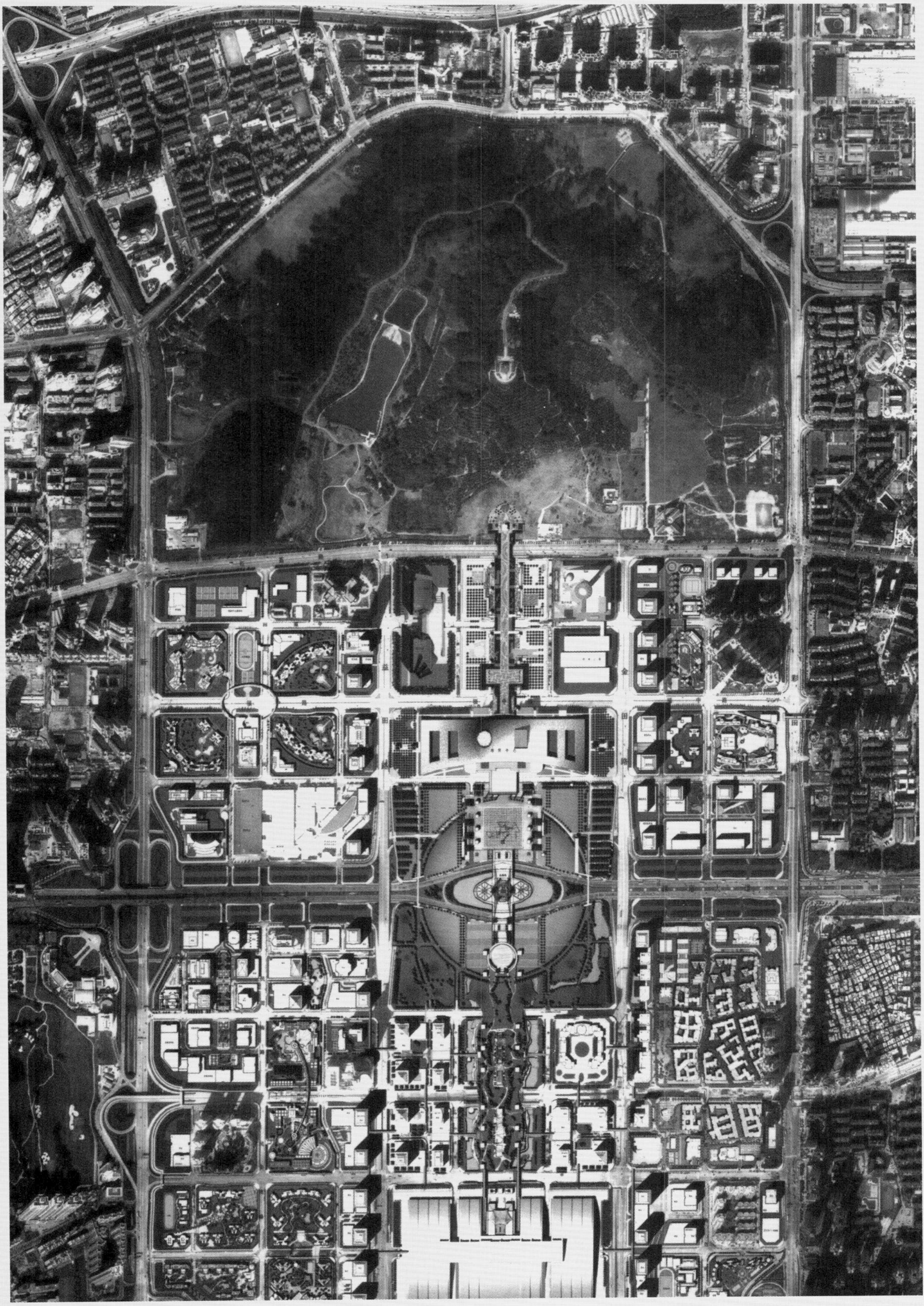
中心区规划方案

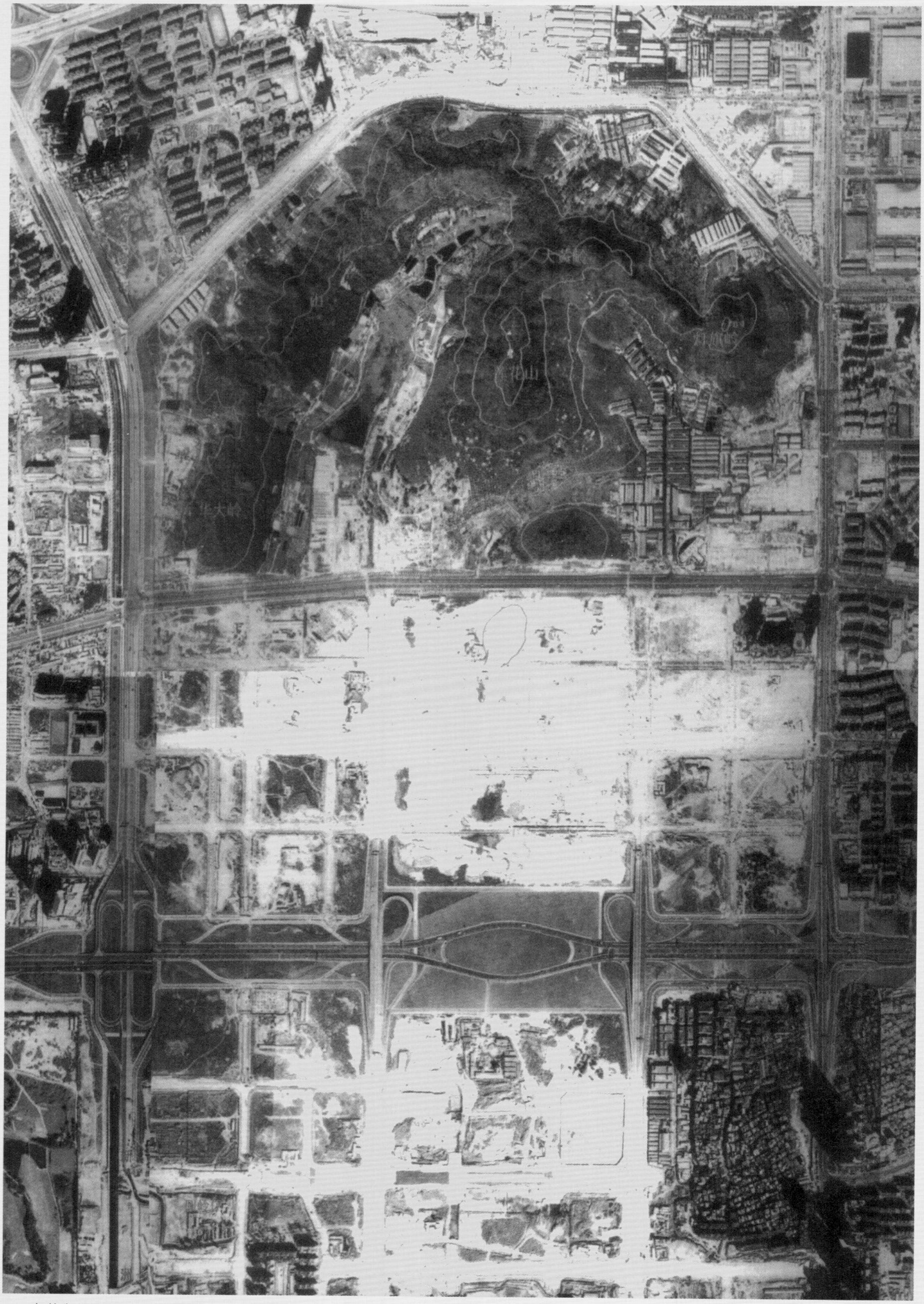

1996年的中心区

2001年的中心区

深圳市中心区

1985年编制的总体规划确定：深圳经济特区将是一个以工业为重点的外向型、多功能、产业结构合理、科学技术先进、高度文明的综合性经济特区。工业发展方向以“轻、小、精、新”为主。2000年城市建设用地规模为123平方公里。

深圳特区的总体规划布局，吸收了国内外城市建设的成功经验，结合特区狭长地形的特点，采用带形城市多中心组团式结构布局。初期集中开发建设广深线路东西两侧的罗湖上步组团，计32平方公里，还有社科工业区，沙头角镇，然后集中开发建设南头、莲塘、华侨城等城市组团，便于城市定向扩展，有效地利用建设资金，并把人们的向心活动分散为多中心活动，缩短服务距离，改善城市机能，同时在规划中注意城市发展的弹性。

与多中心组团式结构相配合，采用多公共中心的布局，以方便群众，减轻交通压力，除罗湖商业中心，上步行政中心外，还将逐步形成以金融贸易为主的福田中心，以商业文化为主的南头中心以及吸引华侨投资为主的沙河华侨城中心，在建筑布局上要体现民族风格的地方特色，以增强其吸引力，在交通组织上要适应现代化交通发展的需要。

1987年起，随着深圳特区经济和城市建设的迅速发展，在人口、工业产值增长等方面大大突破了原规划预测。因此，住房、水、电、排污、交通等城市设施跟不上建设的需要，矛盾比较突出，为了及时解决这些新问题，1988年对总体规划作了一个适当的调整。

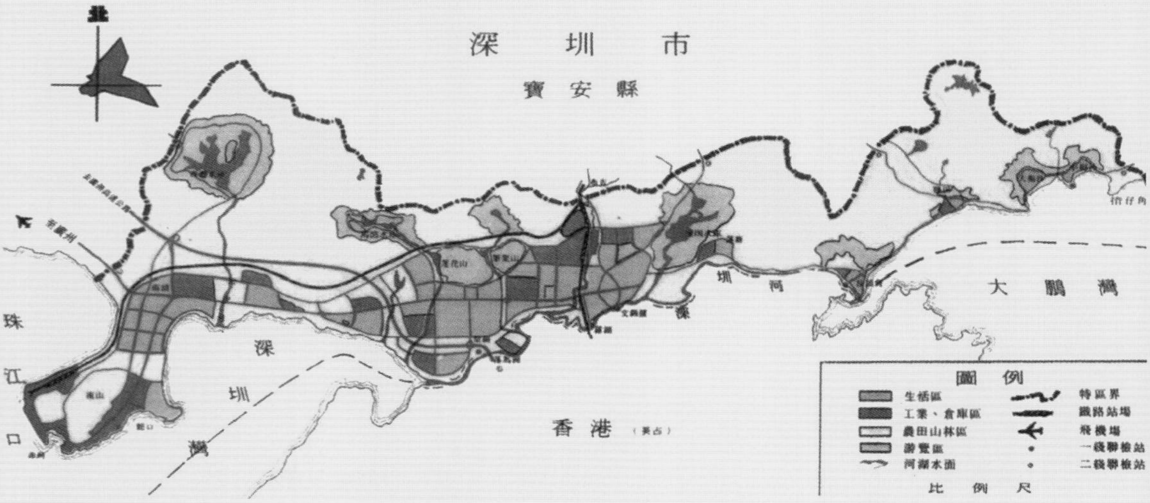

1982年总体规划图

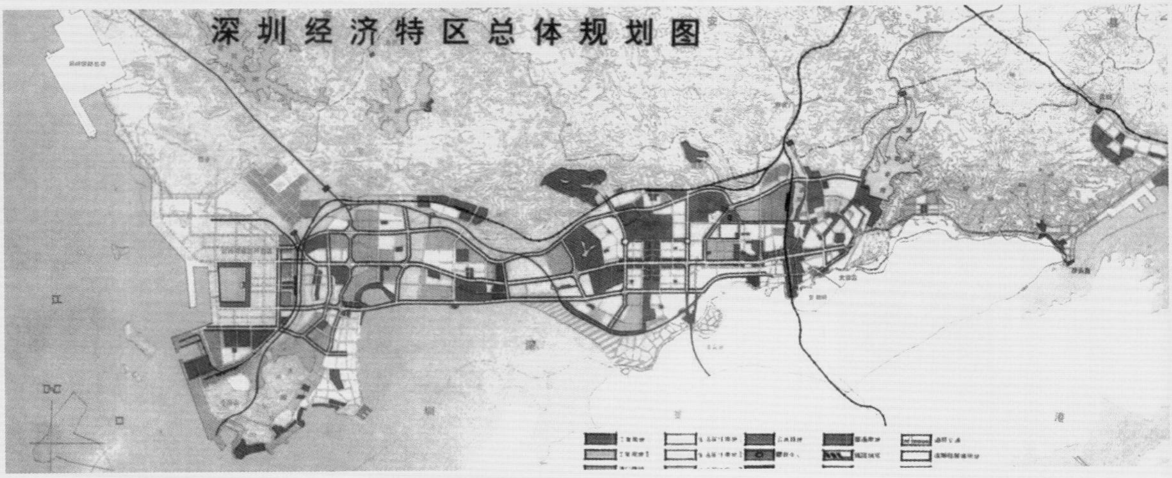

1985年深圳经济特区总体规划图（中国城市规划设计院深圳资讯中心编制）

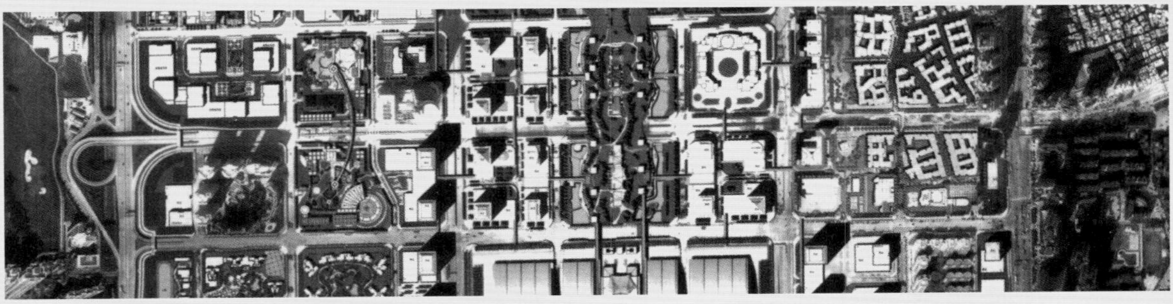

1989年深圳经济特区总体规划图（中国城市规划设计院深圳资讯中心编制）

1996 年之前的中心区规划设计资料

1987 年

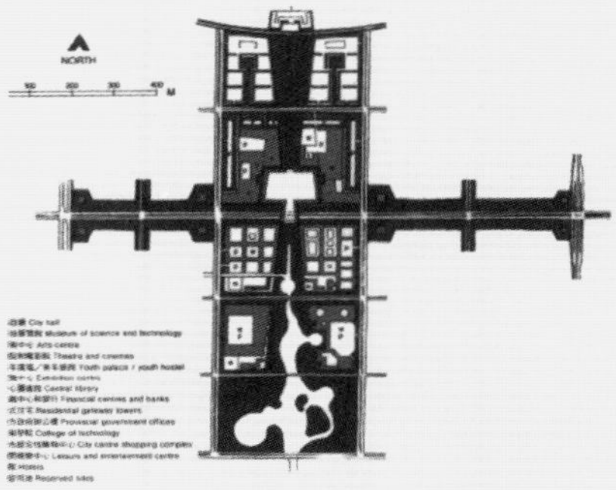

福田中心区规划 英国陆爱林戴维斯规划公司设计

1989 年

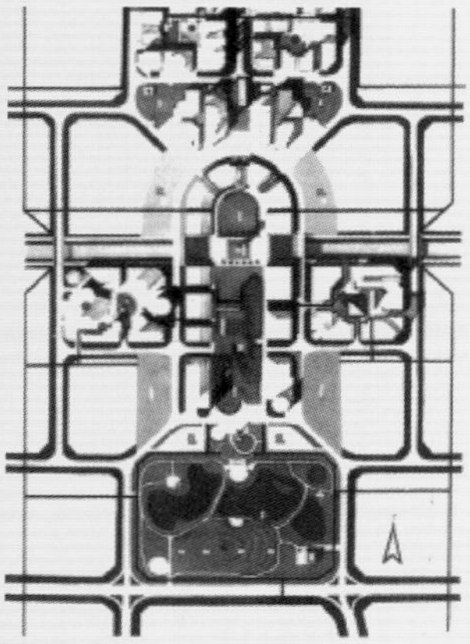

福田中心区规划四个方案 香港华艺设计顾问有限公司

1989 年

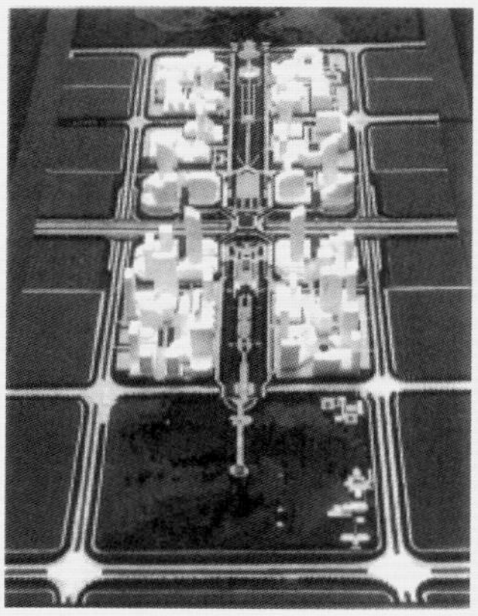

福田中心区规划四个方案 中国城市规划设计研究院

1991 年

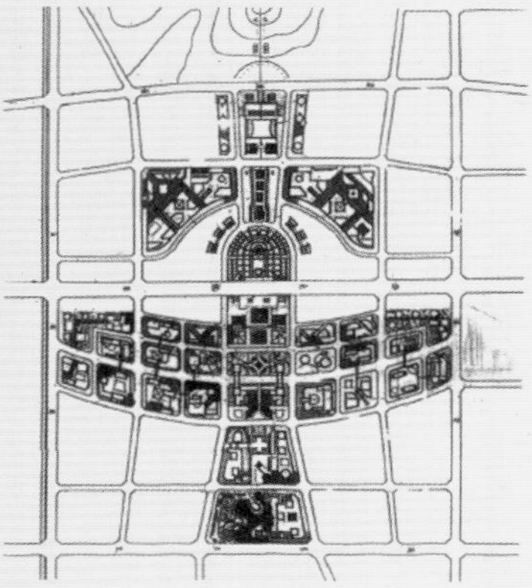

福田中心区综合方案 同济大学建筑设计院和深圳市规划设计研究院

1992 年

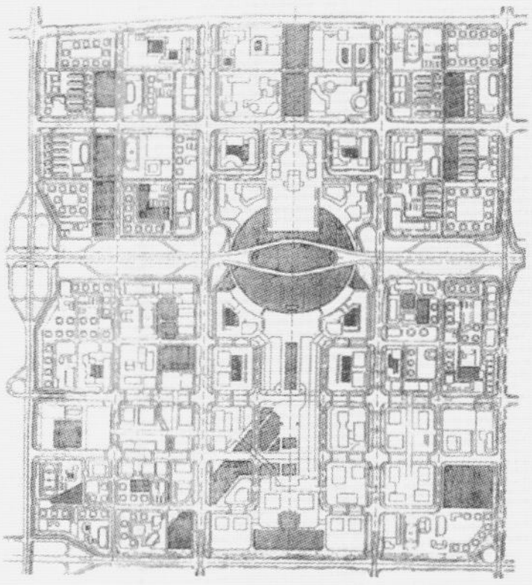

福田中心区控制性详细规划 中国城市规划设计研究院编制

1988 年

1989 年

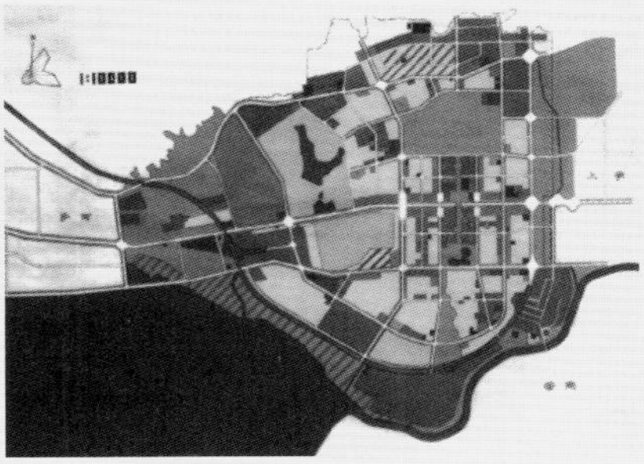

福田分区规划 中国城市规划设计研究院深圳咨询中心编制

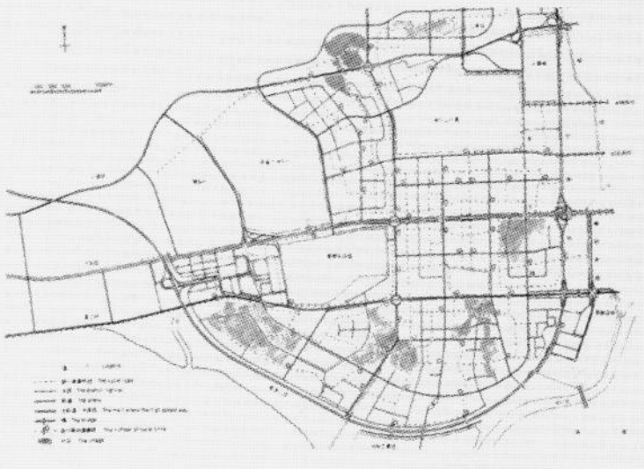

福田区机非分流规划 中国城市规划设计研究院编制

1989 年

1989 年

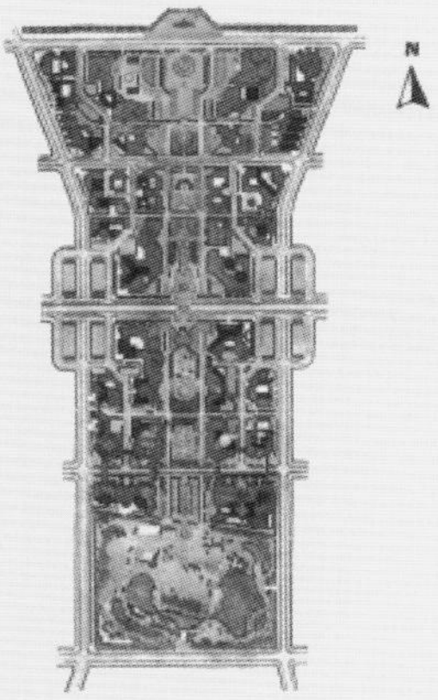

福田中心区规划四个方案 同济大学建筑设计院深圳分院

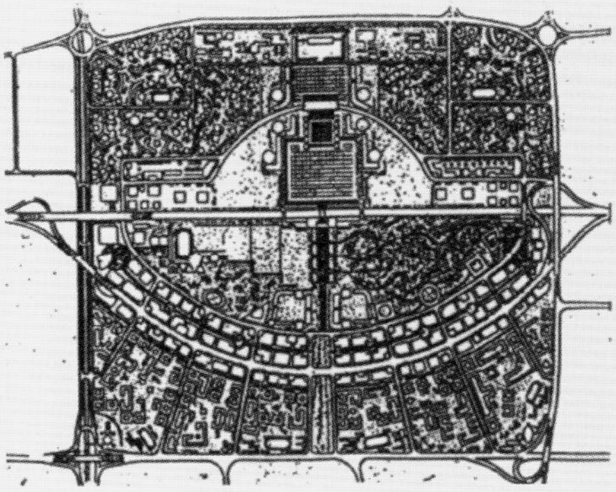

福田中心区规划四个方案 新加坡PACT公司

1995 年

1995 年

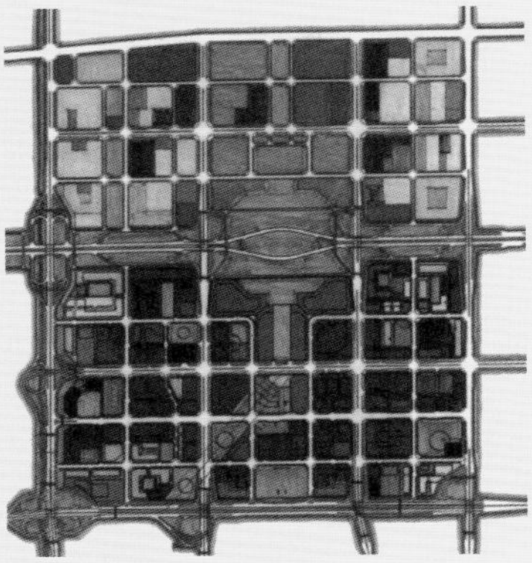

福田中心区城市设计 深圳市城市规划设计研究院编制

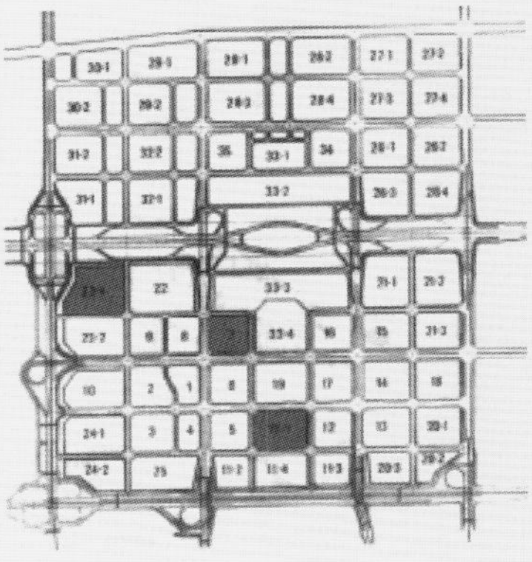

福田中心区街坊详细规划与城市设计指南

美国李名仪/廷丘勒建筑师事务所
Lee Timchula Architects
序号 01
第一名

“21世纪的城市中心必须成功地满足新世纪的新需求，它要满足将来复杂多变的使用要求，既严格又灵活，要适应各种新发展、新发明，有足够的应变能力和调节能力。同时，也要十分注重与人文社会和大自然环境的和谐性。城市的基础设施当然要考虑，诸如：供水、供能，使消耗在更新和生产两方面均取得平衡。然而，最成功的城市不但要在这些物质上和数量上达到满足，在人文和心理方面也要满足。市民可以在生活和工作中看到并意识到这种宏观的和谐与均衡。以上这些对新世纪市中心的要求，对深圳具有同等重要的意义。”

新的城市中心集中在很具活力和吸引力的中央地带上。北半部是常规的市中心，后面有公众的文化活动与体育设施。南半部留作商业中心区，有稠密的商业设施。深南大道通过中心广场、地下铁和公交线路与之交叉并行。

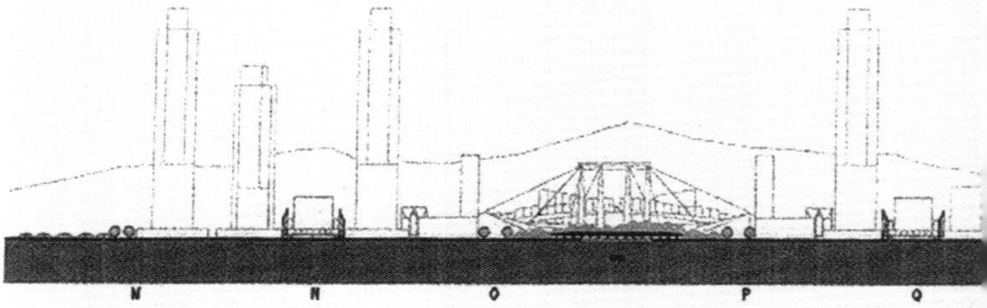

剖面D

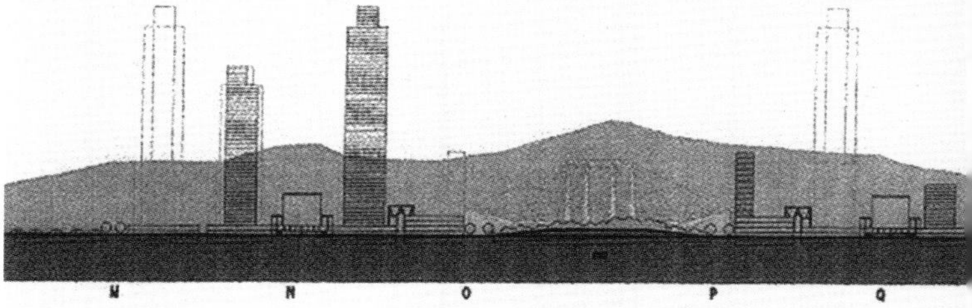

剖面E

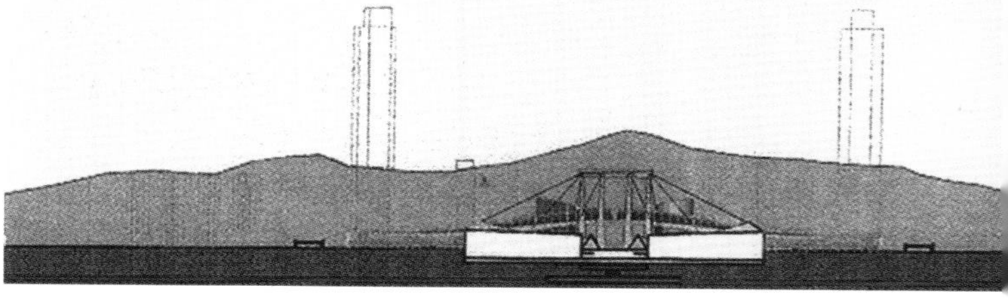

总平面布置图

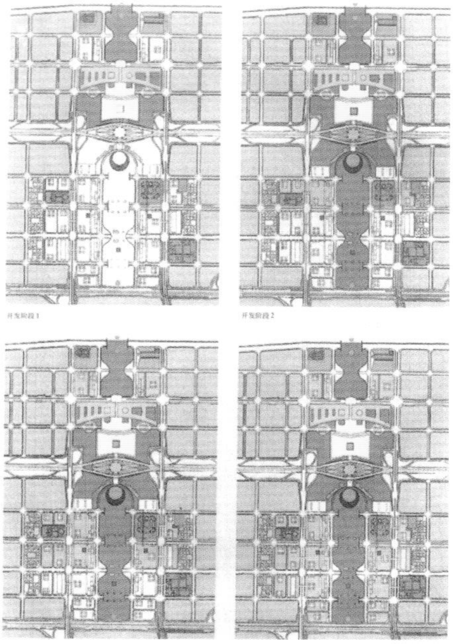

建设开发阶段示意图

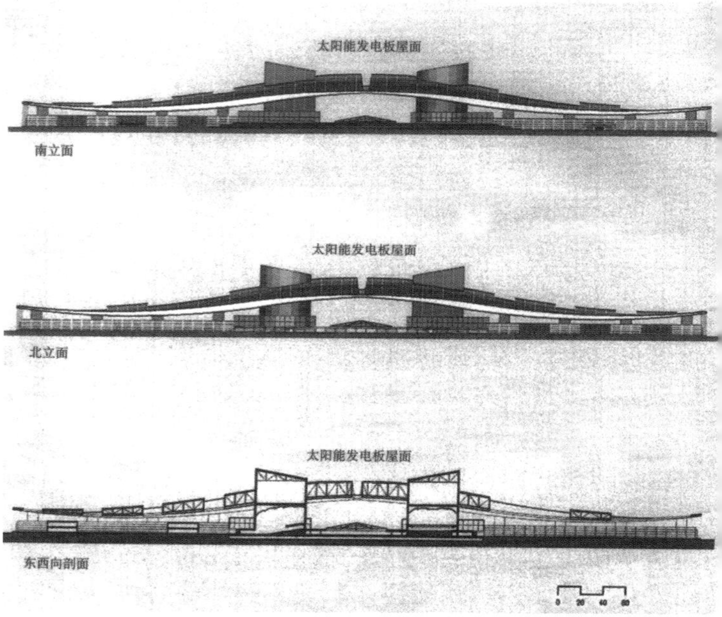

市政厅单体设计

任务书中将市政厅单体列入了设计要求，形成了“双龙飞舞”的市民中心雏形。在此之外，本方案还提出了核心地段水晶岛的初步概念，以此连接地铁、各类交通、中心广场和中轴绿化带，成为广场核心地。

方案对城市规划做了明确的分区方案，认为“确定的土地必须被明确地开发为公众使用，包括基础设施建设和市政设施建设；作为‘特殊’和‘必要’使用的土地上的开发建筑密度应该由能提高公共利益的最佳设计来决定”，地块上的开发指标一致，建议容积率为 7，以做到“街坊”面貌的呈现。

第二轮修改方案

国际评审意见

(1) 作为一项城市设计，比较完整和简洁，构思新颖而合理。总体布局既有序而又有灵活性，能适应建设发展过程中可能出现的变化。

(2) 主轴线以宽阔绿带形成，既为市民所需，又符合生态环境的要求，同时将莲花山与一系列绿地公共空间相连。

(3) 市民中心的设计吸取了院落式布局的优点，造型舒展而具有现代化的特色。

(4) 水晶岛与地下空间的利用及地铁站综合组织，作为东西、南北轴线的焦点，不但在地面上形成标志，颇具吸引力，而且在地下也形成市民活动的场所，经济、实用而方便。

(5) 东西两侧商业街的集中布局合理，并与绿带轴线的环境气氛形成鲜明对比。绿地两侧为中高层建筑，面向绿轴，其后才是高层。这种布局合理而又符合环境要求。

(6) 道路交通与用地开发强度和布局相结合，并设短线和局部自行车专用线，充分利用公共空间的地下作停车场，解决了密集区停车难的问题。

(7) 传统式市场和新颖的商业广场安排的设想，均属良好。

(8) 方案实施有一定弹性。

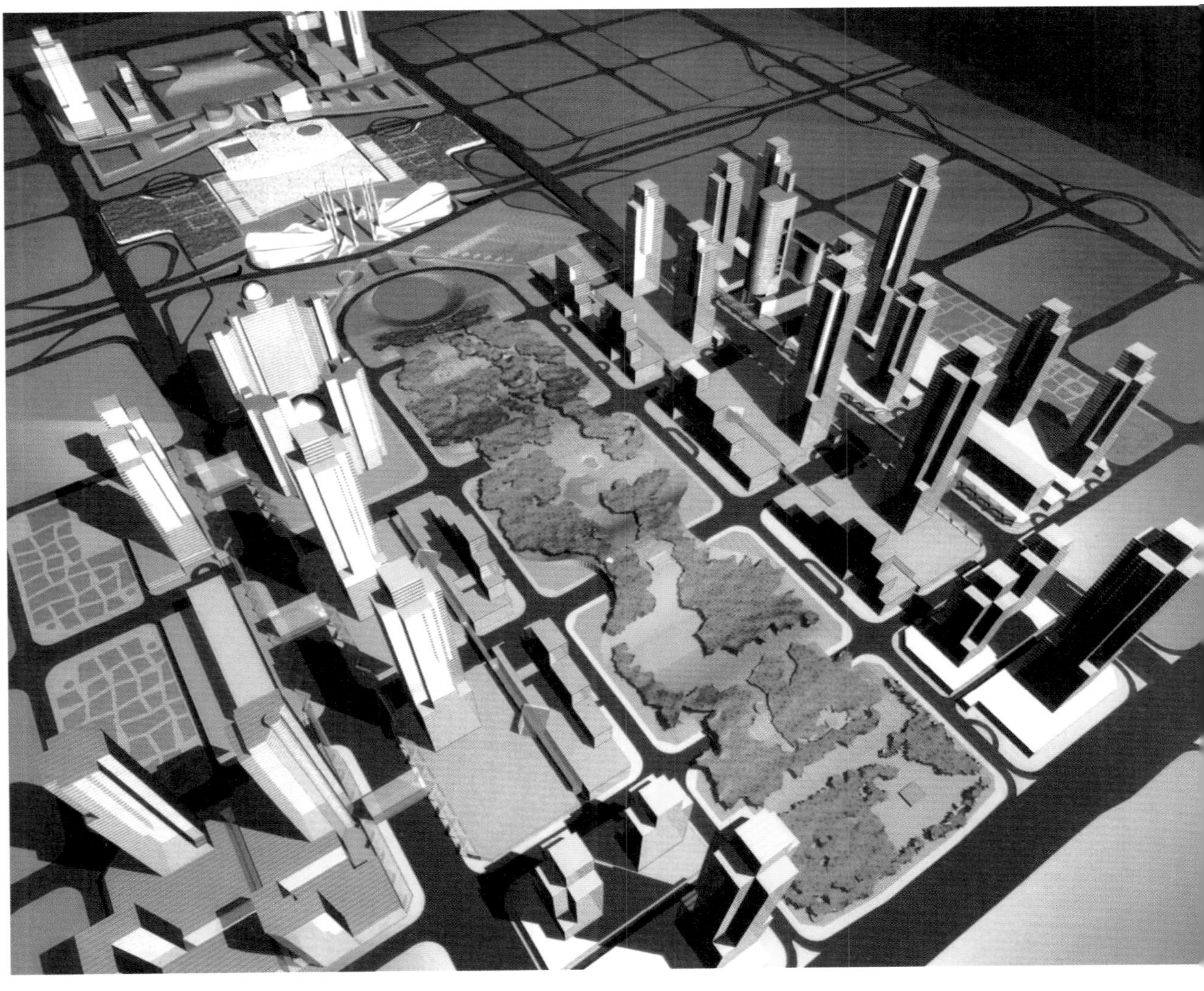

法国SCAU建筑与城市规划设计国际公司

SCAU

序号 02

方案认为市中心是城市的中心，是两个轴线的焦点，或者说是一个圆圈的圆心；其次对市民与来访者来说，它是个显著的标记；最后它是一个有大量第三产业活动的区域。市中心区是一座城市的工具，如果工具好用，城市运转就佳。

因此方案可以被总结为两个方面的尝试：氧化空间与打开地平线，试图以此为开端，想象一种新型的城市结构类型。于是大自然的因素、地面楼面的视觉效果和建筑物之间的间距是回答这个问题的重要解答。将基地上现有的树木茂盛的山丘迁移到 2 千米长的南北中轴线上，以创造一个新的线形山丘。它是空间结构的主要因素，其他因素以它为基础，垂直地向东西方向发展，成为方案的脊椎骨。并以此为准开发北、中、南三个片区。

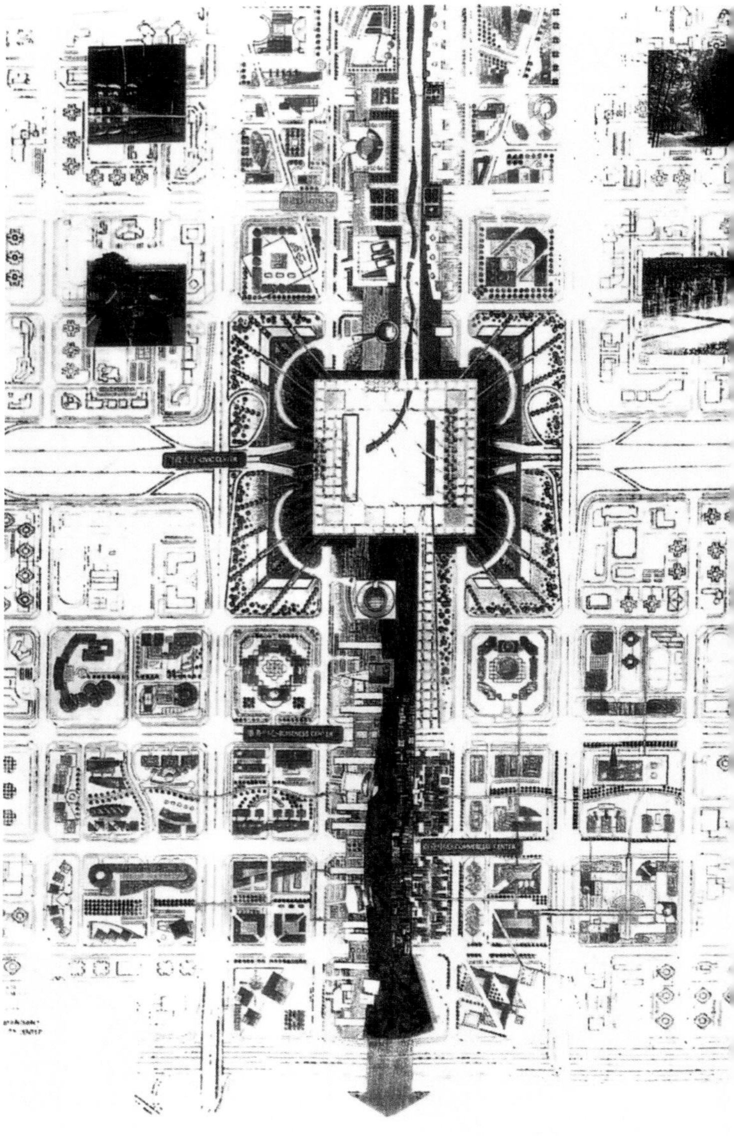

总平面布置图

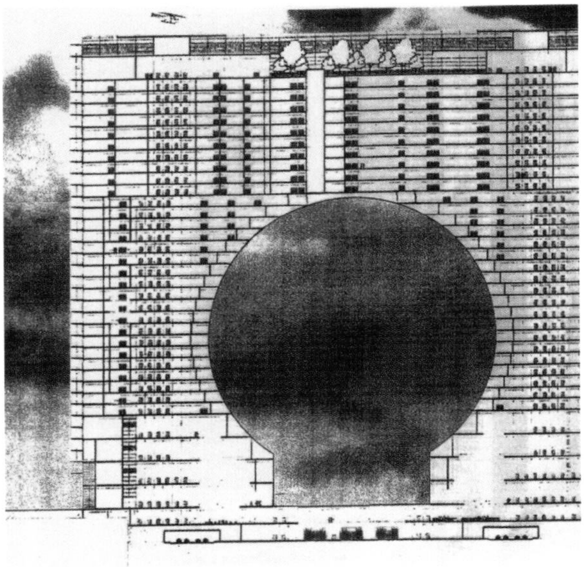

市政厅单体设计

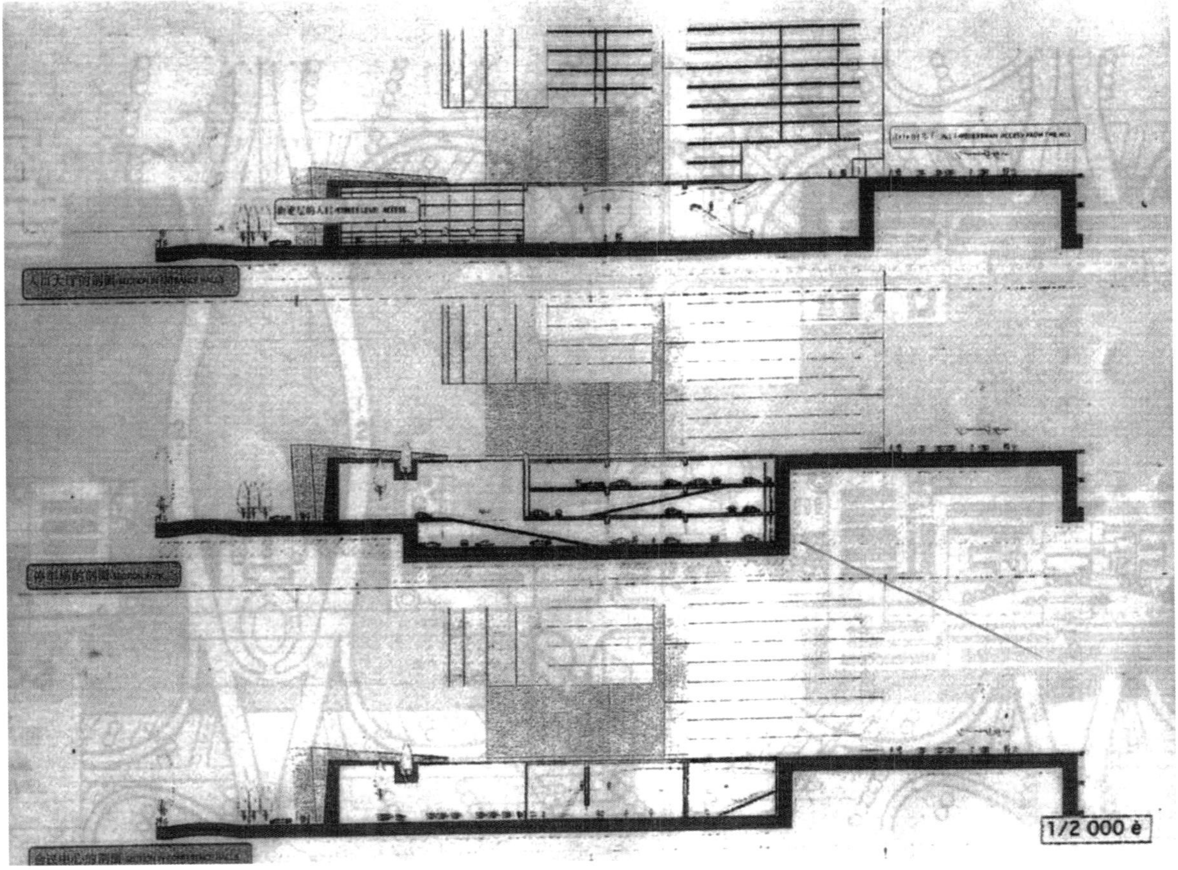

国际评审意见

(1) 从市中心的特点出发，设计构思独特。

(2) 从较大范围的城市形象分析，提出深圳市中心可能具有的特征，以区别一般城市市中心的面貌。

(3) 街区内的建筑群体布置比较多样化，市民中心与周围的建筑群体采用三维的设计方法，多层次地解决建筑、人流换乘以及建筑与广场之间的关系等问题。

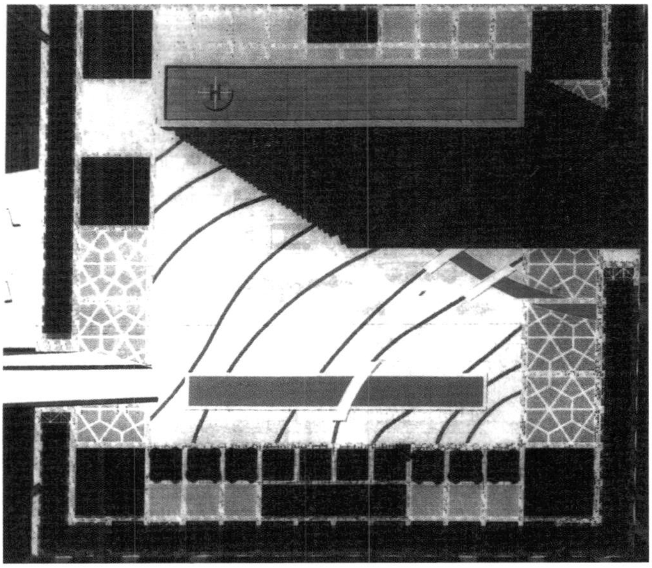

目前市中心城市结构-URBAN STRUCTURE OF ACTUAL CITY C

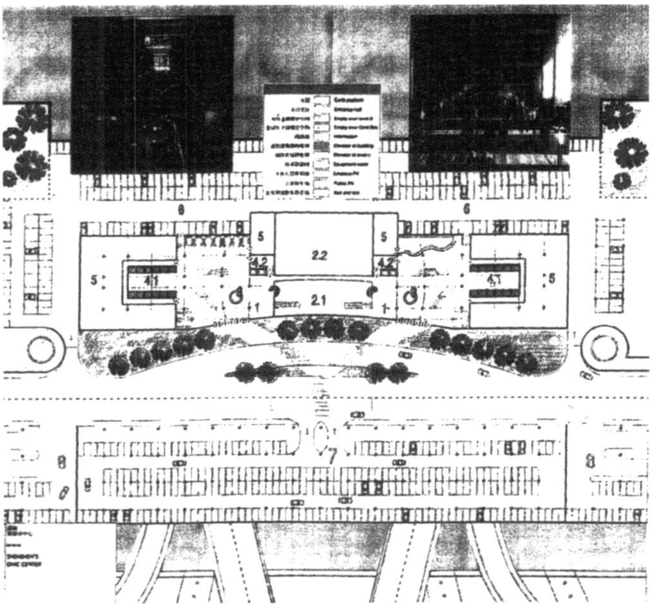
6
6
5
2.2
5
4.2
4.2
5
4.1
2.1
4.1
5
1
1
7
8

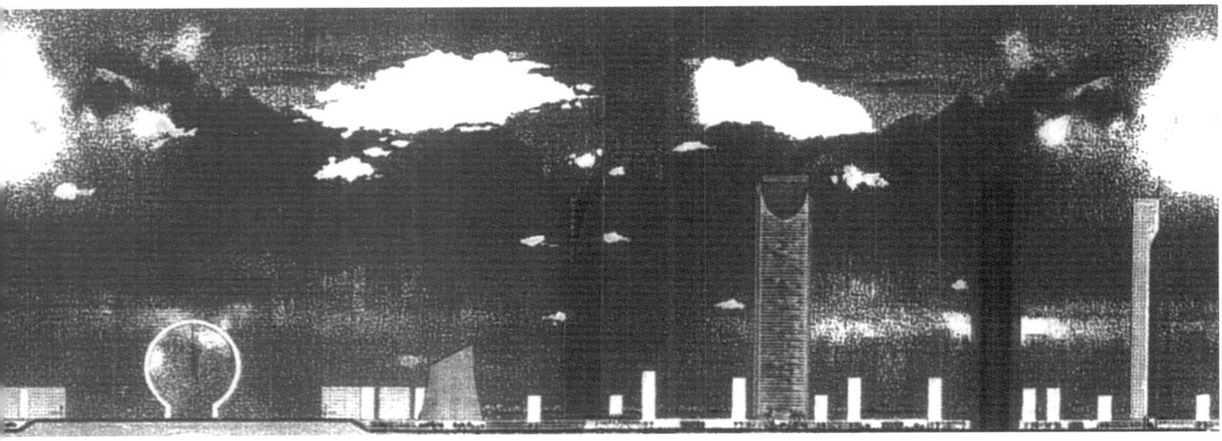

新加坡雅科本建筑规划咨询顾问公司

ARCHURBAN SINGAPORE

序号 03

城市中心区应通过市政厅设计体会现代深圳城市的特征，开放亲切但不失其权威感；高效、经济的建筑；采用清晰的划分主要功能及附属功能并共同结合创造城市的形态构思；形式简单、清晰、开放、平易但不拘谨。

在城市形态上：

1. 中心广场成为活动焦点。
2. 利用中央中轴线区将两个中心商业区分开，并赋予其不同的形象特征一传统的街市与未来之都。
3. 提供一个连续、形态各异及可开展不同活动的室外空间系列。
4. 在北部行政文化区采用连续整体性的城市立面，以更好的限定市政空间。
5. 在市政区把主要功能和附属功能结合起来。
6. 在滨河大道建立一个具有主要城市标志性的项目，并形成中心区南部的通道。
7. 利用中轴线中央区使其成为主要的市政户外活动空间。
8. 使中国传统的城市空间形式在此得以发挥。

市政厅单体设计

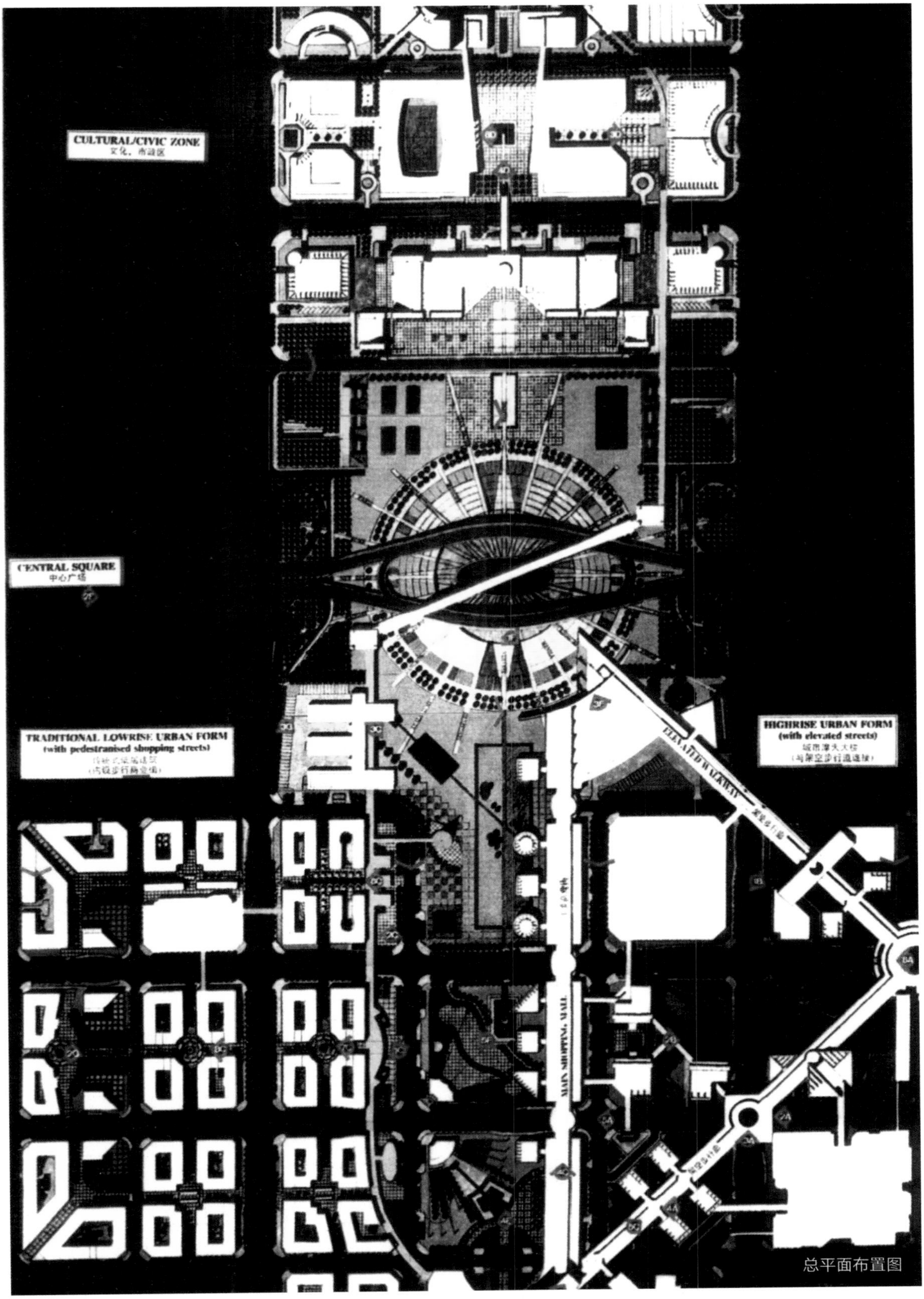
CULTURAL/CIVIC ZONE
CENTRAL SQUARE
中心广场
TRADITIONAL LOWRISE URBAN FORM
(with pedestranised shopping streets)
HIGHRISE URBAN FORM
(with elevated streets)
ELEVATED WALKWAY

总平面布置图

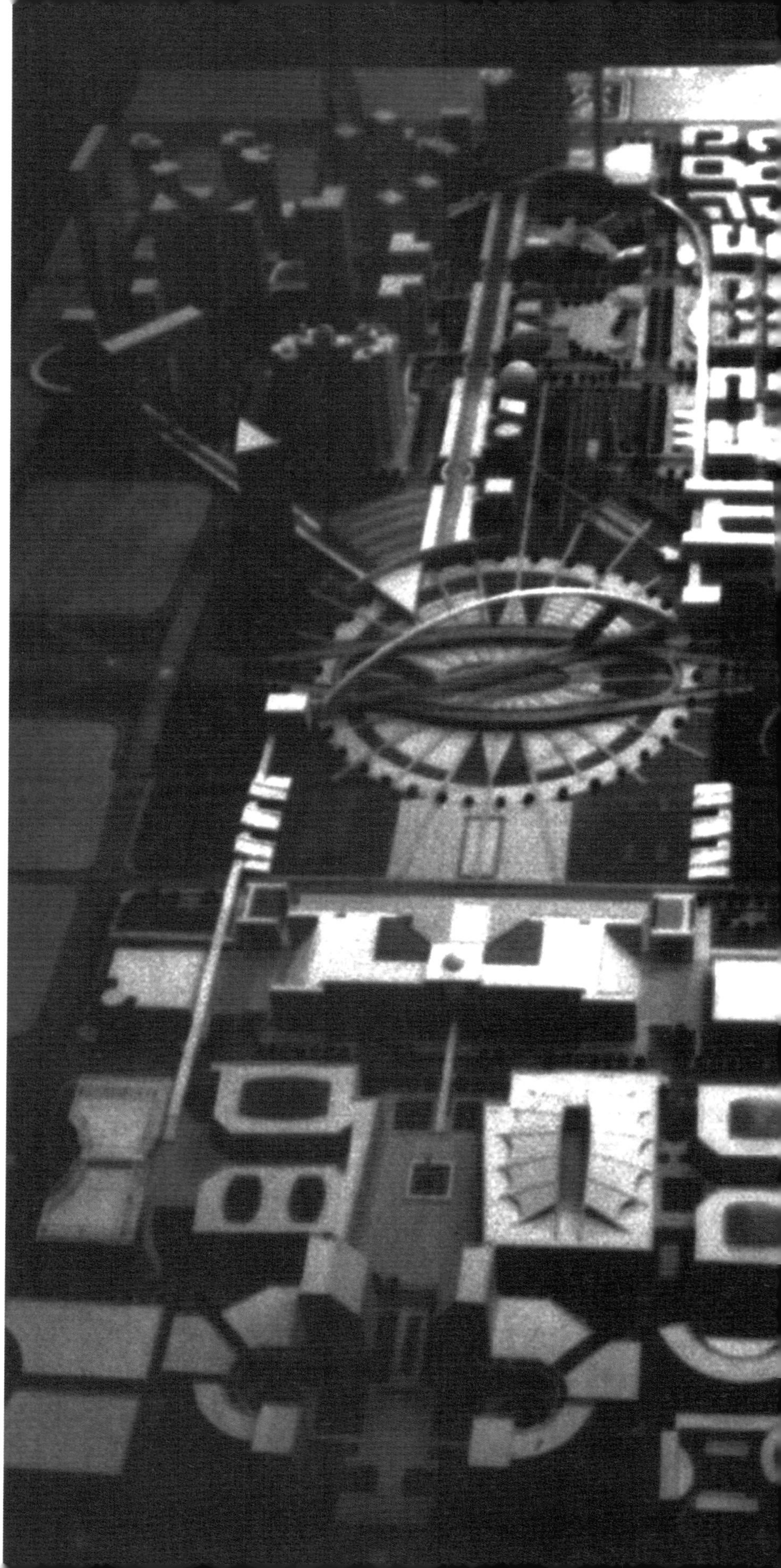

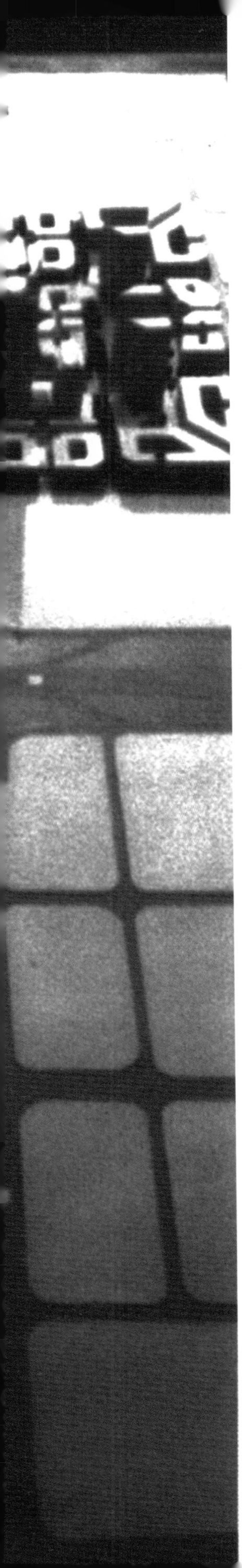

中心区的总体结构由五个分区组成：

1. 南区：拟设置一个一百层高的办公楼、商业、宾馆综合性设施在此独特的地理位置上。弧形的大型广场环抱着过往的行人，并从此通过二层架空广场，通过商业走廊及架空人行走廊。

2. CBD1：密集的商业办公用房及架空步行走廊。

3. CBD2：再现传统都市风貌，由密集的多层商用旅馆、办公用房及步行商业街和庭院组成。

4. 中心广场：中央绿地、休闲娱乐。

5. 北部分区：展厅、文化、体育及会议展厅设施。

所有分区通过连续的架空露天步行道、封闭的架空步行系统、各种广场和绿地空间、步行街及庭院组合这四个人行系统相互连接。

国际评审意见

(1) 针对市中心被深南大道所分割，着重解决南北两部分的联络和人的活动节点与通道，具有其自身的特色。

(2) 将市中心分为五个片区加以组织和布局，并突出每个片区的功能及其形象特征，使土地利用及空间形象具有多样化的效果。

(3) 对各类性质及大小不同的广场以建筑围合，内外空间的联系及尺度的掌握等方面，做了大量的细部方案，同时公共空间内布置了许多宜人设施，比较丰富多彩。

(4) 空间布局与建筑形象的选择，注意到了中国传统的继承与创新。

香港华艺设计顾问有限公司
HongKong HUAYI Design
序号 04

深圳新市中心的城市设计将以 21 世纪注重环境质量为前提，主要对策如下：

1. 平均建筑容积率在 1.8 以内。避免生存空间过分拥挤。

2. 限定建筑高度。除个别建筑外，一般建筑高度均保持在 100 米左右，为城市留出宽敞的空间。

3. 改变街区规划方式，街区之间良好分割，街区内部建立舒适的绿化空间环境。

4. 人车竖向分流。

5. 设置富有人情味的中心广场。

6. 建立起立体的绿地网络。

此外，考虑中心区与附近地块采用天桥等立体连接，并在地块中强调中轴线，采用传统的风水格局布置。

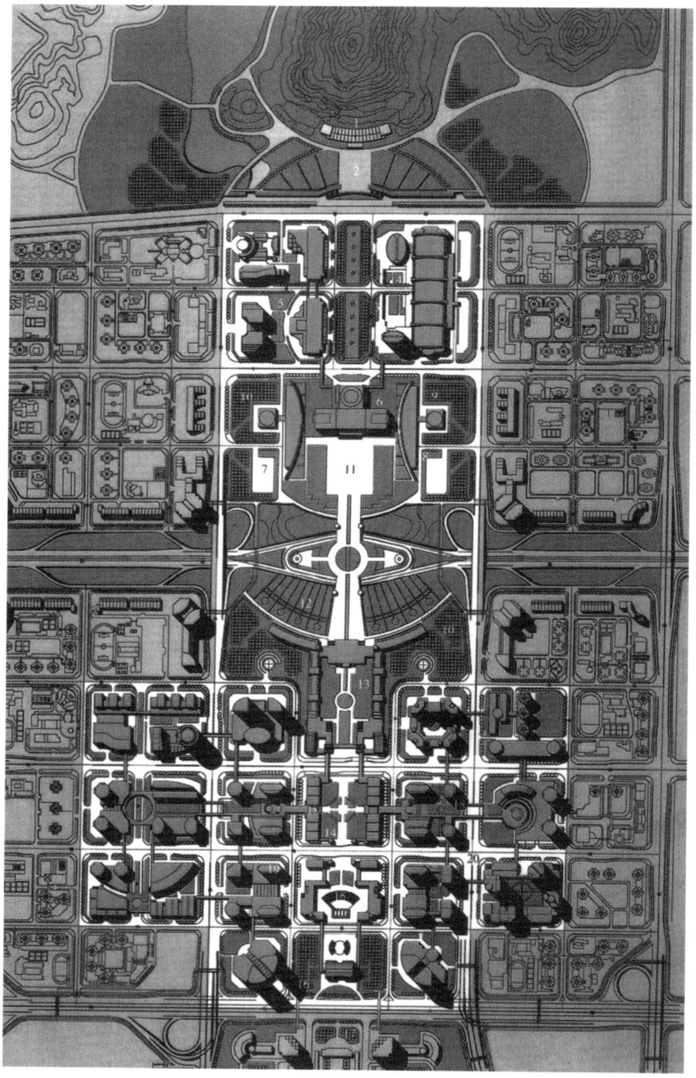

总平面布置图

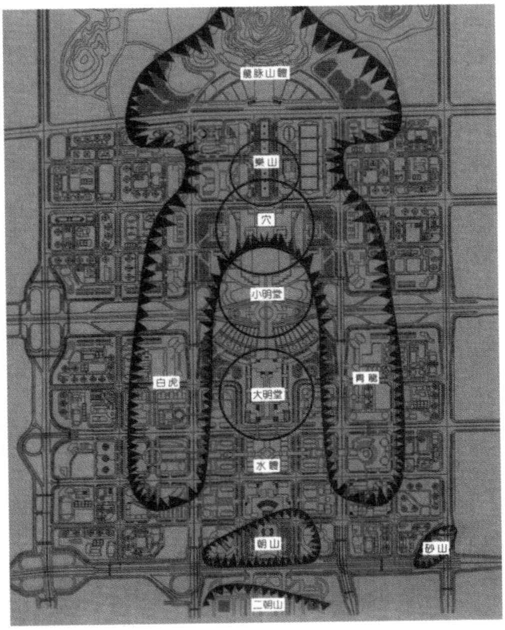

国际评审意见

(1) 从良好环境的原则出发，进行整体构思，并据此确定容积率。设置街区花园，人车分流，建立绿地系统等，效果较好。

(2) 市民中心设计的布局具有尺度宜人和现代化的风格，并使莲花山与中心广场的景观相连。

(3) 吸取中国传统空间系列的特征，组合中轴线上商业建筑群及庭院的系列，具有明显的特色。

(4) 深南大道南北两部分如何连为一体，方案在中心地段深南路下沉之上设置了一定宽度的铺装广场，比较简单易行，并加强了中轴线的空间效果。

(5) 对一个街区和多个街区的空间关系，提出了明确的要求，这对形成优良的城市建筑环境和指导下一步的设计，都具有指导性的作用。

(6) 规划设计深入具体，易于实施。

从中心区核心地段开始竞赛评述

从 1984 年《深圳经济特区总体规划》提出开始，深圳福田中心区从谋划到建设历时 30 年才基本建成。福田中心区设立之前的种种风波暂且不谈，在其实施的 30 余年间也是一个被不断质疑的过程，无论如何，它的确是那个特殊时代最具深圳元素与开创性的城市设计，意义深远之处在于由此开始培育出并成长至今的深圳城市设计体系的种子。

从 1984 年的深圳总体规划，到 1990 年编制的《深圳中心区详细规划》中确定的深圳中心轴的规划构想，一直到 1995 年引来真正的战略转折点—开展上文中的核心地段城市设计国际咨询。它从招标形式、邀请机构、方案设想与其后的评审与公示，都为后来的深圳竞赛机制奠定了坚实的基础。此外借由国际咨询，在对中心区的设想中提出了三个非常具有远见和洞察力的设计目标：体现 21 世纪国际性城市中心及 CBD 身份特色；为各类人群创造卓越的活动场所；解决人们对内外空间的使用、观赏要求。最后两点至今看来简洁而掷地有声，它的实质是明确了深圳中心区要以人为第一服务对象，以公共空间及公共活动为核心的价值导向。

为更好得执行中心区城市设计，深圳在当时特地成立了“城市设计处”以及“市中心开发领导小组”。而 “城市设计处”是中国首个以城市设计管理及编制为主要职责的政府机构，后来成为建立深圳城市设计管理体系，并在深圳各个层面积极推动城市设计实施的重要规划管理机构。它的出现使得深圳的城市设计得以与各类规划发生化学作用，体现了深圳对城市设计的高度重视以及严肃性，对于深圳的城市空间质量提升有重要推动作用。

这场国际咨询带来的是一个城市性的建设与对话基础，此后执行的 20 余年间，不同专业在此基础上相互支撑、修正，逐渐完善福田中心区这片建于蓝图之上的区域。充分保障中心区在高速的建设中仍能保持足够的完整性，深圳的城市与建筑由此起步。

福田中心区1999年照片

福田中心区2000年照片

福田中心区2002年照片

福田中心区2003年照片

福田中心区2001年照片

福田中心区2004年照片

Case 2

1996—2000 建筑与城市设计的实验

深圳市中心区文化中心国际设计竞赛

The International Competition of City Cultural Center, Shenzhen

=竞标类型=

定向邀请国际竞赛

=所处区域=

深圳市福田区

=投标方式=

向专业设计机构开放

=业主单位=

深圳市文化局

中心区与基地

基础资料

深圳市自 20 世纪 70 年代末建立以来，经济发展和城市建设取得了举世瞩目的成就，在迈向现代化国际性城市的进程中，市政府决定在未来的城市中心区——福田中心区显要地段兴建一座文化中心，该中心由一座独立的音乐厅和一座独立的中心图书馆组成。为保证文化中心的高水平设计，决定邀请有限的国际建筑设计单位参加设计竞赛。

深圳文化中心的业主为深圳化局，项目由市政府投资兴建。

深圳音乐厅应有一流的音质标准和室内外设施，适应高品质音乐演出和文化交流的需要，同时音乐厅建筑本身与中心图书馆一起将成为深圳市有标志性、有时代特色和文化特色、环境优美、市民和访客喜爱的公众文化休闲场所。

总建筑规模控制在 20000 平方米左右，音乐厅的观众厅取 1800~2000 席。

图书馆的设计应做到馆藏多样化，适应社会信息化和图书馆网络化建设的需要，充分利用现代技术和设备，符合可持续发展的要求，并且以读者为中心，建设一个符合各种读者需求及其未来变化趋势的现代化图书馆。

中心图书馆建筑面积 35000 平方米，馆藏设计为 400 万册。

实施方案选择过程

深圳市文化中心（深圳中心图书馆、深圳音乐厅）设计方案采用有限邀请国际竞赛的方式征集。于 1997 年 10 月 15 日发标，1998 年 1 月 9 日收标，共收到参赛设计方案 7 个。1998 年 1 月 16 日至 18 日，由市规划国土局、文化局共同主持，邀请国内外 7 名著名建筑专家组成评审委员会，对设计方案进行评审。评审结果，日本矶崎新建筑设计事务所提供的一号方案获一等奖，加拿大萨夫迪建筑设计事务所提供的二号方案获二等奖，评审委员会 7 位委员一致推荐，将一号方案作为实施方案。

由于两个方案都是国际大师级的作品，为慎重选择，根据市重点文化设施建设领导小组的指示，市文化局于 2 月 10 日邀请北京、广州的 15 位专家、学者进一步座谈、征求意见，多数专家都赞成一号方案。

同时为了广泛听取市民的意见，市重点文化设施建设领导小组办公室于 2 月 22 日组织了一次问卷调查，共向社会各界人士发出问卷 200 份，其中有 127 人到现场参观了模型并填写了意见，赞成一号方案的占 55.9%，赞成二号方案的占 39.4%，另有 6 人没有明确意见。

3 月 24 日，市委召开选择实施方案座谈会，市规划国土局、建设局、文化局负责人和建筑设计界专家、学者共 37 人参加了会议。与会者畅所欲言，在分析了两个方案各自的优缺点后，以无记名投票方式表达意向。结果赞成一号方案 20 票，赞成二号方案 15 票，弃权 2 票。

竞赛结果

第一名	01号	日本株式会社矶崎新设计室方案

邀请设计机构名单

序号	国家/地区	机构名称
01	日本	日本株式会社矶崎新设计室
02	加拿大	萨夫迪建筑设计公司 Safdie Architects
03	美国	Kling Lindquist建筑设计 The Kling-Lindquist Partnership, Inc.
04	美国	L.S.H建筑事务所
05	美国	美国加州城建设计集团
06	中国	北京市建筑设计研究院
07	中国香港	许李严建筑师事务所

初步设计参评评委

吴良镛	中国	中国工程院院士、科学院院士，清华大学教授
周干峙	中国	中国工程院院士、科学院院士，原建设部副部长
潘祖尧	中国香港	香港著名建筑师
章明	中国	原上海大剧院副总指挥、上海民用院总建筑师
金志舜	中国	国家大剧院筹建副主任、高工
陈燮阳	中国	上海交响乐团音乐总监、首席指挥
叶小刚	中国	作曲家、中央音乐学院教授
王炳麟	中国	清华大学建筑教授、建筑声学专家
项瑞祈	中国	北京市建筑设计研究院教授级高工、建筑声学专家
鲍家声	中国	东南大学建筑学教授、博士生导师、图书馆建筑专家
何大镛	中国	上海图书馆原筹建主任，研究馆员
许安之	中国	深圳大学设计院院长

1999年8月12日，深圳文化中心工程指挥部有关人员专程赴北京，在北京市建筑设计研究院邀请原竞赛方案评委会主任吴良镛先生、评委关肇邺先生、技术评委王炳麟先生，以及清华大学建筑系主任、深圳市规划委员会委员朱文一先生等专家，在对比原竞赛方案和5月18日的初步设计的基础上，对文化中心初步设计最终修改方案（7月31日提交）进行了认真评议。

日本株式会社矶崎新设计室

Arata Izosaki & Associates

序号 01

第一名

设计概念

本设计方案的宗旨是要把深圳文化中心建设成为深圳中心区这个大剧场中的一个重要舞台。由深圳中心图书馆和深圳音乐厅构成的统一整体，形成了一个面向宽广的中央绿化带的开放空间。在这里，市民可以自由自在地从事各种文化娱乐活动。

城市 = 剧场

文化中心 = 舞台

市民 = 演员

节目 = 文化活动

构成了本设计方案的基本设计构思

基地被六号路分割成两部分。跨越六号路上空的公共文化广场，把中心图书馆和音乐厅连成一体，形成了一个面向以市政厅——中央绿化带——莲花山为城市视觉轴线的开放空间。广场正面的流水垂幕和曲线玻璃垂幕引导来宾进入文化中心“舞台”。公共文化广场上的黄金玻璃“树”分别构成了图书馆和音乐厅的进厅，寓意着“文化森林”。相互独立的图书馆和音乐厅通过公共文化广场形成了一个统一的整体。

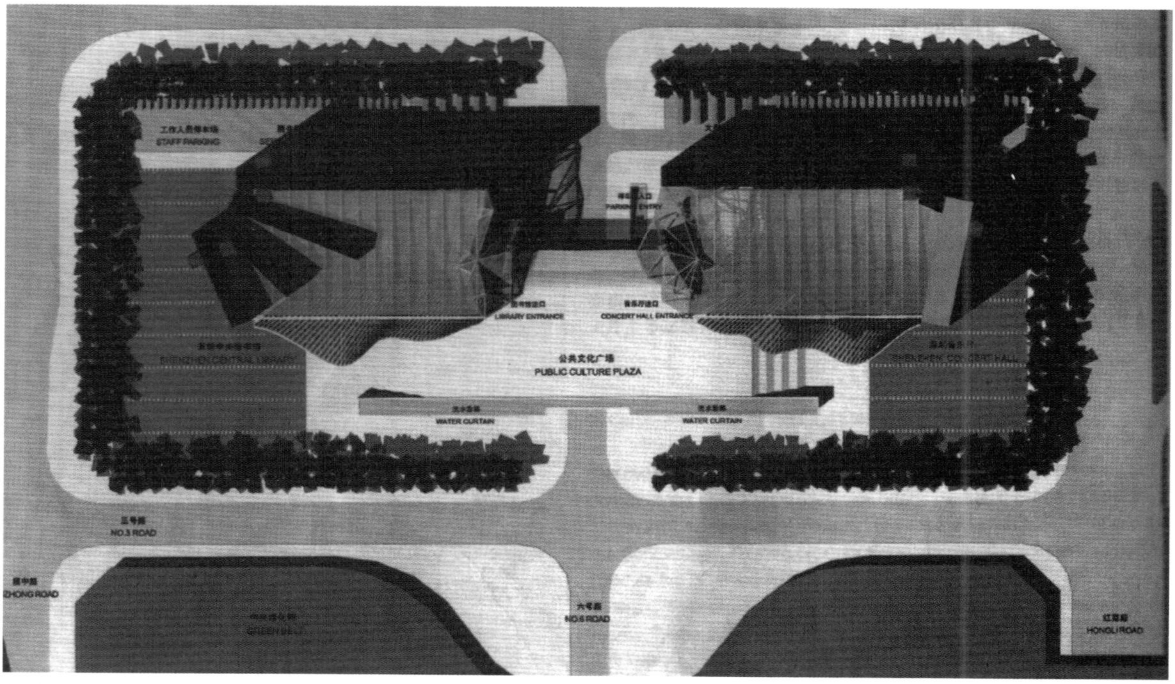

总平面图

CATENARY BEAM SYSTEM
LONG SPAN TENSEGRITY GIRDER
RULED SURFACE GLASS CURTAIN
CATENARY BEAM SYSTEM
SMALL MULTI-FUNCTION REHEARSAL HALL
LONG SPAN TENSEGRITY GIRDER
PERFORMANCE HALL
RULED SURFACE GLASS CURTAIN
GLASS "TREE"
concert hall main entrance lobby
LECTURE ROOM
CANOPY
VERTICAL CIRCULATION CORE
GLASS "TREE"
library main entrance lobby
ACCESS SPINE
TO PERFORMANCE HALLS
REAR HALL
performers' area
READING ROOM
GROUND STAIR
OVAL HOLE
ground level concert hall entran
LITERATURE STORAGE AREA
PUBLIC CULTURE PLAZA
bridge connection over No 6 Road
WATER CURTAIN
OVAL HOLE
ground level library entrance
WATER CURTAIN
VERTICAL CIRCULATION CORE
GROUND STAIR
等角投影／建筑的构成要素

建筑的构成要素

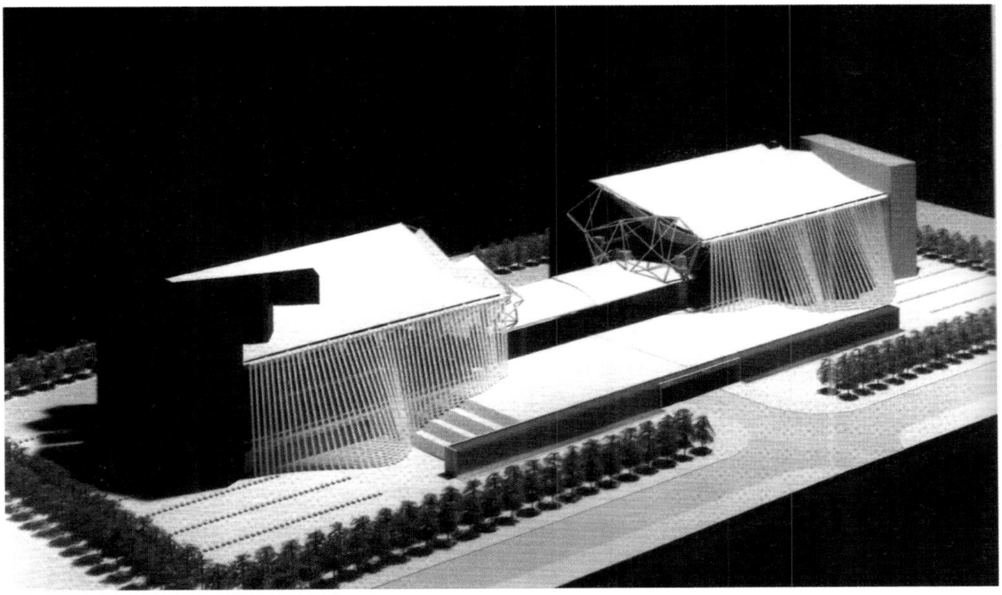

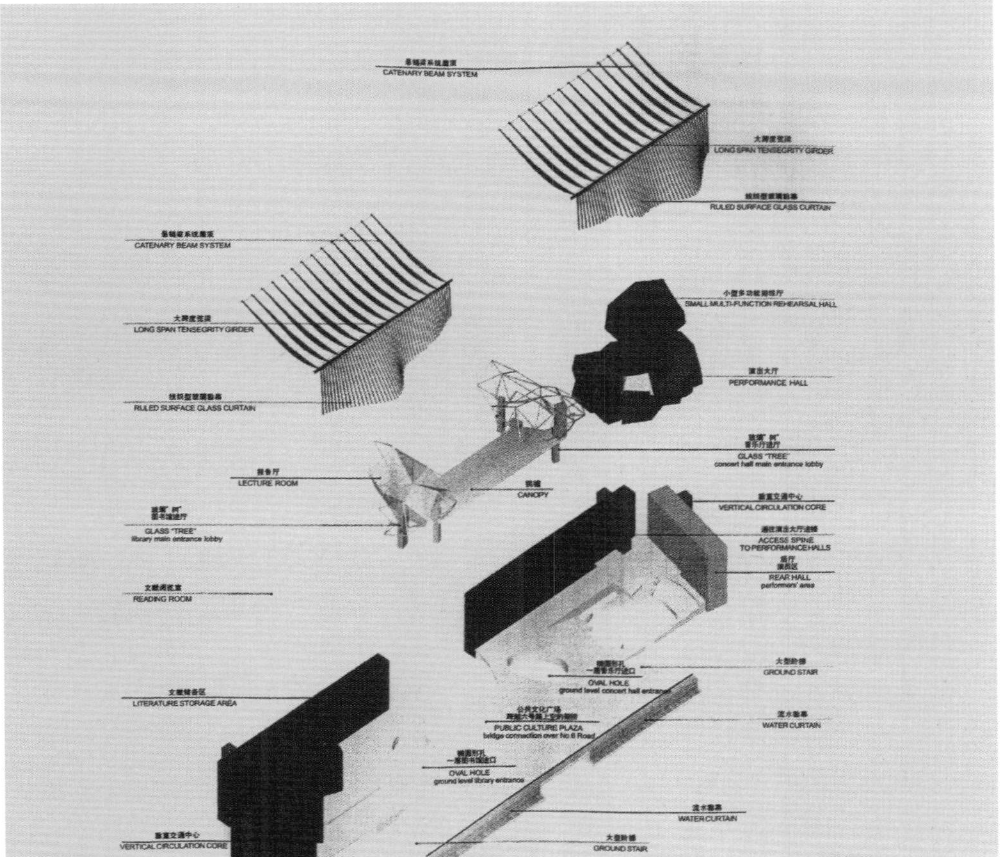

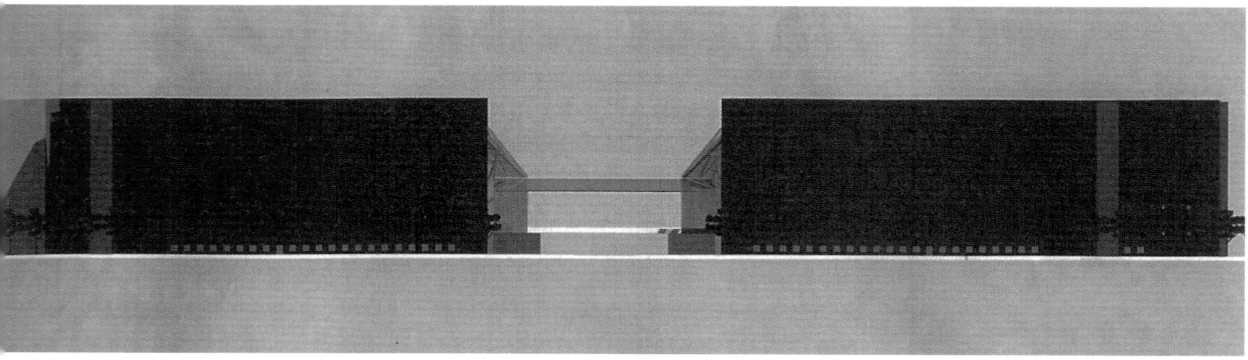

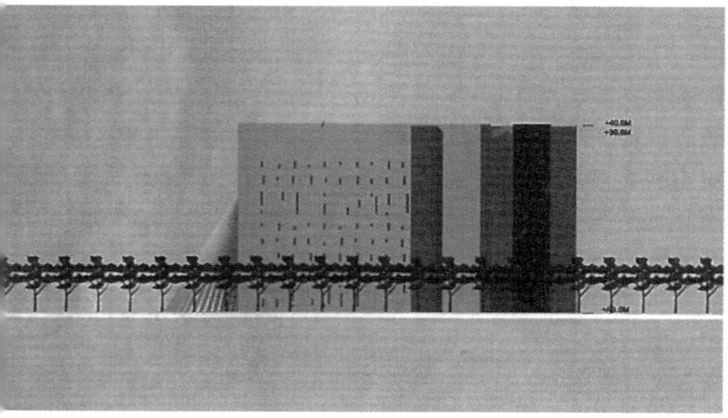

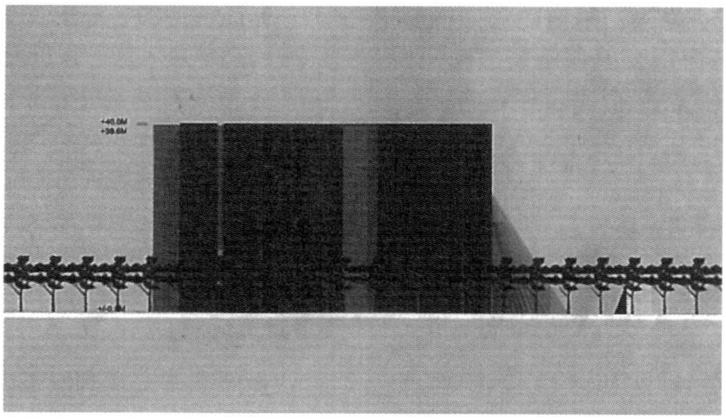

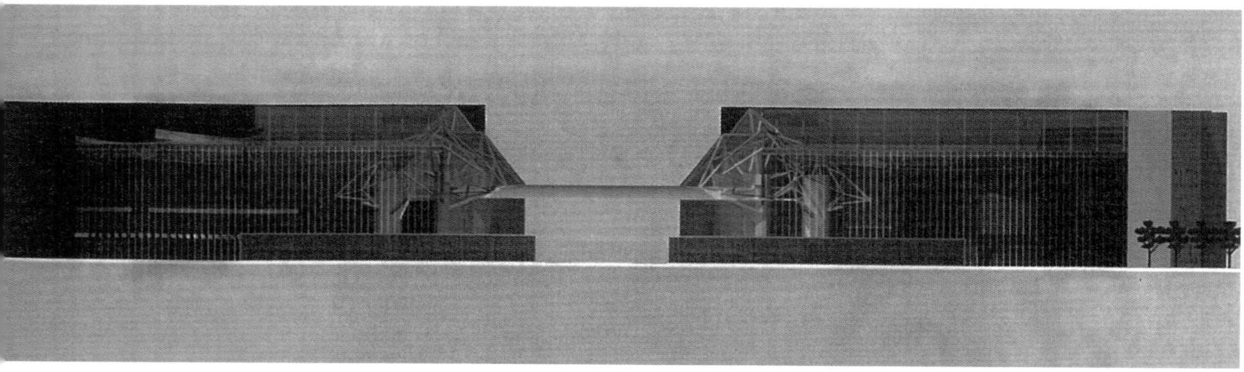

“黄金树”室内透视

评审意见

1998 年 1 月 18 日：1 号方案综合构思严密，又艺术地创造了深邃的文化意境。

1999 年 5 月 17 日：与其他方案相比，本方案设计构思具有独特的优点，如建筑整体处理与中心区大环境十分协调，在关照中心区群体性的同时显现独特的个性；“黄金树”、玻璃垂幕以及内部空间等建筑局部处理上，既具理性又富浪漫色彩。

同时对立面的玻璃垂幕、建筑色彩、图书馆的设计意向、入口设计以及室内提出了修改要求。

萨夫迪建筑设计公司

Safdie Architects

序号 02

设计概念

共生学关系

这两座建筑并肩而立，沿城市中心公园形成一种城市界面。此公园被城市重要公共建筑环绕，并止步于市政厅，形成城市景观中心。

两座建筑是围绕各自的弧形曲墙来设计的，两片弧墙相向延展，被位于两建筑之间的林荫道断开，而商店及一些公共服务则被布置在弧墙的内部空间中。由基地外环路观之，音乐厅与图书馆沉浸在一片景观水面及人工树林之中。

巨型城市空间体

入口广场仅作为序曲，引导访客进入音乐厅及图书馆各自的焦点，即两个巨大的城市空间体。

文化标志性

音乐厅与图书馆的主体形态来自于同一个巨大虚拟的集合旋转体的表面界定并生成的，其旋转后的凹曲面构成了两座建筑起伏的屋顶形态，而每座建筑的平面则是各自功能最佳布局的体现。

整个建筑主体被旋转体切割，而形成曲面屋顶，其起伏的轮廓使人联想起远处的群山。音乐厅与图书馆由统一的几何形式，一分为二，各自有不同的形态，构成深圳城市景观的一对孪生体。

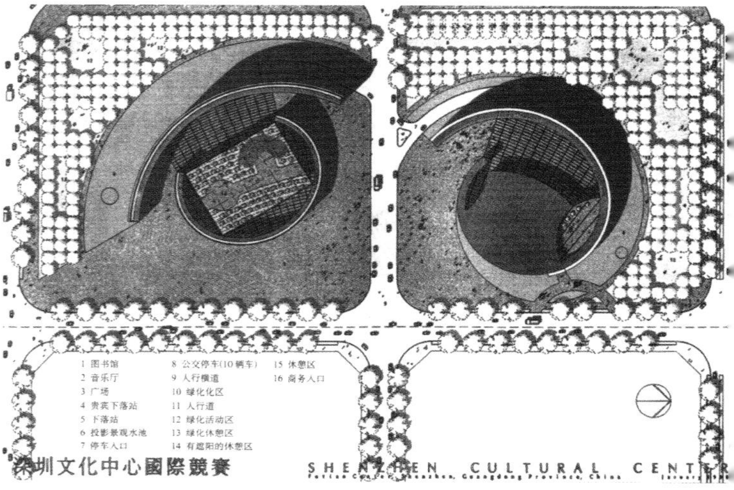

总平面图

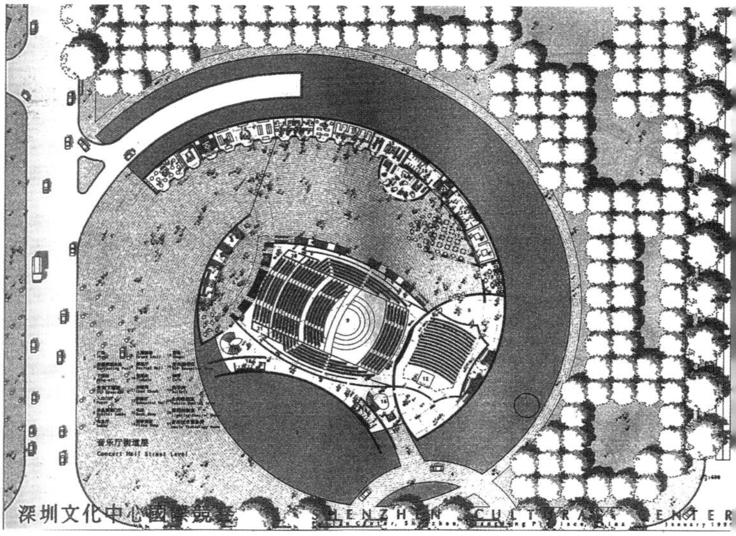

音乐厅平面图

评审意见

1998年1月18日：第二方案具有强烈的雕塑感，与总体环境也很协调，是优秀的创作。

深圳市中心区文化中心后记：“方案建筑造型独特，两个螺旋形相对而立，曲线与光影的变化十分优美。最终各个层面的意见还是统一到了矶崎新的方案上。除了规划上协调的因素外，原创性的因素在比较中也占了上风。萨夫迪重复了自己已有的作品，他在加拿大曾做过一造型类似的图书馆，只是规模没有这么大，为了形式上的统一，音乐厅也采用了同样的造型。”

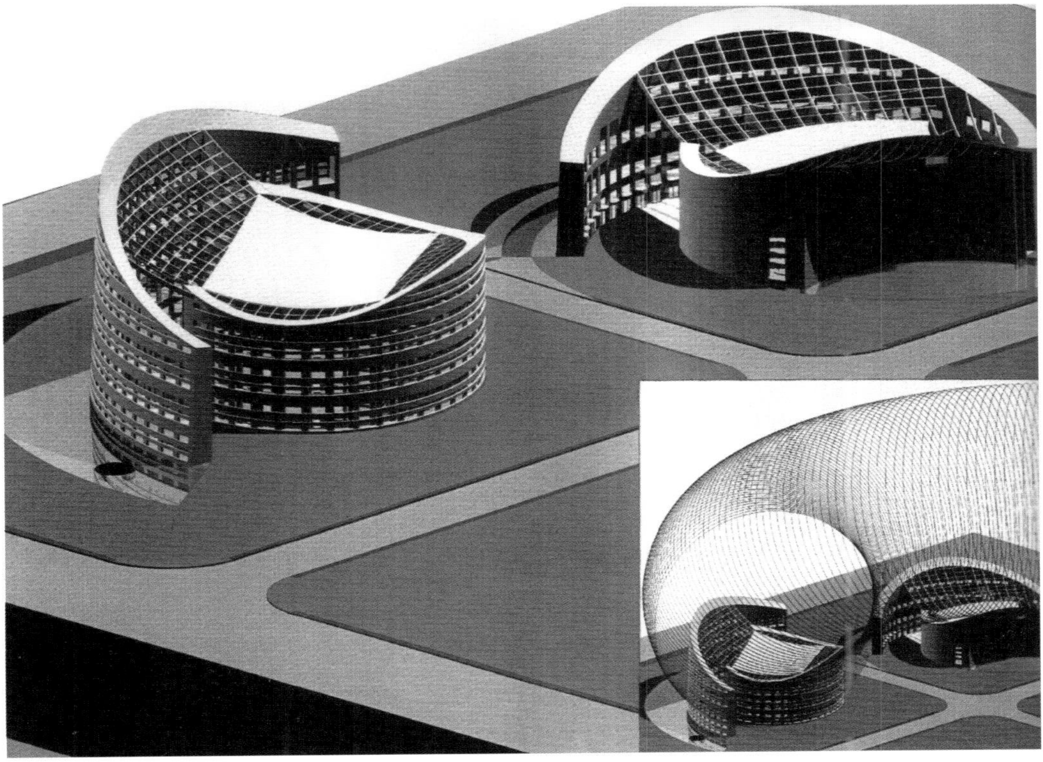

美国Kling Lindquist建筑设计
The Kling-Lindquist Partnership, Inc.
序号 03

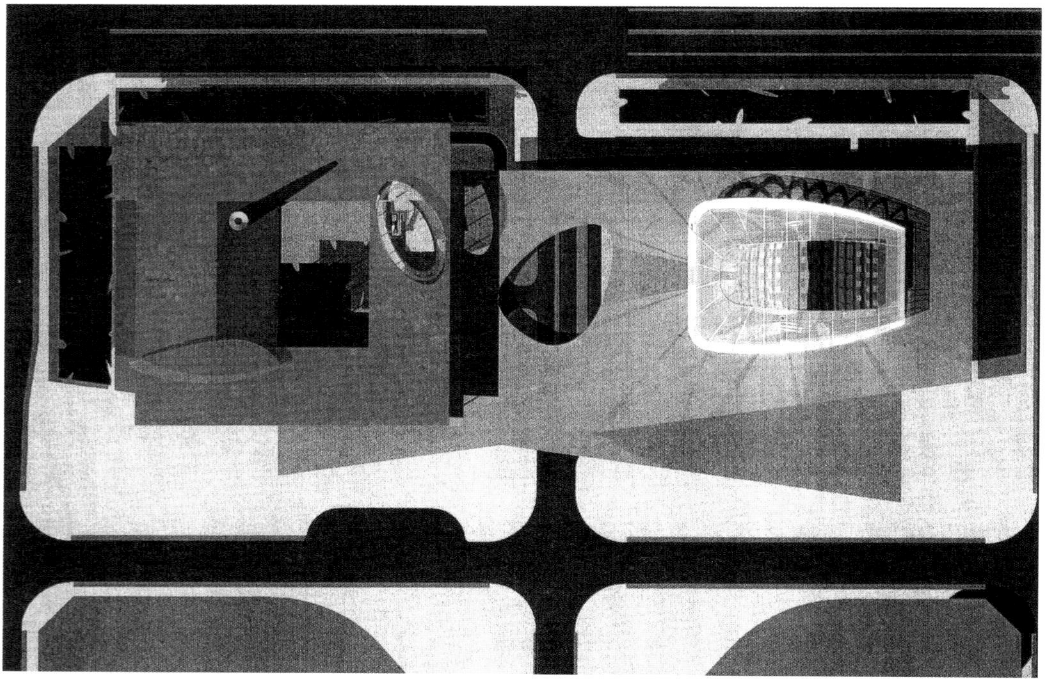
总平面图

透视图

设计概念

本案采用“瑰玉如宝”的概念来界定音乐厅体量，外层的玻璃结构则加强了建筑物的典雅和重要性，而外观的流线型则更充分地表现了建筑美学上的抽象以及音乐本身的柔性和感性。

音乐厅和图书馆的结合，产生一种新体量的可能性：一个巨大的斜坡状底座平台。这个新的底座平台不仅提供了新的公共空间及商业，也同时加强了两个体量在视觉上的穿越感和功能上的连续性。平台所提供的户外空间把市政厅、图书馆和音乐厅串联在一起，给市民们建立了一种纪念性的公共动线。而其室内商业功能所具有的强大经济潜力，将对福田区的都市生活条件起积极的推动作用。

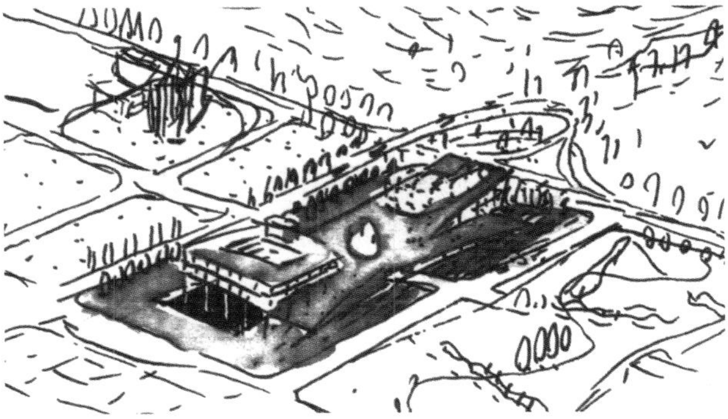

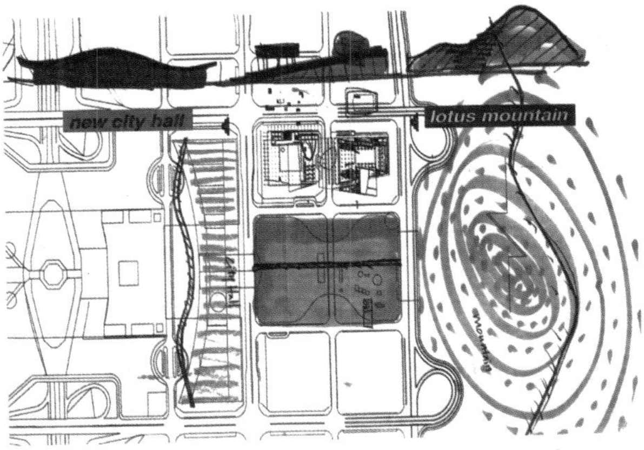

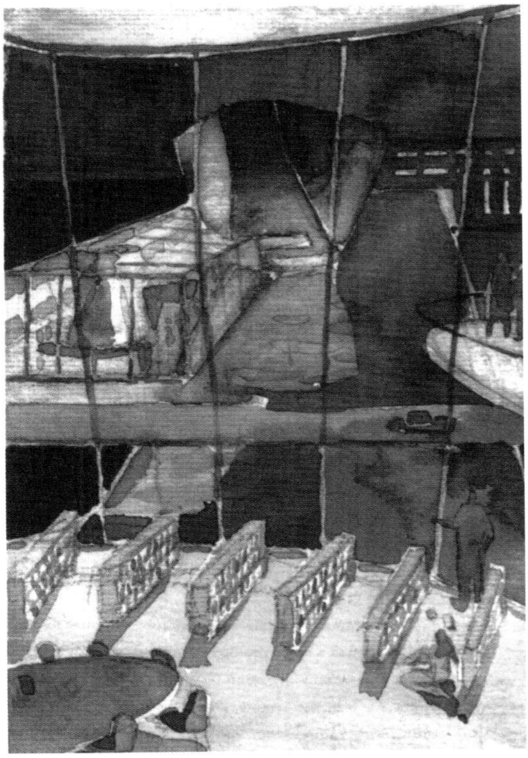

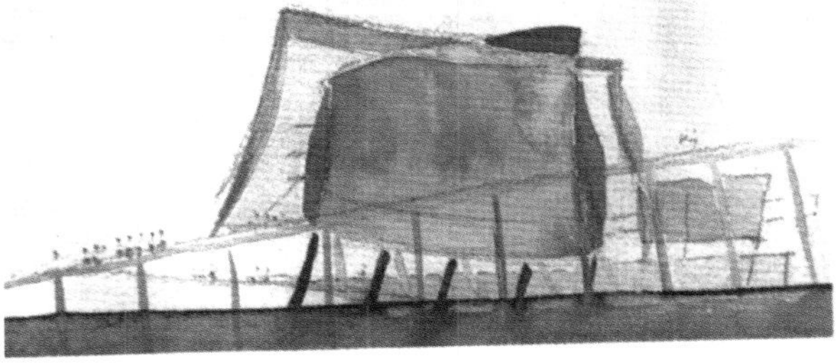

北京市建筑设计研究院

BIAD

序号 06

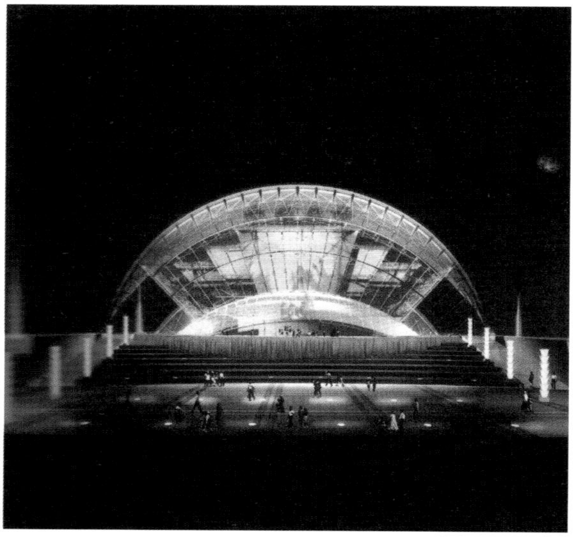

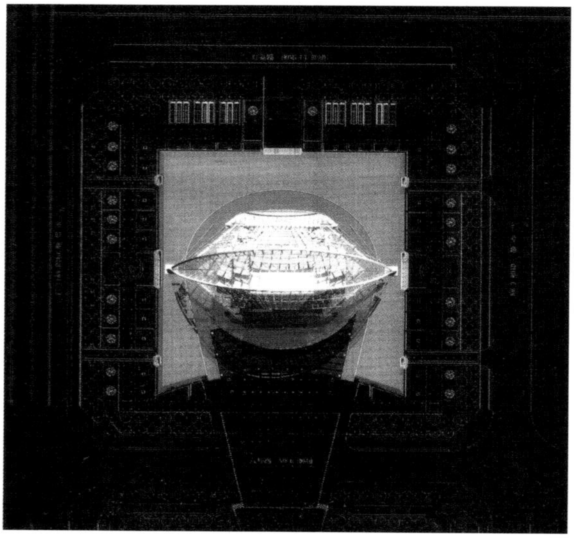

音乐厅设计

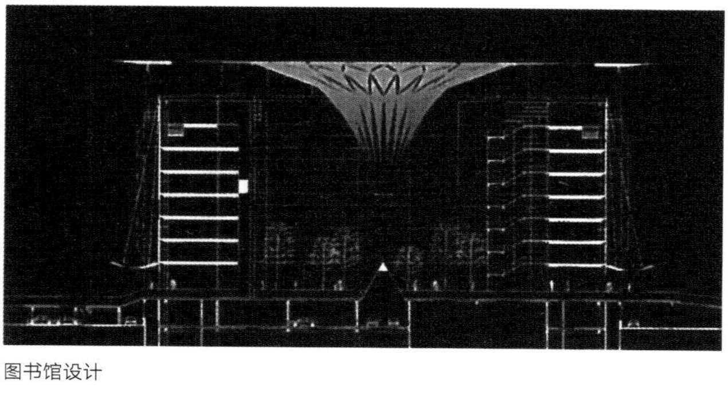

图书馆设计

香港许李严建筑师事务所
Rocco Design Architects Ltd.
序号.07

透视图

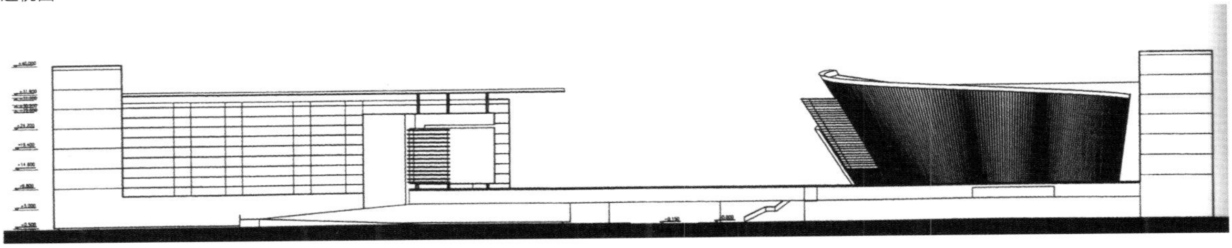
立面图

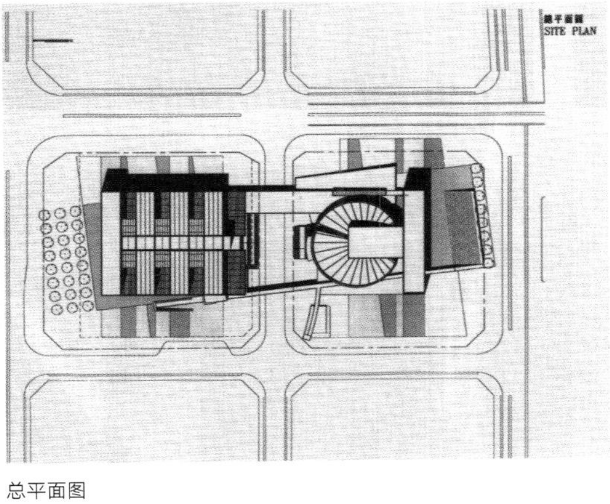

总平面图

深圳书城

建筑与城市设计的实验竞赛评述

在深圳市中心区城市设计确立之后的数年，在核心地段相继开始了文化建筑的设计与建造，其中又以深圳中心图书馆和音乐厅为实施重点。这组建筑与城市之间的关系存在着一种实验性，同时面临着完全“白纸状态”的基地与尚在完善之中的城市设计，这种背景是极其抽象的。因此它需要做的是将一座城市对文化的愿景恰如其分地表达出来，在任务书对功能数据的罗列之下，依然能强有力地投注建筑自身的想法，同时塑造其与城市的关系。这样的条件对于所有参加投标的建筑师而言都是挑战。

深圳图书馆和音乐厅中再一次沿用了国际竞赛的做法，并且显示出了对参赛机构和评审团队更为成熟的考量。参赛者中固然有已经成名的建筑师和事务所，但最终胜出的提案并非只因其有着新颖的形式和成熟的手法。来自不同背景的各份提案也显示出当时的中国建筑行业在回应城市命题上的巨大差距。矶崎新在设计中为深圳的中轴线设想了开阔的、舞台般的图景，将视角着眼于建筑与城市的关系，这种眼光是独一无二的。他对公共空间的设想与提议也在督促城市的管理者和决策者进一步理解城市设计的含义。多年之后，启用的深圳图书馆和音乐厅开始扮演起城市文化地标的角色，彼时存在于构想中的中心区设计也在一步步走向完全的呈现。

Case 3

2006—2008 开放的公开

光明新区中央公园概念规划方案国际咨询

The International Consultation for Urban Design of Guangming New Town Center, Shenzhen

= 竞标类型 =

定向邀请 + 国际公开竞赛

= 所处区域 =

深圳市光明地区

= 投标方式 =

专业设计机构

= 业主单位 =

深圳市规划局

深圳市光明新区管理委员会

基础资料

2003年，深圳市光明地区（原公明、光明街道）156.1平方千米的辖区开始编制《光明新城大纲》，成为深圳市第一个明确提出的新城，并规划光明高新技术产业园和光明中心区为重点建设区。自光明新城提出之后，多个规划均提出在光明中心区规划一个中心公园。

2006年7月至2007年3月，深圳市规划局开展了光明新城中心区城市设计国际咨询，由赖纳·皮克尔主持的奥地利RpaX公司的优胜方案提出在光明中心区设立“中心公园”。其后，在中国城市规划设计研究院深圳分院主持完善的“深圳光明中心区城市设计”方案中，该区域逐渐明确为“大公园公共中心”，并定名为“中央公园”。

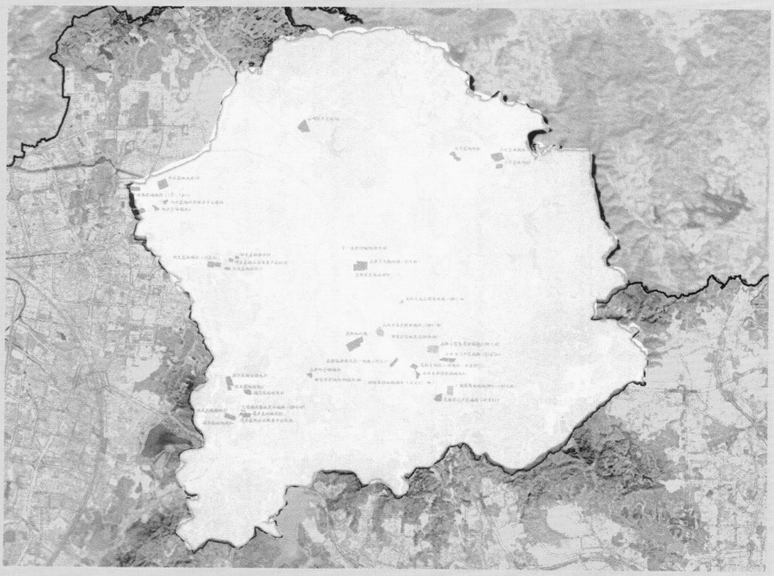
光明新城区域

光明新城与中央公园

设计范围

光明新区中央公园面积约237公顷，主要由马鞍山（南部区域）和柴山（北部区域）组成。马鞍山海拔高度为44米，柴山126米，两山之间为平缓的菜地。中央公园位于光明新区中心区的核心区域，周边规划道路有东南面的光辉大道、西北面的中央公园大道，均为城市次干道；西南面的光明大街改造为商业购物步行专用道。规划中的一条主干路——辉园路将从场地东部南北向穿过。地铁6号线能方便地与深圳市及其他城市、地区相衔接；地铁6号线穿越中央公园区域，并设有龙大高速站和光明新城站。

竞赛目标

探索在快速城市化影响下的城市与绿地、城市生活与公园生活、城市开发与生态效益之间的新型关系，创造代表“深圳的远见”、丰富“新光明城市”(New Radiant City)理论纲领、符合“绿色城市”建设标准的新型的城市绿心。

1. 研究中心绿地及沿中心绿地边缘布置的公共服务设施用地之间的关系，并提出相应规划概念，重点是中心绿地内部的构思提案。

2. 探索中心绿地内部活动与城市建设用地边界上的公共性空间的城市活动的相互关系，提出构思提案。

3. 体现中心绿地与周边生态绿地的融合性，尤其针对场地内的原荔枝林、菜地、鱼塘等农业景观的肌理结构以及景物特征，探索保存与可持续发展模式，提出构思提案。

竞赛组织

咨询活动分为二个阶段：即方案草图提案阶段、概念设计竞赛阶段。咨询活动在全球范围内公开邀请中外优秀设计公司、事务所或联合体参加。

第一阶段——草图提案：本阶段的设计提案强调设计构思和理念的创新。对整个约2.37平方公里范围用地进行概念规划以及对重点区域提出初步的构思，并对公园的定位及功能服务范围加以深刻的思考和探索。

第二阶段——概念性设计竞赛：该阶段的设计强调在概念性基础上的可实施性，该阶段的竞赛组织形式由提案阶段的评审委员会根据提案情况决定。

竞赛结果

第一名	10号	曹·帕罗特工作室+LM建筑事务所 Cao Perrot Studio + Lee Mundwiler Architects

入围设计机构名单

序号	国家/地区	机构名称
02	英国	Studio 8 Architects
03	中国深圳	都市实践建筑事务所
10	美国	曹·帕罗特工作室+LM建筑事务所 Cao Perrot Studio + Lee Mundwiler Architects
15	中国深圳	深圳市园林设计装饰工程有限公司

第二阶段参评评委

威尼·马斯 Winy Maas	荷兰	MVRDV
大卫·格林伯格 David Greenberg	美国	美国生态建筑专家 / 夏威夷大学教授
王小璘	中国台湾	台湾造园景观学会荣誉理事长/台湾东海大学教授
崔愷	中国	国家工程设计大师/中国建筑设计研究院副院长/总建筑师
王维仁	中国香港	香港大学建筑系副教授
廖维武	中国香港	香港中文大学/建筑系副教授
杜鹃	中国香港	香港大学建筑系助理教授
朱荣远	中国	中国城市规划设计研究院副总规划师/深圳分院副院长/教授级高级规划师
徐远安	中国	深圳市光明新区管委会/城市建设与管理办公室副主任

01. KHR

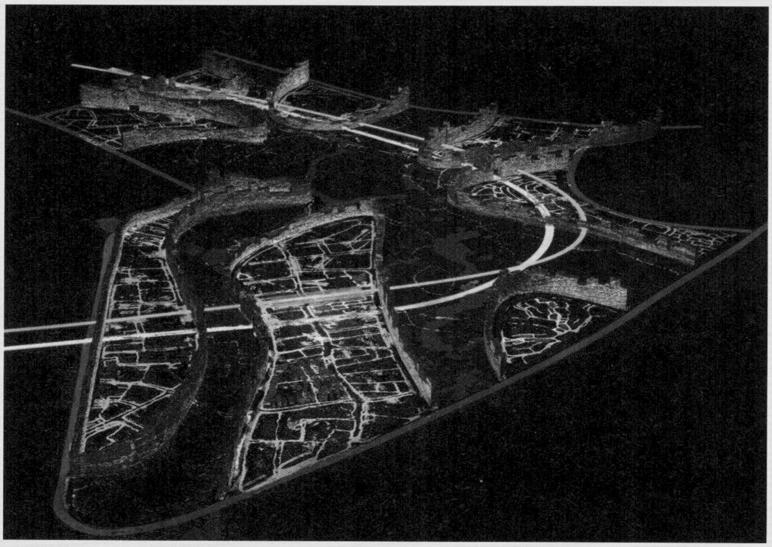

02. rpaX

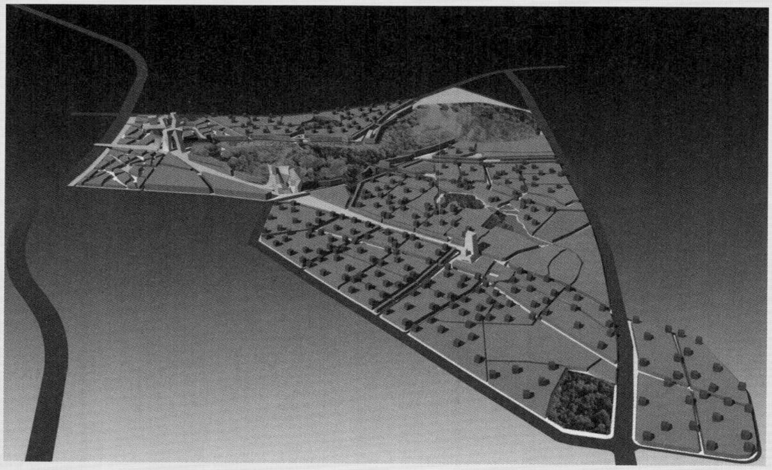

03. MVRDV

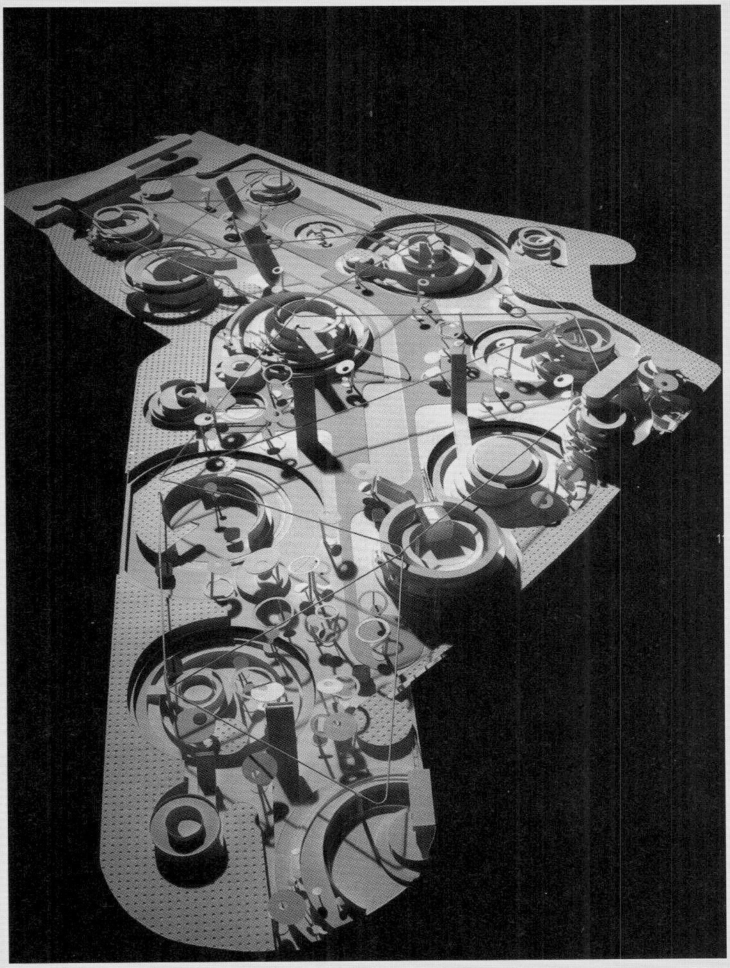

04. Stuido 8 Architects

05. 日建

02. rpaX

02. rpaX

优胜方案

设计概念：城市以“垂直都市”作为其城市身份的定位，以“都市地毯”作为其邻里特征的隐喻。

策略1.“STRIP”（带形）是这样一种策略，它使得在中心内的潜在区域与线性中心相连。

策略2.“DEN_CITY”（密度城市）中心商业带的发展要求拥有强烈吸引力的点。“DEN_CITY”指高密度混合功能的点，吸引其他的公共设施和服务。

策略3.“URBAN CARPET”（都市地毯）地毯定义了一个区域，拥有独立的图案，散播出独特的个性与氛围。在某种容易操作的尺度上来创造邻里空间。它们被放置在所有混合使用的建筑区域，拥有一个定义每张地毯的重叠区域。

策略4.“LIGHT OWNERSHIP”（光线所有权）一般的公寓建筑必须从其相互间距中“借”光。都市空间被简化为“采光间距”。

03. MVRDV

03. MVRDV

超级之窗

通过保留全部现有的自然景观，并由环带围绕，产生了一个高度变化性的城市空间。这种方式戏剧化地丰富了透视，它把东侧的山脉也包括进来。方案建议如果可以把东侧的职业学校用地挪到环带里面，将产生更加完美的景观。轻轨从南北两个社区穿过，是中心空地的空中桥梁。

根据现有景观元素的位置，围绕山丘和鱼池，环带成为一条蜿蜒的蛇状道路：一条绿色的盘山路，有变化的商业、文化功能节点。它创造了丰富的景观，增加了空间的趣味性。

04. Stuido 8 Architects

Smart-city

光明新城中心区作为“Smart-city”，将为中国描绘新型城市蓝图。它将不仅是一座生态城市，更是一座多向度多层次的可持续发展城市。在Smart-city发展的长期策略中，旨在为全体社会阶层提供空间，创造社会整体和谐下的可持续发展是其关键机制。这一策略还吸收了教育、农业、环境的可持续发展概念，同时催生一种健康积极的21世纪生活方式——由低耗的“慢”生活及可持续原则推动，着重强调快乐平衡。它旨在保护并增强自然及文化资源；扩大生态交通、就业和住房选择的范围；重视长期区域可持续发展甚于短期过度开发。为了避免城市蔓生，Smart-city提倡更利于自行车和步行的混和用途的紧凑用地模式，以及混合不同收入阶层的一系列住房类型。

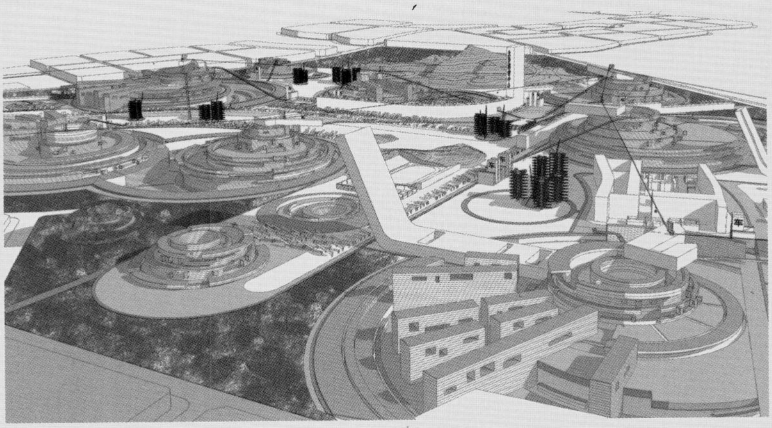

04. Studio 8 Architects

曹·帕罗特工作室+LM建筑事务所

Cao Perrot Studio + Lee Mundwiler Architects

序号 10

第一名

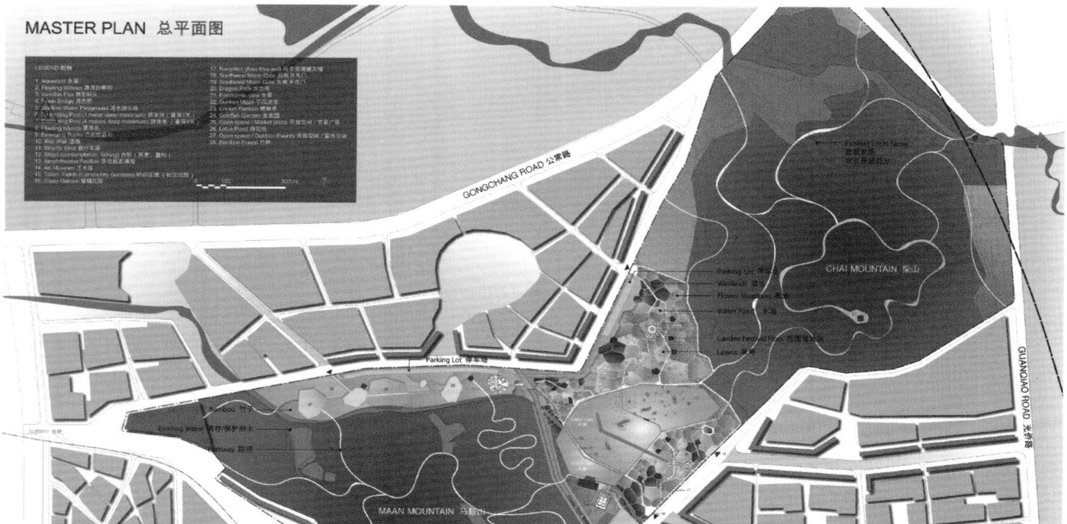

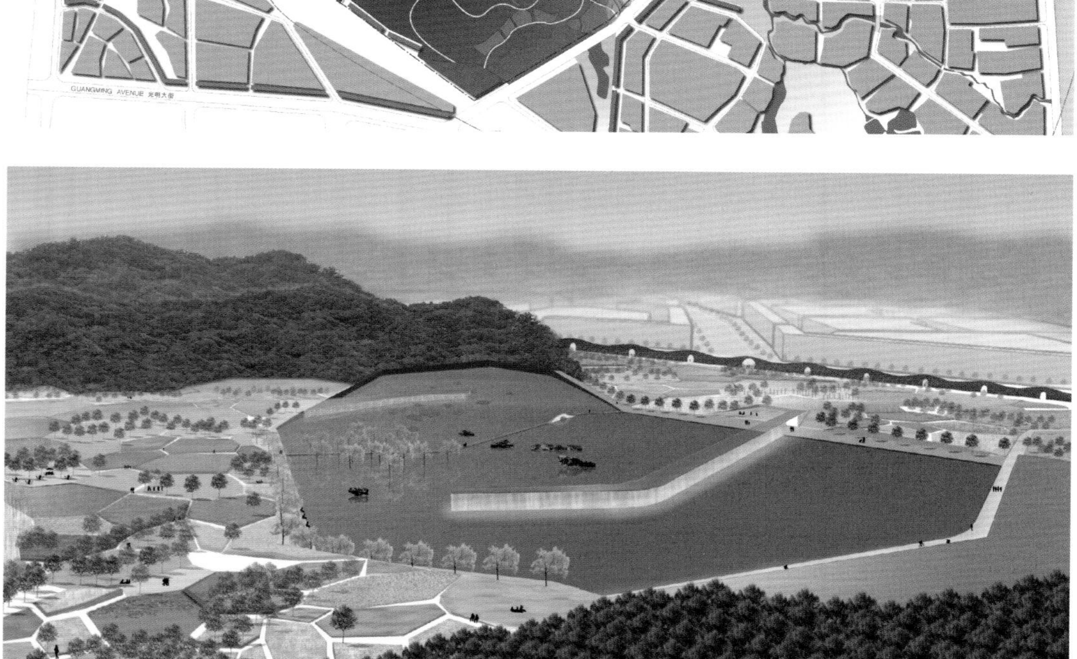

Vegetation 植物
Legend 图例
Preserved vegetation 保护植物
Converted industrial estates into meadows
由前工业用地转化的草地
Meadows 草地
Lawns 草坪
Wetlands 湿地
Street planting 街道绿化
Roof gardens / vegetation 屋顶花园 / 植物
Green squares 绿色广场
GONGCHANG ROAD 公常路
GUANG MING AVENUE 光明大街

Water System 水系
Legend 图例
Existing / Preserved Water 现存/保护的水
Submersible areas 可被水淹的地区
New ponds / lakes 新的水塘 / 湖
Wetlands / Stormwater management
湿地 / 雨洪处理系统
GONGCHANG ROAD 公常路
CHAI MOUNTAIN
柴山
MAAN MOUNTAIN
马鞍山
GUANGQIAO ROAD 光侨路
GUANG MING AVENUE 光明大街

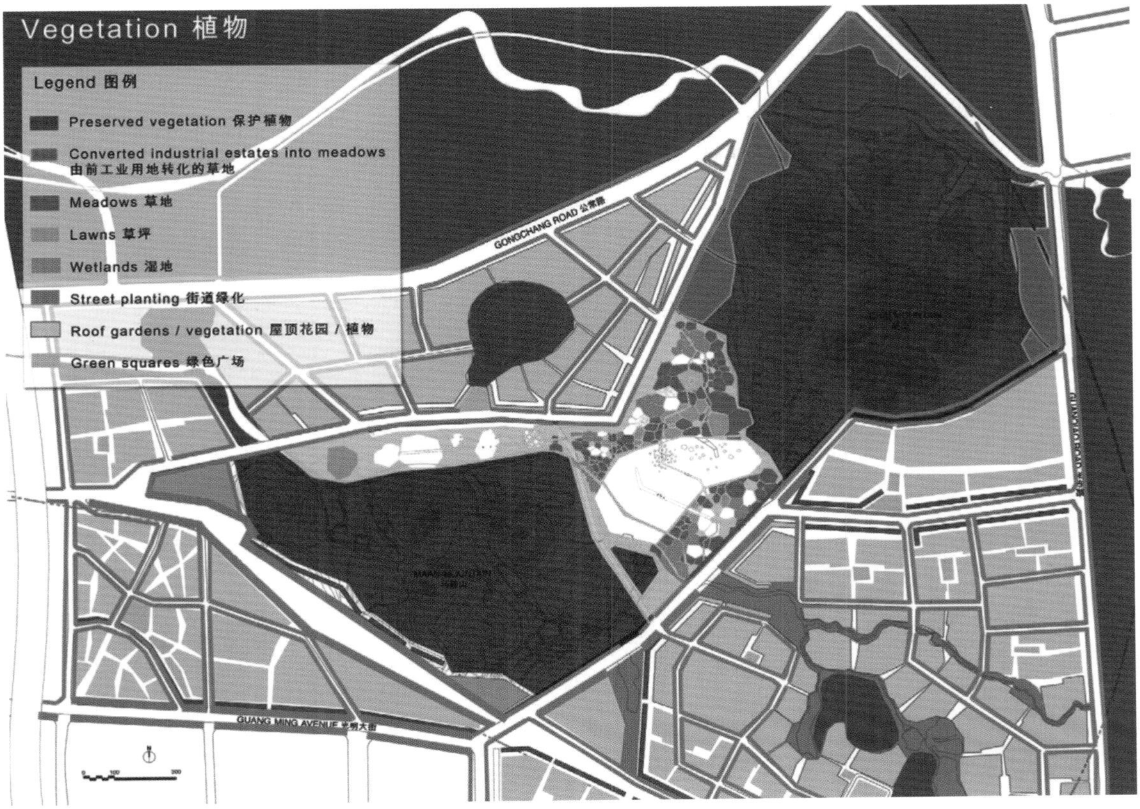

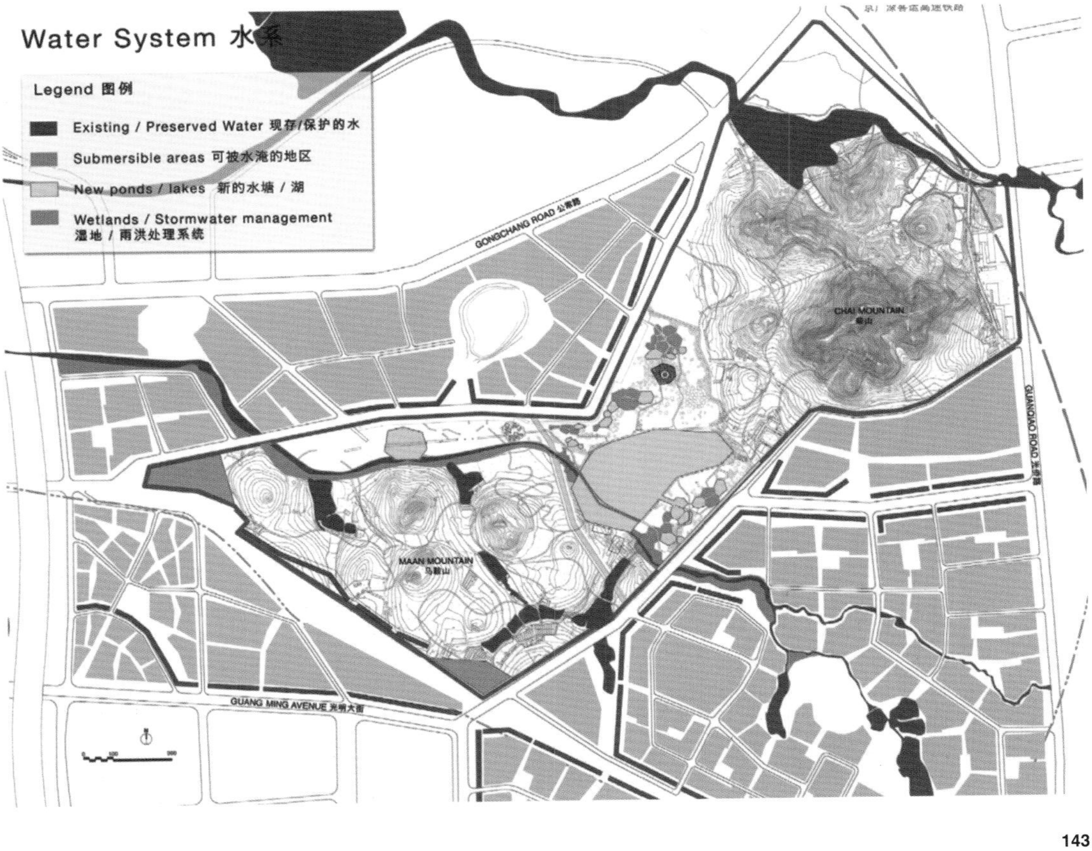

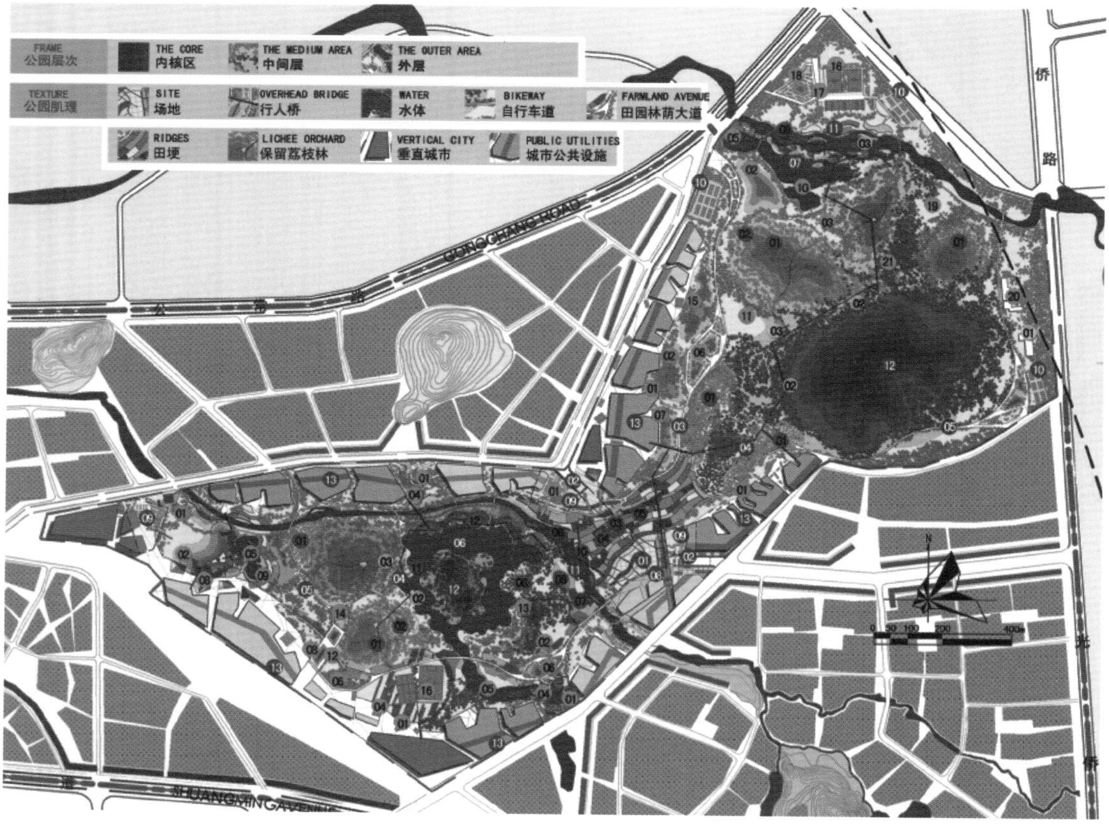
FRAME
公园层次
THE CORE
内核区
THE MEDIUM AREA
中间层
THE OUTER AREA
外层
TEXTURE
公园肌理
SITE
场地
OVERHEAD BRIDGE
行人桥
WATER
水体
BIKEWAY
自行车道
FARMLAND AVENUE
田园林荫大道
RIDGES
田埂
LICHEE ORCHARD
保留荔枝林
VERTICAL CITY
垂直城市
PUBLIC UTILITIES
城市公共设施
GONGCHANG ROAD
侨
路
0 50 100 200 400m

Studio 8 Architects

序号 02

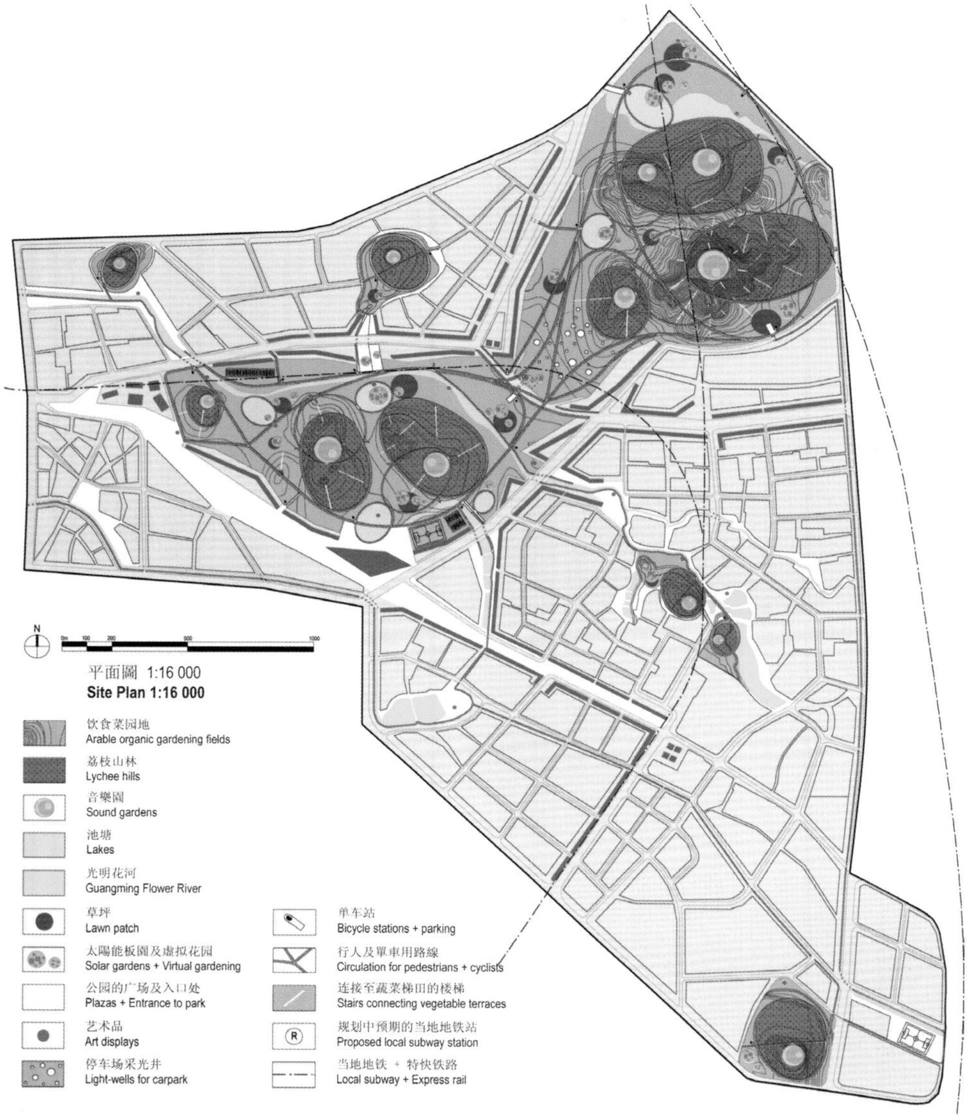

N
0m 100 200 500 1000
平面圖 1:16 000
Site Plan 1:16 000
饮食菜园地
Arable organic gardening fields
荔枝山林
Lychee hills
音樂園
Sound gardens
池塘
Lakes
光明花河
Guangming Flower River
草坪
Lawn patch
太陽能板園及虛拟花园
Solar gardens + Virtual gardening
公园的广场及入口处
Plazas + Entrance to park
艺术品
Art displays
停车场采光井
Light-wells for carpark
单车站
Bicycle stations + parking
行人及單車用路線
Circulation for pedestrians + cyclists
连接至蔬菜梯田的楼梯
Stairs connecting vegetable terraces
规划中预期的当地地铁站
Proposed local subway station
当地地铁 + 特快铁路
Local subway + Express rail

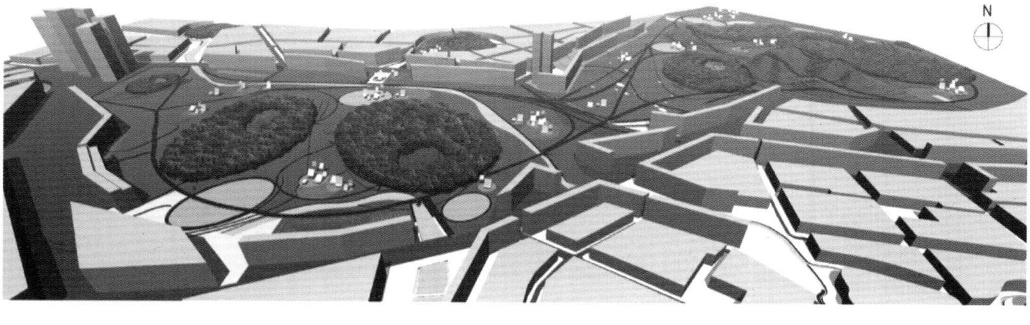

N

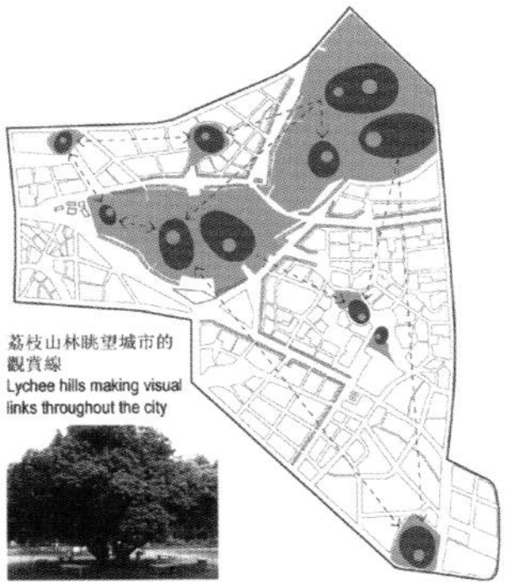

荔枝山林眺望城市的觀賞線
Lychee hills making visual links throughout the city

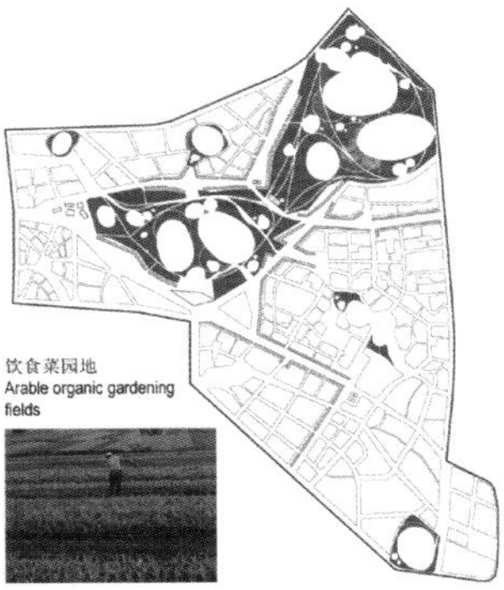

饮食菜园地
Arable organic gardening fields

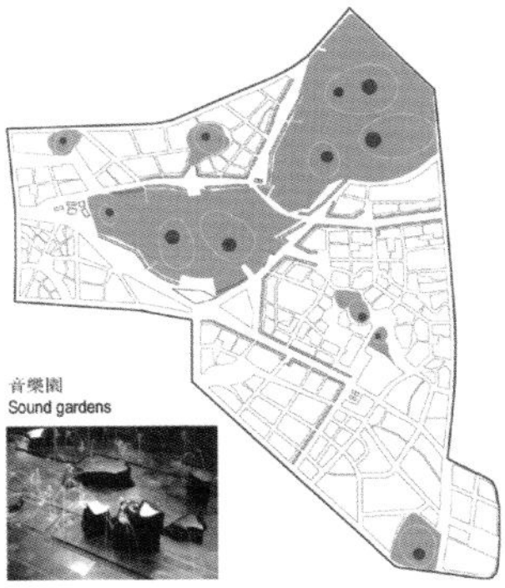

音樂園
Sound gardens

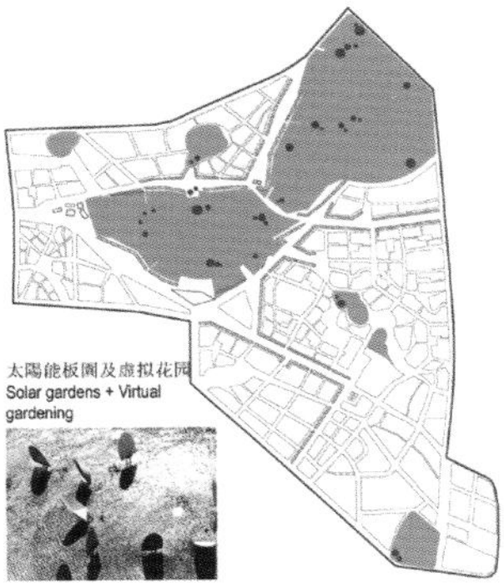

太陽能板園及虛拟花园
Solar gardens + Virtual gardening

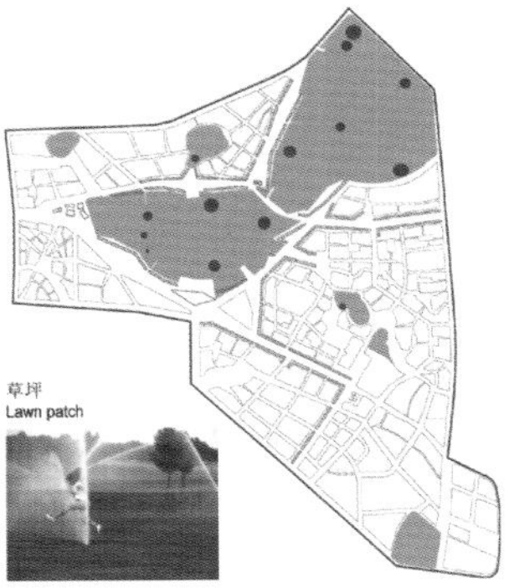

草坪
Lawn patch

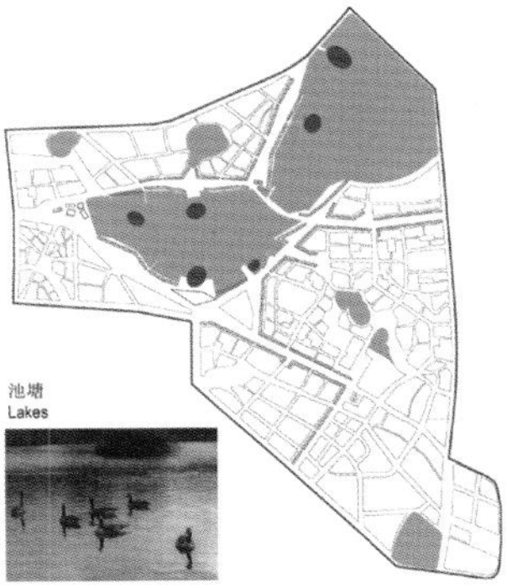

池塘
Lakes

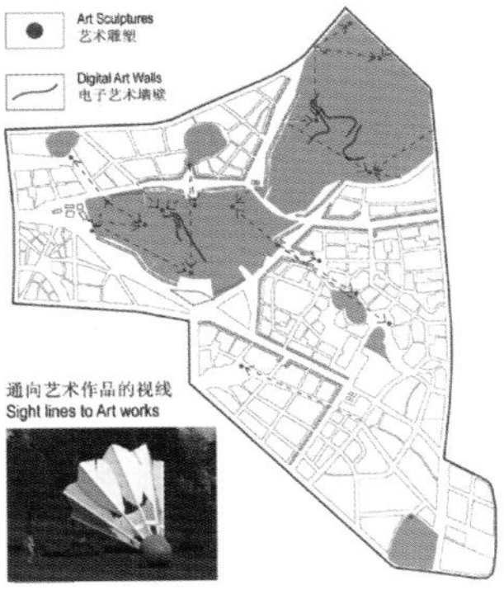

通向艺术作品的视线
Sight lines to Art works

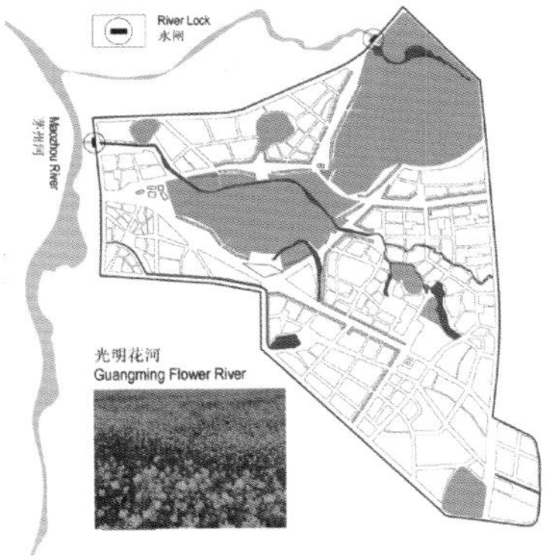

光明花河
Guangming Flower River

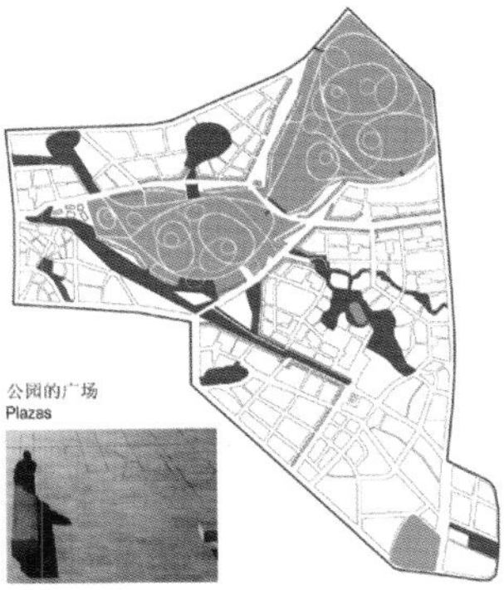

公园的广场
Plazas

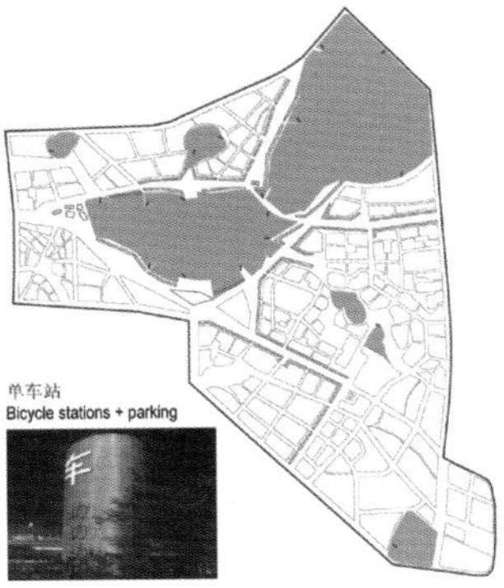

单车站
Bicycle stations + parking

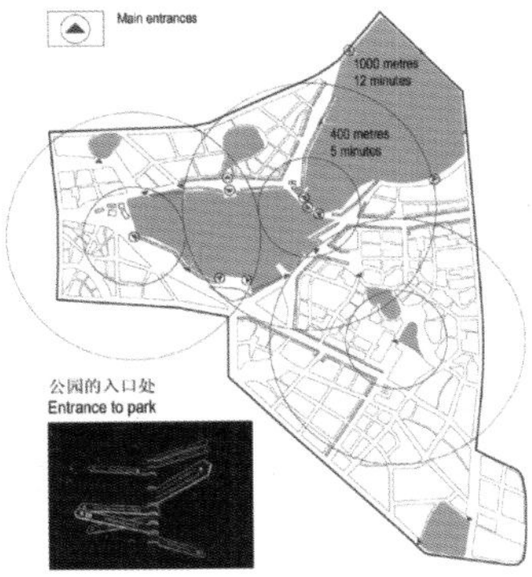

公园的入口处
Entrance to park

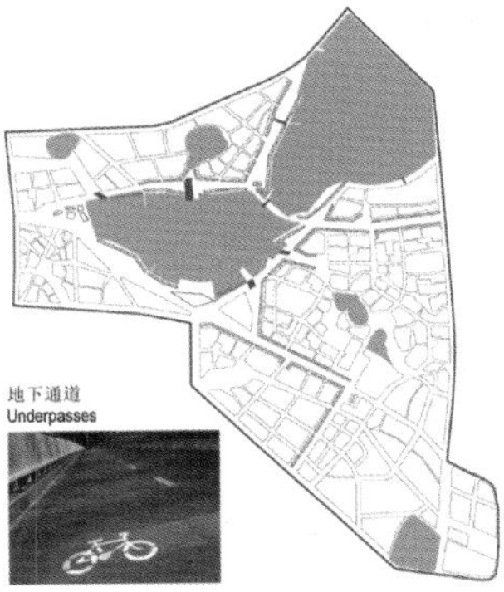

地下通道
Underpasses

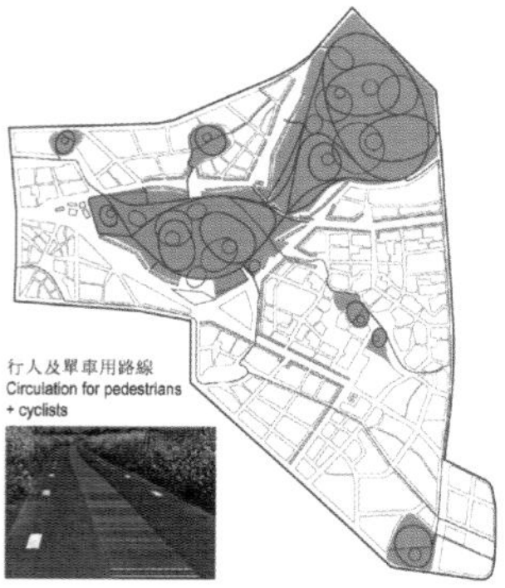

行人及單車用路線
Circulation for pedestrians
+ cyclists

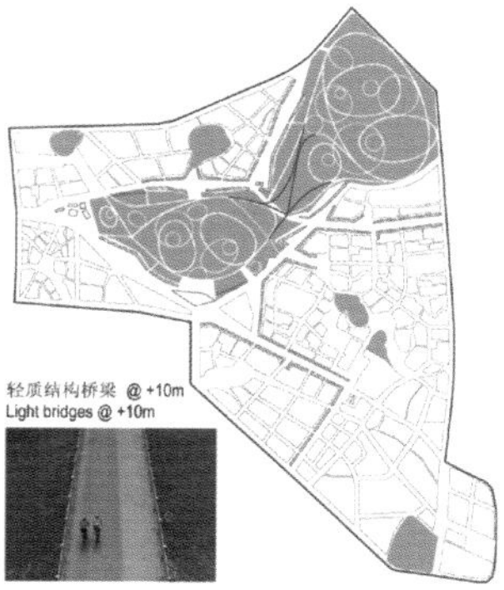

轻质结构桥梁 @ +10m
Light bridges @ +10m

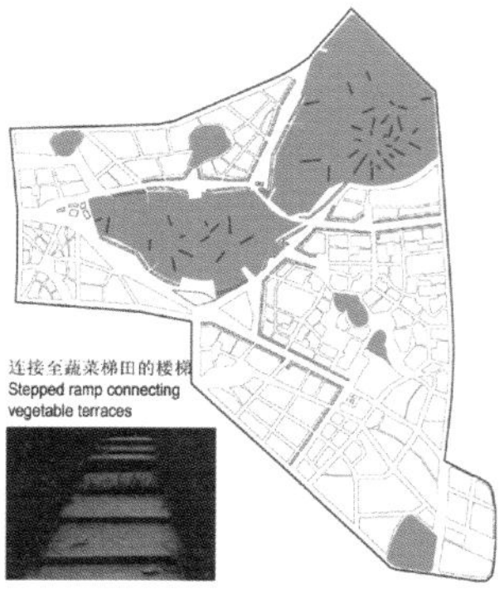

连接至蔬菜梯田的楼梯
Stepped ramp connecting
vegetable terraces

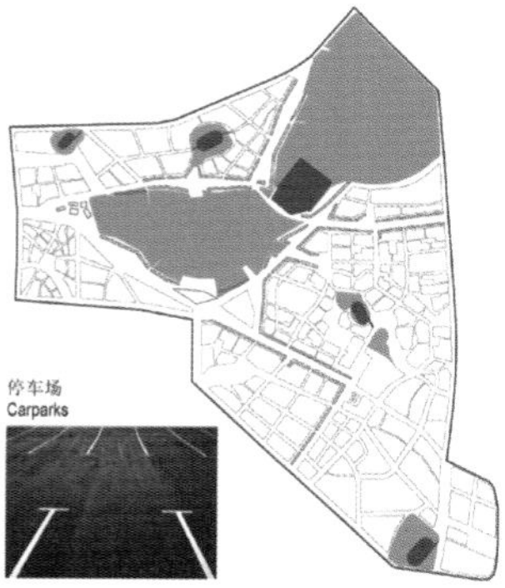

停车场
Carparks

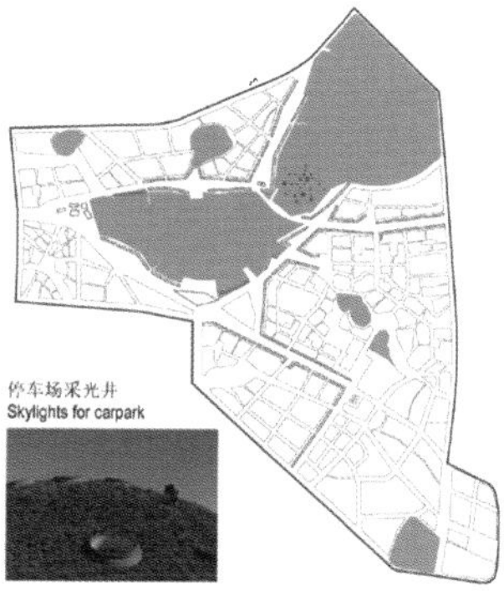

停车场采光井
Skylights for carpark

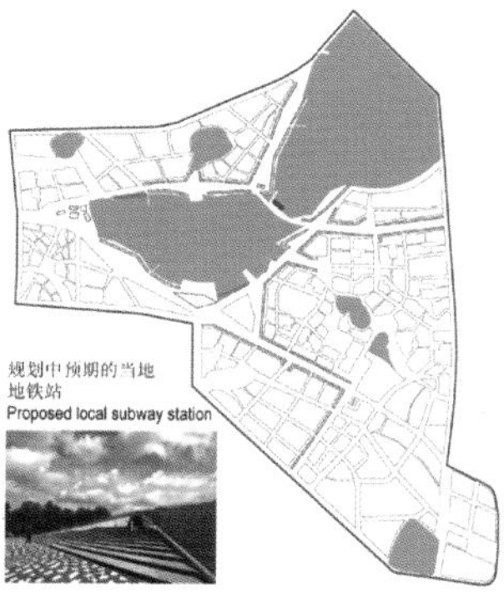

规划中预期的当地
地铁站
Proposed local subway station

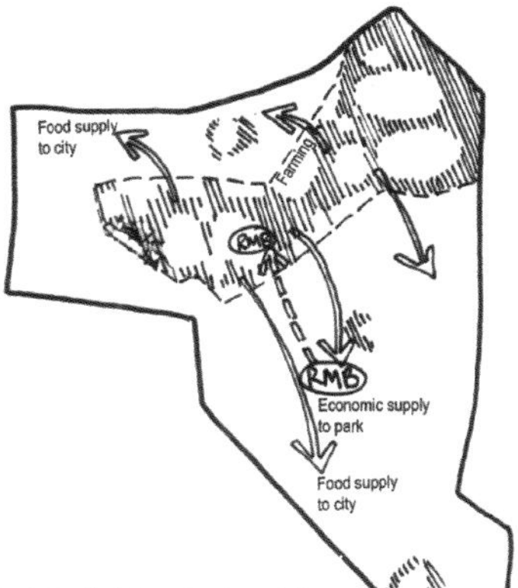

Symbiotic relationship between farming and city
農業及城市的供存概念

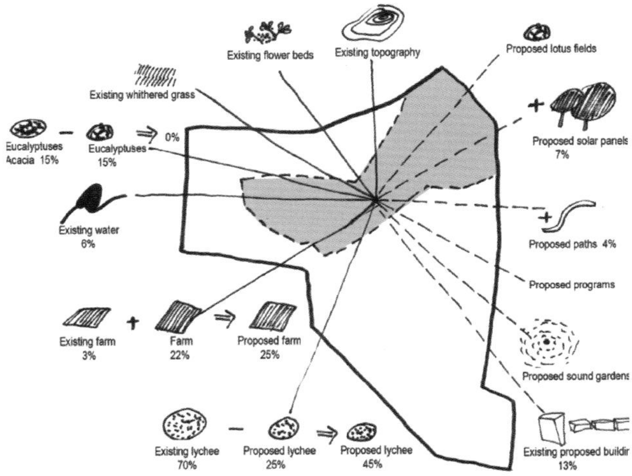

Eco-friendly construction and intelligent manipulation of the park
不損壞生態環境的工序及巧妙的公園管理手法

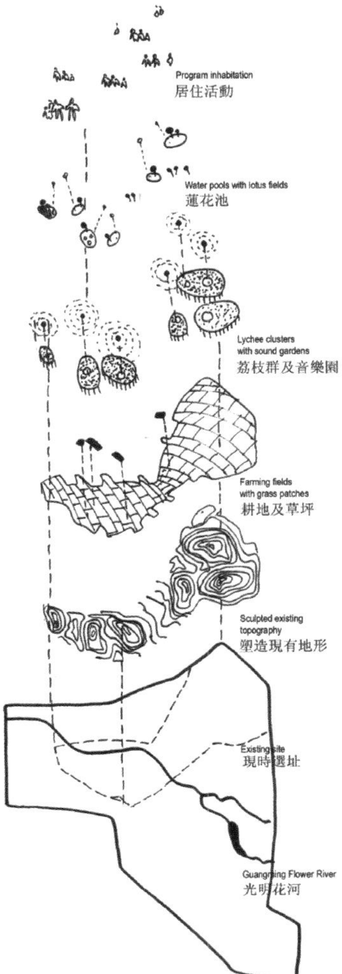

Exploded elements of proposal
計劃區的解剖圖

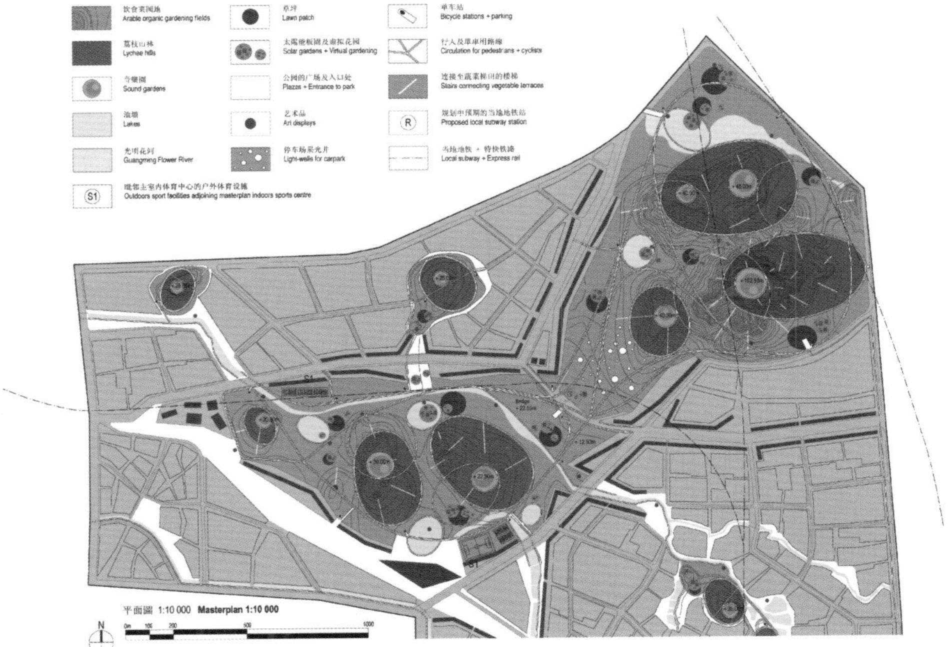

平面圖 1:10 000 **Masterplan 1:10 000**

都市实践
URBANUS
序号 03

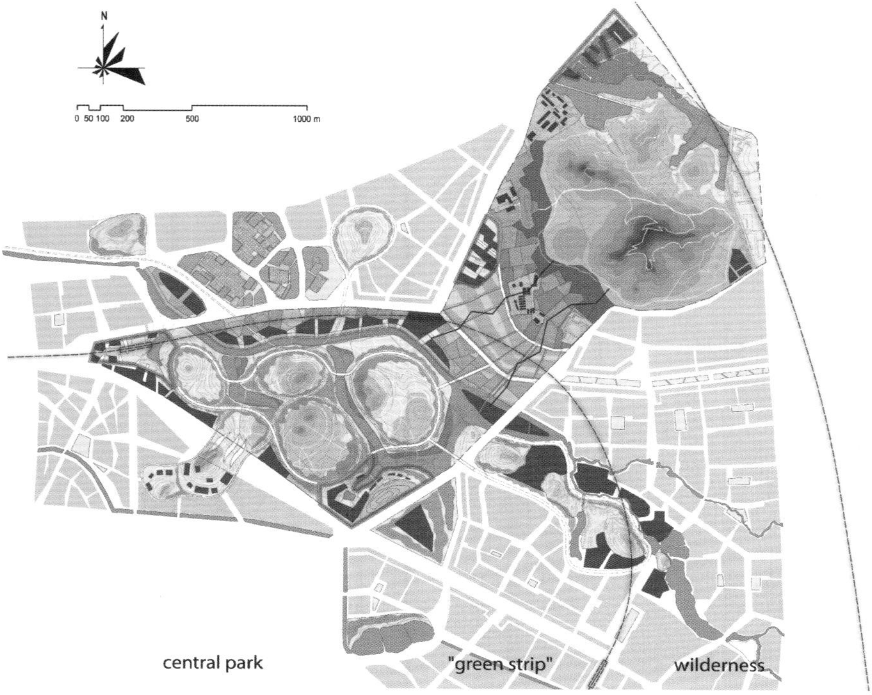

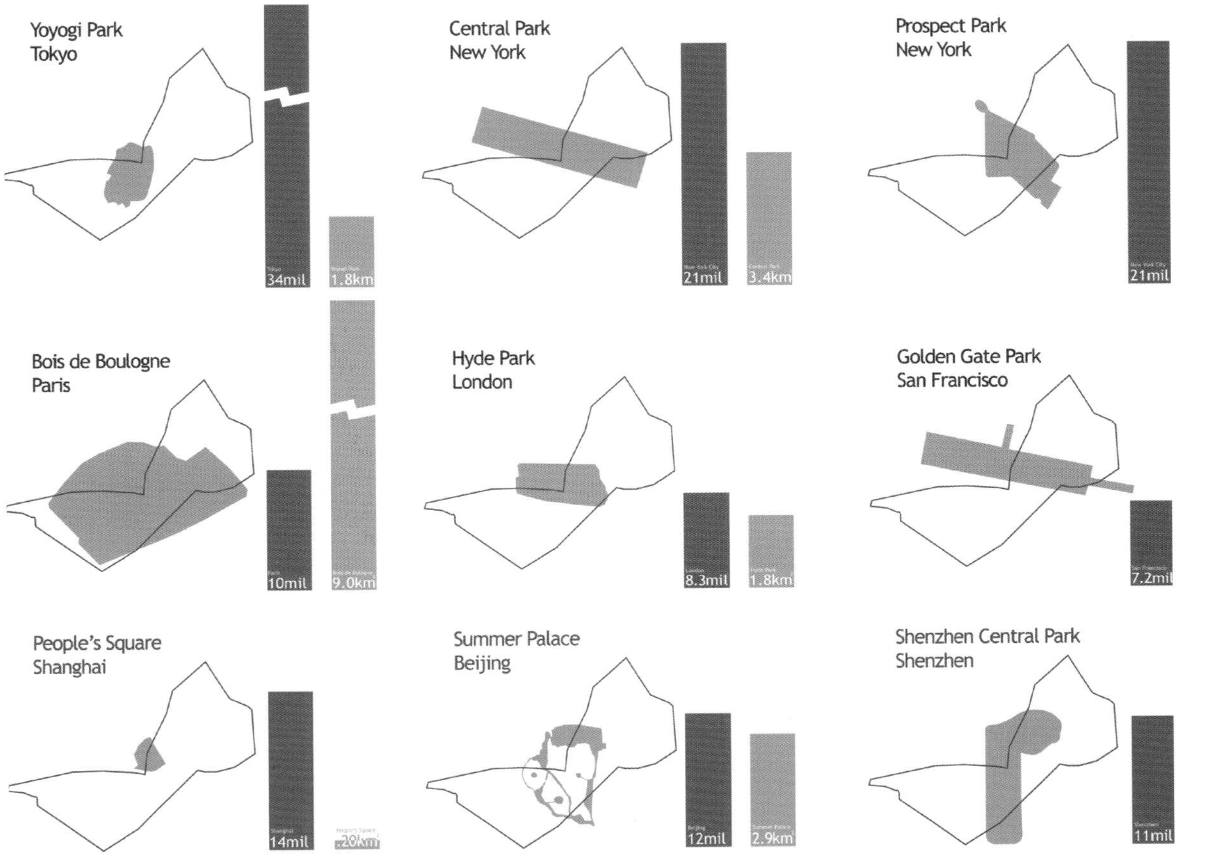
Yoyogi Park
Tokyo
34mil
1.8km
Central Park
New York
21mil
3.4km
Prospect Park
New York
21mil
Bois de Boulogne
Paris
10mil
9.0km
Hyde Park
London
8.3mil
1.8km
Golden Gate Park
San Francisco
7.2mil
People's Square
Shanghai
14mil
Summer Palace
Beijing
12mil
2.9km
Shenzhen Central Park
Shenzhen
11mil

开放的公开竞赛评述

方案草图提案阶段参赛方案总结如下：

由深圳市光明新区管理委员会和深圳市规划局共同主办，规划局光明分局协办的光明新区中央公园概念规划方案国际咨询活动是光明新城规划与建设中的点睛之笔和开篇之作，也是 2006 - 2007 年“光明新城中心区城市设计”国际咨询活动的延续。本次国际咨询活动的目的是探索在快速城市化影响下的城市与绿地、城市生活与公园生活、城市开发与生态效益之间的新型关系，创造代表“深圳的远见”、丰富“新光明城市”（New Radiant City）理论纲领，符合“绿色城市”建设标准的新型城市绿心。国际咨询活动的第一轮概念规划草图提案应对整个 2.37 平方公里公园的定位、功能布局、服务范围等进行深刻的思考和探索并提出初步规划概念构思，对重点区域提出初步的构想。

评委们对所有提案进行了多轮的认真讨论、筛选和评议，最终通过投票的方式选出 4 个入选方案：02、03、10 和 15 号方案，这些入选方案将进入第二阶段的概念规划竞赛。评委们一致认为，没有入选的很多方案都具有非常有价值的概念和策略，通过投票再评选出 4 个方案作为特别表扬方案：01、04、08 和 20 号方案，以鼓励他们在草图提案中所做的贡献。

1. 评审原则

第一阶段评审重点是提案理念的创新性与构思的独特性，要求提案能够充分体现“深圳的远见”、丰富“新光明城市” 的理论纲领、符合“绿色城市”的建设标准，鼓励运用新理论、新观念和新技术，营造适应市民工作、生活行为方式的空间场所，打造弘扬自然生态和本土人文特征的新型城市绿心，全面提升光明新区中心区的城市品位。

2. 参赛方案要点

02 号方案评价：

评委认为，该方案表达农业和城市共存的理想，构成的场所有别于传统的公园，把生态技术和生态理念用一种提炼、简约的方式传递，把设计、科技的一些母题和自然的生态环境进行结合是一个非常有趣的尝试。

03 号方案评价：

评委认为，该方案表达农业和城市共存的理想，构成的场所有别于传统的公园，把生态技术和生态理念用一种提炼、简约的方式传递，把设计、科技的一些母题和自然的生态环境进行结合是一个非常有趣的尝试。

10 号方案评价：

运用了“节点式设计策略”，创造一个独特和梦幻的、编织了中国文化元素的当代公园。

15 号方案评价：

评委们对这个方案的评价分歧很大。有的评委认为这个方案把一个城市中对自然的禁忌来做一个重构，其“自我批评”的举动，把人与自然的关系上升到了一个宗教的层面，这对于当今世界的环境问题，对于当今中国的城市建设都有非常好的警示作用；它在精神层面提出的价值观，符合光明打造“绿色城市”的这一目标。有的评委则认为以单纯的视觉和设计手法来营造中央公园，比该方案单纯的以生态的态度可能更符合现实，宗教和神圣感及其培养并没有太大意义，可以通过立法来解决禁区的问题。

Case 4

2007 当代的美术馆

深圳当代艺术馆与城市规划展览馆国际竞赛

The International Competition of Museum of Contemporary Art and Urban Planning Exhibition Hall，Shenzhen/ MoCAPE

=竞标类型=

公开国际竞赛

=所处区域=

深圳市福田区

=投标方式=

向专业设计机构和个人开放

=业主单位=

深圳市规划局
深圳市文化局

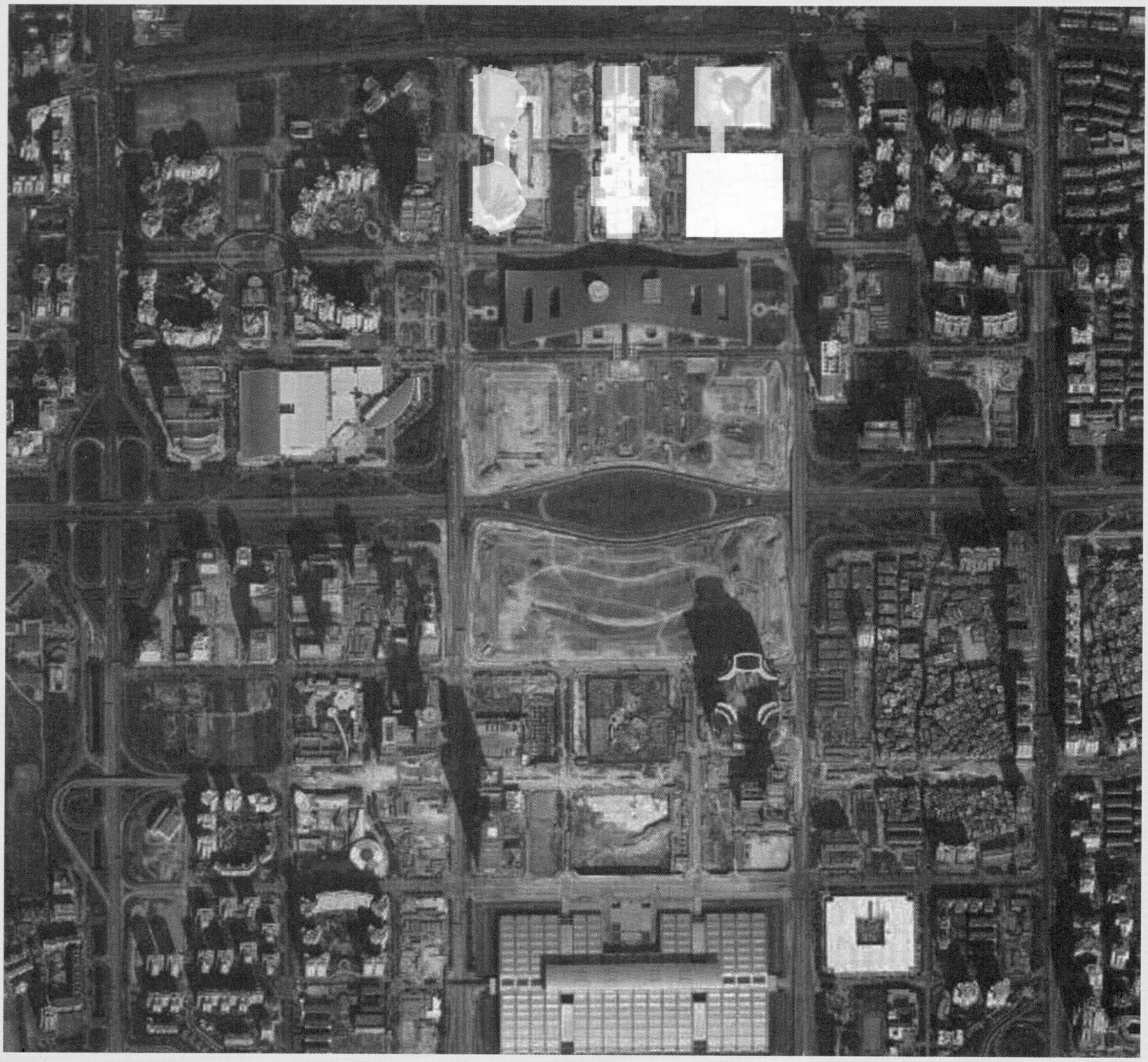

中心区与基地

基础资料

深圳市当代艺术馆与规划展览馆（两馆合一）是深圳市中心区最后一个重要大型公共文化建筑，位于中心区北中轴的东侧，竞赛由深圳市规划局和文化局共同主办。

此次采用国际公开竞赛的方式征集设计方案，是深圳首次成功尝试定向邀请与公开报名相结合的国际竞赛方式，并在全世界范围起到了广泛宣传深圳的实际效果。

深圳市当代艺术馆与城市规划展览馆包括两部分相互独立而又有机统一的功能，其中当代艺术馆定位于当代艺术领域和设计艺术领域的展示和收藏，城市规划展览馆具有公共展示、公共查询、交流研究等功能。

该项目位于福田中心区，南侧为福中路，北侧为福中一路，东侧为金田路，北侧通过天桥与深圳市少年宫相连。项目占地面积 29688.4 平方米，筑总面积 80000 平方米，建筑高度 39 米。其中地上 7 层，地下两层，车位 200 个。

在 2007 年对全球发布的竞赛任务书中，仅对基地和建筑面积做了简要介绍，并未涉及建筑的基本功能、建馆理念和城市愿景。

竞赛大事记

时间	事件
2007年3月21日	规划局提交关于两馆的工作方案，就形式、内容和进度作了汇报，市政府批示同意，此项工作正式开始
2007年4月1日	正式发布国际公开竞赛公告和任务书，有来自50多个国家的312个机构和个人报名
2007年6月29日	共收到177个报名方案，165个有效方案
2007年7月5日至6日	第一轮评审，未决出前三名，评审委员会建议由得票数最多的前4名进行第二轮竞赛
2007年8月16日至9月5日	第一轮所有方案在市民中心B区礼仪大厅进行公开展示，接受市民评议，多数市民对入围方案表示认同
2007年9月28日	第二轮评审，4家设计机构代表到场陈述方案，最终奥地利蓝天组的方案以全票胜出
2012年12月12日	两馆开工建设
2016年8月	两馆竣工

竞赛结果

第一名	131号	蓝天组 COOP HIMMELB(L)AU

设计机构入围名单

序号	国家/地区	机构名称
131	奥地利	蓝天组 COOP HIMMELB(L)AU
226	德国	LWA设计事务所 lwa Leyk Wollenberg Architekten
232	英国	尼古拉斯·瑟尔 /苏珊·沃尔德伦 Nicholas Searle / Suzannah Waldron
275	加拿大	KLF设计事务所 Khoury Levit Fong

参评评委

矶崎新 Arata Izosaki （第一轮评委）	日本	矶崎新建筑事务所、第一轮评审会主席
亮华飞 Ralph Lerner（第一轮评委）	美国	香港大学建筑学院院长，前普林斯顿大学建筑学院院长
王澍	中国	中国美术学院建筑系系主任
严迅奇	中国香港	许李严建筑师事务有限公司合伙人
朱锦鸾	中国香港	香港艺术馆前馆长
赖纳 ·皮克尔 Rainer Pirker	奥地利	rpaX建筑师事务所 Architect Rainer Pirker-rpaX
刁铁军	中国	深圳市文化局副局长
王幼鹏	中国	深圳市规划局副局长
孟岩（第一轮评委）	中国	都市实践事务所创始合伙人
刘晓都（第二轮评委）	中国	都市实践事务所创始合伙人
李台然（第二轮评委）	中国	深圳市规划局设计处处长

蓝天组
COOP HIMMELB(L)AU
序号 131
第一名

设计概念

该建筑设计项目从未来博物展览馆综合体的功能要求和以发展现代信息中心为目标的对多种创新途径的整合发展而来。这种现代信息中心可在运用优化建造施工概念的同时，也满足建筑环境系统的要求。

这个项目是一个都市的集会地点，它作为在深圳进步发展的进程中一个动态的元素，位于新城市中心的中心——福田文化中心。建筑融入已确立的总平面语汇之中，并成为令人兴奋的单体。

当代艺术馆和城市规划展览馆被构思为一个统一的整体，不过仍然以独特的方式清晰地表达：不同的片断根据他们的功能、意义和要求被优化地放置在结构之中；精致创作的展览馆体验形成了不同的公共空间和半公共空间。

参观者首先经由主要入口来到了透满光线的入口大厅，入口大厅是一个广大的多功

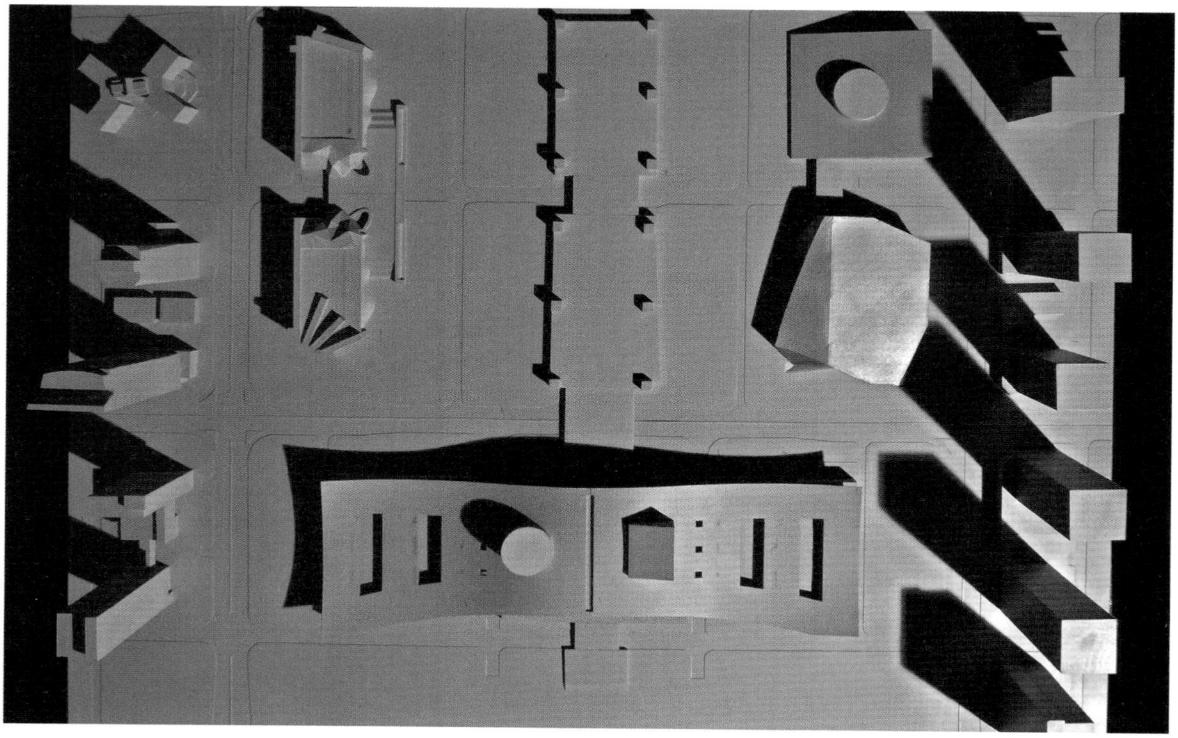

能广场，有咖啡厅、酒吧、书店、展览馆商店以及雕塑花园，此外展览馆所举办的各种活动亦可整合于此入口大厅。这样一个宽敞的公共空间如同一个河川的交汇处，在这里可容纳多种的可能性，也同时是入口层的方向指引中心。

就整栋体量的形式而论，经由体量的扭转所产生的变形则位于城市规划展览馆(PE)的底部，也同时在整个入口广场之上，即形成了连接建筑体上部与下部的共享空间。呈现双圆锥体的中央大厅垂直地刺穿整栋建筑物，并为各个楼层带来足够的自然光线。

从入口的多功能广场，参观者有两个主要动线：第一是经由双圆锥体而进入展场空间，上部为城市规划展览馆（PE），下部则为当代艺术馆（MOCA）；第二则是经由绵延围绕在双锥体的螺旋通道，进入位于两展览馆之间的共享空间，并亦可经由连接桥通往青少年宫。

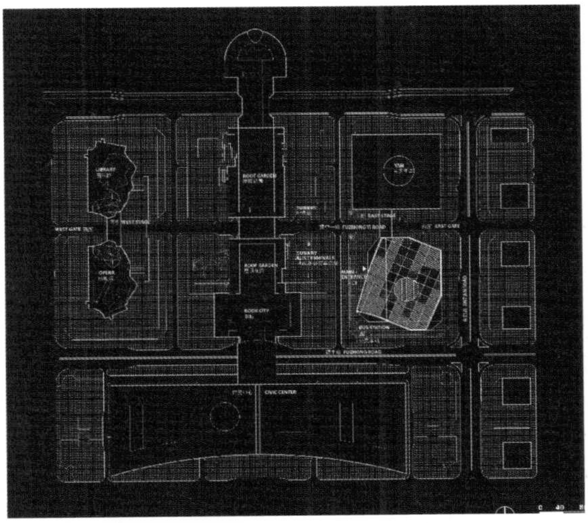

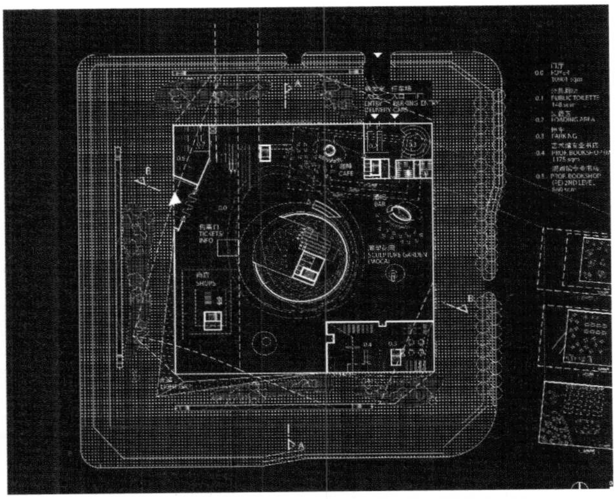

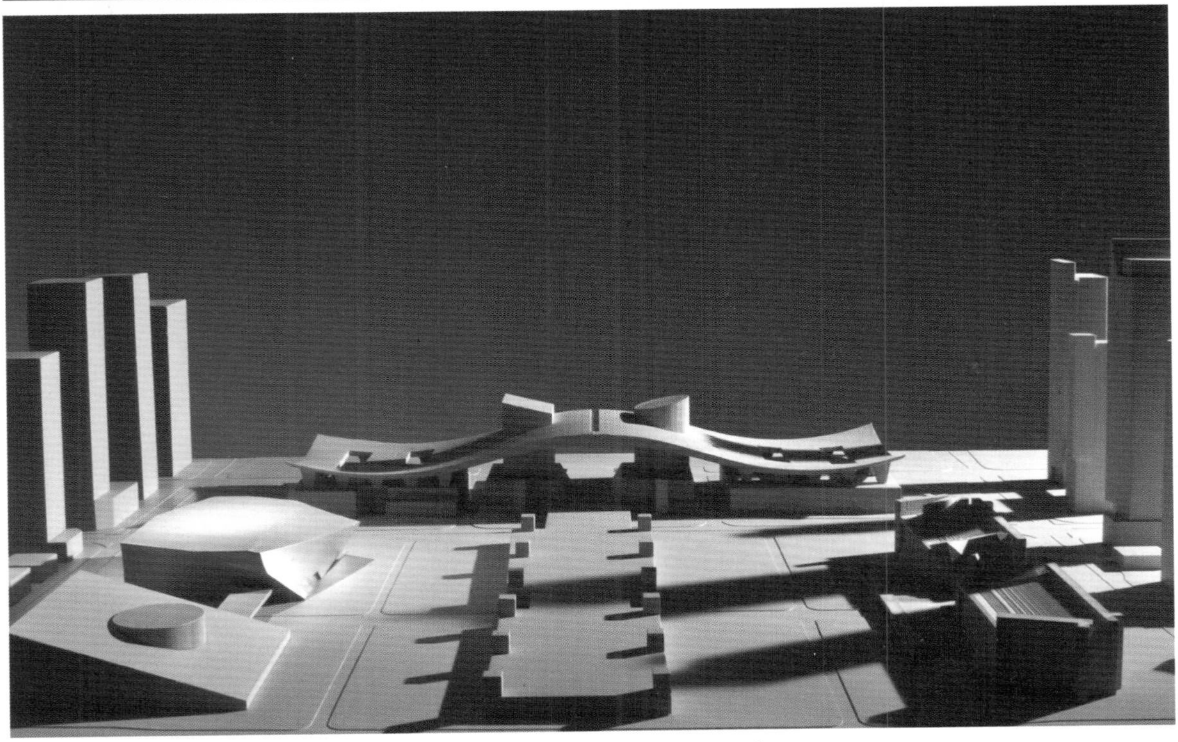

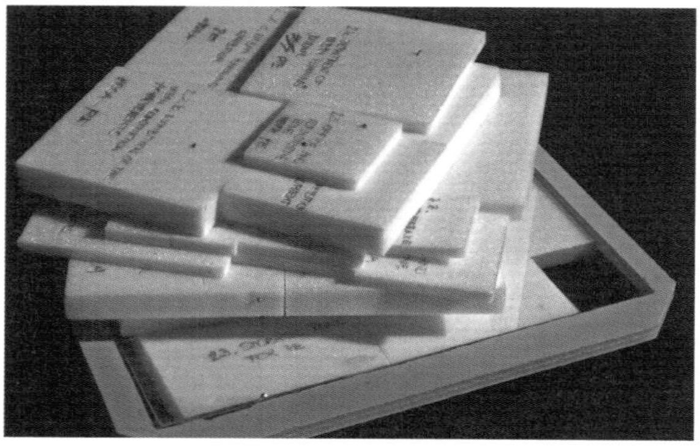

功能模型

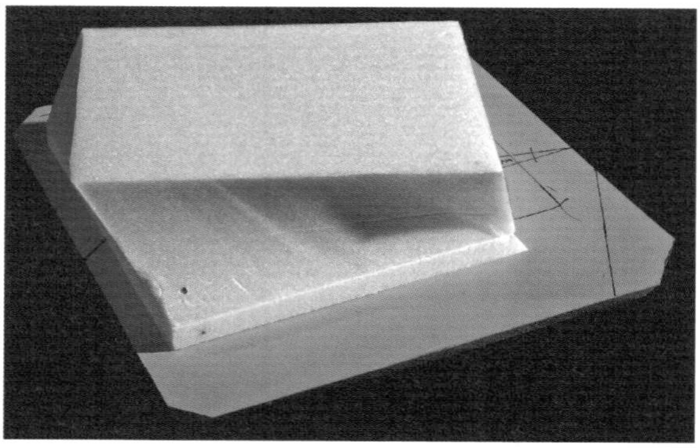

扭转的体量

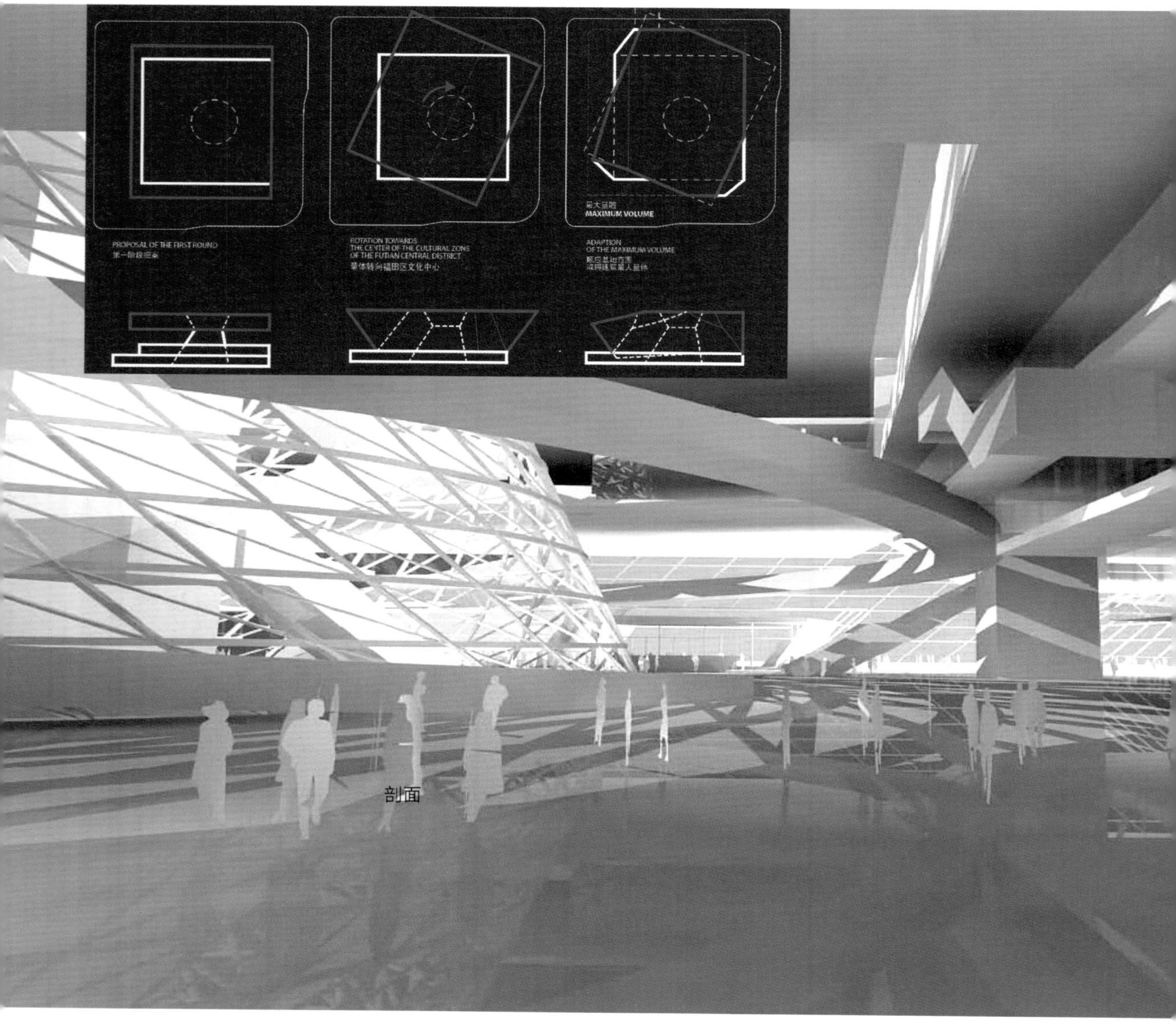

剖面

顺应基地的体量

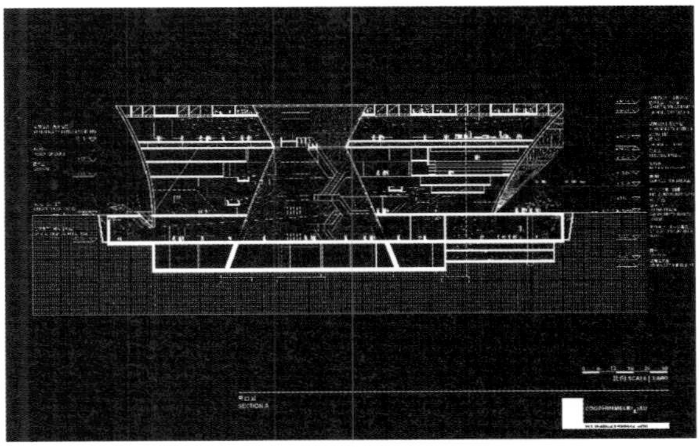

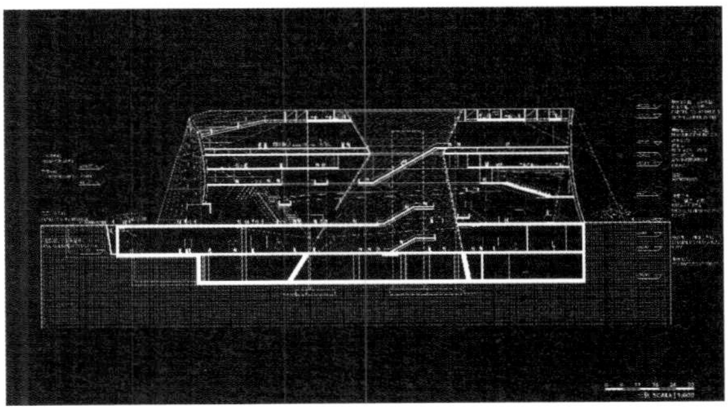

剖面

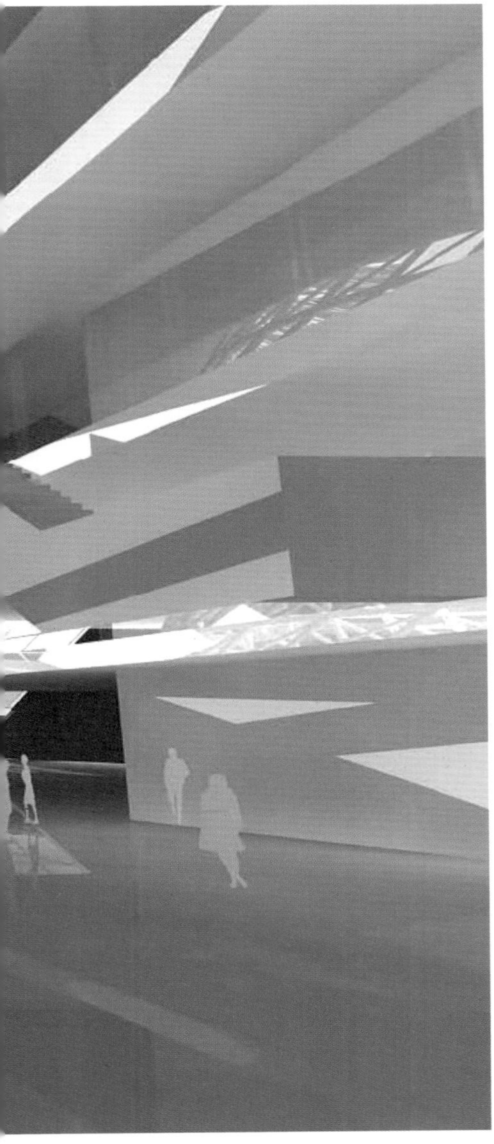

评审意见

外形简洁，标志性强，具有雕塑感和艺术感染力；

从区域角度，尽可能保持了建筑个性与轴线关系对称的协调；

分层扭转的平面形式与折面型体量变化，具有一定的空间张力；

内部空间变化有序，富有节奏感；基本满足艺术品陈列的大空间需求，同时为市民提供了公共活动空间及场所；

两馆在功能布局方面结合了使用要求，在中部预留了部分公共空间，可作为展览的共享空间使用，并可合理组织参观流线，其内部核心空间形式颇具特色；

在短时间内，对第一轮方案作重大修改，体现了较强的专业精神和能力；

在结构形式和节能方面还存在问题，建筑色彩及外墙转角还需要推敲；

总体上在四个方案中其优点是最为突出的。

LWA设计事务所
lwa Leyk Wollenberg Architekten
序号 226

设计概念

对于新的深圳当代艺术馆与城市规划展览馆，设计理念主要表达了三个层次的概念。首先，两馆（当代艺术馆与城市规划展览馆）将成为一个具有强烈国际氛围的艺术和城市建筑的会场；其次，设计理念具有可转换的特性。提出了一个完全立体的空间结构，这样的结构将为展会的组织以及将来有关这个重要文化中心的研究工作提供最大的开放度和灵活性；第三，设计理念突出了这座位于深圳市中心的非常引人注目的建筑物的重要性。

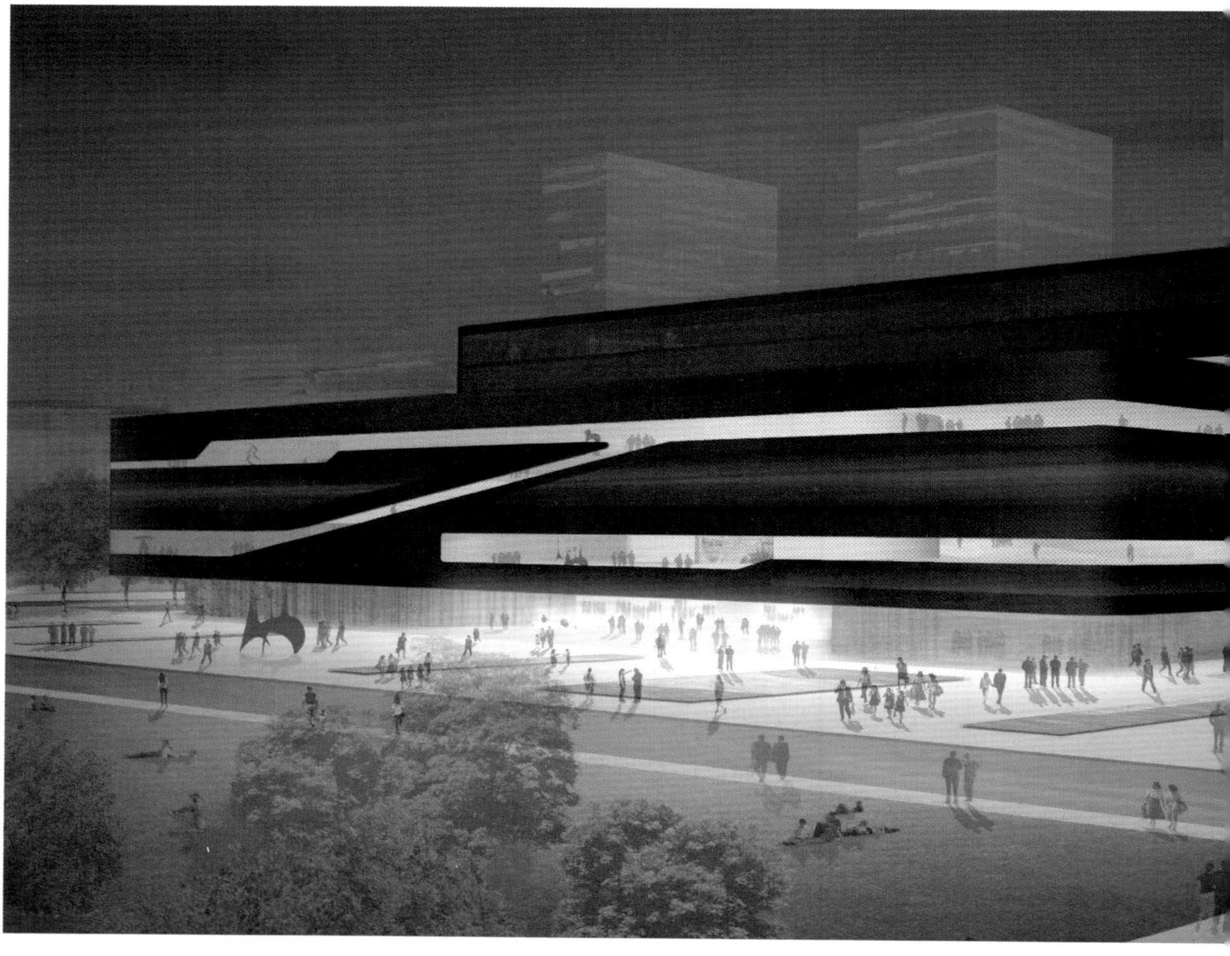

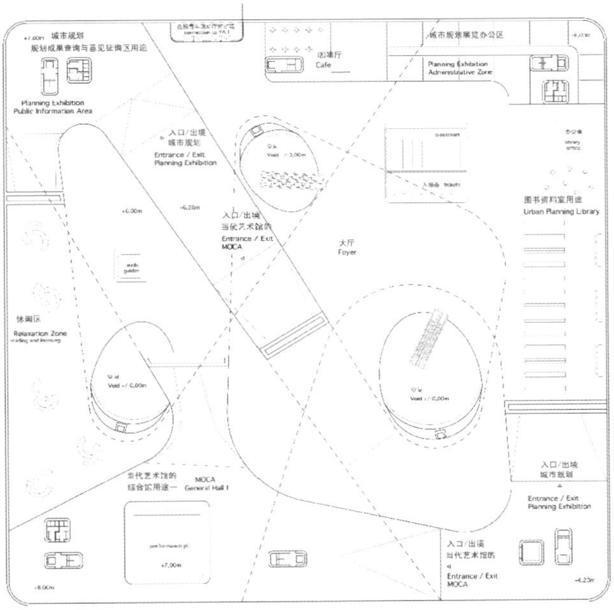
城市规划
Planning Exhibition
Public Information Area
Cafe
城市规划展览办公区
Planning Exhibition
Administrative Zone
入口/出境
Entrance / Exit
Planning Exhibition
+6,00m
-6,20m
Entrance / Exit
MOCA
大厅
Foyer
图书资料室用途
Urban Planning Library
休闲区
Relaxation Zone
Void
MOCA
General Hall 1
+7,00m
-8,00m

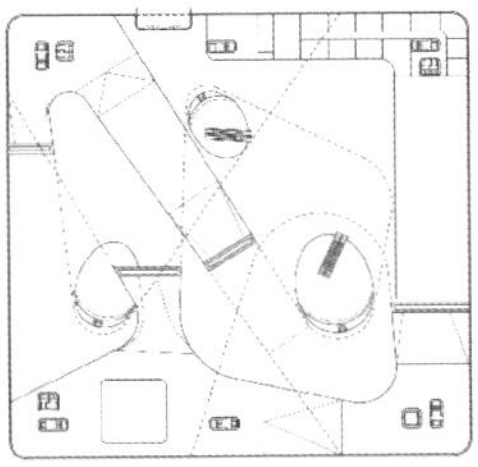

1:2000

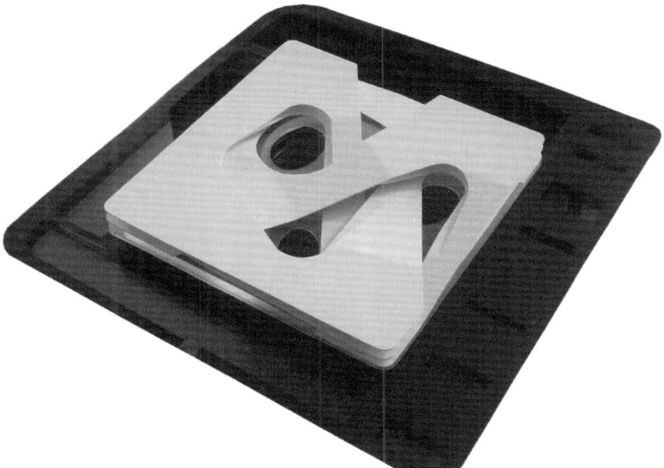

流线模型

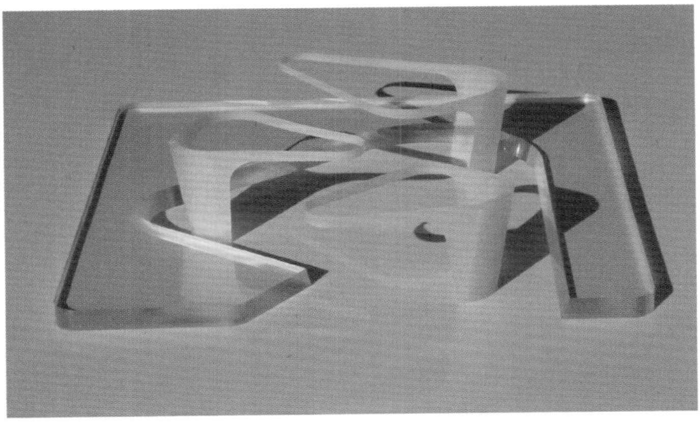

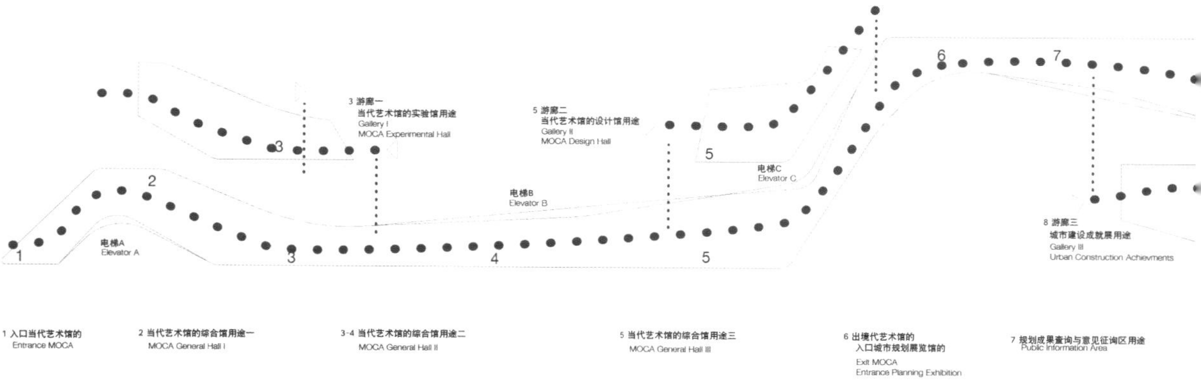
3 游廊一
当代艺术馆的实验馆用途
Gallery I
MOCA Experimental Hall
5 游廊二
当代艺术馆的设计馆用途
Gallery II
MOCA Design Hall
电梯A
Elevator A
电梯B
Elevator B
电梯C
Elevator C
8 游廊三
城市建设成就展用途
Gallery III
Urban Construction Achievments
1 入口当代艺术馆的
Entrance MOCA
2 当代艺术馆的综合馆用途一
MOCA General Hall I
3-4 当代艺术馆的综合馆用途二
MOCA General Hall II
5 当代艺术馆的综合馆用途三
MOCA General Hall III
6 出境代艺术馆的
入口城市规划展览馆的
Exit MOCA
Entrance Planning Exhibition
7 规划成果查询与意见征询区用途
Public Information Area

展开的回路-馆内连贯的游览

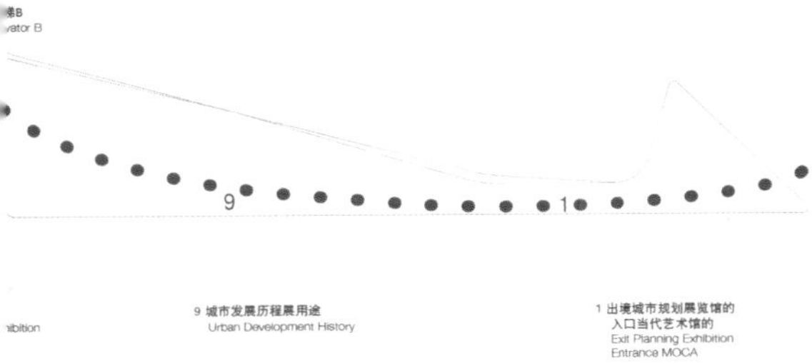

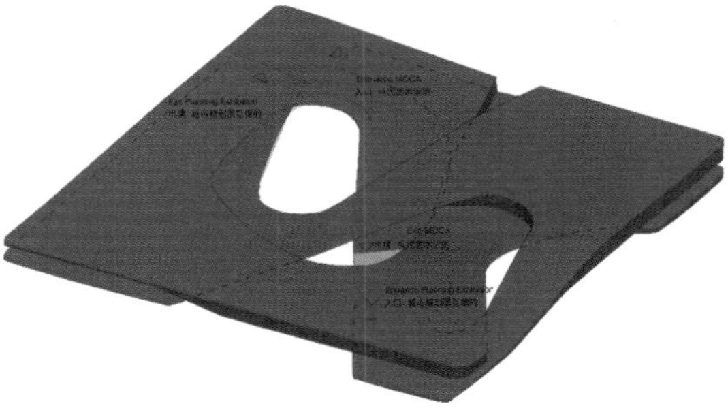

评审意见

空间组织概念很创新，规划展览空间和现代艺术空间交叉的概念可以带来很大的新意，但可行性有待研究。

尼古拉斯·瑟尔 / 苏珊·沃尔德伦
Nicholas Searle / Suzannah Waldron
序号 232

设计概念

大型开放式前景形成一个雄伟的公共领域。任务书对西翼建筑物的对面、框架及轴线进行了大量的描述。连同青少年活动大厅，阁楼对金田路而言形成一个明显的边缘。入口广场面朝青少年活动大厅，横穿福中一路并连接两座建筑物。

西边缘沿线波浪形的景观形成了一个阶梯式后退空间，并为公园创造了一个大小合理的边缘。桥梁的下方被抬高，目的是让咖啡馆、商店及其他公共设施入驻此多孔状城市边缘，包括地铁入口。

五个高峰形成方墩的条纹地带。波浪形元素为入口广场和庭院划定边界，并支撑抬高后的阁楼。光通过天窗和方墩内的开口而被过滤，透射到其下方空间。方墩由绿化空间、公共广场及雕塑公园组成，使任务书描述的景观成为它的一个奇观。

为了优先化市政广场，建筑物分布在它的上方和下方。下沉进入方墩，庭院为这个大都市形成一个社交空间。抬高阁楼使广场继续以街道高度在所有方向与城市相连接。

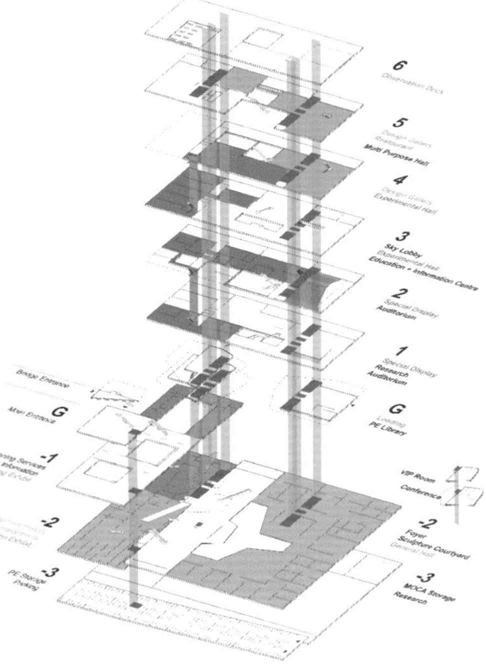

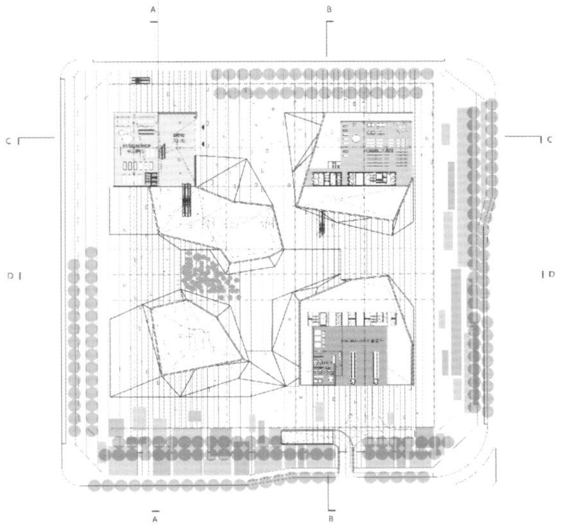

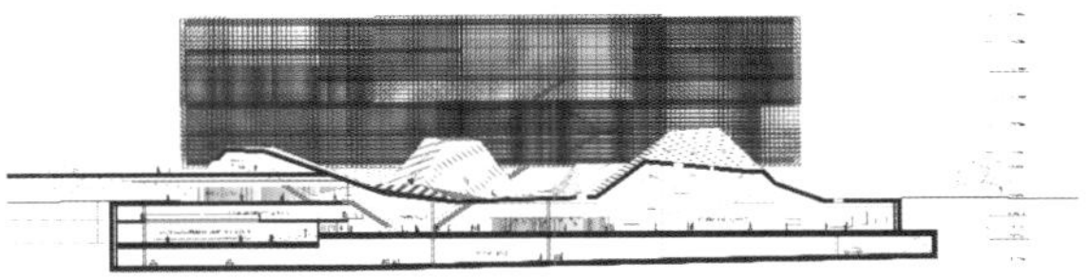

方案组织

MoCAPE 结合当代艺术和规划展览的方案。这些方案各自分开且共享公共设施。游览路线从一个共同入口和主走廊。规划展览厅、规划服务和博物馆都可从该点进入，且位于其北面的同一地带。MoCAPE 的主厅被安排在后院里，体验室、设计室及特殊展厅位于阁楼内。

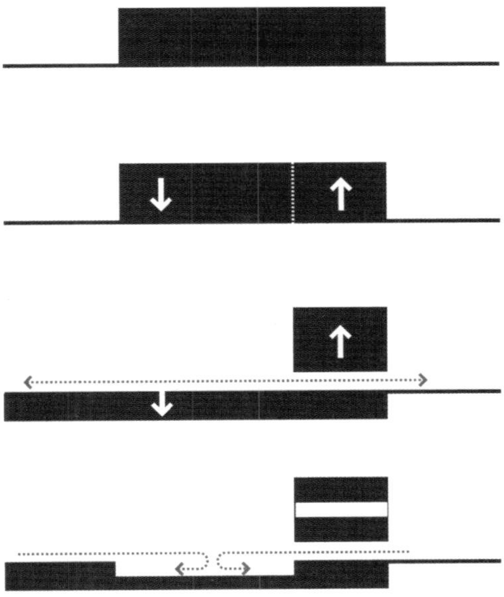

评审意见

对场地设置想法特别，与少年宫连接有值得参考的地方，但场地与主体的关系显得勉强，体量显小，对场地的控制力比较弱，体型的比例在环境里是否合适有疑问。

KLF设计事务所
Khoury Levit Fong
序号 275

这个建筑群清晰而充分地利用了 15000 平方米的基地，并充分表达了与相邻建筑的尺度。在遵循建筑密度 50% 的规划指标的同时，建筑物充满了整个城市地块，除了西北角为了在交通繁忙的主路口提供宽阔的人行道，同时向主路口的人流留出水晶花园的主入口，使矩形体块的这个角有所倾斜外，水晶花园其它面都一直延伸到用地红线退线要求的位置，东侧与少年活动中心一起留出扩宽的道路旁的用地。

水晶花园三面开放，在保持了博物馆特有的纪念风格外，将建筑合理切割成小块。被博物馆吸引的游客们，穿过它的庭院，通过天桥可以直接到达街道对面的少年宫。

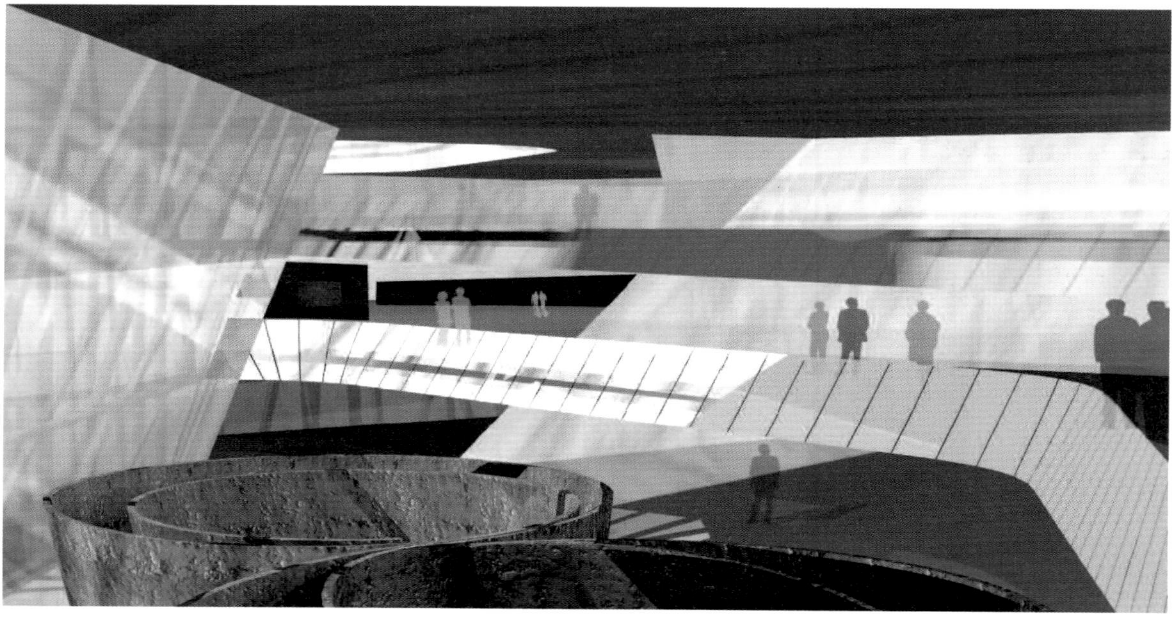

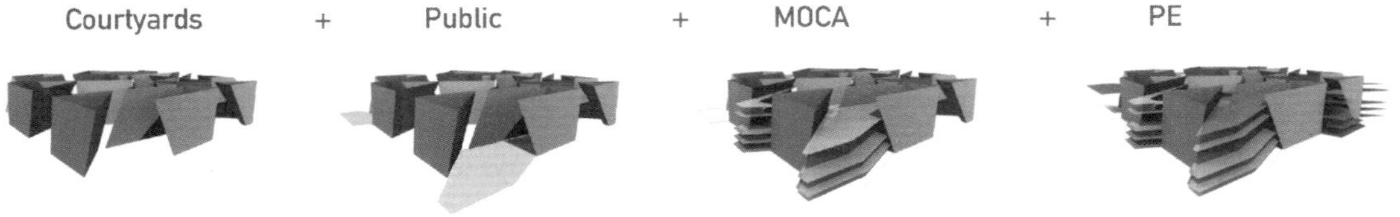

Distribution of programs

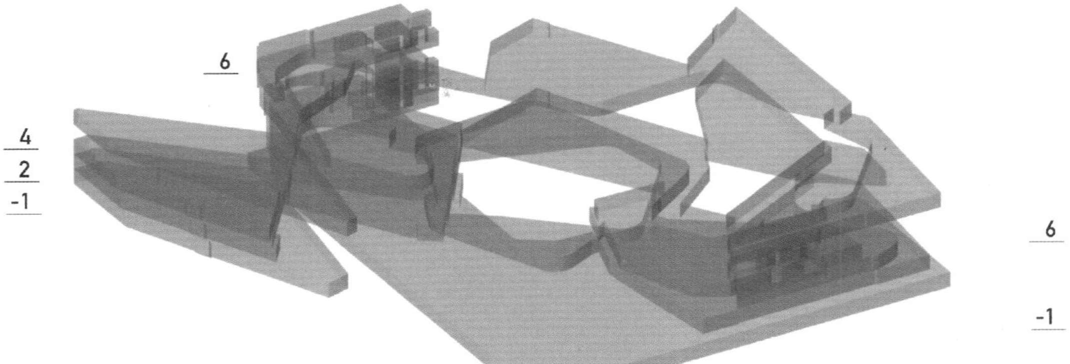

Preliminary study of MOCA spaces

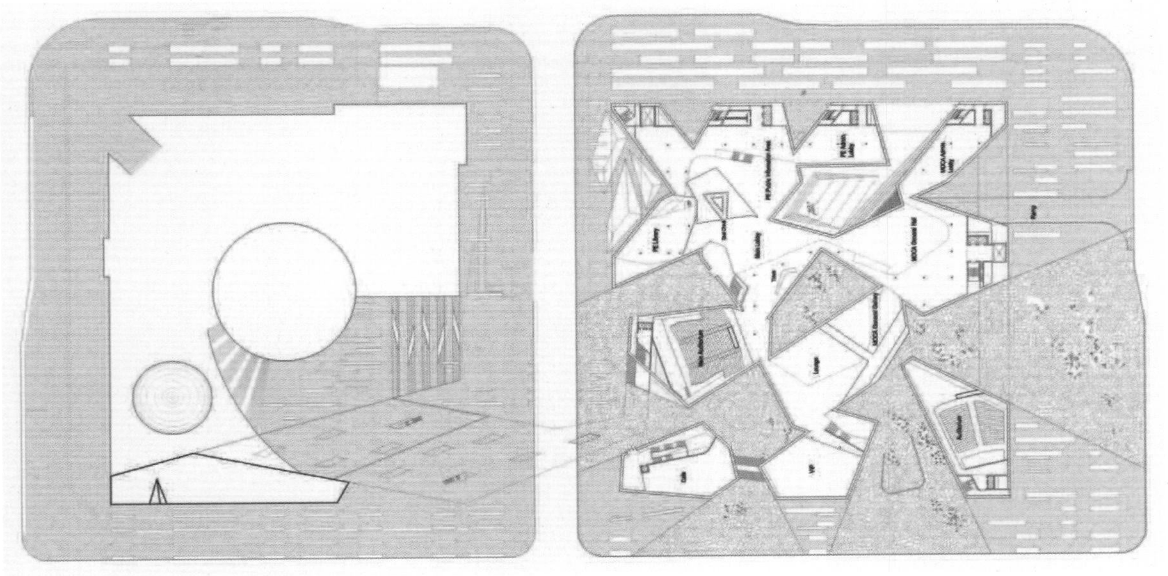

评审意见

外形与空间组织想法很有新意，但空间的使用性有很多考虑不足，内外空间的关系应该考虑的更好。

即将竣工的深圳当代艺术馆与城市规划展览馆

当代的美术馆竞赛评述

2007年公布的深圳当代艺术馆与城市规划展览馆设计竞赛，不仅是中心区核心地段最后一个大型公共文化项目，也是首批采用国际公开竞赛的方式征集的方案。这不仅为两馆征集到百余个建筑方案，也由此开始树立“深圳竞赛”开放、公平、公正的口碑，它的意义不仅是一座出色的建筑单体，也是一座城市的精神与形象。

彼时国内正在经历一场高涨的“美术馆建设潮”，各个城市不分大小竞相建造以美术馆、博物馆为代表的公共文化建筑。至今积累十年，已经可以对这轮浪潮留下的美术馆和城市文化做个初步的评价，它们真的如期待的那样为城市带来了新的文化和公共生活空间吗？在深圳策划双馆项目时就曾富有深意地将“现代美术馆”改为“当代美术馆”，这也为这座建筑的设计赋予了更高的期待，它应当是前瞻的、实验的、城市的、公共的。那么在双馆历经七年即将落成之际，它又是否回应当初的期许呢？

我们有必要来回顾一下双馆竞赛公布之际编制的任务书，事实上这份任务书是向设计机构传达当代公共建筑价值观的绝好契机，然而出于种种原因，任务书中在基本的规模描述之外并没有提及更多的建筑理念，也没有对建筑的功能做详尽的展开。遗憾之处同样体现在项目在尚无策展理念、甚至没有展品的情况下就开始了方案征集，这也为设计的专属性和匹配度带来了极大的不确定性。特别是面对投资如此巨大、位置如此重要的公共建筑，这种顺序上的倒置无疑会带来诸多问题。也使得方案的评选更容易从建筑的形象出发，而这种完全基于建筑单体的考虑未免过于单薄。

在第二轮方案评选时，来自奥地利的评委赖纳·皮克尔说道：“今天我们很多讨论的问题最后归结到我们的任务书，因为有许多问题他们之所以没有做到，是因为任务书当中没有提给他们的要求。在欧洲来讲一般他们做这样的竞赛会提非常细的任务书，而且这种任务书会和博物馆的馆长、专家一起弄出这种任务书，以至于每一个功能，像刚才我们所提到的服务空间不够等等，这些它都是很细致的。”而在双馆行将竣工之际，我们仍有必要将这段忠告谨记。

Case 5

2008 “四”与“一”

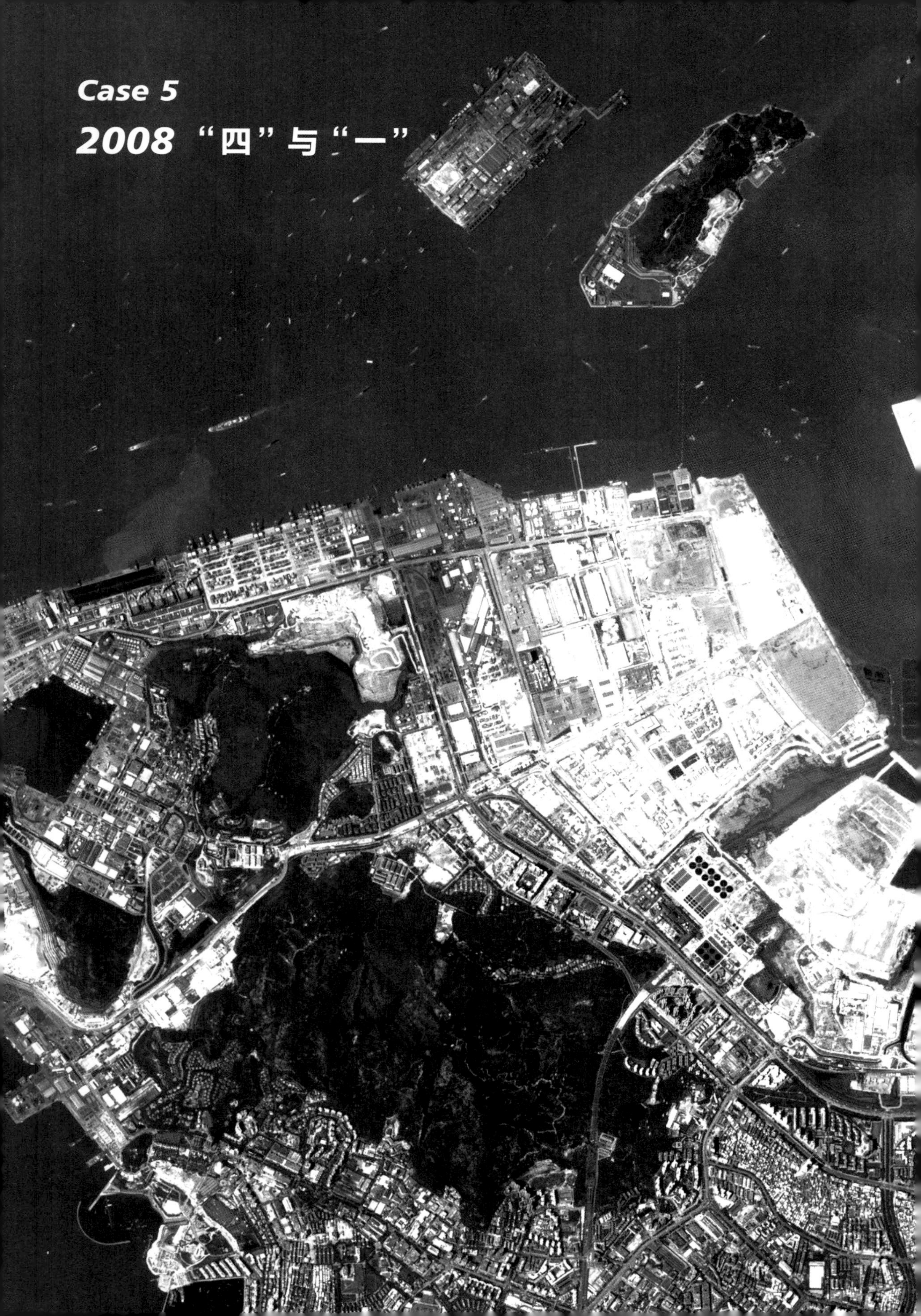

深圳四个高层建筑加一个总体城市设计概念性方案竞赛

Shenzhen Four Towers in One Urban Planning Conceptual Design Competition

=竞标类型=

定向邀请国际竞赛

=所处区域=

深圳市福田区

=投标方式=

向专业设计机构开放

=组织单位=

深交所片区商务办公楼项目联合招标委员会

深圳市金融发展服务办公室

深圳市规划局

=业主单位=

深圳广播电影电视集团（业主）

中国建设银行股份有限公司深圳分行（业主）

中国建银投资证券有限责任公司（业主）

深圳市中保太平投资有限公司（业主）

南方基金管理有限公司（业主）

博时基金管理有限公司（业主）

招商银行（业主）

竞赛背景

项目位于深圳市福田中心区市民中心西侧，深南大道北侧，是中心区最后的重要建筑群。根据深圳市政府的要求，在深圳市金融办和规划局的直接监督下，深圳广电集团、深圳建设银行、深圳中保太平投资有限公司和南方博时基金四个项目的业主决定同时进行本次方案设计竞赛，通过邀请世界知名的建筑师，在获得各自项目优秀方案的同时，希望在整体城市设计和生态节能方面，创造高品质的未来城市空间。

本次竞赛分为单体建筑概念性方案和总体城市设计概念性方案两个部分。单体建筑概念性方案包括 A、B、C、D 四个地块的项目；总体城市设计概念性方案包括 A（深圳广电网络科技信息大厦）、B（深圳建设银行大厦）、C（太平金融大厦）、D（南方博时基金大厦）、F（招商银行大厦）五个地块。

总体设计要求

要求将此办公片区（包括深交所建筑在内）作为深圳 21 世纪金融中心的整体形象来展现。要在整体形象和个性之间、本次设计的建筑与标志性强烈的深交所之间、城市空间与建筑实体之间，建立良好的平衡关系。并充分考虑金融业主所强调的稳重、实用方面的要求。

要求统筹考虑整体地块内建筑的位置、绿化、道路、停车场和出入口，以及其它附属设施的布局及交通流；达到公共空间、交通系统、停车、地下空间利用、商业服务设施的最佳配置和资源共享；充分关注到深圳中心区北部存在街道活力不足，缺乏商业、餐饮和步行空间的缺陷，在本片区加强街道界面、商业空间和步行空间的创造。各项目商业功能及比例可为此做适当调整；交通组织建议采用适度的人车分流，合理考虑无障碍通道。

建筑的高度可根据设计要点做适当的调整，但请关注原城市设计的两个方面的概念：

（a）C、D 建筑沿益田路呈轮廓起伏（寓意飞舞之龙）的超高层建筑带的一部分，

（b）同时，D 建筑又是从深南路沿东、西进入中心广场的四栋“大门”建筑之一，其高度控制在 150 - 160 米之间；

广电大厦（A）：设计要点所要求的用地东部 2000 平方米活动广场，应与南面同属一家业主的建筑 G 用地的东北角整合改造，使其成为有良好建筑界面或围合的商业休闲广场，也是此办公片区公共空间在西侧的结束部分。要求与现状的建筑 G 的地下室连通；

建行大厦（B）：为拥有开阔的视野，建议尽量往其地块的北面和西面布局，与南侧的建筑 F 错开；两家公司共用的总部办公楼，要求出入口相对独立；

太平大厦（C）：用地南侧与 D 地块之间应有公共地下通道与东侧的市民中心广场相连。大厦主入口、物业管理服务的次入口等需相互独立，减少流线交叉。大堂主入口应位于交通流线最方便的位置，不宜布置在角上，宜布置在中心位置。

基金大厦（D）：作为进入中心区广场的“门户”建筑，应布置在东南角使其突出。本项目为两家独立的业主使用，建筑设计应设置独立和共享相结合、有效率并方便管理的出入口和交通空间。

基础资料

深圳中心区是深圳市的城市金融商务中心和行政文化中心。深圳中心区北接莲花山，南连滨河大道，并由深南大道分隔为南、北两个片区。深圳中心区北区集中金融、贸易、信息、管理以及服务业，是深圳密集的办公区之一。本项目均位于中心区北区。

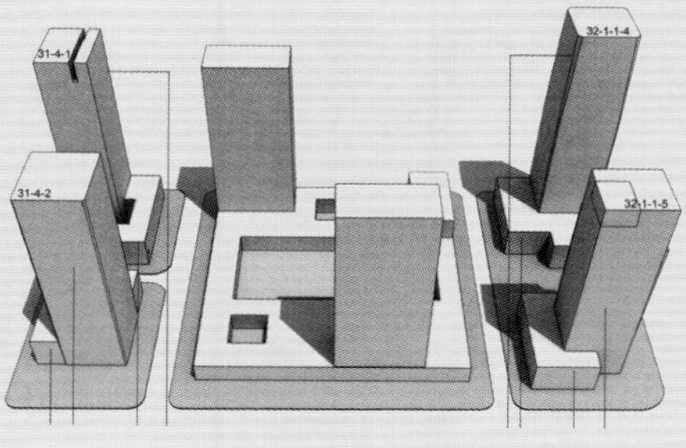

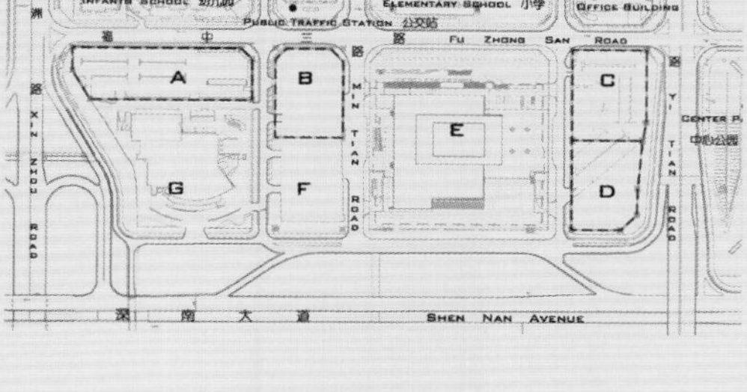

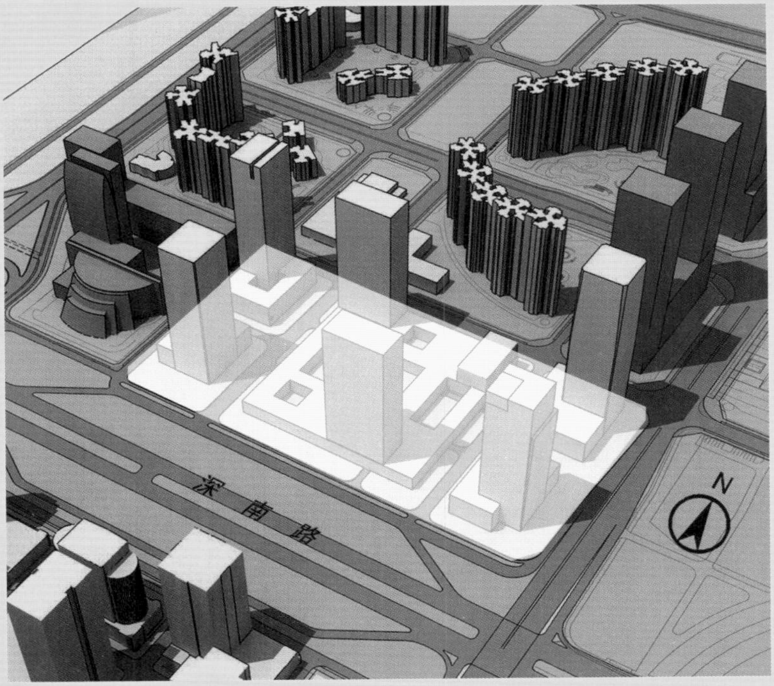

竞赛邀请六家设计机构进行全部四个单体建筑的概念性方案设计，和一个总体城市设计。经过由专家、业主和规划局代表组成的评审委员会的评审，评选出每个项目的优胜单体建筑方案2名（第一名和第二名），以及总体城市设计优胜方案1名。

竞赛结果

总体规划	斯蒂文·霍尔建筑事务所 Steven Holl Architects
广电大厦	非常建筑 Atelier FCJZ
建行大厦	莫菲西斯建筑事务所 Morphosis Architects
太平大厦	蓝天组 COOP HIMMELB(L)AU
基金大厦	汉斯·霍莱因 Hans Hollein

设计机构参赛名单

序号	国家/地区	机构名称
01	奥地利	蓝天组 COOP HIMMELB(L)AU
02	奥地利	汉斯·霍莱因 Hans Hollein
03	荷兰	MVRDV
04	美国	斯蒂文·霍尔建筑事务所 Steven Holl Architects
05	美国	摩弗西斯建筑事务所 Morphosis Architects
06	中国	非常建筑 Atelier FCJZ

参评评委

矶崎新 Arata Izosaki	日本	矶崎新建筑事务所
哈尼·拉什德 Hani Rashid	美国	渐近线事务所 Asymptote Architecture
朱锫	中国	朱锫建筑事务所
崔愷	中国	中国建筑设计研究院
马清运	中国	马达思班
陈一新	中国	深圳规划局代表

深圳四个高层建筑及总体城市设计竞赛曾于2008年11月和2009年2月两次组织评审，其中第一次因为多方面的复杂因素和讨论并未形成评审结果。

基地位于深圳市福田中心区市民中心西侧，深南大道北侧，是中心区最后的重要建筑群。规划地块的定位为深圳市的金融中心，是中心区整体规划中重要的一环，应当同时满足“城市重要景观”和“标志性建筑”的设计目标。

地块处于中心区的核心地段，从1996年开始就开展了多轮规划，竞赛同年由大都会建筑事务所设计的深交所也在建设中，因此必须兼顾基地的整体环境、城市公共服务、复杂的地上、地下市政设施等诸多因素。

然后构成整体地块设计的四座高层分属于不同的业主，如何在一场规模以城市街区为尺度的竞赛中同时兼顾城市设计的要求，又能满足业主的对于每栋建筑的特殊需要，并且充分发挥建筑师的设计能力，这成了四塔合一竞赛中最有挑战，也是矛盾最为集中的部分。

01. 蓝天组

总体平面：侧重于五座拟建高层建筑与深圳证券交易大厦之间城市空间互动关系的三维整体规划。

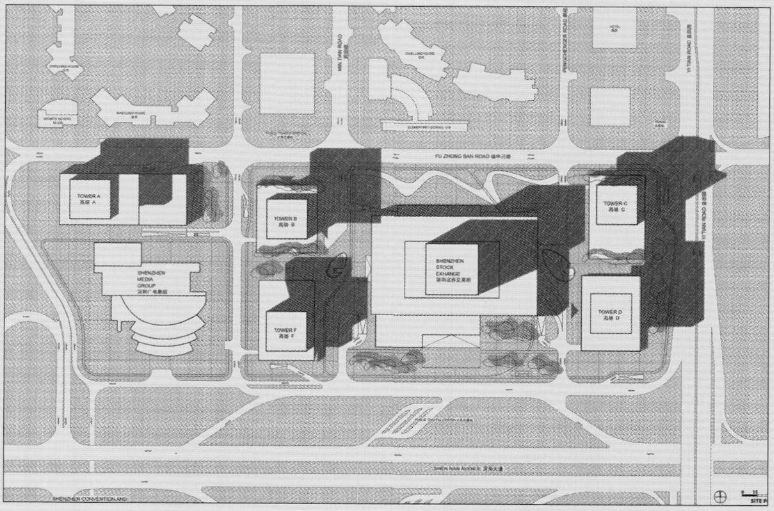

02. 汉斯·霍莱因

总体平面：借由导入另一层次的“空中平台”于楼顶，強化了区域内建筑的环绕感，创造出都市中一种特有的上层和下层空间。

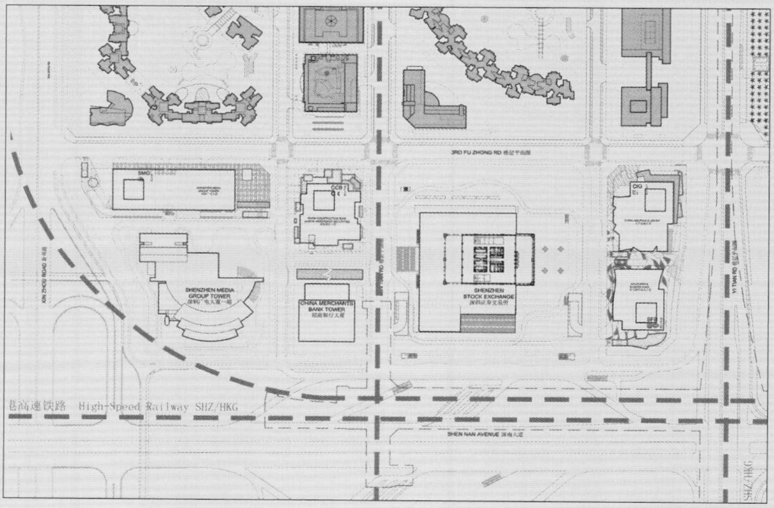

03. MVRDV

总体平面：证券交易所的漂浮平台创造了一个很好的被覆盖的广场，这是一个对城市有贡献的建筑，这种做法能够延伸到周围四栋新的办公楼，从而用一个被覆盖的公共区域，取代被平淡空间围绕的孤立塔楼吗?

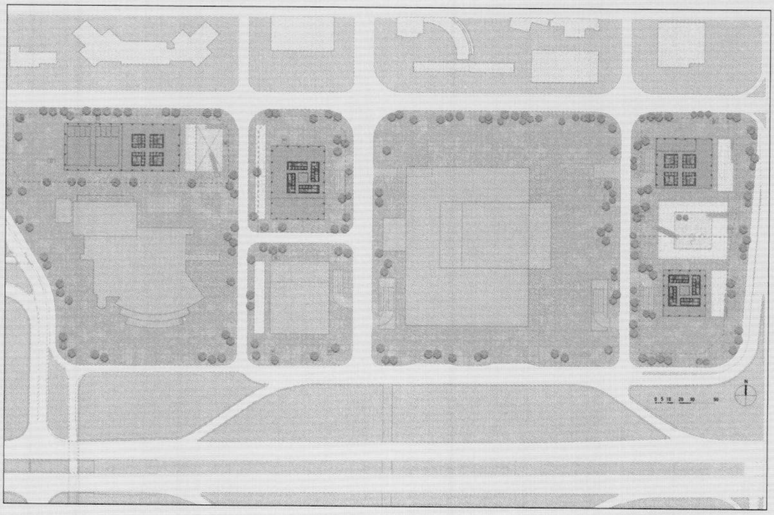

04. 斯蒂文·霍尔建筑事务所

总体平面：作为“遮阳机器”的亚热带摩天楼+把三个遮阳机器塔楼与公共功能及生态基础设施联接起来的“都市生活构架”。

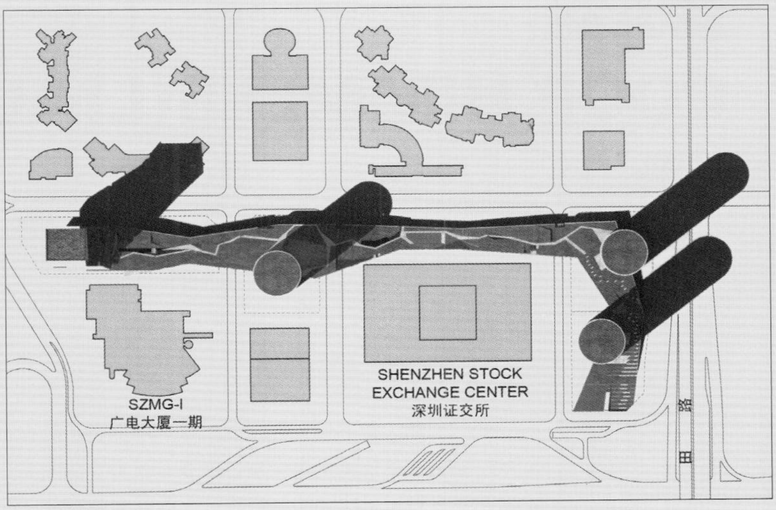

05. 摩弗西斯建筑事务所

总体平面：一个立体互联的总体设计，建立一个醒目的地标性金融区而不是一个地标建筑，塑造公共空间和私密空间的协同合作。

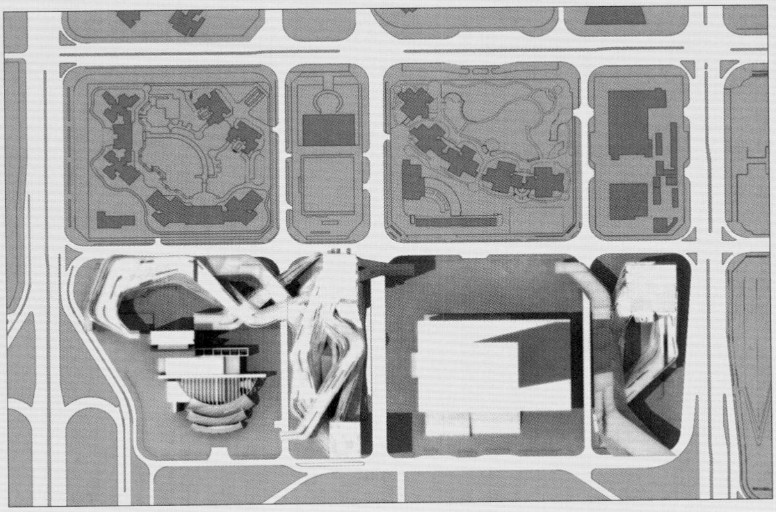

06. 非常建筑

总体平面：城市高层建筑的肌理性和生态高层建筑的地域性形成了一种新的高层建筑类型。

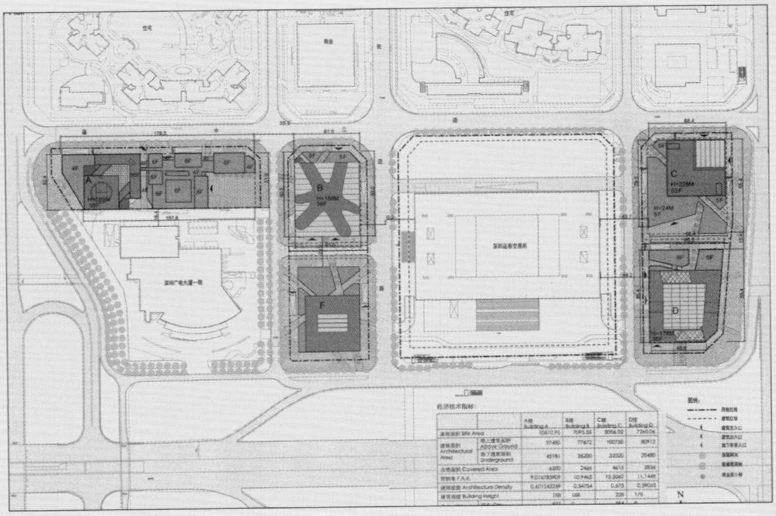

蓝天组
COOP HIMMELB(L)AU
序号 01
太平洋优胜奖

城市概念

蓝天组的设计方案展示了一个侧重于五座拟建高层建筑与深圳证券交易大厦之间空间互动关系的三维整体规划。所有五座高层建筑均被归位至城市空间的规划参数之中。依据建筑内部功能的需要以及建筑与城市之间的关系，我们对建筑的悬挑部分或是创意交流区域做了相应的定位处理，每座高层建筑也因此各自塑造了其独具一格的特征。在城市范围内，创意交流区域创造了三维的空间视野以及与其相关的视觉轴线。每座单体建筑的设计皆可由其创意交流区域的位置来界定。

D 座（南方基金管理有限公司 / 博时基金管理有限公司）是一座形态优雅的带冠高层，而 C 座（深圳市中保太平投资有限公司）浮动的挑出建筑体量则略高于深圳市证券交易所抬起的群楼。B 座（中国建设银行股份有限公司深圳分行 / 中国建设银行投资证券有限责任公司）的标识性建筑元素是自建筑顶端向下 5 层处有两个细长的分体出挑。A 座（深圳市广播电影电视集团）则在建筑的同一高度上有一个大体量的挑出部分。

创意交流区域不仅为每座高层建筑提供了会议及交流的空间和设施，而且还创造了娱乐、休息等区域，并设有冬季花园和屋顶花园。该方案为各个高层之间正式及非正式的交流以及工作流程创造了条件，同时，各建筑实体间的三维空间关系也在城市空间中创造了一个功能与审美兼顾、引人注目的三维整体规划。

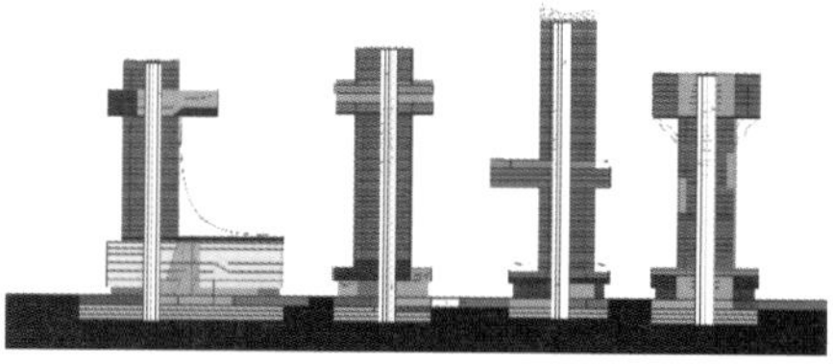

设计理念图解 / CONCEPT DIAGRAM
创意交流区域 /
CREATIVE
COMMUNICATION
ZONES
群楼 /
BASE BUILDING
公众和服务交通流线 / 配送流线 /
PUBLIC CIRCULATION AND SERVICE/DELIVERY CIRCULATION
购物通道 /
SHOPPING PASSAGE
三维规划方案 / 3D MASTERPLAN
17.00
16.00
15.00
14.00
18.00
13.00
19.00
12.00
20.00
11.00
10.00
9.00
WEST FACADE GAIN
WIND
N
SOUTH FACADE GAIN
EAST FACADE GAIN
气候情况 / CLIMATE CONDITIONS
空中花园 / FLYING GARDENS
MULTI LAYERED SKIN PROVIDES CONTACT WITH
EXTERNAL ENVIRONMENT THERMAL BUFFER
ZONE EFFECT &
ADDITIONAL RAIN PROTECTION
AIR SUPPLY
RAISED ACCESS FLOOR
THROUGHOUT SUPPLY AIR, ELECT.
& IT INFRASTRUTURE
PV MODULES PROVIDE
SHADE & ELECTRICITY
嵌板幕墙 /
TOWER A - PANEL FACADE
嵌板幕墙 /
TOWER B AND C - LOUVER FACADE
结构幕墙 /
TOWER D - STRUCTURAL FACADE

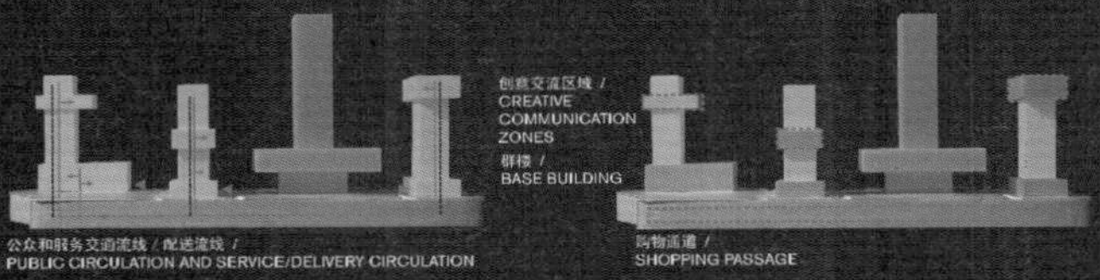

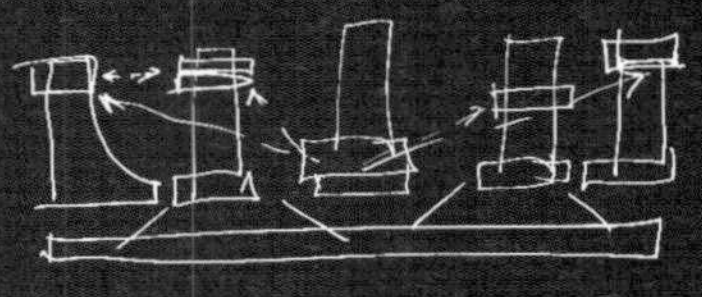

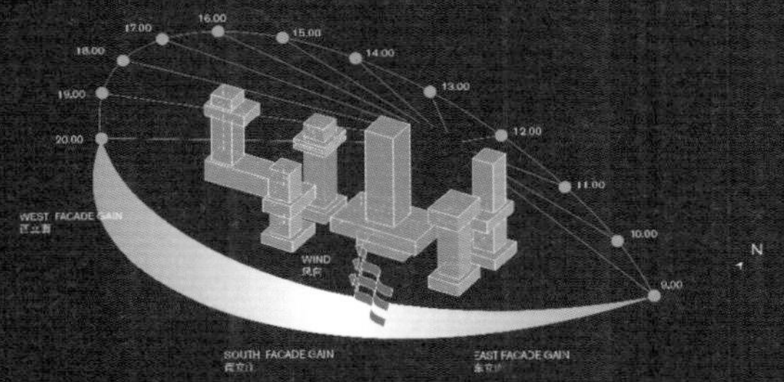

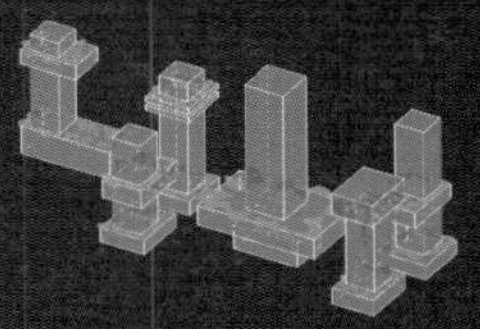

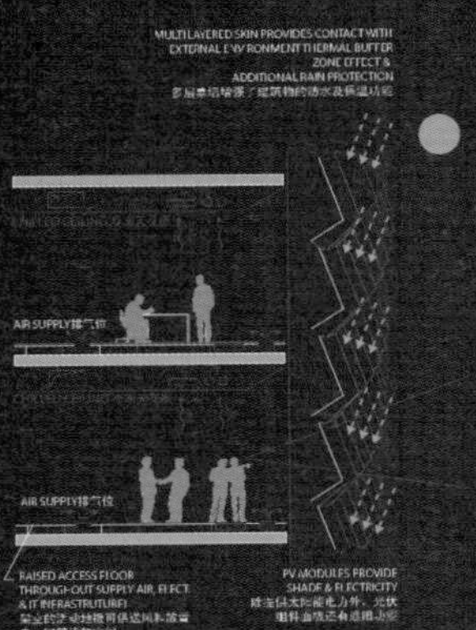

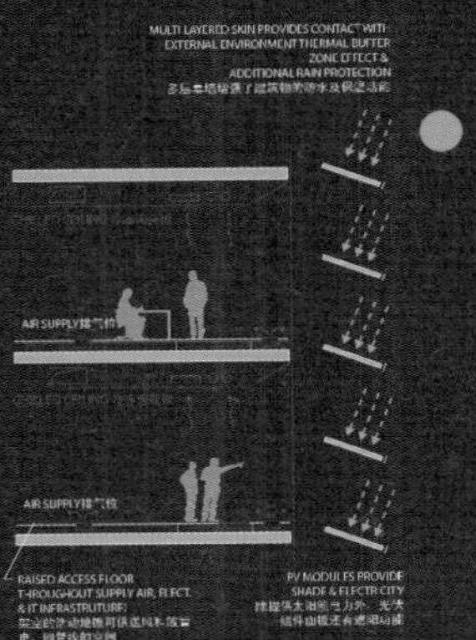

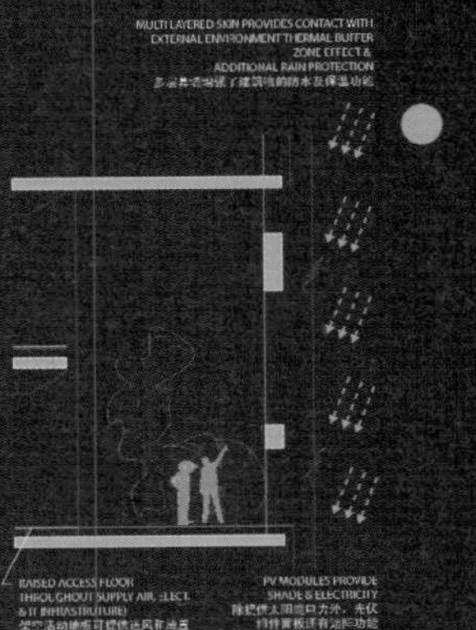

汉斯·霍莱因

Hans Hollein

序号 02

基金大厦优胜奖

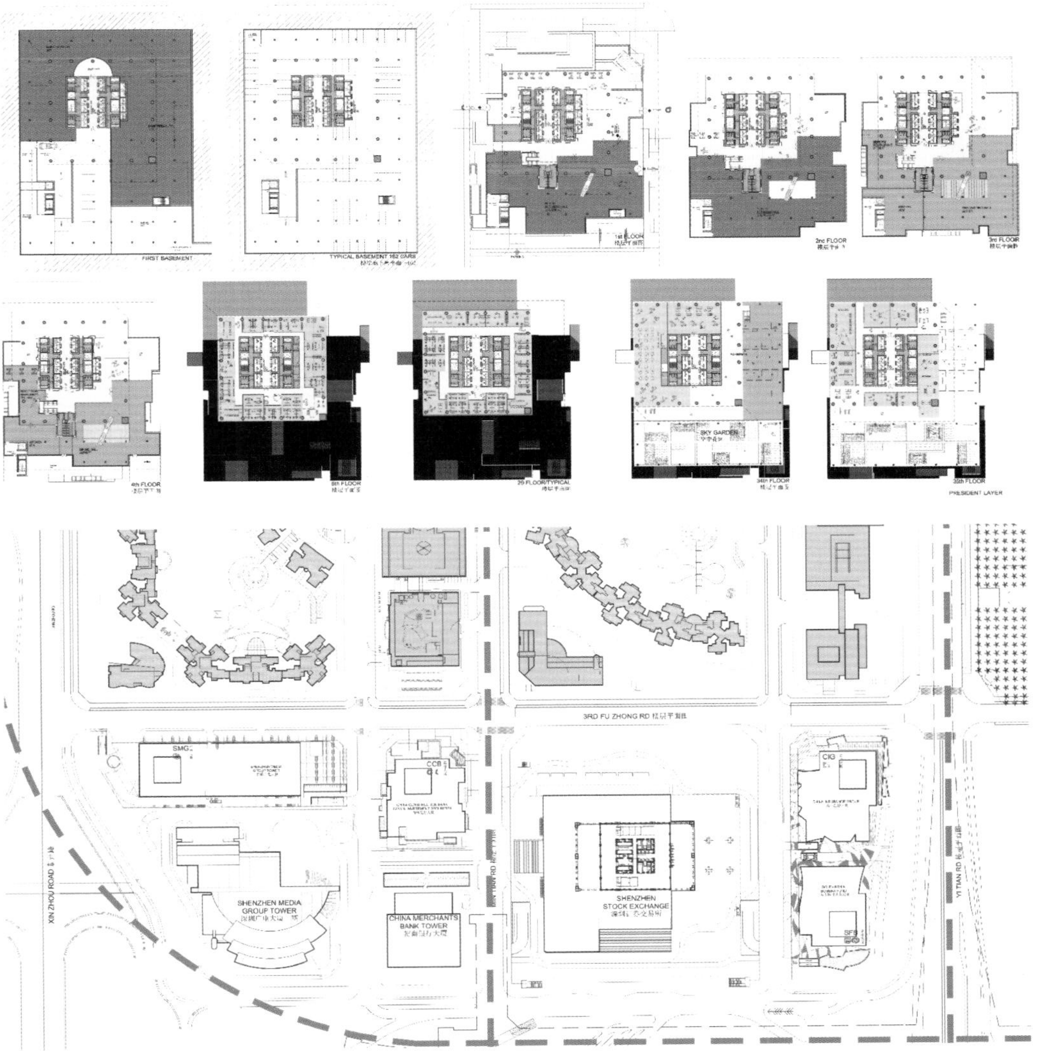

典型高层平面及挑出平台

设计概念

地块位于城市重要的枢纽位置，比邻市政厅与主要的北中轴线，位于东西走向的深南大道上，更加突显其作为城市门户的特征，基地中心的证交所主体建筑，其特有的醒目高度远超过周围环境天际线，因此成为都市的焦点，一个都市的次中心。

为了强调这个优势条件，基地内四周的高层建筑被有意地设计成回应证交所大厦的建筑群，从而将整个区域创造为都市的焦点，借此导入另一层次——“空中平台”——在楼顶，强化整个区域内环绕的建筑，并创造出一种特有的都市上部空间与下部空间，构建出意义深刻的都市空间形式，这三栋围绕的建筑物通过各自裙楼的特色，呈现出独特的自有形象，D栋则构成另一个独立的区块。

相应于证交所的特征，周围的建筑以简洁的造形手法，统一的形式语汇，强化了整体的关联。

各栋建筑顶部出现的水平延展的挑出平台在不同的高低层次与定向中，营造出互有对应，动态平衡的状态，形成独特的城市空间。

建筑的基座——裙楼，是都市空间中宜人尺度的重要元素。

MVRDV

序号 03

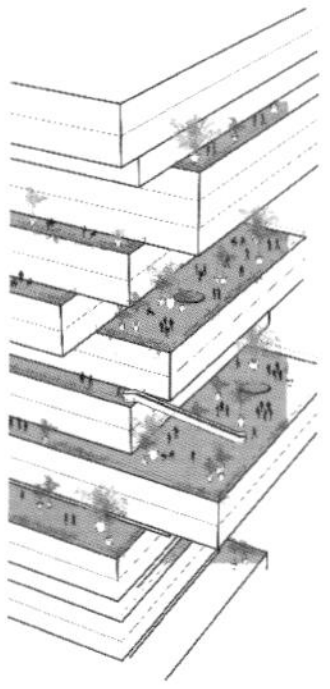

GREEN TERRACE
露台花园

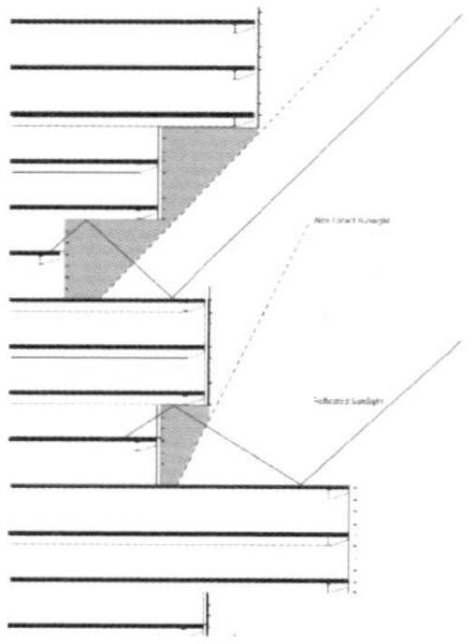

SHADING AND REFLECTION
遮阳和反射

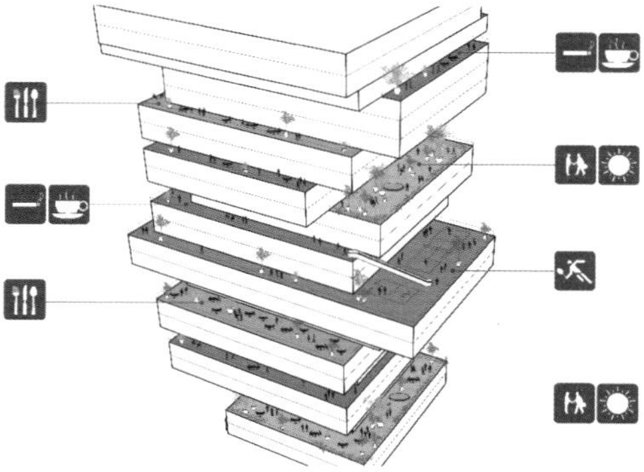

TERRACE PROGRAMS
露台活动

形体生成

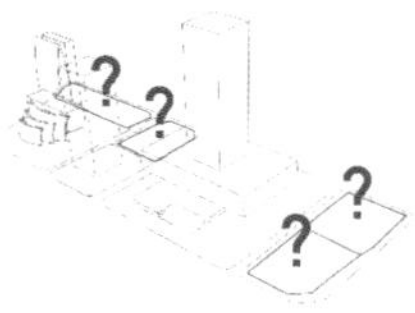

PLOTS
个地块

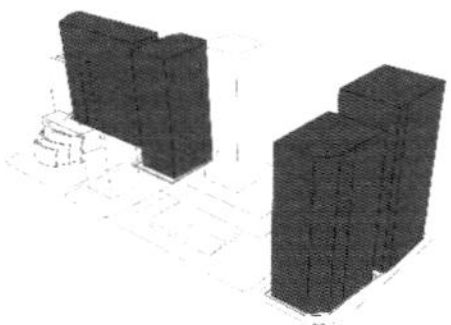

MAXIMIUM PROGRAM
最大的体量

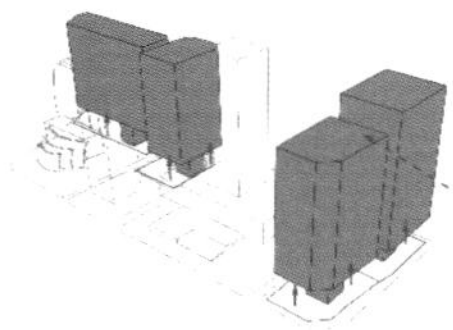

LIFT TO CREATE PLAZA
提升建筑形成广场

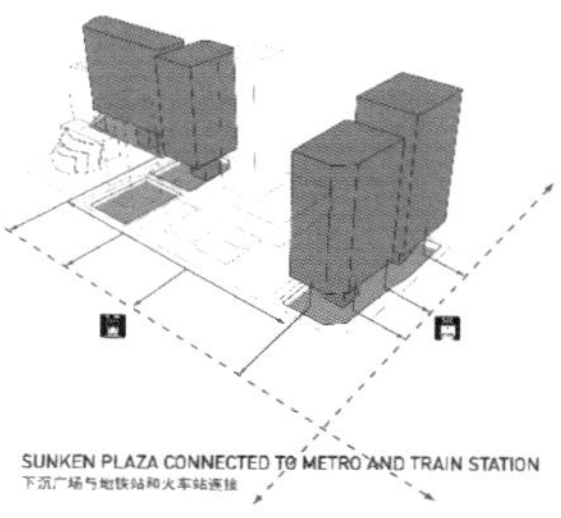

SUNKEN PLAZA CONNECTED TO METRO AND TRAIN STATION
下沉广场与地铁站和火车站连接

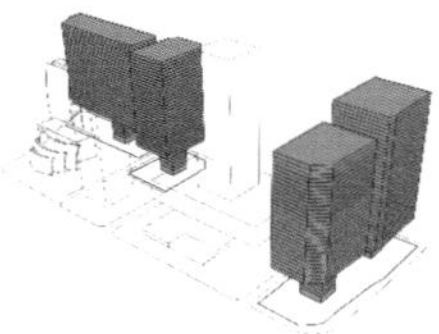

MULTIPLYING LAYERS
重复平面

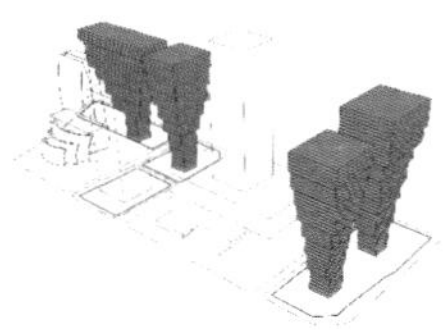

SHIFT PROGRAM TO HIGHER LEVEL
把功能布置在较高的楼层

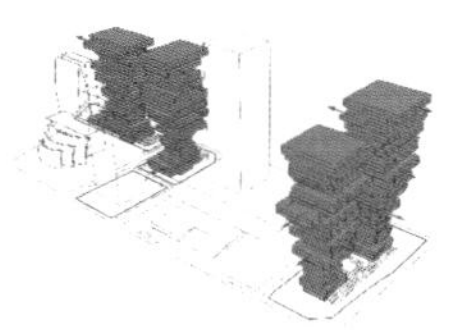

SHIFTING AND OPTIMIZATION
水平向移动

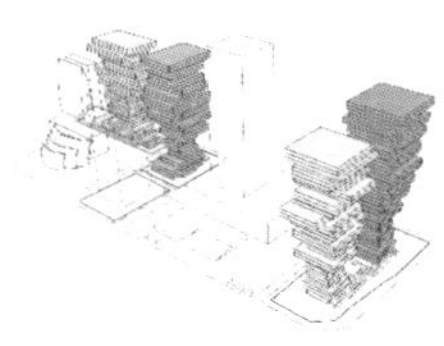

DIFFERENTE BY MATERIAL
下沉广场与地铁和火车站连接

普遍的中心商务区

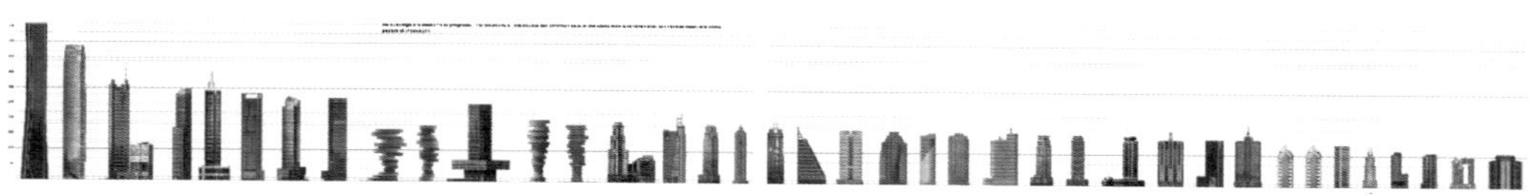

普遍的中心商务区

纵观世界各地的中央商务区 (CBD)，大多是由一系列垂直上下的办公楼组成，建筑彼此之间没有凝聚关系，各自为政而不是成为整体。这导致了各地的 CBD 都十分相似。这难道是深圳所希望的吗？我们可以找到单体建筑和城市空间之间的结合点吗？它们可不可以有更多的个性、强烈的造型，来吸引各方人士，与世界各地的 CBD 相媲美？本次深圳金融区内四个高层建筑与一个总体城市设计的竞赛，能否开发为一个相互关联的高质量城市环境？

开放的地面空间

广场和大片的铺地为工作者和过路者提供了足够吸引人的公共空间。这些空间被上方的屋檐覆盖，从而提供了避雨和遮阳的功能。额外的树提供了舒适的气候。广场成为可以终年使用的室外空间。

绿色塔楼

露台可以用来种植植物，通过布置水池，上下相互联系的楼梯，形成一个垂直花园。它可以成为一个真正的绿色建筑。整栋大楼的外形像一棵树。这与整个区域垂直上下玻璃幕墙建筑群形成了鲜明对比。

斯蒂文·霍尔建筑事务所

Steven Holl Architects

序号 04

总体规划优胜奖

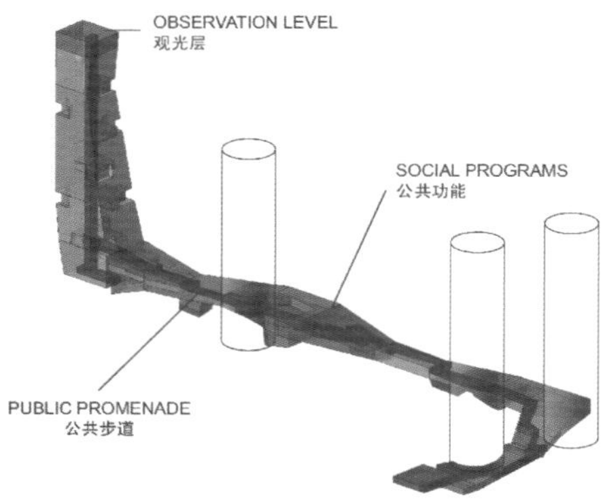

都市生活框架

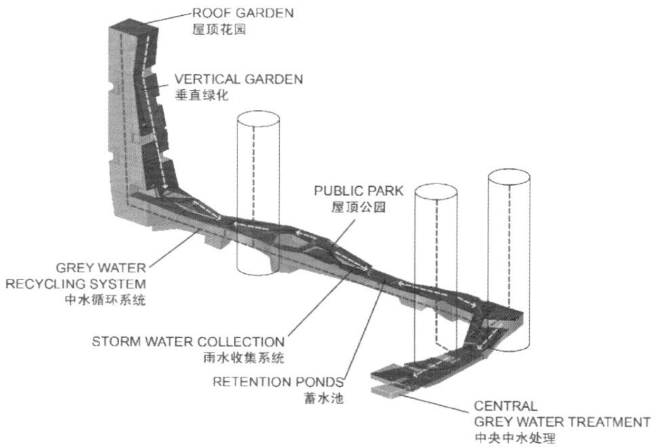

水与花园基础设施

4+1=2：遮阳机器 + 生活都市构架

作为“遮阳机器”的亚热带摩天楼把三个遮阳机器塔楼与公共功能及生态基础设施联接起来的“都市生活构架”。本方案不主张四幢各具特色的标志性塔楼与相邻的深圳证交所总部大楼争奇斗艳，而是利用遮阳机器和都市生活构架创造一个统一延续的城市肌理。

遮阳机器的圆形平面利用最小的外围结构创造最大的内部空间和最开敞的景观感受。办公楼层采用最优化设计，并由在两侧交替出现的双层或三层挑空的公共空间互相连结。由半透明太阳能光伏板组成的太阳追踪幕每天沿塔楼外围自动旋转一周，所采集的太阳能足够提供塔楼空调制冷所需要的能源。这个太阳追踪幕总朝向太阳的方位，在采集太阳能的同时也起遮挡太阳辐射热的作用。每个太阳能百叶片能上下翻转，在正午时转至水平的位置以收集最大的太阳能量。一米深的水平百叶遮挡高角度的太阳辐射热，同时反射自然光深入办公空间的内部。太阳能幕的一天旋转周期使这些塔楼成为都市时钟，它旋转的方位就算在多云的天气也能显示该时的时间。

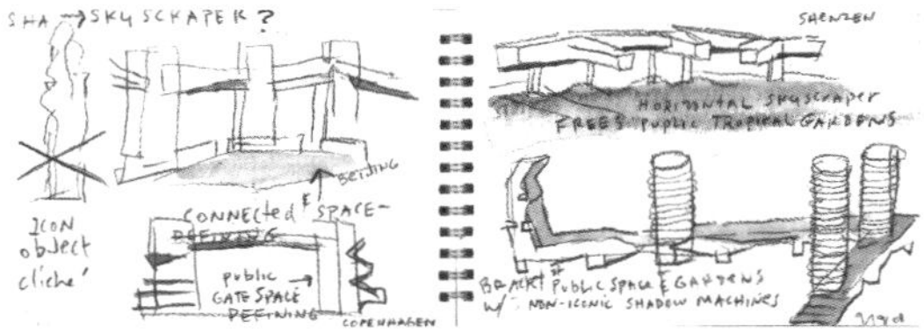

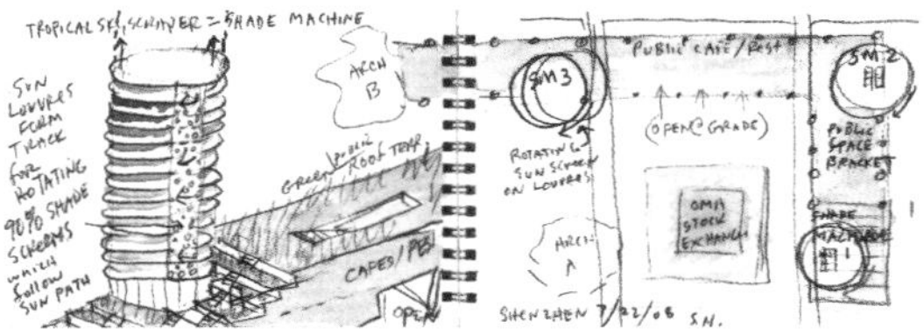

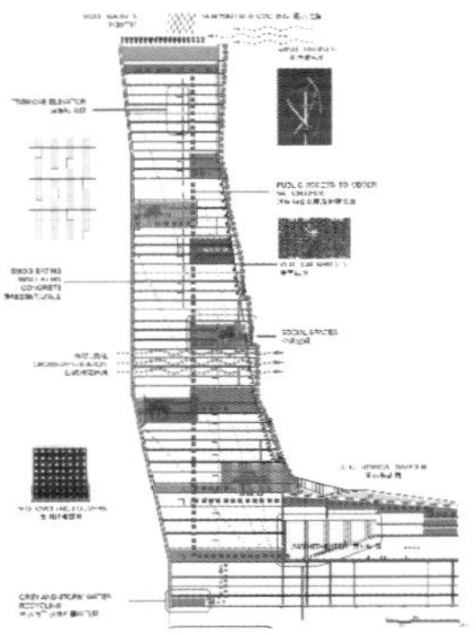

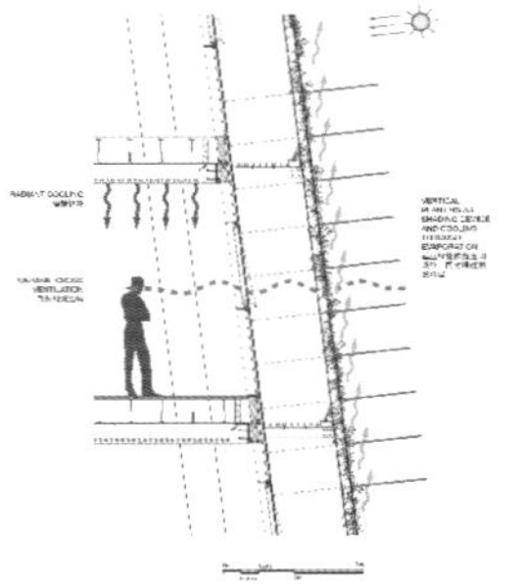

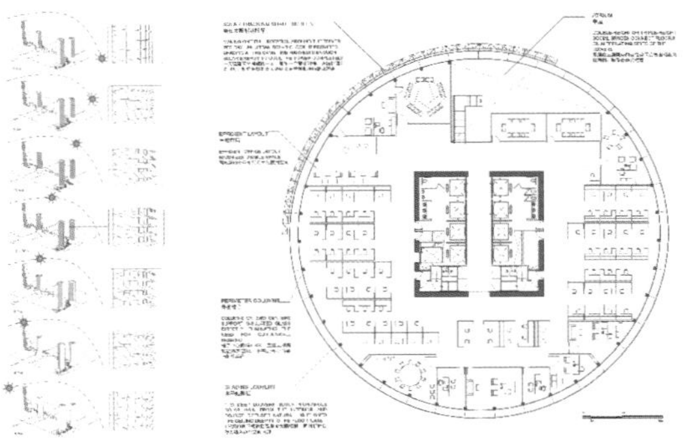

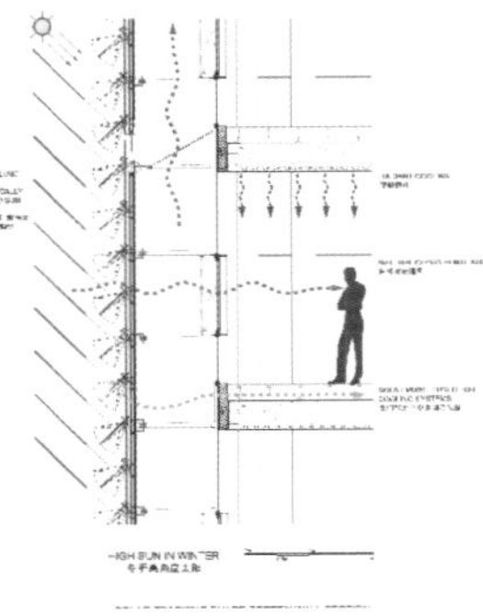

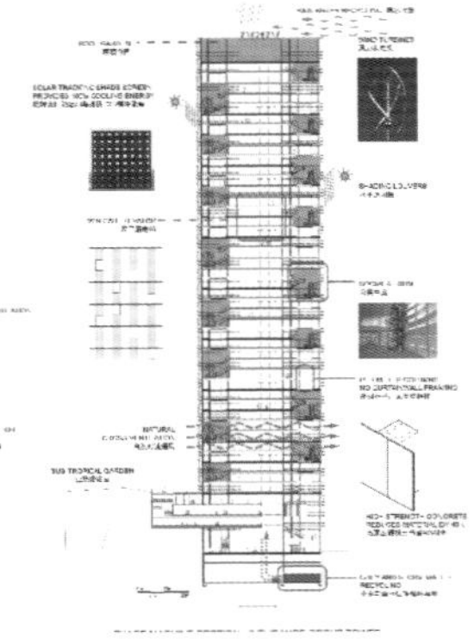

评审会议

2008年11月25日，深圳金融中心区四个高层建筑及城市设计竞赛进行了第一次评审会，参与评审的分别是主席矶崎新，成员马清运、朱锫、崔恺、哈尼·拉什德及规划局、业主代表等。会上各位评审就本次竞赛的意义、评审方法、遴选机构等提出了各自的意见，事实上这些讨论的内容已经不局限于这场竞赛本身，而是对整个制度的反思，特此摘录。

朱锫：我觉得实际上今天在座的不仅仅是评委，实际上也是代表了城市部门，建设单位，还有评委，所谓的专家。我觉得实际上我们最终的结果是代表了综合的成果。因为我觉得既然代表了不同的这种方向，但是我们又必须肩负一个共同的责任。这个责任实际上我们更确切地讲是一个中国人的信念，我觉得这个是大家必须要记住的。因为实际上中国的很多竞赛已经带来了很多负面的影响，就是我们做了一个规格很高的竞赛，但是从来不按照一个竞赛的最终要求去公布这样一个结果。我觉得这件事，包括在座的，可能也会碰到这样的问题。实际上我觉得这是一个信誉，当然谁也不想拒绝这样一个结果，但是我觉得还是一个互信。

因为昨天我记得有几位业主代表曾经跟我说过，要的是西装，要的不是时装。但是我觉得除了西装之外，时装之外，还有其他的服装。因为今天参赛的建筑师都是世界上比较优秀的建筑师，我觉得互信大家必须要建立，而且这是很重要的。我想我自己有一个亲身的经历，就包括我们规划局这栋楼，我相信在座的大家可能没有人特别反感，但是倒退七年，很多人都是反对这个作为政府办公点。实际上我们有很多选择，西装不一定就是我们未来的选择，所以我想包括金融机构的办公楼也不一定就是我们今天所想象的，你请这么好的建筑师，我觉得你首先要信任他，比如这一轮做得不好，因为时间很短，但是包括今天我们想做出这样一个决定，也是为了留下一个空间，有一个充分的沟通。但是不管从信誉来讲，还是从我们制定的竞赛规则也好，我觉得我们有这样一个初步的结果。至于跟建筑师的沟通，我觉得可以留出更多的时间，这是我的一个比较清楚的观点。

矶崎新：我也参加中国相当多的设计竞赛，感觉到的一点是中国的竞赛的总体制度，或者说最终竞赛的结果，竞赛的这种操作方式跟国际上还是有不同的地方。特别是中国在竞赛中还是主要看重方案的结果为主，事实上选择出一个方案之后，这个方案与建筑师之间还会在进入正式实施阶段有大量的沟通，然后修改，最终得到的竞赛方案跟实际的方案已经不同了，这是最后的结果。还有跟设计公司是有很大关系的，是以设计公司名字为主，而不是以建筑师的名字为主。因此这是哪个设计师做的方案都没太大的关系，不是选择建筑师，而是选择方案，造成最终是这样的结果。其实这个方案到真正阶段又是被变化掉的，这是感觉到中国竞赛操作的过程和结果。

但是这次竞赛的模式是跟刚才我讲到以往经验上的模式是不一样的。以往讲的都是用组织形式来表达，实际上就是大型的事务所，这次我们选择的全是以自己的名字命名的，我们所谓的明星事务所。选择明星事务所大家也看到，在这里汇报的基本上是代表这个明星事务所，或者本身以他的名字命名的主创建筑师。他们这样的汇报，包括这次的组织跟以往的组织不一样，既然请了明星事务所来做这些事，从他们这边得到的并非纯粹是方案，而是在方案背后的概念和思想。

而且这些明星事务所的设计师非常有经验，有思想，同时在实际工作中的经验也非常丰富。他们这些设计师具有足够的和业主之间进行下一轮沟通，然后满足业主的设计要求，功能需求，包括造假要求，完善自己方案的能力。在每个方案的背后，都能够看到建筑师的能力、经验，因此他们还是有这个能力跟业主进行沟通，如果你觉得造价高了，我们相信他有这个能力在完善方案的过程中降低造价。

这次组织这样的竞赛，事实上很大的目的是把这些优秀的建筑师，这些明星建筑师请到深圳来。应该说，这个目的这次也达到了，而且是受到在座各位，包括投资方在内的赞同的。那么事实上，目前他们到了深圳，如果在这块土地上能够有项目实现的话，那么整体的城市建筑的档次就会提升很多。而且我也认为，我们今天就算投票，选中了其他几个方案，最终也不会以这个形象出现的，事实上就算不是这些建筑师，是其他的，那么选参赛方案，将来也不是这些方案。而且我坚信，这一次的这些建筑师的参与，然后选出他们目前的方案，也许跟大家的距离是相距很远的。但是在下一阶段的沟通、释放过程中，我相信这些方案会比现在的更为优秀。我希望在座的各位评委能够看到各位建筑师方案背后潜在的能力，他们的思想。

这些明星建筑师的工作方法本身也是这样，他们本身具有很强烈的思想，因此在没有跟业主沟通的情况下拿出来的方案会是非常强烈的东西，也许跟业主的行为心理的距离比较远。但是他们的工作方法本身就是和业主不断的沟通，然后完善方案的这样一种工作方法。这类建筑师占到建筑市场中建筑师的 5% 或者 10%，跟大家熟悉的，剩余的 90% 的工作方法是不大一样的。但是正是因为这个原因，使他们成为非常耀眼的、瞩目的明星。

再清晰一些说，这些建筑师，事实上他们在设计上非常有能力，但是他们在经营上或者说在宣传上，或者说在运营上都不是很擅长的，参与这样的竞赛是他们唯一和社会对话，唯一表现自己的一种方式。因此这是我刚才建议的，我们不是只选方案，我们是选这个方案背后的建筑师的理由。同样，刚才讲了很多还是跟单体的评选有关，实际上总评的选择的时候，包括规划局在内，也都希望理解到这点。这是我的意见，也是建议，不知道能不能得到各位的理解。

哈尼·拉什德：我想增加一些观点。我之所以取消了很多其他的行程，专程来参加这次评审，是因为我对这个城市和对这次竞赛充满了信心。就像我昨天提到的，其实这是一个完全超越了单体建筑或者一个设计的非常难得的机会。那么我完全理解矶崎新先生的陈述，但是有一些观点我可能跟他不同。这些建筑师在获得项目上根本没问题。其实在市场上对他们的这种设计有非常大的需求，而且他们有机会选择他们喜欢的项目。

我看到他们大部分事务所是这些著名的建筑师本人来汇报，我感到非常吃惊。我觉得他们有一种感觉，有一种强烈的感觉，就是在这个城市，这个规划局，他们一定会意味着一个新的开始或者说一种新的机会。要知道，在这个地球上并没有很多的城市都有规划司的作品。同样也没有多少城市会拥有这样一个在中心区的一个广场，由于这个设计所带来的这样一个有趣的广场。

大约在14年前，有一些建筑师，包括矶崎新先生和他的业主到了西班牙的一个小城。当时也是为了筹备一个博物馆的竞赛，当时参加的也有今天到场的蓝天组还有这样的大师。那个时候，这个城市可能一个星期只有一班飞机从巴黎到这个城市，而今天，一天有六班飞机从巴黎飞到这个城市，这些人专门为了去看建成的博物馆。像这样一个巨大的变化，对于整个城市经济带来的巨大变化，其实很大程度就是因为在这个城市出现了一个如此优秀的建筑，就是这个博物馆。

对于在座的业主，包括我们来自其他地方的评委，我们今天的决定其实远远不止一个建筑或者一个业主的建筑物的抉择，而是对这个城市未来的一个抉择。这些设计师在没有跟业主充分沟通的情况下，你看到他们创造出来的产品感到非常失望，这也是可以理解的。那么对于这个城市的国际性和未来的竞争力来说，这是一个绝佳的机会。我觉得选择这样一个非常优秀的建筑，这些优秀的建筑师，将是一个难得的机会。

崔恺：我们回到竞赛的目的，业主需要建房子，城市需要有非常好的城市环境和城市品牌。那么在这个一个基点上我们请来了最有名的建筑师。但是这样的一种建筑师、政府和建设方的沟通，实际上应该说是需要有一个过程，这个过程如果做得比较好的话，也可能会在竞赛之前通过更有效的方法来建立这样的沟通。但是确实我们失去了这样一个机会。但是我觉得也很正常。通过竞赛，实际上有点像第一次的对话，说的不同的语境，如果我们在之后，仍然抱着这样一个坚定不移的信心，要打造设计之都，我们仍然可以通过这样一个起点，来寻找对话的基础。我觉得现在的业主是因为建设方，像矶崎新先生所说，大家习惯于看到结果，这个结果不是我们想要的，我们就怀疑一系列的，我觉得未必，确实刚才两位讲他们的观点的时候强调一点，建筑师原本的服务方式需要对话，需要了解建设方的意图，然后提出自己有效的解决方法。所以我觉得这一点疑问，是不是暂时我们不要把这样一个疑问变成我们一个确定的，拒绝的这样一个方式。而是能够利用这样一个机会，建立沟通的渠道。我觉得很多事情不一定那么紧，在这种情况下我们做一次沟通。

虽然这些大牌建筑师非常有名，他们经常是要选择项目，而不是通过竞赛争取项目，但是他们选择深圳这个项目说明他们重视，也说明他们有可能跟你们建立有效的沟通，我个人还是有信心的。所以我个人认为，不应该在今天，以非常消极的态度来看待这样活动的组织。而是能不能用更积极的办法来想到将来的可能性。当然，我也觉得，具体来讲，今天可能我们选择的方案确实不是我们真正要实现的方案，所以你把这样一个概念做一个转移的话，实际上我们可以看到，选择他更积极的一些方向或者一些理念，然后希望用其他的方式表达出来。那么这样的话，就出现了新的可能性。可能我们特别珍贵的概念会保留下来，特别有创意的这样的价值和方案可以完全再重新进行处理，这是有可能的。我个人并不在很多场合下说这样的话，是因为我们对这样的建筑师有信心。虽然我也知道，特别有名的建筑师会有一点立场和他的建筑的信心，所以这样的沟通也需要大家互相之间的耐心和配合。但我相信，很多事情都是可能的，是不是我们今天的选择定位在这样的层面上，让我们深圳有一个新的建设的起点。

“四”和“一”竞赛评述

距离 2008 年启动的四个高层和一个城市设计竞赛已经过去数年，其中几座相继奠基建造，也有悬而未决者。这场竞赛的进展伴随着激情、争议、犹豫与质疑。受邀竞赛的设计机构可谓群星云集，也在这个罕有的“单体＋城市设计”中输出了自己对城市和建筑的设计思想。然而这场竞赛的意义并不止步于此，在后续的评选连同与甲方的交接中，这样“四和一”的做法引起了接连的矛盾。从组织竞赛的规划局而言，一定是希望这样从地块到单体的竞赛方法能为地块寻求连贯、整体的设计策略，而不至于失去控制；但这种做法也决定了同一家设计机构在处理每座单体时的趋同性，这使得甲方陷入了难以选择的状况。

问题同样出现在评审过程中，第一次评审会在没有结果的情况解散正是因为无法确定评判的标准，如何衡量各家方案的优劣？如何在这种情况下评判出各家单体的优劣？如何协调与业主之间的选择？这些问题使得评判陷入了两难，甚至一度提出希望重新组织一轮城市规划的想法。事实上这些问题在竞赛编制设计内容和评选方法的初期就埋下了伏笔。在第二次的评审会议上，评委成员之一的哈尼·拉什德提出了一个值得思考的问题：“很明显，在我们面前是两种城市—建筑的做法：新派的和老派的。非常建筑、汉斯·霍莱茵和 MVRDV 是老派的，他们的建筑遵从既有的城市设计；摩弗西斯，蓝天组和斯蒂文·霍思是新派的，他们在依靠建筑单体创造出新的城市环境。而我们的难处就在于必须在这两种非黑即白的取向之间做出选择，这也是学科的困难所在。”

吸取六家方案的优点

1. 理念来源：斯蒂文·霍尔建筑师事务所的都市生活构架
2. 设计指引
a. 5个项目(或相邻项目之间)公共服务功能(商业、餐饮、文化等)及其裙房的绿化活动屋顶都做为整体设计相互连接。
b. 5个项目(或相邻项目之间)雨水收集、中水处理、空调冷却等系统统一设计和运作。
c. 超出项目红线的空中连接体部分，由与之相邻的用地来申请独立或合作建设。

地下公共系统

1. 理念来源
a. MVRDV与奥雅纳、华森合作的地下空间布局，
b. 蓝天组的地下空间布局。
2. 设计指引
a. 5个项目(或相邻项目之间包括深交所)地下空间相互连通，并和南侧、东侧地下轨道空间连通。
b. 地下连通部分要提供公共开放走廊(不小于6米)及采光通风、与地面沟通的下沉花园(可位于相邻项目公共广场之间)。
c. 因连接而超出用地红线的地下空间或通道，由与之相邻的用地来申请单独或合作建设。

Case 6

2009 能源实验

深圳国际能源大厦建筑设计方案国际竞赛

Shenzhen International Energy Mansion Competition

=竞标类型=

公开国际竞赛

=所处区域=

深圳市福田区

=投标方式=

向专业设计机构开放

=组织单位=

深圳能源集团股份有限公司

竞赛背景

深圳国际能源大厦项目是深圳能源集团股份有限公司总部及其职能管理部门、关联企业的办公场地，同时有相当部分将租赁给国内外知名企业及与能源电力行业相关的企业作为办公场地。为更好的体现公司的行业特点及实力形象，使项目成为深圳市中心区的标志性建筑，组织开展了建筑方案设计国际竞赛活动。竞赛活动宗旨将寻求技术先进、节能降耗、运营高效、智能化、场地组合灵活等人性化办公空间的特色，倡导绿色健康的商务建筑模式；在设计细节上体现顶级品质和深圳能源企业文化的建筑设计方案。此次竞赛活动将完成深圳国际能源大厦的方案设计和初步设计工作。

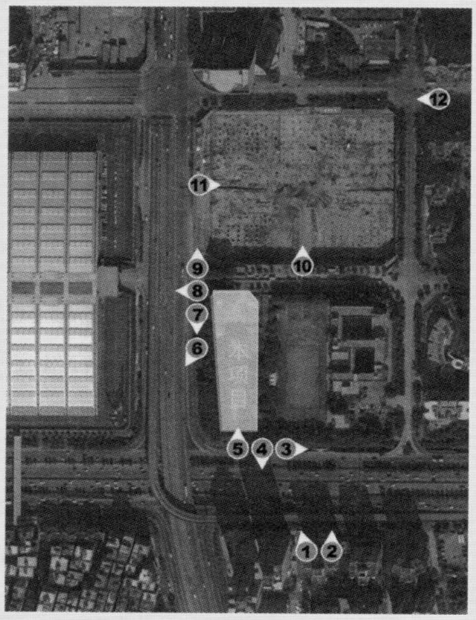

基础资料

项目位于深圳市中心区中轴线东侧，处于中心区南区的门户位置。深圳市中心区是深圳市的政治、文化和金融中心。项目位于香港与深圳联系的主要通道上，与皇岗口岸和福田口岸的直线距离分别约为 1 公里和 1.6 公里。项目与地铁 1 号线会展中心站的直线距离约为 450 米。会展中心站为现状地铁 1 号线和 4 号线的换乘站，并规划与地铁 2 号线、国家铁路福田站（地下）接驳。

项目地块面积 6427.70 平方米，呈北宽南窄的梯形，南北纵距 152.3 米，东西横距最窄处为 36.85 米，总建筑面积为 96420 平方米，其中商业面积 6000 平方米、办公面积 90420 平方米。用地南北各布置一栋塔楼，塔楼高度≤ 250 米，裙房高度≤ 24 米；建筑东侧和北侧应设置连续骑楼或挑檐，同时考虑与北侧项目（卓越皇岗世纪中心）二层步行系统的衔接。

竞赛目标

（1）设计定位

总部式、标志性的甲级写字楼物业。参照国际通用的甲级写字楼标准设计，全面展现项目生态性、智能化、信息化等人性办公空间的特色，倡导绿色健康的商务建筑模式。整体设计大方、庄重，可考虑将古典气质与现代气息进行有机结合，在设计细节上体现顶级品质和深能源企业文化。

除作为本公司总部办公外，对外出租部分需考虑要引进国内外一流企业进驻办公，并作为项目经营及盈利的要点。

生态性——节能环保、绿色生态是现代办公楼发展的共同趋势，通过采用无辐射、无污染的建筑材料，低能耗和高效率的设备，隔热和低辐射玻璃等手段，更包括建筑设计本身解决好自然通风采光、布局的合理性、使用率的提高等。

智能化——即智能化系统全面提升，为用户提供快捷、高效率的办公环境。

甲级写字楼参考标准：管理国际化、24 小时写字楼、空间的舒适性、实用性、数字化、节能化、便捷的交通和商务化。

（2）设计理念

以人为本、可持续发展。在考虑建筑面积的使用功能时，要充分体现出人文主义设计精髓，处处体现出以“人”为中心的设计内涵，为公司总部和入驻企业创造高效、灵活、舒适、方便的办公空间和配套功能空间。

（3）设计原则

以“提升公司企业形象”及“满足公司总部及其它企业办公需求”为原则。

（4）设计内容

包括项目地块内的建筑设计方案，公共大堂，电梯厅等室内设计意向方案，室内外景观意向性方案，与卓越皇岗世纪中心二层步行系统的接驳意向方案。

设计方案中需单独编制一章绿色建筑专篇。内容主要是根据中国绿色建筑 2 星级标准要求，针对深圳市的地域和气候特点，通过设计和模拟分析，对项目拟采用的绿色建筑方案、技术、工艺、材料、设备等进行论述，并提出节能、环保、绿色等方面的建议。绿色建筑 2 星级标准参阅中华人民共和国国家标准 GB/T 50378-2006《绿色建筑评价标准》。

入围设计机构名单

序号	国家/地区	机构名称
01	中国上海	畅想建筑设计事务所
02	中国上海	UDG联创国际
03	德国	HPP国际建筑规划设计有限公司
04	中国香港	必加意(B+E)建筑设计
05	中国上海	侯梁建筑
06	法国	法国欧博建筑设计与城市规划设计公司+深圳市博艺建筑工程设计有限公司
07	中国深圳	单元建筑设计
08	中国深圳	华森建筑与工程设计顾问有限公司
09	中国北京	水晶石数字科技有限公司 + 构易
10	中国上海	上海以靠建筑咨询有限公司
11	中国深圳	澳大利亚柏涛墨尔本建筑设计有限公司深圳代表处
12	中国北京+意大利	北京市建筑设计研究院+FUKSAS
13	中国深圳	华阳国际工程设计有限公司
14	美国+中国	美国墨菲/扬事务所+中国建筑东北设计研究院
15	中国深圳	中建国际（深圳）设计顾问有限公司
16	丹麦+中国+德国	BIG+ARUP+Transsolar
17	中国深圳	深圳市筑博工程设计有限公司

参评评委

评审主席	职务	单位
亚力杭德罗.佐拉-波罗 Alejandro Zaera-POLO	教授	Foreign Office Architects(FOA)创始人之一，普林斯顿大学访问教授

评审委员	职务	单位
林纯正 CJ Lim	教授	伦敦大学巴特莱学院建筑系教授，Studio 8创始人
冈田荣二 Eiji OKADA	深圳市文联主席	日本设计总规划师
孟建民	院长	深圳市建筑设计研究总院
朱竞翔	教授	香港中文大学建筑系
朱锫		朱锫建筑设计事务所

竞赛结果

第一名	16号	Bjarke Ingels Group(BIG)+ARUP+Transsolar

BIG + ARUP + Transsolar

序号 16

第一名

我们所提议的设计将在着重建筑的生态可持续性的同时，关注社会及经济可持续性。我们的目标是建造一幢能够实用并且高效布局的楼宇，并采用可持续立面，通过被动及主动途径减少建筑的能源消耗。

我们的设计将采用灵活且高效的楼层方案，建筑内外将设有多处特定区域，以打造舒适的工作环境，并构成独特的建筑特征。

为了向工作人员提供功能灵活且具备足够照明的工作区域，具有高效性的摩天大楼也应运而生。然而，到目前为止，普通摩天大楼的设计只是提供了空气调节及照明，却忽略了环境影响或能源短缺情况。

新型的可持续摩天大楼需要在保留灵活程度、日光、视野、密集程度以及可用性的同时，不断发展尝试新型因素。例如将自然光线最大化与日光照射最小化相结合，从而大幅度减小机动制冷的需求。

我们建议将深圳能源大厦建造为首个新型可持续性办公大楼，充分利用建筑与日光，空气，湿度以及风速等外部因素。利用这些资源打造建筑内部无可比拟的舒适性以及良好品质。深圳能源大厦将从传统的摩天大楼中脱颖而出，完成一项顺应自然而非强制性的设计蜕变。

深圳的热带气候特征需要全新的办公楼设计方案。在此条件下，玻璃幕墙立面往往会导致用于空气调节的大量能源消耗，涂层窗户的使用也使视野受到一定影响。我们建议，大楼的设计应基于高效出色的楼层方案，外观则应根据当地气候条件进行具体的设计及优化。根据我们的研究与实验，仅通过建筑立面外层的改革，就能够显著提高建筑的可持续性能。

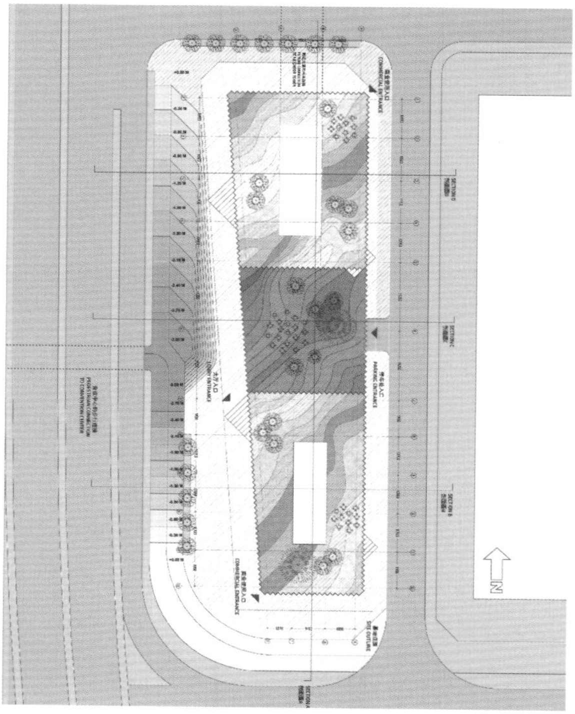

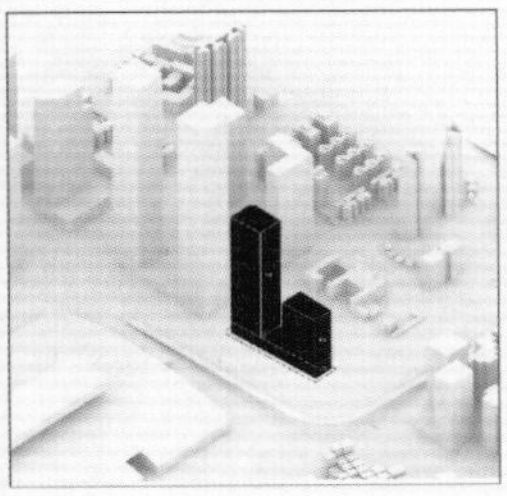

1. Volume

The project site is located at the south gate of the political, cultural and business centre of Shenzhen, north-east of the crossing of Binhai Road and Jintian Road. A podium and two towers of 200 and 100 meters define the maximum building envelope.

1. 项目内容

项目基地处于深圳政治、文化及商业中心南区的门户位置，位于滨海路及金田路路口的东北方向。一座裙房以及200米和100米高的两座塔楼构成其最大的建筑围护结构。

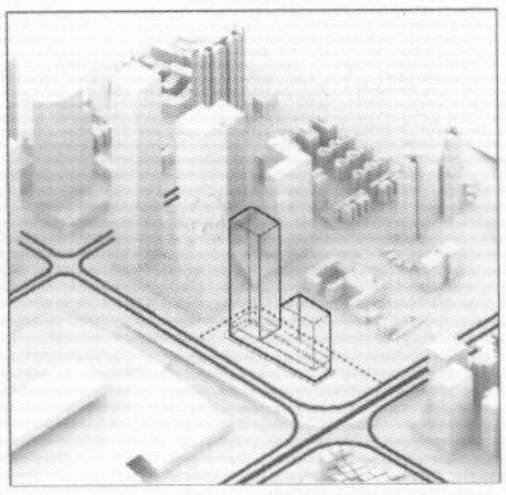

2. Traffic

The site is located directly at the crossing point of two main infrastructures. Towards west a highway bridge passes by the building. Cars access the building from the back.

2. 交通

项目基地坐落于两大主要基础设施的交汇处。西面高架桥位于建筑一侧，汽车可以从后部方位驶入建筑区。

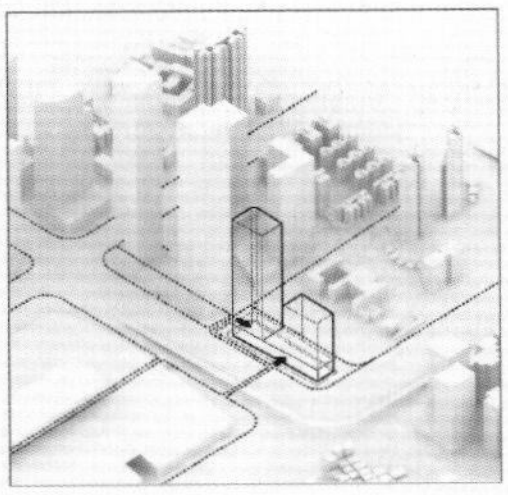

3. Pedestrians

Pedestrians access the building from surrounding sidewalks. A pedestrian tunnel connects the site to the convention center. This pedestrian access leads directly to the main lobby of the building. In each end of the site will be access to the commercial areas.

3. 人行区域

从周围的人行道前往建筑的区域为人行区域。人行隧道将基地与会议中心连通起来。人行通道直接通往建筑大堂，从基地各处可通往商业区。

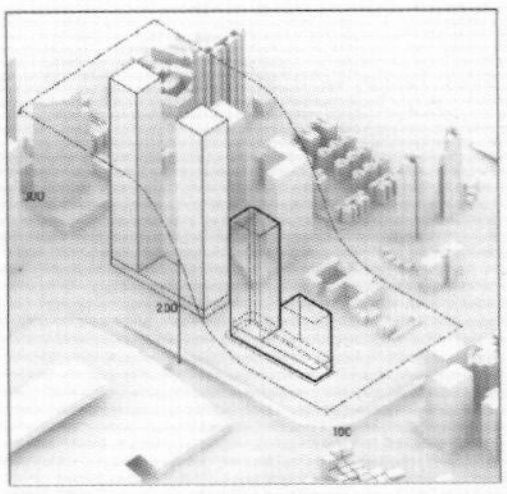

4. Skyline

The towers are a part of a planned height profile for the central area of Shenzhen. By keeping the height of the towers to 200 and 100 meters, they will form together with the neighboring towers a continuous curved skyline marking the center of Shenzhen.

4. 天际线

能源大楼是深圳中心区域规划建筑轮廓的组成部分，大楼高度为200和100米，与毗邻的楼宇共同构成美妙蜿蜒的天际线，成为深圳中心的标志性建筑。

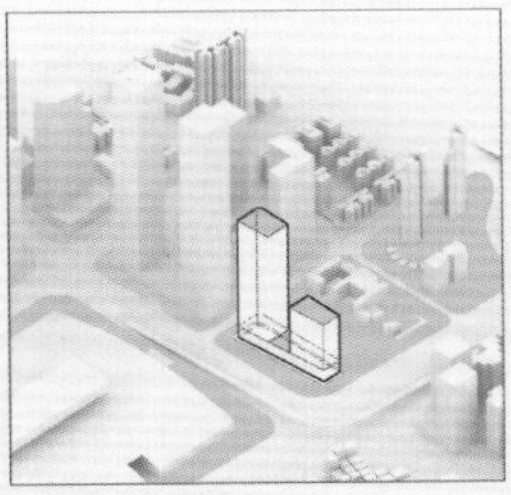

5. Green

Green spots for recreation are surrounding the site in the dense forest of towers. By utilizing all roofs of the building volume as green parks, the building site can stay green even when fully developed.

5. 绿化

基地周边的密集建筑群中设有绿色休闲区域。建筑屋顶将被设计为绿色花园，使全面开发后的建筑基地仍能保持高度绿化。

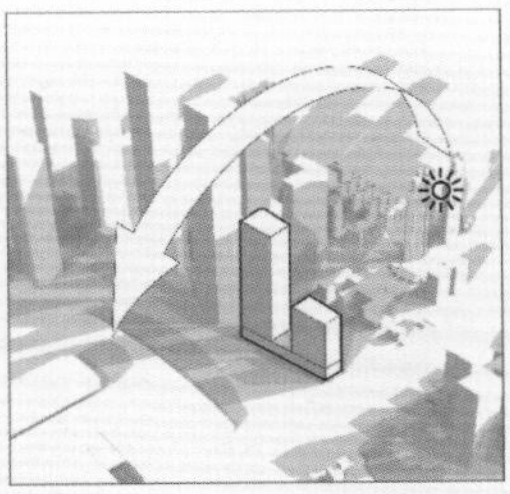

6.Sun

The site is located directly facing east and west. In the morning and evening there is a low sun on the east and west facades. During mid-day the sun is in a steep angle on the smaller south facing facades.

6. 日光

建筑基地面向东部及西部。早晨与晚上东西部立面接受日光照射较少，正午时分日光垂直照射在南部立面上。

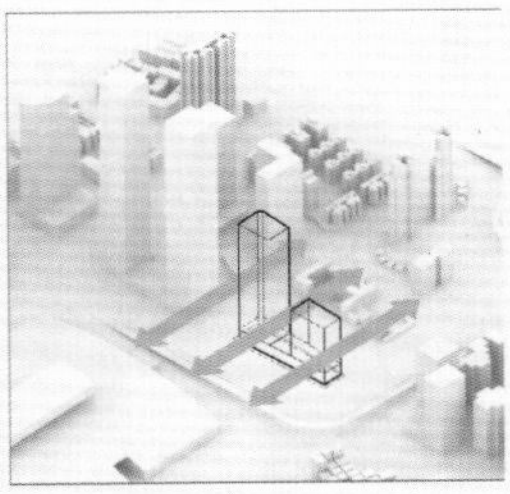

7. Wind

The wind is coming predominantly from the east and west directions, creating need for wind protection on the outdoor spaces on the roofs.

7. 风向

风向主要为东向风及西向风，屋顶室外区域应采用防风措施。

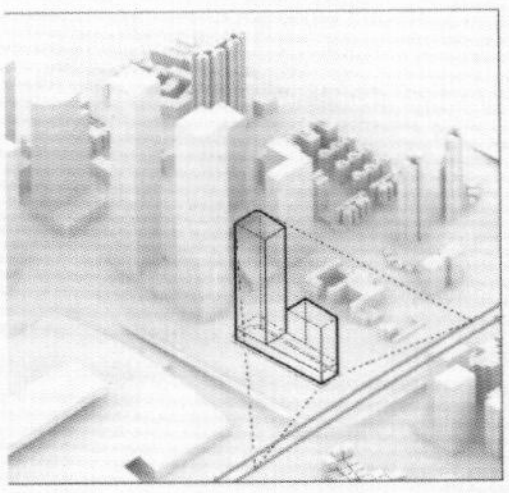

8. Visibility

The buildings prominent location on the main entrance axis to Shenzhen the Binhai Road makes it a visible landmark both for cars entering and leaving Shenzhen.

8. 视觉效果

建筑位于深圳市滨海路的主要入口中轴线处，可将其作为出入深圳交通的地标性建筑。

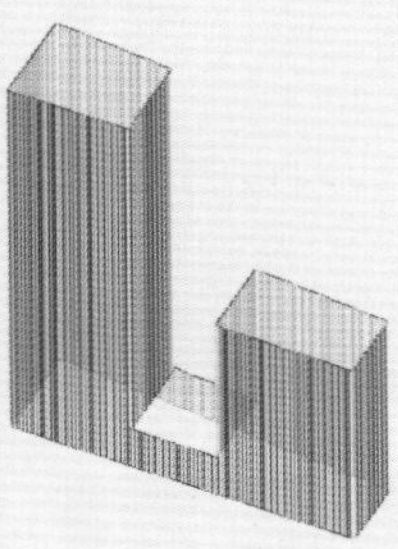

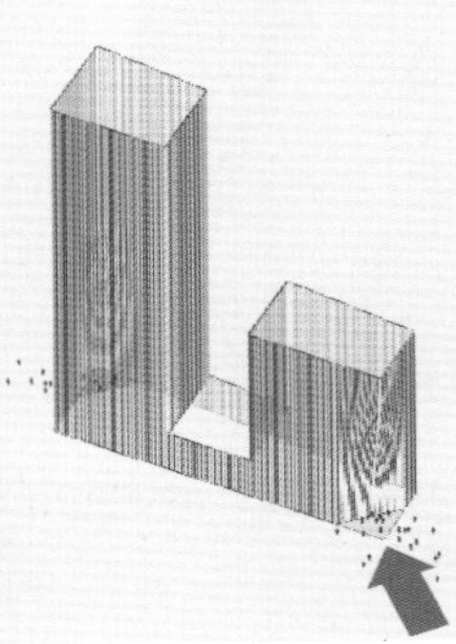

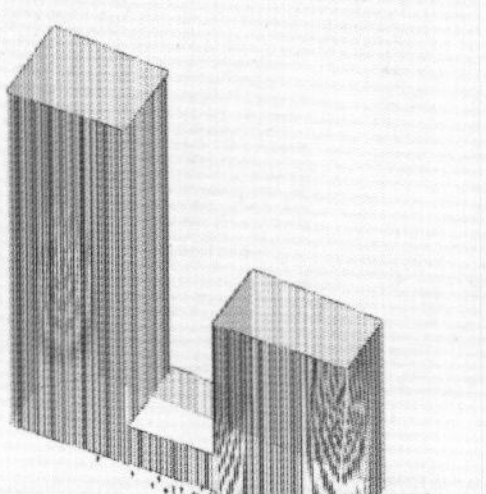

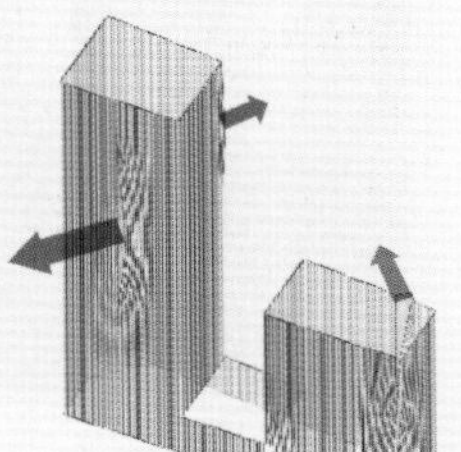

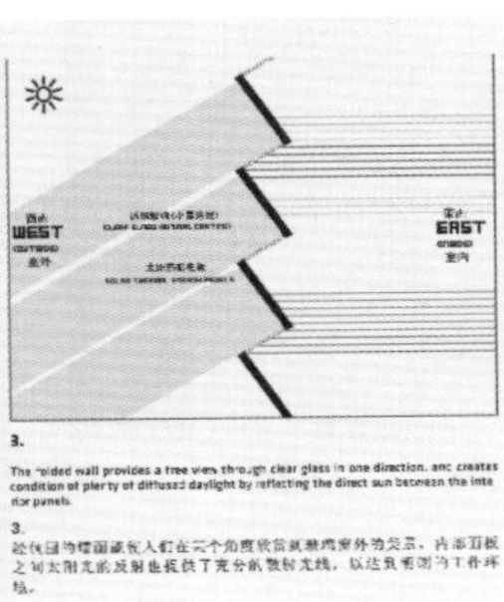

3.

The folded wall provides a free view through clear glass in one direction, and creates condition of plenty of diffused daylight by reflecting the direct sun between the interior panels.

3.

折线型的幕墙面板使人们在一个角度欣赏到清晰的室外的景象，内部面板之间太阳光的反射也提供了充分的散射光线，以达到良好的工作环境。

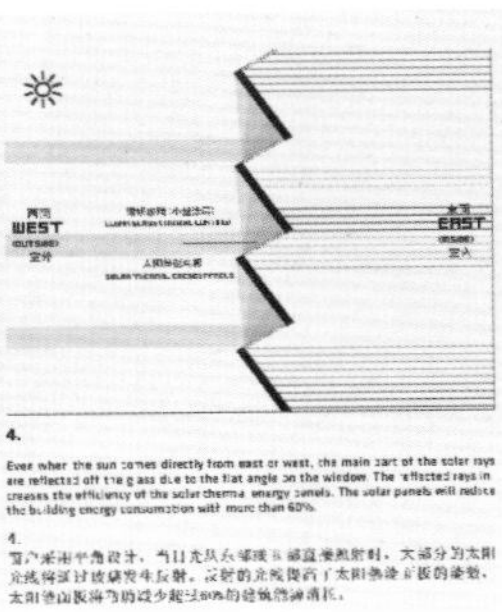

4.

Even when the sun comes directly from east or west, the main part of the solar rays are reflected off the glass due to the flat angle on the window. The reflected rays increases the efficiency of the solar thermal energy panels. The solar panels will reduce the building energy consumption with more than 60%.

4.

窗户采用平角设计，当日光从东部或西部直接照射时，大部分的太阳光线将通过玻璃发生反射。反射的光线提高了太阳热能面板的效能，太阳能面板将节约超过60%的建筑能源消耗。

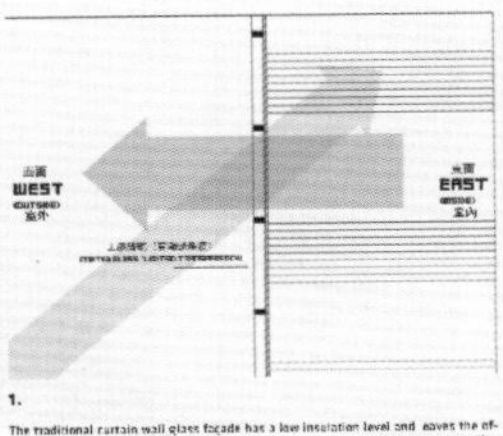

1.

The traditional curtain wall glass façade has a low insulation level and leaves the offices overheated by the direct sunlight. This results in excessive energy consumption for air conditioning as well as the need for heavy glass coating that makes the view seem permanently dull and grey.

1.

传统的幕墙玻璃立面的绝缘性能比较低，办公楼容易被阳光直射而受热过度。厚玻璃涂层窗户又使视野灰暗不清，于空气调节需要投入巨额费用。

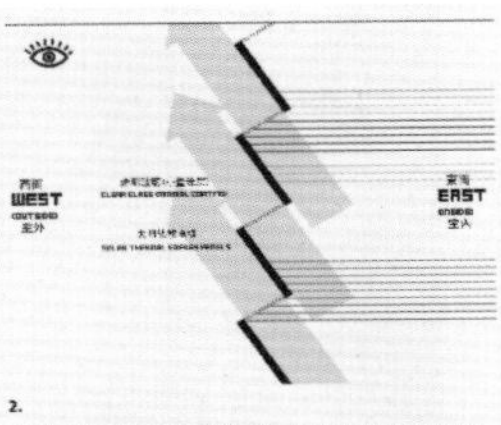

2.

By folding the façade in an origami like structure we achieve a structure with closed and open parts. The closed parts are providing a high-insulation façade, while blocking the direct sunlight. On the outside the closed parts are fitted with solar thermal heat panels that are powering the air conditioning and providing dehumidification for the working spaces.

2.

我们将外部立面采用包门式结构，建筑物呈现包围及开放区域。包围区域可确保立面获得高度绝缘和隔热效果，遮挡太阳光的直射。室外包围区域将装配太阳能热面板，为空调作用提供能源的同时为工作区域提供除湿作用。

从城市角度看，这个建筑将展现经典造型及有机模式。建筑包围式的幕墙可实现遮阳效果并确保舒适的室内气候。包围式设计可为办公室楼层以及建筑附近的街道提供特定的位置及一定的空间。近距离下立面上的曲线设计构成层叠小山的效果，夜晚时分，立面透明度的变化及一条条曲线可形成木质般的质地效果。

深圳地处热带区域边界，属于潮湿型亚热带气候，温度较为温暖，但较多月份内湿度较高。由于毗邻赤道，太阳照射角度较高，可高达 90°，全年每日太阳移动几乎为东西向直接移动。要在这样的气候条件下获得舒适的工作环境，办公楼应具备以下两个条件：防止太阳光线直接照射的遮阳装置以及室内空气除湿措施。

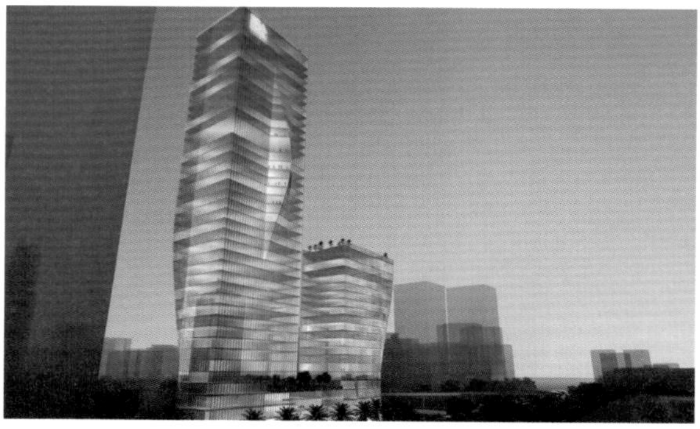

评审意见

朱竞翔：它很理性化，屋顶、立面，每一部分都有很好的处理，而且它的平面效率非常高。这是一个有经验的事务所做的，各个部分之间相互支持，这个立面的设计确实是非常聪明的。结构部分用了传统的方式，但是它又有考虑到分工。

另外我想共同研究一下方案的机械部分。在这个方案里描述了混合式的空调，第一句话是：太阳能液态干燥的过程，第二是明智的冷却效果。其实这些内容包括两个部分，在它之前，其他的报告提到过，深圳是湿度比较高的地区，所以这个建筑设计采取的第一个步骤就是消除过度的湿度，这样的话，它首先是利用液态盐和液体盐来消除湿度，然后再利用外部的太阳能进一步消除它的湿度，这是第一步，通过空气流动部分之后，空气的温度是升高了，但是它的湿度是降低了。

第二步是把室外进来的气流通过一个制冷剂，当然针对制冷剂的机械部分描述还不是很明确，但是我也发现从全世界的角度来讲，在日本的一个酒店里曾经应用过这个技术。甚至我还查了一下，日本的这个酒店外观和其他普通的酒店没什么区别，他就说明这种制冷系统可以和酒店的外观融合到一起，或者它也可以作为一个单独的部分来起到这种作用。当然通过昨天晚上的研究，我也学到了一些东西，而且我也被16号方案建筑师的描述说服了，我对他有信心，我相信他们也有一些研究的背景，他们也有非常合乎逻辑的、具有说服力的数据收集，即使在将来，如果业主不愿意使用这种比较先进的系统，仍然可以返回去使用常规的系统。

林纯正：我觉得这个方案确实是非常精致的，而且是具有技术创新性创意的方案，而且它也是很简洁的方案，这里说的简洁、简单，不是方块型建筑的简洁，而是说它有很多突出的亮点，比如说它的内外空间的对话方面、联系方面，而且上一个方案我说过，它是显示自信心的方案，这个设计也是这样，它显示出这个建筑物本身有自信心，但是对公共空间的话，在景观方面显得有一些少，就像翅片一样，和底下的交界处怎么样连接，我更多的担心是地面和塔楼之间的接触和联系，除了这一点外，确实是非常不错的方案。

周红玫：我觉得摩天大楼不是建筑的问题，而是设计的问题，从社会意义上来说，这个设计可以刷新大家对中国摩天大楼的感觉，因为它不是强势的建筑，而是以一种优雅的姿态进入城市，这让我想起体现国企的特色，我觉得国企在这一点上这种姿态是非常令人赞赏的，我觉得如果选择这个方案，新一代国企是以这种方式进入城市是非常令人赞扬的。而且百叶的处理，它很节制，不是很夸张，摆动很灵通，削弱了体量感，这一点非常令人赞同。

冈田荣二：我认为这个方案整个外墙的结构是利用透明玻璃和太阳能板的组合，这种想法是非常好的。在深圳这样的气候环境下面，利用这样的结构，把热能阻挡在室外，这种方式是比较适合的。即使不是这样的结构，在玻璃板的后面贴PV板，也会达到这种效果的。当然这个方案如果能再进一步深化，更进一步提高这方面的节能，将会更好一些。

朱锫：16号方案缺少的是对公共性的关注。但是它方案比较接近中国人的文化，它不是特别男性，也不是特女性，你看到这个建筑，你觉得它对今天的工业化的建筑有一种反抗，同时我觉得它很具有亲切感，这也是我最近比较注重城市建筑的一个想法。对于它的节能思考，我觉得是基于一种很自然的阳光和通风。因为我往往是忽略他所谓太阳能的技术，如果不可行，完全不会影响到这个设计，在这一方面，我觉得它很接近于中国人的思考，就是比较聪明，然后也比较一气呵成。在深圳很乱的背景下，我觉得建筑师要有勇气做一个非常自然简单的设计。我觉得这个方案的设计不工业化，并且有诗意的表达。

对于这个方案我想提两个建议。第一，作为这个城市的建筑，缺少一个公共性的表达，这是它最大的缺点，也就是如何在一层、二层，甚至负一层上，这都是它最大的弱点，实际上它可以利用建筑的语言来表达。我觉得在接近地面这层，包括几个屋顶，都可以强调这个公共性，也包括它现在在切割、掀起来的透明地方，不一定是主管办公室，我觉得应该是人交流的地方。也就是在这个建筑里面要有更多的公共性和透明的特征。实际上在建筑设计上，我觉得这个设计不完善的地方就是它的整个形式设计，特别是它那几个变化的透明的设计没有逻辑，就跟它内部的使用没有任何逻辑，这是下一步可以实施的，我觉得这也是很重要的一点。

美国墨菲 / 扬事务所
+ 中国建筑东北设计研究院
Murphy / Jahn + CSCEC
序号 14
第二名

愿景

透明、正直、真诚是该建筑的内在涵义，理想与乐观是现代主义的宣言。

建筑通透，不强调技术性，反而将其材料及工艺提升至艺术的水平。美并不是设计的出发点，是我们对各方面性能的关注引导我们前行并完成最终的设计，从而将建筑打造成为城市中具有重大意义的元素。建筑造型简洁、优雅，功能布局高效，采用了先进的技术，体现了我们对环境保护的责任感。

城市设计

两栋高层办公楼紧挨着透明的空中花园拔地而起。花园小径柔化了场地与城市高速干道之间坚硬的界面。入口形成场地与东侧连接的城市花园广场。

空中花园向地面延续，成为两栋建筑双向贯通的入口，同时也形成了东边城市广场和西边新城市公园的重要连接。

裙房用于商业、停车及其他铺助功能，主入口大厅抬升至离街面 24 米的高度。

裙房之上，两栋独立的方形建筑为办公提供了最为简洁、灵活和高效的空间。中央核心筒的布置让办公空间跨度达 10.8 米，分区电梯设计使较少电梯的上部楼层拥有更大的使用面积。

第七层的空中大堂成为联系上下所有功能的内部空间。办公塔楼、裙房及空中花园简洁的组合打造出滨河路上的标志性景观。空中花园成为建筑设计中最为耀眼的部分。这里是建筑艺术与工程技术完美组合的成果。

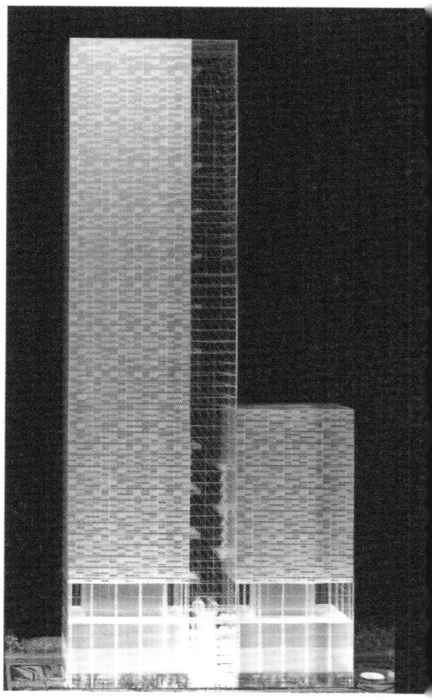

技术性——结构篇章

结构系统的设计与建筑设计是合二为一的。混凝土及钢结构的水平向刚度是通过布置在短向的、通长的外伸架系统来实现的。斜向拉索及水平轻质型钢的优雅组合形成了空中花园幕墙的支撑体系。

提高建筑生态性能的最有效策略通常包括自然采光，自然通风，利用水作为最有效的热量传递介质，和健康的环境调节设备系统。最终实现的将是一组高科技含量，低能耗的建筑。

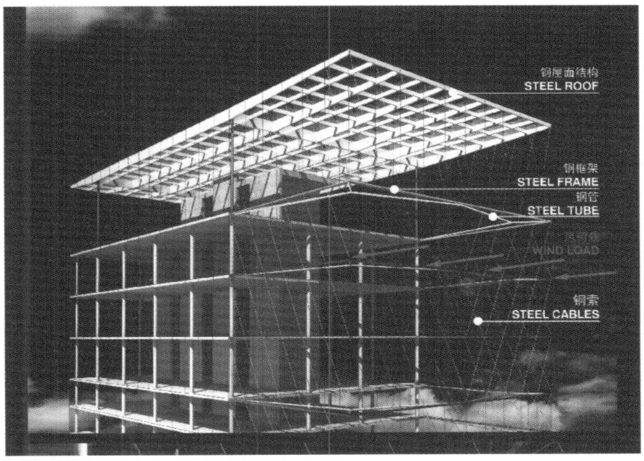

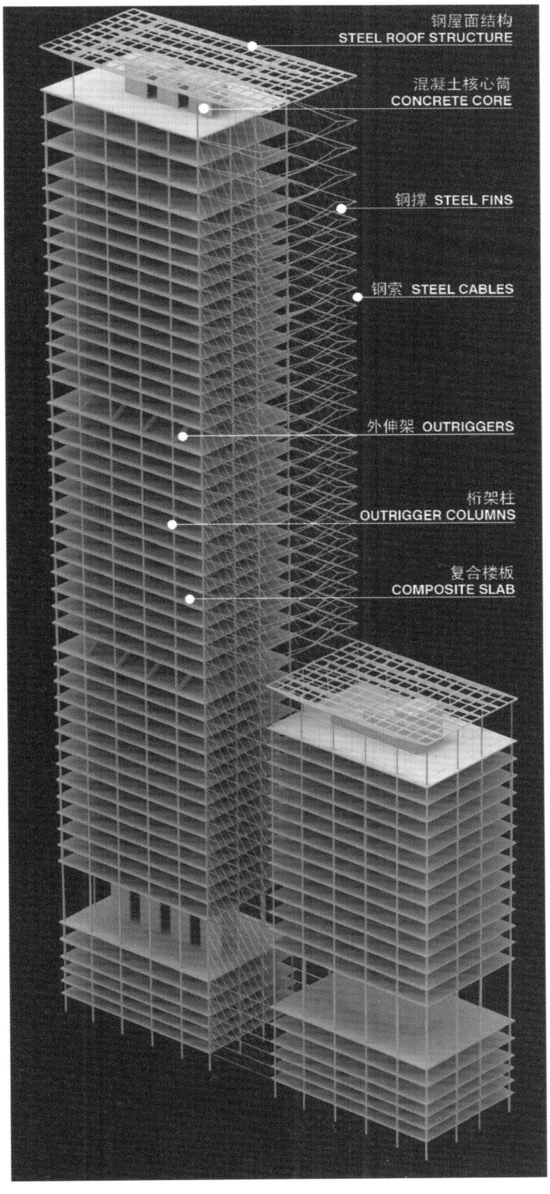

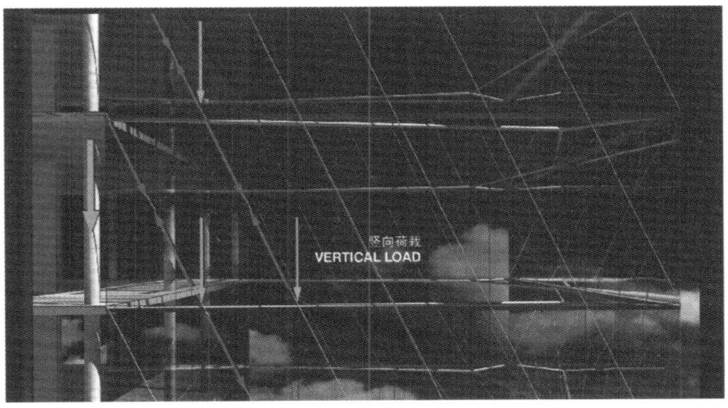

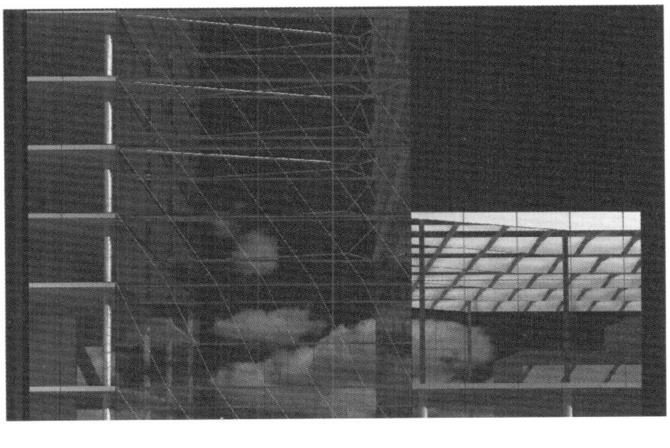

与标准的外围护体系相比较，本设计提出的外围护体系年节约能耗21%.
Compared with a standard envelope, the proposed building envelope saves annual energy consumption by 21%.

与标准的外围护体系相比较，本设计提出的外围护体系年节约能耗21%.
Compared with a standard envelope, the proposed building envelope saves annual energy consumption by 21%.

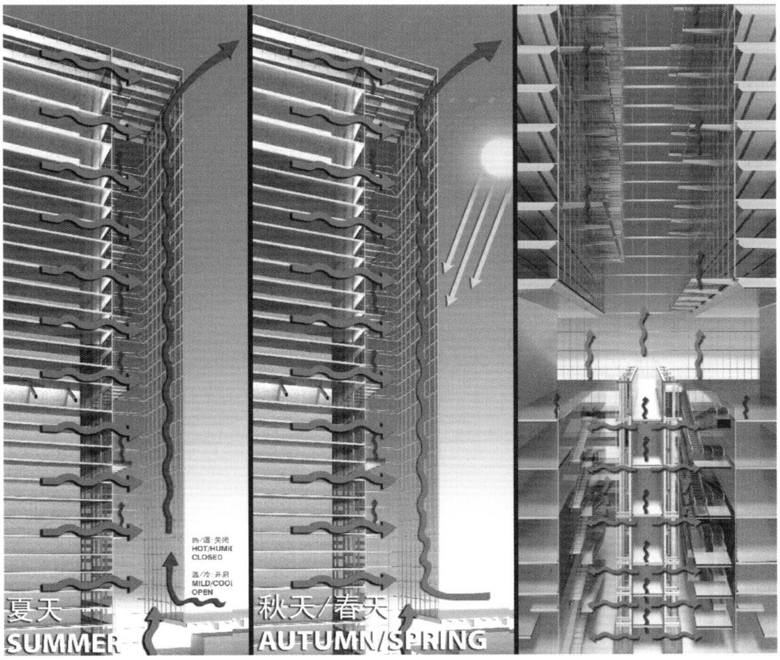

评审意见

亚历山大·扎拉保罗： 垂直式中厅的设计在法兰克福的建筑立面已经使用了，在利用能源和周边气候方面做得很不错。所以我觉得，它可以吸收很多的能量，将来也会产生很多的空气流动，在实施方面是非常好的。通过垂直式的中厅方式，还有公共空间的体验，我觉得在气流方面可以引入空气的流动，通过一定能量的调节应该是很不错的。我认为这个方案把两个塔楼结合成一个，但是又不是必须是一个，是把两个结合成一个，这种结合是很不错的，而且它又提供了充分的体量，使它作为一系列高层写字楼最终端有一个很好的结合。这个方案最有意思的地方是它作为一个龙头也好、龙尾也好，不是靠两个分开、比较弱的塔楼，而是结合在一起比较大体量的龙头和龙尾更有意思。

林纯正： 我觉得这个建筑的设计，相当于这几个方案里面最干净、最有自信心的设计，没有其他附加的东西进去。我认为作为龙头也好、作为龙尾也好，你需要的东西是非常大气、非常充满自信心的建筑，尤其它旁边还有会展中心。因为会展中心本身就很大，所以在它的旁边，你肯定要显得非常勇敢、非常有自信心，否则它会淹没在会展中心的旁边。就是在周边的环境条件下，它非常具有强壮性。尤其是考虑到这个建筑周边的快速干道、旁边 240 米高的塔楼，还有那么大体量的会展中心的环境情况。所以我对 14 号方案的简约性和灵活性是非常喜欢的，而且我相信它在这个城市环境里面也会起到非常积极的作用。

朱锫： 大家觉得这个方案很简洁、很干净，另外这个建筑表达的是很有公共性的特点，比如第一层非常的充实，然后在剖面和写字楼中间又创造了第二次机会，还是一个公共空间，同时在两栋楼之间的高塔上实际创造了很多的机会，只是在这里没有更充分的发展，办公区里面可以有条件走出来，在透明的空间里面。所以这个设计有很强的公共性的特点，但是它确实非常干净，很简单。

朱竞翔： 我持一点怀疑的态度，就是它利用水平板在东侧和西侧产生阴影的效果。我也住在西晒的房间里，即使我们使用了遮阳棚，仍然有太阳的散射的辐射。当然我不知道对于高层大楼来讲，这种辐射的散热严重程度有多大，如果我们是通过利用这种垂直的方式来强调遮阳的效果，我相信它会更有效。

孟建民： 对于这个方案，我的意见和建议也是集中在南侧中庭部位，这个既是它的精彩之处，同时也是它的问题所在。从形象上来讲，它可以给深圳的建筑带来一种非常新的体验。根据我对它中庭的理解，这个中庭肯定不能提供空调环境，因为它不是一个人活动的空间，它就势必要采用自然通风，所谓的自然通风就是下面进风，或者是侧面进风，上面就是热风出去。这样的话，就可能会出现一种烟囱效应，所以说将来做的时候，要做一个虚拟实验，就是烟囱效应在这个空间里面对人的影响，风速以及温度等各方面都要做实验。

香港必加意（B+E）建筑设计

Baumschlager Eberle Hong Kong Ltd.

序号 04

第三名

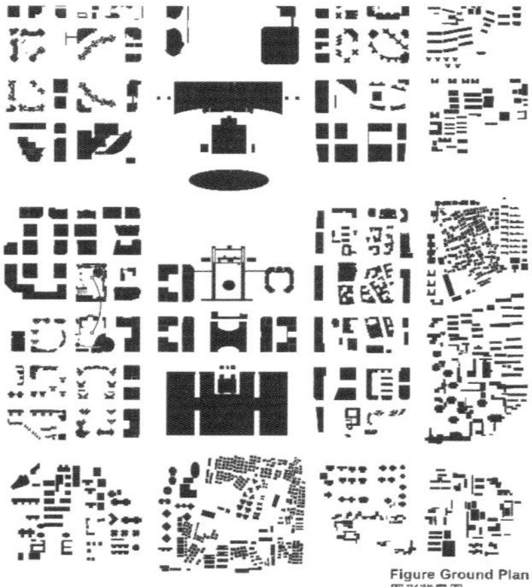

Figure Ground Plan
图形背景图

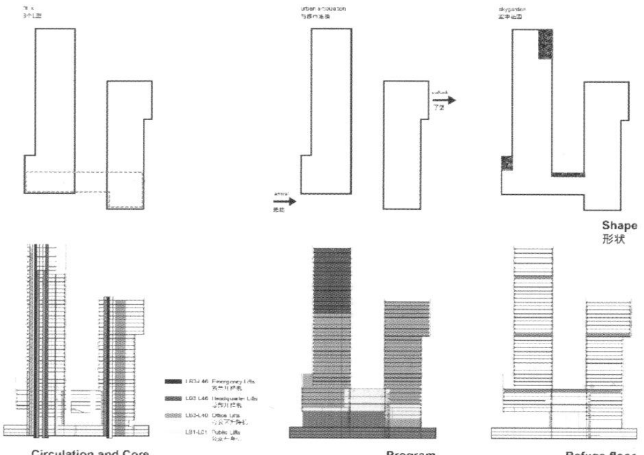

Shape
形状

Circulation and Core
人流与核心部分

Program
活动功能

Refuge floor
避难层

我们为深圳国际能源大厦的设计是对两种题目的回应，首先我们为项目加强现存的都市境况，强化福田区的内在品质。然后我们的项目在建筑上，营运上都是节能，可持续发展的，这应是对世界的有限资源负责任的设计方法。

客户团体的主要活动是生产电力。其他活动包括生产天然气，发展所有正规和可持续能源，研究、投资和管理能源有关的产业。

大楼将成为深圳能源公司的新地址，并对公众展现公司的价值。作为一个半官方组织，深圳能源公司包含深圳市民的骄傲和梦想。这包括可持续建筑的尖端知识和公众资金的小心使用。

为达到生态建筑的效果，建筑应是美观的，具吸引力的外观设计能抵受任何内部功能的改变从而获得更长的使用期。

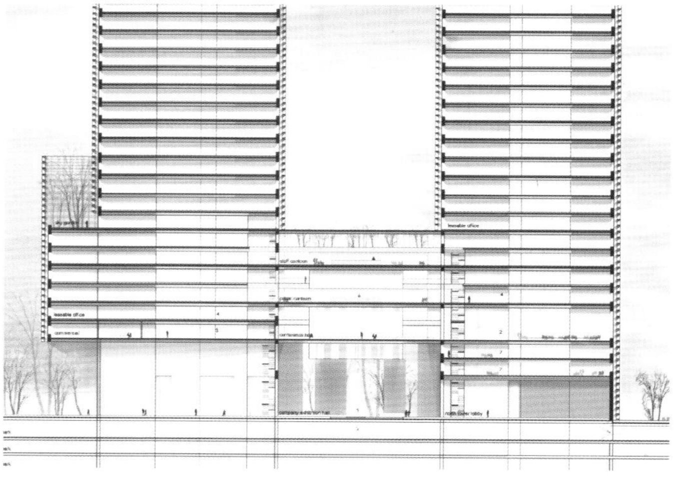

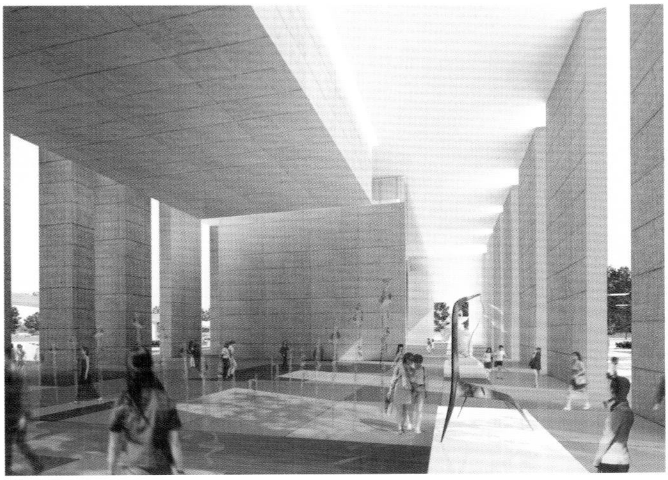

巨龙尾巴：

福田区的特色体现在做为城市中心的公共空间，及在其东西两侧一列列的高楼。高楼裙楼高低起伏，看起来就像一条飞舞中的巨龙，而基地就成了巨龙的“尾巴”。

贯通：

建筑将北边 280 米较高的大楼和南边约 100 米高的住宅大楼联系起来，形成完整连续的天际线。

形状：

建筑设计贯通了北边 280 米较高的大楼和南边约 100 米高的住宅大楼。

给学校的遮荫：

把裙楼顶部升高到地面以上 40 米能为西面的学校提供午后阳光的遮荫。

升高的裙楼：

人车流向显示大部分的行人访客是从北面来到基地的。在此，裙楼从地面升高，而其之下的公众大堂迎接访客并给予欢迎感。

公众的开放空间：

裙楼下 15 米高，80 米长，30 米宽的空间将成为集团向公众展示陈列的空间，也是大厦的主要入口。

外壳层：

为了建造出高能源效益的大楼，设计提出了一个完善的大楼外壳层。在和暖潮湿的亚热带气候中，办公大楼的主玻璃外墙应设在南面和北面。

采光：

南面：30%~50%，东 / 西面：0~30%，北面：30%~60%。

设计的窗户与墙壁比例根据了采光指引。大厦东面和西面的外墙上设有一列 1.35 米高的镶嵌式玻璃；南面的外墙则在镶嵌式玻璃上多加半列镶嵌式玻璃；而北面的外墙则在玻璃的上部跟下部各多加半列镶嵌式玻璃。

脱离玻璃幕墙系统：

优化大楼的外壳层去除了在大楼东，西面设置玻璃幕墙的需要。黎明和黄昏的低日照角度显示较小的窗户比较合理。因此我们建议脱离传统玻璃幕墙系统，而以结构墙和窗户开口取代。这也可被视为一个双结构管系统，外结构管为外墙，内结构管则为大楼核心。

遮阳：

因日光角度随大厦座向改变，大厦南面需要加上悬板；东西两面则需加上悬板和侧墙，以作遮阳之用。

两层方型的外层组成了悬挑和侧墙组合，为大厦表面提供了遮荫。它们根据太阳的方向会有不同的组合。方型的外层由铜制成，并固定在外墙上。保养通道设在大厦外层与遮荫装置之间。铜是可完全循环再用的，它和玻璃在中国很合符成本效益。它既轻巧又不需保养，也是最好的导电体。正因如此，铜是电力公司的最佳选择。

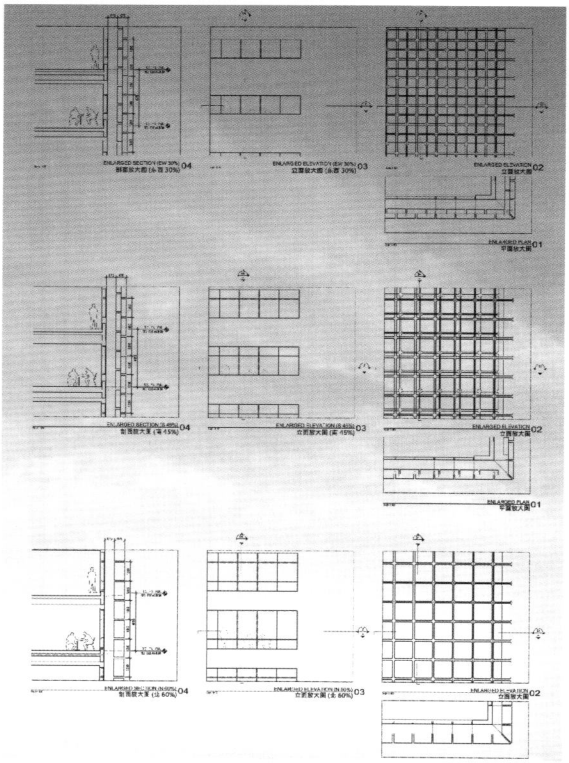

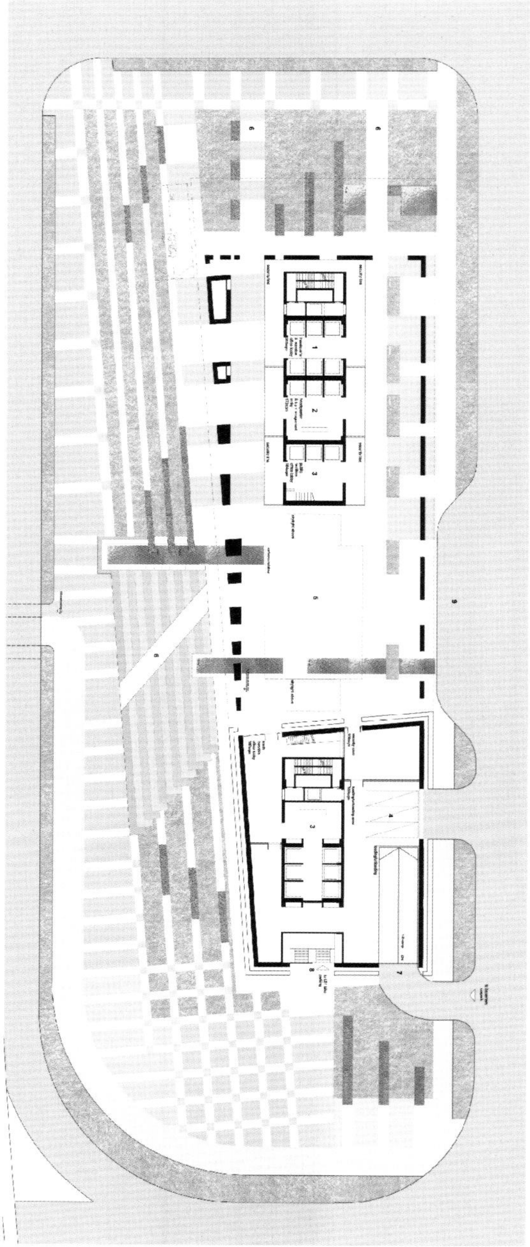

公共空间上方的空中花园

评审意见

林纯正：这个方案我还是很喜欢的，大家都知道，深圳非常热，阳光非常猛烈，通过这样的处理方式，解决了阳光和日晒的问题，而且它的局部处理和两边产生对话、连接性。在纽约，对玻璃建筑有一个限制，在多大的范围内不能放任何东西，在国内就没有这方面的限制。在日晒方面，它已经把一半的日晒热量挡在外面，双层的话就像百叶窗，等它接触到百叶窗，大部分的热量都已经进入到里面了，所以这个方案的能耗非常小。

朱竞翔：4 号方案使用了垂直的系统来产生一个外形。它的外表皮和窗户之间的间距已经有 1.3 米，这可能对这个楼的建筑面积来讲是一个比较大的损失。第二点是在墙上的窗户开口比例不同，但是在外表皮的打开方面没有很大的变化。在我看来，这不是太舒适，因为从里面往外面看，没有太大的变化，就像监狱的感觉。而且我刚才说，外表皮和内墙之间的间距是 1.3 米，这就使里面的人很难伸手够到外表皮进行操作，除非你采用其他机械的方式来打开。

冈田荣二：我们对这个外墙的铜板结构有一些疑问。利用铜板的结构，它可以阻挡一些热能，但是铜板本身是一个导热的，这样的话，对整个建筑外围就会造成比较热的状态，而且我也比较担心散射在周围的辐射。作为在里面办公的工作人员来说，这种环境就会感觉像在监狱一样，不会非常的舒适，有一些压抑的感觉。

孟建民：对于 4 号方案，我认为它最大的问题是面积的利用率太低，如果这个方案被选上的话，它必须要扩大标准层面积，提高使用率。

朱锫：目前我们在建的项目中业主都很担心所谓这一层东西，最担心的是从里面向外看，但是 4 号方案中建筑各方面都没有障碍，它的节能非常好。我觉得这个方案应该注意几点：第一个是在材料的选择上，因为它的体量是一种雕塑感的造型，所以在外墙的设计上尽可能用比较自然的材料，而不是很闪光的材料；还有我对底下裙房这一块凸出来的有一点脱节，做得不是很自然。裙房下面的东西，应该用一些自然的材料。

周红玫：关于 4 号方案的外皮层，它在形象上会产生很大的歧异，比如说这个就像被关进鸟笼子。另外它也有技术上的问题，铜板本身就是导热的，在深圳，这个问题是非常严重的。我觉得铜这个材料，如果技术上不过关的话，它的氧化是非常严重的，它会产生铜绿，这个问题是很难解决的，还有一些清洁的问题。但是 4 号方案，我觉得它比较成功的是公共空间那块，我认为是非常有质量的，另外它的公共空间也是把公共艺术引入到公共空间，所以它也展示了公共空间很好使用的前景。另外在室外空间和室内空间的层次显得很丰富。

亚历山大·扎拉保罗：我本人还是非常欣赏他们这个方案选择了铜，这个是用铜来做，反映出能源这方面的感觉，在中国铜不一定是那么贵。目前可以使用不同的铜材料，可以设定需要的氧化程度，铜材料是很不错的立面。

上海联创建筑设计

UDG

序号 02

一个漂浮的深圳新办公平台
一个都市工作生活的聚集地
一个充满活力的绿色生态系统
一个近空气、近水、近土、近植物、
天人合一的工作体验

以生态建筑姿态实现深圳新城市地标

未来，对于高层办公楼的办公品质需求已经达到很高的要求，未来的大楼不再是冷冰冰的钢筋混凝土的盒子，取而代之的是更高的办公品质要求，更方便的配套需求，更节能的环保使用要求，充分开发公共开放空间，使之成为当今现代化大都市中的一抹清新绿色，这是将来城市建设的必要产物。

屹立于深圳市民中心轴线的尽端，深圳能源大厦将办公、生态绿化、城市配套商业成一体，以一种开放的姿态漂浮于基地之上，基地绿化及景观在这个立体平台上被最大程度地呈现给了市民，单体建筑的概念被淡化了，两栋塔楼合成了一栋。因为它化两栋为一体的巨大城市尺度，将能源大厦的整体形象推向极致，并与周边单独屹立的塔楼形成鲜明对比，共同形成新的深圳市民中心轴线。

环境意向

此时，建筑单体设计已然演变成为一个城市综合体的设计，而这一综合体又蕴含了细腻且丰富的生态及结构理念，体现着对城市中心新办公环境的理解，赋予哲理，同时从景观角度，漂浮着的巨大的绿色建筑体又为建筑和城市带来了奇妙的城市“灰空间”，它成为城市与景观的“眼”，从气候学的角度来说，灰空间的存在可以让徐徐微风贯穿于建筑体间，可以产生大片阴影，横向的连体一定程度减低了高层风的下降，为夏季炎热的深圳带来一片难得的清凉和惬意．或坐在绿色环绕的环境中办公，或穿行于绿丛中，体验着美妙的生活。

建筑意向

办公环境与室外空间是此次建筑设计的核心与灵魂，他们是联系各个建筑功能、空间与景观的纽带，人们可以在室外开放空间上悠闲自在的享受自然阳光、空气、绿化与水体的新办公情趣，耳边沙沙的树叶响声，潺潺的流水声，在绿荫边上深深呼吸新鲜的空气，一切的一切都在那么不经意的时刻发生着。漂浮于绿化上的建筑前后联系成一个整体，限定着场地空间的同时也对外展示着深圳城市的新地标。

形态立意

将交通、空中花园等公共空间放置于东西向中部，南北展开，外形由一个连续的整体块环绕形成。将顶部风力发电、空中花园夹于中部，漂浮于绿化之上。整体形象如雕塑般简洁，完整而大气。两个雕刻精美的混凝土柱屹立于城市花园之上，使上部强有力的整体达到了平衡。

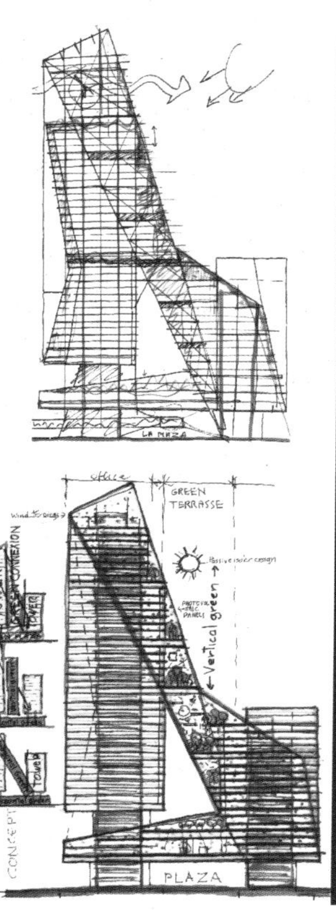
GREEN
TERRASSE
Vertical green
PLAZA

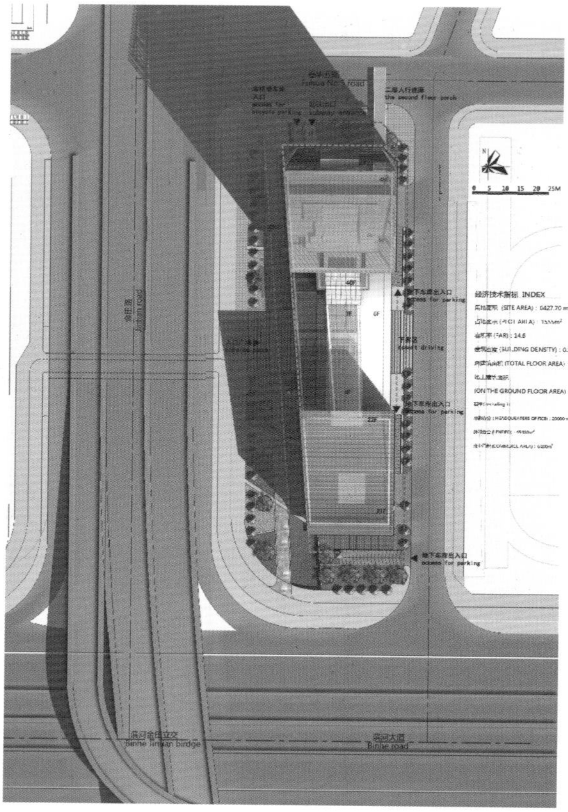
经济技术指标 INDEX
Binhe Jinlian birdge
Binhe road

设计概念

地面入口

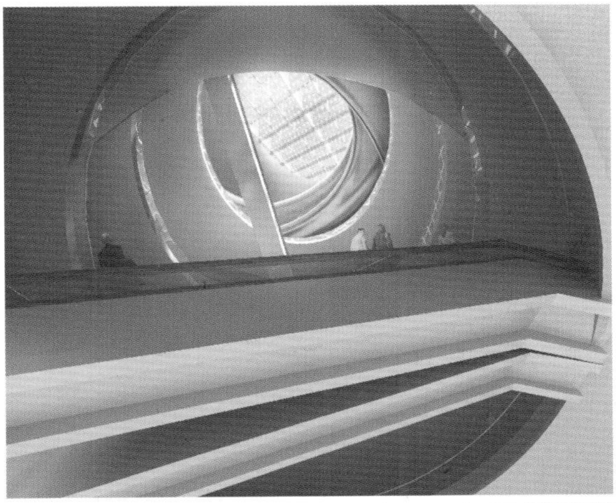

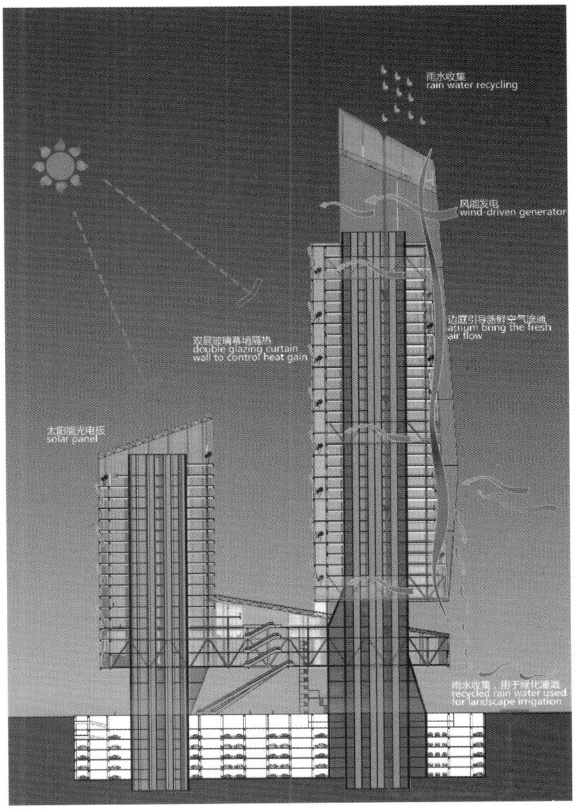

建筑生态分析

评审意见

朱锫：我认为二号方案可以是一个侯选方案之一，这个方案非常的简单，但是它在地面的处理方面非常的强调，所以我很喜欢地面的感觉。但是我觉得双层玻璃特别值得推敲，特别在深圳，我不知道它是不是能够成功，我认为在北方地区是没有问题的。

冈田荣二：我同意他们的观点，此外这个建筑的分区功能是非常清晰的。它使用了双层玻璃，解决了隔热问题。当然针对双层表皮的效果我们可能要讨论一下。

朱竞翔：香港在尖沙咀做了北京道一号，做了双层表皮，这个技术是德国开发出用于比较偏冷的区域，在冬季效能很好，夏天有两个效应：一个是烟囱效应、一个是温室效应，看看哪个效应来得更厉害。我们过去在北京和武汉相关研究的专家，中国大陆类似的项目还有几个，上海有一个，北京大概有两到三个，这对管理方面的要求非常高，如果你开错了窗，夏天把该开的口没有开，冬天把该关闭的口开了，这个效能完成是反的。所以双层玻璃在南方利用远远不如遮阳的功效。

孟建民：这个方案用地特别紧，在地面层作出一定的驾控，这是重要的考虑，在这个方面的处理上我还是比较赞同的。但就目前来讲，深圳还没有出现过六层地下室的项目。我有一个观点，你这个功能合理不合理，即使这六个方案随便选哪一个方案做的话，当然它的合理性相互之间有比较，即使再不合理，到时候也能用，但是这种用带来的不变和品质的降低就是一个问题，所以我认为，做六层有一点太深了，我主张最多做到三层。虽然你预留了车位，如果确实不够还可以加建，如果可以满足了，三层就可以保障了。这个方案除了地下室做得层数太多之外，它的结构所带来的问题可能难度和造价的必要性还需要讨论。

亚历山大·扎拉保罗：我也同意这个方案的功能分区很清晰，但是我很担忧的是，它把空间往上提升了，需要判断这么做好不好。它的公共空间还是不错的，但是双层玻璃和地下停车位是另外需要解决的问题。总的来说，这个方案的设计是通用型的写字楼，和能源大厦、能源集团来讲没有特别明确的联系。

周红玫：它作为一个公共开放空间是很好的，其中还包含了对绿化节能的考虑，考虑是非常细致的，但不知道是不是有效。另外它很有效的规避了高架桥对它的影响。

ENERGY MANSION

能源实验竞赛评述

当代中国建筑对能源和可持续理念的理解有将其狭隘化和数据化的危险，原因之一是行业对绿色建筑评定标准的整体引入，其二是各项工种和产品的分离，这使得建筑师或很难从全局上把握设计，或往往将构件视为建筑的点缀，这必然削弱建筑本身的潜力和力量。

在深圳能源大厦中非常值得称道的一点首先来自于业主鲜明的诉求和清晰的定位。作为一家从事能源行业，也是以特殊气候带为基地的企业，业主始终希望这种特殊性能够从建筑的设计上得以反应，这也促成了所有参加的设计机构围绕着这个话题做了充分的、有价值的探讨。另外，在竞赛设计前期就针对基地的塔楼数量、公共空间、公共通道、出入口等做了城市空间层面上的控制要求，在继续协调整体中心区建筑关系的同时，也保障了大厦对公众的开放性和服务性，这大大地改变了国企大楼的定式。大多数的参赛方案从建筑体量和空间关系上对周边环境和公共空间做出了关照，更多的是从朝向、形体、技术、材料等各种不同的层次对能源处理与可持续技术提出了新的构想。这也成为了评审评价方案时的重要标准之一，并且对其可实施性和可能带来的利弊做了充分的权衡。而在评审过程中，业主也将更多的决策权交给了专家团队，以专业意见为主要导向，从而形成了兼顾城市、建筑、技术、业主需求的全面考量。应该说整个能源大厦的竞赛过程充满了实验性，这既是将项目本身看作一个能源态度的代言，也将热带气候下的高层建筑设计提上了议程，同时形成了全面、平衡的竞赛实现过程。

Case 7

2009 重返中心区

水晶岛规划设计方案国际竞赛

International Design Competition for Crystal Island

=竞标类型=

公开国际竞赛

=所处区域=

深圳市福田区

=投标方式=

向专业设计机构 / 联合体开放

=组织单位=

深圳市规划局

=业主单位=

深圳市规划局

竞赛背景

水晶岛位于深圳市中心区的核心地理位置，同时也是整个中心区的坐标中心，是未来深圳市最重要的地标，同时也是深圳市的形象展示中心。作为福田中心区的重要组成部分，水晶岛是2000年前密集国际咨询留下的产物，并且在此后的十年间成为最富争议的留白。由于深圳市中心区轨道交通设施的建设已经对水晶岛进行了开挖，影响了中心区的城市景观，为了避免轨道设施完成后水晶岛建设的再次开挖，按照2008年11月27日市政府办公会议的要求，决定启动中心区水晶岛规划设计方案国际竞赛。

竞赛目的

1. 水晶岛位于深圳市中轴线与深南路的交汇点，是生活轴与交通轴的交汇，并且是深圳零公里标识所在的位置。

2. 水晶岛是联系了多条地下轨道线的重要连接点，周边涉及到轨道交通2、4、11、14号及广深港专线等轨道线，并且是中心区地下空间的核心。

3. 水晶岛是中心区中轴线公共空间系统的南北段连接节点，通过水晶岛的立体化步行系统跨越联系深南路两侧中心广场，使之成为整体。

4. 地面上水晶岛将是中心区的形象标志。

设计机构方案提交名单

本次设计竞赛采取公开征集的方式进行。

由于竞赛任务划分为水晶岛地下空间详细方案、水晶岛地上标志物概念设计、市民中心广场改进规划三部分任务，而三部分任务的要求、标准和补偿奖金各不相同，因此各参赛单位需根据自身情况全部或部分参与，但通过资格预审的8家受邀咨询单位，要求三部分任务均必需参与。除8家受邀机构外，接收其他提案，但不设补偿金。

基础资料

本项目位于深圳市福田区中心区，东邻金田路、西至益田路、南到福华一路，北至福中三路和深圳市民中心（市政府），深南大道从中间经过，是富有现代城市景观特色的中心城区，规划研究范围（市民中心广场改进规划）用地规模约为45公顷，详细设计范围（水晶岛地下空间详细方案）面积约为10公顷。

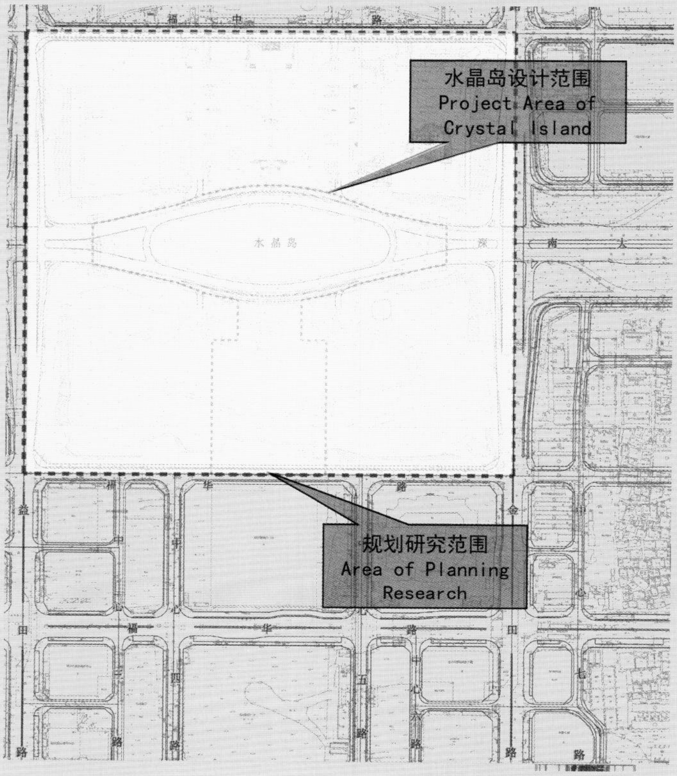

竞赛结果

名次	地下空间	地上标志物	广场
一等奖	03号	03号	03号
二等奖	07号	26号	26号
三等奖	21号	01号	04号

竞赛评委名单

汤姆·梅恩 Thom Mayne	美国
约翰·巴适奇 Joan Busquets	美国
林纯正 CJ Lim	英国
阿黛尔·诺德·桑多斯(Adèle Naudè Santos)	美国
冯越强	中国
朱竞翔	中国香港
刘珩	中国
陈一新	中国
朱荣远	中国

入围设计机构名单

序号	国家/地区	机构名称
01	美国	Rafael Vinoly Architects 拉斐尔·维诺里建筑事务所
02	丹麦+中国上海	BIG-Bjark Ingels Group (Architects)+ARUP Shanghai (Engineers)
03	荷兰+中国深圳	OMA+都市实践建筑事务所
04	奥地利	Architect Rainer Pirker-rpaX
05	中国北京	MAKE+奥兰斯特
06	中国深圳	深圳市建筑设计研究总院
07	中国上海	马达斯班建筑师事务所
08	中国+意大利	翟飞+Anna del Monaco Andea Gianotti
09	中国	LOM
10	中国深圳	深圳智造
11	中国南京	都市可能概念工厂
12	加拿大	SHDT
13	中国深圳	肖明
14	中国上海	以靠建筑Leeko Architects
15	中国深圳	UNIT Urban New Idea Team
16	中国广州	钟展宁, 彭智伟
17	中国深圳	深圳市局内设计咨询有限公司
18	中国深圳	深圳市同济人建筑设计有限公司
19	中国	陈小哲
20	中国深圳	周舸
21	中国深圳	深圳奥雅纳
22	中国深圳	黄朝捷
23	中国深圳	肖枢
24	中国深圳	深圳镭博建筑设计
25	中国深圳	深圳库博建筑设计事务所
26	中国深圳	深圳城市规划设计研究院+深圳筑博
27	德国	德国S.I.C一工程咨询

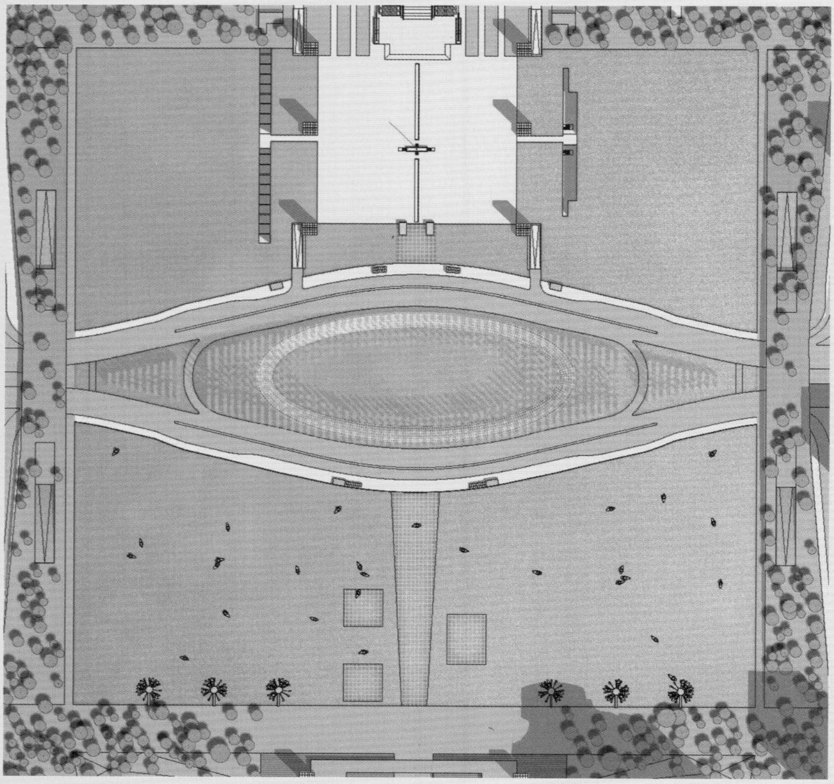

01. Rafael Vinoly Architects

03. OMA + 都市实践

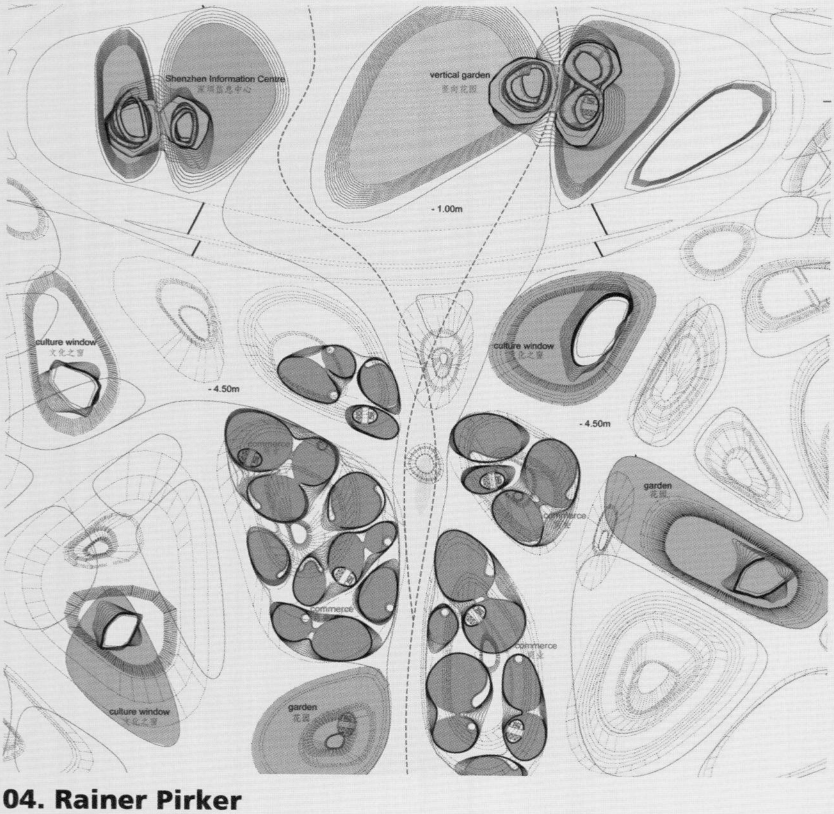

04. Rainer Pirker

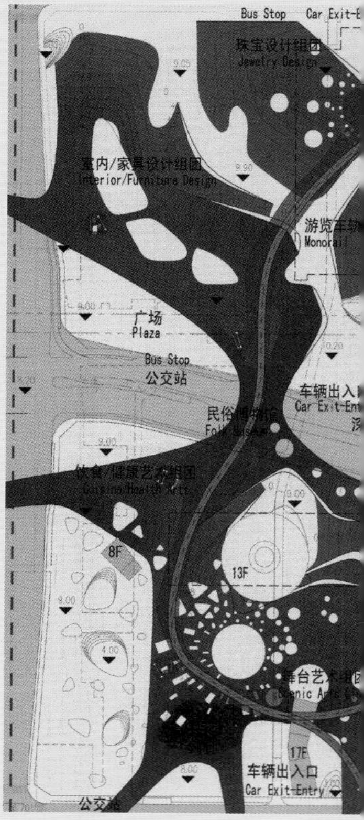

26. 深规院 + 筑博

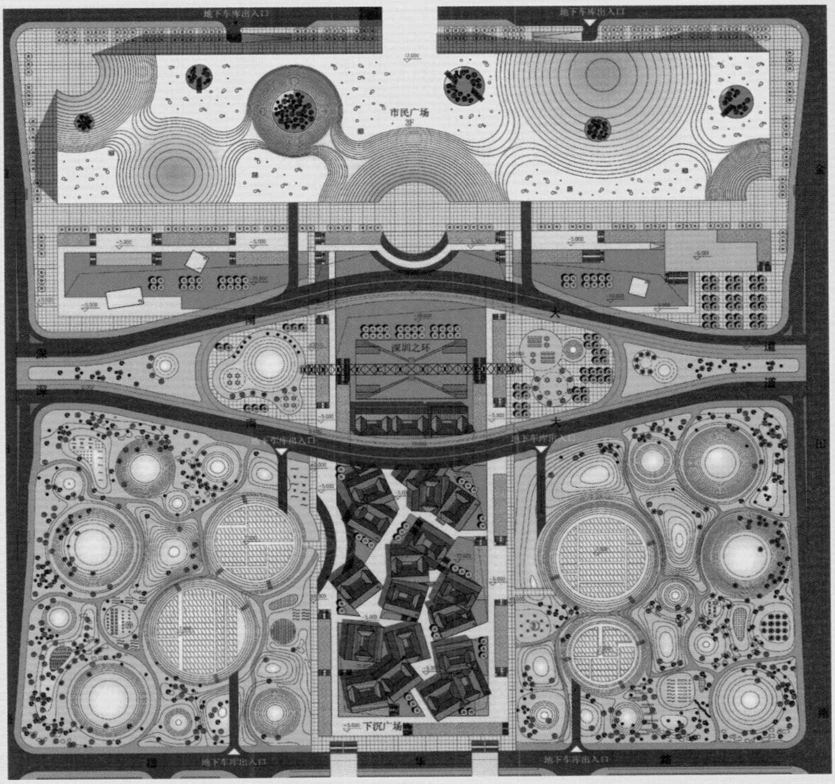

07. 马达思班

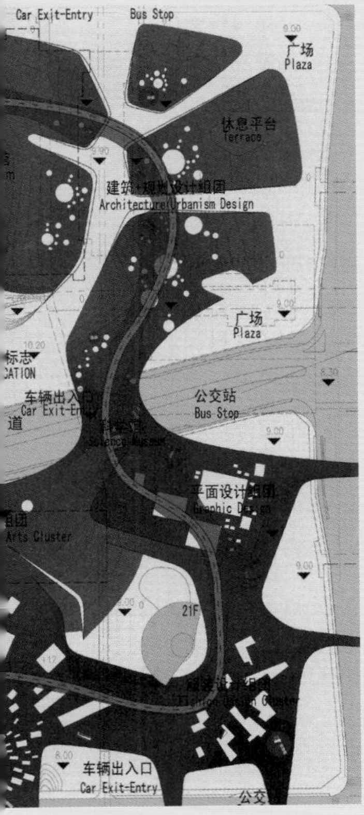

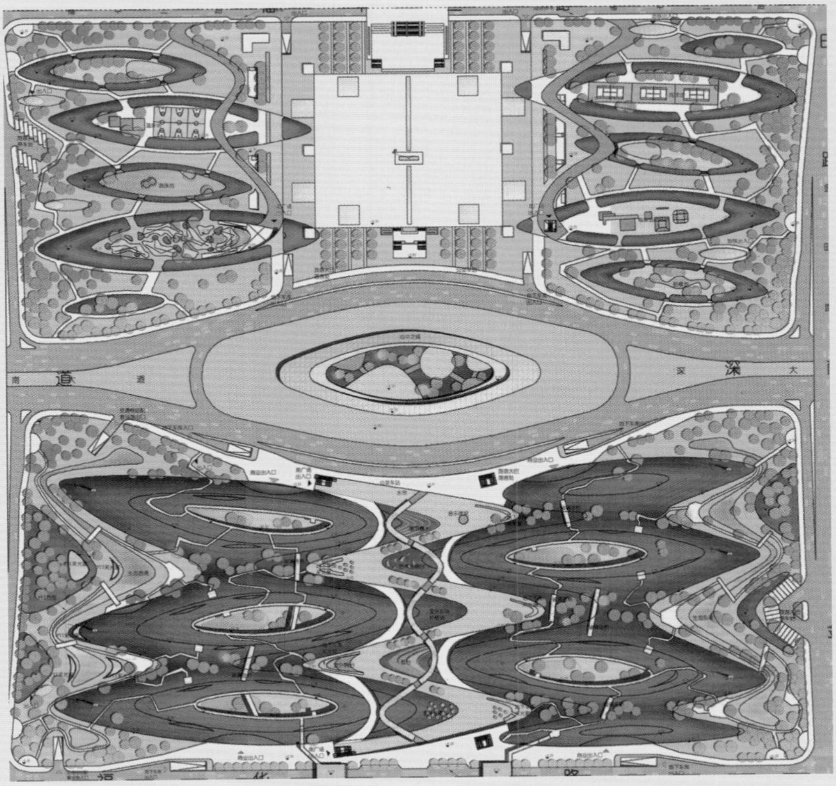

21. ARUP深圳

OMA+都市实践
OMA + URBANUS
序号 03
地下空间、地上标志物，市民广场一等奖

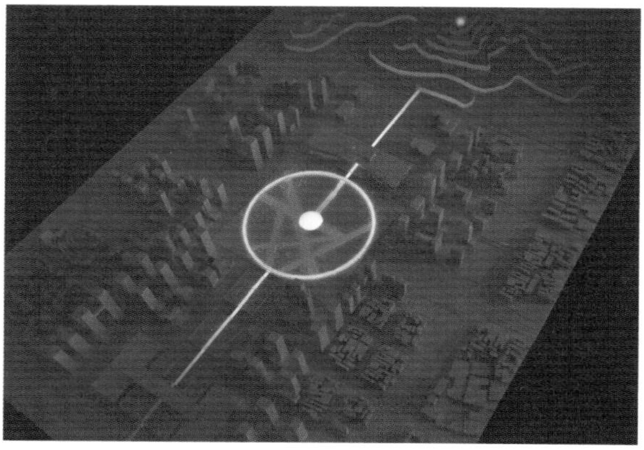

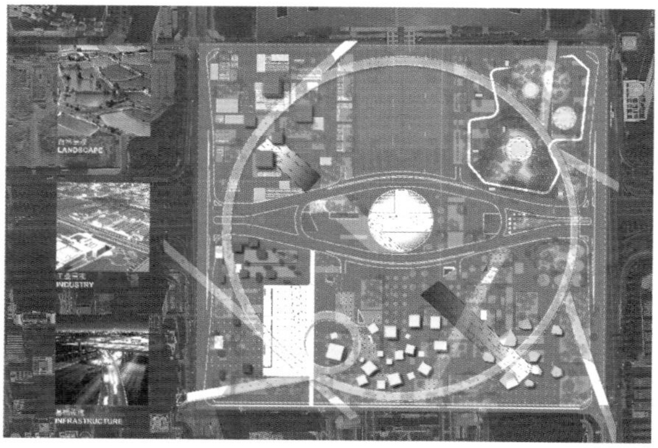

市民中心广场

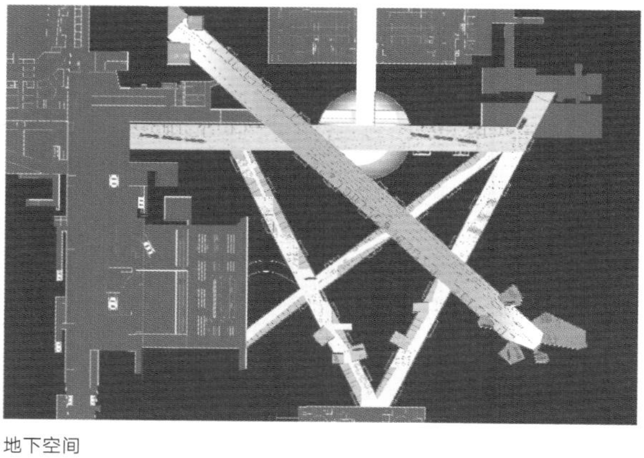
地下空间

深圳创意中心

2008 年，深圳被授予“设计之都”称号。深圳的创意资源非常丰富，但缺乏一个中心：一个能汇聚现有创意网络与能量的焦点，一个交流和激发创意的舞台……

深圳创意中心引入了这样一种空间——它提升城市的文化魅力但没有增加其密度、通过相互关联的活动支持聚合，并为设计之都深圳创造了焦点。原本分散的创意产业将被基础设施连接起来，并形成面向创意性活动的具有多样性、渗透性和开放性的景观。

两种系统叠加，形成了深圳创意中心的联网点——由相通捷径构成的地下系统连接起现有的及未来的铁路 / 地铁车站，并构成中央交通枢纽；地上部分由高架环形桥连通作为创意景观的设计村落和地上活动集群。在两个系统中间，是“深圳的目光”，一个寓意“想象空间”的标志。深圳创意中心的这些元素融合起来，对分散在城市里的能量进行捕捉、聚焦并重新分配，同时，也为城市的创造力提供了相互合作的机遇以及供未来共同发展的平台。

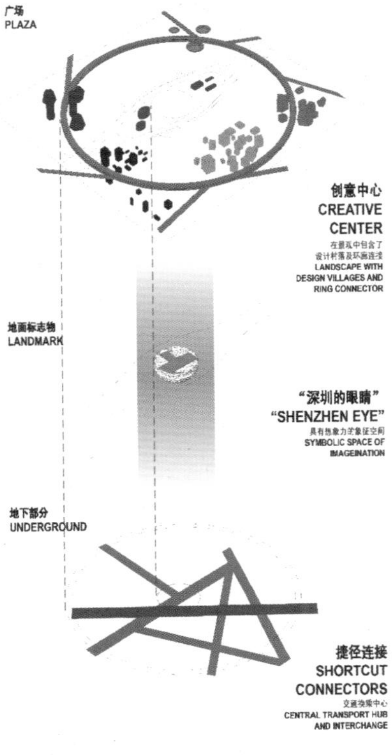
广场
PLAZA
创意中心
CREATIVE
CENTER
在景观中包含了
设计村落及环廊连接
LANDSCAPE WITH
DESIGN VILLAGES AND
RING CONNECTOR
地面标志物
LANDMARK
“深圳的眼睛”
“SHENZHEN EYE”
具有想象力的象征空间
SYMBOLIC SPACE OF
IMAGEINATION
地下部分
UNDERGROUND
捷径连接
SHORTCUT
CONNECTORS
交通换乘中心
CENTRAL TRANSPORT HUB
AND INTERCHANGE

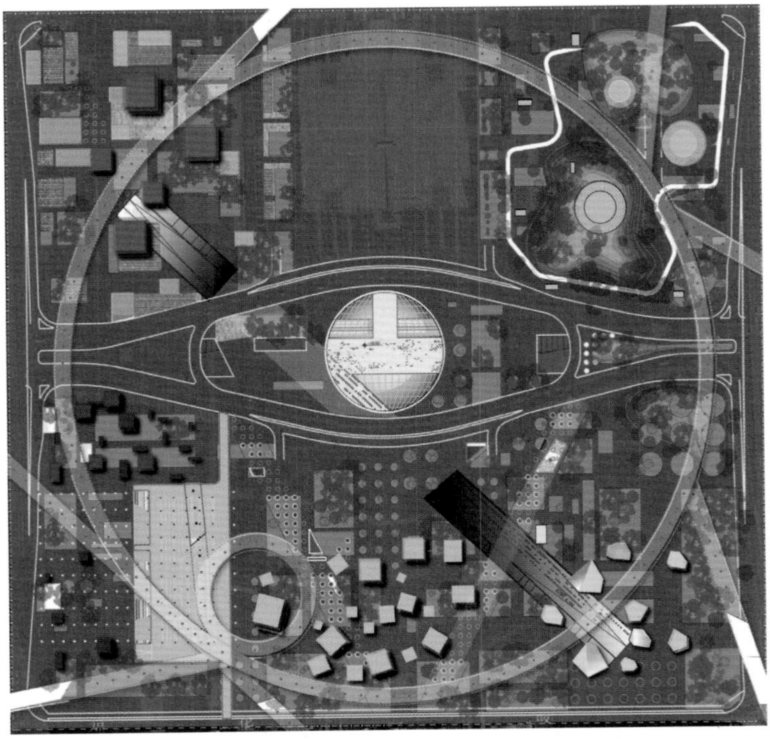

评审意见

汤姆·梅恩：这是综合性比较强的项目，需要从总体来考虑才能达到这个成果。从入选的方案和之后被淘汰的方案来看，我们的方案有的做得非常有活力，有的非常注重深圳本来的因素，有些结果是出乎意料的，其中也有我们喜欢的，这个项目做出来后我们比较喜欢03号，因为整个场地的问题是比较棘手的问题。这个项目和其他的项目不同的是地下的东西是重要的，需要考虑很多的东西，地铁、轨道、铁路包括人行商业等各种东西会有很多基础设施通过。

关于标志物这一项，“空”这个概念本身可成标志物本身，在这个地点面对这样一个要求，这样做的方式是比较适应的，因为它往北就是市政厅，本身不再需要和它对比冲撞的东西，“空”是最佳的取材。评审们选出这个方案，是因为觉得有能力操作这个项目的只有它。

约翰·巴适奇：为什么选03号方案有一个很重要的原因，早上读了这些资料之后，了解到深圳的很多方案特别强调了深圳市中心南北走向的方案，但是03号提出了另外一种方式解决同样的问题，同时又能满足我们的要求。这里面提出他们利用分层次的办法，用有捷径、有环路的方式满足可达性的要求，这是非常好的机制。其中还有很多功能，这个功能有弹性操作的余地，评审们都觉得这是一种非常好的在特定的地段、特殊的时刻面对特殊的问题解决压力的思路。

这个方案是独一无二的。这个方案只有放在这里，在其他地方不太合适，因为有这样的条件，这样的方案、这样的选择是最佳的选择。

林纯正：我也同意上述几位评审的意见，这里面解决了非常好的问题，利用一些细小的设置解决了非常必要的和关于尺度的问题，同时这里面特别提到了这种方案和时间的实用性是非常强的，这是一个非常好的机制，这提出了一种解决问题的策略。

深圳市城市规划设计研究院
＋筑博设计股份有限公司
UPDIS + ZHUBO
序号 26
地上标志、广场二等奖

文化乐园

水晶岛及市民中心广场是深圳城市空间的中心，环境优美，但人迹罕至，活力不足。经分析，概括为如下问题：

1. 可达性差，其他边界也各有阻碍
2. 尺度超大，令行人生畏
3. 周边设施分散，各自为政
4. 功能单一
5. CBD 空城现象

案例研究告诉我们以逐利为导向的中心区开发，最终导致中心活力丧失和空心化，这从反面证明中心区建设应靠政府调控，以市民和城市利益为支点，发展复合型文化型城市中心。

顺应文化强市策略，打造设计之都，应重视设计与市民生活完美融合，着力促成设计与市民生活的相遇。

黏合周边资源，承载大容量城市生活，凸显深圳精神，满足市民生活需求，最终成为 CBD 的活力引擎。

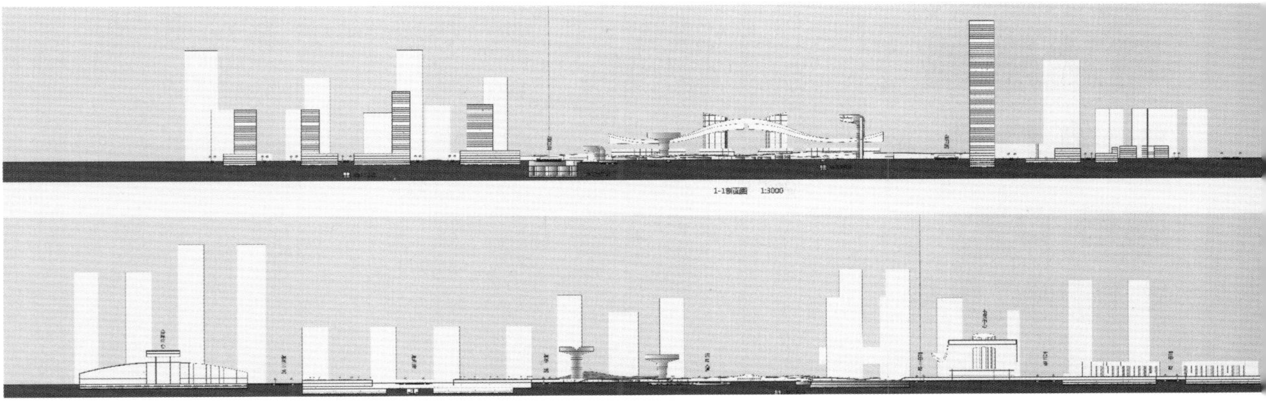

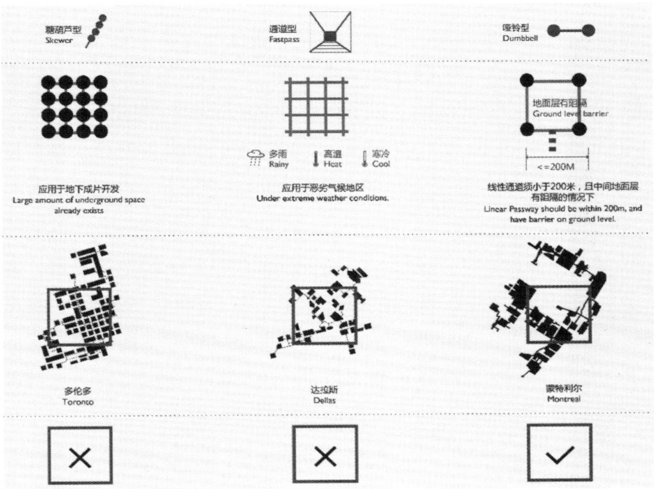

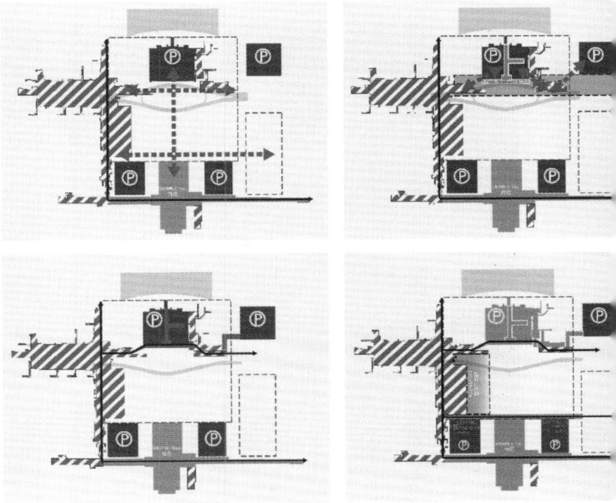

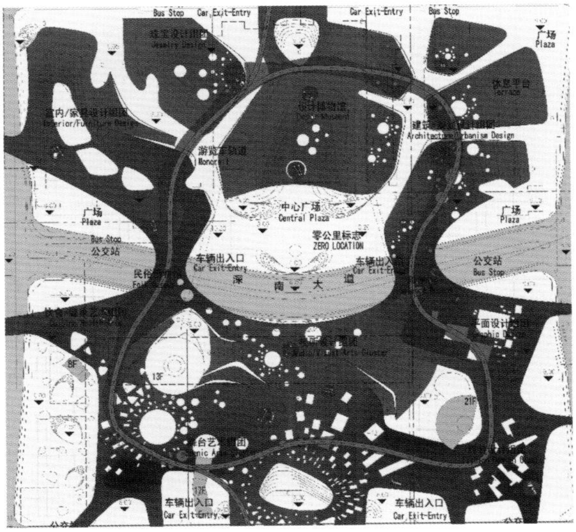

评审意见

汤姆·梅恩：26号方案各个方面都处理得很好，包括它下面的空间以及丰富的城市元素，尤其值得一提的就是它的边界处理，它在边界也形成了丰富的空间。

屋顶上做绿化在上海和中国其他地方有先例，这并不是经济上的问题，而是建筑师建设方面取舍的问题。我喜欢这个方案是因为它对边界的处理相当丰富。这里的曲线并不一定是最终的定案，这里的曲线具有改善和优化的余地，这里整体的概念比较新颖。

约翰·巴适奇：这个方案的人形流线过于迂回，它可以在郊区的公园内采取这样的方式，但并不适合在CBD的中心去做这个东西。它所有的绿化都是建在建筑的屋顶上，将来的可实施性有一定的问题。

这个方案还有一个问题，它要把所有地形重新的整合一遍才可以进行下一步的实施方案。这是一种主题公园的设计手法，并不一定适合这里。

朱竞翔：这个方案的前期研究非常综合，但是最后变成了各种的大量毫无关系的元素叠加。

马达思班

MADA s.p.a.m.

序号 07

地下空间二等奖

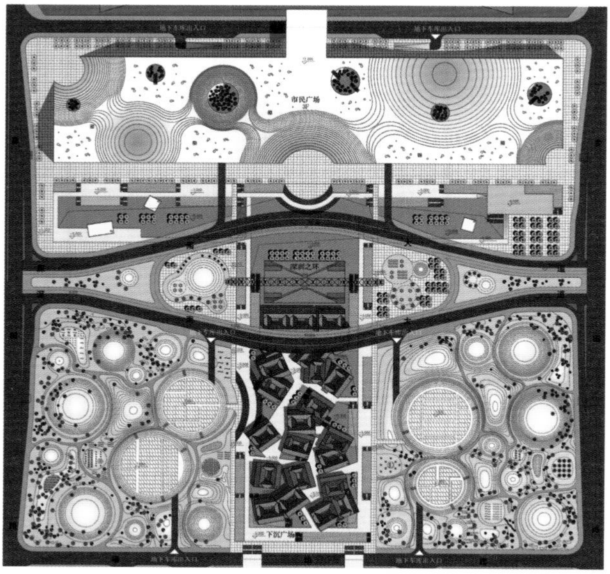

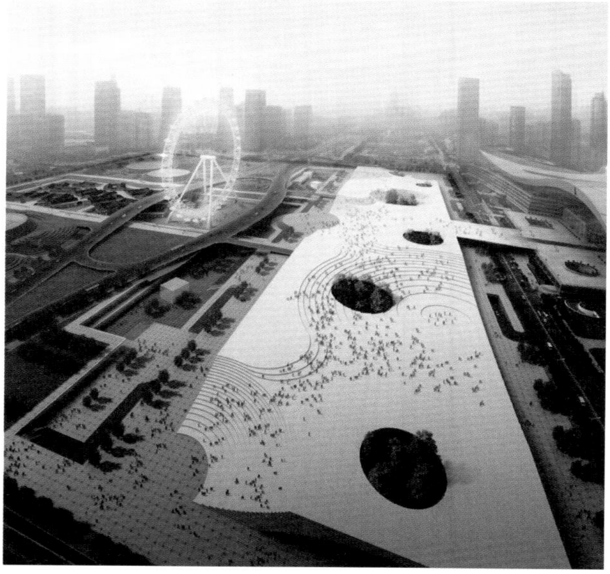

首先是对水晶岛场地区域及对整个规划区域的整体考虑：两者对外、对内的辐射影响，以及两者之间的互相影响的因素。

其次，在对整个区域最为重要，最为复杂的地下空间的研究过程中，提议在基地内建立一个 10 米深的 T 形深坑——“下沉广场”，以此来联系各个复杂的地下线路。此策略的好处在于：公共安全；创造一个明亮而有活力的且处于地平线以下的地下空间；便于快速施工；建设和运营成本低，同时对今后发展提供更多的可能性。

对地下空间的研究是项目的首要重点，对其定下策略后，市民广场和标志物的设置可以说是水到渠成的自然显现，在设计师的脑海中：市民广场——“覆盖”地面的“地毯”；标志物的两种选择——深圳之轮，深圳之星是对两条流线的汇总。

包含“下沉广场”，地上标志物，“文化地毯”及周围景观几大部分。共同形成一个功能复合的，有标志性的，有活力的，真正意义的城市中心！

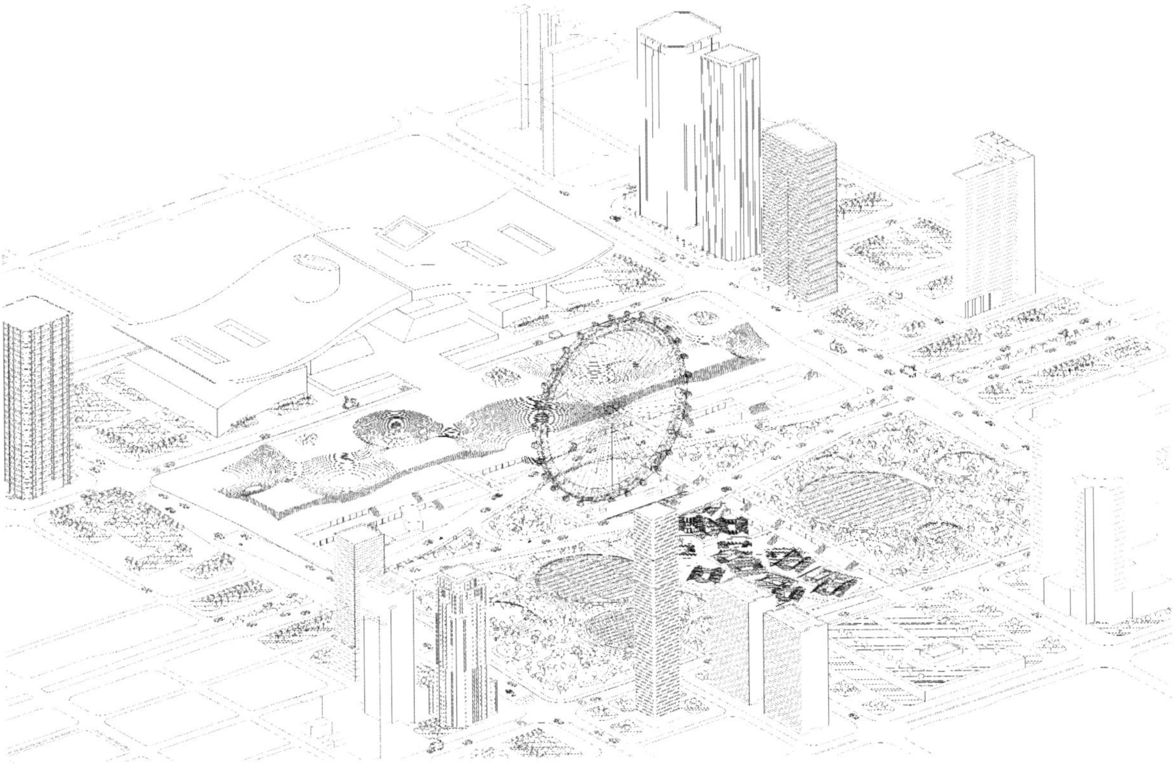

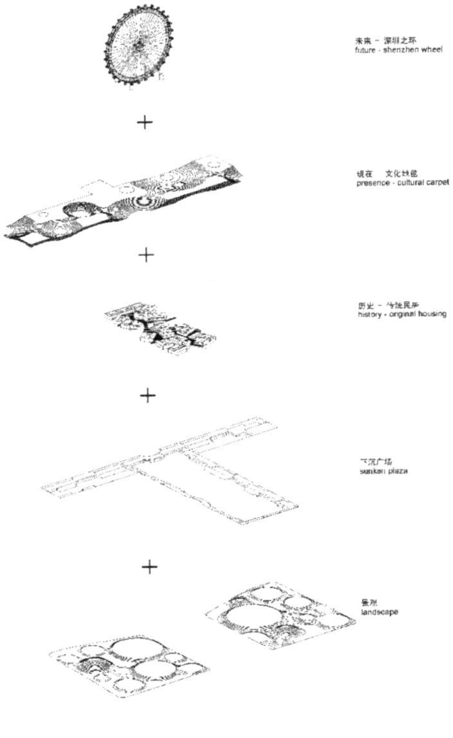

评审意见

约翰·巴适奇： 07号方案的轴可以去掉，改成其他的标志物，这个方案相对来说会比较完善。它把它划分成三个阶段——历史、现在、将来，虽然我不是很喜欢这个造型，但是概念很新颖。

它们用了中国传统民居的原理，这里代表了历史。

汤姆·梅恩： 它里面采取了三种策略，既寻求了一种统一性，也寻求了多样性的解决方式，我非常喜欢地下的模型，它营造了一个梯形的广场，把商业和公共车道连接起来。

林纯正： 这是对城市文化的一种误解，毕竟客家文化不是深圳的主流文化，这是一个很大的问题。

拉斐尔·维诺里建筑事务所

Rafael Vinoly Architects

序号 01

地上标志物三等奖

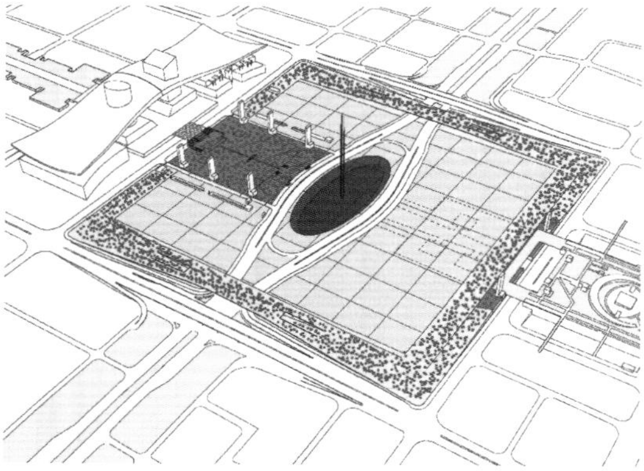

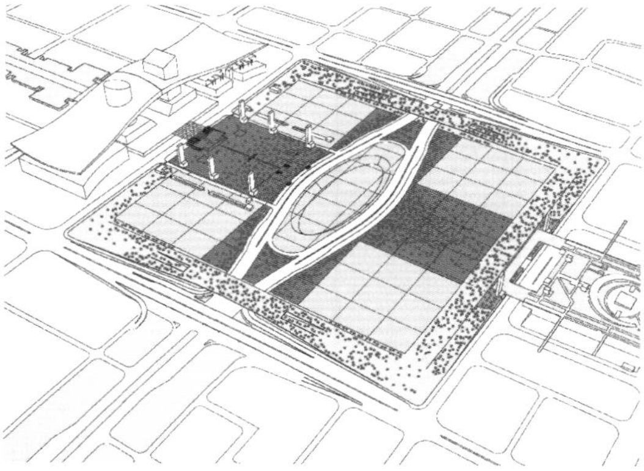

大型集会_国庆

国庆焰花活动，市民广场和周边立体绿带用于人群聚集和集散；水池中心为焰火放射场地。水的反射和倒影加强焰火效果。

NATIONAL DAY

The plaza and perimeter green is fully occupied for the celebrations with fireworks in the sky above mirrored in the reflecting pool.

大型集会_深圳马拉松

深圳市一年一度的马拉松比赛以市民广场为起点，沿路的水池可以排水来满足人群聚集和集散需要。

MARATHON

The start and finish location of an annual international marathon allowing viewers to watch along the road and overpasses. Parts of the pool are drained to provide area for gathering, ceremony and support.

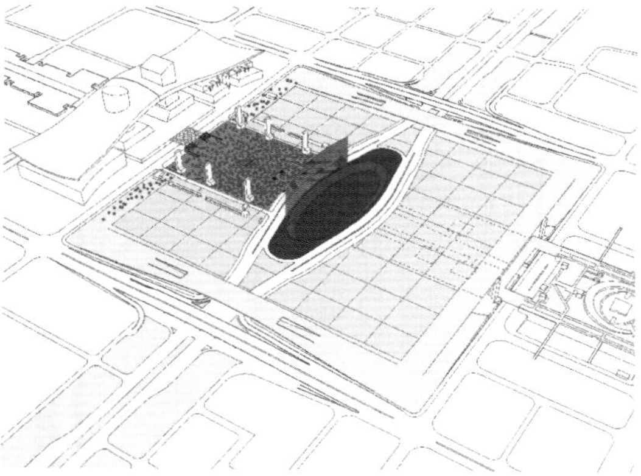

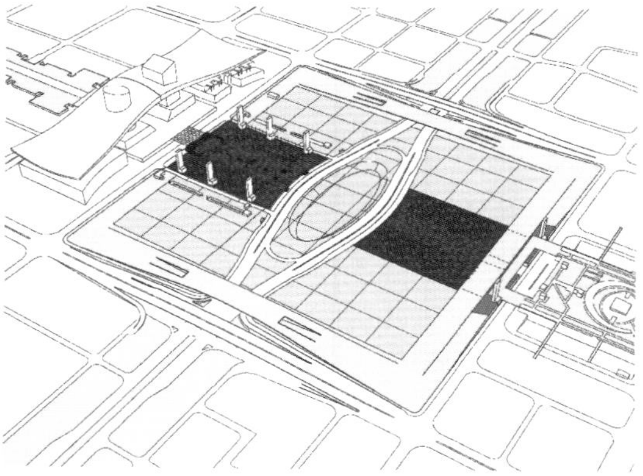

水上娱乐_水幕电影

水幕可以投放电影，市民广场在夜间就可以做为放露天影院来吸引市民光顾。

WATER SCREEN

Fountains arranged as a continuous screen for projecting images and motion pictures. This attraction animates the Citizens Plaza while providing entertainment for the population.

水上娱乐_喷泉广场

喷泉喷头可以嵌入广场铺地，软化现有硬质铺地并提供娱乐设施。

FOUNTAIN PLAZA

Fountains recessed in the plaza area provide a source of attraction and entertainment. They can be coordinated to operate to a program, music or event.

净境镜景

本项目位于深圳市中心区的核心，所处地理位置在城市的重要性决定了基地空间正式规整的内在特质。明确的城市中轴线贯通基地南北。通过主干道界定的城市空间整体性主要是从城市上空视点以及车行流线来体验的。高速的车行道路影响了广场的公众可达性。以纽约“中央公园”为借鉴的市民公园，由于缺乏近人尺度的活动场所和有吸引力的活动设施而未能得到市民的充分利用。公园绿地地形高差变化及植被组团不利于场地内外的视觉沟通，尤其是影响夜间户外活动的安全；其所能提供的市民活动主题有待提升吸引度，在功能及空间综合利用上也有相对的局限性。

上述即为当前的市民广场和市民公园没能得到充分利用的原因。

为解决现状的问题，需要把现有的大面积绿地公园改进为一个有创意，有魅力的市民活动“聚点”。

在建筑师看来，任务书中的三个问题是紧密联系在一起的，不宜分别独立解答，而应整体系统地思考。主要设计思想是用一个设计元素，来解决任务书中三个设计要求：

1. 提供功能合理和特色鲜明的地下空间连接。

2. 创建代表深圳形象的水晶岛地上标志物 UIO。

3. 改进市民中心广场和市民公园，使其更有效地为公众服务。

这样的设计元素是水，一种无处不在，流动，通透的自然元素。它的包容，无限，多变的特性符合我们提出的“化零为整”的解决策略。

将市民公园绿地转变为“市民水上广场”是更新基地的基本出发点。用水来替代大面积绿地，首先从根本上解决了尺度过大，不够人性化的市民公园缺少市民光顾的问题。水面的在视觉上，将水晶岛，市民广场及南广场的地上，地下空间巧妙的整合在一起。水面反射出周边城市建筑景象，加强呼应了城市轴线及莲花山的远景。丰富多彩的水景和水影发掘出市民广场作为城市“第五立面”的潜力和价值，它也提高了周边用地的土地价值。

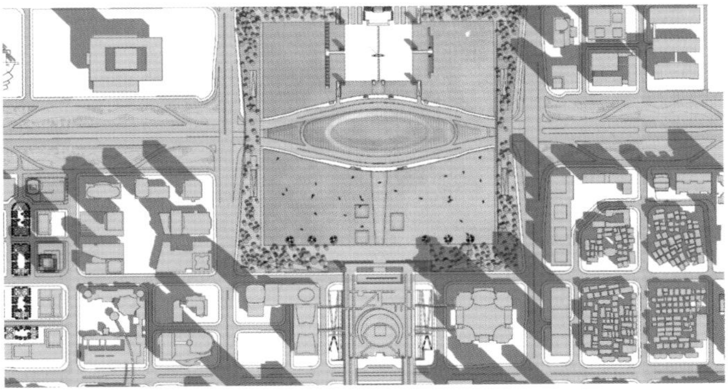

评审意见

林纯正：第一，它是一个很安静的陈设；第二，它是唯一没有在中间放巨大标志物的方案，它用水，用这种自然的状态去做动态的地标，这是很好的。但是我也认为这个水太多了，当然这有改善的余地。即使这个方案不是最终选择的，但至少是应该获一个奖的。

陈一新：我为什么比较看好这个方案呢？这个水晶岛究竟是什么样的标志，我们讨论了20年，说这个到底是一个高高的塔，对整个市民中心少一点遮挡的塔，还是像宝石一样铺开的构筑物，很多方案都做过了。至今为止我们没有感觉出现一个特别好的方案，感觉政府应该下决心去做了，而且中心区的实施步骤里面，中心这个点也是最后做的，也不想这么早做，想把整个中心区做完了，再做这一点。但是现在是地铁迫使我们往前，看我们能不能一起把地下的都做了，地上如果有好的方案，我们就一起做，如果没有好的方案，我们宁可保留着，留着以后做。所以说如果没有好的方案，我们宁可用水景，因为它相对来说是比较容易改的，构筑物也比较少，没有什么遮挡，未来的投资也不会那么大，我感觉这是一个好的解决方案。

rpaX建筑事务所
Architect Rainer Pirker
序号 04
市民广场三等奖

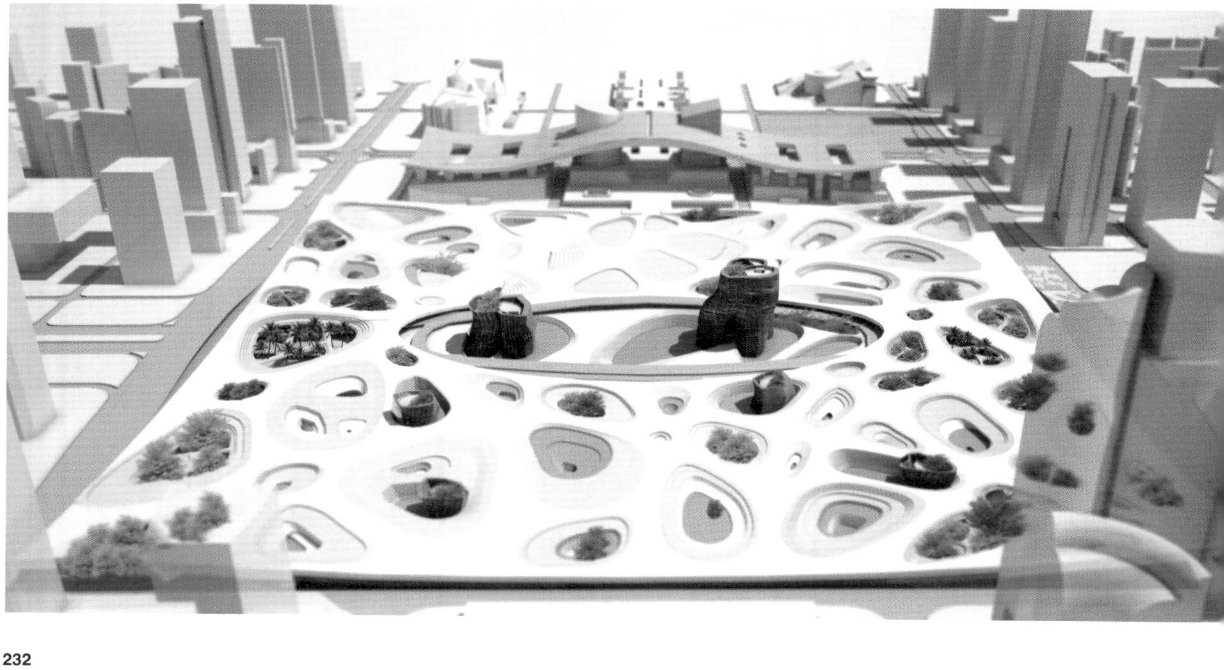

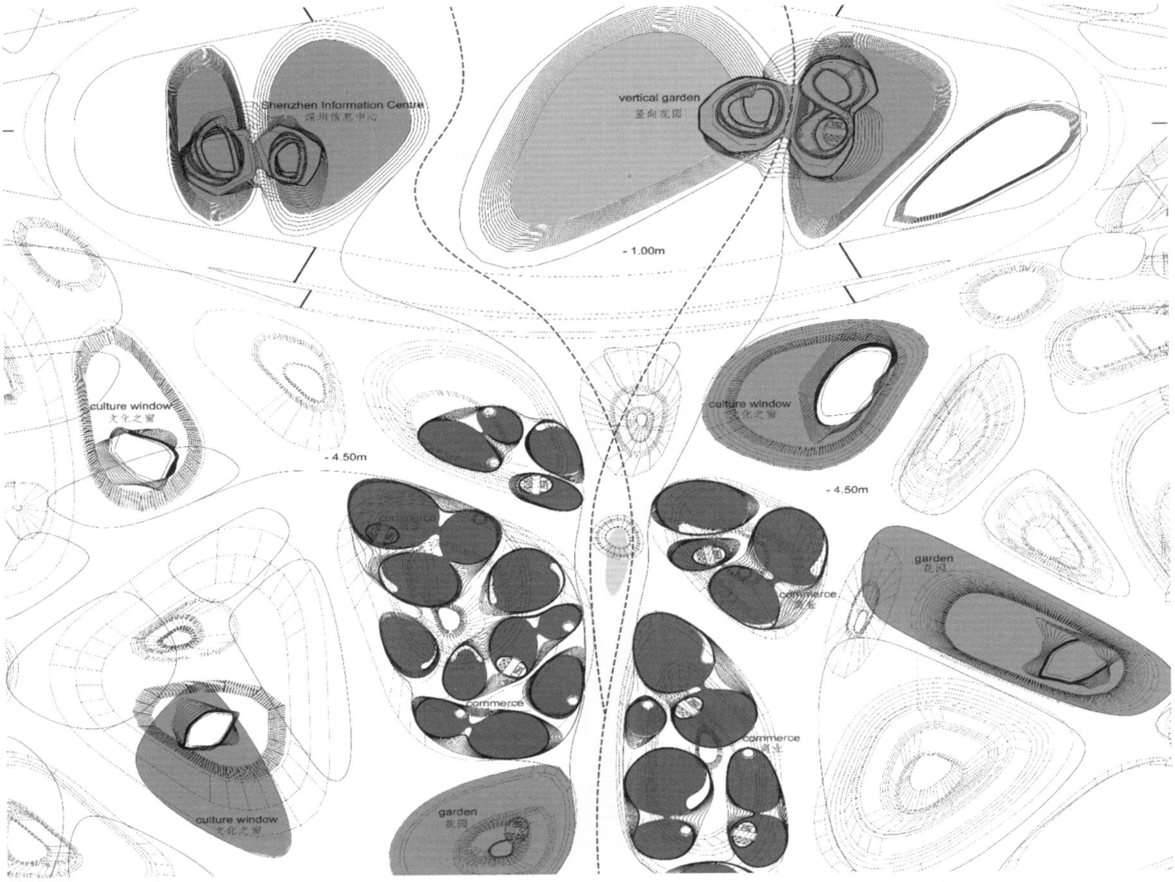

针对市民广场的想法是，它既不是一个广场，也不是一个公园，更不是一栋建筑。

市民广场应该是一个巨大的符号，一个独立的、大型的、能将水晶岛及垂直地标建筑整合在一起的地标。即便如此，它仍旧可以被分割成若干个部分，像其他常规建筑一样由不同的开发商分期分段的建设。

与此同时，市民广场也将十分遵从人体尺度并极具代表性。

市民广场可以让行人享受到毫无障碍的行走路线。它把包括地下层的诸多城市水平面都衔接在了一起。同时它也在不影响到行人步行系统的前提下将所有种类的交通运输系统整合到了一起。

评审意见

汤姆·梅恩：04 号方案对大景观有整体的考虑，而且在这么短时间内做出这么丰富的景观，是做了很多努力的，虽然有一些同质化，但是整体感觉还是很好的。

它还有一点好处是它可以把基础设施和上面的景观系统完全脱离开，同时它也营造了很多人性化尺度化的小空间。我们有一个共同的建议是方案四周的处理问题。

林纯正：04 号方案最大的好处是它有大量的洞，把自然光引入地下，但是地面上构筑物的造型有点问题。

约翰·巴适奇：它的最大特点就是把整个一体化设计，同时缺点也是并存的，后期改造可能并不容易。至少目前它所做的标志物的形象确实不简单，还有它的四周和周围的联系比较弱，这个地方的尺度非常巨大，它们之间需要较强的焦点。

这是一个很聪明的设计，但并不是一个很好的设计，这并不是个可行的方案，从建筑学专业角度来讲，它是简单的处理方式。

深圳奥雅纳
ARUP Shenzhen
序号 21
地下空间三等奖

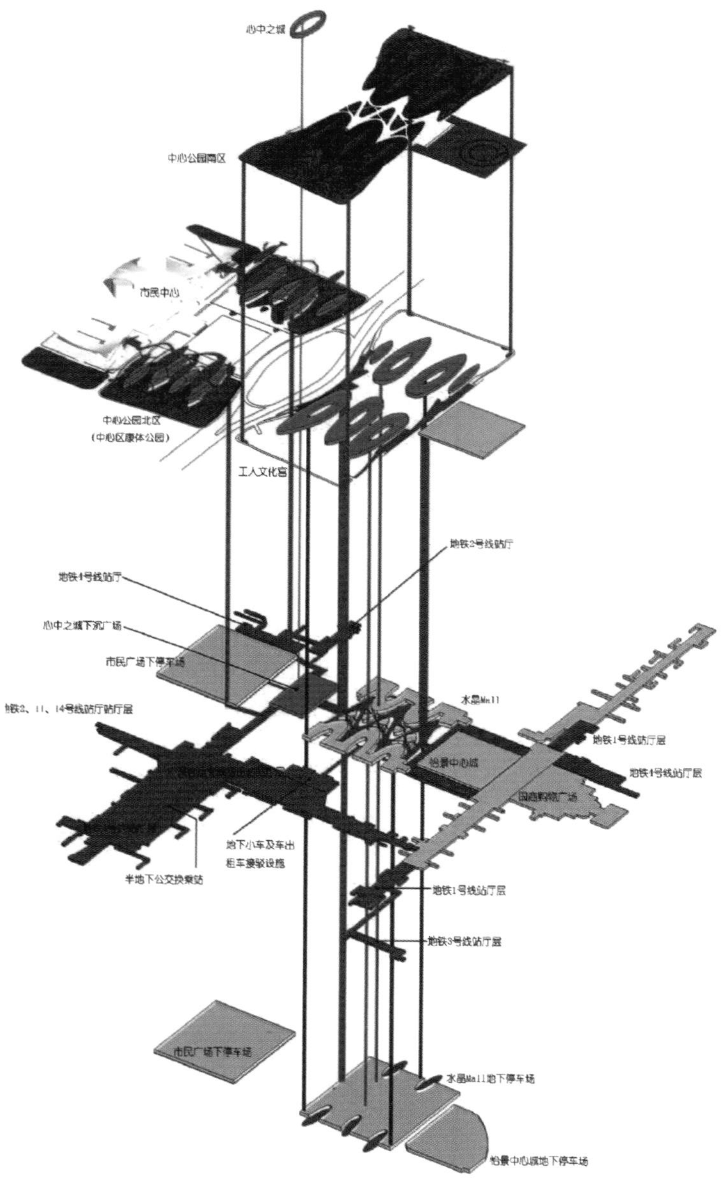

城之中心 心中之城

这是一个属于城市的公共空间，须服务于城市，定位在城市。被市民所认同，人们来这里体会属于他们的城市的美。

规划上严谨的功能板块划分，隔绝了不同使用者之间的交流。作为福田中心区的中心板块，我们毫不犹豫地将她复合化，这里将是深圳人首选的交往圣地。一条数公里长的步行轴，被细分为许多段长度适宜的步行路线。每条路线都串联着趣味点和兴奋点，而且内容和形式各异，功能互补。尤其是中央水晶岛，不再是孤岛。

本设计人流规划有效利用地下空间，连接地下各个地铁站、枢纽站和周边地下空间，在地下一层打通经脉，创造贯穿南北、安全便捷的步行空间。缓解了地面层深南大道横向切断南北人流的实际问题。同时通过创造丰富有趣的商业空间和文化娱乐空间，模糊地上地下界限，最大限度地将人流向下引入地下空间和向上带入地标建筑—“心中之城”，并方便接驳地面系统。为服务中心区甚至整个深圳市提供一个立体、高效、舒适的人流交通系统基础。

评审意见

约翰·巴适奇：这个方案的可行之处是对中轴线的曲线化处理，是一种全新的处理。一般中轴线都是直线，但是它通过一些空间的处理使人在其中迂回，但是上部的建筑物尺度过大。这是做高尔夫场地适合的方式，并不适合用在这里，这里不需要迂回，需要的是简洁的可达性，因为本身这个广场的尺度已经过大。这像是一个受过正式训练的学生的作品。

阿黛尔·诺德-桑多斯：表面上看上去有很多的绿化，其实并不是，主要起作用的绿化只是市民广场中地下室的一部分，其余的绿化都是在建筑之上，很难成气候。

竞赛评述

水晶岛国际竞赛是深圳中心区历史的延续，经过了多次设计竞赛的继承和发展，尤其是关于中轴线的讨论已经延续了十几年。从另外一个更大的角度来看，深圳跟国内的其他城市都不一样，政府是非常强势、非常有影响力的，而且市场经济也非常发达，它打造设计都市的欲望应该是远领先于国内的其他城市的，在这么一个核心的区域上怎么去做，是相当有挑战性的。

一个好的城市设计要包括好的规划，以及很多人的努力。我们都知道深圳是有精确规划的城市，它有比较成熟的道路系统，所以说在做这个项目的时候，处理好本基地和城市的关系非常重要，如何选择这个策略是本次设计的关键之一。由于这个项目的特殊性，它位于深圳的正中间，它又是一个公共开放的空间，在周围复杂的公共关系中，如何设计城市的节点，将是很有挑战性的任务，这个设计必须和建筑规划以及城市景观紧密结合，才能是一个好的设计。

在这些提交的竞赛方案中不乏一些很新奇的想法，就是把城市的基础设施建设和建筑设计以及和城市设计相结合起来，确实，只有把这三个方面完美的结合起来，才能创造出一个完美的城市中心区空间。获胜方案采取了不同的设计策略，这可能是将来城市设计上值得探讨的一个问题，我们都知道现在的中国城市设计都是在城市中不断的加一些东西，但是他们采取了相反的东西，就是采取了图底关系，以此来增加一些城市的空间。水晶岛和周围的环境是不能分开讨论的，这个获胜方案合理的解决了地下的各个层次的空间连接关系，同时也考虑到了和地面空间的结合。

Case 8
2009 给青年建筑师的机会

观澜版画基地美术馆及交易中心方案设计国际竞赛

International Design Competition of Art Museum and Trading Center of Shenzhen Guanlan Print Base

= 竞标类型 =

公开国际竞赛

= 所处区域 =

深圳市宝安区

= 投标方式 =

向专业设计机构及个人开放

= 组织单位 =

深圳市规划局宝安分局

= 业主单位 =

深圳市宝安区人民政府

竞赛背景

深圳观澜版画产业基地的建设是中国版画产业化、市场化的先锋，是深圳文化立市和宝安建设文化强区的重要品牌项目，深受各级领导重视。深圳市规划局宝安分局于 2007 年 11 月组织开展了“观澜版画产业基地概念性规划设计”方案征集，并经 2008 年 1 月 9 日的专家评审，评审出第一名与第二名方案各 1 名。为加快推进版画基地的建设，由深圳市规划局宝安分局负责组织对本次观澜版画基地美术馆及交易中心进行方案设计竞赛。美术馆及交易中心的建成，能极大地提升整个版画产业基地的品味、推进文化产业发展，使深圳市文化设施更趋完善。

基础资料

深圳观澜版画基地位于宝安区观澜街道东北部，西面毗邻观澜高尔夫球场，东抵环观南路，南起观天大道，北至大外环。美术馆及交易中心项目选址位于版画基地中部，距基地南、北入口皆约为 1400 米。项目总用地面积约为 3.1 公顷。拟建建设规模：美术馆 1.5 万平方米（拆除旧厂房，新建），交易中心 1 万 ~1.5 万平方米（新建与改造利用原有的古建筑相结合）。最终建设规模以宝安区发展和改革局立项批复为准。

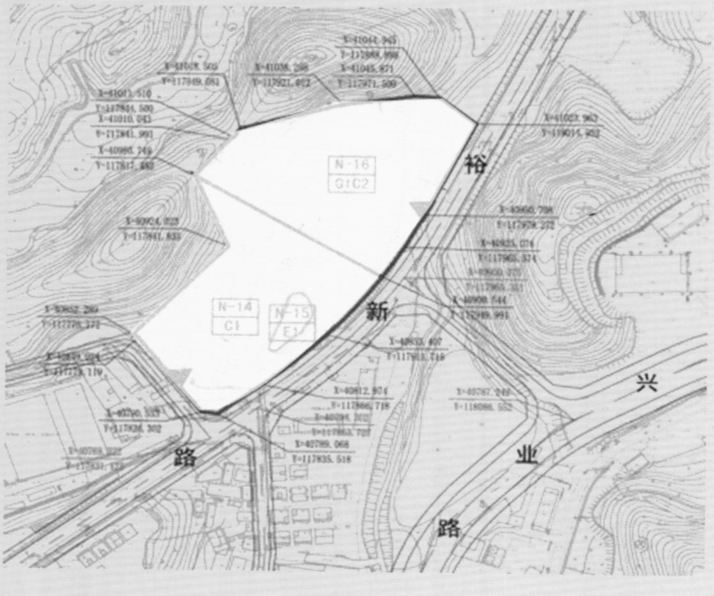

竞赛目的

目标：

深圳观澜版画基地的地标性建筑物，公共空间发展轴的重要节点，文化建筑的精品。

城市设计原则：

充分挖掘历史文化内涵，保留部分古村落建筑，展示村落田园风光，把古村落、古民居打造成版画基地的重要旅游文化资源和具有特色的版画艺术展示场所。

应有充分的弹性和前瞻性，考虑地块功能未来的持续发展和不断更新的可能性。

设计应注重与周边区域的协调统一，充分考虑项目实施的可操作性。

与版画基地的规划整体风格相协调，各公共建筑与保留的古村落建筑应作为有机的整体，在空间布局及设计风格上相互协调。

建筑设计原则：

方案设计应体现个性化、现代化的设计理念，体现新思路、新创意，同时突出个性。

建筑设计方案应充分尊重现状的古村落建筑和利用规划的未来环境，结合建筑功能分区的需要，布置室外空间与活动场地，应特别强调与周边环境相协调的关系。

建筑与空间形象，应考虑建筑美观要求及其性格定位，具有鲜明的标志性，强调当地建筑文化的层积感和文化的多元并置，并体现山地公共文化建筑的个性。

入围设计机构名单

序号	国家/地区	机构名称
01	英国+中国广州	扎哈·哈迪德建筑师事务所+广州珠江外资建筑设计院（联合体）
02	中国广州	华南理工大学建筑设计院
03	中国深圳	深圳中深建筑设计有限公司
04	中国香港+中国深圳	凯达环球有限公司+中建国际(深圳)设计顾问有限公司（联合体）
05	中国深圳	深圳市都市实践设计有限公司
06	中国天津	天津大学建筑设计研究院
07	中国	段鹏
08	中国深圳	深圳市汇宇建筑工程设计事务所
09	中国深圳	深圳市库博建筑设计事务所
10	中国深圳	深圳市筑博工程设计有限公司
11	中国	朱雄毅、凌鹏志
12	中国广州	广州瀚华建筑设计有限公司
13	中国上海	上海善祥空间设计有限公司
14	中国	郑毅
15	中国	王敬宇
16	意大利	Metrostudio Associates
17	中国香港	香港博越国际建筑设计有限公司
18	德国	德国S.I.C.工程咨询责任公司
19	中国	潘彦成

参审评委

专家	职务	单位
亮华飞 Ralph Lerner	院长	香港大学建筑学院（美国普林斯顿大学建筑学院）
冯越强	董事长	欧博建筑与城市规划设计有限（法国）
程启明	教授	中央美术学院建筑学院
董小明	国家一级美术师、深圳市文联主席	深圳市文联
泰瑞·凯瑞 Terry Curry	访问教授	清华大学建筑学院
赵晓东	副总经理、总建筑师	澳大利亚柏涛墨尔本建筑设计有限公司

参赛结果

第一名	11号	朱雄毅、凌鹏志
第二名	05号	深圳市都市实践设计有限公司

入围设计

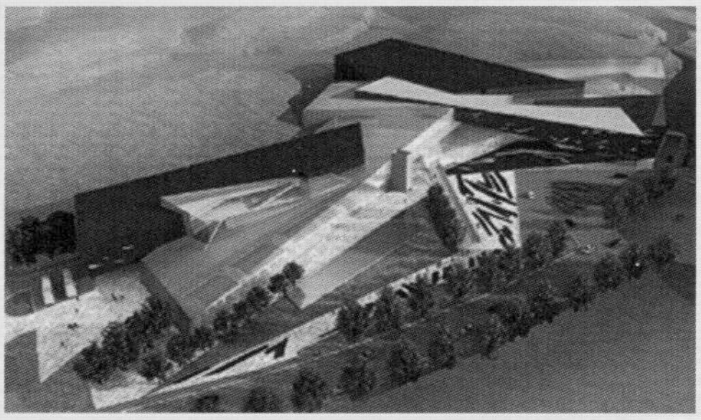

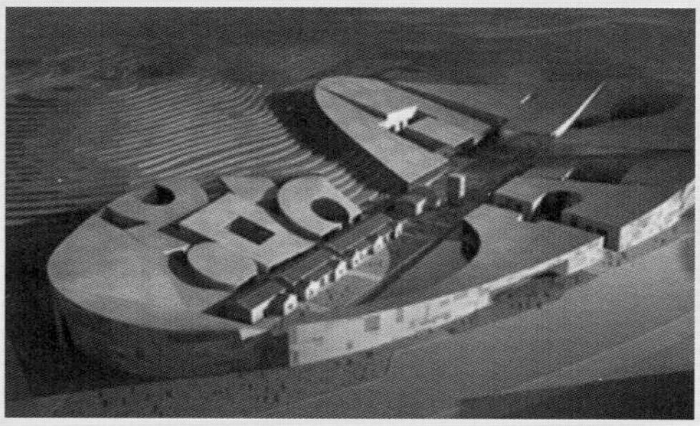

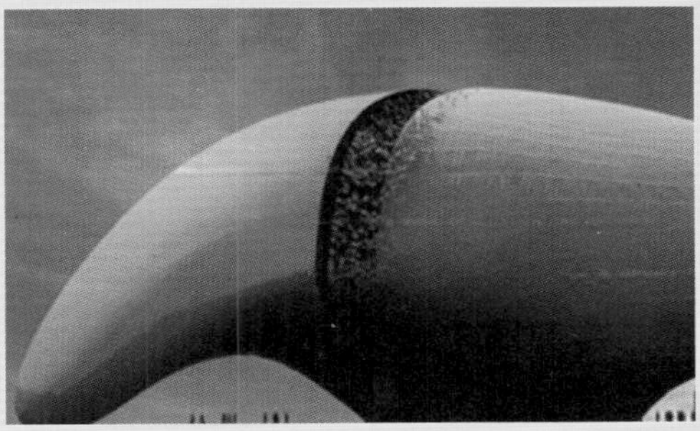
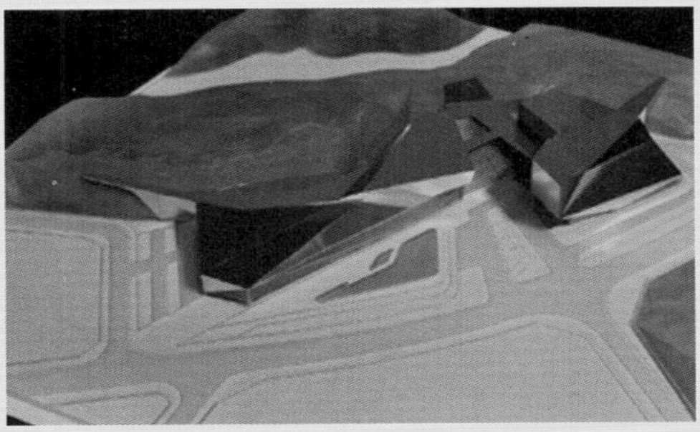

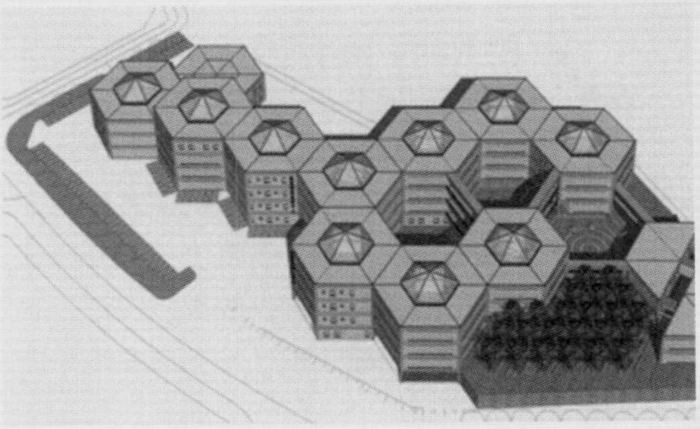

朱雄毅　凌鹏志

ZHU Xiongyi　LING Pengzhi

序号 11

第一名

进入 21 世纪以来中国艺术发生的重要变化，不仅仅是艺术观念、风格、样式的变化，而且也是整个艺术生态结构的变化。特别表现在美术馆的迅速发展，艺术市场、画廊和艺术拍卖会的活跃，艺术家工作室、各种非盈利机构和空间的增长。这些种类的组合已形成一个新的生态结构。同时，又表现出相互交叉混合的特征。这种生态结构内部的互动运行同时也驱动了当代艺术创造的活力。

作为这种艺术载体的美术馆可以通过各类功能的交融复合，空间的渗透使各种事件与活动在此发生。国外某类美术馆，不仅向游人提供参观艺术作品的机会，还定期举办各种艺术讲座。建筑内部功能齐全，容纳了艺术展厅，影视厅，书店，咖啡餐饮等多种功能，建筑好比开放的公园，巨大的免费公共场所，人们来此既是参观展品，也是观光休闲，进行交流。

设计师期待版画村美术馆在建成后能激发整个版画村的活力，带动观澜镇艺术文化的发展。设计的策略恰恰是通过人的活动来激发场地的活力，利用项目中的美术展览、交易、教学等多种功能，创造出一个开放度很高的空间，在此空间中，经营、展览、表演，各类人群互相被观望，从而激发各种活动的潜能。

观澜版画基地美术馆及交易中心是一个大众休闲、消费交往的容器，它容纳了多种事件、信息和人流。它不再是仅仅存在于精英的封闭体系中，而使每一位到访者与展品产生互动，在交易、参观及教学中产生互动。场景化的开放空间融合了新与旧，自然与人工，展览与交易等多种元素的碰撞。以版画为主题的活动带给人感官的震惊，使这栋建筑及场所最终成为深圳特有的文化景观。

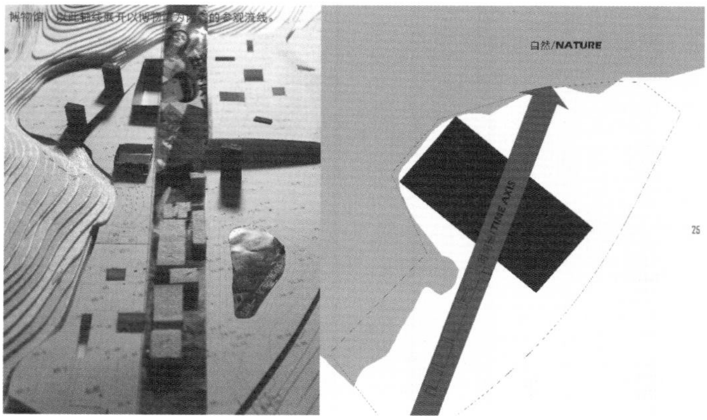

左为凌鹏志，右为朱雄毅

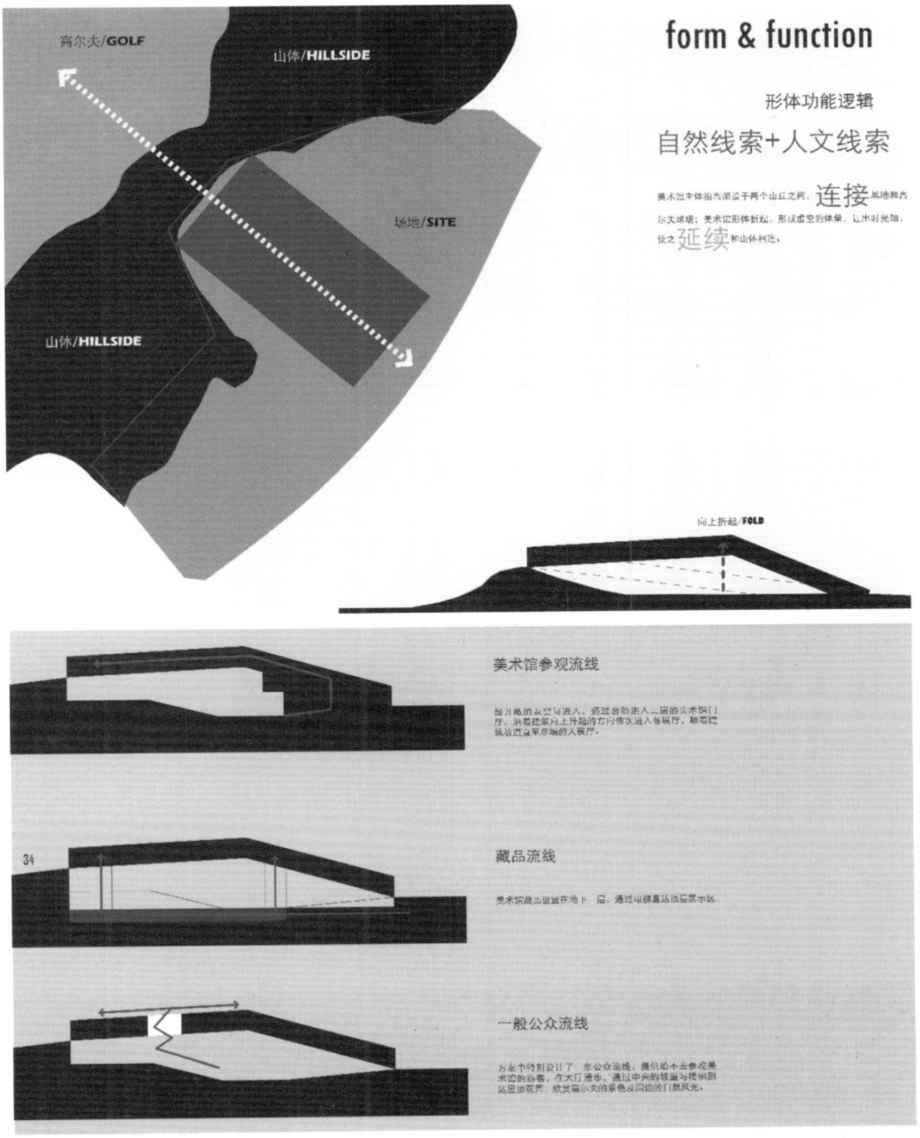

形体功能逻辑

美术馆主体抬高架设于两个山丘之间，连接基地和高尔夫球场；美术馆形体折起，形成虚空的体量，让出时光轴使之延续和山体相连。保护旧建筑，并加以改造利用，设计成印刷博物馆，以此轴线展开以博物馆为内容的参观流线。架起的建筑下是一个开放的共享空间，汇集交易、服务、咖啡等多种功能。

由于建筑的长轴方向垂直于两个山顶的连线，使得从山下望过来，建筑对山体的遮挡最小。而从基地一侧的道路进入时，建筑恰好与山体形成一种连接关系。

建筑的主入口广场选择靠近古碉楼与水塘的地方。站在这个入口过场上，看到左边的旧建筑与右边的新建筑戏剧性地碰撞。美术馆的屋顶与古碉楼形成一个角度，暗示着建筑入口。而旧建筑延伸的轴线恰从掀开的屋顶下穿入。

功能流线

美术馆、博物馆、交易中心、教学、配套和自然环境相互交融并置，彼此激发能量。相互之间流线独立，视线彼此渗透。

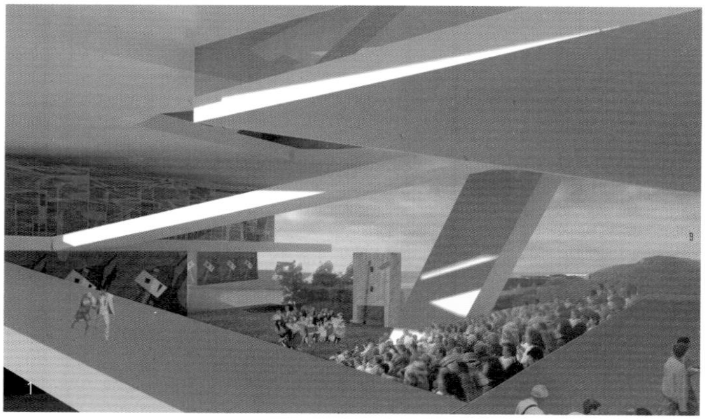

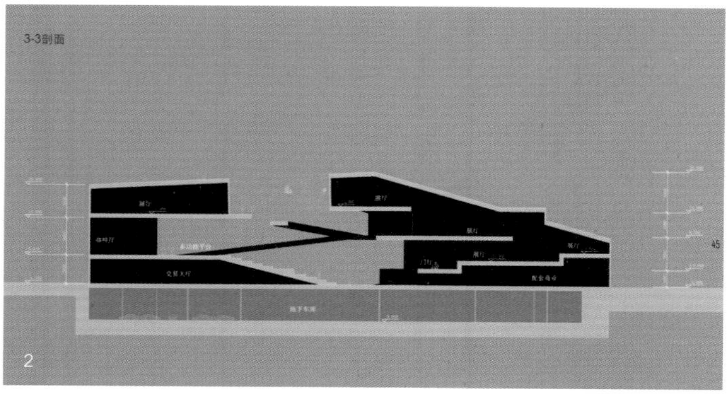

1. 大厅透视 Hall View

2. 剖面 Section

3. 实物模型 Physical Model

美术馆：主体被抬高架于两山之间。展厅分级布置。

交易厅：分别设置在大厅的一层，主体建筑西侧和主体建筑东北侧。

咖啡餐饮：设置在大厅中的二层空中平台上。

多功能大台阶：既可用作表演，又可用于拍卖、集会、展示，设置在大厅内联系一层平面与二层平台。

博物馆：将旧有建筑中最贴近水塘的一排建筑拆除，保留第二排有价值、有特色的古建筑，并加以利用改造，设置成印刷博物馆。

教学区：靠近山边的旧建筑形式没有特点，质量较差，进行拆除，之后在这片区域重新设计教学与办公空间。

藏品库，地下车库与设备用房：设置在地下一层。

一般公众流线：方案中特别设计了一条公众流线，提供给不去参观美术馆的游客，在大厅漫步，通过中央的坡道与楼梯到达屋顶花园，欣赏高尔夫球场的景色及周边的自然风光。

建筑的主入口广场选择靠近古硐楼与水塘的地方。站在这个入口过场上，看到左边的旧建筑与右边的新建筑戏剧性的碰撞。美术馆的屋顶与古硐楼形成一个角度，暗示着建筑入口。而旧建筑延伸的轴线恰从掀开的屋顶下穿入。

评审意见

(1) 该方案非常有趣，设计者把山体延伸出来，和古村落的轴线融合在一起，很好地处理了古村落的各种关系。建筑与环境、基地互相呼应，拥有优美的体量，平面处理得很好。

(2) 极力推荐该方案，对场地的理解很到位，并落实到功能上，达到原创性、艺术性、经济性和对环境尊重性的高标准。

(3) 这是最好的方案，是世界级的。除了符合《竞赛文件》的成果要求外，还融入了很多要求之外的东西。协调的处理，天然的灯光，空间很大，可以欣赏到很好的风景。过去和未来都得到了尊重。

(4) 开放的空间系统可自由穿越，十字形交叉结构，巧妙清晰地连接建筑各部分，分区明确。能准确、清晰表达设计理念，没有多余的东西。

(5) 这个方案很有观赏性。中国版画在世界具有代表性。该方案给观赏者惊奇的感觉。这完全符合地标性建筑的要求。

(6) 与其他方案一样有相同思路，但该方案在技术上更有创意。

都市实践

URBANUS

序号 05

第二名

概念

观澜版画美术馆展现了深圳 30 年的高速发展之后对文化的渴望和雄心。对城市来说，通过兴建规模庞大的美术馆成为在经济大潮过后重新找回文化自信和自身定位的有效策略。然而，规模庞大的美术馆维持费用高昂，且缺乏相应规模的展览，使大量美术馆在建成之后长期处于闲置状态。于是，设计师提出将大型美术馆化整为零，成为一个美术馆群落。

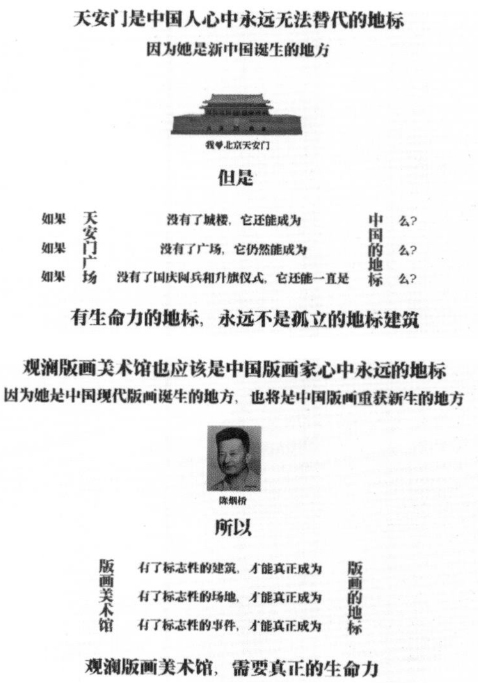

天安门是中国人心中永远无法替代的地标
因为她是新中国诞生的地方
我♥北京天安门
但是
如果 天安门广场 没有了城楼，它还能成为 中国的地标 么?
如果 天安门广场 没有了广场，它仍然能成为 中国的地标 么?
如果 天安门广场 没有了国庆阅兵和升旗仪式，它还能一直是 中国的地标 么?
有生命力的地标，永远不是孤立的地标建筑
观澜版画美术馆也应该是中国版画家心中永远的地标
因为她是中国现代版画诞生的地方，也将是中国版画重获新生的地方
陈烟桥
所以
版画美术馆 有了标志性的建筑，才能真正成为 版画的地标
版画美术馆 有了标志性的场地，才能真正成为 版画的地标
版画美术馆 有了标志性的事件，才能真正成为 版画的地标
观澜版画美术馆，需要真正的生命力

建筑

所谓地标，必然是其所在地的象征，理应对基地有所回应。

观澜版画基地和版画艺术之间已经有了悠久且和谐的关系，新的地标建筑是不是会伤害到它们呢？我们应该尊重环境，尊重历史。

场地

建筑能成为场所的空间要素，我们的基地直接提供了这种可能。

基地中有数幢保存完好的的客家故宅，设计不仅保留了建筑，并将村落的环境，尺度，肌理一并保留，使之成为观澜版画美术馆中最重要的展品。

事件

为了大众，美术馆需要革命。

中国大众对艺术接触甚少，对于版画更为陌生，为了让大众能更自然的接触到版画，我们必须对革命，不仅要从空间上，更要从时间上打开美术馆。

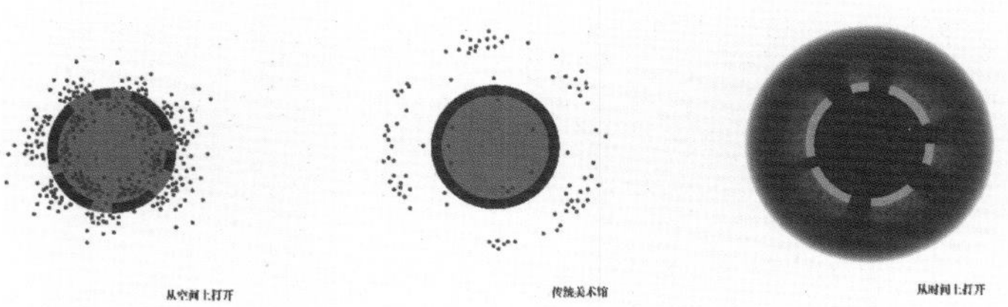
从空间上打开
传统美术馆
从时间上打开

?
观澜美术馆应该是一个
容纳版画，传播版画的地标性场所
而不仅仅是……一个
……像地标的物体

1

2

3

4

1. 鸟瞰 Bird View
2. 3. 模型 Physical Model
4. 街道透视 Perspective from Street

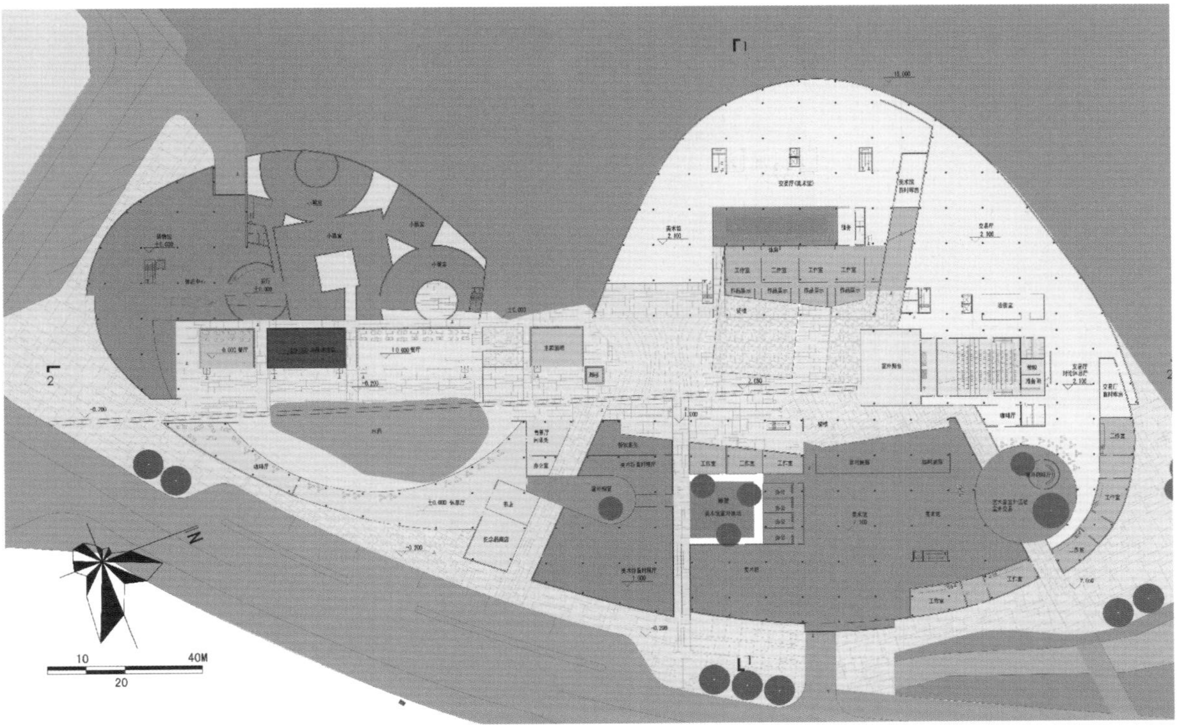

评审意见

(1) 能深刻把握当地文化，体现客家风貌，尊重观澜根基，符合客家围屋的特点。

(2) 古村落与山体融合，鸟瞰效果很好，表现力与文化性值得赞扬。

(3) 形态与版画有联系，功能布局能适应不同的需求。

(4) 该方案有机融合了建筑、环境、人文、艺术，是体现本土的很好方案。

(5) 这是很有特色的方案，运用了客观更典型的客家围屋来表达设计师的设计理念，能把现有的概念变成将来。

(6) 如果基地内每个建筑物都追求宽广的公共开放空间，那么整体上会给人散落的感觉；单个建筑并不需要足够的开放空间。该方案也不是封闭的，刚好是体现力量。这样的建筑是地标，中国人会喜欢。

(7) 设计者理解到位，很好地保留了古村落，以古村落为线索，使古村落、客家文化成为展品。

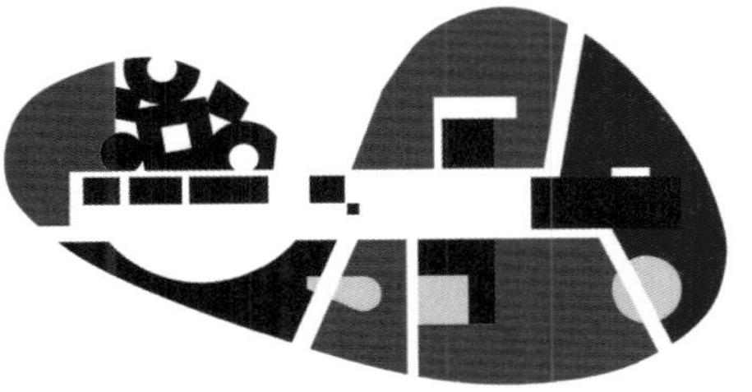

美术馆面积最大

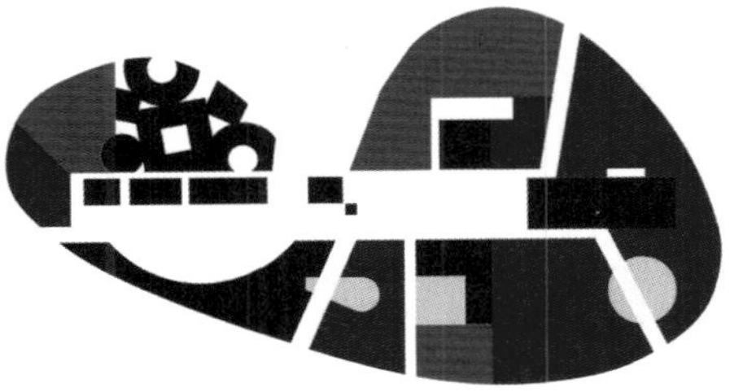

交易厅面积最大

灵活性最大化

向青年建筑师开放的契机竞赛评述

自光明新区中央公园、深圳当代艺术与城市规划馆项目以来，深圳在部分重点项目中开始实行不设资质门槛的国际公开竞赛和咨询，对于资质的开放逐步形成了“深圳竞赛”的品牌，开始吸引众多高水平的国内外设计机构积极参与。对行业而言，门槛限制的破除引入了更为多样化的设计力量，众多的中小型设计机构开始在竞赛中成长起来。2009 年的“观澜版画基地美术馆及交易中心方案设计”吸引了国内外 200 多家机构和个人报名参赛，其中不乏世界知名的明星事务所。但是最终由两名来自深圳的年轻建筑师以个人参赛的名义获得第一名，以此为起点，参与投标的建筑师朱雄毅在悉地国际成立了“东西影”独立工作室，将方案继续完善直至落成。在决策者们期待“通过竞标制度的创新培养强大的本土设计力量，让深圳成为年轻设计师成长和实现设计理想的乐土，提升整体设计水平”的期盼中，“东西影”也是算是一个成功的案例。

尽管是以个人名义参赛，两位建筑师当时任职悉地国际的身份仍然引发了不少讨论（详见朱雄毅在“深圳在场”中章节中的采访）。这种质疑本身正是来源于对竞赛公正性的迫切要求，更希望从深圳竞赛中能够诞生出设计力量。从长远角度来看，由此引发的争议无疑是对中国城市 / 建筑竞赛本身的一次公开讨论，将这个话题从参赛者衍生到所有年轻的从业者。尽管建筑最终落成，但在建筑师看来仍有遗憾：竞赛阶段任务书的制定并不足以涵盖功能与藏品的复杂与特殊，而最终参与运营和管理的团队未能在竞赛和后续阶段参与对方案的讨论，这给确保建筑的完成度带来了极大的难度。或许这种竞赛过后的反馈与反思同样值得被听到。

建成的观澜版画美术馆及交易中心

Case 9

2010 前海实验

前海地区概念规划国际咨询

International Consultancy of Conceptual Planning of Qianhai Region

=竞标类型=

公开国际咨询

=所处区域=

深圳市宝安区

=投标方式=

向专业设计机构及联合体开放

=组织单位=

深圳市规划和国土资源委员会

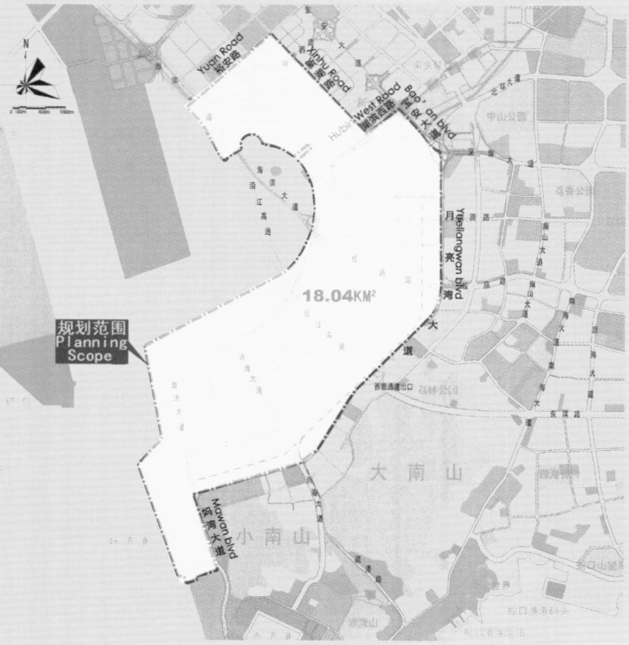

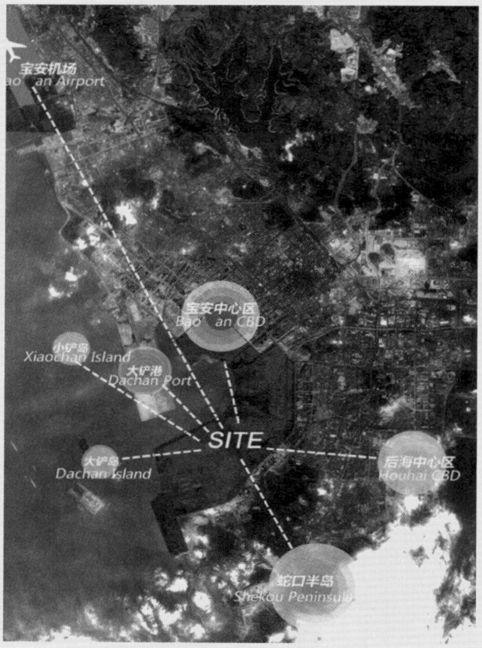

竞赛目的

这是一项征集深圳市前海地区未来空间发展概念规划方案的国际咨询工作。前海是深圳市西部滨海的待开发填海地区，总规划面积约为 1804 公顷。咨询的目的在于集思广益，征集具远见、富创意、并且可行的方案。以国际性视野、前瞻性的发展理念确定前海地区的空间发展结构，打造高标准的滨海城市中心地区，形成独有特色的城市景观风貌。同时，空间规划方案必须具有可操作性，能够为下一步规划工作提供系统性、框架性的设计指引。

前海地区应当成为深港现代服务业合作区，成为深圳提升国际影响力、实现滨海生活梦想的城市中心区。

规划范围

由裕安路、新湖路、湖滨西路、宝安大道、月亮湾大道、妈湾大道及建设中的海堤岸线所围合的陆域范围为界，用地面积 1804 公顷。规划应考虑周边地区，包括蛇口半岛、后海中心区、宝安中心区、大铲港区、大铲岛、小铲岛、洲岛在内的陆域及海域片区等。

总体原则

前瞻性原则

规划设计理念及方案构想应具有远见、富创意并切实可行，能够从前海地区远景发展考虑，作出准确的发展判断。

创新性原则

鼓励先进的、先锋性的城市规划理念，应对循环经济、绿色低碳、可持续发展、以人为本等方面有重点考虑；鼓励新技术的应用。

高品质原则

规划应坚持高标准、高品质的原则，对空间形态、公共服务、生态环境、交通组织等方面作优先考虑。

高效益原则

规划应充分考虑深圳土地资源紧缺的客观现实，在满足生态及绿色城市建设的前提下，以提高土地的利用和运行效益为原则，注重土地价值的充分发挥，实现城市环境与社会经济的同步发展。

可操作性原则

方案应能适应不同阶段的开发与建设需要，为将来发展留有余地；方案必须具有可操作性，便于贯彻到下一轮城市建设工作中。

咨询内容

征集有远见、富创意并且可行的规划方案。同时对低碳低冲击、绿色节能等可持续问题、宜居与活力问题、土地使用与地块划分、城市系统运作和开发各阶段的效率等方面进行考虑，充分利用前海地区的滨海资源。提出前海地区的整体发展思路、空间发展结构和布局方案、综合交通组织方案、生态与环境保护方案、实施策略及指引等。

前海拥有妈湾、赤湾等集装箱港口；连接广州、深圳、香港的沿江高速路，连接深圳、香港两大机场的港深西部 快速轨道从中间穿越；内外交通联系便利，具有海、陆、空齐备的交通条件，是珠三角最具综合交通优势的地区；前海地区依山面海，土地储备充足，自然资源条件十分优越。由于先期物流园区的发展定位，港口及其后方陆域物流园区的运作成为该片区的现状主导功能。该片区的交通也大都以疏港货运交通为主。宝安中心区核心区经过十几年的规划建设，现已初现雏形。

竞赛结果

第一名	07号	美国	詹姆斯·科纳 James Corner Field Operations
第二名	06号	西班牙	BLAU建筑城市景观事务所
第三名	08号	荷兰/中国大陆/中国香港	大都会建筑事务所（香港）+中建国际+科进香港有限公司+麦肯锡 联合体 OMA(HK)+CCDI+WSP+ McKinsey&Company

入围设计机构名单

序号	国家/地区	机构名称
01	丹麦哥本哈根	BIG建筑事务所+宋腾添玛沙帝结构设计事务所联合体 BIG+Thornton Tomasetti
02	美国	SWA集团 SWA Group
03	美国	NO2建筑事务所 NO2 ARCHITECTURE
04	荷兰+中国深圳	荷兰高柏伙伴规划园林建筑顾问公司+深圳市筑博设计 Kuiper Compagnons + Zhubo Design Group
05	中国北京	北京白林建筑设计咨询有限公司 Bailin Design
06	英国	BLAU建筑-城市-景观事务所 Bernabe Labanc Architecture Urbanism
07	美国	詹姆斯·科纳 James Corner Field Operations
08	荷兰+中国深圳+中国香港	大都会建筑事务所（香港）+中建国际+科进香港有限公司+麦肯锡联合体 OMA(HK)+CCDI+WSP+McKinsey&Company
09	中国深圳+中国香港	中国城市规划设计研究院+香港奥雅纳工程顾问公司

竞赛评委名单

巴克里斯纳·多西 Balkrishna Doshi	印度著名建筑师和教育家 美国宾夕法尼亚大学教授 普利策奖遴选委员会成员
查尔斯·瓦尔德海姆 Charles Waldheim	美国哈佛大学设计学院景观系主任
陈一新	深圳市规划和国土资源委员会 副总规划师
段进	东南大学建筑学院副院长
林群	交通规划研究中心主任
金圣采	美国JERDE 国际建筑师事务所合伙人
亮华飞 Ralph Lerner	香港大学建筑学院院长 美国普林斯顿大学建筑学院前院长
严迅奇	香港许李严设计事务所创始人之一
宋宏焘	欣境工程顾问有限公司创办人 台北淡江大学建筑系教授

詹姆斯 · 科纳

James Corner Field Operations

序号 07

第一名

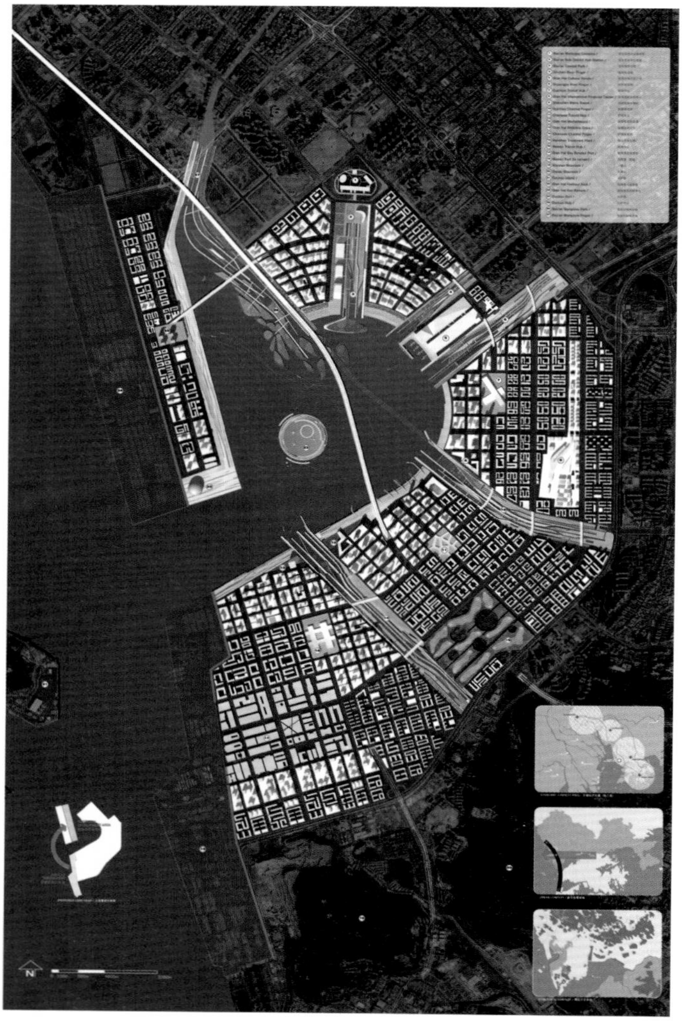

前海水城

设计为深圳前海地区构想了一个充满活力的二十一世纪新城，这个新城密集紧凑、丰富多样，遵循可持续的原则，并环抱着这个城市最重要的资源之一——水。

前海地区的一大机遇就是将水融入城市，并用水来赋予鲜明的区域特征。这一特征不仅是一个经典的明信片式的港口照片，而是一个对基地和港口内的水体进行净化和改良的大胆构想，注重采用生态创新技术，并同时创造出类型多样的滨水都市环境，遍布整个 18 平方公里待开发地区。

基于这一设想，成功的前海规划方案不应该落入常规开发的俗套，重视建筑多于景观环境，或是重视基础设施多于生态保护。反之，出色的城市规划应该提出纲领性的发展策略，整合上述各个城市组成系统，以创造出一个强劲的、适应性强的城市机制，使之不断地发展、变化和自我更新。

为了实现水与城市充分融合，创造鲜明的区域特征，我们必须对基地进行两方面的结构性整治，以改善港口的生态环境和视觉形象。

第一，对从现存水道流入港口的水进行处理和过滤，以改善水质。为了实现这个目标，我们设计了五个超大尺度的线性水体过

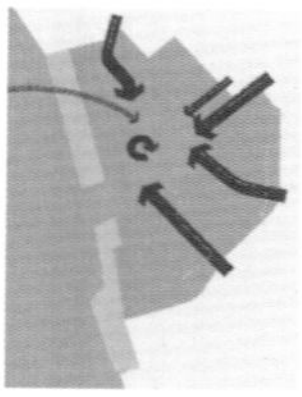

净化水质

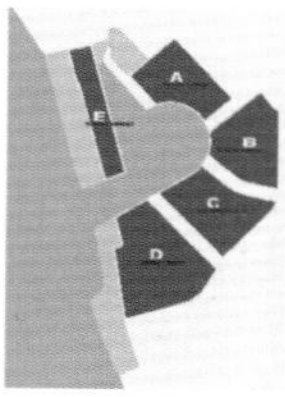

界定分区

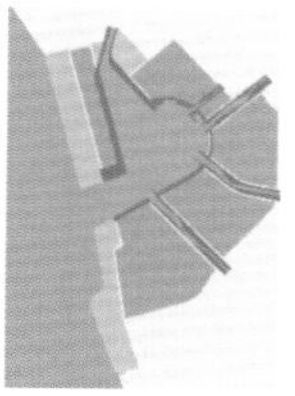

活跃边界

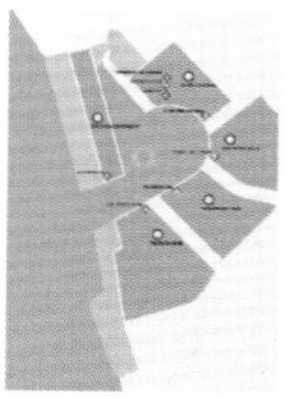

标志性建筑+交通枢纽

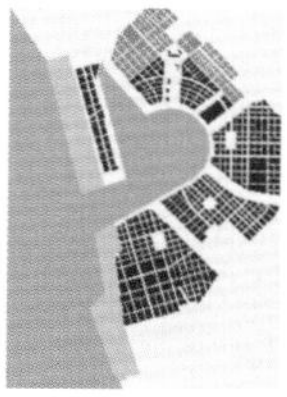

新城市机理

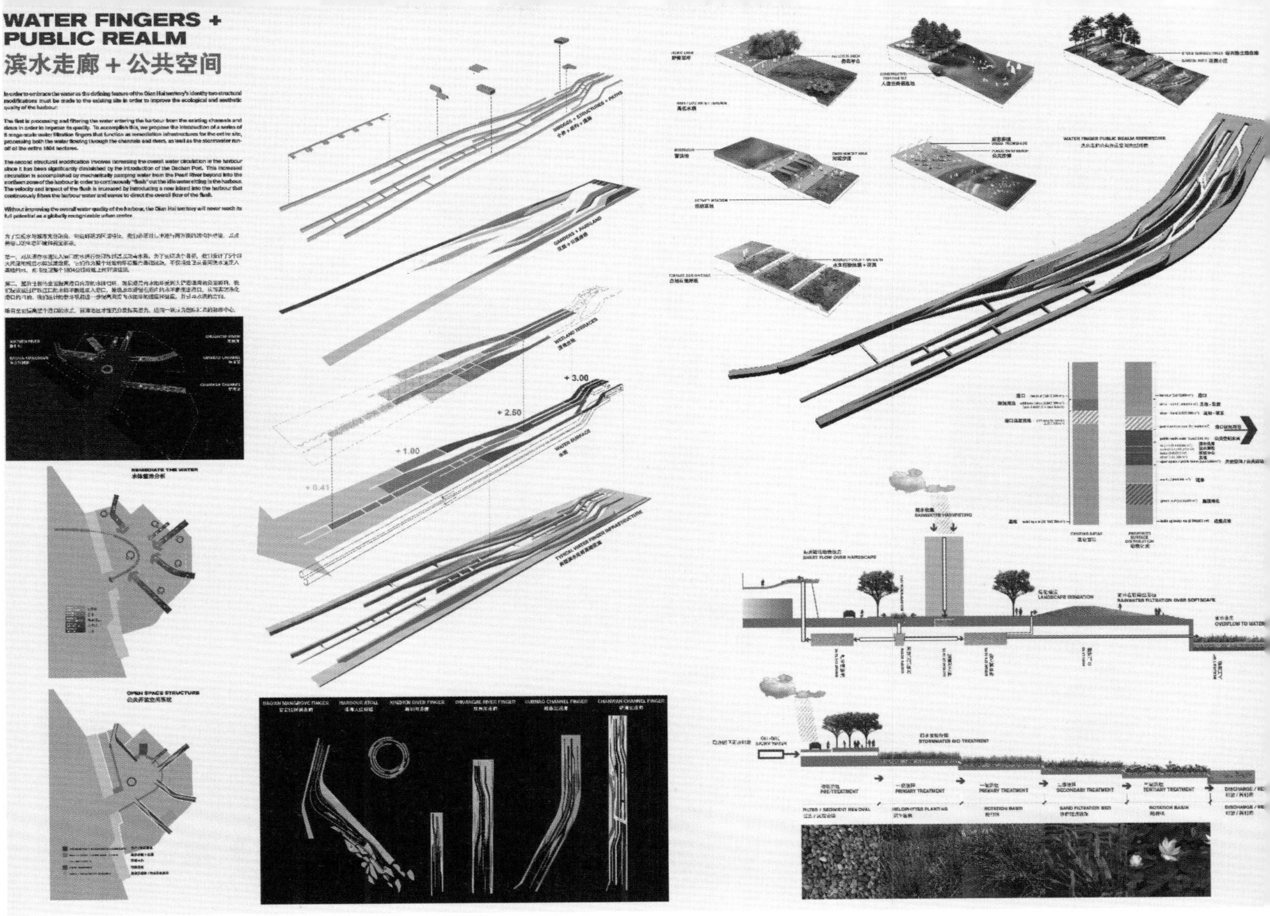

滤走廊，它们作为整个场地的环境整治基础设施，不仅将处理从各河渠水道流入基地的水，也将处理整个 1804 公顷场地上的雨洪径流。

第二，整治就是全面提高港口内部的水体循环。现状港内水循环受到大铲港填海的负面影响。我们提议通过将珠江口的水体不断地泵入港口，推动原本滞留在港内的水不断流出港口，从而实现净化港口的目的。我们设计的新岛将进一步提高海湾内水循环的速度和强度，并引导水流的方向。

唯有全面提高整个港口的水质，前海地区才能充分发挥其潜力，进而一跃成为国际知名的都市中心。

所有进入前海地区的水都被处理之后才被用于灌溉或者释放入港口。滨水走廊基础设施不仅能够处理水体还能为居民和游客提供娱乐休闲的场所，从而改善整个前海的居住和休闲体验。

MASSING, FABRIC + PROGRAM
体量关系、城市机理 + 功能布局

The introduction of the Water Fingers serves to break down the enormity of the Qian Hai territory into a series of 5 distinct urban sub-districts. Each sub-district, though highly diverse in terms of activities and uses, is distinguished by a particular programmatic disposition - commerce and business; trade and logistics; research and innovation; civic and culture; and lifestyle and mix. These primary programs define the specific identity of each district, creating distinct, legible destinations within Qian Hai.

The proposed programmatic distribution for the Qian Hai territory also serves to define the particular typologies and massing appropriate within each sub-district. As such, we have defined maximum building heights and programmatic distribution for each sub-district that is calibrated to respond to programmatic comfort and particular programmatic make-up. Development massing along the waterfront and public open spaces is maximized, and is typically the areas of highest activity and density within each district. The existing initial modulated bar rises on site are integrated to the greatest degree possible in terms of both program and activity.

前海总水指的引入将前海巨大的功能机理分化5个不同的城市区分区，每一个分区虽然在活动和使用功能上各不相同，却因其各自特有的功能而独具特点。商业+商务，贸易+物流，科研+创新，文化+文化，生活方式+综合。这些主要功能界定了每个区的不同的特点，在前海形成清晰可辨的目的地。

前海提出的功能划分，同时也能界定每个分区特有的类型和适宜的体量。同样，我们界定了最高建筑高度和每个区的功能分布来满足功能舒适性和功能的特殊性。滨水和公共开放空间的开发体量最大化，通常也是每个区活动和密度最高的地方。对现有的初步设计在功能和活动上都尽可能地进行了整合。

PROPOSED PHASING · 分区发展计划

proposed program anek x
3.5x
total floor area

TOTAL
64,000,000 m²
开发项目

CIVIC + CULTURE
文化+文化

COMMERCE + BUSINESS
商业+商务

The Bao'an CBD sub-district is the civic and cultural core of the Qian Hai Water City. It is home to the most municipal building in the context, a location conditioning city arrays, a public plaza, and a library. A civic office significant commercial and civic program also define the district, which offers 6,000m of civic heritage and 2,000m of open heritage.

A
BAO'AN CBD SUB-DISTRICT
宝安 CBD 重点
12,250,000 m²

The Guimiao sub-district is the business and commercial hub of the Qian Hai Water City. Bao'an and offers towers permeates the way of the district, allowing for the formal matching the Water historical commercial tower. Significant retail and uses serves to animate the commercial frontages. The district offers 4,000m of water heritage and 1,400m of open heritage.

B
GUIMIAO SUB-DISTRICT
桂庙分区
13,250,000 m²

LIFESTYLE + MIX
生活方式+综合

The Chanwan sub-district is a transitional zone between the hyper-density of the Guimiao sub-district and the commercial Mawan sub-district. It is a highly varied and diverse zone comprising a broad range of program - commercial, residential and mixed-use programs. The district offers 2,000m of water frontage and 1,600m of park frontage.

C
CHANWAN SUB-DISTRICT
护湾分区
13,000,000 m²

LOGISTICS
贸易+物流

The Mawan sub-district is influence for two main factors: 1) the presence of the existent trade sites; and 2) its relation within the fabric of Shenzhen airport. As such, the district is of mixed-scale from subdistrictss and, however, to ensure highly mixed use it types to the urgent amount of restructurent program area within Qian Hai. The district offers 3,000m of water frontage and 1,800m of park frontage.

D
MAWAN SUB-DISTRICT
妈湾分区
20,000,000 m²

RESEARCH + INNOVATION
科研+创新

Rather than dismissing the Mawan Park we have chosen to keep this area of the site for the clean bottom area of the Mawan area. The district is influenced by the embrace of the Qian Hai funnel. This area is anticipated to be a hybrid site high-tech and academic research area encompassing laboratory, incubator and mixed-residential facilities. It serves as vital 6,000m of water frontage and 1,600m of park frontage.

E
DACHAN SUB-DISTRICT
大铲分区
5,500,000 m²

QIANHAI WATER CITY
前海水城

THE WATER CITY FROM QIAN HAI HA
从前海港回望

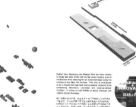

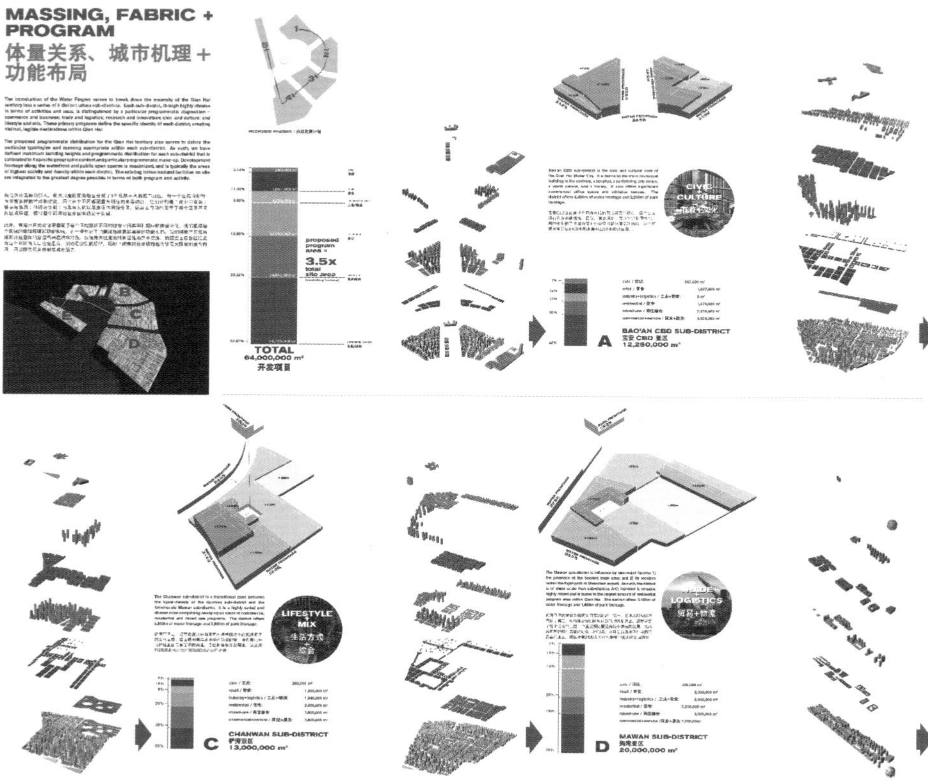

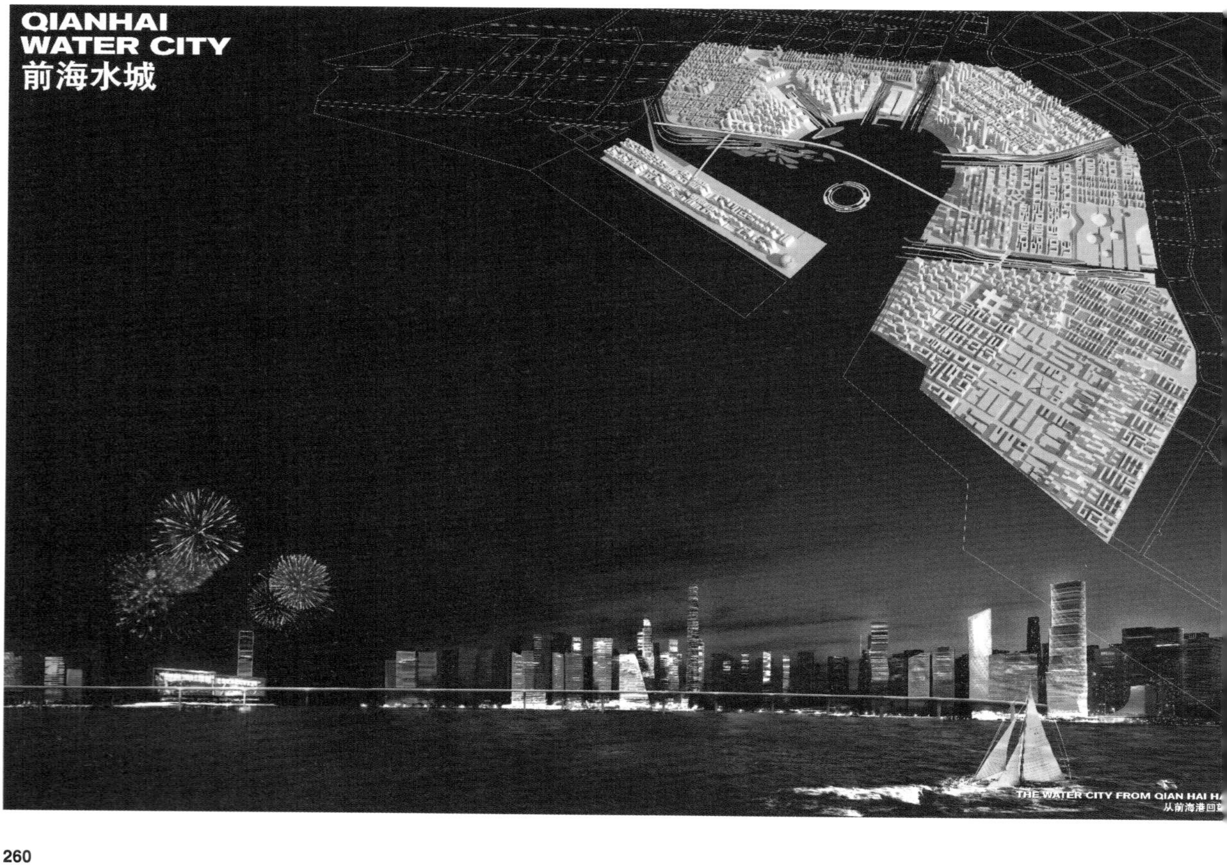

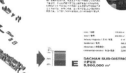

我们的设计为实现这一整合了提出一个令人印象深刻、富于创意和切实可行的方案。方案建议利用并拓宽现状流经基地的河流和排水渠，引进五条线性滨水走廊，将大尺度的基地划分为一系列易于管理且特色鲜明的都市亚区 (sub-district)，并且将周边的城市地区与海岸区域连接起来。此外，每个开发地区的城市肌理在沿用典型的深圳街区尺寸基础之上，引进次一级的路网和公共空间走廊，将其进一步细致划分，以鼓励步行活动，避免超大街区造成的隔绝性，并且在各个地区创造出一系列丰富多样的城市邻里。

我们的设计将会带来一个高密度、注重生态的城市环境，它提供了一个标志性的海岸线、多样的建筑形式和文化娱乐场所，以及一系列方便到达又别具匠心的公共活动空间。

评审意见

金圣采：对于水系他们也做了很多工作，所以把它叫水城。

多西：平面的设计为未来发展的可能性也提供了便利，未来可以进行更多的变化和发展。

现在我们没有看到这个方案和深圳的关联，我们从来没有看到把它和全深圳连接起来，我们可以讨论、可以争论，这种形象的设计是否真的是合适的，我们是否要花时间、精力考虑绿色的基础设施，是不是这样是合适的，又讲到东亚的生活方式、落日等，这些都没有什么太大的关系。

严迅奇：这个方案和上一个方案相比，也有类似的地方，也是手指性的物质，而且它更多的是纯景观的设计，更多的是把它分成很多东西，第二个就是中间的小岛，也许他设计这个岛有一定的逻辑在里面，但是我们还不知道他为什么要设计这样的小岛。

亮华飞：我也同意严老师的观点，这些绿色的景观带的话，除了这个景观功能以外，如果还有其他另外的功能的话，它也是连接城市的路口，这样子的话会更好，从平面上看，它是非常之宽的，基本上比旁边的街区还要宽，所以也提出了一个问题，是不是需要这么宽的一个绿地。

某种意义上我同意查尔斯的观点，这些绿手指是挺好的一种表现方式，如果它有更多的一种功能的话，比如说连接城市，仅仅是景观之上有另外一种功能会更好。另外一点就是这里面一些绿色景观带有净化水的功能，不知道它是不是真的能实现，如果真的实现的话也是比较好的想法。

查尔斯·瓦尔德海姆：我觉得这个方案和其他方案相比最大的特点就是它考虑了生态的概念，其他的方案都是想把水通过运河的方式进行实现，这个方案最大的好处就是利用水的生态、这样就有更大的空间，有形式的设计、景观的设计。说到各个街区的结构，我更多认为这个方案设计考虑的是战略性街区的结构，之后再进一步的发展，这个城市不是由一个城区所组成，是由五片城区来组成，不同的街区就有不同的特色考虑进一步的发展。

宋宏焘：另外我认为这 6 号和 7 号方案都是在讲故事，怎么样把这部分的区域和更大的体系、更大的系统连接在一起，我们可以把这个方案作为之后进一步详细讨论的方案之一，这个话题是政府官员比较关注的话题，海洋流过来，然后有一些污染、废水处理等等，还有运河，这都是政府关心的话题，它刚好涉及到了这些话题。

BLAU建筑城市景观事务所

BLAU ARCHITECTURE / URBANISM / LANDSCAPE

序号 06

第二名

前海国际创意滨海城市

设计策略的九大理念

(1) 给前海湾赋予创造性的优美形式

(2) 前海将成为珠三角地区的重要节点

(3) 独一无二的亚洲城市港湾

(4) 充满活力的中心区和强有力的滨海空间

(5) 前海作为深圳“高密度景观城市”的重新诠释

(6) 设计结合自然，创建绿色手指

(7) 城市规划平面

(8) 规划一个清晰的格网系统

(9) 我们的规划策略是一个“开放系统”

由此来创造一个独一无二的不断变化的实体

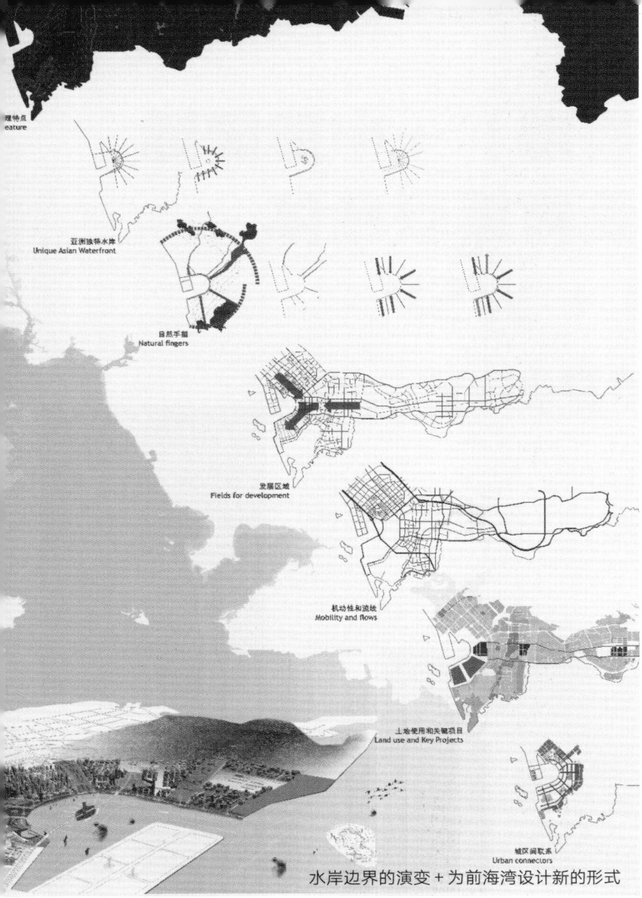

水岸边界的演变＋为前海湾设计新的形式

湿地手指＋低碳林手指＋大花园手指＋都市农场手指

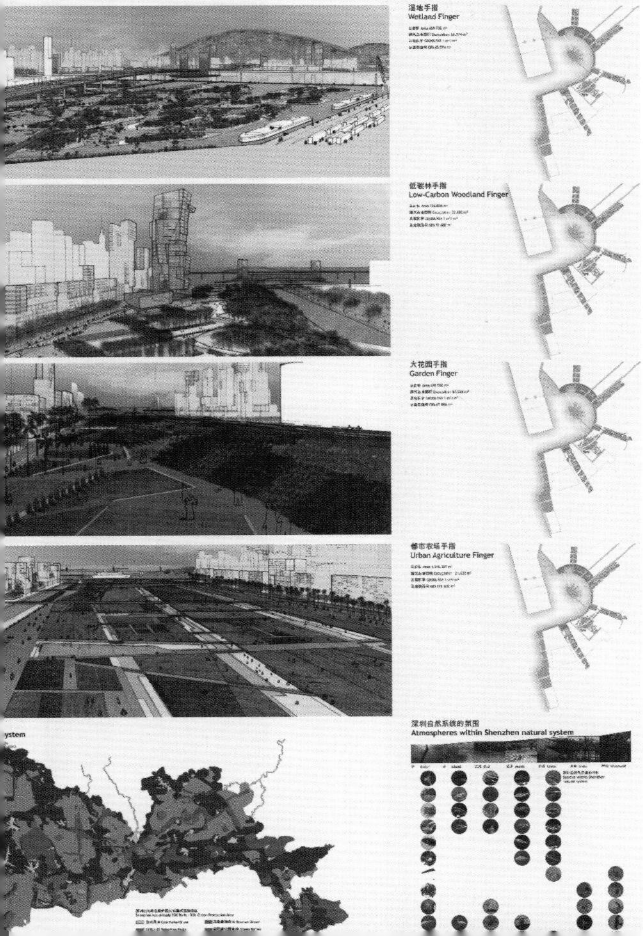

活跃强有力的滨海空间＋自然手指

评审意见

查尔斯·瓦尔德海姆：有两件事情是比较有趣的，这个所谓的手指还是挺清楚的，然后它和水的关系、和地面的关系有一个清晰的定义，不光和水和地面有关系，可能未来对农业、园林这些方面似乎都有些关系，这个区域的结构定义得比较清楚。另外这个地形看得不是很明白，整个方案没有做得太深化，但还是比较有意思的地形分析。

严迅奇：我觉得绿色的手指的设计比较不错，能够解决很多开放的空间以及绿色走廊的结构，以及分散使用的用途和密度，这些都是比较不错的解决方案，这是这个方案里面最触动我的。大家要解决的问题就是整个弯曲的尺度问题，我们应该保留这个尺度不变，还是缩减、还是扩大？这个是中间加一个岛的方案，对整个弯曲的尺度该怎么处理？怎么样形成整个区域的焦点？

段进：我觉得这个方案在交通处理上有优越性，把南坪高速降到了地下，这样就不会对生活岸线造成影响。另一个是它的实施性比较强，不会把现在建好的东西全部毁掉。路网是最重要的，把中间的绿带空出来，里面做什么样的功能都有可能性。

亮华飞：因为这里之后会是全面运行的货运码头，如果是这样一个码头的话，每天都会有非常多的船、集装箱过来，会是非常繁忙的景象，这边是繁忙码头的景象，这边是城市休闲的社区，不知道住在这里的人会不会有一种喜欢的感觉。有可能可以借鉴新加坡的码头，新加坡十年以前填海造了一块土地，但是他们一直都没有做一些设施的建设，到了十年之后，慢慢的再开始开发，然后那个城市已经具有规模了，可能也可以借鉴新加坡的模式。

大都会建筑事务所（香港）+中建国际科进香港有限公司+麦肯锡联合体

OMA(HK) + CCDI + WSP McKinsey & Company

序号 08

第三名

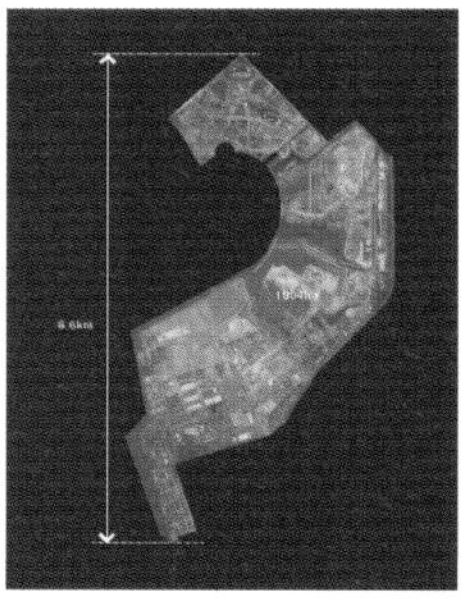

基地

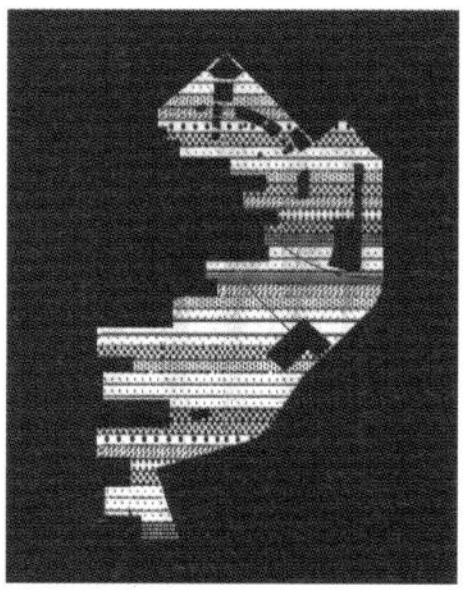

分层

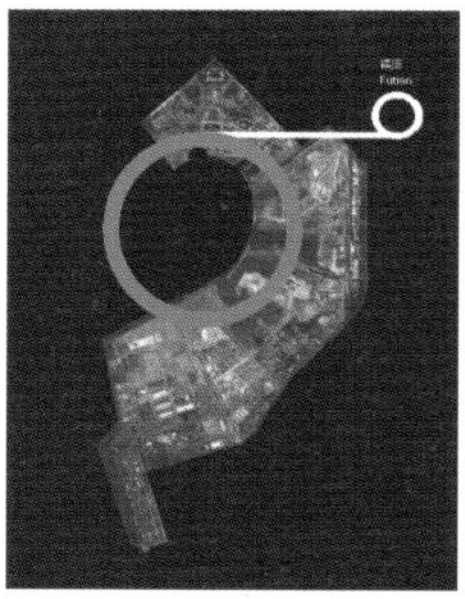

环带

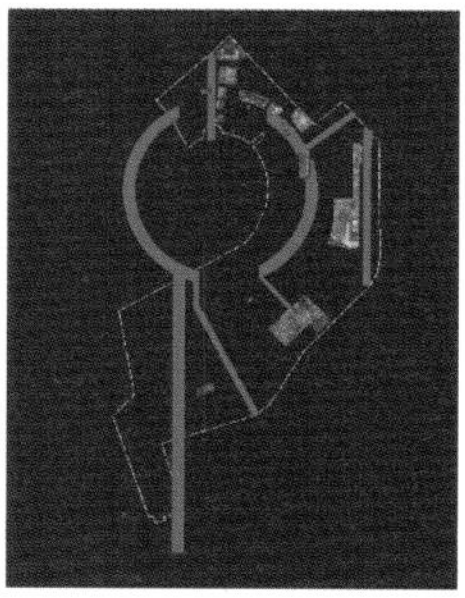

例外

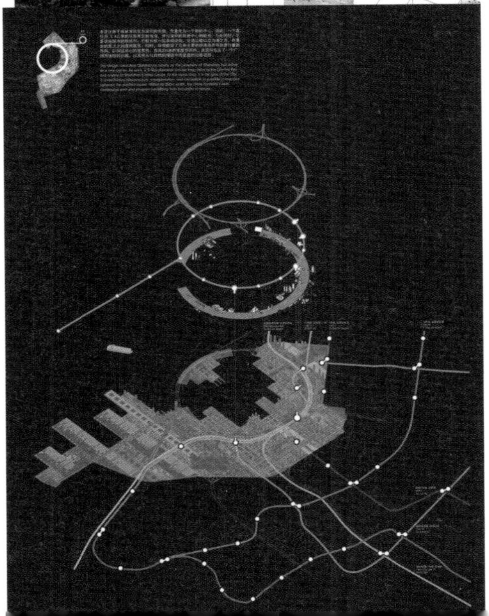

前海城岸

基地目前的使用由一系列层次组成，包含基础设施、交通运输以及物流。港口及其相关功能的运作定义了基地大部分、及其以南和以西相邻地区的特质。如果并不是试图从新的发展中抑制或隔绝这些使用，而是将它们考虑为能够形成一个新的城市身份特征的潜力，将会怎样？

基地现有的（港口）环境能否使新的城市条件的引入得以受益，而新的城市条件的引入又能否加强这些现有条件？

评审意见

亮华飞：这个方案它有很多不同的层次，有着可变性，也有未来拓展的可能性。它也是有一个圆形的水岸，但是这个方案更加有说服力，同时从这也可以看出，它将来会是比较繁忙的港口。这里有一个桥连接机场和香港的一些郊区，从他们的角度来看是更加方便车辆的运输。

不同的层次中间有一些隔断，但是从我在中国其他城市看到的经验来说，比如说上海、北京，有一些不同层次的绿色公园带，我觉得在这个方案当中还是可实现的。

查尔斯·瓦尔德海姆：这个方案是占有一席之地的，似乎显示出新的创新模式，把港口和城市融合的设计，看上去对这个城市的规划是比较合适的，如果做这个方案不是愤世嫉俗的话，也是有很大的问题，它缺乏背后坚实的骨架、对后面的设计可能是一种挑战，因为它缺乏很多的细节。

确实是通过汽车来了解这个城市的，这也是我看中的一点。

多西：从这边的图面来看，看城市的结构和布局有一个渐变的过程。

严迅奇：这些条带看上去是可以生长的，有一种可扩展性，可以加长和缩短，但是有一个遗憾，似乎多是朝着一个方向的；另一个喜欢的地方就是圆圈，似乎可以把所有的东西都挡到外围，让它不再穿过中间的弯曲；第三个比较喜欢的是这是一个海港城市，圆圈周围都可以体现出海港城市的特性。

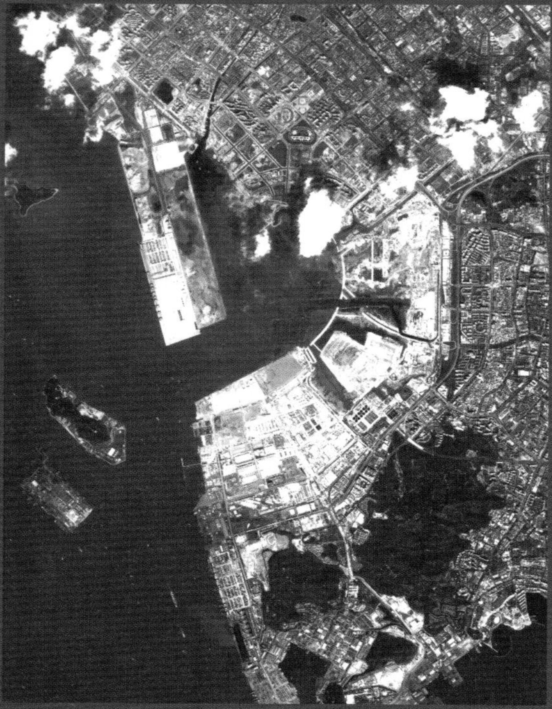

基地

01. 丹麦 BIG+Thornton Tomasetti

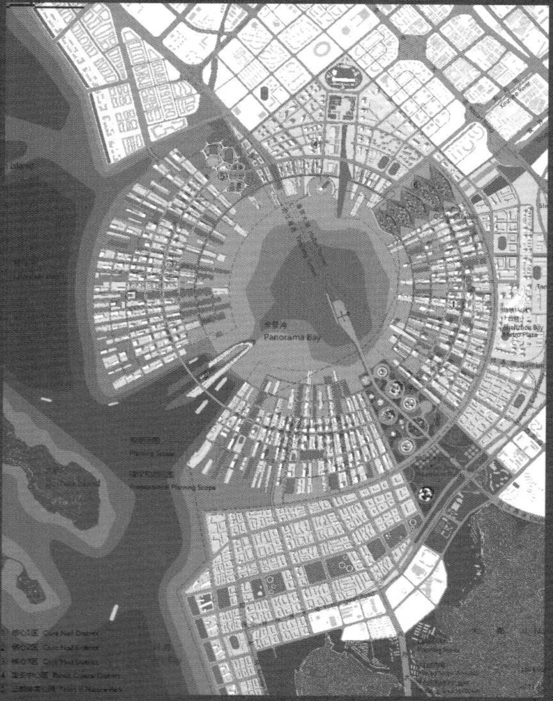

04. 高柏伙伴规划园林建筑顾问公司+深圳筑博工程设计有限公司

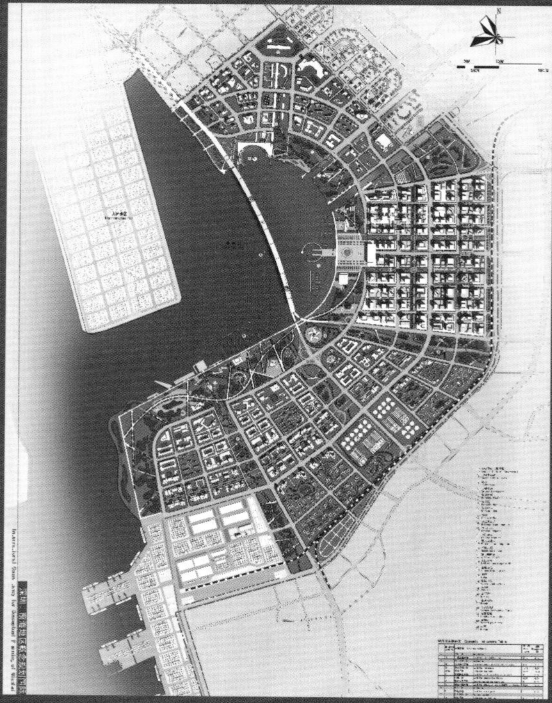

05. 中国 北京白林建筑设计咨询有限公司

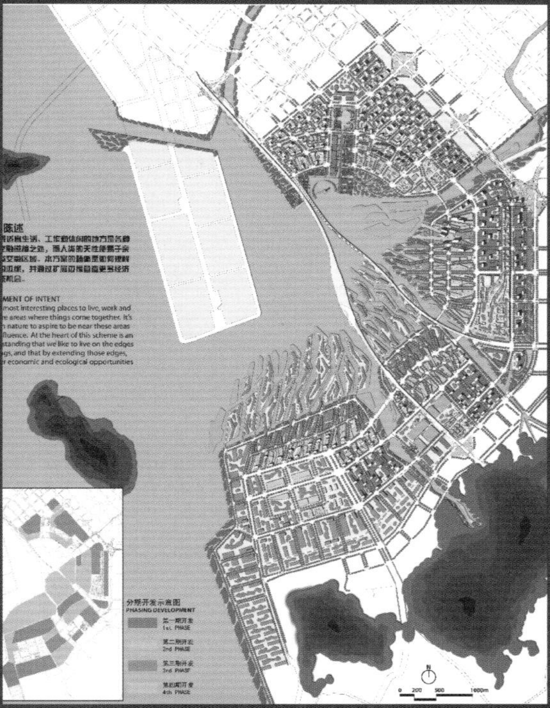

02. 美国 SWA

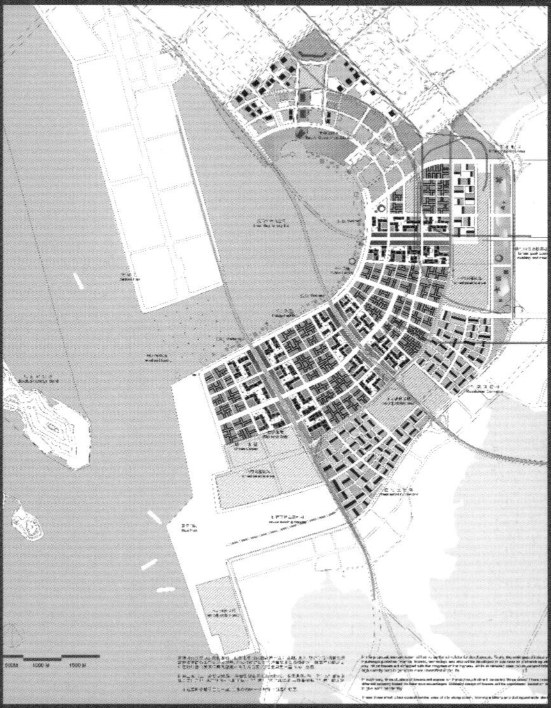
03. 美国 NO2 ARCHITECTURE

09. 日本 日建设计

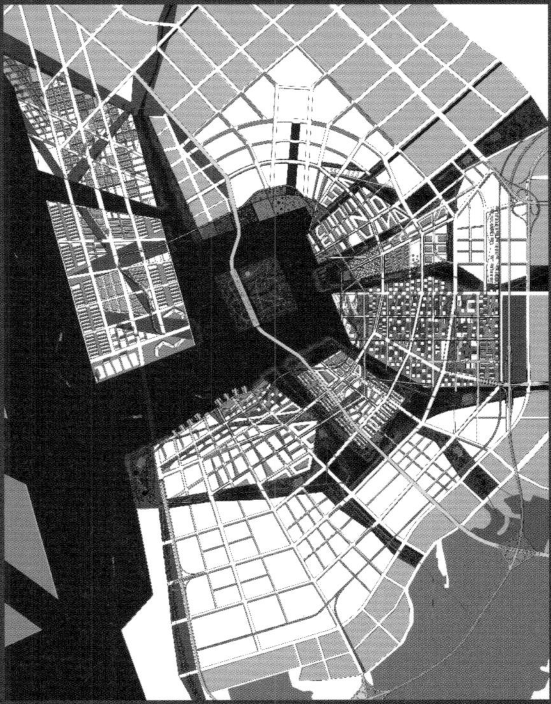
10. 深圳+香港 中国城市规划设计研究院+香港奥雅纳工程顾问公司

前海实验竞赛评述

前海的首轮规划完成于十几年前，在这样一轮以第二产业、物流为主的区域规划中留下了大量高速路、电厂、市政设施等基础建设，而 2010 年举办的国际咨询则面临着将现状转化为服务区的重大调整。如何把规划和现状已经是支离破碎的前海地区缝补成宜居的、适合第三产业发展的第三产业的片区，构成了竞赛的前提和初衷。

实际上为咨询提交的十个方案，是围绕着前海区域给出的十种解读，有的侧重环境条件（沿海水资源），有的侧重基础设施（高速公路、港口），有的侧重地缘优势（与香港、广州的关系），有的侧重城市景观的塑造（现状单一的工业产业结构），这既是由基地现状的复杂条件决定的，也是由命题面对未来的开放度决定的。也正因为此，评审在面对着十种几乎完全不同的、有落地有实验的提案时，在如何评价方案的可实施性与方案的远景价值时产生了巨大的分歧。因此，在评审的过程中，几位评委不仅列举出了每个方案的优点，同样指出了它们可能带来的风险，以及对未来规划可能带来的影响。

前海的未来尚处在一片模糊之中，现在很难评价这些国际咨询的方案是否影响了决策者与规划者看待这片区域的眼光。但是如同 20 世纪开始就为深圳福田中心区进行的数轮规划一样，随着实施阶段的划分，深度的推进，以及珠江三角洲所能发挥的作用，可以预见前海地区仍然等待着数轮高水准的咨询，问题是我们如何在不断吸取各种思想的过程中，真正为世界的城市发展，为生态的、低碳的实验做出贡献？

Case 10

2011 向所有人开放的日常竞赛

一户·百姓·万人家

1 UNIT · 100 FAMILIES · 10000 RESIDENTS

“一百万”保障房设计竞赛

1-Unit 100-Families 10000-Residents Competition of Affordable Housing Design

=竞标类型=

公开国际竞赛

=所处区域=

不限

=投标方式=

向所有个人、专业设计机构及联合体开放

=组织单位=

深圳市城市设计促进中心

=业主单位=

深圳市规划和国土资源委员会

“一·百·万”保障房设计竞赛公告

中国第十二个五年计划确定2011—2015年全国建设3600万套保障性住房（可容纳上亿人）。由此自上而下分解，深圳的任务是同期建设24万套（容纳超过80万人）。这一自上而下、突如其来、大干快上的保障房建设任务，带来计划/需求/政策/土地/资金/规划/设计/建设/分配/管理等一系列困惑——设计在其中能做些什么呢？

受深圳市规划和国土资源委员会委托，深圳市城市设计促进中心（以下简称设计中心）开展保障房建筑设计创新课题，经过前期的系统研究，现提出“一户·百姓·万人家”（1unit·100families·10000residents）设计竞赛策划方案——

“一户”题目针对的是居住空间内的效率设计。

“百姓”题目引导关注以百户为邻里单元分解消化保障房任务的策略设计。

“万人家”则侧重探索在典型大社区中受忽略但又至关重要的低成本生活环境的规划设计。

这一简称“一·百·万”竞赛题目的提出，是基于对现状保障房政策、规划、建设、管理整个链条存在问题的梳理和提炼，兼顾城市策略与政策研究、社区规划与建筑设计、住户需求与技术应用，还紧扣了通过前期研究梳理出的以下焦点难题：保障房的必要性与真实需求、存量房屋/土地资源的善加利用、资金和房源的可持续流通、住房的低成本控制及相匹配的低成本生活环境的营造、以及如何汲取国外低收入社区/住宅的经验教训等等。竞赛目的是通过这一创新活动，促进保障房问题得到更加理性与系统的设计解答，体现了设计中心“设计用来解决问题”的主张。

“一·百·万”竞赛活动欢迎任何人参加，特别鼓励跨专业联合团队（如建筑师＋开发商＋政策、社会、经济等领域研究者）及其补充调研，以拓宽设计解决问题的思路。参赛者可在三个题目中任选或多选，也可将三项当一个整体来综合设计，或仅提供一张A0图幅的概念设计，或对相关规范标准政策提出改进提案。

竞赛评委会评委成员将包括海内外著名建筑师、评论家、政策/社会/经济研究学者等。评选成果将在合作建筑杂志上刊登，并在深港城市/建筑双城双年展保障房专题展展出，优秀设计会推荐给合适项目来考虑实施，优秀提案也会推荐给政协人大代表，作为代表提案的参考素材。

参评评委	
01	王晓东
02	陈燕萍
03	高海燕
04	刘　珩
05	宋　丁
06	张之杨
07	文林峰
08	王维仁
09	周燕珉

获奖情况

	奖项	序号	个人 / 机构名称
一户	金奖	108	蒋琳
	银奖	114	汪皓 / 嘉柏建筑师事务所
	佳作	16	深圳市筑博工程设计有限公司
		31	深圳市库博建筑设计事务所 + 深圳华侨城房地产有限公司 + 华中科技大学建筑与城规学院
		33	季圣 魏朝斌
		125	汕头上层联盟建筑设计事务所

	奖项	序号	个人 / 机构名称
百姓	佳作	05	中建国际墨照工作室
		30	深圳市华阳国际工程设计有限公司
		41	林达/深圳市都市实践设计有限公司
		85	周梓深 黄祖锡 黄泳贤
		33	季圣 魏朝斌
		185	湛杰
		189	深圳市建筑设计研究总院有限公司

	奖项	序号	个人 / 机构名称
万人	金奖	12	谢英俊建筑师事务所
	银奖	16	深圳市筑博工程设计有限公司
	佳作	02	北京维思平建筑设计事务所
		30	深圳市华阳国际工程设计有限公司
		38	铿晓设计咨询（上海）有限公司
		92	程昀 邓丹 林琳
		130	黄祖锡 潘智维 赵汝章 李梦婕 周梓深 黄泳贤 郑晶晶 娄力维 陈倩佞 冯敏华 朱晓君 指导老师：季铁男

	奖项	序号	个人 / 机构名称
政策提案	佳作	72	郭湘闽 彭珂 谢煜 许静霞 石蓓 周景 许桐桐
		139	段希莹 余力 王浩 黄薇 黄薇景 许桐桐
		163	白鹏 刘志丹 黄斌 邓宇

	奖项	序号	个人 / 机构名称
A0设计	金奖	191	一户 上海易托邦建设发展有限公司 + 成都多维设计事务所
			百姓 上海易托邦建设发展有限公司 + 上海同济城市规划设计研究院
			万人 上海易托邦建设发展有限公司 + 度态建筑
			综合版 上海易托邦建设发展有限公司 + DANISH TECHNOLOGICAL INSTITUTE
	银奖	111	坊城建筑设计顾问有限公司
	佳作	16	深圳市筑博工程设计有限公司
		38	铿晓设计咨询（上海）有限公司
		199	陈熹子 邓晓东 梁华杰 林庄 谢志艺 朱慧

蒋琳

JIANG Lin

序号 108

一户金奖——户间

建造CONSTRUCTION

在小户型空间利用开发中，充分考虑工业化全过程的设计方式，采用预制轻质内隔墙工业化技术。

GRC轻质隔墙板，重量轻、板材薄、防火、隔音、保温，强度高、刚度大、韧性好，吊挂能力高，墙体薄可增加使用面积10%，重量轻仅为12砖墙的1/4－12。易于可加工性（可进行锯、钉、钻等加工）且价格适中，施工简便，干法作业。墙板表面平整光滑，不需作第二次板面介面理，与粘结剂水泥砂浆亲和力好，可直接粘贴瓷砖、壁纸、涂刷各种涂料。遇水不变形，强度不降低。墙体不龟裂，抗震性能好。隔声性能好，单层90㎜厚GRC墙板能达到二级分户墙隔声≥45Db的标准要求。

结果RESULT

设计内容由设计具体的实体空间结果，转换为设计简单的游戏规则，而由居住者自行决定最终的空间结果，通过这个转变，我们获得了一种非常经济、高效、开放的保障房设计，以有限的空间策略就可以获得近乎无限的空间组合，并使设计成为社区建构的推手。

设计策略 DESIGN STRATERY

打破传统标准化的户型设计以“户内”空间为中心的思维模式，将设计重点转移到“户间”的设计。我们并不设计完整、确定的户型，而是只设计一套“户间”的边界策略库，供住户根据自身需求自行地选择，使住户们的个性化需求得以最大化的满足。

我们先确定一个既小但又不乏多种可能的住宅单元，以此可建立一个框架结构的住宅楼。该大楼只修建主体结构、管道系统和外维护，而没有内部分隔。每位住户在购房或租房时先获得一个初始的标准矩形单元，然后通过保障房的租售网站或者租售中心了解各种分户策略和相应的参考户型，初步确定自己的理想户型，并利用网站或中心登记自身的户型信息，同时搜索与自己匹配的潜在邻居，通过协商最终确定自己与邻居间的边界形态，进而生成自己的户型，也找到了“合得来”的左邻右舍。可见这个设计不止是引入了住户个性选择的参与式设计，同时更重要的是它建立起了一个社交平台，让原本陌生的住户通过完成户型设计而结识投缘的邻居，进而为未来密切的邻里交往打下了基础。在这个过程中，建筑师的专业知识不但在于通过设计户间策略和参考户型帮助无设计经验的住户方便、高效地DIY自己的家，而且在于设计了一种社交方式，加速社区和邻里意识的建立。

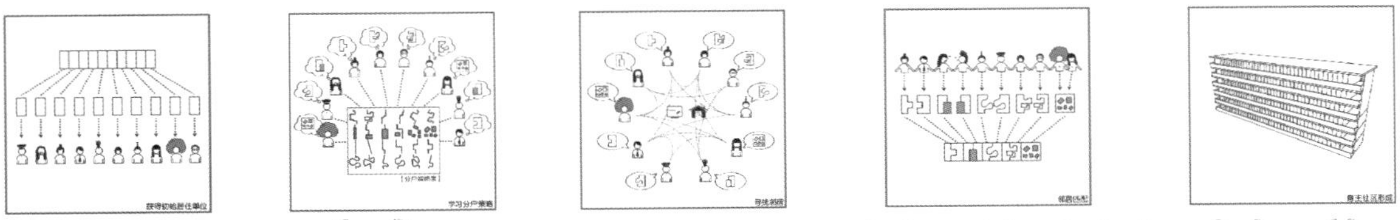

斜切

斜切产生的户型空间是一个可以同时容纳不同尺度活动的宽窄渐变的空间，梯形的户型空间在透视上可以强化或减弱空间的深度，为居者带来两种截然相反的体验。

适用范围：单身、双人、三口之家、三代同堂之家

折转

使两家各自获得符合自身需求的或宽或窄的空间，这些空间的边界与邻家咬合互生，转折产生围合或半围合的角落，空间既有连续性又有节奏感。

适用范围：单身、双人、三口之家、三代同堂之家

共用

户间的墙体为一系列可以共用的设施或房间所代替，通过共用这些设施，两户可以省去一套厨卫空间用以增加实用面积、或用来提升厨卫空间舒适性，扩充厨卫的设备和功能，同时两户可以通过共用增进交往。

适用范围：单身、双人、三口之家、三代同堂之家

连通

分户状况通过可开启的墙面进行控制，据不同住户当下的生活状况来自主选择开门合户或闭门分户。

适用范围：恋人，三代同堂之家，父母与子女相邻而居的三代居，子女已成年独立的两代居三口之家。

合并

两户并为一户，空间达到完全整合，使各空间的使用效率达到最大化的满足。

适用范围：三代同堂之家，两家亲戚合住，员工宿舍等人群需求。

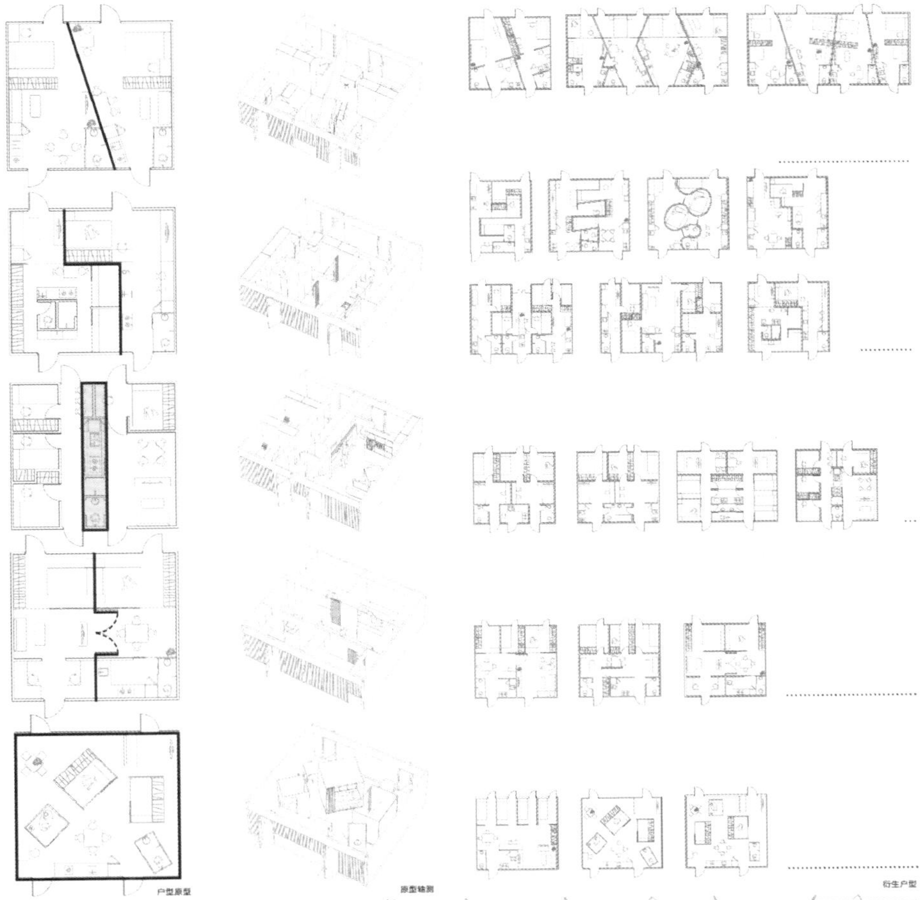

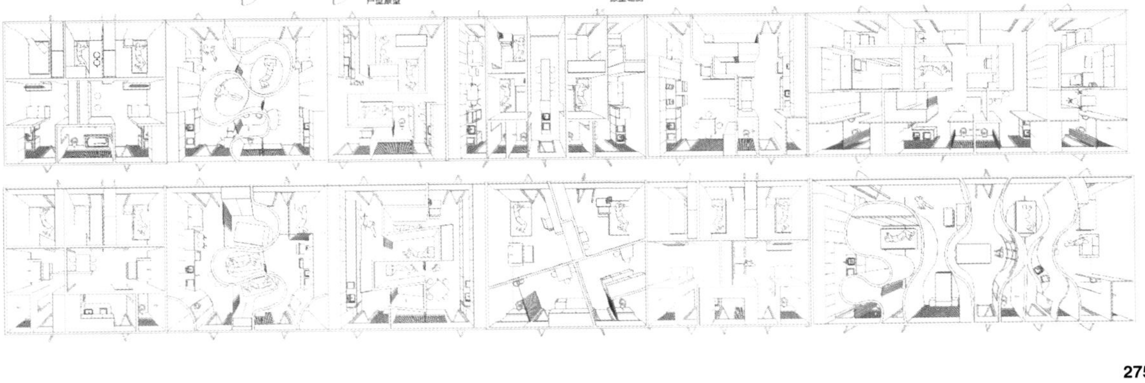

汪皓 / 嘉柏建筑师事务所

WANG Hao / Gravity Partnership

序号 114

一户银奖

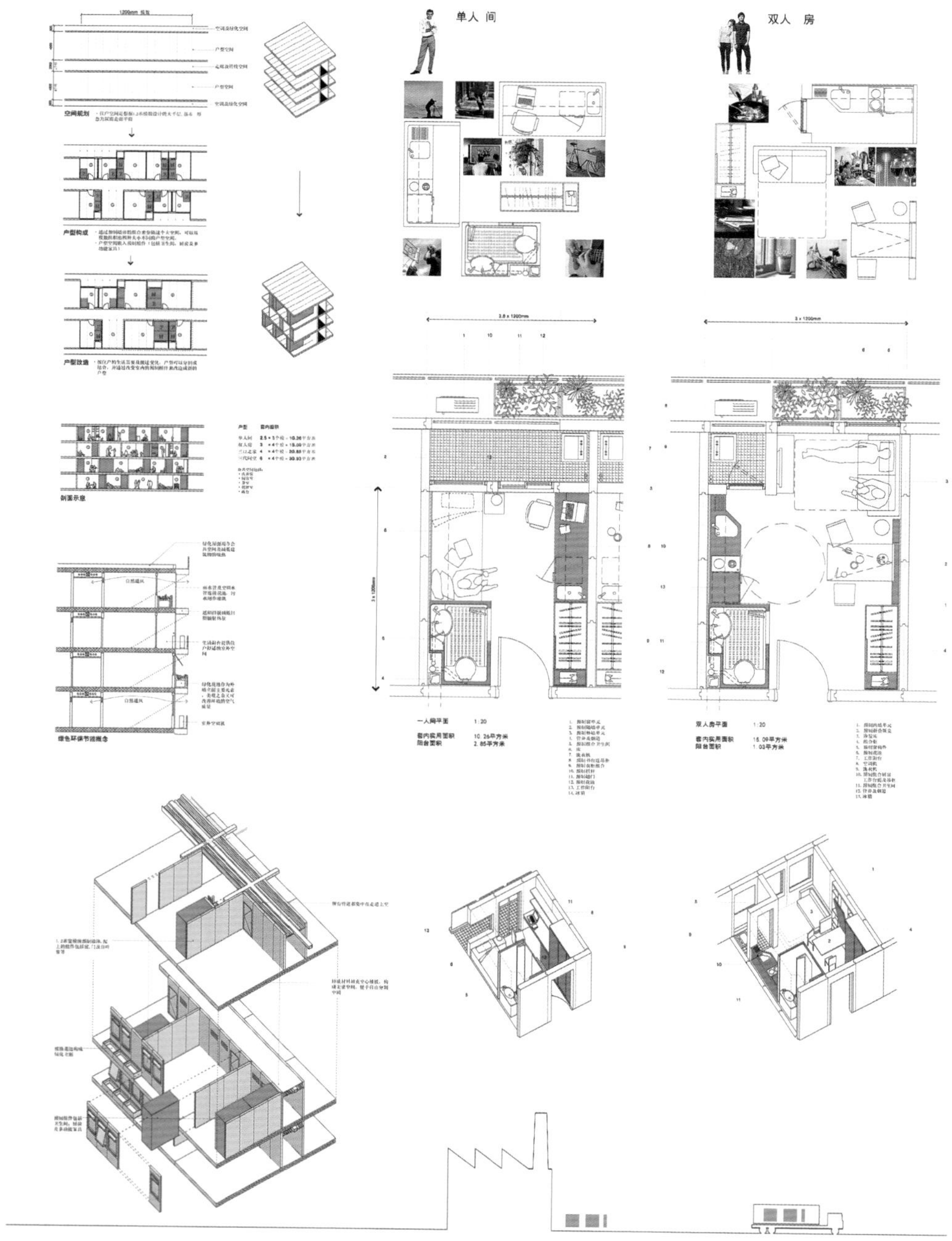

三口之家

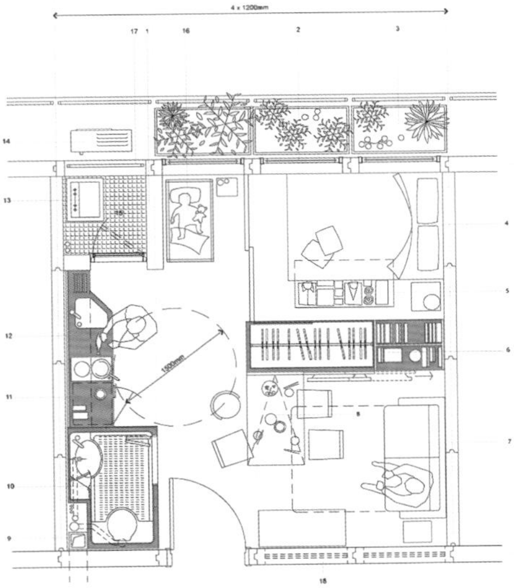

三口之家平面　1:20

套内实用面积　20.85平方米
阳台面积　1.03平方米

1. 预制外墙单元
2. 预制窗单元
3. 预制花池
4. 双人床
5. 储物柜
6. 组合衣柜及书柜
7. 沙发床
8. 预制折叠餐桌
9. 管井及烟道
10. 预制组合卫生间
11. 冰箱
12. 预制组合厨房工作台面及吊柜
13. 洗衣机
14. 空调机
15. 工作阳台
16. 婴儿床
17. 栏杆
18. 预制墙体连高窗

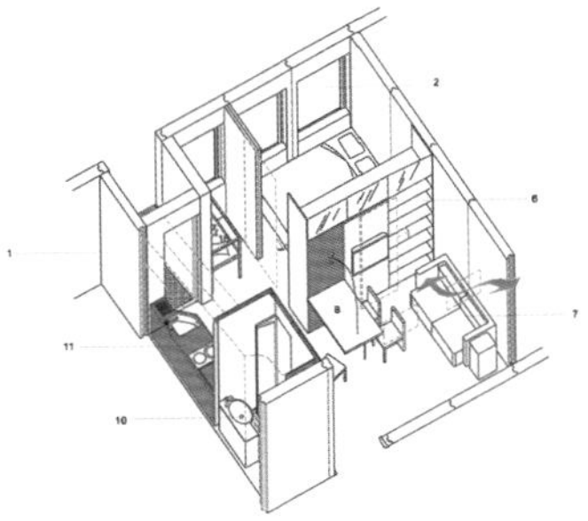

三代同堂

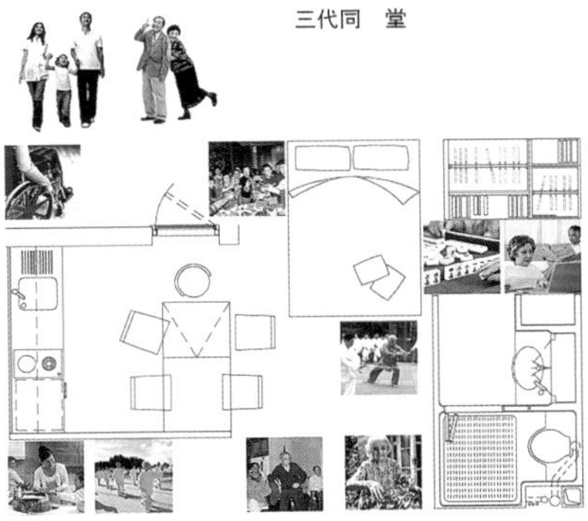

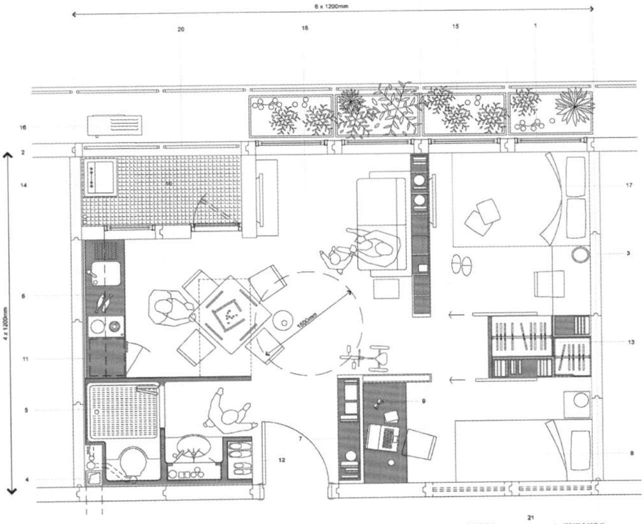

三代同堂平面　1:20

套内实用面积　30.93平方米
阳台面积　2.23平方米

1. 预制窗单元
2. 预制外墙单元
3. 预制内墙单元
4. 管井及烟道
5. 组合卫生间预制
6. 预制组合厨房工作台及吊柜
7. 组合柜
8. 双层床
9. 书台连吊柜
10. 工作阳台
11. 冰箱
12. 鞋柜
13. 衣柜组合
14. 洗衣机
15. 预制花池
16. 空调机
17. 双人床连储物
18. 生活厅
19. 麻将台/餐桌
20. 预制栏杆
21. 预制墙体连高窗

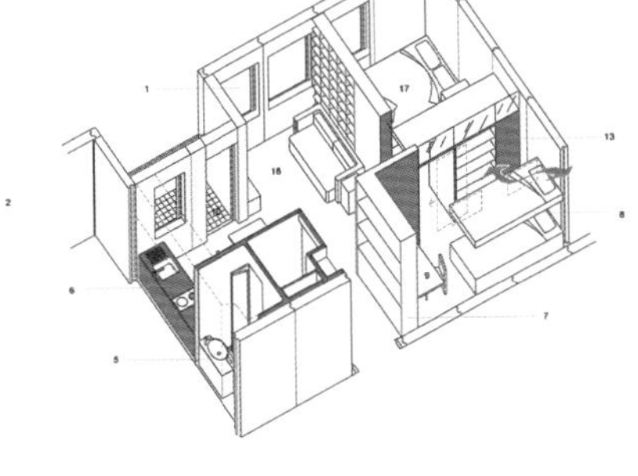

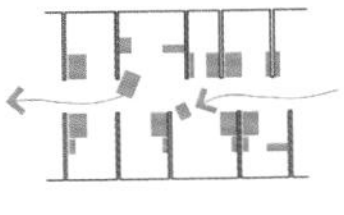

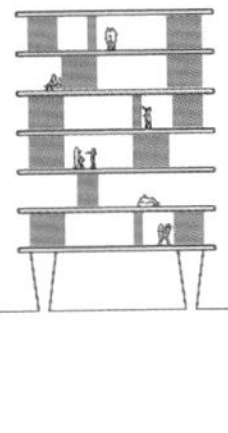

1+ [x] 户

2011 保障房设计竞赛

谢英俊建筑师事务所

Hsieh Ying-chun

序号 12

万人金奖——人间的城市

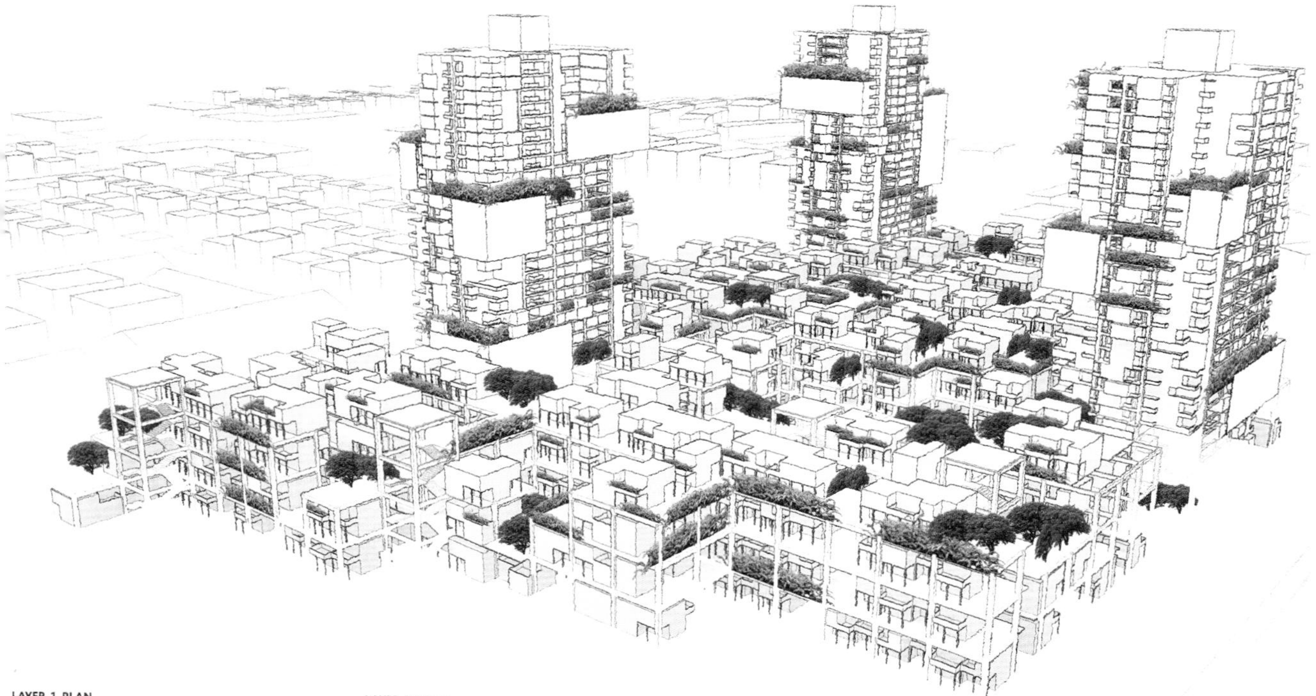

LAYER 1 PLAN

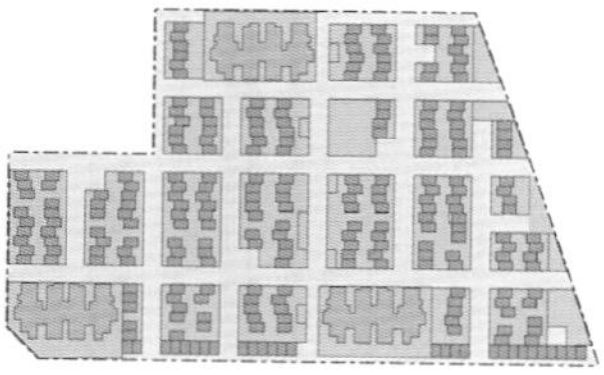

LAYER 2 PLAN

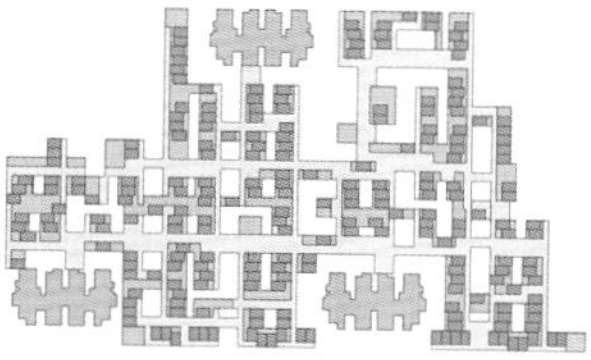

LAYER 3 PLAN

LAYER 4 PLAN

人工地盘主体结构 - 预制混凝土构件组装系统

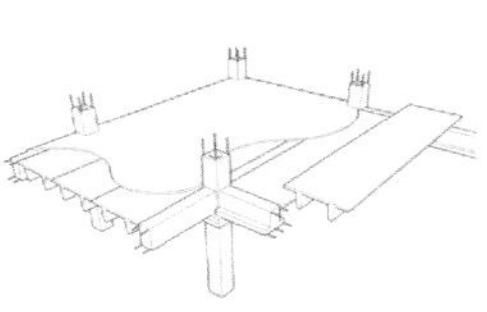

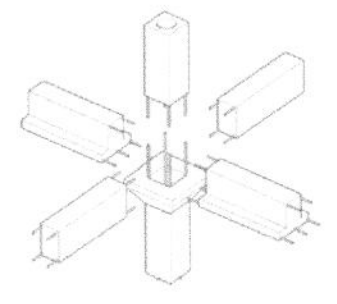

居室空间开放式营建体系 - 轻钢构系统

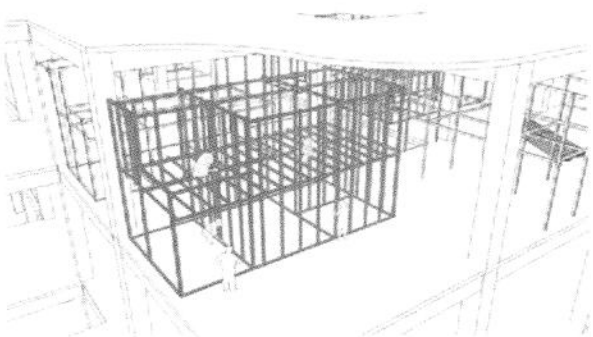

结构系统

将垂直高层结构转为水平低层连续结构，主次结构分离，单元化，模矩化的工业生产方式，大幅降低建造成本。

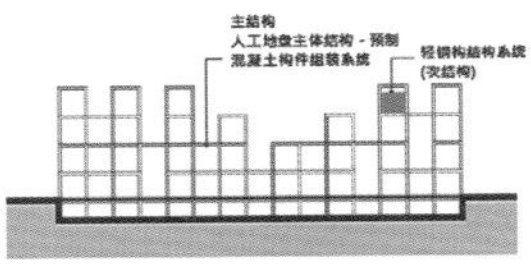

外墙系统

因为位于大型立体结构中，实际上是处于介于室内与室外的半户外状况，外墙系统减少了遮风避雨的负担，同时也意味着减少了材料与人工的费用与工程失败的风险。

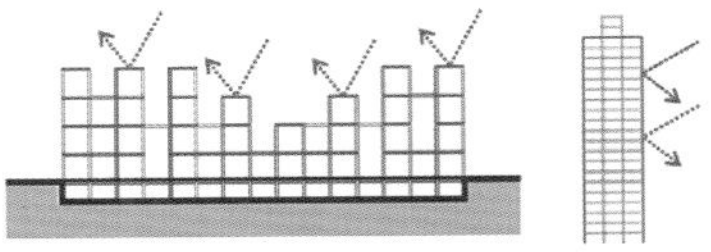

立体化绿地

由平面单层的绿化方式转变成立体式的绿化方式，改善整体的环境质量，增加植物采光及绿化面积，屋顶作为可到空中庭院。

防洪策略

低洼区高架楼板可减少洪泛灾害。

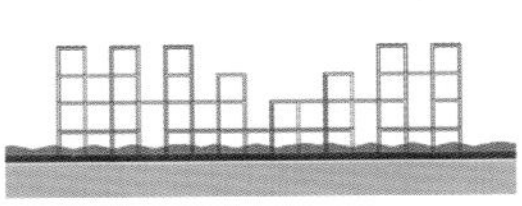

市政管線

立体的居住方式可将原本埋入地底的管线转变成明管配置，降低兴建及日后维修的费用。

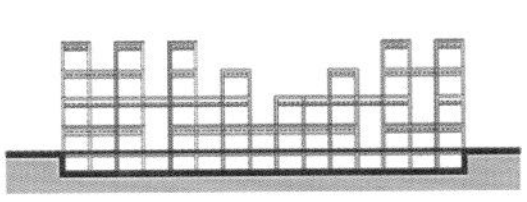

立体分布交通系统

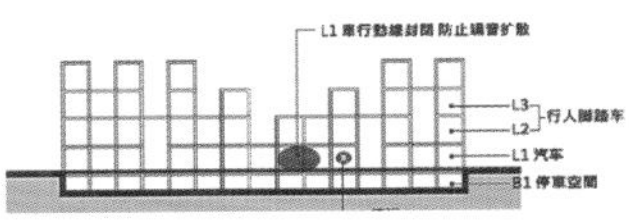

使用分区

由水平式的空间分区转变成立体式的空间分区，可减短日常生活动线及不必要的交通负荷。

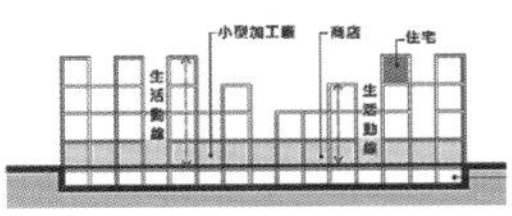

筑博设计股份有限公司

Zhubo Design

序号 16

万人银奖

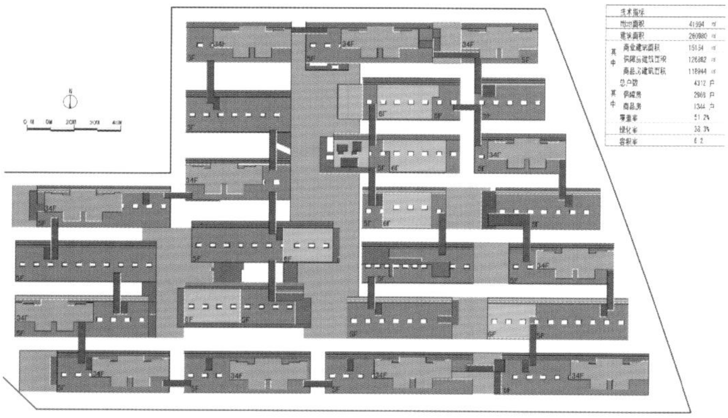

技术指标			
	用地面积	41994	㎡
	建筑面积	260980	㎡
其中	商业建筑面积	15154	㎡
	保障房建筑面积	126882	㎡
	商品房建筑面积	118944	㎡
	总户数	4312	户
其中	保障房	2968	户
	商品房	1344	户
	覆盖率	51.2%	
	绿化率	38.3%	
	容积率	6.2	

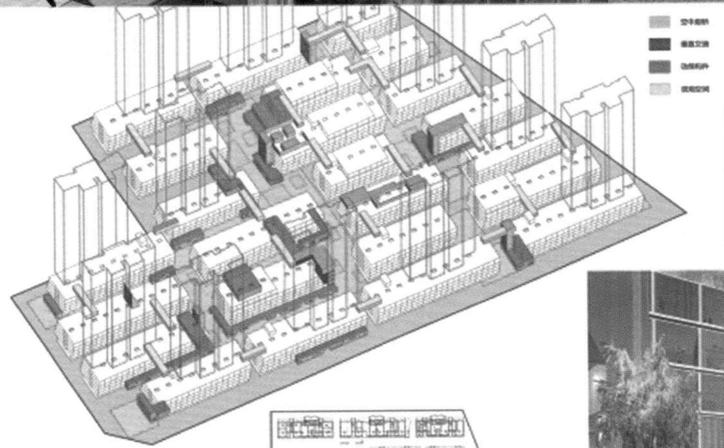

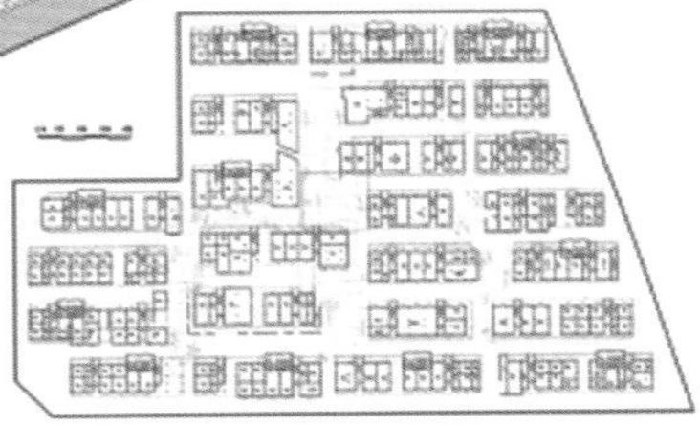

一层平面图

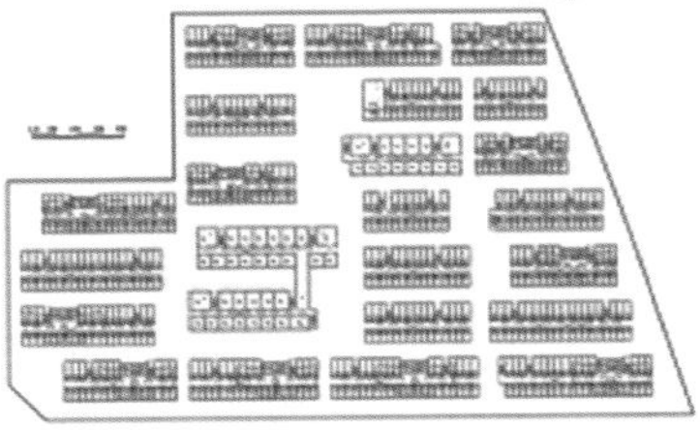

二层平面图

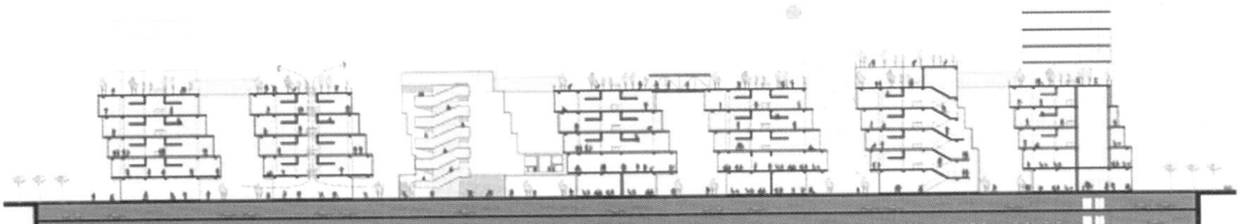

坊城建筑

FCHA

序号 111

综合银奖——桥：都市生活原型

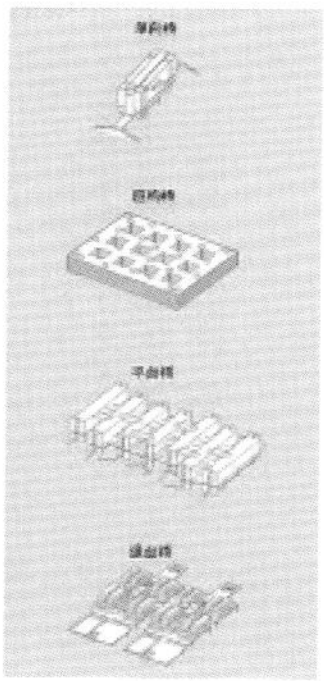

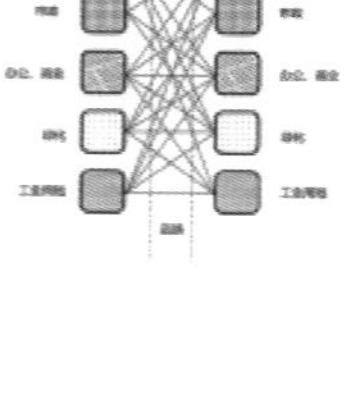

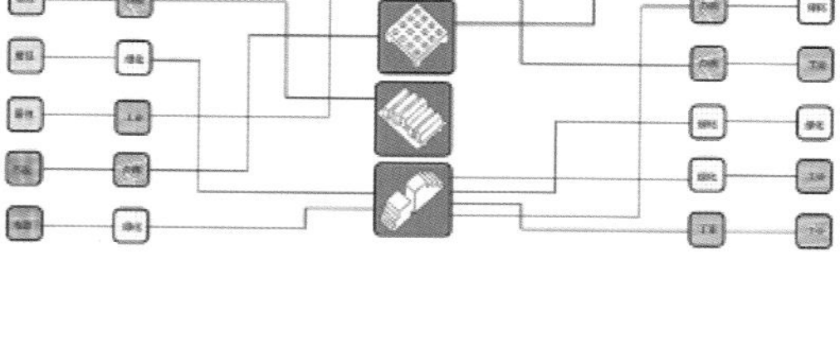

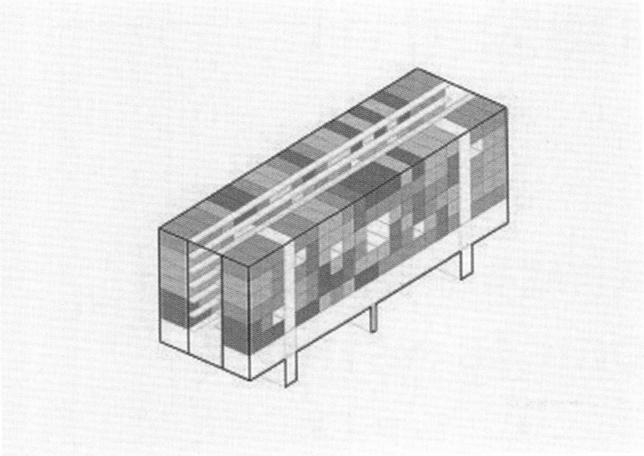

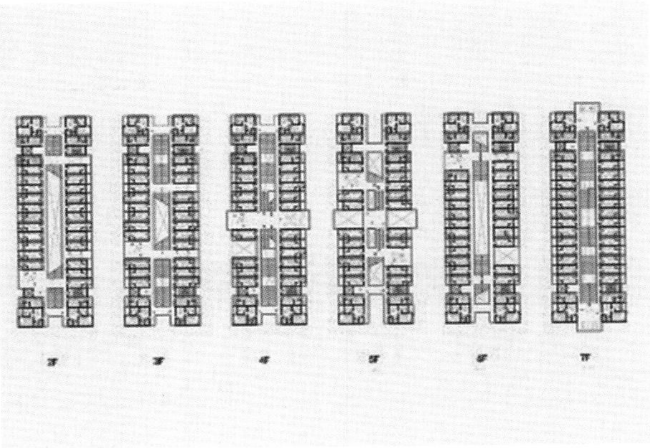

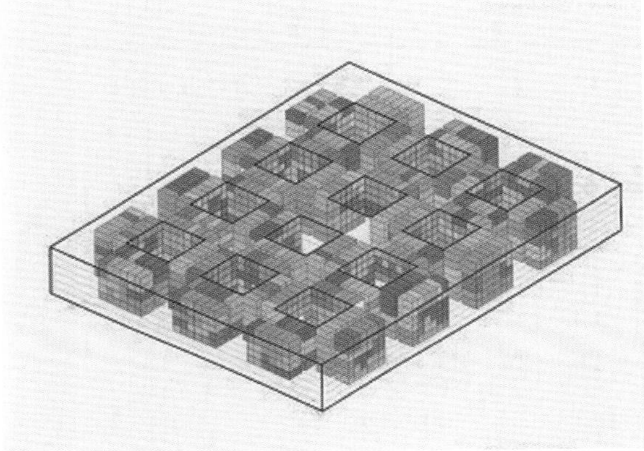

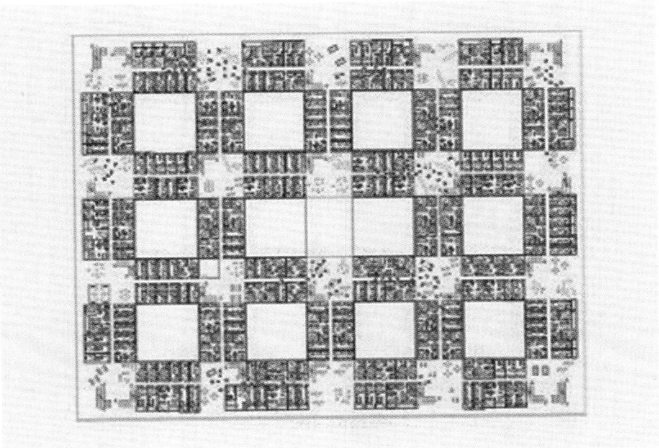

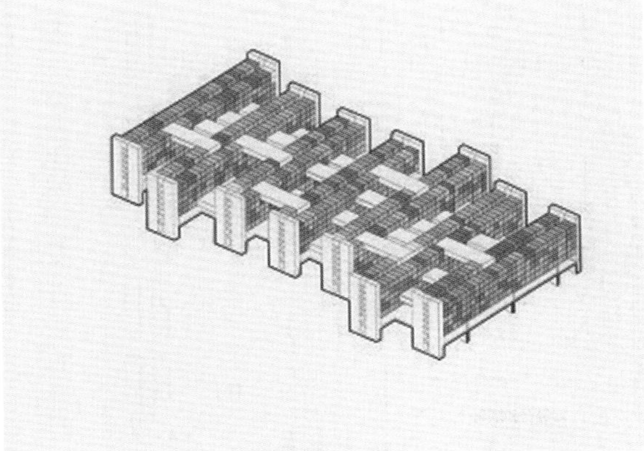

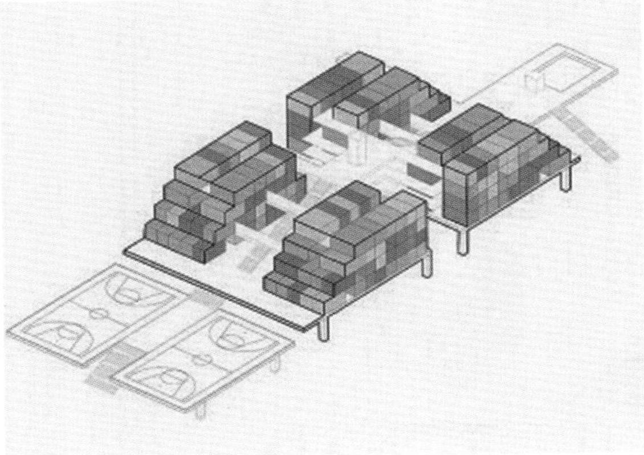

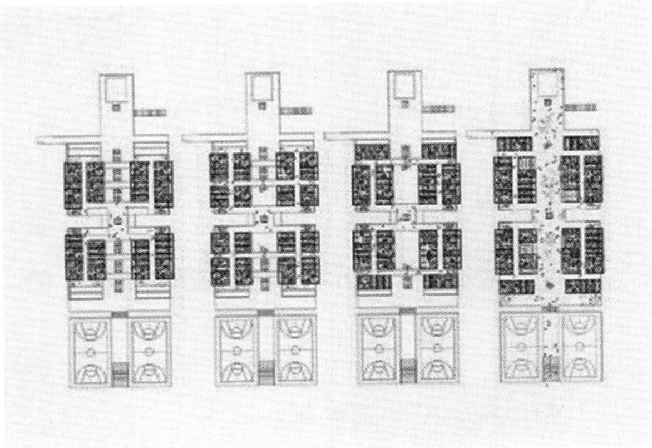

上海易托邦建设发展有限公司

序号 191

综合金奖

合作者：成都多维设计事务所 + 上海同济城市规划设计研究院 + 度态建筑 + DANISH TECHNOLOGICAL INSTITUTE

保障房智能选房系统网站页面

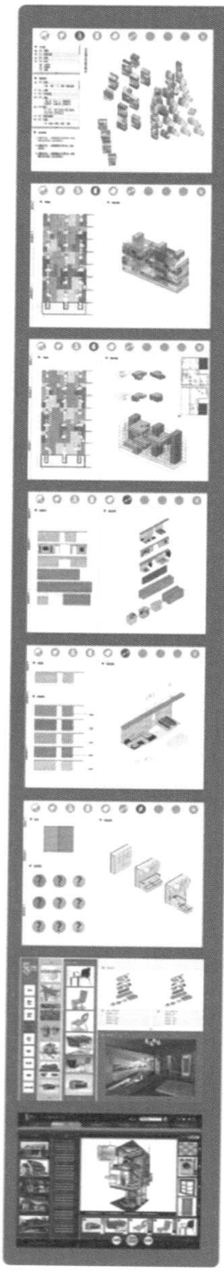

面向全行业参与者的数据库平台

[illegible]

面向全行基于开放框架体数据的创新模式

[illegible]

保障房经营流程

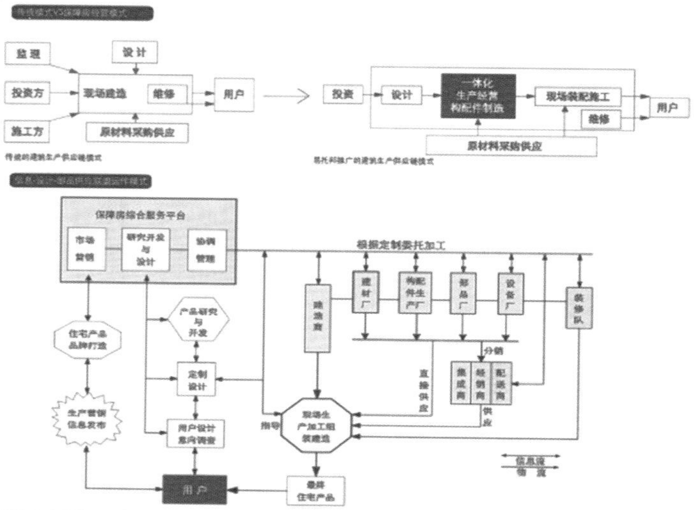

保障房建设流程示意

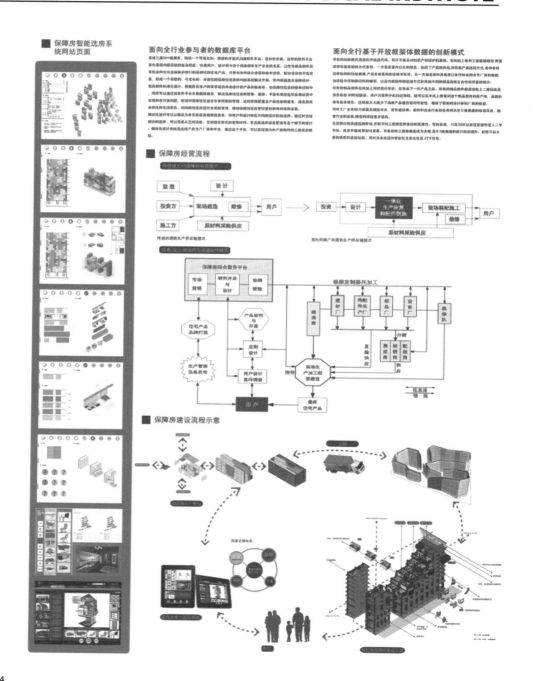

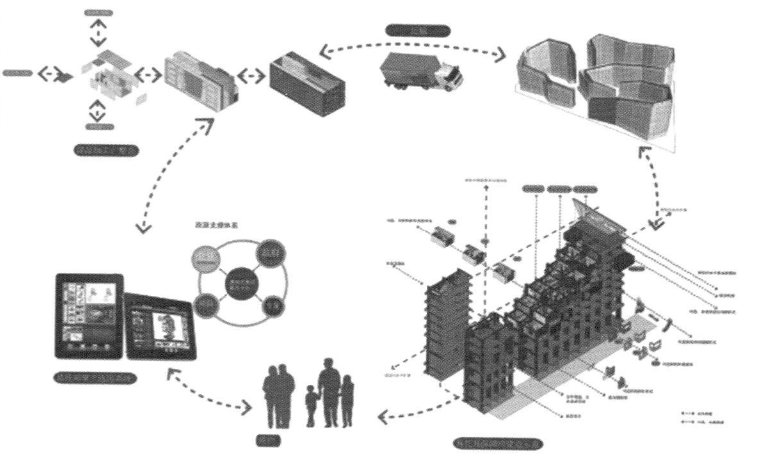

大开放、小封闭

我们根据城中村可以延续城市活力的空间特点，制定了总体"万"人规模的"大开放、小封闭"的设计策略，即在大社区尺度上，对城市是开放的；在社区内同时形成相对封闭的组团。具体的做法是在地面层，通过缓坡两层尺度的界面，形成一个商业步行街体系，让外人可以方便的进入，带来多样的城市活动；另外街道里的建筑体量在朝向上面，根据日照、通风和建筑空间性格等评价因素，围合出针对居民使用的社区立体公共空间，即抬高的屋顶室外平台、围绕交通垂直核心筒的半室外缓冲社区空间、立面开洞形成的特定功能的半室内、外公共空间和位于各个叠落楼顶的半私密室外平台，为居民提供积极而多样的户外公共活动空间。

透视

生态环境

2、通风优化设计

通风对于热带地区的建筑尤为重要，我们利用通风的分析反馈，作为评价不同建筑体量和体形，以及在建筑上开洞的设计依据。

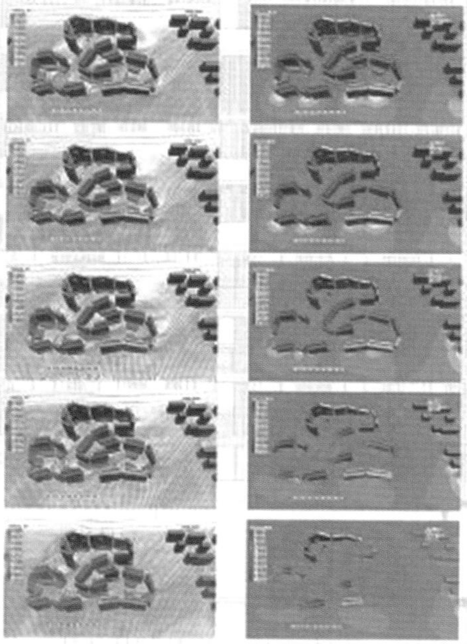

通过风环境模拟与优化，我们一方面几乎消除了局部状况和涡旋区，有利于热污染和其他污染源的排放，大大改善小区的健康状况；另一方面，绝大部分的住户前后压差>1.5Pa，整个小区风压自然通风效果较好，个别建筑有点小问题，是可以接受的。

未来可持续发展

本设计提案的另外一个显著特点是考虑了未来变化的不确定性，及个人发展对于空间需求和物质环境提升的要求。所以，万人社区的设计，不应该是一个针对某一个特定时间点的产品，而应该是考虑到未来升级变化的策略性设计。我们考虑的三种主要的升级变化：

1. 停车位的增加。架空的二层，可以在未来逐渐迭代，变成小区的车库，同时将底层的北侧，也留出底层架空的空间，供车辆临时使用；
2. 居住单元面积增大的需求。剪力墙框架的模数化体系，以及预留空间的设定，可以让单元之间进行合并，其间的连接，出了水平向隔墙打通外，可以是竖直向的外挂楼梯。交通外挂的单元体系，可以通过顶层的轨道吊车，进行更换，让建筑的外皮，成为可以更新替换的"外衣"。

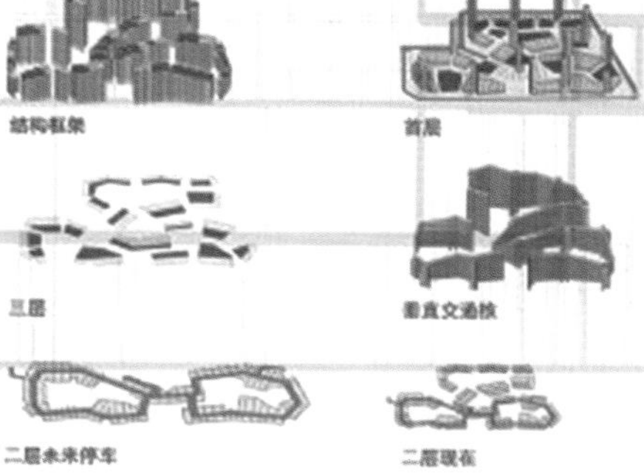

结构框架　首层

三层　垂直交通核

二层未来停车　二层现在

七个月与“一·百·万”竞赛评述

保障房项目始于 5 月 20 日，一路过来磕磕绊绊，摸索思考的过程也让大家一起纠结了无数次。目前已顺利开展竞赛，但值得回味总结的确实很多。

研究思路几经修改——从自己“缺乏田野调查、没体现深圳需求”的前期准备，到杜鹃老师涵盖深圳保障房政策体系及需求现状的研究框架，再到顾正江老师“供给——需求”两端结合的研究框架，到回归原点，学习国内外定型城市案例、梳理深圳现状问题，4 月期间研究框架三次调整。虽框架多次调整，工作上也出现了反复变动，但对我而言还是一个难得的学习过程，开放式的思路接触到了不同研究方法及切入视角，多角度的综合。虽期间自己也质疑，为什么非要这么复杂，这么多顾问交替指导，工作被不停调整，但随着自己工作认识的深入，也开始理解，保障房问题不是某一个人、某一个问题就能全面解答的，需要全方面地综合研究之后才能提出行之有效的方案。

工作范畴不断扩充——随着研究的深入，认识的深刻，系统性研究渐渐凸显。我们立项也仅是一个保障房户型创新研究，即基于调研的一个户型设计。可对此任务，中心领导不认为就能解决问题，值得研究，在与处室多次探讨后，延展性提出前期增加调研、设计竞赛。在之后的推进中又发现可以借助双年展推进保障房技术交流，增加社会关注，同时也认为研究具有整理推广的价值，提出出版设想，项目内容日渐充实。最终形成了“前期研究 / 初次研讨 / 设计竞赛 / 专家研讨 / 果展览 / 二次深化 / 研究出版”项目研究流程。这些都是作为一个专业技术人员所不能经历的事情，当然更不用说对应增加环节的准确预算，为此也屡受批评，但基于自己对项目的责任和兴趣，依然选择继续埋头干活。从专业渐渐走向竞赛组织、成果推广整理等综合性的项目组织，感谢这难得机会。会议无数，工作丰富——这个项目最大的感受就是在讨论中前进。到目前记录的数据有：酷茶会 3 次、研讨 4 次、房地产企业座谈 3 次、设计机构动员 3 次、走访调研 7 次、处室汇报 10 多次（最密集是一周汇报三次）、内部讨论更是不计其数。对应的人群从三保人群、保障房住户、选房人群、应届毕业生、白领到研究学者、地产商、设计师、社会知识分子、政协代表、政府机构、媒体代表。在倾听各利益群体诉求的同时，也积极促进不同领域之间意见的交流，这个意义上，真的感觉到保障房不是一个单单靠设计就能解决的问题，更需要我们做的就是，如何去搭建一个平台，聚焦目光、聚焦问题，引导更多的人去关注，作为链条末端的设计能否突破专业局限更好地发挥作用，去改进现状。

文 / 马宝成

Case 11

2011 来自评审的反思

阿里巴巴深圳大厦建筑设计概念方案公开竞赛

Conceptual Design Competition of Alibaba Shenzhen Building

=竞标类型=

公开国际竞赛

=所处区域=

深圳市南山区

=投标方式=

向专业设计机构及联合体开放

=业主单位=

阿里巴巴（中国）有限公司

=承办单位=

深圳市城市设计促进中心

竞赛背景

阿里巴巴集团是全球电子商务的领导者，是中国最大的电子商务公司。阿里巴巴集团以“促进开放、透明、分享、责任的新商业文明”为愿景使命。

在阿里巴巴深圳后海项目中：

整体规划，合理解决地块内建筑功能布局、交通组织、绿地景观等问题；

主体面积为阿里巴巴自用部分以及上下游相关企业入驻部分，辅助面积(10%)以餐饮及商务配套为核心主题，满足企业商务接待的需求；

滨海景观将作为重要吸引客户的要素；

商业作为写字楼的主要配套，提高对租户的吸引力。同时可以宣传和提升企业形象。

竞赛目的

1. 创造体现阿里巴巴企业文化，具有创新意识的建筑，成为后海中心区的一个亮点建筑

2. 满足阿里巴巴自身使用需要，应对未来竞争环境，具有较高物业素质的写字楼

3. 深圳湾的高端科技商务服务平台、景观一流的国际甲级滨海写字楼

4. 交通流线便捷、功能多样、生态高效、充满活力和吸引力的高端科技行业商务社区

设计原则

1.合理利用周边的景观资源
2. 办公空间的灵活性
3. 流线的合理性
4. 使用的高效性
5. 前瞻性和平衡性

基础资料

“阿里巴巴深圳后海项目”拟建设于深圳市南山后海中心区 N-06、N-07 地块，该地块位于深圳湾金融商务区的东侧，北为登良路，南面为一条规划道路，西面与中心路相隔为中心河开敞空间，东面与科苑大道相隔为内湾公园以及 F1 赛艇会场，生态环境、景观优越。地块周边已经展现出新的都市风貌，居住条件、商业氛围逐步提升，前景较好。地块周边交通条件便利，拥有地铁 2 号线、滨海大道、西部通道等优势，据有高可达性。

N-06 用地面积 9387.8 平方米（包括代征用地面积），N-07 用地面积 6903.82 平方米。中间以一条规划支路分隔，在本次规划建筑方案的设计过程中，将建设用地的两个部分合二为一统一规划设计。

由于用地东面是内湾公园以及 F1 赛艇会场，故本次规划建筑设计将景观因素作为一个突出点考虑。

N-06/07 两地块东侧以及 N-06 北侧登良路一侧采取贴线建设（零退线）线，要求至少首层建筑周长长 80% 以上的建筑近地层界面贴用地红线建设，并鼓励更大比例的贴线率，以形成具有亲人尺度和完整连续感的街道空间。其余各方向按照空间控制要求总图退线，建筑轮廓要求 80% 以上贴退后线。

需在建筑近人尺度即首层（包含地下层）空间安排公共性城市商业文化及其他服务设施，建筑底层界面东西两侧宜有骑楼空间，并提供良好的开放性和可达性，最大限度的提供首层空间的公共性。

城市设计在整体空间布局上要求留设南北方向和东西方向的公共通道（按照空间控制总图落实），并保证其步行环境品质以及专有性，地块应结合自身内部布局和商业服务设施安排设计公共通道。形成内部丰富精彩的商业服务空间。

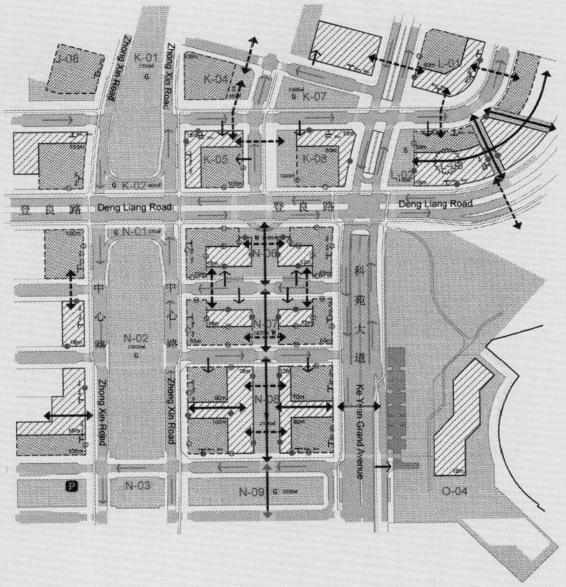

竞赛结果

第一名	35号	中国	CCDI中建国际(深圳)设计顾问有限公司
第二名	47号	美国	APE
第三名	26号	中国	深圳市联盟建筑设计有限公司

第二轮入围设计机构名单

序号	国家/地区	机构名称
06	中国成都+西班牙	莫亚建筑设计（成都）有限责任公司 B.A.D + b720
09	美国	株式会社三菱地所设计
18	荷兰	ECTOR HOOGSTAD ARCHITECTEN
24	中国杭州	浙江大学建筑设计研究院
25	中国上海	上海天华建筑设计有限公司
26	中国深圳	深圳市联盟建筑设计有限公司
34	中国北京	北京炎黄联合国际工程设计有限公司
35	中国深圳	CCDI中建国际(深圳)设计顾问有限公司
37	美国	上海集合建筑设计咨询有限公司
42	中国深圳	奥雅纳工程咨询（上海）有限公司深圳分公司
47	美国	APE
51	中国深圳	深圳华品建筑设计有限公司

竞赛评委名单

严迅奇	许李严建筑师事务有限公司合伙人
孟建民	中国工程院院士、深圳市建筑设计研究总院有限公司总建筑师、全国建筑设计大师、深圳市勘查设计行业协会会长
王晓东	深圳华森建筑设计研究院总建筑师、高级工程师
孟岩	都市实践建筑事务所创始合伙人
赵晓东	澳大利亚柏涛墨尔本建筑设计公司亚洲分公司 董事、副总经理、副总建筑师

共有55家设计机构 / 联合体提交竞赛方案

中建国际(深圳)设计顾问有限公司

CCDI

序号 35

第一名

办公空间

在中国城市化及产业转型的大背景下，公共空间有了新的机会和形式，评判标准也在发生变化。我们从新兴企业自身对公共空间的要求出发，重新组织一个公共空间系统，这个系统是都市、企业、公众互动的平台，也是阿里巴巴向世界展示其企业文化理念的平台。

空间设计

在充分研究城市空间控制总图后，提炼出 5 个要素作为设计的判断标准，这是为了在充分尊重城市空间控制总图的基础上，争取最大的灵活性。因所处地段西面是城市林荫大道，东面是城市公园，设计放大这个差异，东段呈都市化倾向，形体完整，尺度按城市空间控制要求，西段呈园林化倾向，尺度压小，形体散落。建筑整体呈 U 形围合，向海湾开敞。

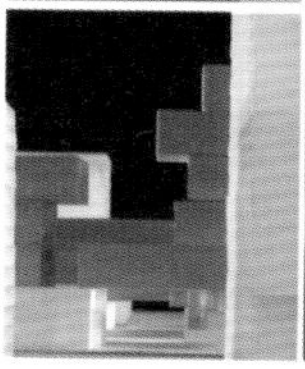

事件

相对于传统企业通过互联网拓展业务及增进对客户的服务方式和质量，以电子商务为主的企业也应创立现实中面对面的沟通互动的另一种体验方式。这种注重氛围创造多感官体验弥补了线上体验的不足之处。集合线上与线下特点的新生活体验成为现在及未来的重要探索内容。此外，事件化的场所设计不仅向社会更好的诠释企业的文化理念——包括对新生活方式的追求以及建立开放、透明、分享、多样性的新商业文明，而且多样化的事件也为城市建筑空间注入活力，创造丰富多彩的氛围。

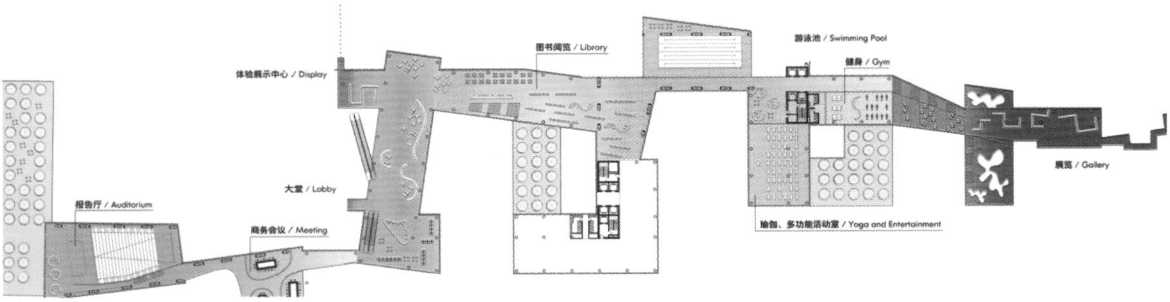

平面展开图　Unfolded Pla

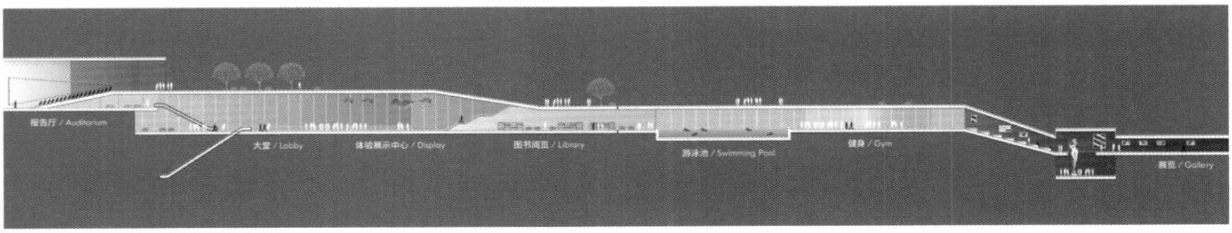

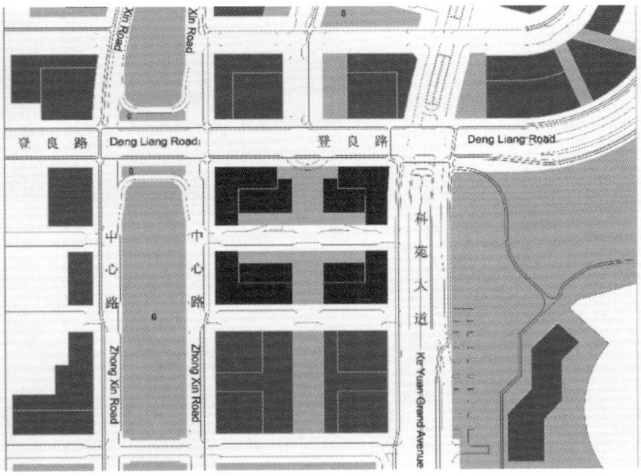

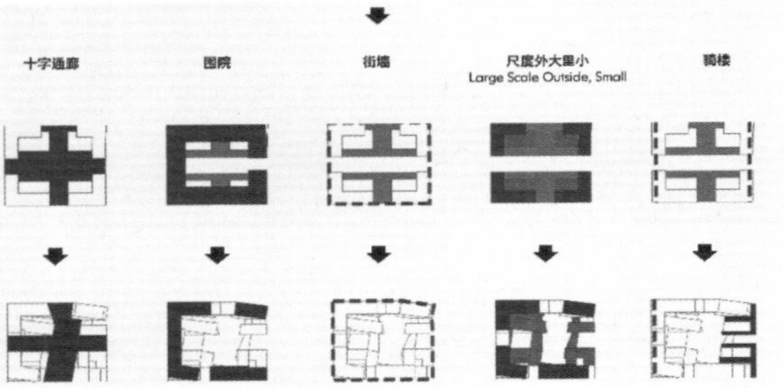

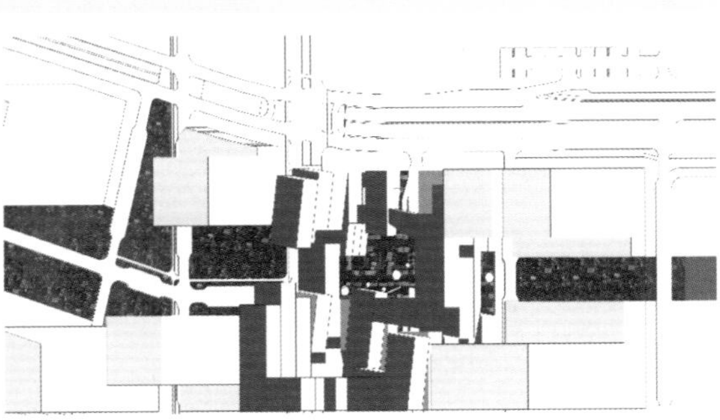

评审意见

王晓东：我觉得这个方案是这几个方案中最和城市设计靠近的，我觉得这个体量分布、进深等等，经过一定的调整还是可以实现的，也是最理想的方案。这层皮，在比较低碳的情况下还可以换。这个体量关系和体量组合我是比较认同的。

孟岩：实际上这个地方的难度就是在于城市设计的先决条件限制，同时还要符合企业的使用要求。这个方案从城市设计的角度讲，虽然整体上看不是很突出的，也相对比较稳。这个方案的空间层次是比较好的，它的高度也比较高的，它的朝向大部分是南北向，可以感觉到他考虑了很多的东西。另外，它的公共空间体系从低到高，有退台的一部分个性。它把空间一点点往后引，也有退台的感觉，这种退台涵盖的内容更多，它有一定的围合，而不是完全的开敞。我对那种半室外的，包括有围合的空间，我觉得是更有效的。

另外，我刚才说过，它对绿色和遮阳的考虑，可以看出它用了一定的办法。同时我有点不同的看法，我觉得即便在海滨，也不一定都得全部落地玻璃，像阿里巴巴这种企业，也应该带头尝试环保、节能的方式，可以用一些被动的手段来解决这个问题。综合来看，我还是比较认可这个方案。

APE

序号 47

第二名

传统办公大厦：分离、独立、封闭、断裂
底层做商业，上层做办公室，共享空间中出现会议、展览、康乐、餐饮、文娱的功能。

阿里巴巴大厦：结合、分享、互联、交流

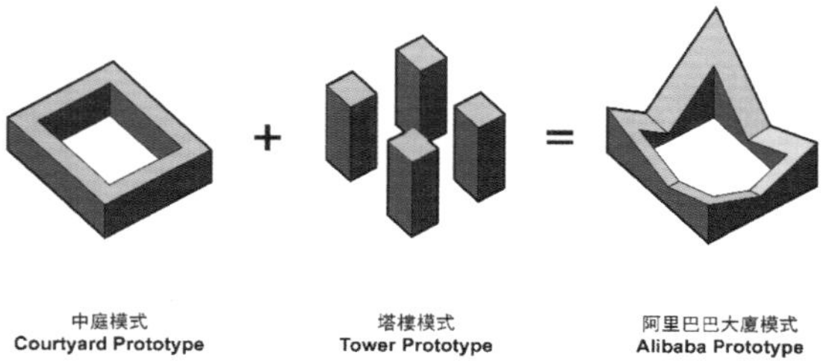

评审意见

孟建民：我有两点意见：第一，这个方案从形态上讲，作为办公建筑显得太锐利，像一个文化建筑；第二，它的有效性比较弱。

王晓东：投它一票的理由有两条：第一，它比较好的综合了各方面的因素，如果不考虑办公室进深大的问题，其他的方面做得还是非常明晰的；第二是它的造型非常完整和干净，虽然它显得太锐利，但是作为一个设计来讲，我们认为还是可以的。

严迅奇：作为一个作品来说，作为一个建筑创作来讲，我给这个方案很高的分数，因为它呼应了这个城市设计的需求，高度、轴线、结构以及空间的组合，是非常完整的设计。特别是从这张图里可以看出它的手法，水平是比较高的。可是它在功能上的牺牲非常大，作为一个办公楼来讲，它的效率、灵活性，满足不了阿里巴巴的变化。我给它很高的评价，但是我认为它不会成为一个实施方案。

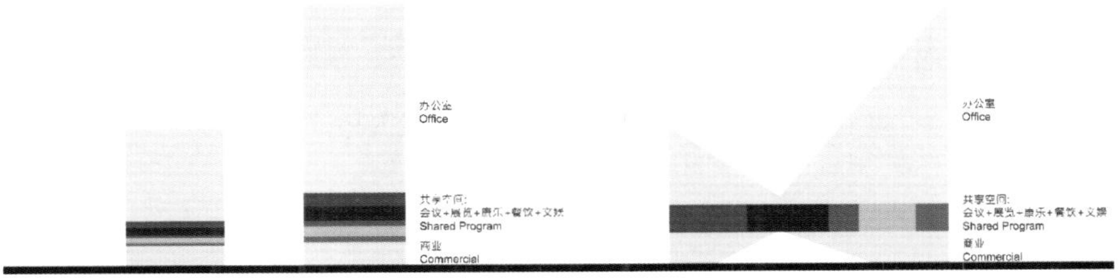

传统办公大厦
Traditional Office Tower

分离，独立，封闭，断裂

阿里巴巴大厦
Alibaba Shenzhen Tower

结合，分享，互联，交流

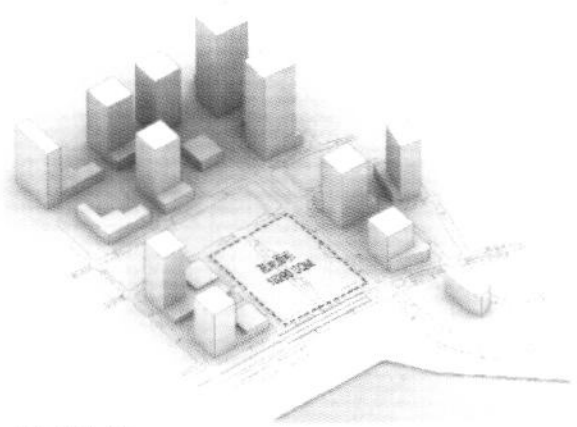

01 基地 Site

总基地面积是16290平方米，东面向海湾，西南北面向楼房
Site Area is 16290 SQM, east of the site is Shenzhen Bay, west, south and north of the site is building

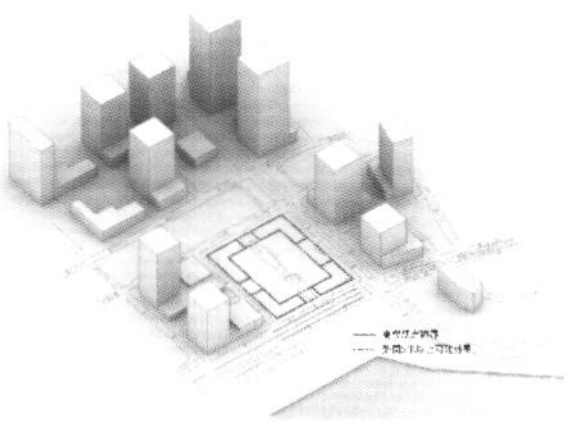

02 城市空间控制总图规劃 Zoning

城市空间控制总图规划了高楼的位置和边界，路面5米以上可作建筑物范围
Zoning plan has planned the location and boundary of tower, 5 meter above road can be treated as buildable area

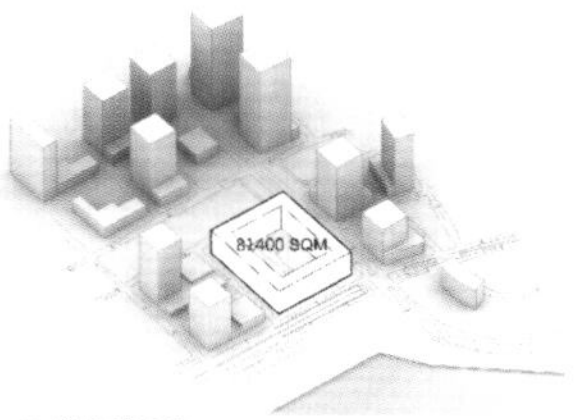

03 建筑面积 GFA

总建筑面积是81400平方米
Total GFA is 81400 sqm

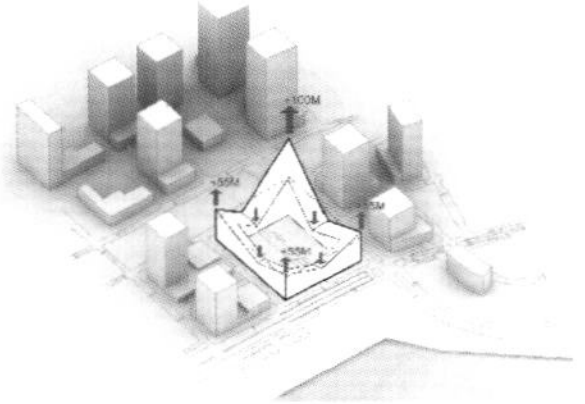

04 高度调整 Height Adjustment

按照规划的高度限制，大楼的高度作出应对调整
Following the height restriction of the zoning plan, the building height is adjusted

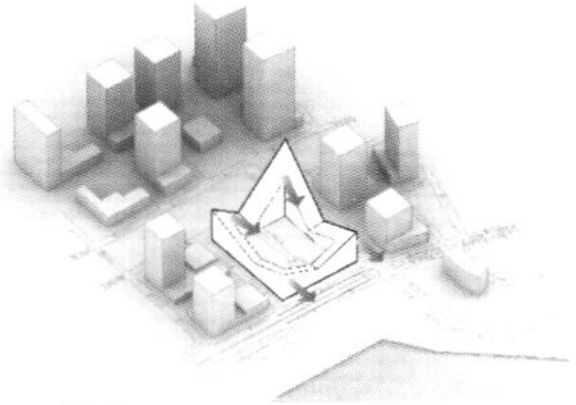

05 景观 View

高度调整后，每座高楼都有良好的海湾景观
Each tower can have view facing bay after adjusting the height

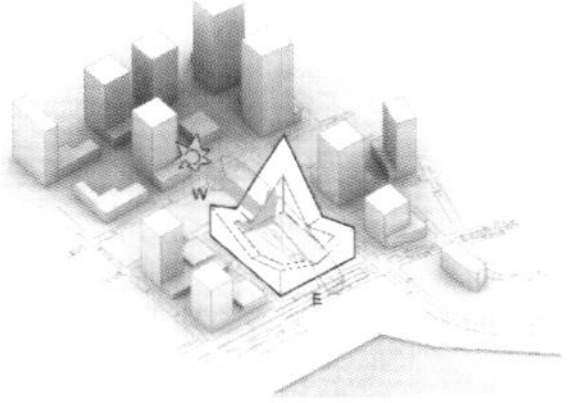

06 日光 Sunlight

因西边的楼房高度调低，大楼大部份空间和中庭都享有南面的日光
After lowing the west building mass, most of the building and the central courtyard can enjoy south sunlight.

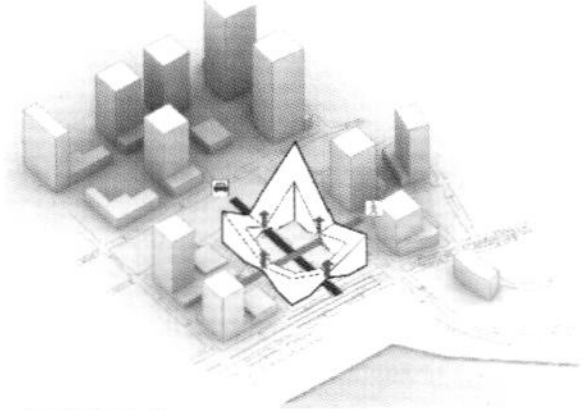

07 交通 Traffic

大楼中间部份抬起，为车路和人行路腾出空间
Central part of the building is lifted up for giving space for road and pedestrian path

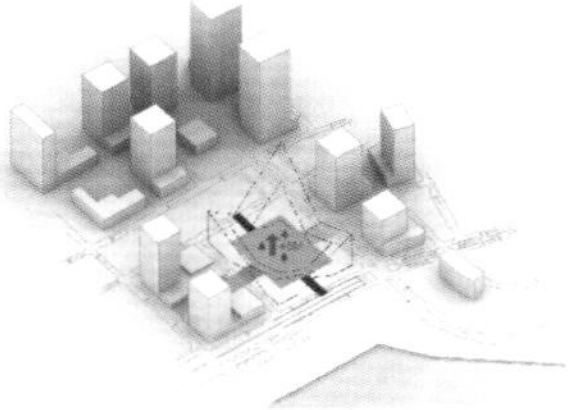

08 中央公园 Central Park

中庭抬高变成一个完整的公园，人车可分流，中央公园与周边绿化空间连成一体
Central courtyard is lifted up to form an unified park, car and pedestrain traffice can be seperated. Central park is linked with the green area around the site.

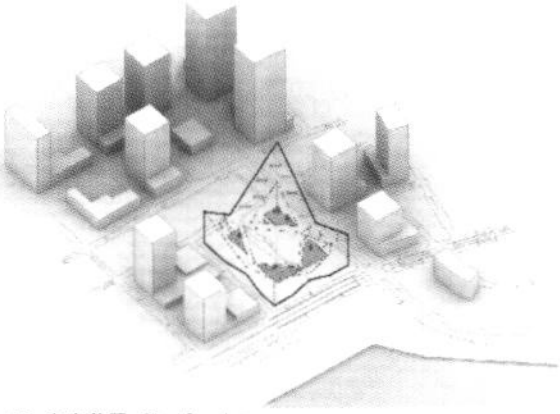

09 空中花园 Sky Garden

空中花园穿插在大楼各部份，增加空间的多样性
Sky garden is inserted into different part of the building, bringing rich spatial experience to the office

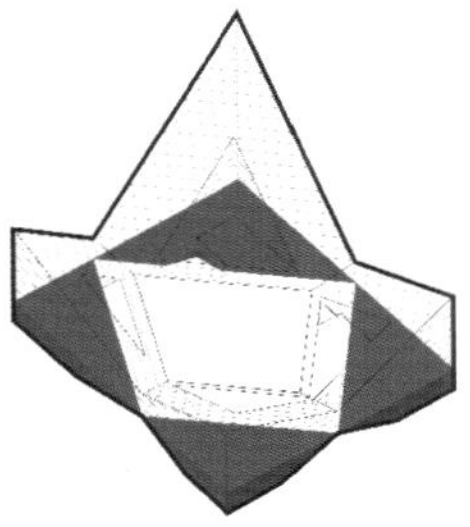

商业
Commercial

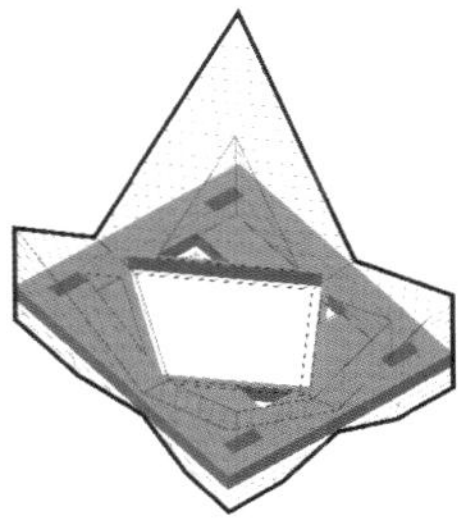

共享空间
Shared Space

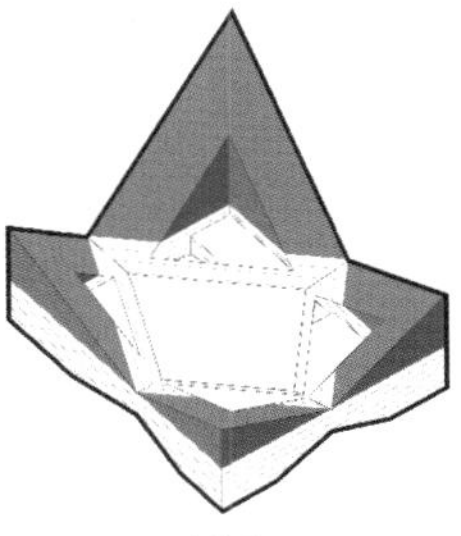

办公室
Office

深圳市联盟建筑设计有限公司

Alliance Architecture

序号 26

第三名

“我们必须重新思考塔楼”

传统的办公楼楼面面积小，对于办公只需要单层或几层楼的小型机构来说是适当的，而对于大型机构，如果不能从各个层面中方便地沟通，人们之间的交流和互动就会大大减弱。

方案中的“飞毯”概念是把楼面面积尽可能地汇集形成大空间，通过改变建筑的体量使其更适合光线和空气的进入。利用这种变化的体量，传统的竖向升降电梯将被扶手电梯代替，从而增强上下的连接，并形成一种不可破的空间体量。

此外，由于体量的变化而形成的室外空间，将为每一层楼提供一个可享受阳光、空气和绿色自然景观的开放平台。

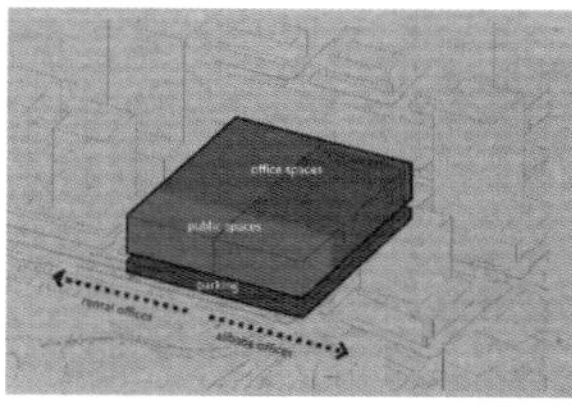

功能布置

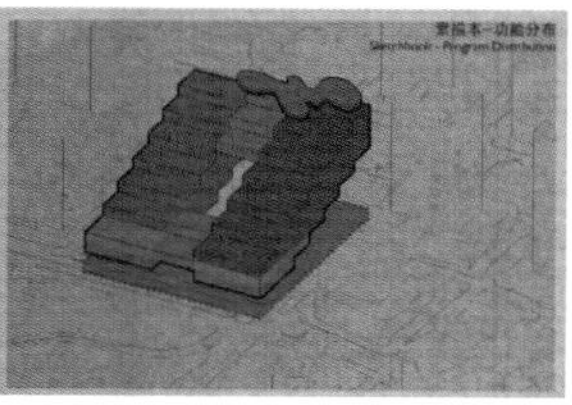

妈妈爸爸和弟弟

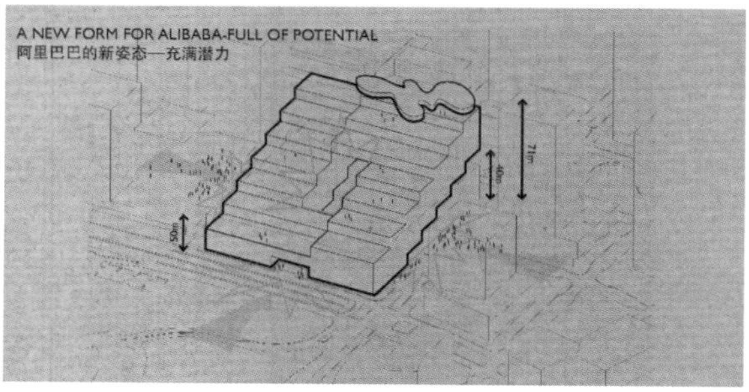

一个充分连接的建筑形式

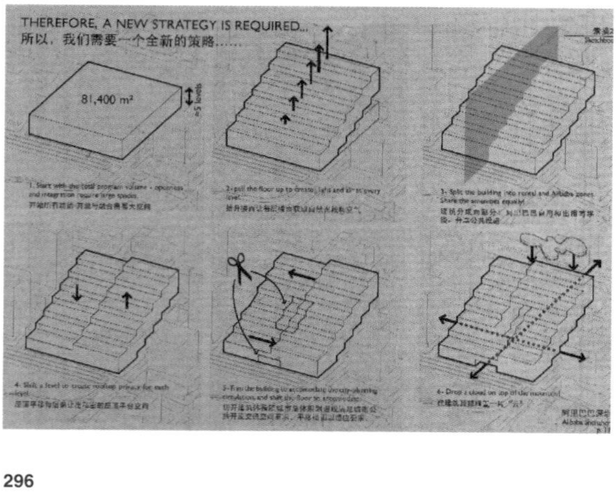

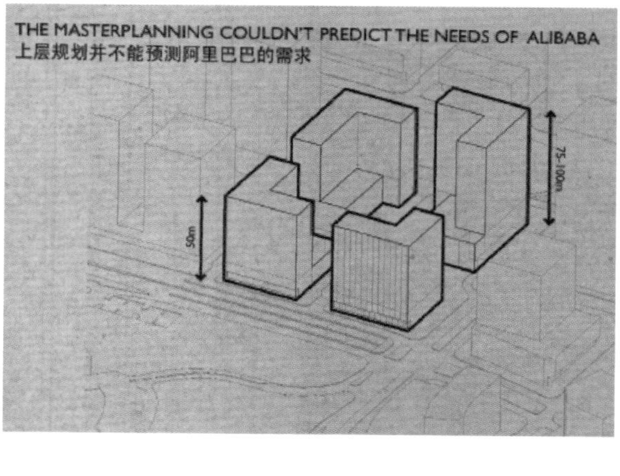

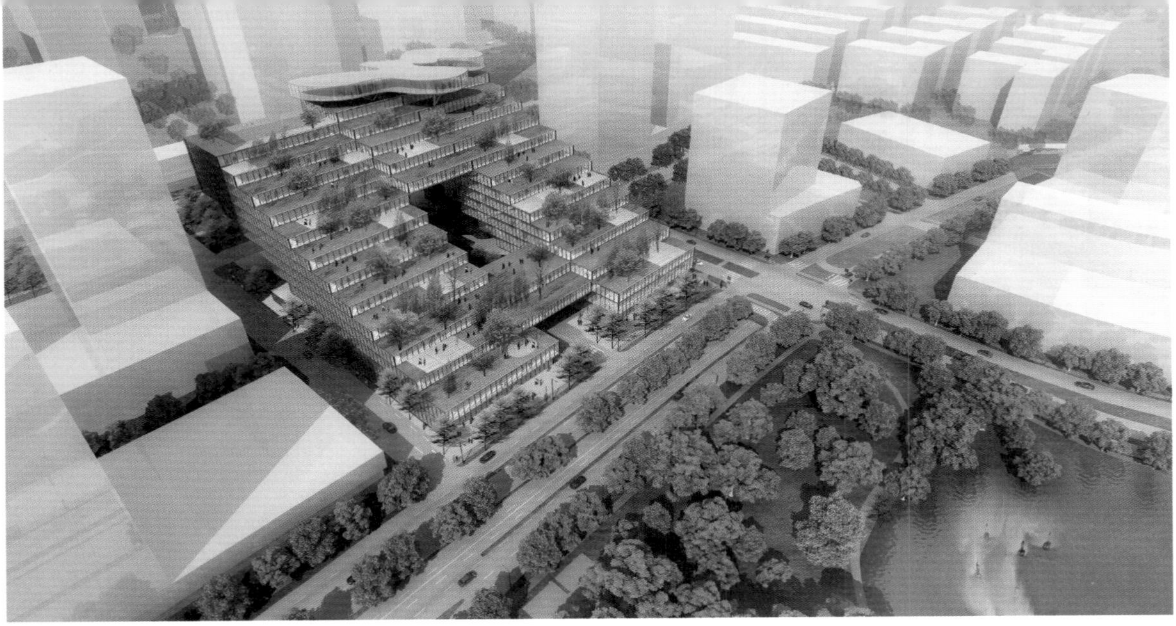

功能剖面图
Program Sections

THE KEY TO THE ALIBABA FLYING CARPET IS THE OPEN OFFICE...
The stepped floors allow a series of escalators to link 10 floors into a single joined space. By not relying on elevators to bridge floors and departments, movement becomes fluid and unencumbered making possible chance meetings, new connections, and informal encouters become the fuel for the next generation of Alibaba innovation.

This is the embodyment of the Alibaba culture of innovation openness and communication in physical space.

阿里巴巴飞毯是开放式办公……
退台式楼面通过扶梯把10层楼面联系成一个空间。如果不依靠扶梯联系各楼层和各个部门，人的活动将变得非常自由，上下楼层及各部门之间人员的见面变得更多机会及建立更为紧密的联系，而这种人员的交流将是阿里巴巴未来更具创造力的源泉。

这是阿里巴巴内部文化创新，开放和交流的物质空间。

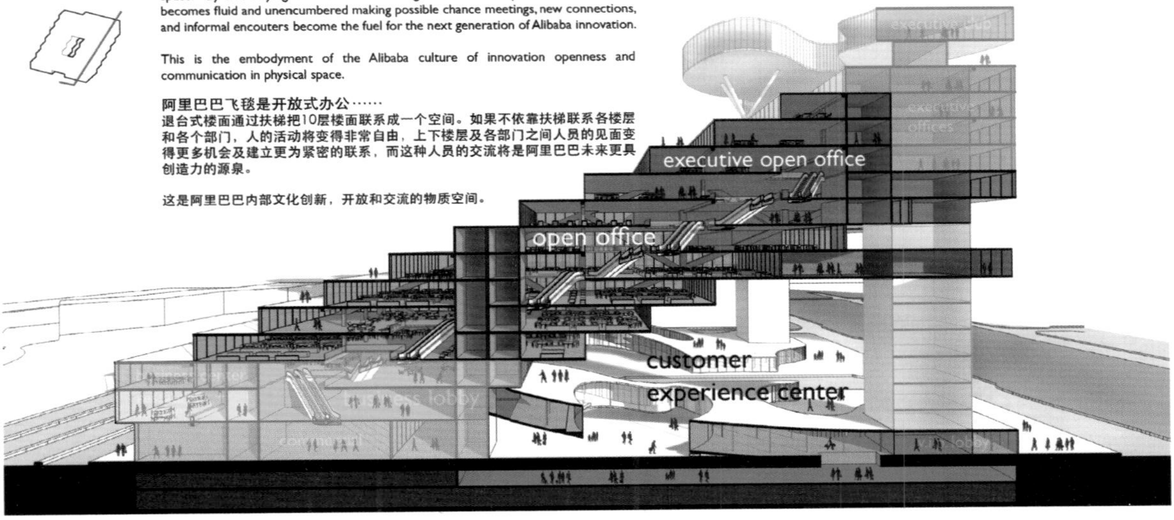

评审意见

孟岩：我觉得这个方案最大的问题是它花了很大的代价，包括结构和造价，是很平庸的解决方式，这是我很失望的。表面上看，它所有的东西好像都能满足。但是看这个方案的剖面，我觉得是几个不同的原型组合在一起，包括它的底层都是似曾相识的。

还有一个困惑，规划局的理念，原来的设计要求前面的楼是55米，但不能超过55米是不是就可以建一个10米的？这个东西他不是很清楚，所以他就这么做，你说他是否合理，他确实可以这么干。但是如果这么规定的话，这个口一旦开开，边上可能都会这样做，我是特别担心这个。这个建筑有有趣的地方，但是我特别怀疑这种设计的合理性。

严迅奇：第一，在这几个方案中，这是唯一一个朝海这边跟朝城市这边完全不同的连线；第二，朝城市这边的处理，我觉得它有一定的城市的感觉，特别是它提供了一大块公共空间，并且是遮阳的，把公众带进这个总部，把人引进去，它的功能表现有一种公众体验的感觉，如果说业主觉得有这个功能，这就很好；另外这个方案还有一个好处，就是它每层的交通非常好，从一层到另外一层是不需要找电梯，全部是楼梯，不一定是自动扶梯。

上海天华建筑设计有限公司

THAPE

序号 25

针对基地条件，方案设定了 9 条评价标准：

1. 观海界面长短；
2. 办公平面使用效率；
3. 庭院围合感；
4. 结构实施难易度；
5. 登良路口可识别性和标志性；
6. 步行道趣味性；
7. 规划路视线通畅度；
8. 日照条件；
9. 办公视线的相互干扰程度。

从所罗列出的9条评价原则来看，阿里云平台最能满足建筑的标志性，功能的高效合理性，将观海、步行通道、空中连廊和商业服务等要素很好地统一在阿里云平台的概念下。

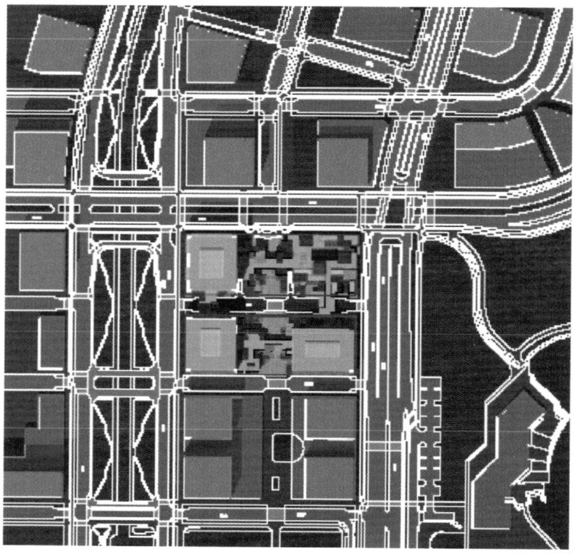

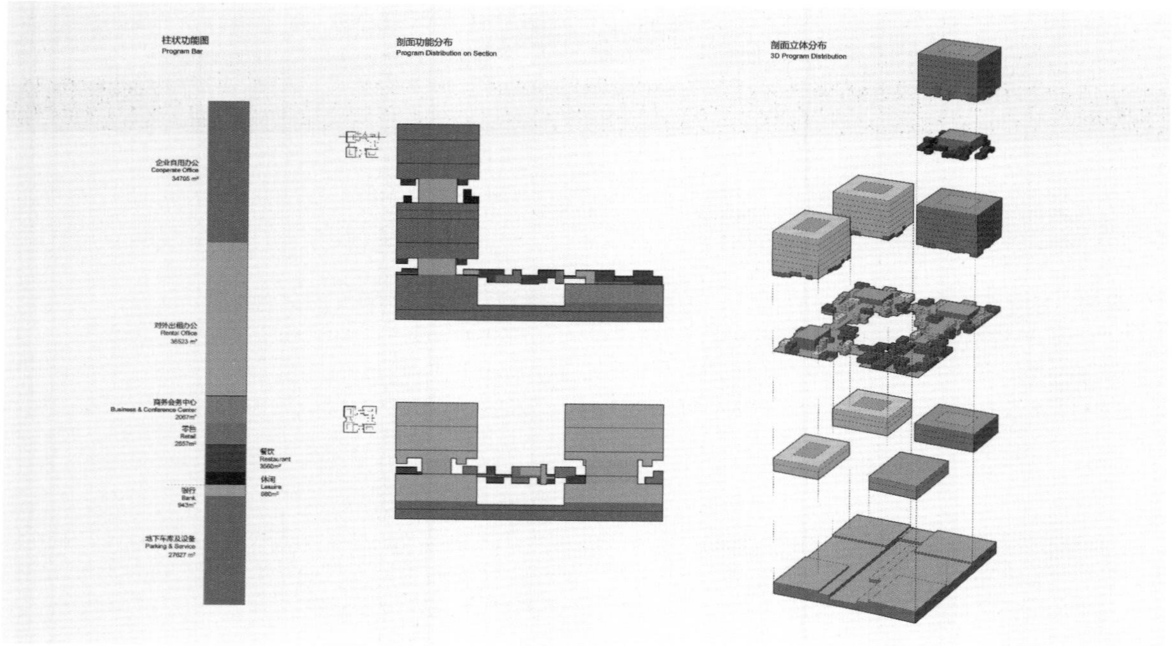

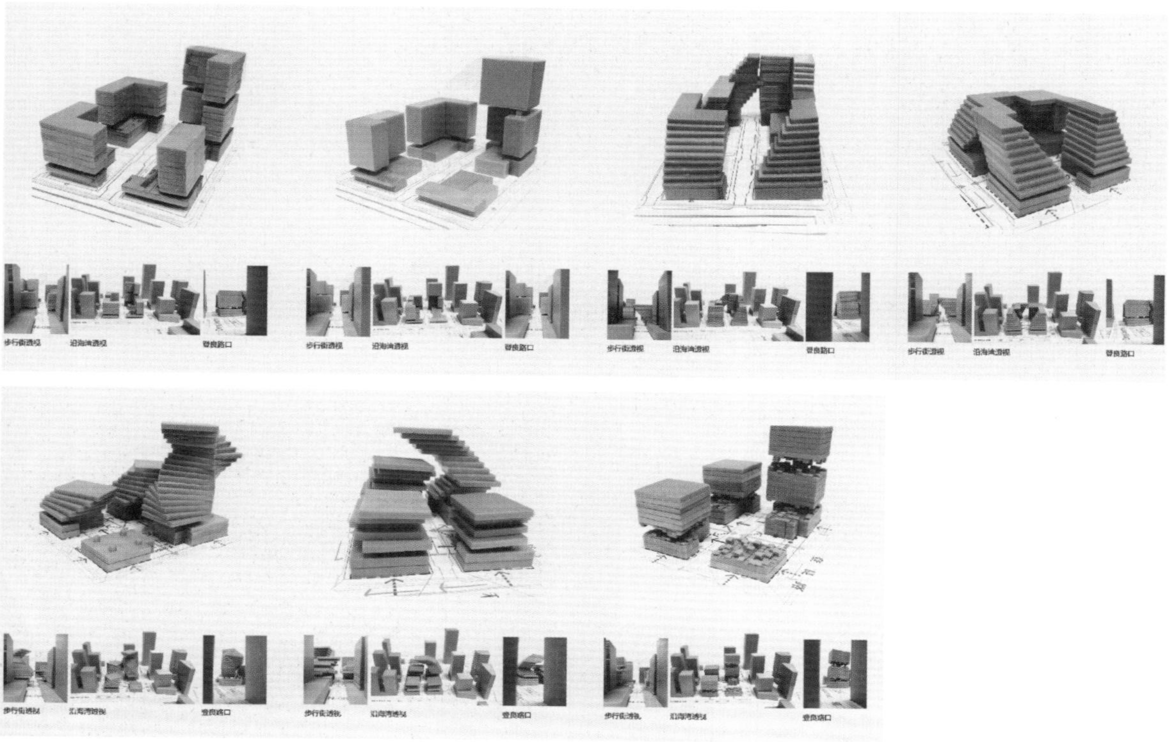

多方案比较

评审意见

孟岩：这个方案有一定的风险，从正面理解它是个好事，它有调整的可能性，它比较灵活，因为这个选择更多的是出于规划的策略，包括这个楼的高低排列，它有一定的灵活性。如果我们选择这个方案，它会有两个走向，一种走向是由于各种原因，建筑师没有这种能力控制住这个局面，这个建筑就走向非常平庸。我觉得这个方案最有意思的是它用一个平庸的类型，就是一个塔楼，然后把各种小的空间注入到里面。我仔细看了一下，它在实现的过程中，会产生一系列的问题，包括现在的结构，那些小盒子怎么跨过空中的结构，有很多的东西要加进去。如果以后实施的时候，说把这些东西都去掉了，那么它就是一个平庸的建筑。但是如果建筑师有这个本事克服这些东西，最后可能就会更有特点。

第二轮入围方案

06. 莫亚建筑设计（成都）有限责任公司 B.A.D + b720

09. 株式会社三菱地所设计

25. 上海天华建筑设计有限公司

26. 深圳市联盟建筑设计有限公司

42. 奥雅纳工程咨询（上海）有限公司深圳分公司

44. 深圳市同济人建筑设计有限公司

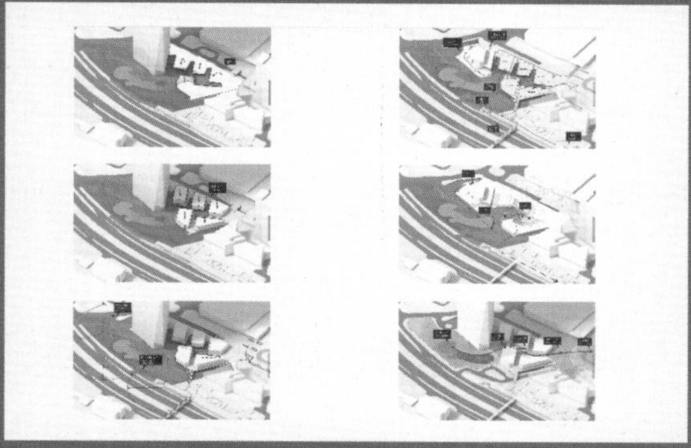

18. ECTOR HOOGSTAD ARCHITECTEN

24. 浙江大学建筑设计研究院

34. 北京炎黄联合国际工程设计有限公司

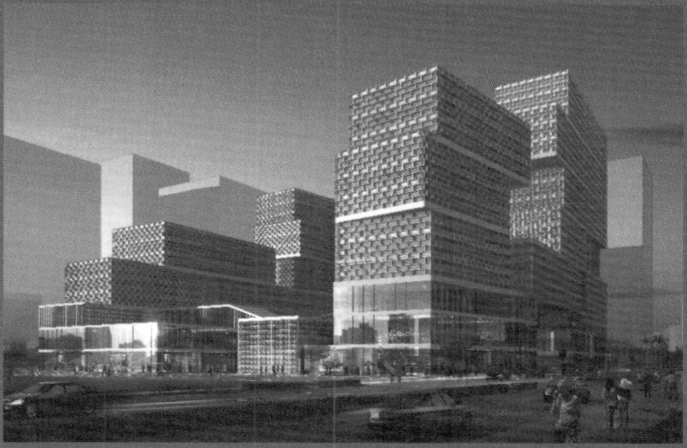

35. CCDI中建国际(深圳)设计顾问有限公司

37. 上海集合建筑设计咨询有限公司

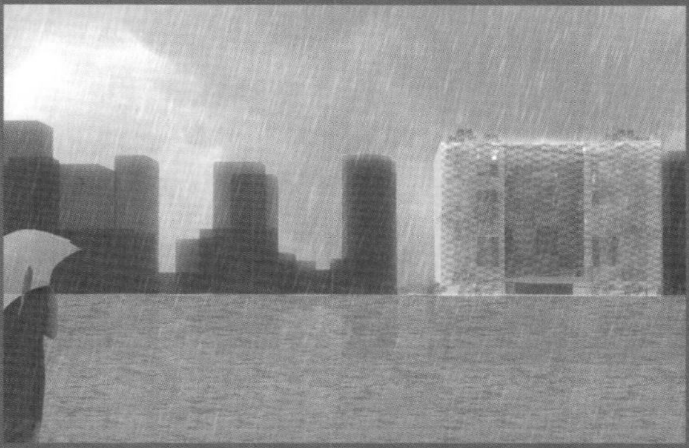

51. 深圳华品建筑设计有限公司

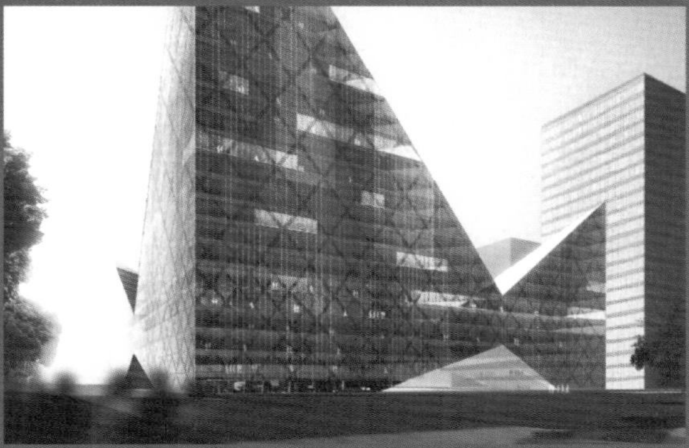

47. APE

来自评审的反思竞赛评述

当评委们面对着提交的参赛方案时，不免产生困惑：55个方案要在一天之内决出一、二、三名，究竟该如何评价？究竟该以何种机制来推进评选？尤其是在一片正待开发的新区之中，是否还有可能以单纯的建筑形象以外的思路来判断方案之间的优劣？当方案中出现相似的思路、相近的处理方法时，主管该区域城市设计的领导来评标现场解释了规划初衷，即形成路网密度高的小街区，提高步行的可能性，将后海作为深圳未来具有街区尺度的片区，而不是孤岛式的大公司“圈地”。特别是考虑到将来入驻该区域的将以大公司为主，基本实行多地块同时出让作为建设用地的策略，这就对地块城市感的形成造成了重要的影响—公司所期望的地块相连与城市所期望的街区缩小、行人进入之间是相悖的。那么这些地块规划的初衷就对方案的平衡与选择提供了新的思路，在这部分介绍之后，评审们开始从建筑形体以外重新评价入围的方案。此外，阿里巴巴将会是该地区首批建成的总部之一，其所传达的公共性、市民感、对控规的遵守，将为后继者树立榜样。

回到这些方案本身，由于地块待开发的状态和阿里云全新的业态和工作方法，使得参赛者难以通过较为具体的建筑手段去传达明确的建筑思想，在提交方案的形态中出现了大量相近的形态，包括单元模数、倾斜退台、体块连接等。而在不设门槛、国际公开招标的前提条件下，在面对如此级别的总部设计时，大量方案还是停留在难以实现的概念阶段，错过了深入讨论全新办公模式与建筑布局的机会。从这点来看，这种级别的建筑项目采用公开招标的方式是否合适？这点的确值得商榷。

在建中的阿里巴巴大厦

Case 12

2012 超高层中的城市客厅

罗兰斯宝（汉京中心）建筑设计方案国际竞赛

International Schematic Design Competition of Hanking Center

= 竞标类型 =

定向邀请国际竞赛

= 所处区域 =

深圳市南山区

= 投标方式 =

向专业设计机构及联合体开放

= 组织单位 =

深圳罗兰斯宝物业发展有限公司

竞赛背景

本次竞赛设计内容为罗兰斯宝（汉京中心）项目的建筑概念方案设计。

本项目承载着建设单位的三个战略需求：

1. 企业层面：通过项目的开发，树立汉京集团在区域地标性综合体领域的品牌价值，推进汉京企业战略转变，同时实现持有资产的长期增值回报；

2. 项目层面：项目地块开发，快速收回开发投资，实现一定开发盈余并持有一定规模的高品质物业进行长期经营；

3. 行业层面：树立汉京专属产品标杆。

基础资料

项目在深南大道所处的位置：紧邻城市门户地段的科教段，是步入深圳现代都市的重要节点。

项目景观资源丰富，主要集中在项目南面及东面。

项目低区（视野1千米范围内，南向）可享受深圳大学景观，中区（视野2千米范围内，东向与西向）可享受沙河高尔夫及中山公园景观资源，高区(视野5千米范围内，东南向）可额外享受深圳湾海景资源。

竞赛目标

320米高的汉京中心未来将成为城市地标建筑，作为未来稀缺的可售型超甲级地标写字楼，拥享深南大道与科技园两项绝佳地段条件的同时，汉京中心在设计中应摒弃传统意义上单一、严肃、刻板、冰冷的形式，迎合现代办公环境中私密性、开放性、个体性、群体性等多种需要。空间的相互转化，反映出由空间塑造的不同工作方式的形式，以创造更为合理、健康的人类工作与生活方式。

首先设计公司应研究超高层办公楼的发展趋势，总结其优缺点，并推断出未来的发展方向，本栋写字楼要在设计上作为世界写字楼领导者；它不是简单的新、奇、特，而是由内到外的自然美，长期永恒的美。它不仅要有吸引人的外观，还要有足够的内涵。

设计应以解决目前超高层办公楼的实际问题为突破点，比如：空调病，缺少身体与自然的交流；缺少交往休憩空间，使人的精神不能有效放松；高能耗等。打破传统的办公空间设计模式，创造出更适合人未来工作生活的生态空间。

本项目应以节能为核心目标，营造建筑内部生态小环境，降低对城市大环境的排污排热等危害，致力提高环境舒适度。在尊重城市环境、独创震撼的建筑形象、综合考虑工程技术和经济成本的可行性基础上，针对深圳地区气候特点可参考应用国际尖端成熟的生态智能系统，同时控制合理的投资成本，创造舒适的生态智能办公环境，力求最大限度地利用绿色环保能源，创造低能耗、人性化的工作环境，减少建筑的日常运营成本，进而确保项目在未来市场上的长效竞争力。因此要求设计机构必须至少与一家专业的节能公司或研究机构组成联合体或聘请顾问参与设计。

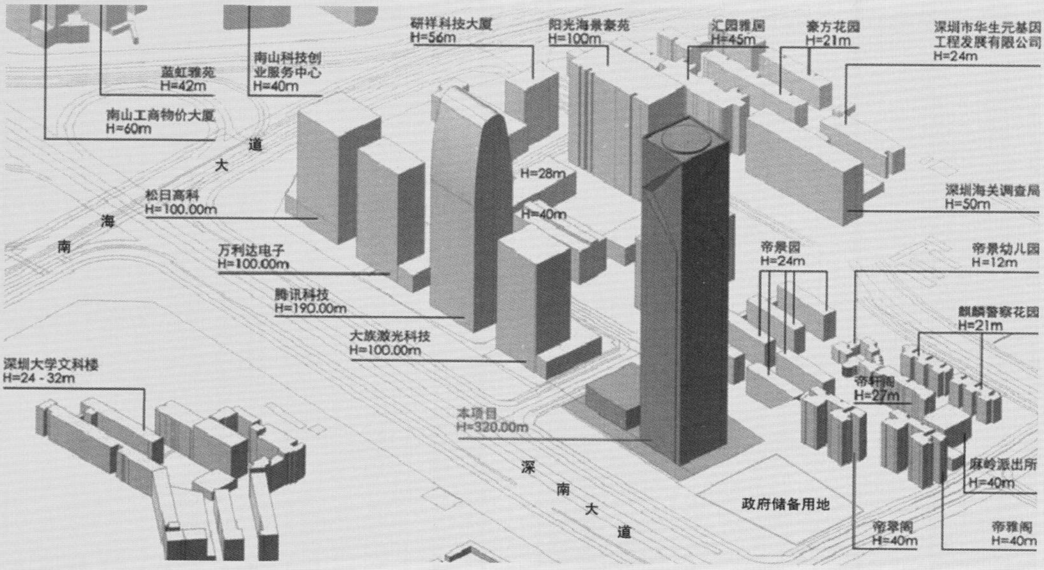

入围设计机构名单

序号	国家/地区	机构名称
01	美国/联合体	Morphosis Architects + IBE Consulting Engineers + JOHN A. MARTIN& ASSOCIATES, INC.
02	美国+中国上海/联合体	Gensler Architectural Consulting (Shanghai) Co., Ltd + 上海建筑设计研究院有限公司
03	美国+中国中国/联合体	Leo A Daly + 中国建筑设计研究院
04	美国/联合体	Adrian Smith + Gordon Gill Architecture LLP + PositivEnergy Practice, LLC + Magnusson Klemencic Associates, Inc.
05	英国	TFP FARRELLS
06	中国深圳+美国/联合体	深圳市都市实践设计有限公司 + TECO Sustainable Architecture and Engineering LLC

参评评委

评审委员	单位
严迅奇	许李严建筑师事务所合伙人
冯越强	欧博设计公司董事设计师，董事长
奥雷·舍人 Ole Scheeren	国际知名的德国籍建筑师，Buro Ole Scheeren主持设计师
曾群	同济大学建筑设计研究院（集团）有限公司副总裁及集团副总建筑师
钟兵	AECOM中国区建筑设计执行董事

竞赛结果

第一名	01号	Morphosis Architects + IBE Consulting Engineers + JOHN A. MARTIN& ASSOCIATES
第二名	06号	深圳市都市实践设计有限公司 + TECO Sustainable Architecture and Engineering LLC
第三名	02号	Gensler Architectural Consulting (Shanghai) Co., Ltd + 上海建筑设计研究院有限公司

Morphosis
+ IBE Consulting Engineers
+ JOHN A. MARTIN & ASSOCIATES
序号 01
第一名

汉京中心的设计提出对传统办公楼的反思，设想了一种新的大楼中心，这种新的大楼中心表达了当代都市人的生活愿景和价值观。这一全球性的地标将创造一个无与伦比的工作环境，体现汉京集团“渐进、协同、成就”的价值观，实现开放性、个性化和健康的工作生活的理念。坐落于深圳迅速发展的技术和通信企业的中心，汉京中心将成为南山区创意地产的先行者。

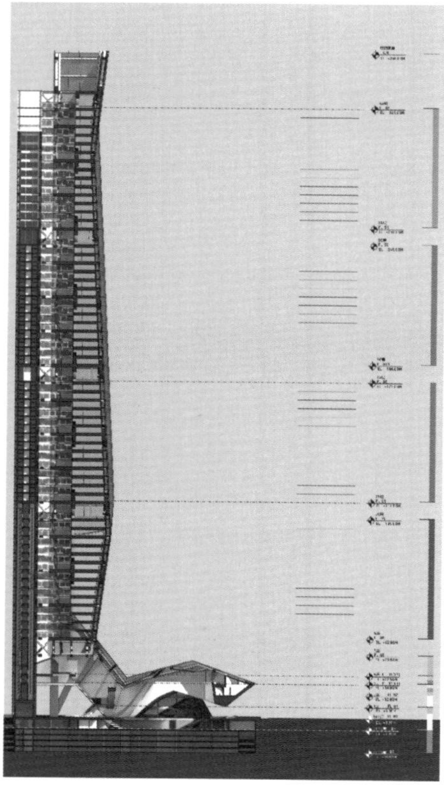

汉京中心的设计打破常规，通过重新排列来调整传统办公大楼的空间。将交通核和主要服务空间移到大楼主体以外，从而创造出广大而开放、灵活的空间。这个设计让自然光线和新鲜空气活跃工作环境，并在交通核和主体建筑之间塑造出社交空间。这造就了一个高质量的工作空间，给予使用者宽敞广阔的感觉，同时提供了城市景观、室内绿化空间和静思的场所。

高度远超其他同类型建筑，这座高而细长的塔楼耸立 350 米，浮现在天际线之上。它的玻璃幕墙像空气般透明，不仅显露出建筑内部的机械和结构细节，而且双侧的玻璃幕墙提供了令人敬畏的视觉效果和充足的日光。可操作的窗户使自然空气的流动最大化，推进职工的舒适度和生产力，同时塔楼广阔无阻的空间提供了一种开放、灵活和富有创造力的感觉。汉京中心提供了丰富的社交及工作气氛，响应了当地的气候和浓厚的社会文化。

紧邻大学校园、研究机构和规划建设的住宅区，汉京中心集合学习、文化和商业于一身，成为深圳世界性城市定位的代表。占据深南大道显著的位置，汉京中心显赫的高度和引人注目的轮廓重新定义了深南大道的天际线。在街道标高上，绿色植物环绕着广阔的广场，为周边创造了新的邻里，传达了汉京中心为全球性大企业，同时向公众开放的信息。

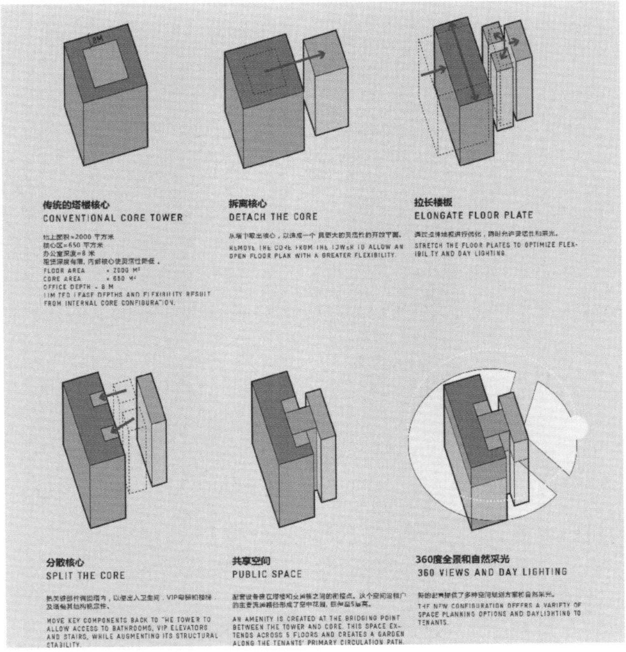

传统的塔楼核心
CONVENTIONAL CORE TOWER
FLOOR AREA = 2000 M²
CORE AREA = 650 M²
OFFICE DEPTH = 8 M
LIMITED LEASE DEPTHS AND FLEXIBILITY RESULT FROM INTERNAL CORE CONFIGURATION.
拆离核心
DETACH THE CORE
REMOVE THE CORE FROM THE TOWER TO ALLOW AN OPEN FLOOR PLAN WITH A GREATER FLEXIBILITY.
拉长楼板
ELONGATE FLOOR PLATE
STRETCH THE FLOOR PLATES TO OPTIMIZE FLEXIBILITY AND DAY LIGHTING.
分散核心
SPLIT THE CORE
MOVE KEY COMPONENTS BACK TO THE TOWER TO ALLOW ACCESS TO BATHROOMS, VIP ELEVATORS AND STAIRS, WHILE AUGMENTING ITS STRUCTURAL STABILITY.
共享空间
PUBLIC SPACE
AN AMENITY IS CREATED AT THE BRIDGING POINT BETWEEN THE TOWER AND CORE. THIS SPACE EXTENDS ACROSS 5 FLOORS AND CREATES A GARDEN ALONG THE TENANTS' PRIMARY CIRCULATION PATH.
360度全景和自然采光
360 VIEWS AND DAY LIGHTING
THE NEW CONFIGURATION OFFERS A VARIETY OF SPACE PLANNING OPTIONS AND DAYLIGHTING TO TENANTS.

概念分析

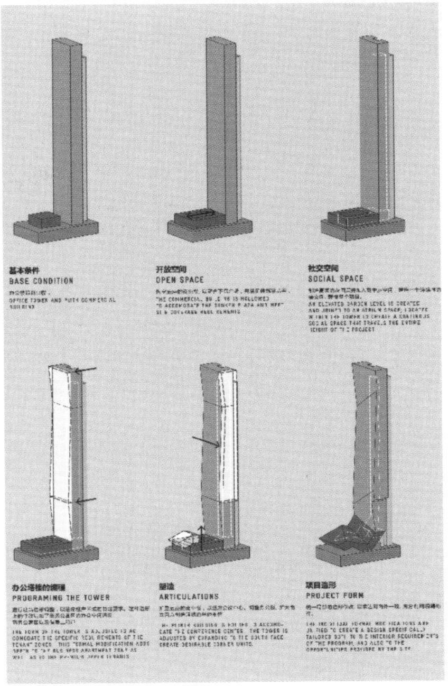

基本条件
BASE CONDITION
开放空间
OPEN SPACE
社交空间
SOCIAL SPACE
办公塔楼的编排
PROGRAMING THE TOWER
塑造
ARTICULATIONS
项目造形
PROJECT FORM

操作策略

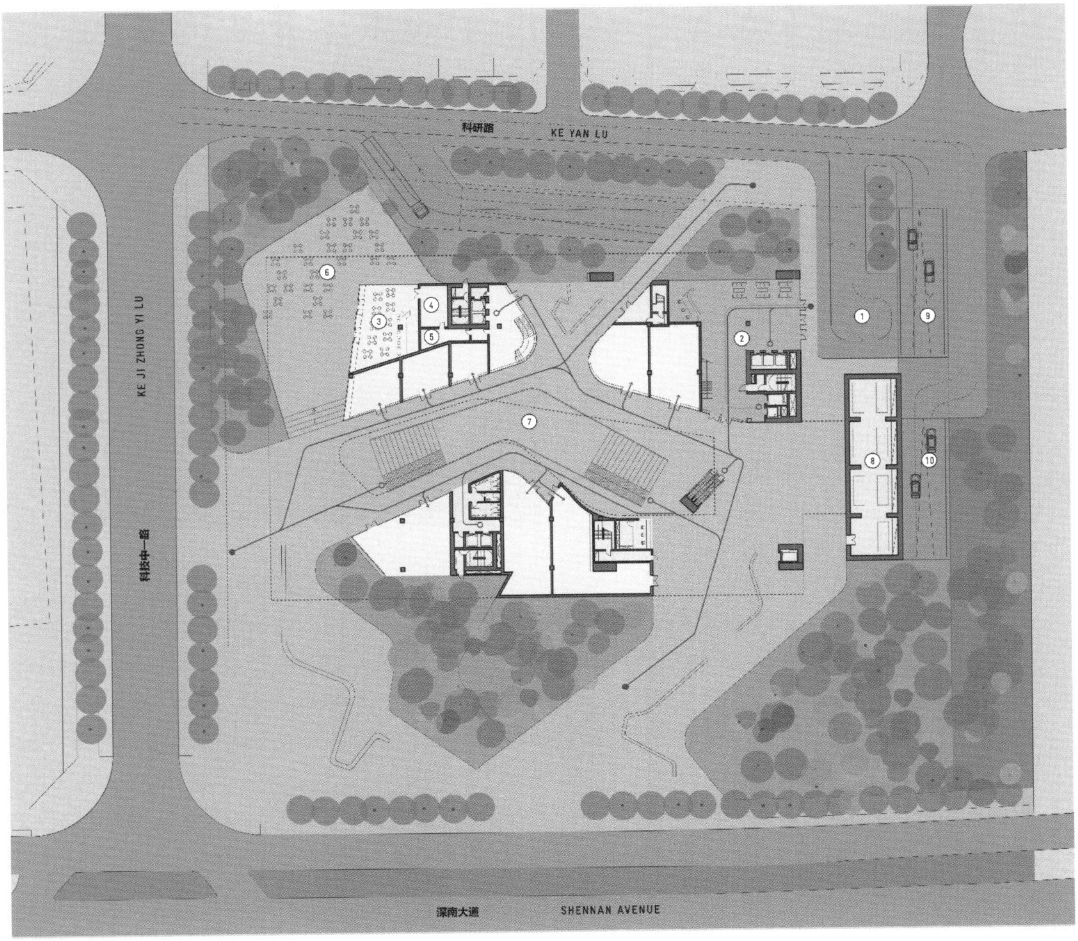

科研路
KE YAN LU
KE JI ZHONG YI LU
科技中一路
深南大道
SHENNAN AVENUE
1
2
3
4
5
6
7
8
9
10

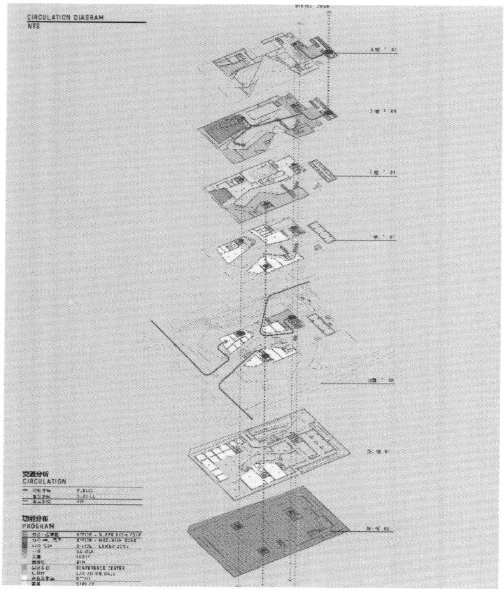

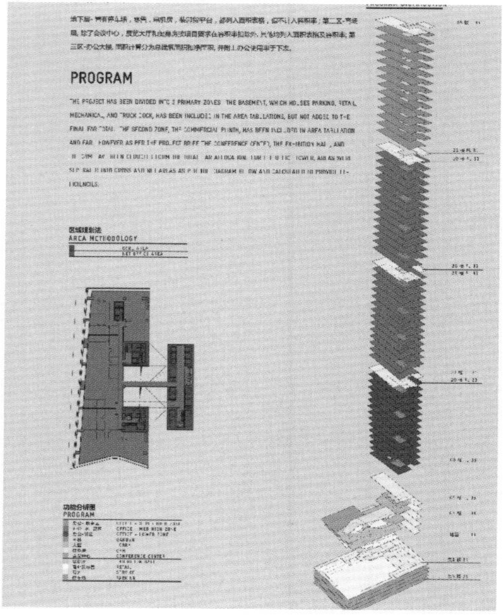

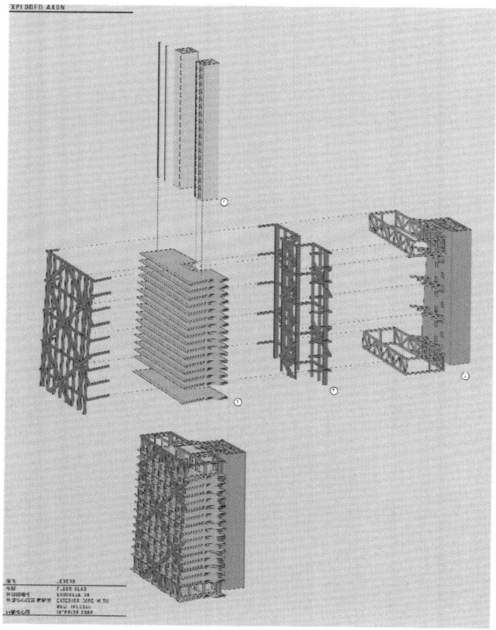

我们的设计预想了一个变化多样的商业空间，满足全球商业人士和客户的需求。商业区从塔楼基础有机地翻折，形成一个综合体，提供了流动性大的公共和半公共空间和多节点的人行路径。行人可由西侧的广场入口和北侧的街区入口进入，在通高四层的中庭空间里分散到商业区的各个角落。

设计首创的核心偏离设计提高空间规划的灵活性，核心偏离设计同时增加自然采光，增强场所感，有利于健康及工作精神。多种共享空间通过不同策略配置，提升租户的体验和价值。大堂和空中花园为所有承租人创造了共享的空间，以绿化作为自然过滤系统，将净化的空气从交通核导向内部办公空间。

评审意见

钟兵：把一个南北向的楼东西向处理，把核心筒拿到建筑外面我觉得这是一个比较有趣的想法。这是我迄今以来唯一听到业主愿意把自己贡献给城市的业主，在中国很少。我觉得我们的业主非常有眼光和有魄力做这个事情，这个方案最大的优势也是在这里，如果没有你们欣赏这一点的话，估计这个方案就很难进入你们的法眼的。他的最大优势是在于塔楼和裙房的一致性，这对于超高层建筑的力量是非常有效的。但是反过来，它的表皮结构包括处理，实际上是东西向将来要有非常好的遮阳体系，这个遮阳体系一定是对视线有很大的干扰，这是一个天生的矛盾。但是从办公角度来讲，景观资源有时候甚至比朝向更重要，而这个景观资源在哪边？恰恰是最多楼梯的那边。东西向必然是把自己放在一个困境里面。我更欣赏他在这个楼标高的位置有一个进退关系，我觉得这种对话是平衡了所有的意义的对话。

严迅奇：它造型非常独特，塔楼和裙房也是一体的，做得很有特色，我们认为可以成为地标建筑，经过后期的一些修改设计之后，可以做到从大堂到进电梯，电梯局部可以改造成观光电梯，出电梯之后到标准层的电梯厅，以及走廊的空中花园，进入办公室可以享受到自然的光线，可以和自然对话。另外非常好的地方是它把的花园放在了楼上，把一楼大面积空间留给了城市，我觉得这对城市有非常大的贡献，这也是我们非常看中的。我们不希望这个建筑是一个非常自私的建筑，我们希望对城市有所贡献，这也是符合业主公司发展的一个要求。

奥雷：一方面它确实非常的清楚，条理清晰，结构核心筒都非常清晰，中庭做得也挺好，确实是可行的。我觉得把这个绿墙放在这块上，从建筑本身就是错误的，我们经常讨论有关人文化让整个环境更加自然，但是不要过度，要掌握好这个尺度，绿色在墙上是装饰吗，如果是装饰我们就要拒绝这种建筑的装饰，并不需要，所以我们也必须要反思有关绿色的讨论，不是单纯为了绿色而绿色。我觉得方案1底层设计是所有方案当中可行的，并且对于我们的地面不会带来太大的压力，我们可以看到，在这个塔楼周围的设计，不会对外部产生很大的干扰，并且在整个开发中真正实现一致性。

曾群：首先关于这个方案的优点，他建筑的理念和形式结合的非常好，形式只是一种武器，招法已经在心里了。我不建议把建筑放在右边，但我也认为他也有足够的智慧来理解这个东西。他没有充分理解这块绿地，他照顾了左右邻舍，但是南北更广阔的城市为什么不去照顾呢，南边这么好的绿地，北边那么好的山！这个建筑只有向西一个面向，内部的中庭比较阴暗，在里面办公的时候，实际上东边的这一边，因为只能看到中庭所以体验并不好。我看了他们前面20个方案，有很多方案里面就摆脱了这个困境，不要说我们为他做某些方面的妥协，我觉得可以做得更好。

总结：

一号是打破常规的做法和设计，包括这栋塔楼的定位。其实我们已经讲了很多他的优点，也有带来了一些相关的缺点。另外，我们也是非常欣赏他这个塔楼跟裙楼的整合，不仅仅是形式上的一种整合，而且在这个空间走动的过程当中，能感受到裙楼的开放性、裙楼的可进入性以及它跟周边环境的结合。另外就是从裙楼这里进入塔楼，其实中间的流动都是非常的一体，并且充满丰富的经验。而对于办公楼他的非常规的手法处理，使我们的办公空间非常宽敞。没有大型的柱子，而且从核心筒通过蓝桥进入花园，整个经验非常丰富。另外我们要进一步调查，这样的一个设计他的可视性原则上这些都是可以解决、可以处理的。最后我们也非常欣赏整栋塔楼的阐释。作为跟常规的塔楼不一样的、脱颖而出的一栋建筑，而且不同的面也有很好的解决不同朝向的问题。

都市实践+TECO

URBANUS + TECO

序号 06

第二名

空中大堂

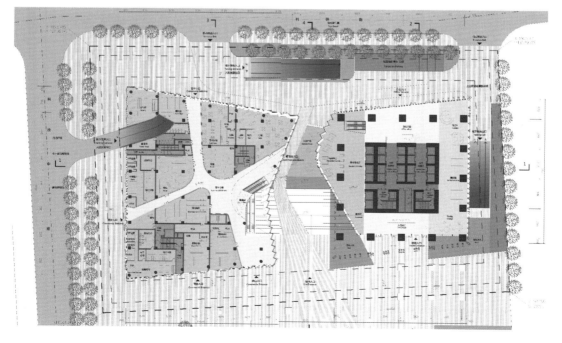

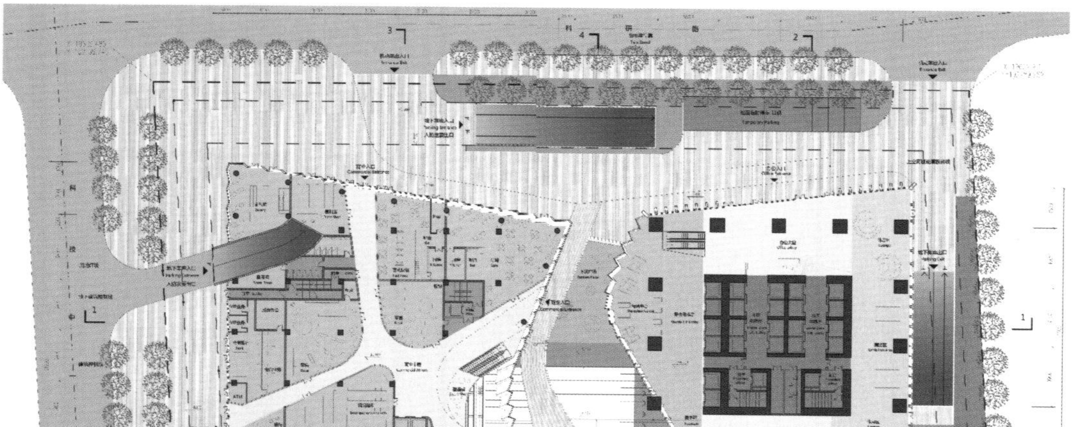

现代高层写字楼起源于上世纪初的美国芝加哥，这一类型发展至今也与早期资本主义追求标准化、高效率大生产的传统有着一脉相承的血缘关系。这种高度集约化的垂直空间组织模式往往造成与其外部城市公共空间的隔离，而其内部也形成无休止的重复、单调的工作空间。

此外高层写字楼可以说是在北方气候条件下产生的建筑类型，汉京中心项目所探讨的是这一类型被移植到中国南方之后如何适应当地特殊的气候条件，同时，通过对塔楼“标准层”塑造单一重复的垂直性的修正，在空中构成灵活多样的办公聚落并引入城市公共空间，创造一种富于想象力且适宜南方气候环境的新的摩天楼类型。

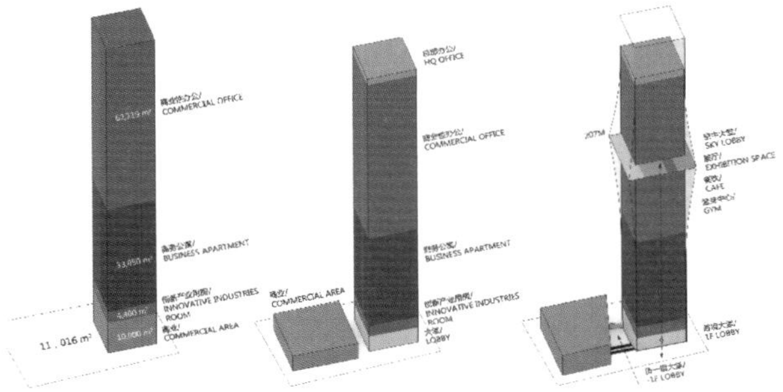

地面功能分布/裙房与塔楼分离/引入下沉广场

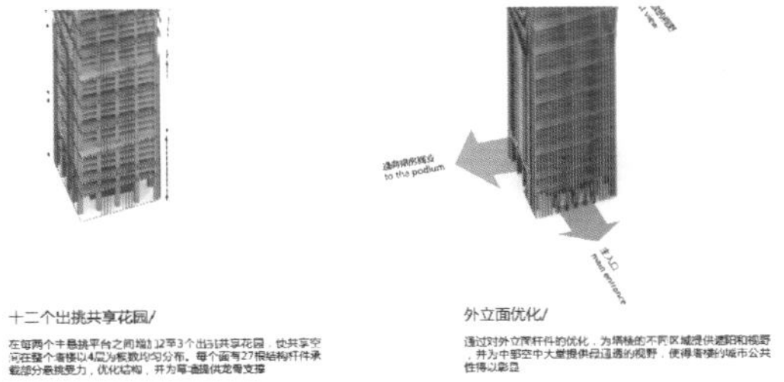

形体扭转回应场地条件/塔楼拉伸与裙房相连/每隔四层增加共享平台

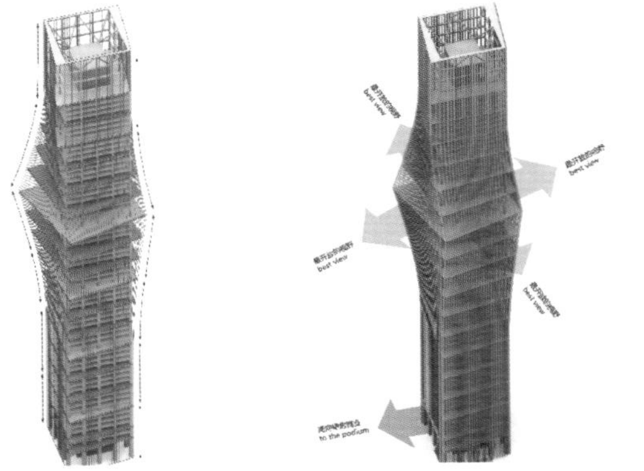
十二个出挑共享花园/外立面优化

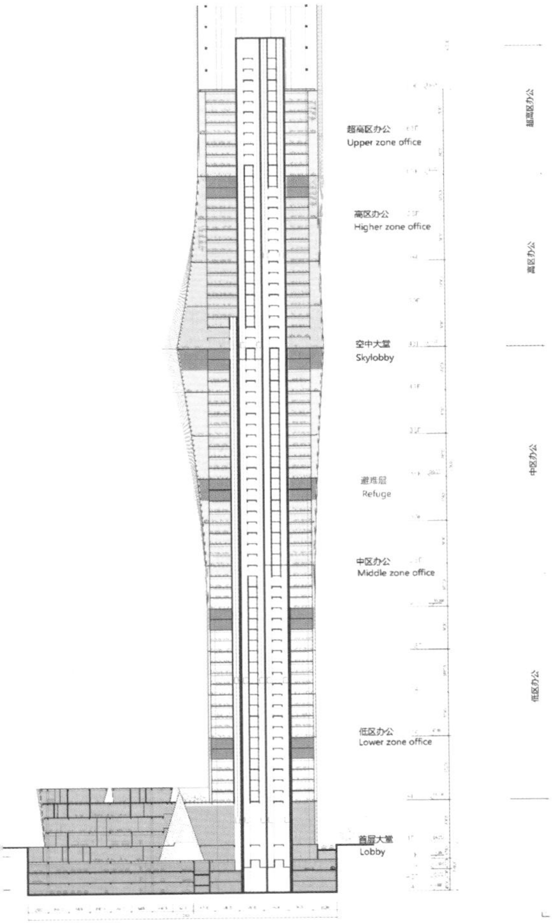

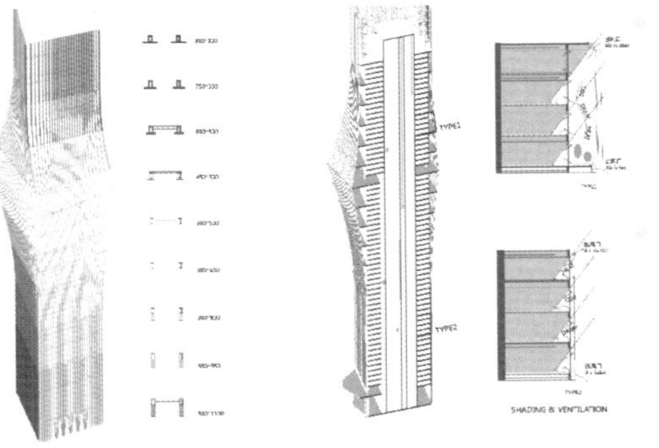

杆件模数化/双层幕墙系统

Gensler + SIADR
Gensler Architectural Consulting + 上海建筑设计研究院有限公司
序号 02
第三名

作为设计有责任提出解决方案以助于满足环境、社区要求及达到业主要求。通过 4 种模式的可持续设计，该项目将超越 LEED 黄金认证及中国三星绿色认证。社区、效率、传统的可持续性及强大商业模式的结合对于成功打造该地标项目而言是至关重要的。汉京中心高 350 米，总建筑面积 11 万平方米，将成为南沙地区最大规模的项目。仅从其规模上来看，汉京中心将成为城市天际线的地标象征。然而，我们充分认识到仅靠庞大的体量不足以成就该建筑的地标地位。只有在精心策划的设计基础上，才有可能成功地将该项目打造成为具有创新性的地标项目。

根据设计方案，各建筑部分被划分为一系列的区域，以实现其极限高度。该设计方案将每 14 层楼分为一组，通过结构框架进行支撑，并将每个组团看成是相互独立的建筑。3 层楼高的、无柱的、露天中庭将每个组团划分开来，并作为每个组团的配套空间。顶层设置有会议中心、健身 spa、游泳池及花园式总部空中大堂，为租户提供了聚会及交流场所。在汉京中心，社区及自然不仅停留在地面层，而是贯穿于整个项目中。

该项目除了办公部分，还需设置 1.5 万平方米的商业裙楼。在对城市现状，特别是现有的城市绿地进行研究后，设计团队对建造传统的裙楼理念提出了质疑。为了能够真正实现该既为地面层地标又为天际线标杆的综合项目，我们将商业功能往上设置在塔楼的配套设施区，往下形成地下 2 层的开阔梯台式花园。将商业部分从传统布置位置转移后，整个地面层形成了一个景观绝佳的花园区域，吸引了相邻社区的人们来此享受户外空间及喧嚣拥挤的城市中的餐厅所带来的美好感受。特色社区及促销活动空间将吸引人们在闲暇时间来此游玩，从而强化了汉京中心致力于打造全天候生活中心的目标。

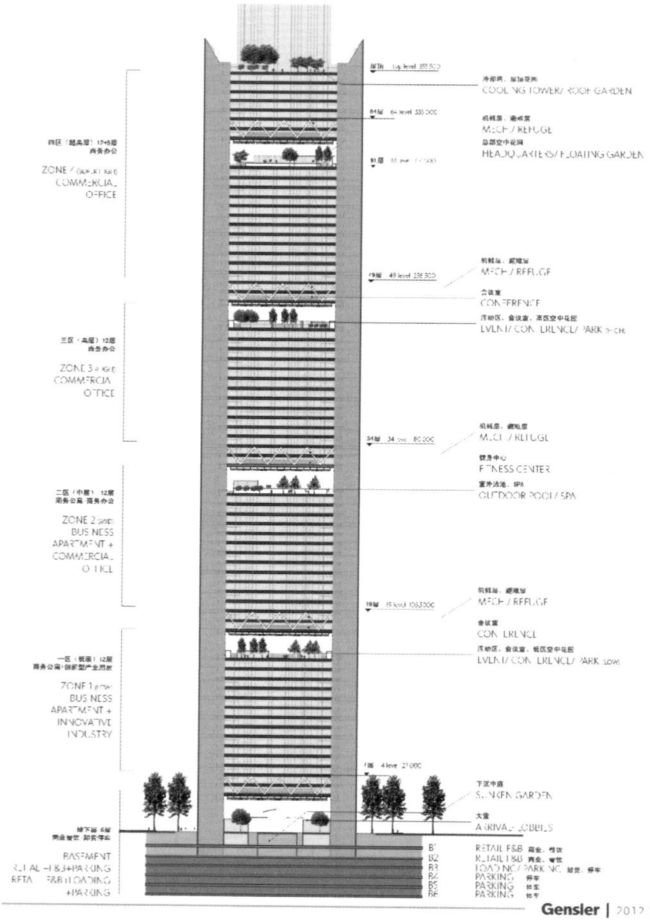

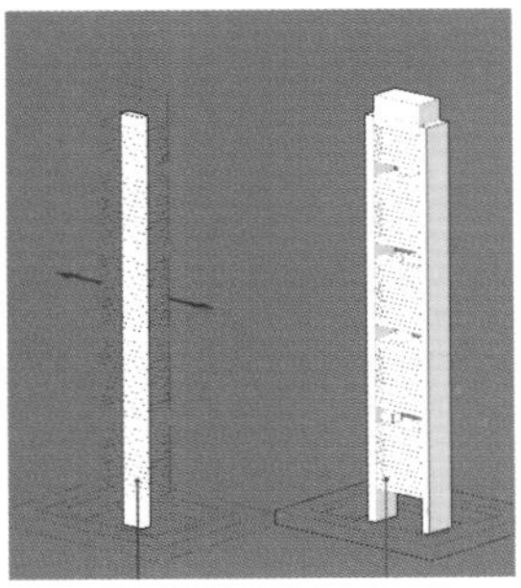

集中核心筒——传统的核心筒阻挡了体块间的开放空间。

分立核心筒——将核心筒一分为二，不但提供了灵活的使用空间，同时自然光也可以渗透到整个建筑宽度。

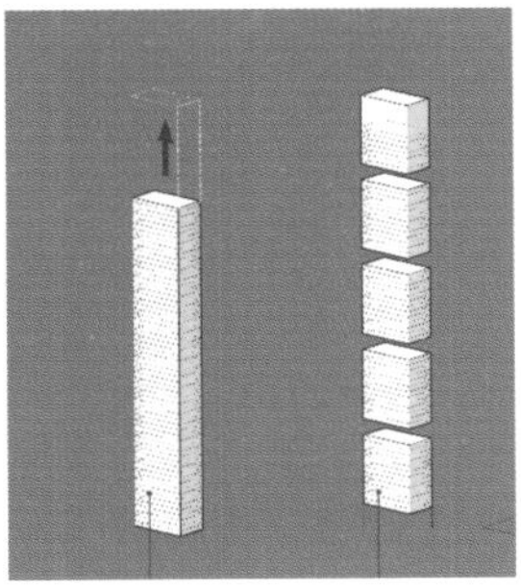

建筑高度——在满足合理利用率和目标租赁区域面积的前提下，建筑高度无法达到350米。

建筑高度——将功能延伸和分开布置在不连续的体块中，建筑高度将得以实现。

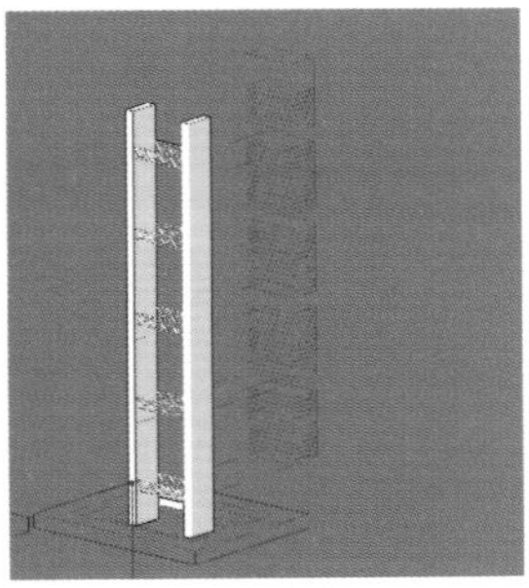

加强桁架——在每个区域的底层分开的两个核心筒由两层高的加强桁架连接。

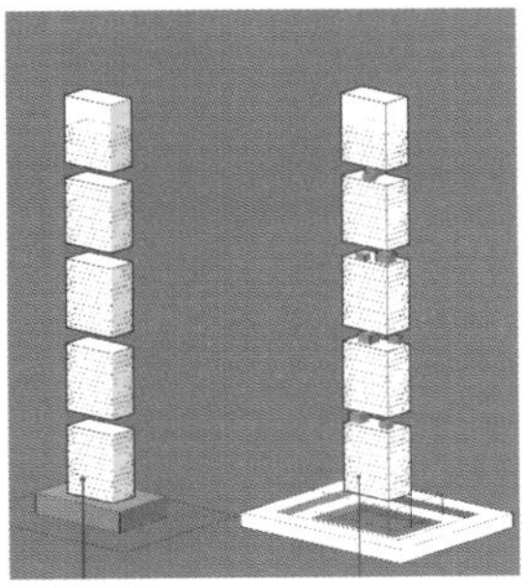

塔楼裙楼——传统的商业及辅助功能的裙楼，阻挡了公众的可达性。

下沉花园——将裙楼的功能分布于空中花园层以及半地下的下沉花园中。

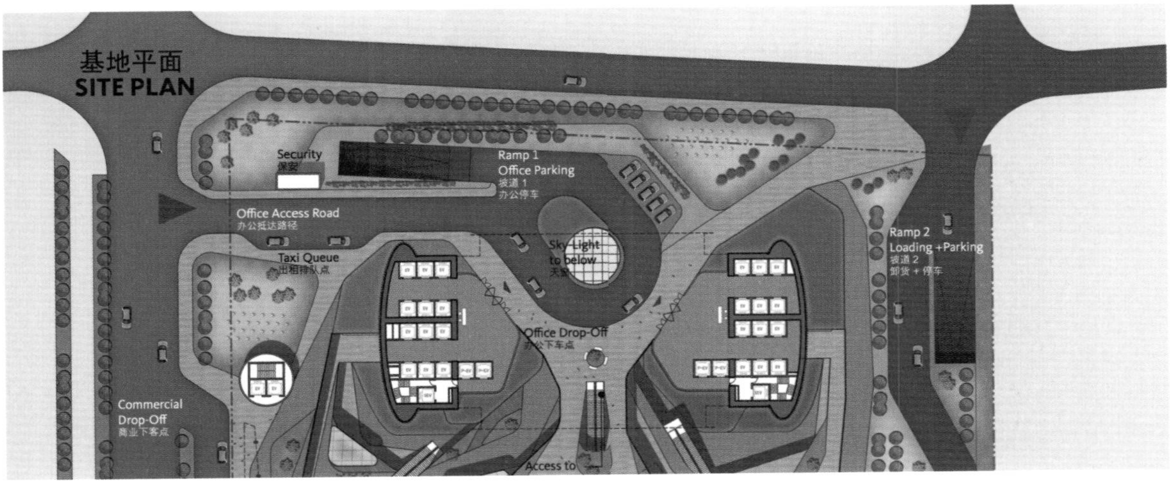

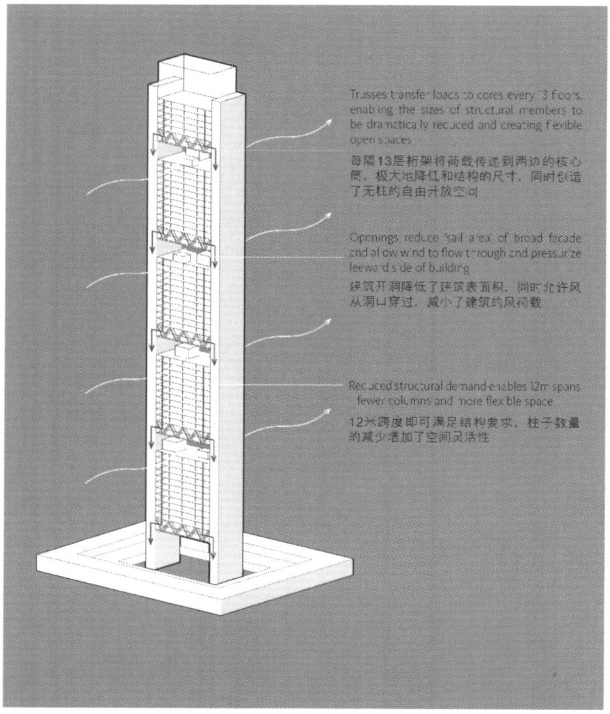
Trusses transfer loads to cores every 13 floors, enabling the sizes of structural members to be dramatically reduced and creating flexible open spaces
每隔13层桁架将荷载传递到两边的核心筒，极大地降低和结构的尺寸，同时创造了无柱的自由开放空间
Openings reduce 'sail area' of broad facade and allow wind to flow through and pressurize leeward side of building
建筑开洞降低了建筑表面积，同时允许风从洞口穿过，减小了建筑的风荷载
Reduced structural demand enables 12m spans fewer columns and more flexible space
12米跨度即可满足结构要求，柱子数量的减少增加了空间灵活性

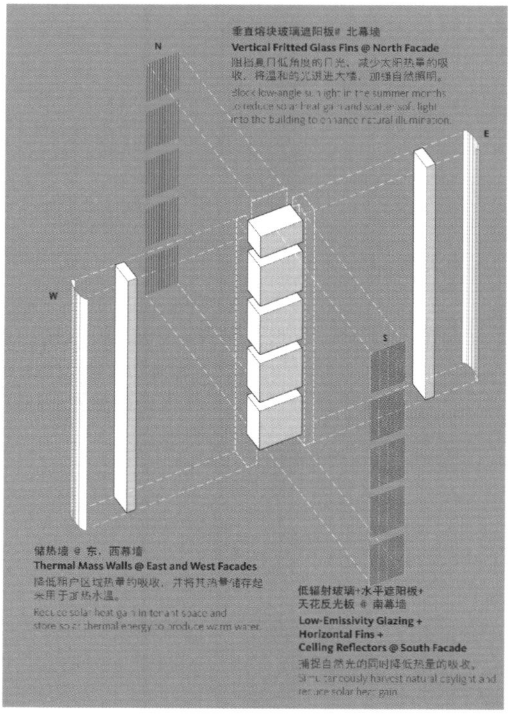
垂直熔块玻璃遮阳板@ 北幕墙
Vertical Fritted Glass Fins @ North Facade
N
E
W
S
储热墙 @ 东，西幕墙
Thermal Mass Walls @ East and West Facades
低辐射玻璃+水平遮阳板+
天花反光板 @ 南幕墙
Low-Emissivity Glazing +
Horizontal Fins +
Ceiling Reflectors @ South Facade
捕捉自然光的同时降低热量的吸收。

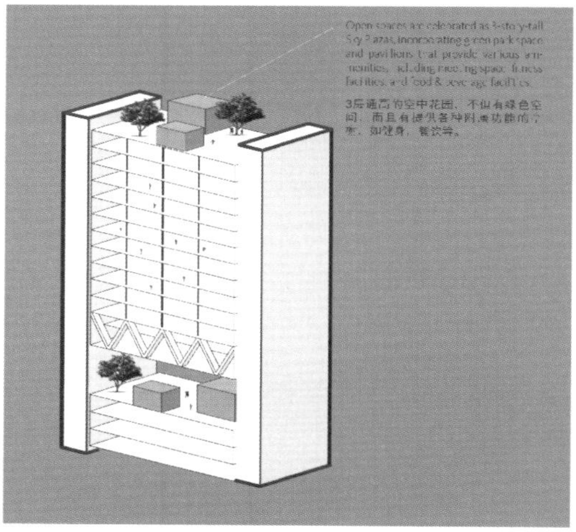

可持续设计的第二种模式为效率。该结构系统在结构设计说明中进行阐述。建筑内的每层楼面板为 2100 平方米，是针对一层多租户或单一租户布置形式的最佳规模。建筑核心筒分别设置在建筑端部，从而提供了超高效、直线型的灵活楼面板。立柱间距增加到 12 米，进一步强化了该空间的灵活性。此类极为灵活的布置形式，使得该项目可经受当前及未来市场任何变化的考验。

可持续性的第三种模式为结合 LEED 和中国三星绿色评级，将解决建筑场地、用水、能源、材料、空气及人体舒适度问题。设计团队还致力于开发创新性概念，使得该项目成为中国可持续性最高的建筑之一。采用通过太阳热能表皮吸热的核心墙将使建筑一年四季均可获得热水。在一年中炎热的月份，通过户外空间排出调节空气对所有配套空间提供制冷。地下空间的风管及冷却器将预冷空气，以减少低层的能源需求，同时建筑顶层的温差将为高层区域提供冷却空气。位于南北侧可收集自然光的高性能表皮及东西侧的核心墙有效地化解了早晨及夜晚低渗透阳光所带来的影响。狭窄的楼面板及 4.5 米高的层高使得自然光可深入照亮室内空间，从而大大降低了塔楼的能源需求。

评审意见

严迅奇：这个方案都很实用，也容易实施，包括建筑他们都想得很清楚，Gensler公司本身也有经验。它的亮点是什么呢？第一，它的平面灵活性比较大；第二，它是最通透的，通透是在于空中花园，更包括地面；另外这个亮点就是它的“空中花园”，虽然甲方曾经觉得它的使用率不高。另外的方案也是一样，也是到那个楼层走出去才用，那一层功能比较丰富。而且它的空中花园它有它的想法，一个空的地方有很大风，它用玻璃，这种想法发挥得很好，还是一种借力。

冯越强：有一个很重要的，现在业主关于里面的办公，包括公寓还是比较模糊，在这种情况下可能采取比较大的空间布局来适应这种深港性的办公，包括以后的商业策划。这个空间是留下很多余地，从这个角度2号是留下这个条件的，这个非常重要，现在设计做死，后面又有不确定的因素，这样就对方案造成致命的损伤。

钟兵：我从个人的角度来讲2号的方案，其实要把它每几层做得更精致一些，这个是有更强的公共性，而且这个公共性是不单对楼有影响，对整个城市都有影响，这一点是有双重效应，这一点的特征就像主席讲的，特征更鲜明，意义就更大。是这两个角度判定，其它他们之间的优劣是比较接近的。还有一个我还觉得，在深圳这种气侯条件下，他的裙房做了一个大顶盖的处理，这倒是值得关注的一件事，它做了一个有遮阳的。因为在深圳日照和下雨都是比较多的，这种气侯如果没有顶盖其实不是特有利于户外活动。做这个努力，也许形态上过于平淡一点，但是它把整个场地用一种有顶盖的形式来处理，有顶盖并不是一个方盒子，它里面有大量被掏空的空间，这是蛮有公众性的，没有边界，对人进入的感觉和真正使用的机会会更多，这一点我觉得他甚至比其他几个方案纯粹的方盒子还是有一定的考虑，这一点也是有自己特色的。

奥雷：这个设计方案很清楚、很清晰，而且也是比较理性的方案。它提供了大量的灵活性，在楼面板这一块有非常好的灵活性。并且也提出来公共空间在这栋楼的可实施性。并且他也尝试去解决这个底层的问题，当然还是有其他的问题。

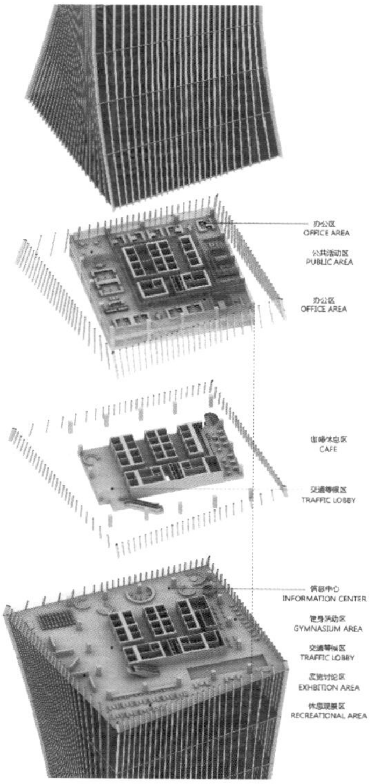

空中大堂功能分区

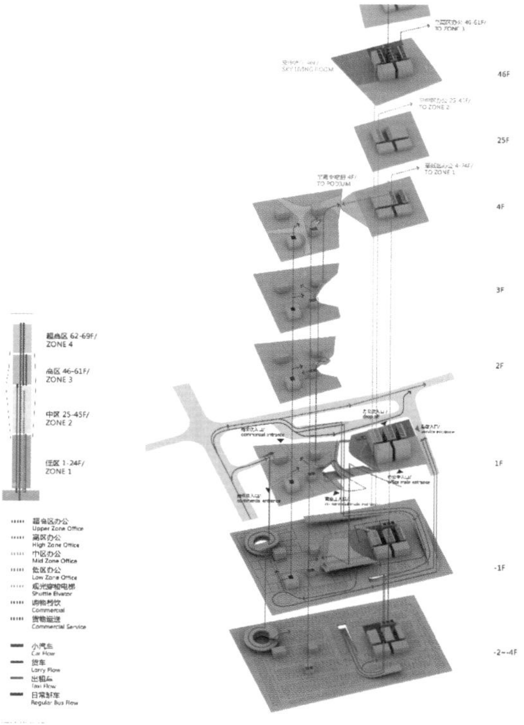

交通流线

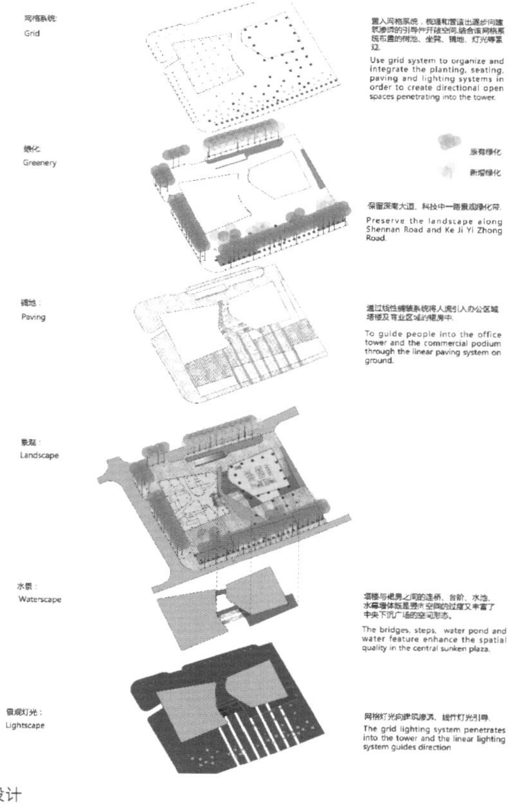

景观设计

空中及首层大堂

评审意见

严迅奇：他用的是很传统、很安全的结构系统，也是有效的一种平面设计。外形对我来说真的是很不错，最大的贡献是在天际线上面有一个很明确的点。那个就是靠外形作为一个标志。我们觉得他在天际线上、轮廓上的标志性很强，也很独特。建筑的手法很简洁、有效。它这个空中客厅的想法，对办公生活的影响是有一定的潜力。除了刚才说没有很独特的空间能够用独特的外形来产生，裙楼跟塔楼的设计图不够清晰。

曾群：从对一个城市的分析和对周边环境以及对整个深圳地区的一个理解，“都市实践”做了很多功课，他们也有一定的经验。但对于整个楼来说，归根到底还是有一些形式在里面，当然形式主义的出发点是为了呼应这个城市的空间和要求。同时也有商业上的开拓，但是总的说来这个建筑可能没达到他想说的，“改变一种工作方式”。我并不赞成无数个四层楼高的建筑累加起来构建一座超高层建筑，我恰恰认为这个中庭应该要高一点，才能更加具有能量活力，同时我是希望各个中庭之间有一些联系，就真的达到了能够从地下到顶上有一个连续开放性。你把中庭做高以后，通过某种方式可以达到一种联系。

奥雷：我也确实比较赞赏他们对于城市的关注和对周边环境的关注，但是我想他们可能最关键的一点就是没有考虑自己未来有可能旁边出来另外一栋楼，我们可以看到这栋楼外形会有他高度的限制，而且这样的一种扭曲，中间的旋转，他没有考虑到未来有一栋楼离它很近，在旁边再出来一栋楼你们觉得还是否是一样的效果呢，而且这个裙楼将成为两栋楼中间的关键部分。这个设计做的非常聪明，就是以比较低的成本，不需要付出太高的代价实现这一点。其实我们可以看到，从一个比较传统标准安全的做法，你稍微尝试这样的旋转扭曲，就可以出来这样的效果，确实也是展示一种效率。

总结：

我们非常欣赏六号方案对城市的关注，欣赏他们在传统塔楼中引入公共空间的尝试。它不是单纯、按传统的办公空间考虑，加入了公共空间，而且我们也欣赏他们的姿态，这样的一种效率。把一种常规的大楼转为特殊的、比较特别的大楼。

弱点是特殊的空间并没有真的可视化，并没有向外界展示，还有基层我感觉也是不够开放。也没有跟周围的环境，还有跟塔楼有很好的联系。

超高层中的城市客厅竞赛评述

很长时间以来，无论是高层建筑，还是超高层建筑都不在城市公共空间考虑的范畴之内，甚至被视作与城市空间隔绝的建筑，这其中既有建筑类型的原因，也有业主所属权的问题。从这点来说，汉京是个非常特殊的案例，因为在业主和规土委的支持下，能够在以追求最大利益的超高层建筑中将地面层开放出来给公众使用，这代表了业主极大的决心，也代表了从建筑形式上、空间类型上的，基于超高层建筑的重要贡献。

因此，这些公共空间的品质就成了衡量建筑方案的重要因素之一。加上建筑本身在整个天际线上不可忽视的体量和周边高新区、大学区等形象鲜明的环境，这使得本来就有挑战的建筑类型面对更复杂综合的评判。在提交的方案中都围绕超高层建筑做出了各种可能性的探讨，无论是对城市空间的引入，绿化环境的植入，结构与核心筒的尝试，可持续技术的实现，还是一反常见的地面层公共空间而形成的“空中聚落”，这都赋予超高层建筑这一极具挑战的类型全新的城市化实验的可能。 而这种实验不仅仅是停留在指标上的，而是能够从建筑形式上清晰地阅读出这种面向城市的姿态和策略。另一方面，这种畅想又不是漫无边际的，在追求建筑鲜明形象的同时，评审也将方案的可实施性与灵活性作为评价的重要标准。只有业主的诉求、公众的诉求、城市的诉求和建筑师的思想在一起才能创造出优秀的建筑，一座城市中的超高层建筑不是属于个人或一个小群体的，它是属于公众的。

Case 13
2012 集群设计

香港中文大学（深圳校区）整体规划及一期工程设计
Comprehensive Master Plan and Phase One Construction of CUHK Shenzhen

= 竞标类型 =

公开国际竞赛

= 所处区域 =

深圳市龙岗区

= 投标方式 =

向专业设计机构及联合体开放

= 招标单位 =

香港中文大学（深圳）筹建领导小组
建设办公室（深圳市建筑工务署）

= 招标平台 =

深圳市城市设计促进中心（深圳市规划和
国土资源委员会规划设计招标平台）

竞赛背景

本项目位于深圳市龙岗区大运中心西南侧、龙翔大道西北侧，由盐龙大道（北通道）两侧地块组成。校园总用地面积约 100 公顷，其中建设用地面积约为 50 公顷，其余为由该校管理的公共绿地。

校园规划总招生人数为 11000 人，总建筑面积约 45 万平方米。校园分启动区、一期、二期建设，一期工程总投资估算为 150687 万元。

为实现香港中文大学（深圳）校区 2013 年开始招生的目标，将用地内建筑面积共计约为 5.6 万平方米的 8 栋工业厂房作为学校启动区，目前已委托其他设计单位开展启动区的改造设计工作。

一期按在校生 7000 人规划建设，建筑面积约 30 万平方米（含地上、地下建筑面积），一期主要建设工程包括教室、实验室、图书馆、室内体育用房、行政及教师办公用房、会堂、食堂、学生宿舍、教职工宿舍、后勤及附属用房、道路市政设施、停车设施、园林绿化等。

二期按在校生 4000 人规划建设，建筑面积约 15 万平方米（含启动区面积）。

基础资料

基地北依大运自然公园的铜鼓岭，西临神仙岭，东北接大运中心，与深圳信息职业技术学院隔路相望，西南远眺龙口水库，自然景观宜人。

基地位于龙翔大道西北侧，水官高速、盐龙大道（北通道）、机荷高速在基地南侧交汇，地块东、南两侧与城市主干道龙翔大道、龙兴大道相临。盐龙大道（北通道）以隧道形式从基地山体穿过，龙兴大道局部为隧道形式。深圳地铁 3 号线（龙岗线）沿深惠路上设有大运站（位于基地东南约 1.5 公里处）。未来规划的轨道 12 号线也将设置大运站（并与龙岗线换乘），沿黄阁路还将规划设置龙翔大道站（距离项目约 0.6 公里）。

基地内有神仙岭水库、北面湖、南面湖等水体及大运自然公园等绿化景观资源；大运自然公园的公园环道将规划的上园、中园、下园三个地块贯穿在一起。

上园内现状中部低，南北高，西高东低，坡度较大，北部原为飞碟靶场，已平整处理。下园内现状相对平整，树木茂盛。

竞赛目的

本次招标活动的目的在于集思广益，在对校园现状条件和规划布局进行详细研究的基础上，借鉴国内外优秀校园规划设计经验，充分吸纳香港中文大学沙田校区的校园特征，尊重周边地区的文脉肌理和文化特征，完成校园整体规划及一期工程设计，塑造出既具有深圳本土文化地域特色，又具有现代城市地域特征的新型校园。

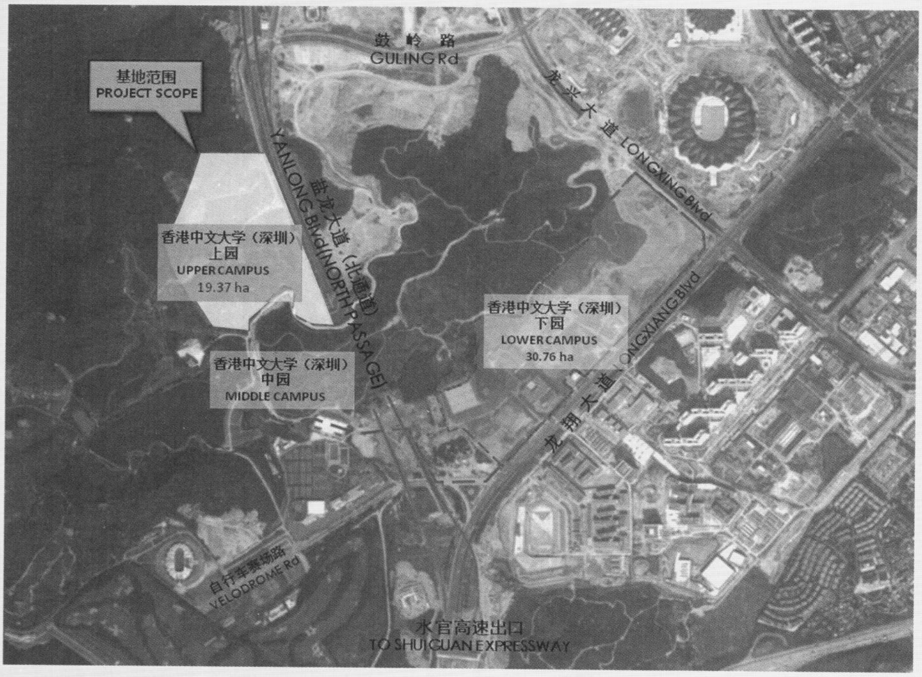

入围设计机构名单

序号	国家/地区	机构名称
21	联合体	维思平联合国际咨询（北京）有限公司
		Transsolar Energiete Chnik GmbH
		浙江大学建筑设计研究院
		Degelo Architekten
		Meta4 Design Forum Ltd.
36/04	联合体	摩弗西斯建筑师事务所(Morphosis)
		麦克斯科金美林艾兰事务所（Mack Scogin Merril Elam Architects）
		尼尔M德纳利建筑有限公司（Neil M.Denari Architects）
		雅各布+麦克法兰（Jakob+Macfarlane）
		格里芬安瑞特建筑师事务所（Griffen Enright Architects）
		汤姆·维斯孔比设计（Tom Wiscombe Design）
85	联合体	UN Studio
		建筑设计及研究所有限公司
		中国建筑科学研究院（深圳分院）
101/06	联合体	嘉柏建筑师事务所有限公司
		王维仁建筑设计研究室
		许李严建筑师事务所
102/02	联合体	深圳市都市实践设计有限公司
		南沙原创建筑设计工作室有限公司
		麦肯诺建筑师事务所（Mecanoo International b.v.）
		深圳市建筑科学研究院有限公司
114	联合体	株式会社矶崎新·青木宏 建筑设计事务所
		上海矶崎新建筑设计咨询有限公司
		深圳市欧博工程设计顾问有限公司

参评评委

评审会主席	阿黛尔·诺德-桑多斯(Adèle Naudé Santos)
6位专家	阿黛尔·诺德-桑多斯(Adèle Naudé Santos) 赵辰 龚维敏 韩冬 青娜斯琳·斯拉吉 Nasrine Seraji 王晓东
3位招标人代表	冯通 黄伟文 冼宁

中标单位

06号代表	嘉柏建筑师事务所有限公司 Gravity Partnership Ltd
	王维仁建筑设计研究室 Wang Weijen Architecture
	许李严建筑师事务所有限公司 Rocco Design Ltd

都市实践+南沙原创建筑设计工作室+麦肯诺建筑师事务所+深圳市建筑科学研究院

URBANUS + NODE + MECANOO + SZIBR

序号 02

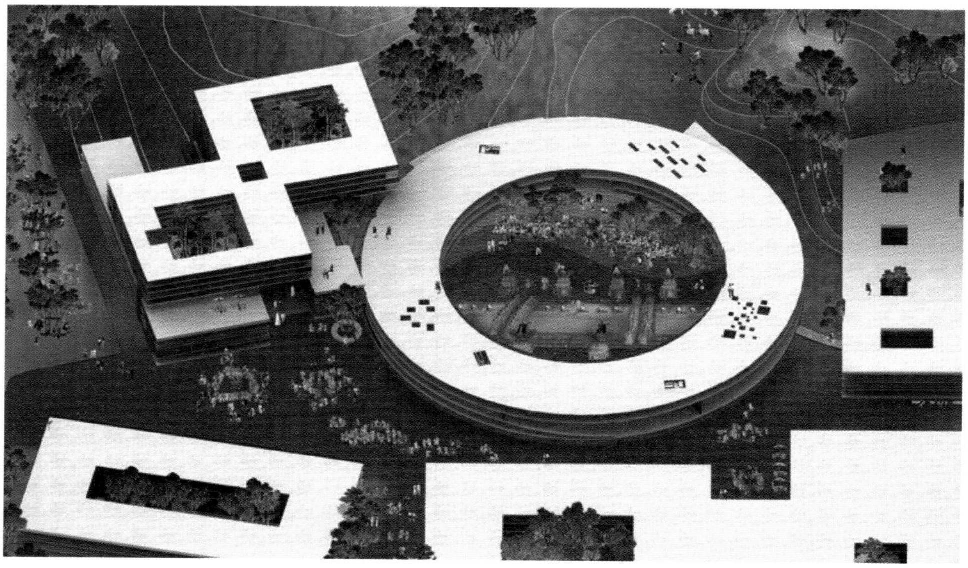

评审意见

黄伟文：“我觉得这个方案是最能显示城市的方案，也对城市做了非常好的回应。整个校园采用了院落的方式，它创造的空间非常城市化。它做了一个仪式空间的广场，所以这个建筑和广场交叉在一起，校园的空间变化很好。因为如果你把这个空间放到整个龙岗来看，你就会觉得这样的城市型的空间，对龙岗整个地区来说是非常重要的……这个干道整个贯穿龙岗的中心，把龙岗尺度全部做大了，所以如果这个校园能够做回比较密集……但是这种密集，其实带来更多的南方气候的阴影，这种阴影对学生，对校园的活动是非常重要的。因为太开阔的空间，没有阴影的地方，对南方学校不太合适……大家觉得它简单，我觉得它非常不简单，因为它也是用了一个非常紧凑的，我们可以想是城中村的方式在做校园，然后提供了一种比较多样的室外空间。

娜斯琳·斯拉吉：“我们在世界的一个环境中，所有东西看上去都一样，但是这几个方案中比较少见的，就是真正的建筑跟静观相结合，这里的静观变成一个建筑的一部分。这里的静观是把这些要素连在一起，通过这个地形，他们把这个静观纳入了建筑，每一个庭院都是不同的条件，有不同的条件，有不同的建筑形式，即便这里只有十米宽，但是这个示意图显示了每个地方都不一样，每一块空间都是跟其他所不同的。”

第一幕：求知

第二幕：启蒙

第三幕：约礼

第四幕：博文

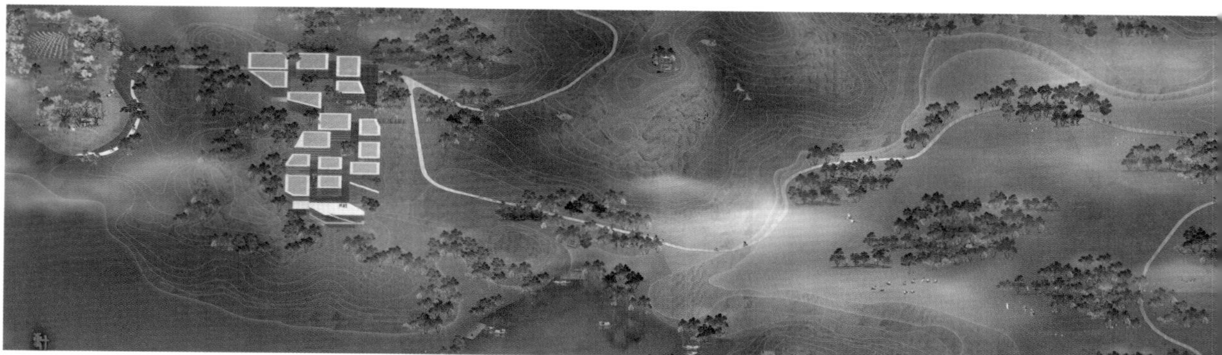

长卷

第五幕：混沌

第六幕：自

第七幕：潜心

第八幕：无涯

Morphosis + MSMEA + NMDA + Jakob & Macfarlane + Griffin Enright Architects + Tom Wiscombe Design

序号 04

总体规划概念

- 三个校园一所大学
- 六个学区
- 四通八达的康庄大道
- 本地化特征

智慧的交流、创新、多样性与可持续性，是世界顶尖学府所共享的集体价值观，也是我们对塑造香港中文大学深圳校园的宏愿。我们的规划履行对面向世界一流的二十一世纪研究型大学的承诺，并同时尊重传统，拥抱未来。

建筑策略

所有建筑物都与校园景观结合。康庄大道贯穿社交空间，公共空间与主要入口。

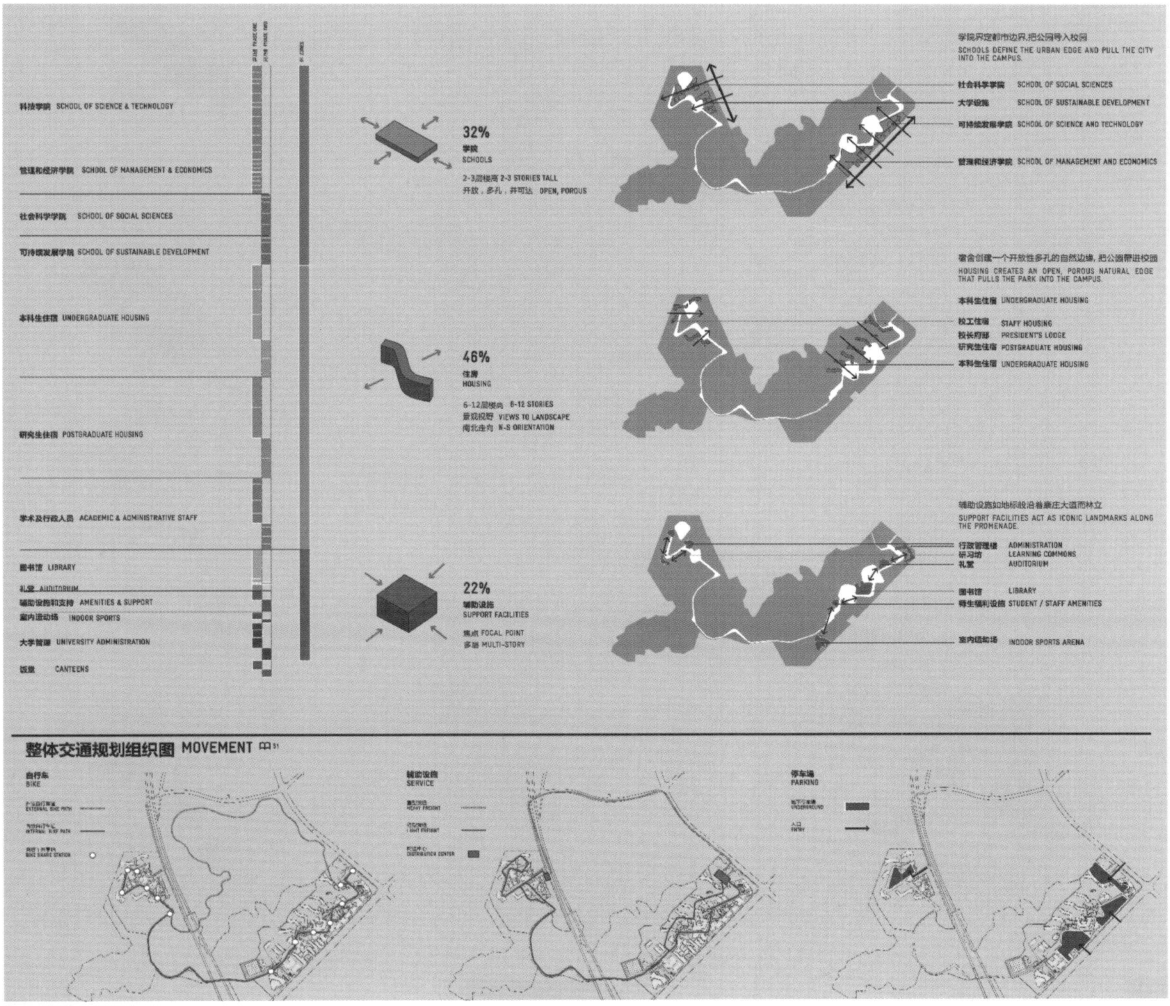

科技学院 SCHOOL OF SCIENCE & TECHNOLOGY
管理和经济学院 SCHOOL OF MANAGEMENT & ECONOMICS
社会科学学院 SCHOOL OF SOCIAL SCIENCES
可持续发展学院 SCHOOL OF SUSTAINABLE DEVELOPMENT
本科生住宿 UNDERGRADUATE HOUSING
研究生住宿 POSTGRADUATE HOUSING
学术及行政人员 ACADEMIC & ADMINISTRATIVE STAFF
图书馆 LIBRARY
礼堂 AUDITORIUM
辅助设施和支持 AMENITIES & SUPPORT
室内运动场 INDOOR SPORTS
大学管理 UNIVERSITY ADMINISTRATION
饭堂 CANTEENS
32%
学院
SCHOOLS
2-3层楼高 2-3 STORIES TALL
开放，多孔，并可达 OPEN, POROUS
46%
住房
HOUSING
6-12层楼高 6-12 STORIES
景观视野 VIEWS TO LANDSCAPE
南北走向 N-S ORIENTATION
22%
辅助设施
SUPPORT FACILITIES
焦点 FOCAL POINT
多层 MULTI-STORY
学院界定都市边界,把公园导入校园
SCHOOLS DEFINE THE URBAN EDGE AND PULL THE CITY INTO THE CAMPUS.
社会科学学院 SCHOOL OF SOCIAL SCIENCES
大学设施 SCHOOL OF SUSTAINABLE DEVELOPMENT
可持续发展学院 SCHOOL OF SCIENCE AND TECHNOLOGY
管理和经济学院 SCHOOL OF MANAGEMENT AND ECONOMICS
宿舍创建一个开放性多孔的自然边缘，把公园带进校园
HOUSING CREATES AN OPEN, POROUS NATURAL EDGE THAT PULLS THE PARK INTO THE CAMPUS.
本科生住宿 UNDERGRADUATE HOUSING
校工住宿 STAFF HOUSING
校长府邸 PRESIDENT'S LODGE
研究生住宿 POSTGRADUATE HOUSING
本科生住宿 UNDERGRADUATE HOUSING
辅助设施如地标般沿着康庄大道而林立
SUPPORT FACILITIES ACT AS ICONIC LANDMARKS ALONG THE PROMENADE.
行政管理楼 ADMINISTRATION
研习坊 LEARNING COMMONS
礼堂 AUDITORIUM
图书馆 LIBRARY
师生福利设施 STUDENT / STAFF AMENITIES
室内运动场 INDOOR SPORTS ARENA
整体交通规划组织图 MOVEMENT
自行车
BIKE
辅助设施
SERVICE
停车场
PARKING

向东俯瞰室内运动场，启动区及下园

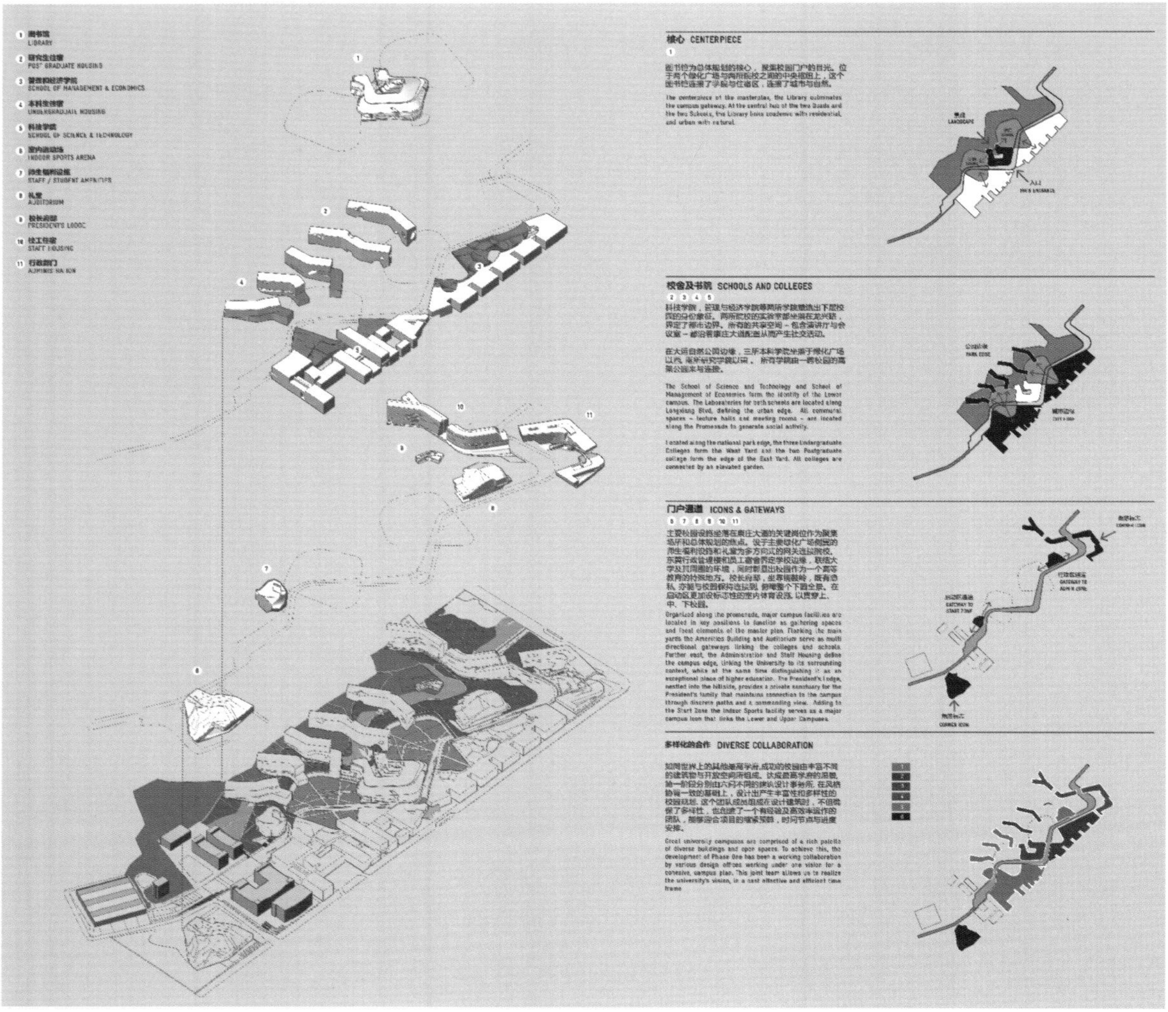

多元化建筑

从大学主要入口观瞻西边的科技学院及图书馆

评审意见

黄伟文：它的书院的感觉差一点，因为还是传统的大学的布局，所以这是一个一个宿舍楼，这个宿舍楼不能够组成，比如说是A书院、B书院或者C书院，不能够变成一个比较有内聚力的层面。所以这个可能和香港中文大学的要求，是有距离的。

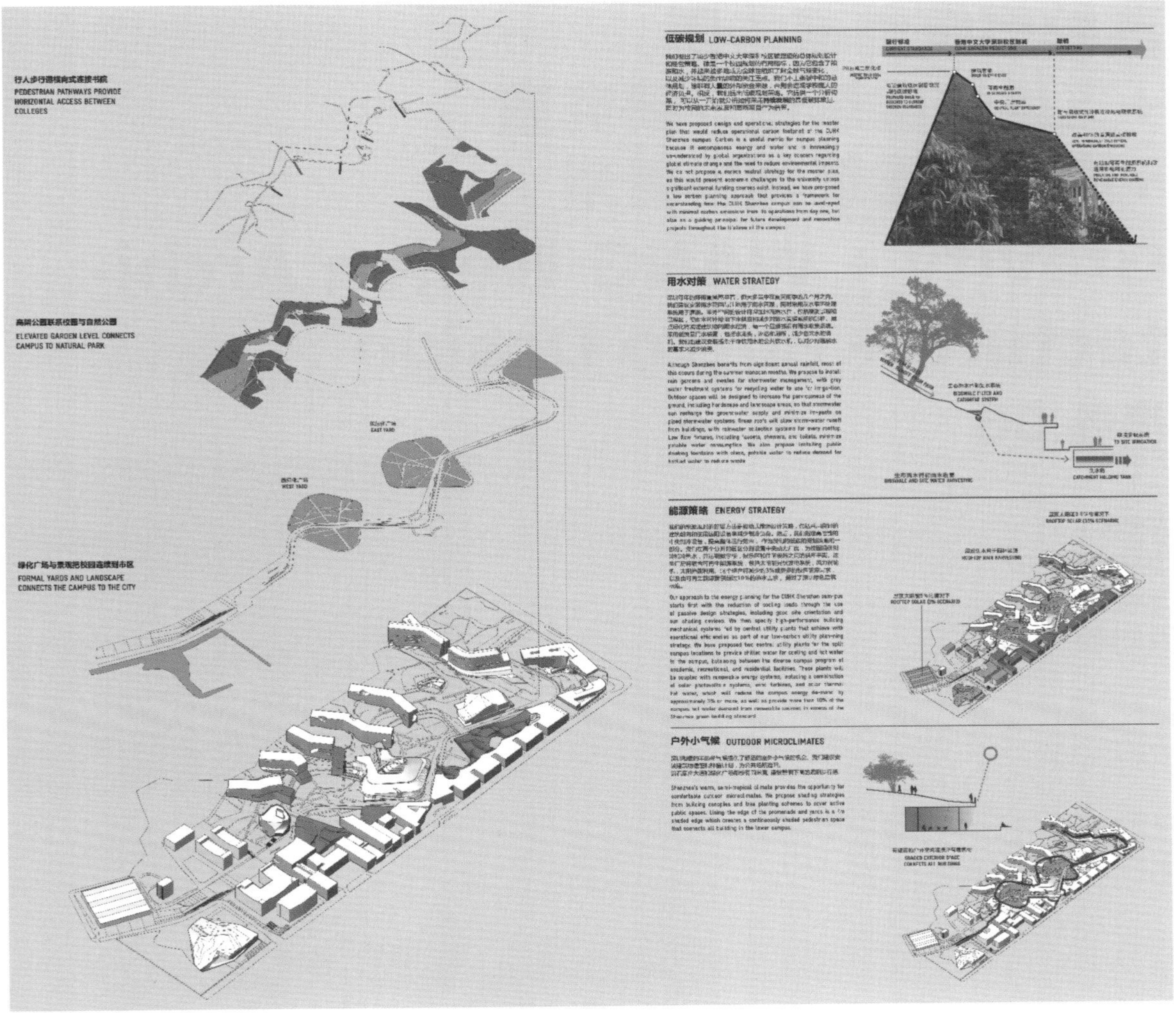
行人步行道横向式连接书院
PEDESTRIAN PATHWAYS PROVIDE HORIZONTAL ACCESS BETWEEN COLLEGES
高架公园联系校园与自然公园
ELEVATED GARDEN LEVEL CONNECTS CAMPUS TO NATURAL PARK
绿化广场与景观把校园连接到市区
FORMAL YARDS AND LANDSCAPE CONNECTS THE CAMPUS TO THE CITY
低碳规划 LOW-CARBON PLANNING
用水对策 WATER STRATEGY
能源策略 ENERGY STRATEGY
户外小气候 OUTDOOR MICROCLIMATES

交通规划组织图

从有盖步行道朝向东绿化广场及大学图书馆

评审意见

韩冬青：这个方案应当说对校园的用地，还是做出了它自然且清晰的规划。在下面的组织当中，它的思路我认为是比较清晰的，整个学科专业的内容放在这里，生活的内容沿着山，还是采用了跟山体相垂直，当初留出了公众的设施和空间，对这块特殊的用地来说，这种回答是比较自然的。

嘉柏建筑师事务所
+王维仁建筑设计研究室
+许李严建筑师事务所
Gravity + WANG Weijen Architecture + Rocco Design
序号 06

文化传承
书院共融
生态自然
交流创新

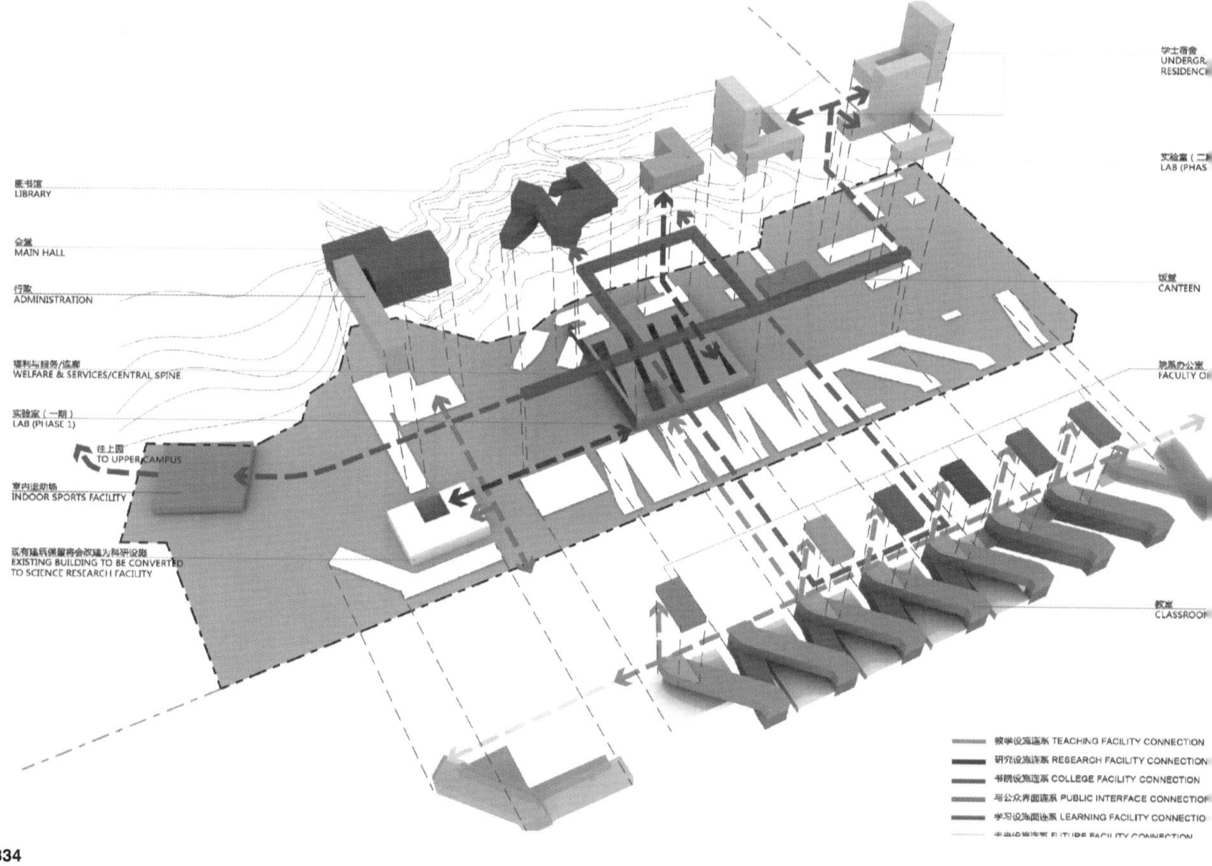

评审意见

赵辰：它用非常强的联系轴线，而且是多层的轴线，然后这个变成完全层次化。这个东西的关系跟上园有联系，我觉得这个大的思想上，非常强烈，很有特点，我非常欣赏这个大胆的思考。另外在怎么节约土地和利用山体问题上，我想它可能是做得最好的。密的地方非常密，疏的地方非常疏，这一点看上去整体规划上很有能力。这个刚好弥补前面那种，虽然也是可以运作，但是比较平均的，校园里面我们比较多做平均的布局，这个思路上我很认同。

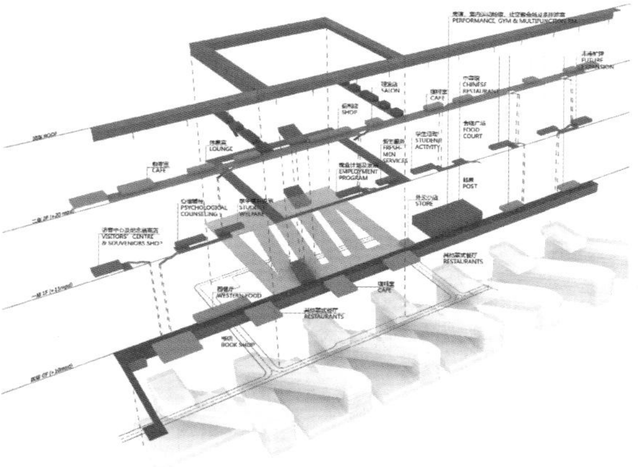

各层架空中脊连橋与福利设施的关係
Programmatic Relationship between Student Wellfare Facilities and Central Spine

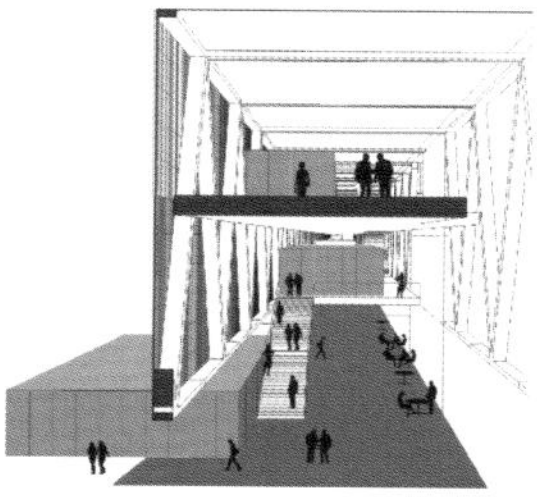

各福利设施以分散方式的分佈
设置於整个基地，部份功能並与中脊连結
創造与别不同的公共空间
All types of Wellfare Facilities are separately distributed on the whole campus and to combine with Central Spine, a connecting system in order to create a different kind of Open Public Space

中脊

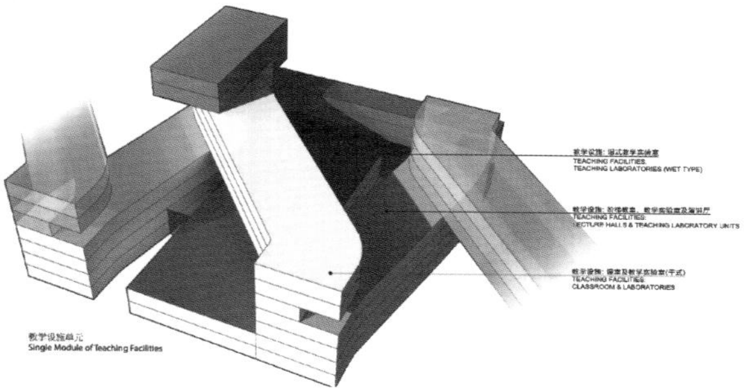

教学设施单元

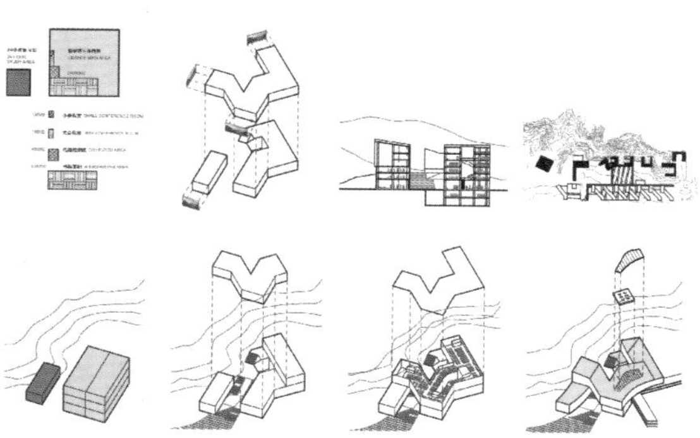

设计概念

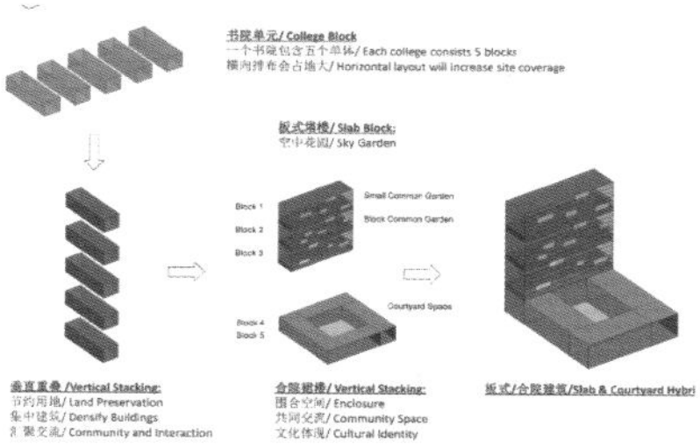

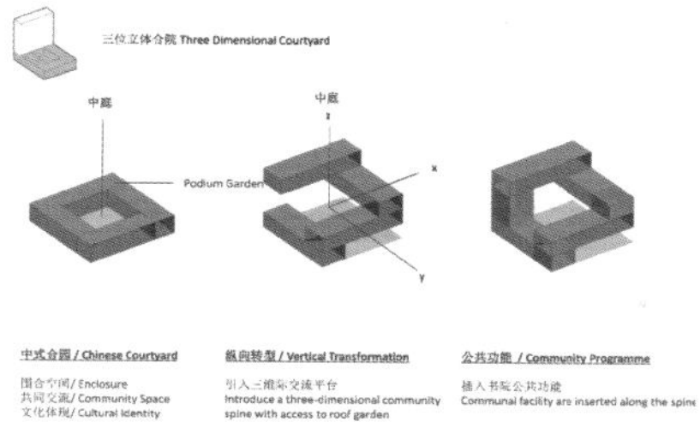

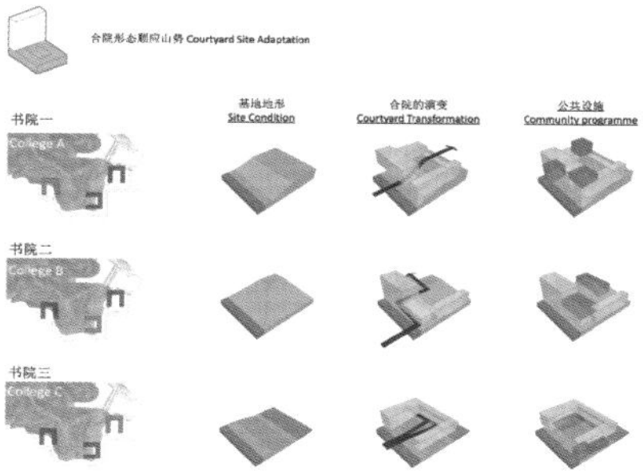

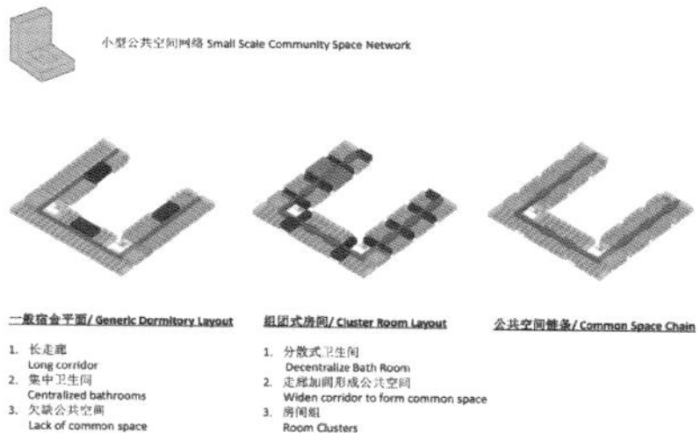

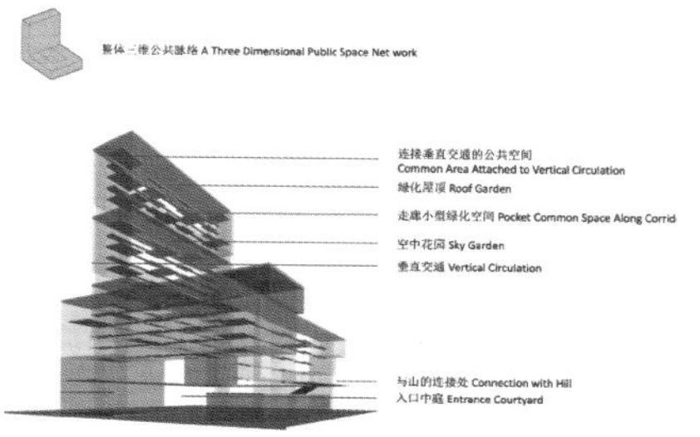

图书馆

书院

评审意见

阿黛尔·诺德 - 桑多斯：我觉得这是一个最胜任的团队……刚开始上园和下园，他们是要不同，上面是一个非常安静平和的，下面是要有更多的活动。所以把这个上园和下园不同的阶段，尽可能的来设计成你所需要的密度……这是非常复杂的，这个相当于有学院在这个地方，但是有很多的渗透，我看到这个地方有持续的延伸，从不同层面分开，让人们可以坐在周边可以聊天，我觉得很好。

集群设计竞赛评述

在香港中文大学（深圳）整体规划及一期工程设计招标中采用了“公开报名＋邀请招标”的模式，在满足公共项目进行投标的要求同时，又鼓励设计多样性的存在。尤其是港中大这样的大型项目，从常见的单个设计机构变成几组设计机构组成的团体，是优秀建筑师组成的集群。一方面希望尽可能多地联合多位优秀建筑师的智慧，另一方面在面对这样一个复杂的，既有城市设计，又有单体建筑设计的项目时，能做到分工不同，高效运作。

由担纲主导的牵头总建筑师提出项目的设计理念和价值观，统筹整个校园规划设计和各单体设计标准，保证城市空间的整体性和连续性；由本地施工图单位负责高效地完成施工图设计并保证施工阶段的高度合作；由若干建筑师的参与满足校园单体建筑的丰富性与项目推进速度。因此，这样的联合体参赛模式不仅是吸引强强联手，更是对项目深化、实施能力的综合考核。本次招标吸引了 245 家国内外知名设计机构，共组成 119 个设计机构联合体报名，最终遴选 6 家投标入围单位。

另外一点值得注意的是，任务书的编制也是对香港中文大学教学理念的一次诠释，并且明确提出以“重视书院生活”作为竞赛的破题，并且提出了“上园、下园”的结构，校园单体追求丰富性，这些概念在任务书中的出现引导了建筑师团队对办学精神与设计手法、活动场地之间的相互转换。

参评评委合影

Case 14
2013 城市与公园

华侨城大厦建筑概念设计方案国际竞赛

International Conceptual Design Competition of OCT Building

=竞标类型=

公开国际竞赛

=所处区域=

深圳市南山区

=投标方式=

向专业设计单位及联合体开放

=业主单位=

深圳华侨城房地产有限公司

竞赛背景

深圳华侨城是深圳的名片和人文高地。华侨城大厦作为 OCT 在深圳开发 26 年的里程碑式建筑，定位为：融合华侨城生态、艺术、文化特色的可持续绿色建筑；功能涵盖甲级办公、商务配套和高端会所等三部分；建设成深圳极具代表性和标志性的都市综合建筑体。

基础资料

华侨城大厦的基地位于深圳华侨城中部，周边街区经过多年的开发已较为成熟。南临深南大道，西临芳华苑住宅区，北临沃尔玛超市，东临汉唐华侨城大厦。项目地形内现为华侨城雕塑公园，以绿化、小品为主，有一小型人工湖及一个单层玻璃展示厅，西北角现为沃尔玛超市的停车场。用地面积14119.07平方米，地上建筑面积 151100 平方米。

总体设计要求

项目在制订招标文件时就明确了城市设计、场地设计的要求，将区域内的综合问题纳入建筑设计的基础条件，而非孤立地讨论大厦的建筑设计本身。对这些条件的回应成为了评判设计成果的重要依据。

从城市设计上，项目提出应改变仅从建筑设计角度考虑问题的传统思维方式，倡导从城市设计层面进行建筑设计的一体化设计理念，从城市空间塑造的高度进行设计，获得更为优质、整体的城市空间和建筑形象。对城市设计的研究范围不应局限于建筑范畴，而是放大至城市相邻地区。

由于项目的塔楼与所在街区有完全不同的高度阶差，尤其需要高度关注高密度开发的城市形态和街区尺度问题，以及由此带来的开放空间和行人空间组织问题。强调关注片区步行的系统化和公共空间的系统连接，避免形成内向、私有化、虚假、集中的景观性绿化，而是以连续、开放的公共空间系统加一替代。

在场地交通设计上要避免地块的孤岛化，强化步行特征，甚至进一步延伸到地下空间。业主清晰地认识到地块与城市周边的开放性与商业价值的直接关联，这点同样反应在与公共交通系统的组织与连接上。对地块内部可能出现的高峰时段的交通压力也应提出相应的流线组织方案。

在满足城市设计要求的基础上，对建筑设计的要求是合理、高效、绿色，建筑有和谐、友好的城市形象和界面。在办公空间上，立足于提供具有良好环境及景观视线的高品质办公场所，达到超甲级写字楼的商务办公条件，满足未来 5～10 年市场的办公需求。

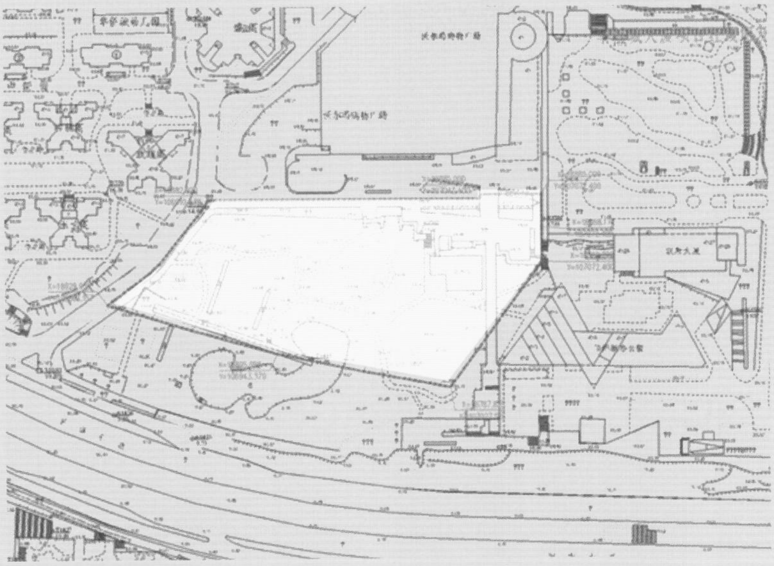

设计目标

该项目毋庸置疑为城市重要片区的“能量中心”，该建筑应具备独特的气质和性格，成为华侨城企业的文化精神和个性的空间性表达。

“出色的建筑与设计并非只是满足我们的日常所需，还为生活提供了诸多意外和想象”。

竞赛结果

第一名	02号	KPF建筑师事务所 Kohn Pedersen Fox Associates P.C

设计机构入围名单

序号	国家/地区	机构名称
01	德国＋中国深圳＋中国北京	HENN GmbH（德国海茵建筑设计有限公司)+深圳市库博建筑设计事务所 有限公司+标赫工程设计顾问（北京）有限公司
02	美国	KPF 建筑师事务所 Kohn Pedersen Fox Associates P.C
03	法国＋中国深圳	AUBE CONCEPTION-SARL D'ARCHITECTURE（法国欧博建筑与城市规划设计公司）+深圳市欧博工程设计顾问有限公司
04	纽约＋中国深圳	Link-arc建筑师事务所+悉地国际设计顾问（深圳）有限公司

参评评委

崔彤	中国	中国科学院建筑设计研究院有限公司副总经理、总建筑师
刘晓都	中国	都市实践建筑事务所创始合伙人
龚维敏	中国	深圳大学建筑设计研究院总建筑师、深大学建筑与城市规划学院教授
孟建民	中国	中国工程院院士、深圳市建筑设计研究总院有限公司总建筑师、全国建筑设计大师、深圳市勘查设计行业协会会长
王建国	中国	中国工程院院士、东南大学建筑学院院长、博士生导师、国务院政府特殊津贴获得者、江苏省建筑设计大师

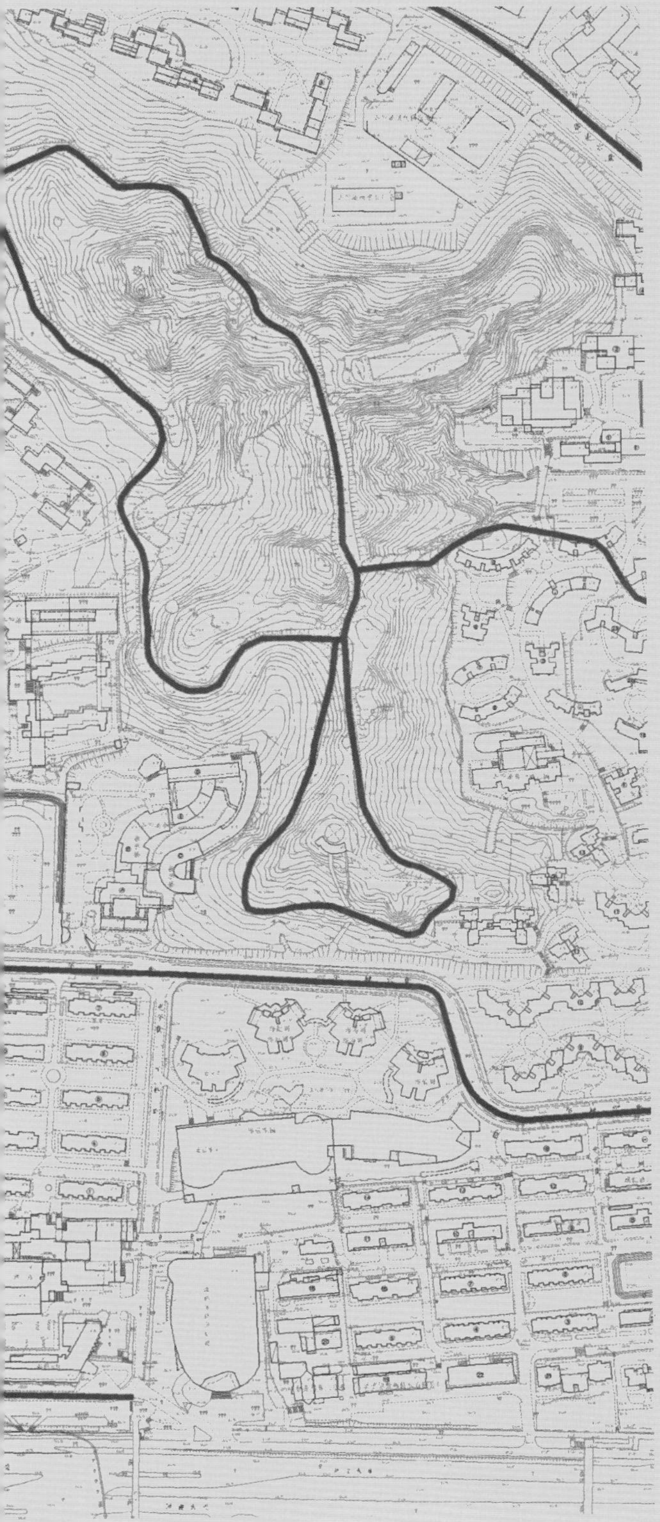

总体设计目标是探索新一代摩天楼如何既尊重城市现有肌理，又能在城市整体形象中恰当表达自身的个性;既满足现代高层写字楼生态节能的要求，又能在经济性和结构合理性等多重条件限制下有新的突破，并且这种突破并非只限于创造独特的视觉地标，同时也成为拓展城市生活新的可能性和创造性的舞台。

着眼于整个城市脉络演变和发展的角度，重点分析项目所在城市和区域的本身地域属性和特质的演变及形成过程，以及建筑文化遗产。同时，应仔细分析华侨城企业作为本项目开发主体的发展轨迹及独特的文化特质，以此作为设计概念的来源之一。在此基础上结合新的历史机遇，做出赋予地域特色、气候和历史文脉连续性的、更具前瞻性的城市设计及单体方案，成为一个与周边城市设施互动的，可以代表本区域气质的，从此区域、此城市中生长出来的建筑。并做到在地域性、文化性、社会性、公共性等方面有所创新。

01. HENN GmbH+深圳市库博建筑设计事务所有限公司+标赫工程设计顾问（北京）有限公司

总体平面：在布局上采用了作为办公的塔楼和作为商业的裙房完全分离的做法，塔楼靠近西侧

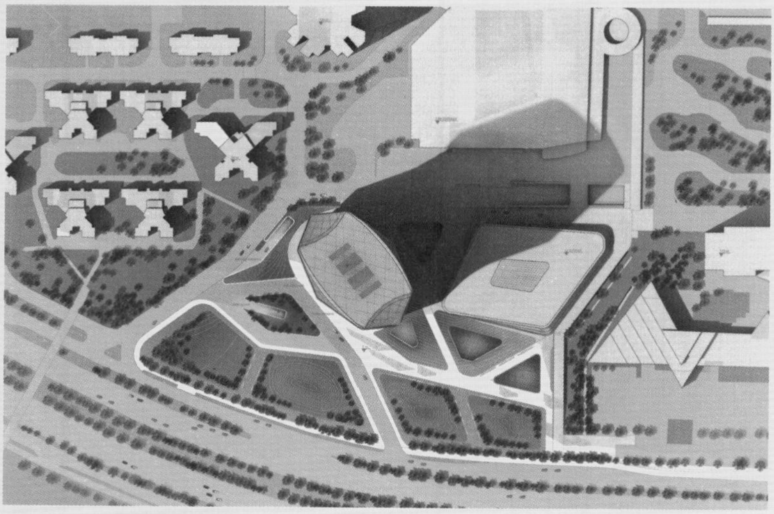

02. Kohn Pedersen Fox Associates P.C

总体平面：塔楼靠近西北角，最大限度地保留原有公园景观元素，将景观元素与打散的裙房相结合，形成富有场地记忆的活动空间

03. AUBE CONCEPTION–SARL D'ARCHITECTURE+深圳市欧博工程设计顾问有限公司

总体平面：塔楼靠近东面，西侧的裙房形成连续向上的层叠屋面

04. Link-arc建筑师事务所+悉地国际设计顾问（深圳）有限公司

总体平面：保留雕塑公园的景观，扩大场地中现有的水池面积，通过地面层的设计将人流引向塔楼

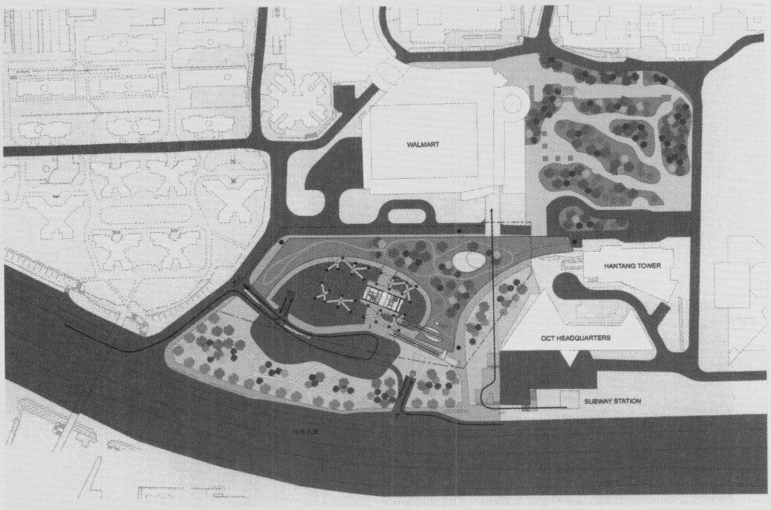

KPF建筑师事务所

Kohn Pedersen Fox Associates P.C

序号 02

第一名

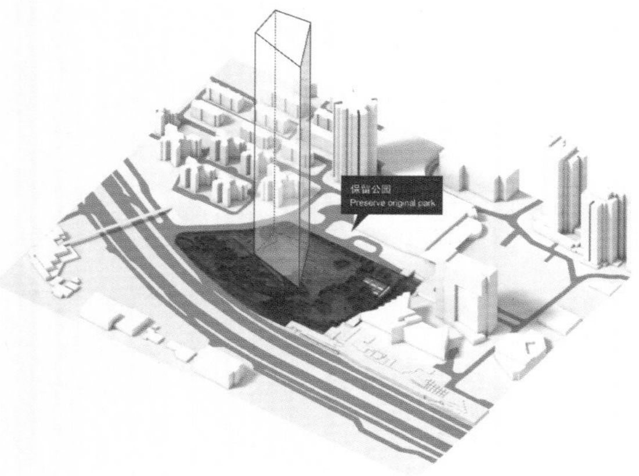

保留公园记忆

提升人文感受

重新定义公共空间

基地肌理决定造型

空间、结构与立面协奏曲

城市视觉地标

城市生活地标

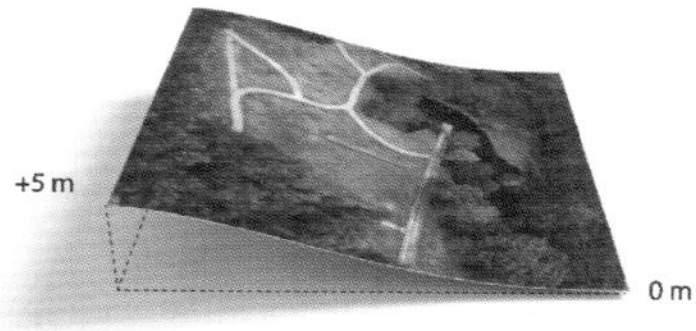

1. 现有场地地形

1. EXISTING SITE TOPOGRAPHY

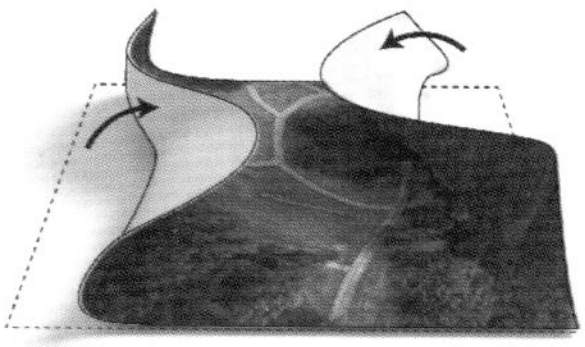

2. 将地面翻卷

2. GROUND ROLLED

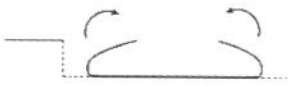

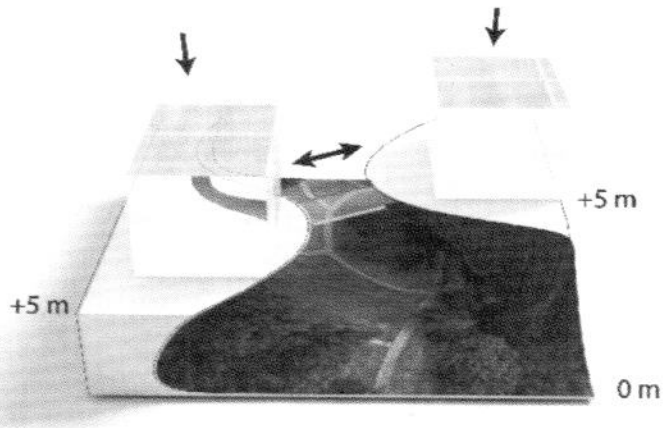

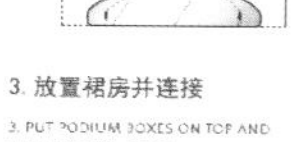

3. 放置裙房并连接

3. PUT PODIUM BOXES ON TOP AND CONNECT BOTH SIDES

拓展了景观界面，界定人性尺度，形成遮阳的户外空间

IT EXPANDS LANDSCAPE INTERFACE, DEFINE A HUMAN SCALE, CREATES SHADED OUTDOOR CANTILEVER SPACES

除了塔楼本身的地标性以外，裙房是把大楼的大尺度与行人尺度转接的一个重要元素。裙房的设计仿佛要将整个公园翻卷，既保留了地面原有的公共开放空间，又创造出人体的尺度。希望在引入大尺度建筑的同时，延续现有的生态系统，贯穿整个基地。

如何在实现面积的时候，同时维护现有的景观和人文尺度的感受？方案在地面层重新定义的公共空间，将原有的室外空间转变为围合式的室内公共空间，进一步提升景观和周围人群使用街道的质量。

1. 地面翻卷

2. 放置裙房

3. 基地连接

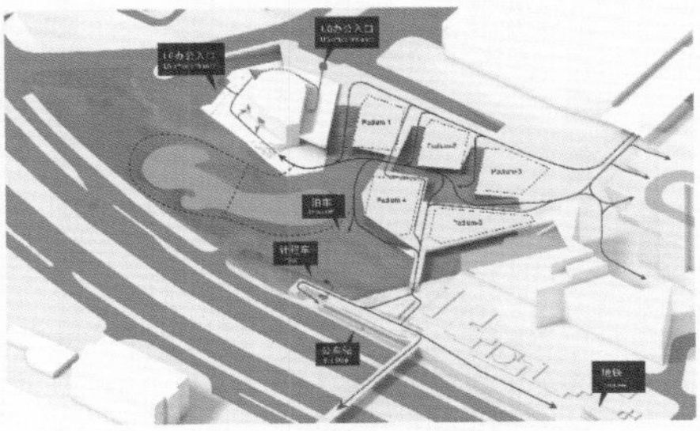

4. 步行流线

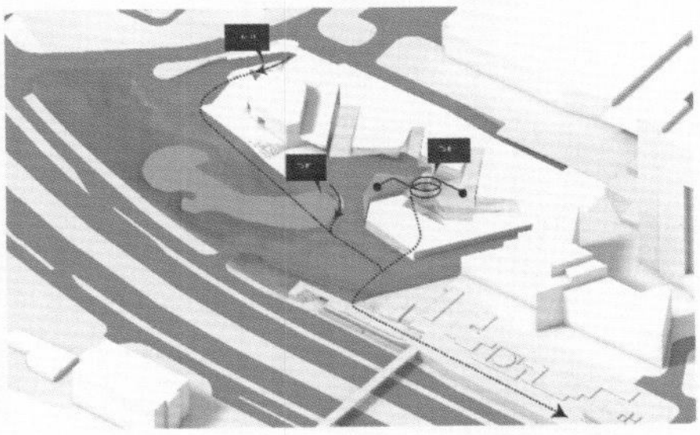

5. 地下连通

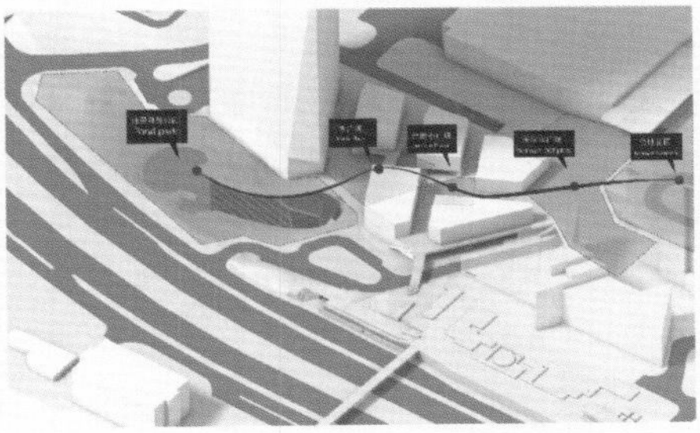

6. 广场串联

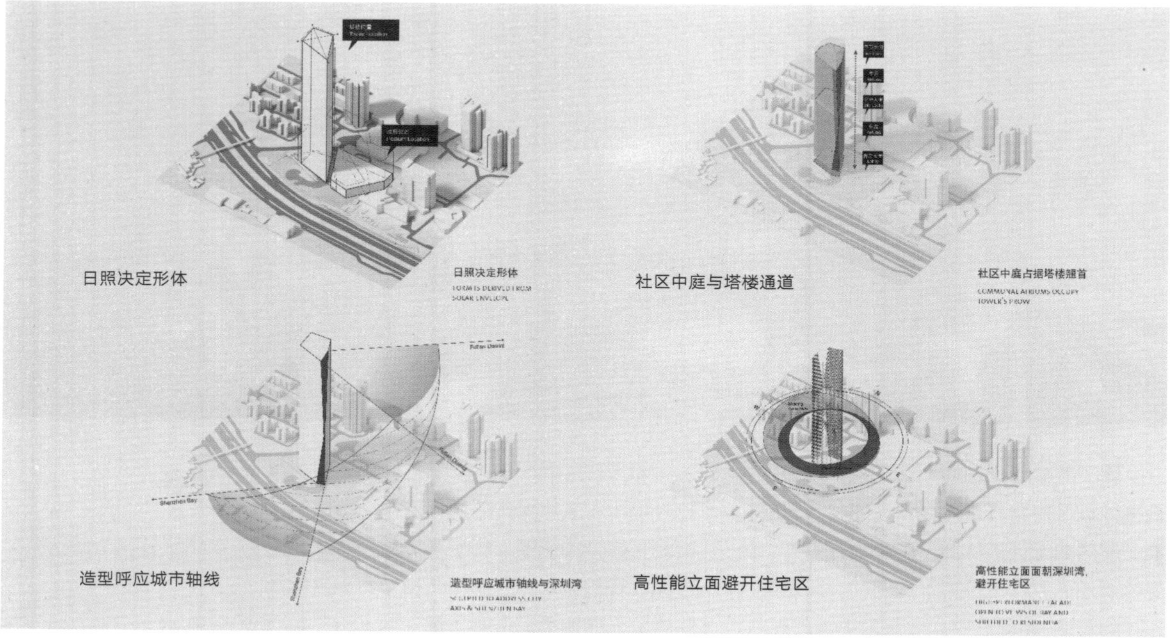

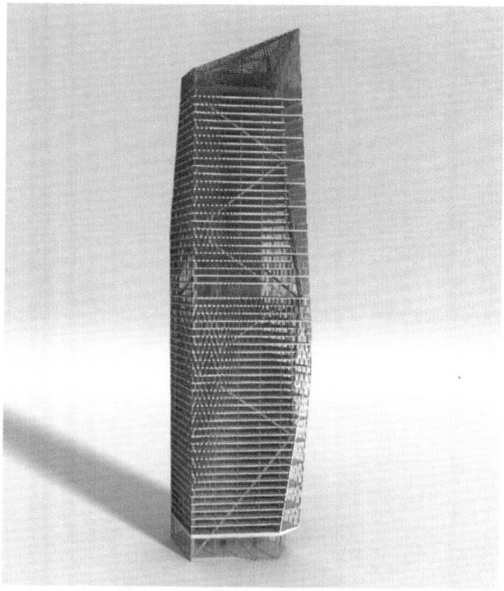

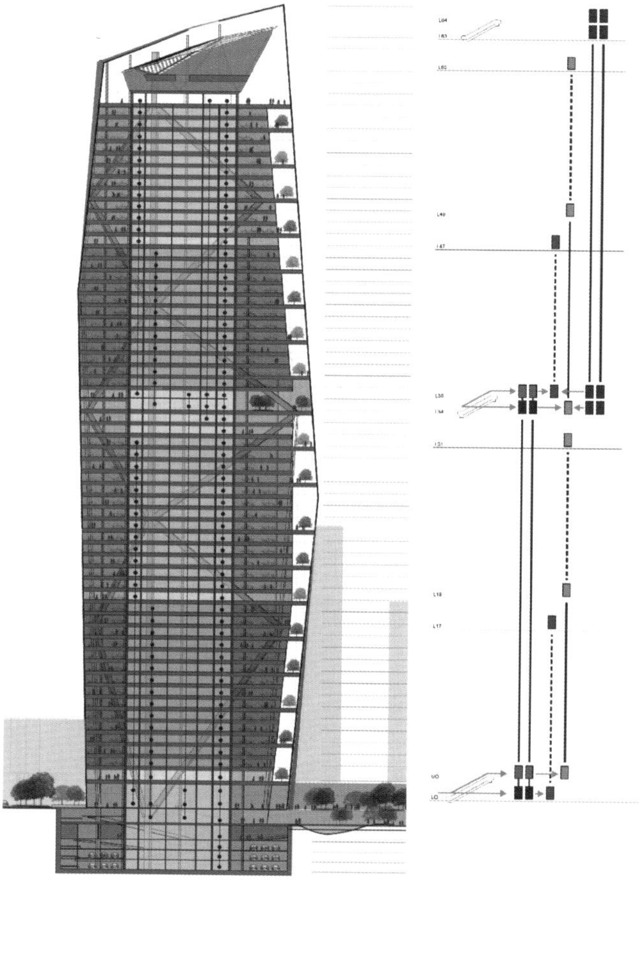

决定塔楼的体型和位置的先决条件是日照，在满足所有日照要求之后，塔楼自身形成了钻石状的形体，对称的布局对结构的合理性和节能都是最佳的方式。考虑到塔楼落在现有绿地上，结构处理尽可能轻盈，减小占地面积。这种轻不仅是视觉上的，也体现在资源结构和能耗上。

保证塔楼高效的同时，在高层引入公共空间，每三层引入一个交流空间。

评审意见

崔彤：2号方案看上去虽然比较自由，但是逻辑性还是潜藏在里面，还是对称的东西。经过故意切削之后显得不对称，但几个中心基本上能够重叠。它比较巧妙的应用了看上去不对称、非均匀的、界面模糊的形体，这个构想特别符合21世纪审美趋向。非对称性、不均匀、透明感，抓到了这个美学依据。在深南大道转弯处稍加处理，就能变得很灵动了。这是成熟的建筑公司建筑美学意向的超高层建筑的得体方案。

但是它也不是没有问题。我同事也很赞成它对裙房的处理。尤其是裙房一层的上面部分有些用劲过猛，类似于地脉建筑的过分强调，有点像现代商业的聚落。这时候加上人在里面穿梭，能满足我们对华侨城特色人群的商业功能需求。这些人不是要大的商业中心，而是要有一个即兴的、穿越式的生活带。所以我认为裙房空间能够为我们带来活力，而且带有某种生态、文化地脉的情景。这一点非常好，是绝妙之处。

但是有两点，化整为零的裙房和老房子肌理融合比较好，但还是有立面的尺度关系。我认为这个方案应该增加透明性，靠近西北方住宅的时候，应该用同一种表现。在幕墙上，创造出一种理想的表皮，再结合透光性，就更加好。

刘晓都：地面、裙房与城市接近的部分，城市和使用者两方面怎么使用它？从城市角度讲，整个城市怎么延续？地铁接驳怎么连续？这就是共通。从这个角度来讲，我喜欢2号方案的姿态，把这打散，做一个开放性的东西。我在深圳工作时间比较长，也希望打破常规，有一定的开放。和整个华侨城相对比较松散，有生活气息的气质匹配。这种气息是合理、恰当的。

孟建民：在评价方案时最重要的就是四个标准：交通处理、塔楼和裙楼平面、商业和环境，从这四个方面来看，2号方案是最成熟的。

龚维敏：我主要从两个方面来看：一是关于场所的问题。相对来说，这是一个比较基本的问题，因为在这样一个特殊的地点，对于场所有一种回应。可能2号方案更好一些；但是它毕竟提出了深圳有几代高层建筑，如果说前面有三代、四代，这一代虽然有巧妙的地方，但是否可以提出更高的要求？在这么一个重要的地点，希望看到一个属于第四代的建筑，这是很好的机会。

德国海茵建筑设计有限公司
＋深圳市库博建筑设计事务所
＋标赫工程设计顾问（北京）有限公司
HENN GmbH + CUBE
+ Buro Happold
序号 01

根据前期对场地的日照分析，最大化的建筑轮廓得以明确。其中建筑轮廓的设计最为重要，这将决定塔楼对周边居住建筑所产生的阴影是否能够满足任务书功能面积要求的基本几何形体。

最大化建筑轮廓不仅要满足日照需要，也是为了定义两个满足任务书功能面积要求的基本的几何形体。正方形与矩形是两个最高效的平面形式。通过分析可以看出，矩形的形式更可以创造出更多的、不同的立面视角，共有三种不同的立面视角。

通过前期对基地周边环境的分析，基地可作为一个重要的景观中心。因此一个主要的概念是旨在尽可能多的保留绿化环境。设计将使用绿色景观将塔楼与周边绿化联系起来，将建筑绿化景观延续到塔楼内部，来创造一个独特的使用者体验。

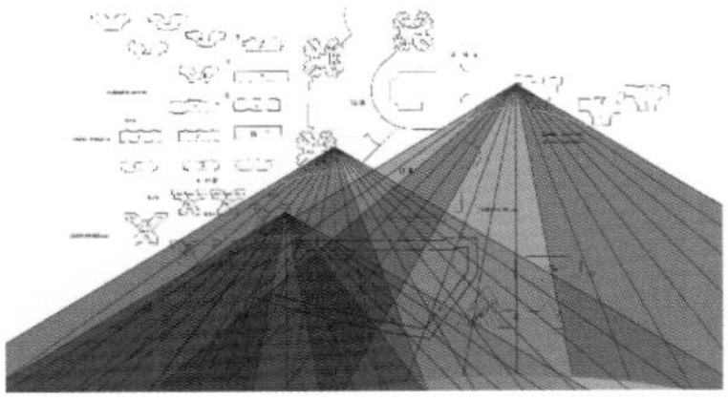

日照分析

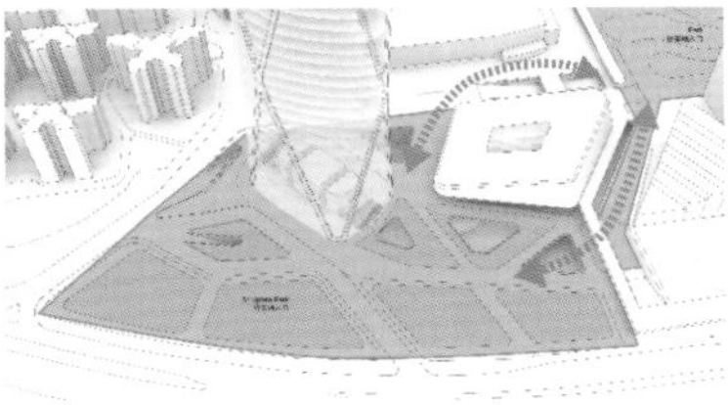

基地周边绿化分析

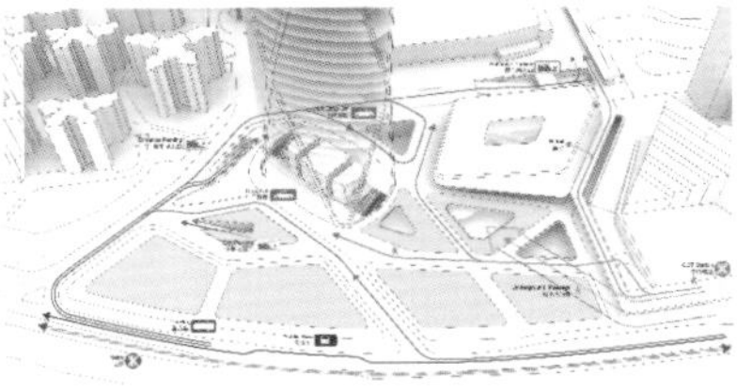

车行流线

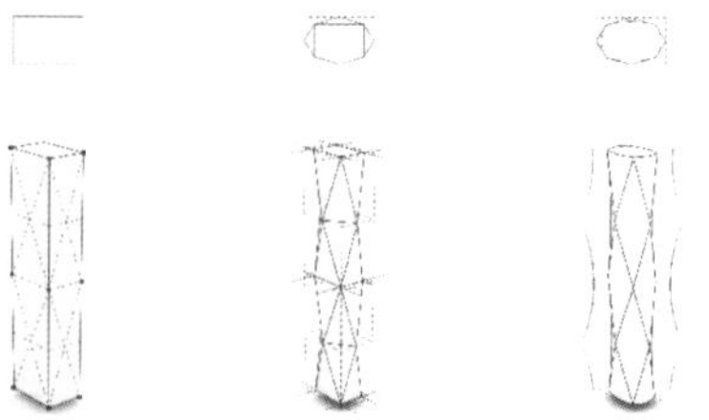

经过分析，一个矩形形式被选为场地设计中最效的平面形式。通过对平面形式的定义，将矩形两边的角点向中心平移，细分形成塔楼的建筑形体。新的节点形式作为形体基础，在之间创建最小曲面，形成独特由直线元素构成的柔软曲面。

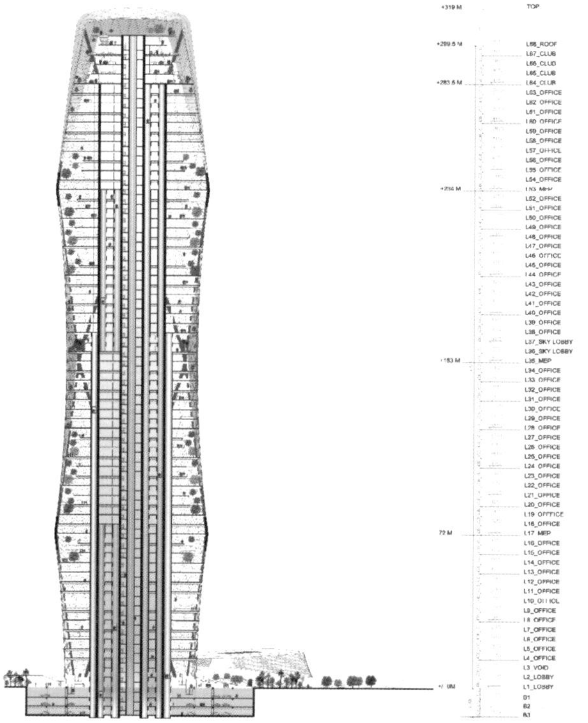

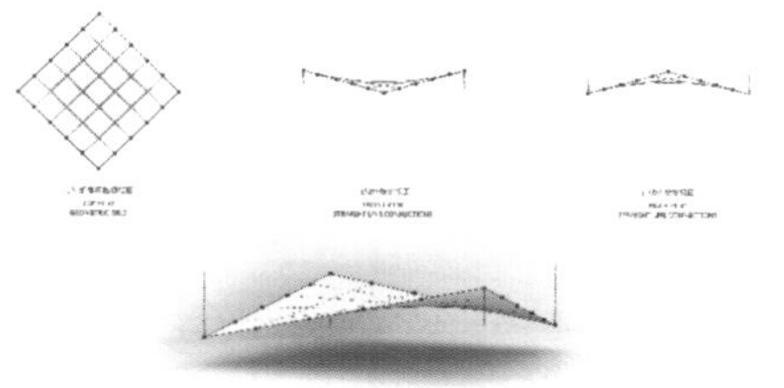

最小曲面作为塔楼设计的核心设计手段。最小曲面功能本质上是以直线元素来创造一个曲面的效果。所形成的曲面是由一系列直线元素构成。这个系统确保外表看起来错综复杂的建筑能够用简单的方式建造。

评审意见

崔彤：1号方案确实非常严谨，它的价值在于提出了对于周边环境场所吸纳之后的推导，或者是个求取的过程，怀有极端理性主义的色彩。光照不说，在切削之后，这个探索是有意义的。平面的逻辑功能是在于前面的功能基础之上总结出的内椭圆和钻石形状，显现出有纪念碑形态的、对称、周正的建筑。这是一个非常有价值的取向。

同时，我觉得它在这个过程当中正好是一个结构性的形式。它的结构，这个三角形和矩形构架的形式，变成了一套魔术体系，支撑了关于建筑形态的东西，这是一个有意义的探索，或者是它最大的一个亮点。

但是，我认为矛盾在于，这样一个轴线对称的、周正、略有仪式性的，纪念碑性的房子恰恰在地脉环境非常自由、人脉气息非常浓厚，但是在华侨城这样的地块里，就显现出弊端来。它可能放在几何状的地方更好一些。例如国家项目、银行项目等等，是否更好一些？这些矛盾、弱点在答题的时候，没有对低端契合得如此好。但是它空间化、结构化的形式至少代表了我们超高层建筑中的发展趋势。这是可以吸纳，助力其他公司的方案。

龚维敏：1号塔楼的手法和完整度有一定的创造性。如果让我来评标，对我来说还是有启发，让我感到可以向它学习，做得不错。

王建国：这个项目是在城市设计层面上的建筑综合体。如果我们从这几个角度来看，我们觉得1号方案做的超高层非常老道，每一层都很细。但是我觉得在城市层面的分析还是弱一些，包括裙房、与周围的建筑群体之间。这是重要的因素，但是也不是唯一的因素。这是它的问题。

刘晓都：从地标意义来讲，主要是有比较好的形象。所以从这个角度来讲，1号、2号这两个方案相对来讲是可以的。

从这一点上来讲，我觉得1号和2号整体在塔楼方面比较好一点。从总图上来讲，问题都差不多。解决的问题包括深南路开口怎么走、日照影响等等。这几个方案基本都做到了。但是我不认为这会影响现在的评判。我认为最影响评判的还是与城市景观的契合。

法国欧博建筑与城市规划设计公司+深圳市欧博工程设计顾问有限公司

AUBE CONCEPTION-SARL D'ARCHITECTURE + AUBE

序号 03

我们希望本地块的公共开敞空间，既多样化，又兼顾自然和人文鲜明特色，促进各种活动交流，强化华侨城包容性和开放性特征：

立体公园——尊重城市界面和区域尺度，以自然绿色空间为主，草坪、树林、缓坡、立体水景以及层次丰富的屋顶平台等，成为城区居民休憩和非正式交流场所。

活力街区——注重与城市生活接近的底层部分的开放性、互动性等城市公共空间品质的塑造，注重城市公共性的表达和与公众的互动，让建筑的使命更切入公众的生活中。优化城市，重铸生态，为各方创造更好的工作和生活环境，赋予人们诗意、尊重和安全感，更提升城市的文化气质。

艺术地标——具有优美简洁的外形，成为华侨城区域的标志性建筑。以艺术景区空间为主、展现城区创想力、活力与动感。形成区域内的艺术地标。

打造一个景点，一个目的地，一个公众场所，一个集商务、艺术、生活、生态可持续为一体的绿色建筑。

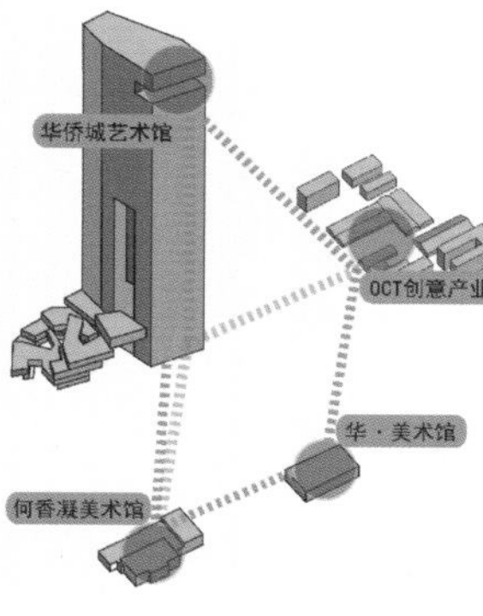

日照分析整合结果
Result of the Sunlight Analysis

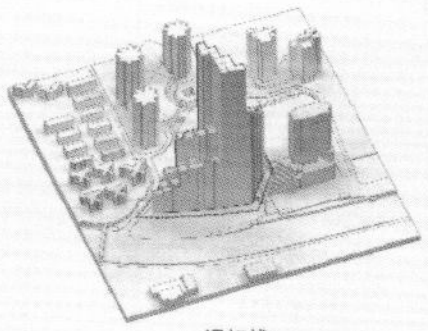

退红线
setback red lines

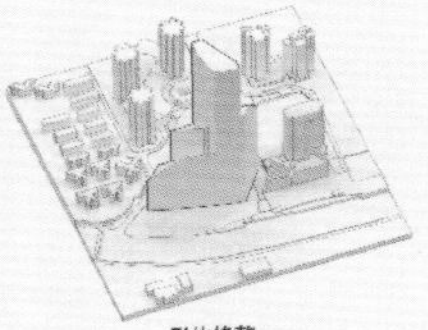

形体修整
Shape Configuration

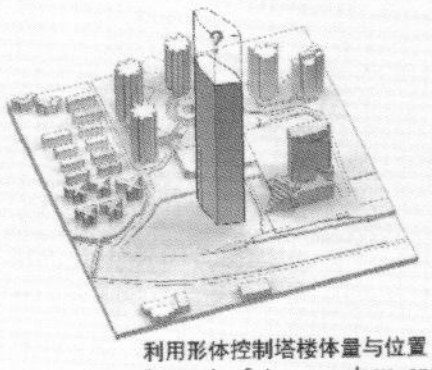

利用形体控制塔楼体量与位置
Control of tower volume and its location through the shape

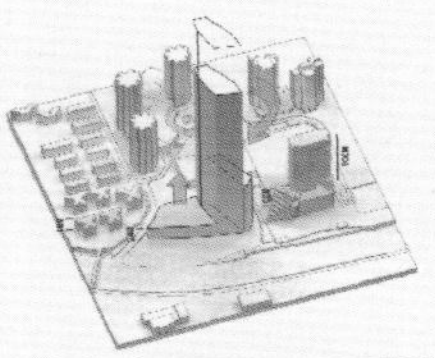

根据总建筑面积和控制高度反推形体
Shape deduced right from the total floor area and controlled height

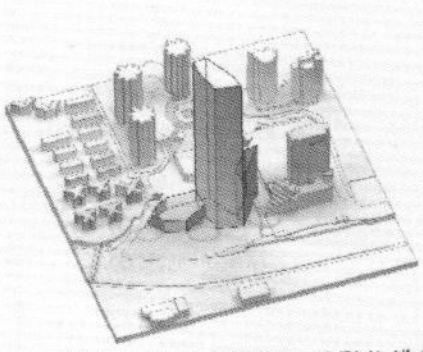

依据周边影响因素，对形体进行削减
shape deductions based on surrounding influencing factors

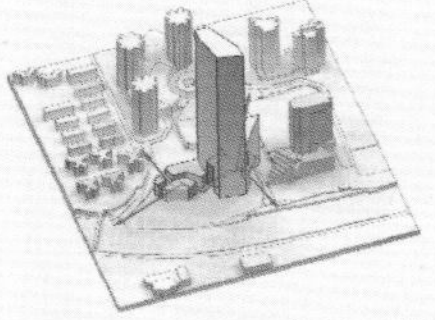

根据原有场地人行路径，并结合自然通风进一步优化设计
design improvement based on the origional pedestrian roads and natural ventilation

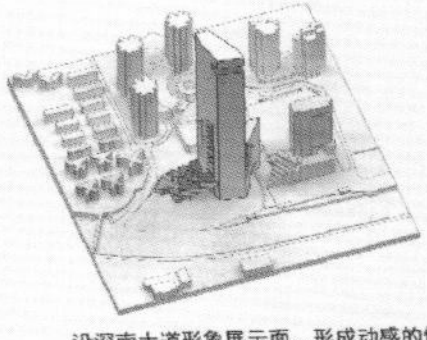

沿深南大道形象展示面，形成动感的伸展趋势沿住宅区方向，形成小尺度灵动空间
Dynamic extendedness along the image-presentation Shennen Boulevard and small-scale flexible space along the residential areas

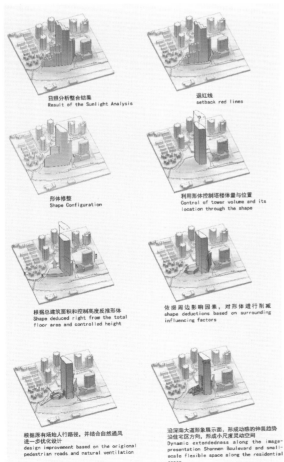

评审意见

龚维敏：刚才的几个方案当中，我认为2号和3号有比较清晰直接的回应，其他的方案相对来说并没有特别的来对这个问题作出回答。

3号方案想做小型的商业中心，但是相比之下处理上有点困难，做得比较碎，但是都提出了一些解决的办法。

Link-arc建筑师事务所
+悉地国际设计顾问（深圳）有限公司
Link-arc + CCDI
序号 04

每当一个城市面临尺度扩张与密度增加时，总会表现出以建筑物与基础构筑将原有的开放公共空间占据的趋势，人为地在自然与市民之间增添屏障。我们的设计试图缓和此种趋势，并鼓励一种全新的发展模式——将公共空间、景观引入建筑中，营造出市民、使用者与自然景观更亲密的关系。

华侨城大厦的设计始于将塔楼从它的裙房中抬起，由此将允许更多的自然光线进入地面的公共空间；同时在裙房上增加了一个景观屋面，这个景观绿化屋面将提供一个新的室外庭院和雕塑公园，供市民和办公楼员工共享。 通过将办公楼大堂抬高在裙房之上的行为，我们创立了一个新的动线——把人从地面景观吸引起来，并通过不同层高的景观面，为市民 与员工提供对周边公共景观的多重观察角度。办公楼主入口大堂的室外露台向南侧进行的延伸，使得室外的自然光、景色和新鲜空气可以进入内部空间，同时也为办公楼提供了更具可变性的室内、外空间层级。

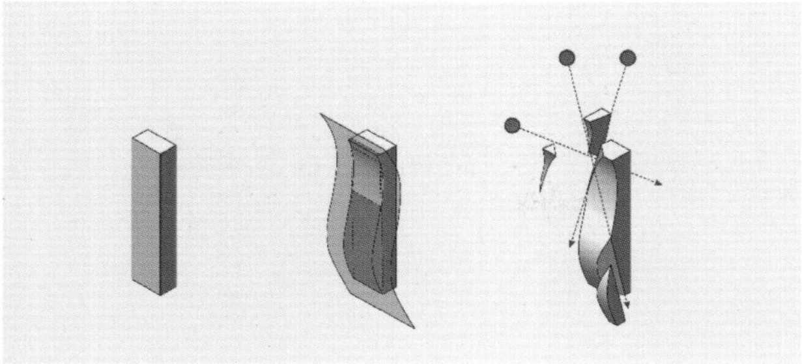

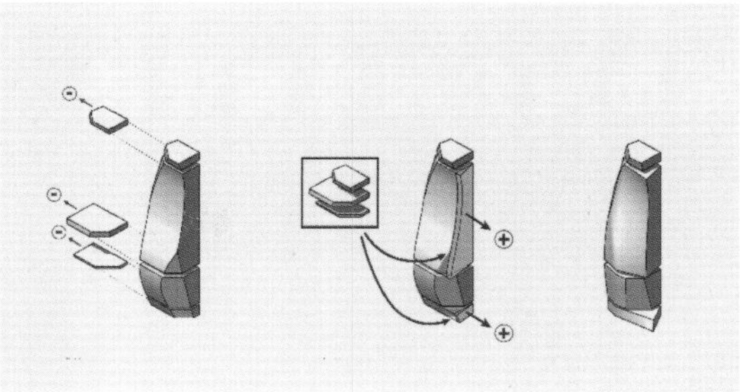

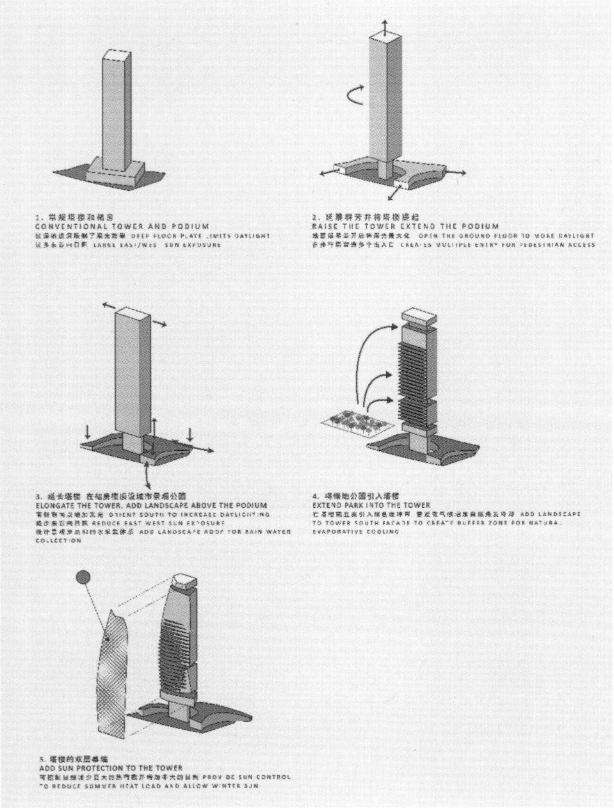

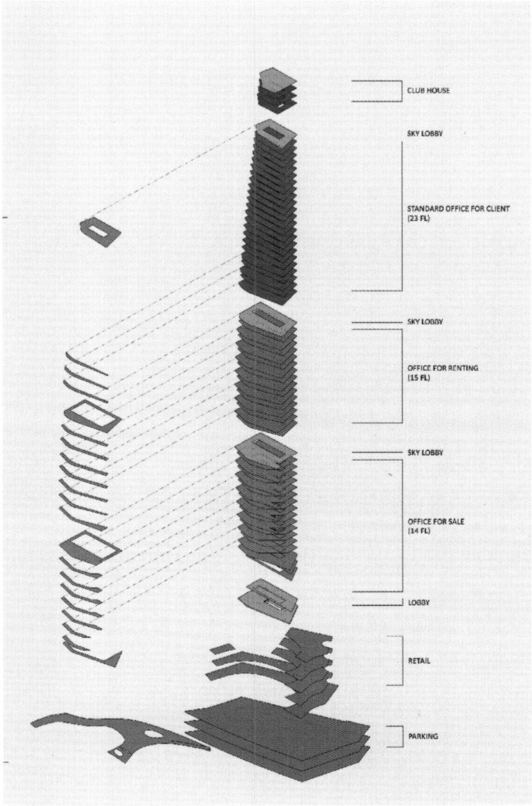

评审意见

王建国：4号方案想法比较好，特别是在高层中作了一些突破。但是它本身拥有的素质、功力不足。先不说造价的问题，超高层的安全性很多东西都有问题。我觉得肯定会预想不到。

崔彤：4号方案，思考深度非常大，给人很深的感染力。但是有一点疑惑，思想的力量远远大于结果的东西。思想的深度到了，但是有其道，无其器，没有看到非常好的东西。还有它的联系，一手抱住了裙房，这种联系像是控制，甚至把它压倒的感觉。

城市与公园竞赛评述

在 2013 年 3 月的竞赛评审会中，孟建民院士对这次招标给予了很高的评价，尤其是在这个城市视觉焦点的位置，一方面这座塔楼代表的是一种追求，代表了华侨城的理念；另一方面它也代表了深圳这座城市的个性。1985 年，担任华侨城总规划师的孟大强先生提出了“不砍山、不填水”的生态思想，让行人成为街区真正的主人。这些年，华侨城企业坚持了当初规划的重要原则，在发展的同时给深圳留下了原生地貌的空间遗产和建筑遗产。那么在同一片区域下，高度达到 300 米的华侨城大厦将以怎样的姿态去对待脚下的地貌，去延续华侨城，也是深圳的理念？

在竞赛任务书中传达出了明确的价值观，这点有赖于规土委和华侨城公司在竞赛开始之前就展开了亲密的合作，在价值观和理念上取得高度一致。任务书中明确了必须以城市的思维方式和方法进行单体设计，而城市记忆和文脉应该在历史向度上获得延伸。回到建筑本身，是否能在既有的摩天楼类型中，结合深圳的气候条件，探索新的类型？深圳这座城市并不缺少摩天楼，但是在高度和集约化以外，摩天楼是否还有可能为工作、居住、生活其间的人们创造更多的想象？营造富有活力、尺度宜人的公共街道生活？能否打破摩天楼的孤岛印象，与城市交通、生活充分地连接在一起？而这次竞赛的组织与任务书的制订就成了输出这种城市观的绝好机会。最终参赛的四家设计机构也大多回应了竞赛在城市、单体、生态、环境上的各个诉求，为地块和建筑提出了有力的构想。应该说从赛前的沟通、任务书的编写、竞赛的组织到最终的成果都是值得学习的榜样。

在其中一家设计单位的方案汇报中，将深圳的高层建筑划分为三代，第一代以帝王大厦这类功能单一的塔楼为代表，第二代是京基 100 这样的复合型塔楼，在结构和技术上都有所创新，第三代是深圳证交所这类引入公共空间、打破视觉地标做法的高层，那么华侨城大厦的建成是否意味着第四代的出现，又能否肩负起城市环境、街区生活、能耗平衡这样的能量中心呢？我们拭目以待。

“不砍山、不填水”、保留原生地貌遗产的华侨城区域

2013 走向公民，走向地域

坪山文化聚落——坪山文化综合体建筑设计国际招标

International Design Competition for Ping-shan Comprehensive Cultural Art Settlements

=竞标类型=

公开国际竞赛

=所处区域=

深圳市宝安区

=投标方式=

向专业设计机构及联合体开放

=组织单位=

深圳市宝安区人民政府

=业主单位=

深圳市宝安区人民政府

竞赛背景

“坪山文化聚落”项目作为坪山公共文化服务体系的重要构成，以满足坪山新区常住人群文化生活需求为根本，以改善新区文化基础设施条件、提升市民文化品位和新区文化软实力为导向，集中规划发展公共文化设施，突出新区文化特色和内涵，打造集文化阅览、公共展览、文化活动和演出艺术于一体的深圳东部城市文化综合体。

竞赛目的

“坪山文化聚落”期望成为深圳近年来最具突破性之公共建筑群，鼓励以真诚的方式回应文化和日常生活的关系，摆脱对奇观性、地标性和过度包装的追求，转而追求与城市空间环境、文化背景、地域气候的融合。使本建筑群既隐喻着城市空间生长历史，更为公众创造平等的公共文化交流空间，关注其社会意义和影响力，强调公众参与性，体现公众视角，倾注人文关怀。我们相信：建筑生产过程亦为社会与生态文明建设的重筑过程。情感和文化的多元并置并体现山地公共文化建筑的个性。

因此，本次招标强调建筑的地域性、公共性、文化性、社会性。建筑师需深刻理解中国文化，尊重深圳（尤其是坪山）本土文化特质，充分研究项目所在地域的传统建筑语言结构，学习吸收当地建筑文化遗产。对现代主义和地方性、场所意义营造、场地和气候回应、材料和建造方式、资源分配、文化遗产、传统技艺等命题进行深入探讨，分析产生基于本土的创新设计理念，形成真诚而独特的建筑表达方式，建造与场地环境粘合度高、与城市肌理充分融合的建筑集群。建筑设计要避免简单的符号性、图解式建筑语言，应在传承文脉的基础上体现建筑的在地性与现代性，营造积极的、以人为尺度的城市公共空间，使本项目成为融合当地文化和现代公共生活的场所，成为具有新区特色和现代产城融合形象的代表，并借此树立“坪山在哪里”的文化心理地标。

基础资料

图书馆 12370 平方米，书城 10440 平方米，展览馆 6180 平方米，美术馆 5060 平方米，文化活动中心 8960 平方米，剧院 11010 平方米，办公配套 3760 平方米。会议配套 8780 平方米，商业配套 7740 平方米。公交站 300 平方米（独立占地 4000 平方米）。除公交站外，其它单体建筑面积可以有 ±5% 的误差。

竞赛结果

第一名	03号	都市实践（北京）建筑设计咨询有限公司联合体
第二名	02号	王维仁建筑设计研究室联合体
第三名	04号	华南理工大学建筑设计研究院联合体
第四名	05号	维思平联合国际咨询（北京）有限公司联合体

入围设计机构名单

序号	国家/地区	机构名称
01	中国上海+中国深圳	华东建筑设计研究院有限公司 +上海阿科米星建筑设计有限公司 +南沙原创建筑设计工作室有限公司 +筑博设计股份有限公司
02	中国香港 + 中国成都 + 中国上海 + 美国 + 中国深圳	王维仁建筑设计研究室 +家琨建筑设计事务所 +山水秀建筑事务所 +Reiser + Umemoto, RUR Architecture PC +深圳市建筑科学研究院有限公司
03	中国北京+中国深圳	都市实践（北京）建筑设计咨询有限公司 +北京开放建筑设计咨询有限公司 +直向和筑建筑设计咨询（北京）有限公司 +深圳市欧博工程设计顾问有限公司
04	中国广州+丹麦 +中国香港	华南理工大学建筑设计研究院 +ADEPT APS +广州市竖梁社建筑设计有限公司 +VS-A. HK LIMTED +广东省建筑设计研究院
05	中国北京+德国 +中国深圳	维思平联合国际咨询（北京）有限公司 +德国WSP建筑设计咨询有限公司 +Meta4 Design Forum Ltd. +深圳市建筑设计研究总院有限公司

参评评委

专家	职务	单位
崔愷	院士	中国建筑设计研究院副院长、总建筑师、中国工程院土木、W水利与建筑工程学部院士
丁沃沃	院长	南京大学建筑与城市规划学院
朱荣远	副院长	中国城市规划设计研究院深圳分院
黄居正	教授	《建筑师》杂志主编
顾大庆	教授	香港中文大学建筑学教授
钟兵	董事	AECOM中国区执行董事

都市实践
+开放建筑设计
+直向建筑设计
+欧博工程设计顾问有限公司
URBANUS + O.P.E.N. + Vector Architects + AUBE

序号 03

第一名

升起的文化地平线

理念 A: 公民性的文化聚落

很多文化综合体以意识形态和形式主义为主导，庞大而拒人于千里之外。我们期待一个公民性的文化聚落，开放、包容，以更加积极的空间姿态介入市民生活空间之中，呼唤公民的参与。

理念 B: 功能的适应性和经营的持续性

很多文化综合体的功能与规模策划未经周密研究和思考，简单的照搬与盲目做大，导致大部分综合体在日后运营中面临缺少内容的空闲与经费不足的尴尬。我们希望综合体的规划是针对当地居民需求并且从未来的运营出发，创造性地规划其功能内容与布局，从而最大程度保证功能的适应性和经营的持续性。

理念 C: 文化标识

很多文化综合体把成为地标作为设计的出发点，标新立异而又与当地文脉无关，形式空洞浪费。我们希望用建筑作为载体，去组织公众的丰富有趣的文化活动，无论是正统还是民间的，无论是文化还是商业的。深度挖掘本地文脉和气质，由此而生的一种空间组织形态，令建筑自然而然成为当地的文化标识。

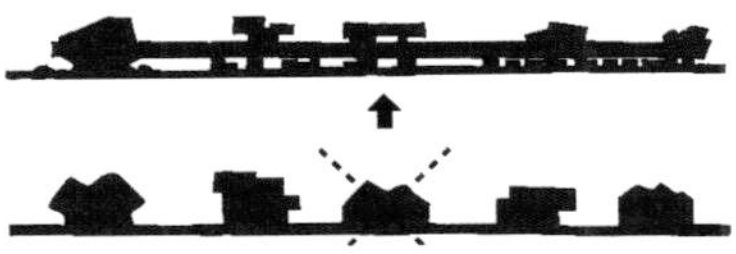

整体统一

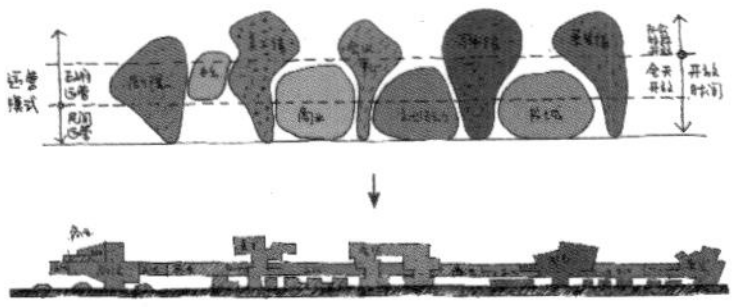

功能重组

分层组织

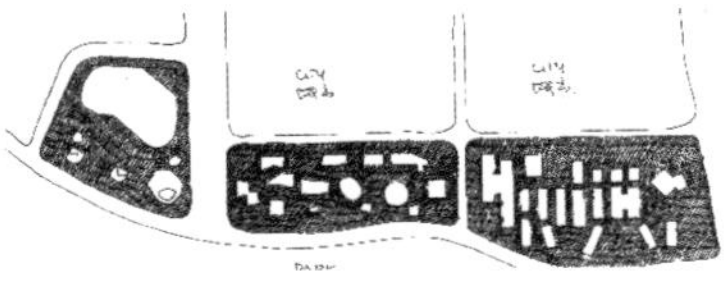

植入地域

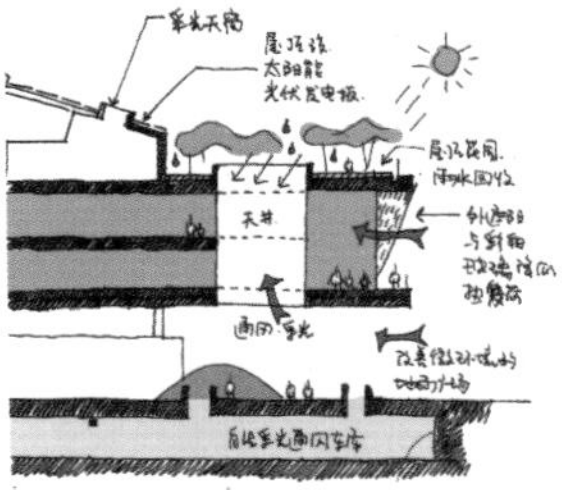

经济节能

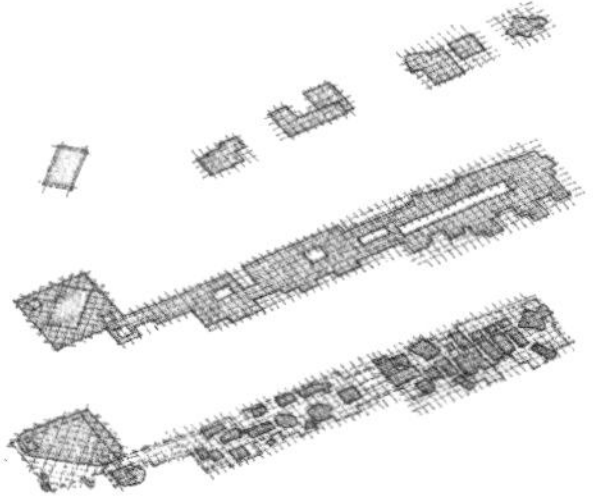

可实施性

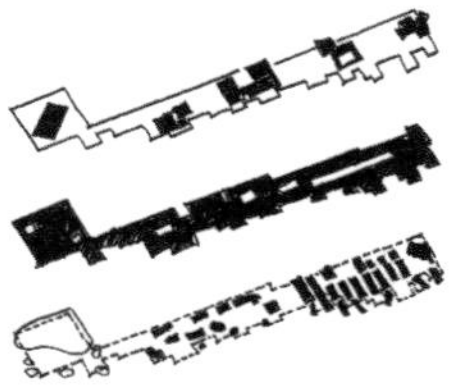

构成

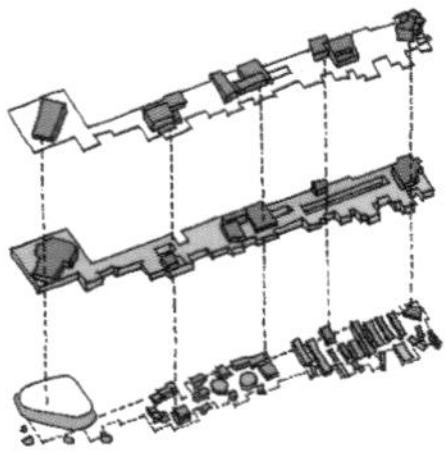

支撑

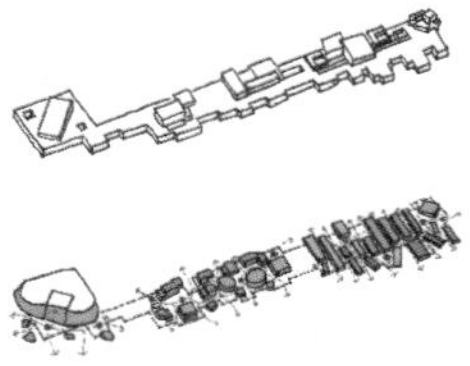

空间

造型

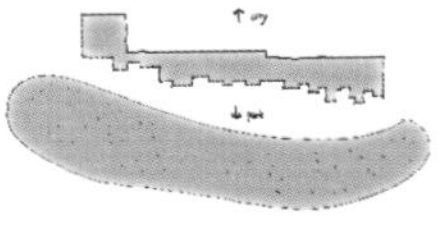

边界

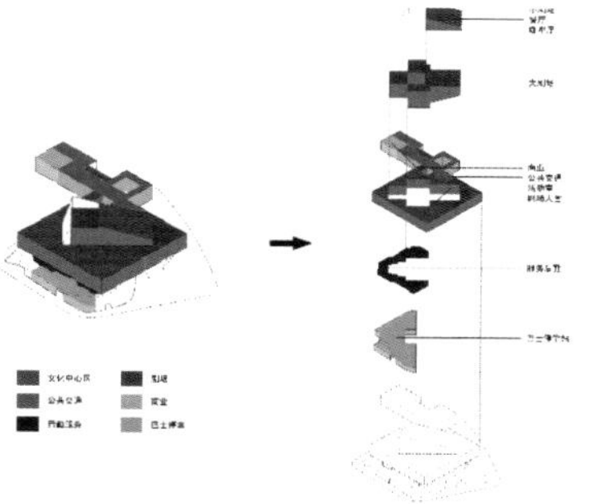

地块 03：剧院 + 文化中心 + 公交首末站

一个按照国际水准设计的 1200 座歌剧院，从地面升起，穿越漂浮层，在屋顶上隆起成为屋顶的标志物。在屋顶的体量里，还容纳着一个小剧场和一个全时开放的屋顶餐厅。屋面的景观如同水中的气泡，各种半径大小的坡面形态的空间恰似不同的小环形剧场，启发着不同的市民活动可能性。

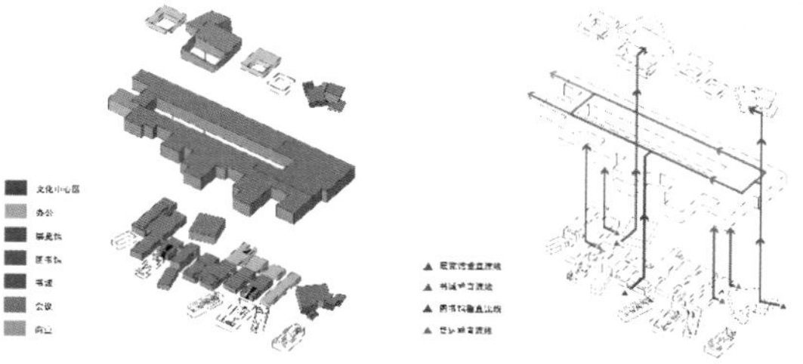

地块 05：美术馆 + 会议中心 + 文化活动中心

05 地块包含美术馆、会议中心、活动中心的部分功能以及办公、商业配套。其中作为核心功能的美术馆和会议中心位于地块的南北两端，建筑体量上下贯通，支撑起中间的悬浮体。

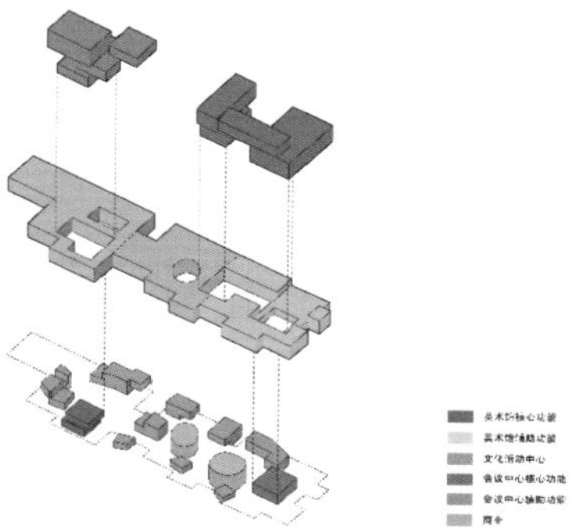

地块 02：书城 + 图书馆 + 展览馆 + 文化活动中心

02 地块包含书城、图书馆和展览馆。西侧平面外轮廓线平直，适合书城布局；东侧则凸凹起伏，适合将一个个阅览室伸向公园；北侧展览馆作为整个文化中心的端头，通过将主展厅设计成集束的筒体，在丹梓大道上形成了一个鲜明的视觉标志。

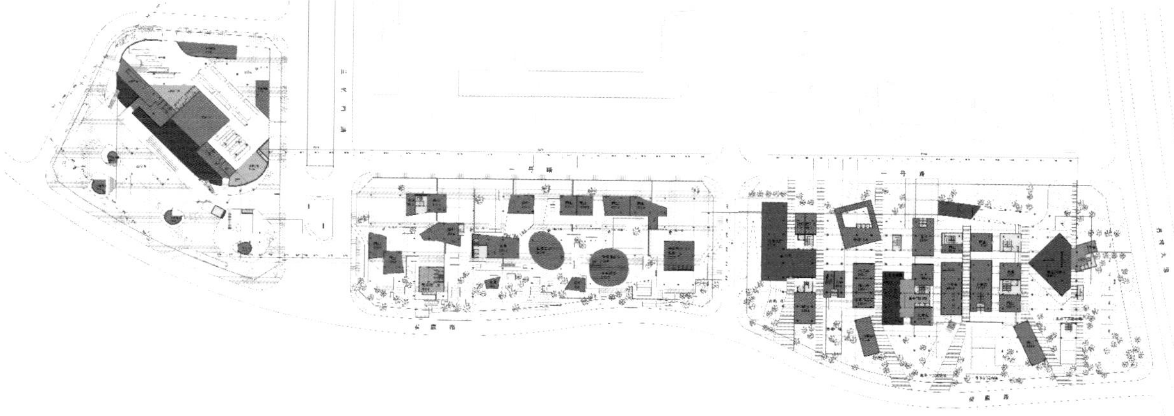

一层平面图 1/1000

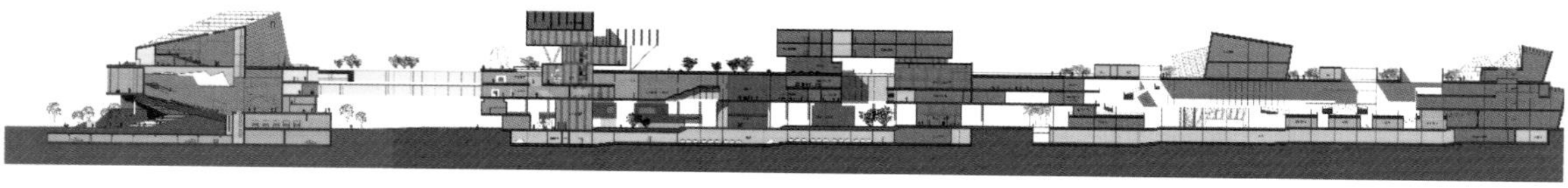

王维仁建筑设计研究室
+家琨建筑设计事务所
+山水秀建筑事务所
+深圳市建筑科学研究院有限公司
WANG Weijen Architecture
+ Jiakun Architects
+ Scenic Architecture + IBR

序号 02

第二名

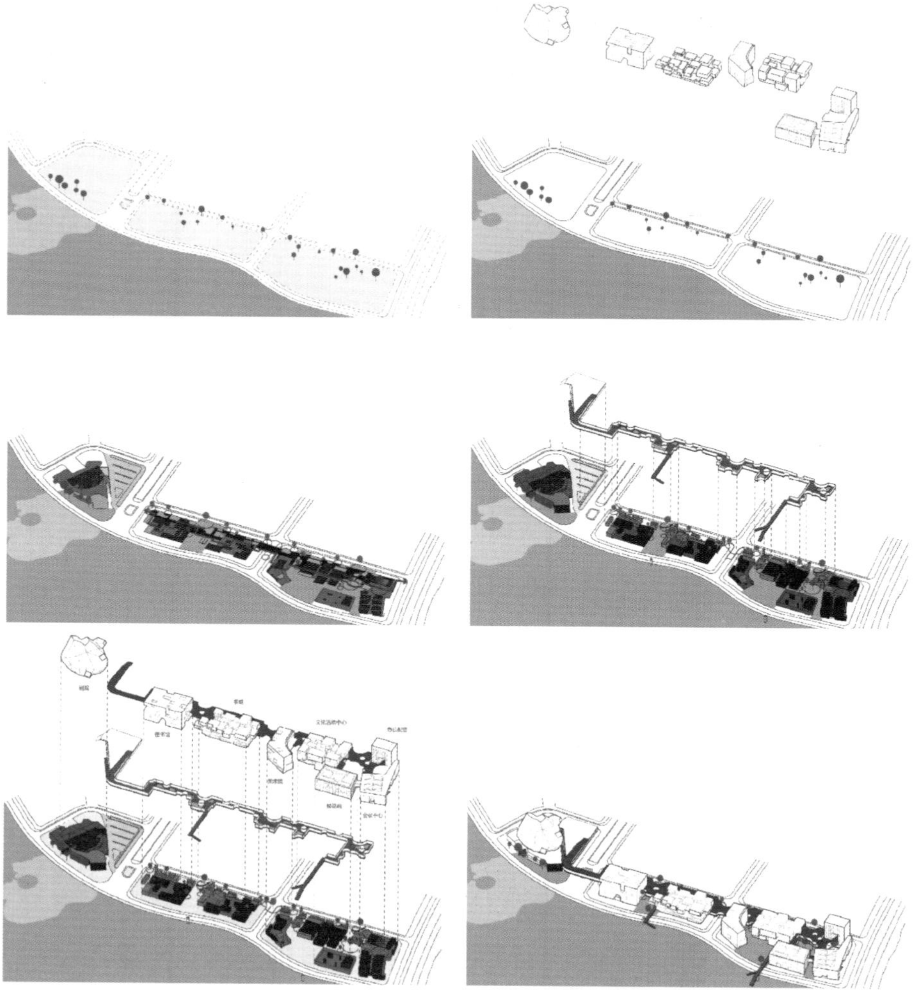

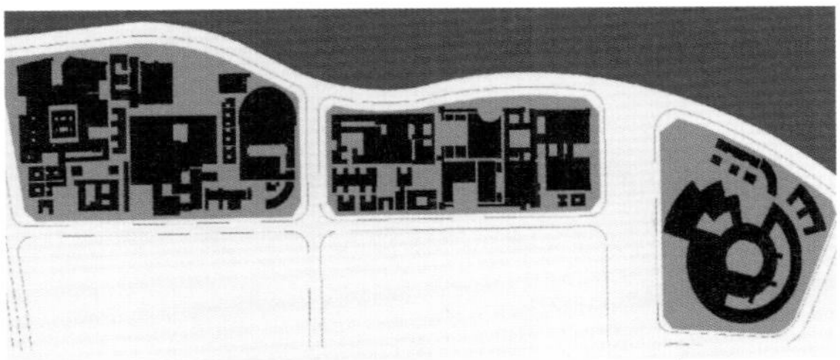

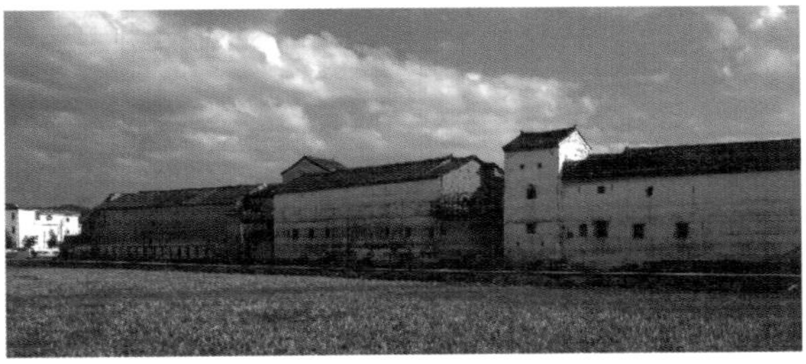

田园聚落 文化长廊 城市肌理

坪山文化聚落地处坪山新区东北角，作为新城未来的市民文化活动中心，与西面的城市中心遥相呼应。坪山文化聚落基地南北绵延的狭长地块，作为城市和自然的交接缓冲带，也是城市功能面对大自然渗透的过滤。

坪山应该有怎么样的文化聚落，如何有别于全国各地大小城市新建的文化建筑，如何避免成为千篇一律，和城市生活毫无关联的“标志性建筑”？

我们从每栋建筑中拿出 3% 的面积，通过一个城市尺度的绿色连廊，像一个抬高的垫子或地毯，将一栋栋独立的文化建筑联系起来；一方面界定了城市街廓和地面的都市纹理，一方面为市民提供了相互联结又各自独立的文化聚落。

规划的基本概念是街廊内的绿色连廊，将聚落建筑由下到上，分为三个层次：地面层是文化聚落和商业活动连续的城市纹理；上层是联系各个文化聚落的长廊，也是不同文化活动的公共大厅；在连廊的平台上则是深圳原有的田园景观和一个个聚落建筑。

剖面强调文化建筑的功能性与可达性。文化聚落作为沟通城市与公园之间的桥梁，将城市的丰富性带入绿地景观系统的同时，将清新的田园气息引入繁忙的城市氛围。建筑单体设计的三层入口皆可与室外空间连通。

田园聚落

文化长廊

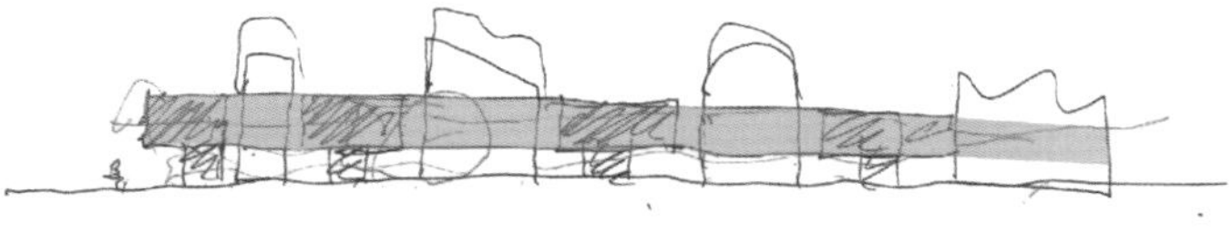

城市肌理

华南理工大学建筑设计研究院
+竖梁社建筑设计有限公司
+广东省建筑设计研究院
SCUTAD + cnS + GDAD
+ ADEPT + VS-A
序号 04
第三名

土楼群构

近年来，一些引人注目的大型文化建筑仅仅着眼于制造一种地标性的视觉效果，试图以此来突显中国城市快速发展的成就。这种趋势导致了文化项目更多的关注于通过昂贵的建造成本来获取夸张的建筑造型，但是却缺乏对地域文化特色的发掘。此外，这些造型奇特的建筑常常产生大量消极的公共空间，无法使人与建筑获得心灵上的交流。考虑到这些，我们反思，什么样的文化综合体设计可以真正的使文化融入生活，而不是单纯建造视觉化地标。

尽管坪山有着宏伟的城市规划蓝图和快速建设的计划，但城市的大部分地区仍尚未发生改变。尽管附近的高密度住区已经建成，毗邻的居住小区也即将动工。

面对场地缺乏活力的现状，我们尝试通过一条横贯东西的街道空间使建筑与城市边缘建立联系，以此在建筑底层植入商业，来最大限度的提升场地的活力。书城以及其他公共项目置于顶层，形成一道可供市民参与体验的“休闲长廊”。文化建筑则通过公园的美景与休闲长廊相连。我们重新诠释当地的客家建筑文化，依照其多元化的庭院建筑聚落形式，创造出新的现代风格的文化建筑。公园绿景与场地相互渗透，营造了一个可持续的立体绿色空间。景色优美的公园被保留，并与我们的场地融为一体，使我们的文化建筑成为公园的一部分，消解了建筑与公园的边界。土楼群构从而真正树立了“坪山在哪里”的文化心理地标，使文化成为坪山居民日常生活的一部分。

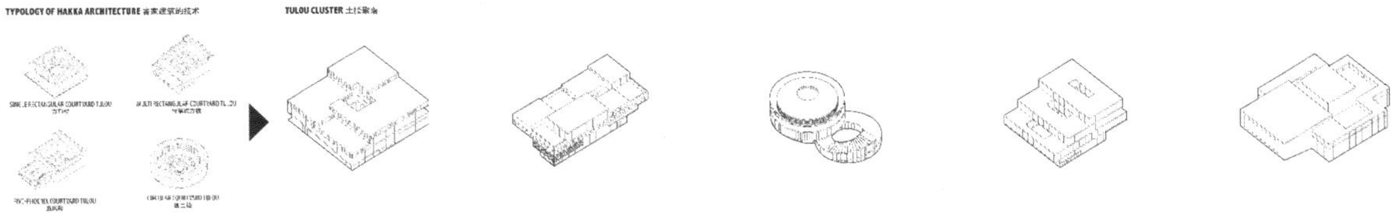

客家建筑的技术

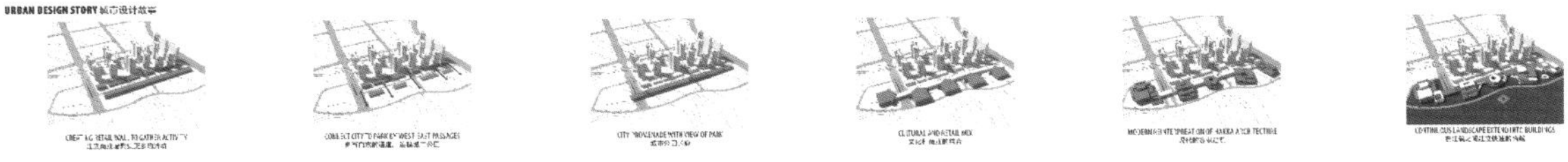

城市设计故事

建筑概念：休闲长廊

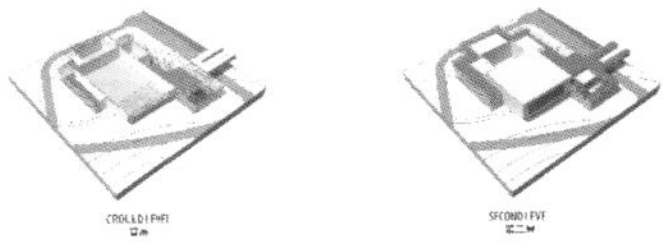

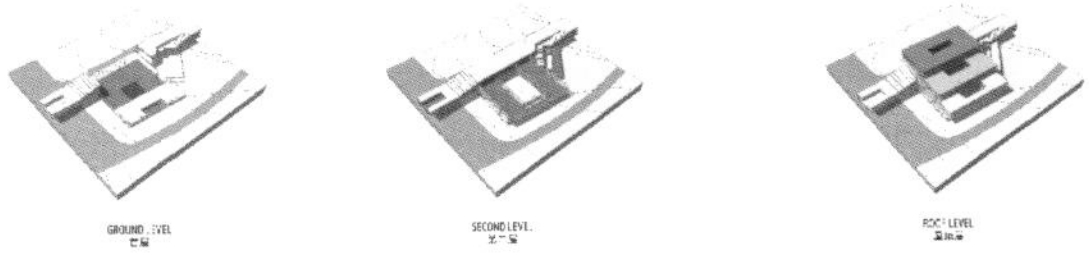

剧院

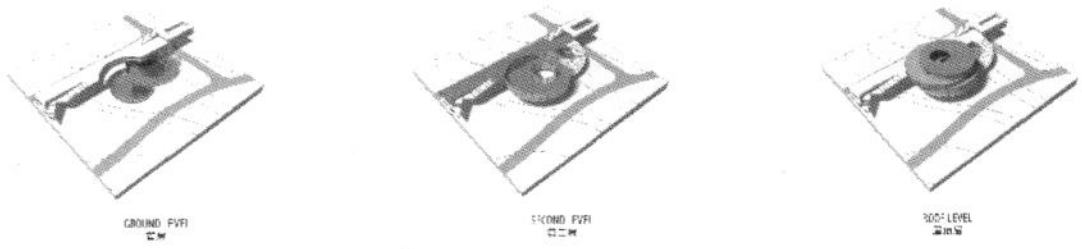

展览馆与美术馆

活动中心

上海阿科米星建筑设计
＋南沙原创建筑设计工作室
＋华东建筑设计研究院有限公司
＋筑博设计股份有限公司
Archmixing + NODE + ECADI + Zhubo Design
序号 01

天地之间 自由自在
一个恰如其分的公共空间在此应该具备三种特质：

a. 公众性、开放、共享的文化空间将文化带入人们的日常生活中

我们反对外观奇特、造价高昂、漠视地域文化气候的形象工程，这类建筑是政绩的需要，而忽视民众的真实需求，结果常常是气势恢宏却不聚人气，浪费社会资源。

我们尝试以真诚的方式回应文化和日常生活的关系，摆脱对地标性的追求，积极创造尊重人性的场所、尺度亲切的建筑和开放轻松的氛围。

b. 地方性，将延续岭南文化、民居、气候的地方特色

我们反对全球化的消费主义语境下沦为时尚符号和形式教条的国际化建筑，这些建筑正在抹除地方和文化的差异性。我们保持原有城市肌理尺度，营造传统仪礼空间，承载本地民俗文化，延续传统街巷生活。

c. 生态性，创造一个绿色、节能、环保的生态型文化聚落

我们反对将公共建筑的共享空间简单地设计为封闭的空调中庭，通过花费高额成本在室内营造出绿色景观来伪装成大自然。我们尝试针对岭南气候 ，以低成本的方式将人的活动尽可能放到荫凉的半室外空间中，减少建筑成本和空调能耗，使其在炎夏不感酷热，在雨天不觉狼狈，绿色葱茏，微风徐徐，雨丝斜斜，纵情畅游。

庇护

统一

形象

开放

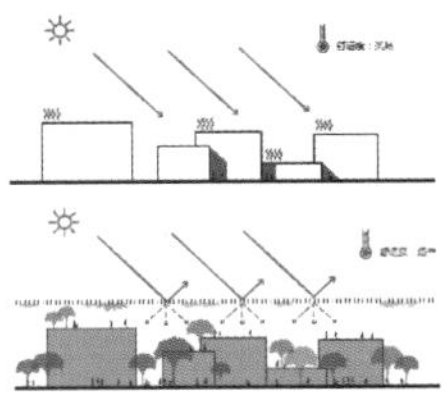

地 公园延续

漫游

共享

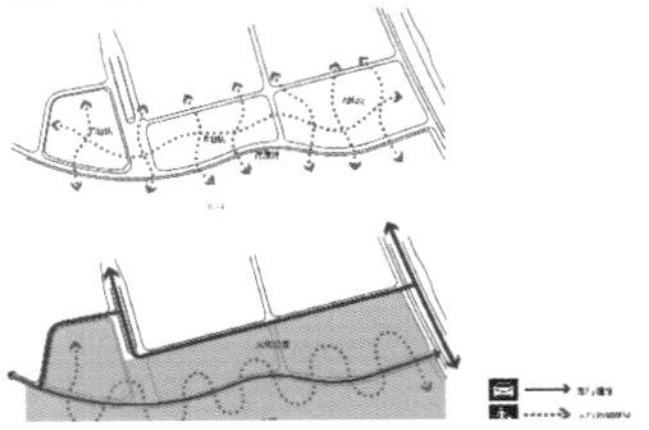

整体形体

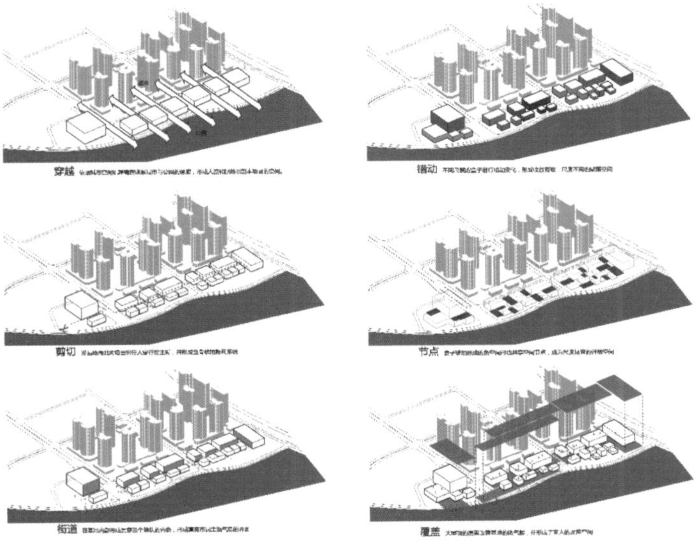

穿越

错动

剪切

节点

街道

覆盖

聚落 自由自在

开放

城市

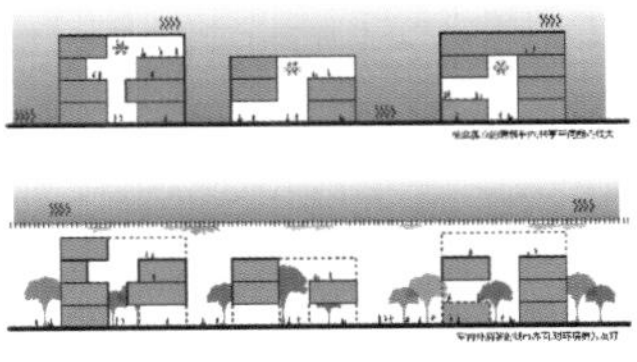

个性

统一

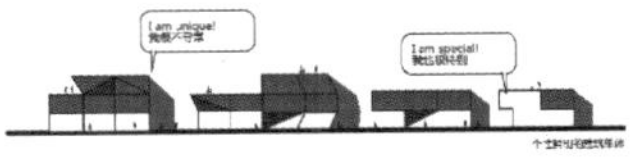

走向公民，走向地域竞赛评述

坪山新城位于深圳这座线性城市的最东端，对于待开发的新城或新区而言，集中造“一城两馆”或“一城三馆”（多为美术馆、博物馆、图书馆、城市规划展示馆）等大型公共建筑几乎已经成了中国新城建设的标准配备。然而，如同几家参赛设计机构在阐述概念时所提到的，现有的这些文化建筑究竟在多大程度上与市民的生活相关？与城市的公共空间相关？在这场竞赛中，值得注意的一点是任务书对于设计目的就已经做了明确的价值导向，即反对政绩性的形象工程以及消费符号，而是鼓励以公共建筑群的方式回应坪山文化与市民日常生活的关系，这样的建筑生产过程也是一次向社会输出价值观的“社会和生态文明建设的重筑过程”。因此，常见的“三馆”或者“文化综合体”的提法被更改为“文化聚落”，以强调公民、日常生活与有效城市公共空间的重要性。在这样的任务书引导下，参赛的五组联合体针对更加清晰的项目定位贡献了自己的设计思想和对“文化聚落”的认识，而这样的成果也更有共同探讨的价值。但另一方面，任务书对功能的要求又是相对松散的，这就为建筑师如何认识、组织这些确定的大型单体提供了极大的自由度，好几家联合体都摒弃了以往大型单体串联的做法，而是重新构建了功能空间之间的层级关系，使更多的面积能参与到城市公共空间的塑造中来。

另一方面，这种大型地块与大型单体在一个竞赛中同时发布的情况在深圳并不少见，其目的也是以保证城市空间的统一性为优先，但是这样的设计内容和联合体组织也给竞赛中标单位后续的深化带来了内容难以切分的实际困难。

24小时书店
TAXI

Case 16
2014 一场超级竞赛

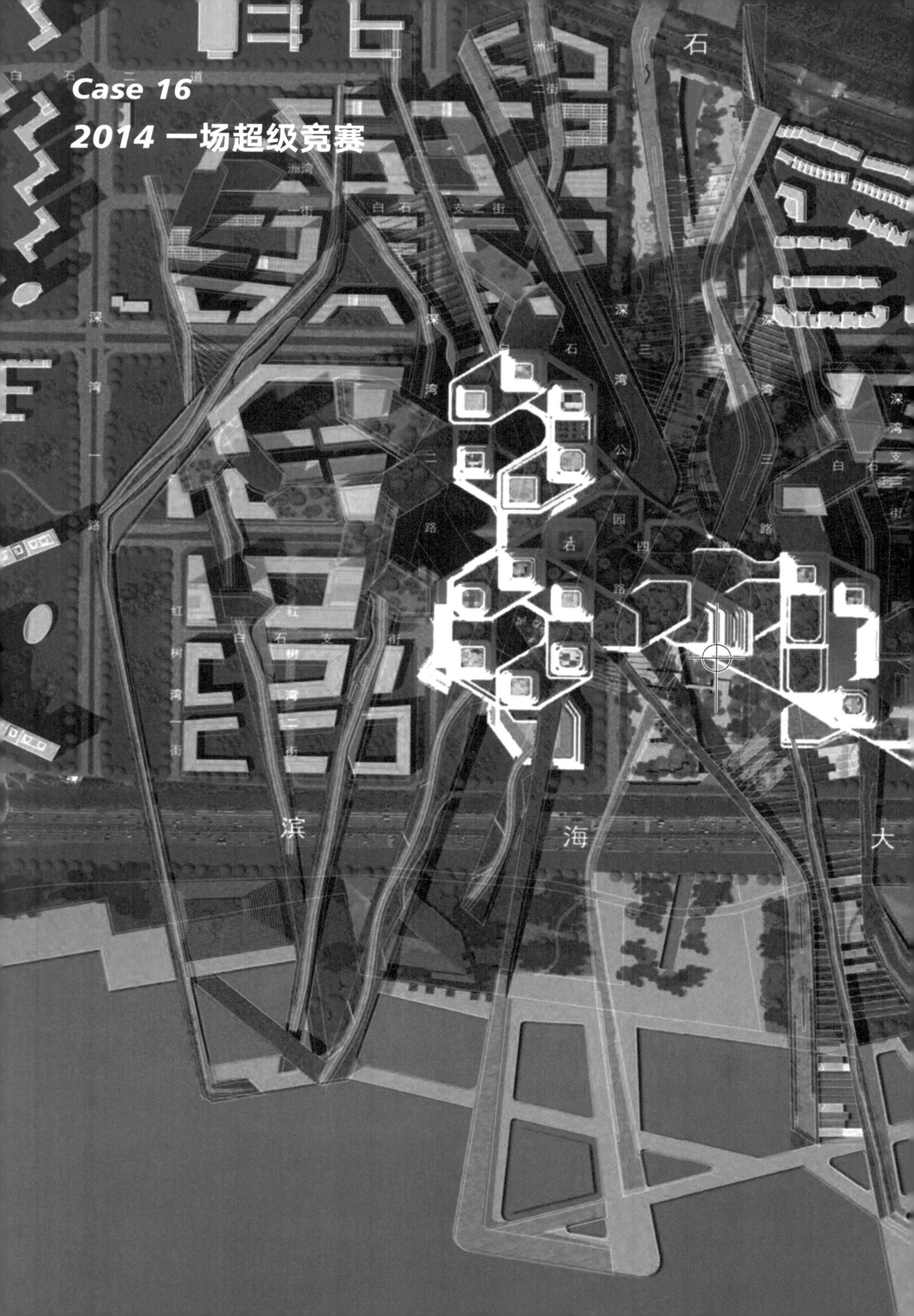

深圳湾超级总部（云城市）国际竞赛

International Comeptition for Shenzhen Bay Cloud City

=竞标类型=

公开国际竞赛

=所处区域=

深圳市南山区

=投标方式=

向个人、专业设计机构及联合体开放

=组织单位=

深圳市城市设计促进中心

=业主单位=

深圳市规划和国土资源委员会

=技术支持=

中国城市规划设计研究院深圳分院

竞赛背景

根据最新深圳市城市总体规划，环深圳湾地区将成为深港都市圈最重要的城市地区，成为激发深圳跻身全球一流城市的能量起点，由西至东布局了前海深港现代服务业合作区、后海商务区和深圳湾超级总部基地。

基础资料

深圳湾超级总部基地以“超级经济功能”“超级城市形象”“超级环境区位”作为规划目标，以各行业门类产业链最顶端的总部办公为主导，辅以国际会议、展览、文化传播等功能，类似拉德芳斯之于巴黎、金丝雀码头之于伦敦的地位，是深圳着力打造的世界级城市中心。

规划用地面积约 35.2 公顷，建筑面积约 150 万 ~170 万平方米。

竞赛目标

深圳湾超级总部位于环深圳湾地区的中心位置，也是深港西部通道从深圳湾口回望深圳的视觉焦点。周边汇聚了深港西部通道口岸、轨道 2、9、11 号线等重要交通资源；以及深圳湾公园、红树林保护区、华侨城内湖湿地、华侨城主题景区等生态景观和旅游休闲资源；西侧紧邻的深圳高新技术园区是深圳高科技创意产业的孵化地。

秉持“超级城市”这一核心理念，通过创新规划实施机制，打造基于智慧城市和立体城市，虚拟空间与实体空间高度合一的未来城市典范。其呈现出的将是一个金融商务与文化艺术高度复合性的城市地区，一个多姿多彩的享受工作与生活的“超级总部”。

超级总部由“1 个云城市中心 +2 个特色顶级街区 +N 个立体城市组团”作为整体结构，其中“云城市中心”作为超级总部的功能核心、生态核心、智慧核心、活力核心，是建设的重中之重，也是建设先导区。

在现有规划研究成果的基础上，为了下一步对该片区的土地出让与建筑设计控制条件提出明确指引，特此将“云城市中心”最重要的三个标志性塔楼、两处文化设施及中部立体公园面向全球征集最具创意与国际视野的设计方案。

自2014年1月15日至3月23日期间正式发布竞赛公告以来，竞赛共收到全球311家设计机构、设计联合体和设计师个人提交的报名文件。截至2014年5月23日，组织方共收到竞赛成果124份，深圳本土主流设计机构、众多国内设计机构、设计院校和新锐设计师提交了成果文件，也有来自北美、欧洲、西亚等地区的境外知名设计机构。在此仅罗列获奖情况。

竞赛结果

奖项	国家/地区	作品名称	参赛序号/机构名称
一等奖空缺			
二等奖	中国深圳	汇谷林城	79/深圳市华汇设计有限公司
二等奖	中国深圳	云中漫步	69/中营都市+UFO（联合体）
三等奖	中国上海	微风之城	80/上海创盟国际建筑设计有限公司+奥雅纳工程咨询（上海）有限公司（联合体）
三等奖	中国北京	叠加城市	89/戴伯军（中国建筑设计研究院、联安国际建筑设计有限公司）
三等奖	中国深圳	生命城市 奇点建筑	50/深圳市建筑设计研究总院有限公司
三等奖	中国深圳	超级生态智能代谢城市	68/深圳市澳德营创建筑设计顾问有限公司
三等奖	中国北京	超级方体	13/朱文一（清华大学建筑学院）
三等奖	中国深圳	大XTREMENDOUS	30/深圳单元建筑设计顾问有限公司

上述方案为本次国际竞赛的优胜方案，不作为最终实施方案。主办方将对参与本次竞赛方案的设计理念和要素进行认真地归纳和总结，提炼出云城市（超级城市）城市设计导则，用于指导下一步工作，本片区的实施方案将通过进一步的深化设计，经法定程序批准后实施。

深圳湾"未来城市"十大宣言

马清运　Ma Qingyun
美国建筑师协会会员
黛拉及哈利麦荣誉教席
美国南加州大学建筑学院院长
美国洛杉矶规划委员会委员
马达思班创始合伙人 / 主席 / 设计总监

1. Land policy 土地政策
2. Finance and tax policy 财税政策
3. Energy policy 能源政策
4. Infrastructure policy 基础设施政策
5. AEC policy 设计/工程
6. Social welfare 社会保障
7. Education and incubation policy 教育政策
8. Culture and art policy 文艺政策
9. F&B policy 餐饮政策
10. MA 2 policy "马二"政策

傅轲林　Colin Fournier
伦敦大学巴特莱特建筑学院建筑与城市设计名誉教授
香港中文大学客座教授
TETRA肆合设计主持及总监
M+博物馆大赛评委会主席

1. Sustainability 可持续发展
2. Fairness 公平性
3. Environmental quality 环境质量
4. Harmony with nature 与自然相和谐
5. Beauty 美观
6. Diversity 多样性
7. Innovation and change 创新与改变
8. Memory 记忆
9. Efficiency and smartness 高效与聪明
10. Politics 政治

克里斯蒂安·克雷兹　Christian Kerez
克里斯蒂安·克雷兹建筑事务所创办人
苏黎世理工教授
哈佛建筑学院客座教授、丹下健三教席

1. The city is new means it does not look like any city we know / 新城市是我们前所未见的城市。
2. The new city looks different because it is based on a new idea or concept of urbanism / 新城市独特的形象来自新的都市化理念 / 概念。
3. The difference to other cities is based on evidence. There is a need, a necessity for this difference / 新城市（设计）的独特性要有根有据，标新立异是需要满足必要的需求。
4. The scale, shape and elevation of the buildings are a consequence of the concept / 建筑的尺度、形状和立面是概念的最终呈现。
5. You will notice the difference to all other cities from far away / 你将会从远处发现这种新城市有别于其他城市的独特性。
6. You will notice the difference to all other cities walking through the city or driving through the city / 你将会在新城市当中行走穿梭的时候发现它的独特性。
7. The experience of space that was never experienced before will be a pleasure every day and will change with the hours of the day / 这种前所未有的空间体验将会是你每天的快乐，而这种快乐也会随着时间的变化而变化。
8. All elements of the new city like subway, parking, storage etc. which are hidden in the cities we know become a vital part of the new city / 所有隐藏在新城市当中的元素，例如地铁、停车场、仓库，等等都会成为新城市的重要组成部分。
9. All elements of the new city are part of an entity / 所有的新城市元素是城市整体的一部分。
10. The new city is based on light density and therefore a vertical city, offering a new experience of the vertical city / 新城市是一个提供新城市体验的低密度的垂直城市。

马岩松 Ma Yansong

北京MAD建筑事务所创始人/董事
北京建筑大学建筑设计艺术研究中心住宅研究所主持人
英国皇家建筑学会荣誉会员

1. 未来城市要有意境。因为现在城市好像是由很多数据组成的，缺少人的感觉。
2. 疏密有致。也就是密度，因为我们现在在谈高密度城市，所以跟疏密度有关系。
3. 山水。山水是一个精神、是一个绿化的问题。
4. 法定的立体绿化率。这是一个建议，因为之前所有的项目都有30%绿化率的标准，但那都是平面的。现在谈高密度、空间城市以后，立体绿化率应该是90%。
5. 隐性交通（反路网）。因为以前都是马路和交通取向的城市结构，都是路大、路小、路网，现在它不应该是一个决定性的因素。
6. 人体尺度。人体尺度在超大城市和高密度城市里面非常重要。
7. 休闲、商业复合。
8. 立体基建（土地）。这也是跟刚才讲的立体绿化有一点类似。还有一点，我们考虑的是立体的土地，都是属于城市，大家在空间中，这样就可能有一个非常整体的形象。
9. 100%绿化率。
10. 反映人类的想象。

仲德崑 Zhong Dekun

东南大学建筑学院教授、博士生导师
全国高等学校建筑学专业指导委员会 前主任
中国建筑学会 理事
中国建筑学会建筑教育评估理事会 副理事长
江苏省建筑师学会 主任
《中国建筑教育》 主编

1. 人性化，支持人的行为
2. 生态化，节能、低碳、绿色
3. 效率化，高效运转
4. 创新性，体现现代科技的运用
5. 立体化，地面、地下、空中三维立体的空间组织
6. 经济性，有利于经济和市场的运作
7. 文化性，体现传统和现时现地的文化
8. 环境，融入其生长的大地和城市环境
9. 公正性，体现社会公平公正，为人们创造同等机会
10. 优雅，优美的形体空间和建筑形象

卢济威 Lu Jiwei

同济大学建筑与城市规划学院教授、博士生导师
同济大学建筑与城市规划学院城市设计研究中心主任
上海城市规划学会城市设计学术委员会主任

1. 生态城市（绿色城市）
2. 集约城市
3. 活力城市
4. 人性化城市
5. 步行城市
6. TOD城市
7. 宜人城市
8. 可认知城市
9. 立体城市
10. 消费城市

刘珩　Doreen Liu

香港南沙原创建筑工作室 主持建筑师/创建人
香港中文大学兼职副教授

1. 深圳的土地、空间、环境、人口遭遇的发展瓶颈
2. 深圳的城市肌理和空间形态特点和演变
3. 城市土地混合用途开发策略探讨
4. 城市更新（城中村与工业厂房）
5. 基础设施与流动性
6. 社会福利公平性（软件基础设施）+日常生活便利性（硬件基础设施）
7. 食品供应，大规模城市化背景下未来的农业
8. 信息网络影响下的城市空间和城市生活
9. 集体城市回忆（80、90年代与当下）
10. 地域性、岭南性的文化与生活方式
11. 中国哲学思想上的“平衡就是多”

张宇星　Zhang Yuxing

深圳市规划和国土资源委员会城市设计处处长
东南大学建筑学博士

1. 未来城市存在于历史之中
   我认为未来城市比较虚拟，因为未来本身就是一个虚拟的事，所有的时间是连续的，所以未来也变成历史。既然这样，我们要好好考虑历史，这可能比未来更具有核心意义，也具有现实意义。我们看到中国最大的问题是永远面对未来，把历史抛弃，这是一个价值观的问题。
2. 未来城市是一个时间空间累积体
   但这也是一个矛盾，你不一定把所有的历史都能保存下来，因为人类是一个过程。在这个过程中，我们要解决时间、空间累积的问题，过去人留下来的遗迹跟现在、未来所有的累积，我们要找一个路径把这种累积解决掉，人类能不能找一种新的方式来建造。
3. 未来城市的多样性源自于重塑边界
   我们现在所有人都讲多样性，很多人简单认为多样性是设计出来的，我觉得不是。我认为多样性是一种生态系统的本性，是生态系统生长过程中的多样性。这实际上说明一个问题，边界是产生多样性最关键的手段，在边界里面生态系统只能是向内部通过多样性来获得生态未来。古代比如用城墙，当然还有其他的作用，但城墙本身创造了一种多样性。现在城市的边界实际上已经是无边界了，比如说纽约的边界在哪儿？纽约的边界就是全球，它根本不是纽约自己城市的边界。
4. 向植物学习阳光获取的技巧
   为什么？现在所有的高楼、所有的城中村，我们的手段就是获得阳光、空气。植物是怎么获取阳光的？它所有的树叶是一种分行的体系，而且这种体系是立体的。未来的城市肯定是一个立体，但不是简单说未来一定只要创造这个，它要获得阳光、空气，那要向植物学习。
5. 隐藏一切机器生产和机器流动
   空间应该用现代的城市围绕生产和交通，但生产和交通不是我们的目的。这从我们看Ipad、手机就能看出来，它把所有的硬件系统全部隐藏起来。
6. 消费的终端
   既然把生产和交通全部隐藏起来了，剩下来的就应该只是消费了。我们的城市应该是消费的终端，有很多的消费终端，我们现在已经部分实现了。

黄伟文　Huang Weiwen

深圳市公共艺术中心主任
哈佛大学设计研究生院Loeb学者
清华大学建筑学院城市规划与设计硕士

1. 生态性

具体化叫做生态的权利。一方面水的权利，我们知道深圳湾的水动力已经非常不足，污染日益严重，这块水也逐渐成为内湖死水，所以如何恢复这个水体动力是首先要考虑的。其次是鸟，这个地区特有一种黑脸琵鹭，它也有它的权利，比如它的觅食和盘旋，它起飞的高度坡度，如果你没有给它留出高度它就不能盘旋，这是讲生态性和生态圈里生物的权利。

2. 社会性

具体是居住的权利。深圳湾是一块宝地，一般是出让给发展商做别墅，或者是高档会所。对普通人来讲，比如说一个在这里工作的保安有没有在这里居住的权利？如果他没有在这居住的权利是有问题的，不仅仅是社会权利，还有城市的运作效率。如果未来在这里工作的人口不能在这里居住，就要提供更多的公共交通为这些人服务，使城市运营成本加高。这样我们就不要埋怨“英雄难过梅林关”，也不要埋怨雾霾。

3. 可达性

步行的权利。深圳是一个滨海城市，一直修了滨海公园我们到达的可能性也很小。比如红树西岸你不能穿越它到达岸边，欢乐海岸有一半你不能穿越它到达海边。所以一个城市步行的权利，是要让人到达景观资源地区。方便到达的含义是直接点到点的到，所以最简单就是直线的，而且这个线的密度要达到标准。在景观资源地区隔离60米一个通道，步行的权利应该通过密集的通道实现。

4. 气候性

城市规划要研究地方气候。我们这里闷热，通风是最重要的，不仅建筑通风，城市也要通风，要有风的权利。刚才这些通道能不能和风的通道结合、和风的方向结合，风的通道就是让这个城市凉快，这也是我们设计道路网络需要考虑的一个问题。

5. 经济性

土地的经济性。目前来说市场经济也特别讲究土地的经济性，就是想把某些地块卖贵了，其实最大的经济性是一种经营的权利或者叫民主的权利。我们让享受这些景观资源的地块尽可能多，把临岸线的面宽再切小，本来卖给一家的地块卖给十家，土地的经济性就出来了，所以地块的划分应该顺着经济性的道路来做。

6. 公共性

这个地方最新的城市规划提供了一个很宽的绿化带，但我觉得绿化带这种公共空间也有一个效益的问题。我觉得已经有景观资源的地方不要留太多太宽的绿地，尽可能让绿地被地块所包围，从而被更多的地块分享，发挥绿地和公共空间的效益，也提高土地的价值。

7. 邻居的权利

一块土地的开发要帮周边解决一些问题，它是一种义务。这个邻居有什么问题呢？我觉得要做一些调研，目前我知道的就是到滨海公园的车特别多，没有地方停车。所以我建议滨海大道北侧做停车场，提供公共车位。如果还有别的问题，比如市政设施、布点没有地方了，社康中心、变电站或者医院不够了，新的城市开发应该帮助解决问题。

8. 城市性

开发以后怎么形成城市性？所谓城市性就是要有开放、有服务、有互动、要友好、要欢迎，这里面的地块开发也存在这样的问题。比如写字楼太高档了，跟你也没什么关系，比如招商银行大厦有几个人去过，京基100上面有几个人去过，超级总部开发也需要有城市性。我说的是靠近地面的建筑必须有义务开放提供公共服务，最好的模式是用传统街巷的形式来组织。

9. 建筑的理性

这个地方叫“超级总部”，我觉得“超级”两字是一个陷阱，都往高、往宏大、往标志性去想象，太强调它的视觉意义，包括强调从深圳湾大桥口岸很远的地方看这些轮廓线，这是没有意义的。建筑的理性是建筑作为一个产品，它的物理条件能不能最优，就是投资得到的建筑面积是不是最优。至少在规划层面，最简单的提升建筑的物理性能，就是让建筑的间距均匀最大化，相互之间不要靠太近。

10. 绿色交通市政

让它对环境的影响最小，体现在对土地的破坏、依赖最小化。目前来讲可能是一种轨道方式甚至是空中轨道的交通方式，可以建设比地铁高一级的轻轨，或者PRT个人车厢式的轨道交通方式，不断更新我们的交通模式，限制汽车、减少为汽车提供道路和车库，尤其是地下车库，这些是不可持续、不聪明的开发。

深圳市华汇设计有限公司

HHD Shenzhen

序号 79

二等奖——汇谷林城

建设用地位于华侨城和深圳湾之间，拥有与深圳其他中心商务区截然不同的外部环境。方案将高度不高的平庸塔楼取消，保留三座地标性塔楼，结合院落式生态办公组团形成密度高度分化的建筑格局。院落式办公组团最大高度仅为 40 米，并以绿化种植屋面覆盖成为开放的城市公园。地面的绿轴则被塑造成更加天然的“原始森林”，建筑与自然环境通过院落和人造自然环境相互渗透，实现环境与建筑共生。

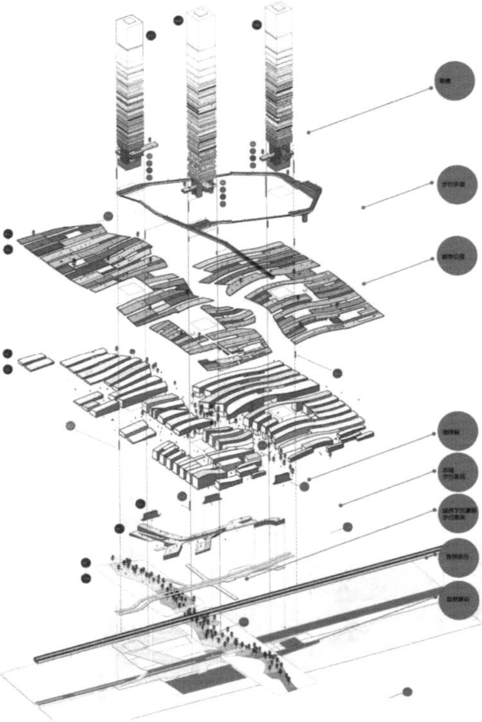

方案特点

屋顶公园：形成一个具有生活感的屋顶公园休闲体系。

街道系统：建立尊重人体尺度的绿色街区。

生态保护：塔楼之间较疏的艰巨给候鸟留在通道。

多层开放：用多层的群楼建筑实现高密度的城市发展策略。

绿色连接：绿地系统连接湿地和深圳湾。

深化建议

需要考虑屋顶绿化的日常维护问题

需进一步推敲屋面的延续性与地面公共空间的连续性

中营都市＋UFO
China Reconstruct + UFO
序号 69
二等奖——云中漫步

未来的城市是一个互动的城市，人做什么很重要，但更重要的是在一个城市如何无缝沟通和拥有一个真正的社交生活方式，这是成功城市繁荣背后的主要原因。成功的商业合作伙伴也应该是社交中的朋友。深圳超级都市正式提供这种空间的城市，一个重要的参考就是中式胡同的独特社交生活方式。深圳超级城市将这种生活、空间尺度和未来的高密度三维城市最终集中到一个街区，大型和中小型企业和谐地生存在一起。遍布于三维城市中大规模的高密度业态结合尺度变化丰富的空间为人民提供了一个个真实的小型社会。分布于空中和地面的广场、咖啡馆和参观提供了共享空间，利用云技术，社交空间也可服务于商业。

方案特点

城市架构：城市功能组织架构清晰。

建筑系统：有创造力、视觉冲击力、标志性强的城市建筑形式，激发对超级城市、未来城市形式的思考。

立体城市：立体绿化和立体城市的结合很成功。

高效服务：将服务设施均布再摩天楼的各层空间中形成高层商业空间；建筑形体可实现性较大。

纽带连接：纽带形的地面系统连接，将各个街区连接在一起。

深化建议

需要进一步从政策和技术层面考虑整体实施问题。

考虑土地出让、建造难度、消防技术等方面的问题。

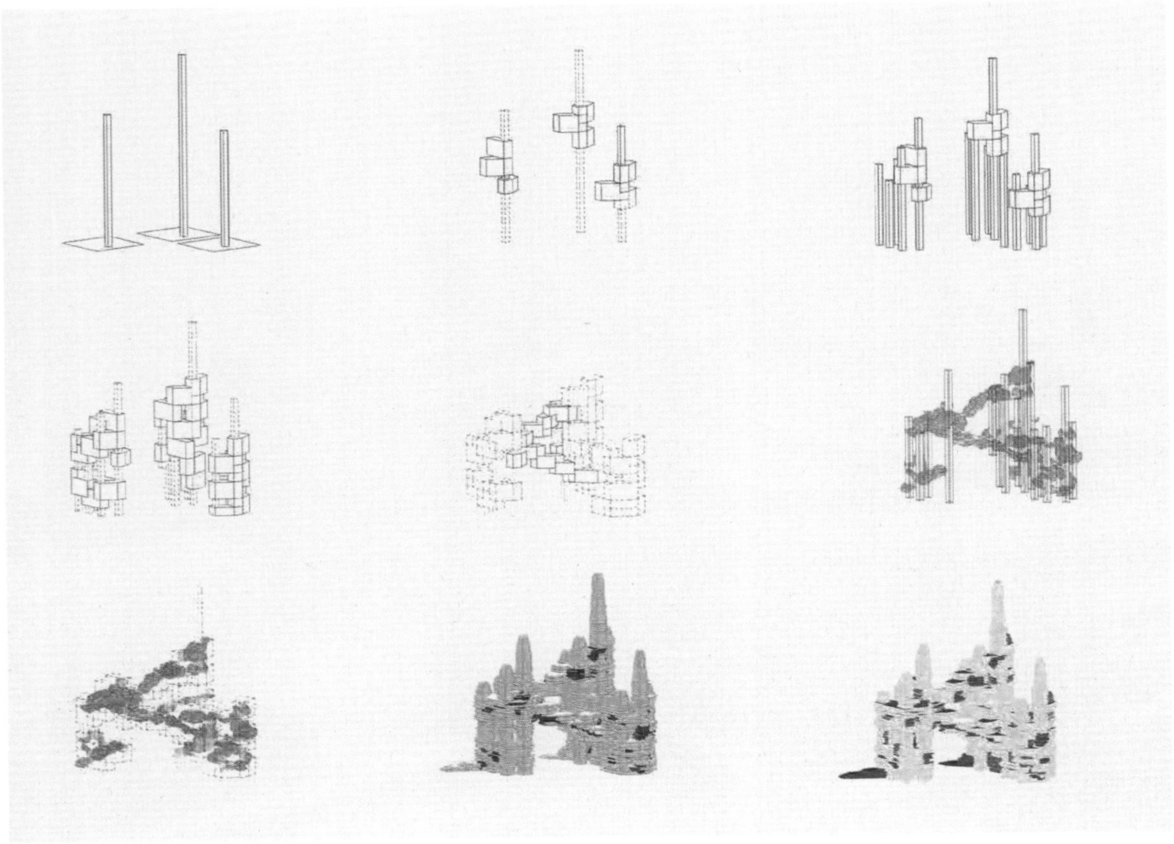

创盟国际+奥雅纳

Archi-Union + ARUP

序号 80

三等奖——微风之城

“微风之城”利用深圳独特的亚热带海洋性气候和风环境，塑造了一个自然生态的新型城市示范中心，重新思考自然环境、公共空间和高层塔楼之间的联系和互动。

“微风之城”打造了全新的城市环境和系统，注重城市肌理的连续性。公园在形式上通过伸展、变形和盘旋，形成了高层之间的公共广场和人行空间，并成为建筑立面的一部分。公园是建筑在水平面上的伸展，建筑是公园在竖向空间的拔升。公园和建筑的形态可支配环境与风的良好互动。

方案特点

气候研究：设计很好地研究了深圳的气候特点。

参数设计：形态基于对风环境的研究，采用城市研究与建筑参数化设计相结合的工作方法。

立体公园：步行系统和绿化环境相结合，中心公园跨越快速道路并很好地和深圳湾公园相结合。

绿色交通：考虑了绿色交通方式。

深化建议

需进一步研究建筑形态以达到预期的通风效果。

强调生态技术的同时，需加强对建筑复合性和城市活力的考量。

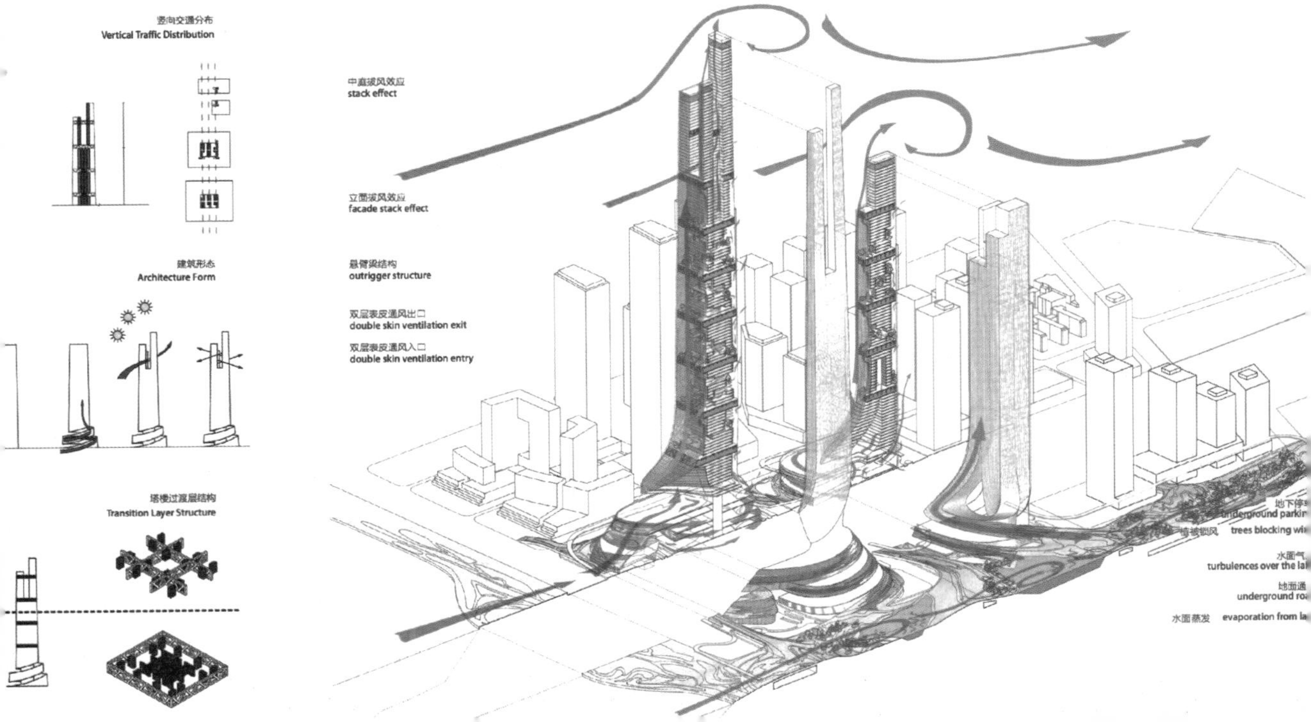

深圳市澳德营创建筑设计
AUD Design Agency
序号 68
三等奖——超级生态智能代谢城市

我们构想为深圳未来打造一个生态的超级母体发生器器，并致力于创造一种可持续、生态、智能的城市空间模式，以深圳湾超级生态智能代谢城市为载体，逐步改善深圳湾地区生态环境。超级城市主动承担更多社会责任，并通过参与式的职能代谢，对深圳湾地区生态环境循环改善，在满足自身能源需求的同时形成绿色产能系统，创造人类与环境和谐互助式的相处模式，改变以往城市与生态环境间的对立与冲突！

超级城市不仅仅是一座生态、智能城市，也是可以完成自我系统代谢的系统发生器；不仅是组成城市的一个部分，也将是未来新型城市发展模式探索的里程碑，更是担负未来整个城市生态更新的原动力！

方案特点

建筑形态：设计形式大胆创新，像树木生长出来一样。

空中平台：对未来城市的探索中，延伸平台的应用有自己的特点。

技术实施：技术上具有可实施性。

深化建议

技术突破较大，目前现有技术能力难以实现。

高空平台和建筑的具体功能需进一步研究。

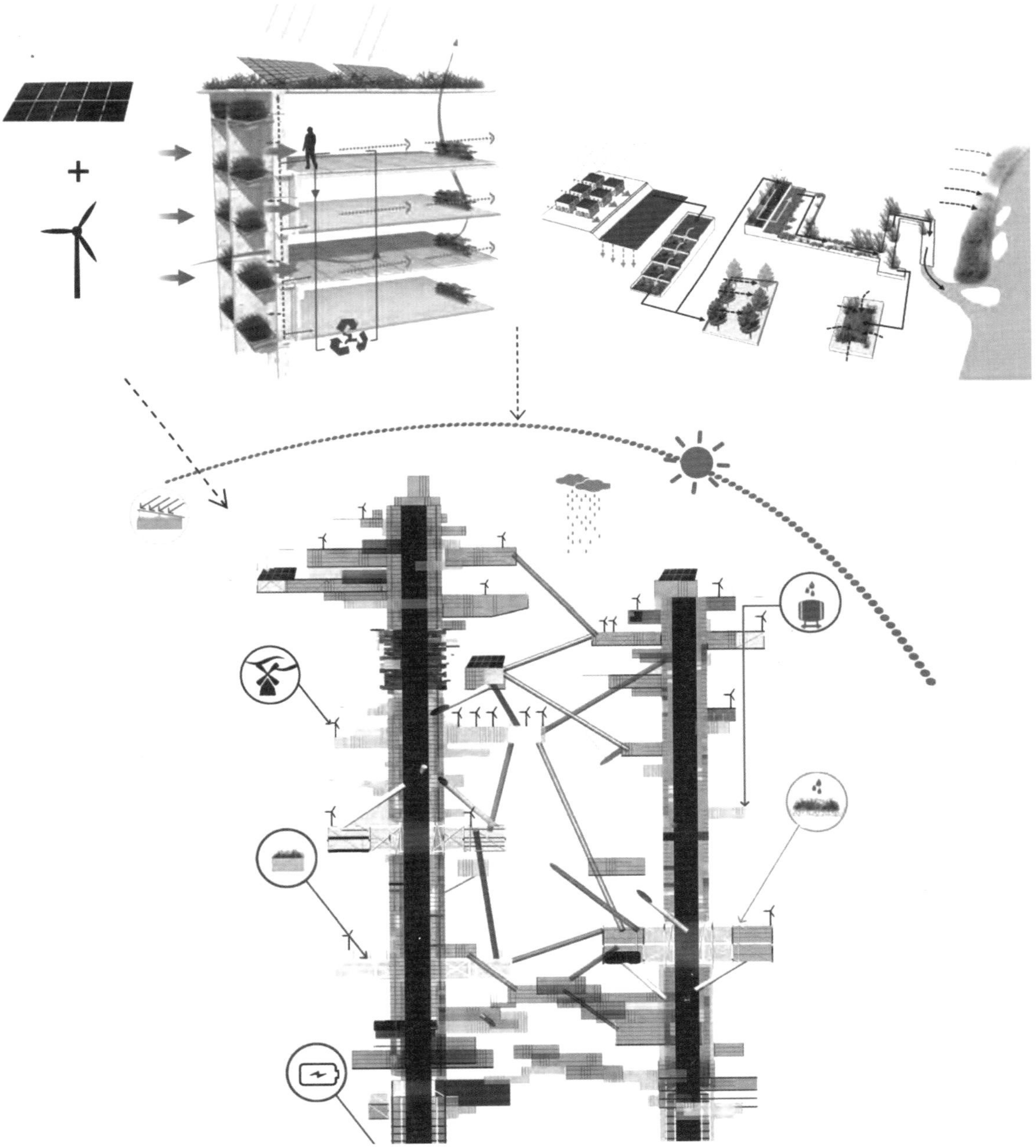

深圳单元建筑设计
UNIT
序号 30
三等奖——大

随着城市的发展，城市密度变得不受控制。生活空间向城市需求妥协，建筑被孤立称为岛屿。为改善此状况，我们创造了了标志性的“天街”，以连缀起这些被割裂的现实。我们的方案中，共享空间向上爬升，并在摩天楼之间联结……标准的塔楼布局变成了强有力的整体系统：在海平面 150 米的高度，所有建筑相互连接。实际的建筑体量量保障了多样的功能和穿梭其间的连续人流。同时，990 米长的连接桥及其中活跃的各种活动空间可直达规划中的两个地铁站、缆车系统和公共绿带。162000 平方米以上的绿地构成了连接湿地和海滨的绿色通道。几何状的地貌遵循公园长轴方向此起彼伏，由此生成的空间为各种活动提供可能。

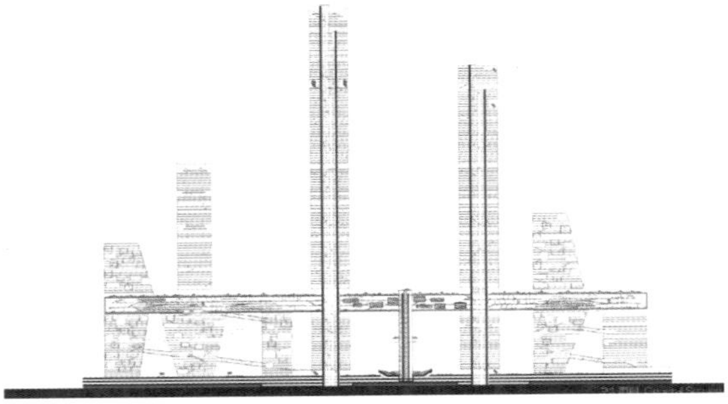

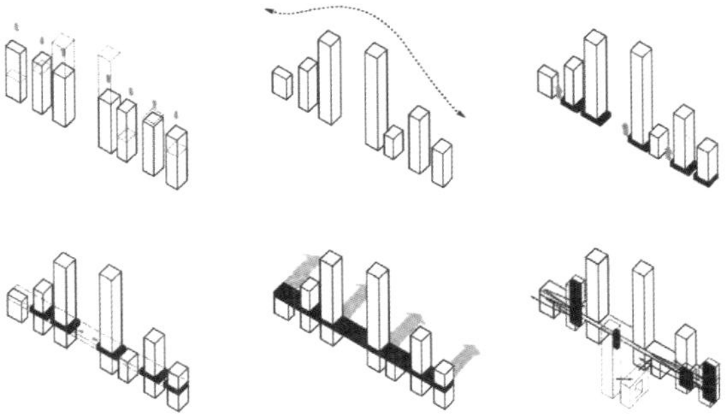

方案特点

空中平台：水平的连续性平台提供了看海场所，是塔楼建筑在空中连接的一个原型，概念简单、合理。

功能组织：公共服务和商业交通功能组织清晰。

结构合理：可实施性强，容易转化为下阶段的控制导则。

深化建议

需加强150米以下塔楼空间建筑功能的公共性。

需加强双轴公共空间的功能联系。

深圳市建筑设计研究总院有限公司

SADI

序号 50

三等奖——生命城市 奇点建筑

建筑的游牧时代已逝

工业革命的诞生让建筑与人开始互动；信息革命又赋予建筑更多人性化色彩；大数据时代的到来给予建筑“独立思考”的能力。我们处在数据时代的十字路口，建筑的游牧时代已逝，生命时代的建筑即将到来。

不加修饰的时间

“生命建筑—奇点建筑”正是我们理解时间对建筑影响的一次即时实践，我们不再关注一个具体的、完美的建筑以及建筑群，而是尝试用生长的眼光去看待我们生活着的脆弱环境。坚信技术的创新能赋予“奇点建筑”更加坚实的技术支撑。

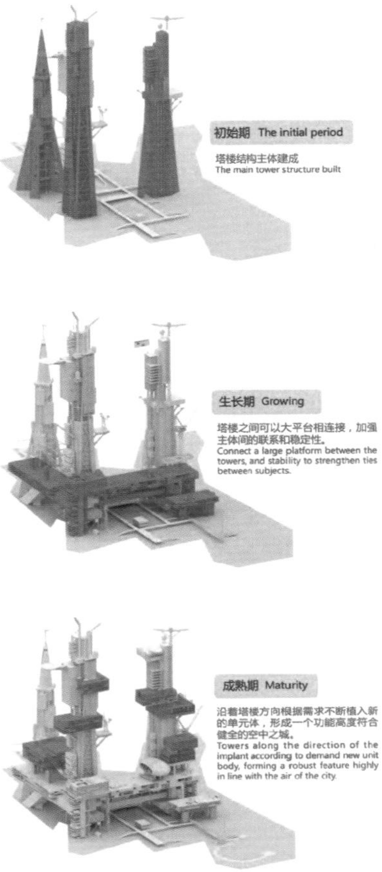
初始期 The initial period
塔楼结构主体建成
The main tower structure built
生长期 Growing
塔楼之间可以大平台相连接，加强主体间的联系和稳定性。
Connect a large platform between the towers, and stability to strengthen ties between subjects.
成熟期 Maturity
沿着塔楼方向根据需求不断植入新的单元体，形成一个功能高度符合健全的空中之城。
Towers along the direction of the implant according to demand new unit body, forming a robust feature highly in line with the air of the city.

永未完成的建筑

在设计中我们将能源中心、云计算中心、淡水手机储存中心等强大的城市供给系统置于地下。“云城市学院”将成为辐射周边区域的知识信息收集系统。能源的输送、知识的输送以及立体农场为整个区域输送的食物资源共同支撑着“超级城市”的日常运作。这些交织在一起的城市功能空间始终处在一个随城市需要不断生长激活的过程中。

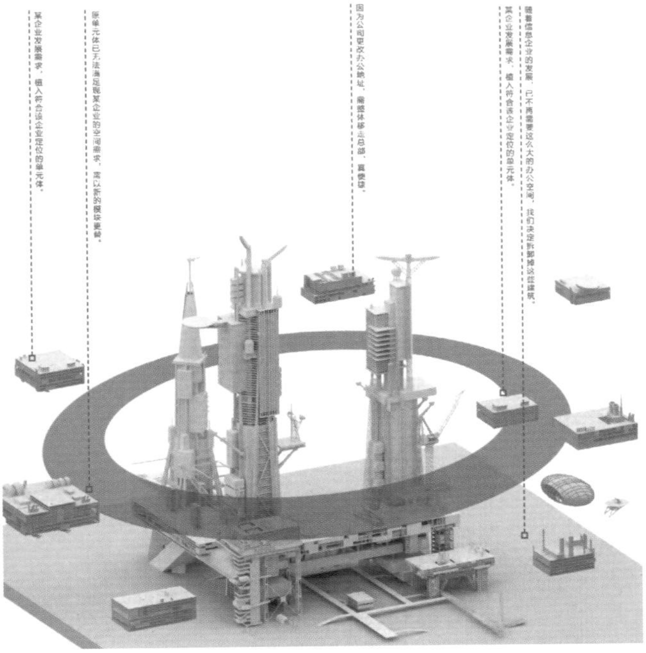
某企业发展需求，植入符合该企业定位的单元体。
原单元体已无法满足现某企业的空间需求，需以新的模块更替。
因为公司要改办公地址，需整体移走总部，真便捷。
某企业发展需求，植入符合该企业定位的单元体。
随着信息企业的发展，已不再需要这么大的办公空间，我们决定拆卸掉这些建筑。

方案特点

建筑形态：以“钻井平台”的概念探索未来的立体城市，用激进的建筑语言结合建筑和城市的各种功能。

动态组合：建筑组合形态具有多样性。

地下空间：地下空间得到充分的利用。

深化建议

单元体的不断植入和迁移需要政策和技术的支持。

机器美学与现代文化生活存在一定的差异。

朱文一（清华大学建筑学院）

ZHU Wenyi

序号 13

超级方体

深圳湾“超级城市”希望打造 3D 立体城市，这象征着 CBD 的未来。我们希望将深圳湾“超级城市”中的街道空间打造得更更加亲人性化尺度，主要建筑高度控制在 50 米以内，在 30 米左右宽度的街巷里，人们可以享受自由轻松的街巷生活。

方案特点

水平组织：对城市功能的水平组织形成高密度。

街道布局：街道设计采用岭南形式，用小单元提供人行生活尺度，交通布局合理，将多元的功能安排在城市街区当中。

自然能源：充分考虑了对太阳能和风能的利用。

城市形态：城市形态感强，将小的街区尺度和城市奇观结合。

屋顶平台：充分利用裙楼屋顶平台，组合成多元的建筑院落。

深化建议

在追求现代主义几何形式感的同时，应进一步考虑生态人文环境的打造。

可考虑加强低层建筑的屋顶绿化及丰富建筑的形式；

应考虑海上悬挑结构实施的可能性。

一场超级竞赛评述

作为十六个案例中的最末一个，“深圳湾超级总部”似乎将此前所有竞赛中的数量和规模推向了顶峰，它的话题之大，用地之广，参加者之多，讨论度之热烈足以成为深圳竞赛历程中被铭记的一篇。深圳湾着意于打造最新的都市圈，因其特殊的区域、自然条件和发展阶段在寻求独特的定位，所以才有了针对该区域的长期研究。

相比这些将来可能落地的方案，“超级总部”则变成了对城市未来的彻底畅想，从产业，从生态，从城市结构，各种角度不一而足。尽管竞赛中对指标和规则设定了相应的规则，提交方案中更多的是对城市意义的各种突破与想象，参赛者各显其能、争奇斗艳。以至于获奖方案公布时，引起了国内外建筑媒体的一片哗然，这样重要的区域与长期的开发能否交与一场建筑竞赛去决定？这样的竞赛结果对于规划的制定还有可参考性吗？主办方怀抱着良好的意愿，希望将这次竞赛作为对深圳湾的一场“头脑风暴”，能够将所收集到的设计智慧应用于落地方案中。然而在各方投诸了大量的人力、物力与财力之后，这更像是一场狂欢。在将来，类似的创意征集是否能够以更节约、更经济、更有效的方式去执行呢？或者这是建筑竞赛值得被探讨的命题之一。

dec 18, 2014

original

UA studio merges high rise functions for shenzhen bay super city competition

ARCHITECTURE

the multiple towards link at various points in the sky to configure the economic, ecological, and cultural »

#shenzhen bay super city competition (4 articles)

64 shares

oct 14, 2014

original

eroded urbanism proposal for mega-city in shenzen bay by AZPML

ARCHITECTURE

the project envisions a prototype for flexible urban development, which integrates - rather than separates - »

#AZPML (8 articles)

#shenzhen bay super city competition (4

252 shares

sep 15, 2014

original

UFO + CR-design awarded highest prize in shenzhen super city competition

aug 26, 2014

original

UNIT creates sky street for shenzen bay super city competition

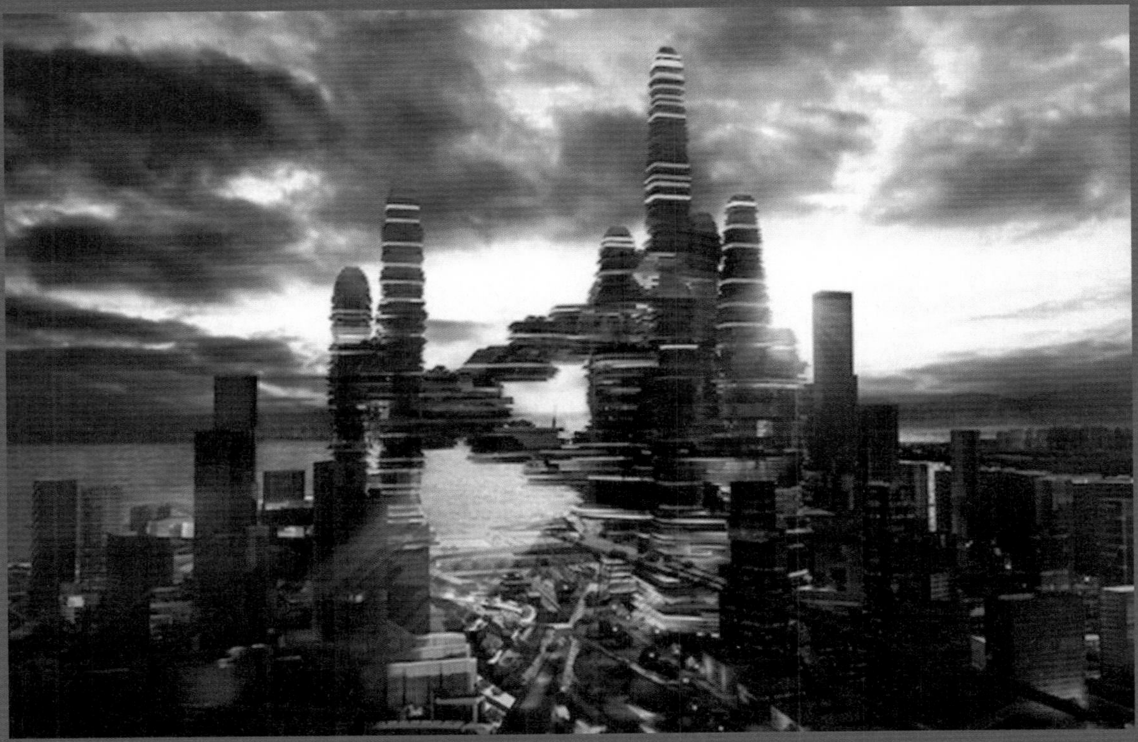

附录 I
深圳竞赛信息图解
Appendix I
Infographics of Shenzhen Competitions

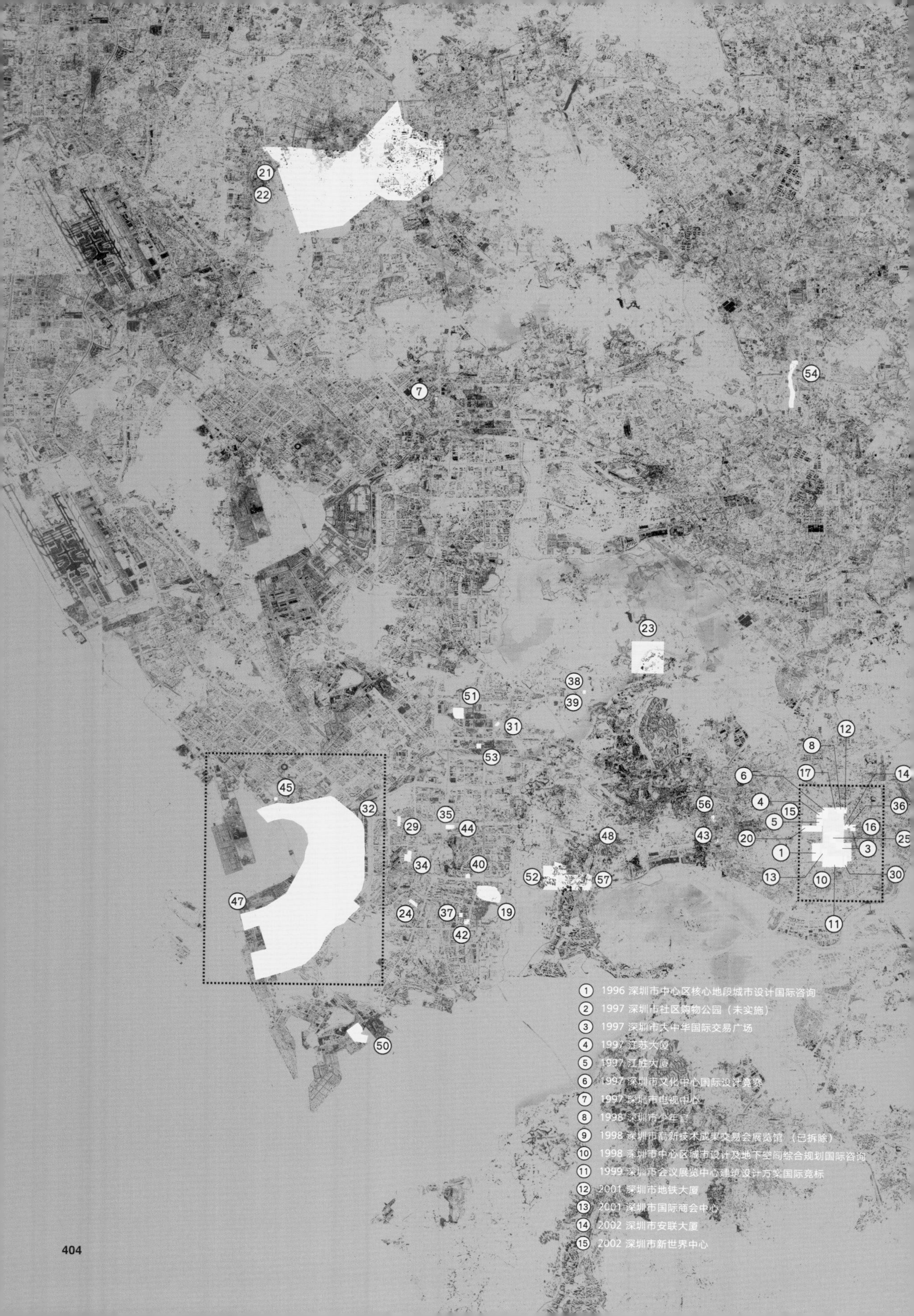
① 1996 深圳市中心区核心地段城市设计国际咨询
② 1997 深圳市社区购物公园（未实施）
③ 1997 深圳市大中华国际交易广场
④ 1997 江苏大厦
⑤ 1997 江胜大厦
⑥ 1997 深圳市文化中心国际设计竞赛
⑦ 1997 深圳市电视中心
⑧ 1998 深圳市少年宫
⑨ 1998 深圳市高新技术成果交易会展览馆（已拆除）
⑩ 1998 深圳市中心区城市设计及地下空间综合规划国际咨询
⑪ 1999 深圳市会议展览中心建筑设计方案国际竞标
⑫ 2001 深圳市地铁大厦
⑬ 2001 深圳市国际商会中心
⑭ 2002 深圳市安联大厦
⑮ 2002 深圳市新世界中心

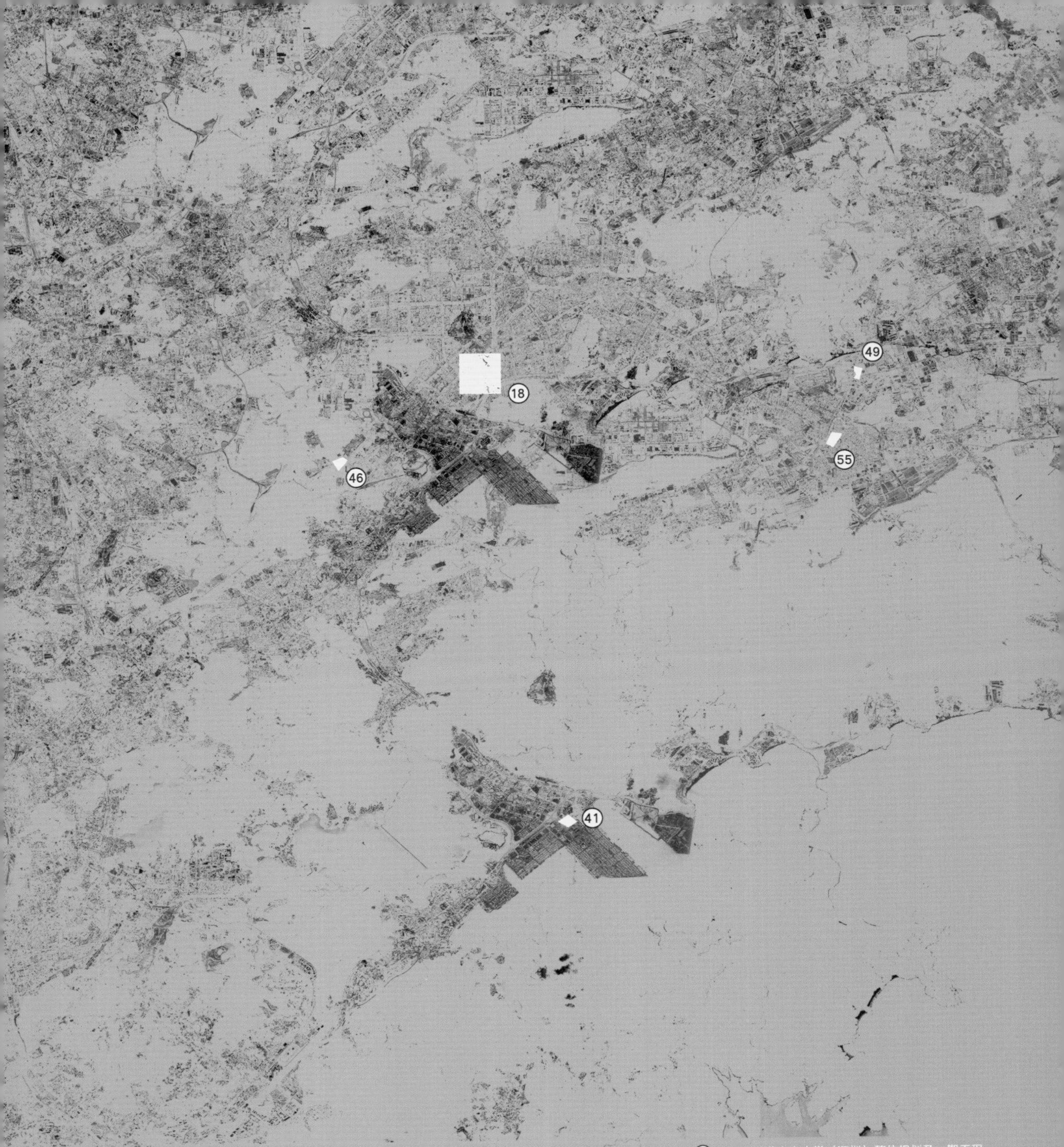

16 2002 深圳市海关办公大楼
17 2007 深圳市当代艺术馆与城市规划展览馆（第二轮）
18 2007 深圳市龙岗区龙城广场及周边地区城市设计
19 2007 深圳湾体育中心
20 2008 四个高层建筑加一个总体城市设计
21 2008 光明新区中央公园（第一轮）
22 2008 光明新区中央公园（第二轮）
23 2008 南方科技大学校园规划及首期建筑设计
24 2008 南油购物公园规划及建筑竞赛
25 2009 深圳市中心区水晶岛规划设计方案国际竞赛
26 2009 观澜版画基地美术馆及交易中心国际竞赛
27 2009 华强北路立体街道城市设计方案国际咨询
28 2009 华强北路立体街道城市设计方案（第二轮）
29 2009 深圳南头古城一2街1园设计竞赛
30 2009 深圳国际能源大厦建筑设计国际竞赛
31 2009 深圳市西丽人民医院扩建工程
32 2010 前海地区概念规划国际咨询
33 2010 国信证券大厦建筑方案设计竞赛
34 2010 深圳市南山医院改扩建工程方案设计
35 2010 深圳地铁1号线深大站综合体上盖物业项目
36 2011 国银一民生金融大厦建筑设计方案竞赛
37 2011 中铁南方总部大厦建筑设计概念性方案
38 2011 塘朗车辆段A区建筑概念方案设计
39 2011 塘朗车辆段A区建筑概念方案设计（第二轮）
40 2011 百度国际大厦建筑设计
41 2011 翡翠岛项目规划与建筑设计
42 2011 阿里巴巴深圳大厦建筑设计概念方案
43 2012 大成基金总部大厦
44 2012 汉京中心建筑设计
45 2012 海纳百川总部大厦建筑设计
46 2012 香港中文大学（深圳）整体规划及一期工程
47 2013 深圳地铁前海湾综合交通枢纽上盖项目
48 2013 华侨城大厦建筑概念设计
49 2013 深圳市坪山新区文化综合体建筑设计
50 2013 招商局蛇口太子湾综合开发项目概念性规划
51 2013 留仙洞总部基地1街坊
52 2013 地铁红树湾站上盖物业开发项目建筑设计
53 2013 深圳市烟草物流中心项目
54 2013 观澜河生态文化走廊规划设计（总体阶段）
55 2013 坪山中小企业总部基地建筑设计
56 2013 香蜜公园
57 2014 深圳湾超级总部（云城市）

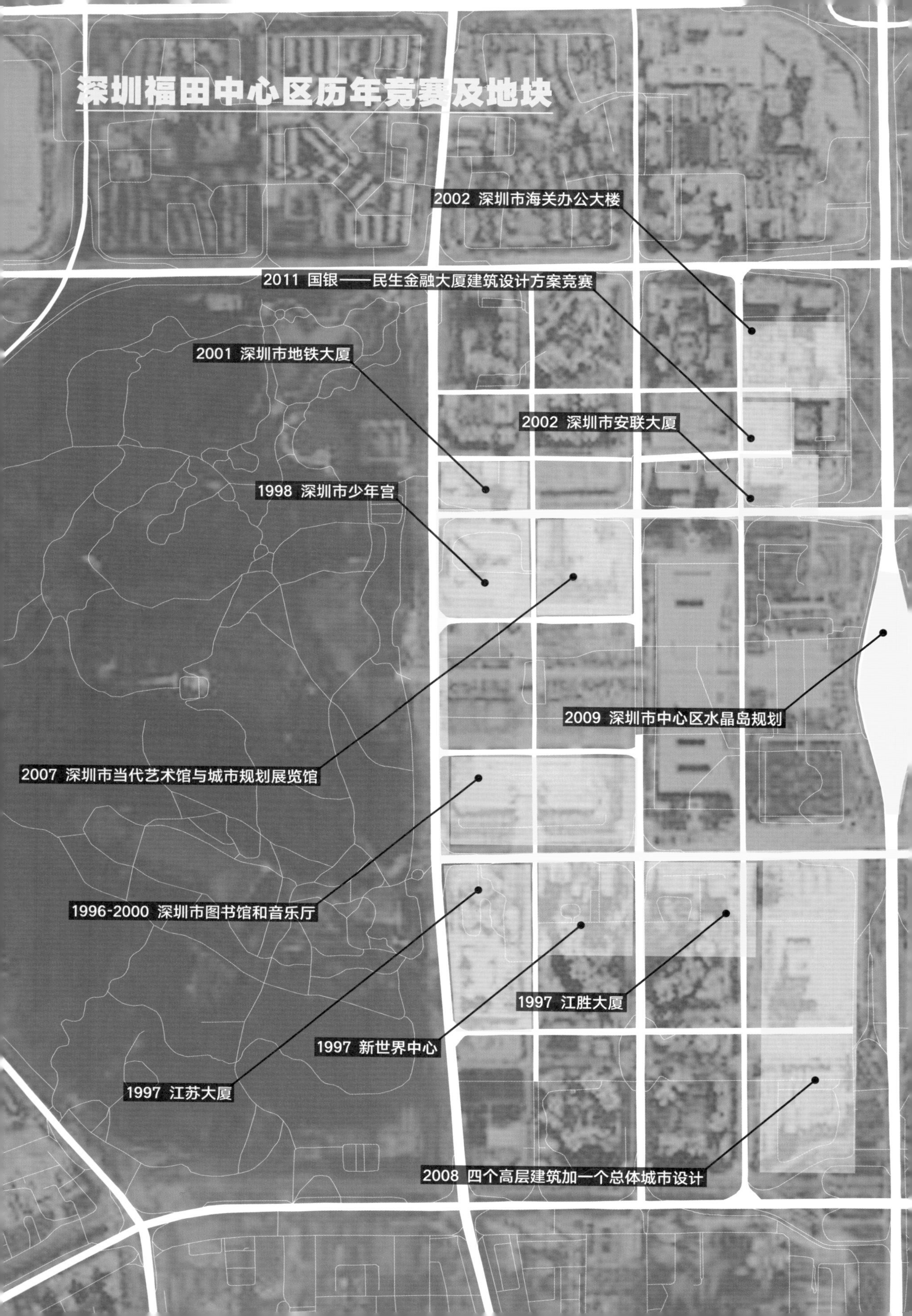
深圳福田中心区历年竞赛及地块
2002 深圳市海关办公大楼
2011 国银——民生金融大厦建筑设计方案竞赛
2001 深圳市地铁大厦
2002 深圳市安联大厦
1998 深圳市少年宫
2009 深圳市中心区水晶岛规划
2007 深圳市当代艺术馆与城市规划展览馆
1996-2000 深圳市图书馆和音乐厅
1997 江胜大厦
1997 新世界中心
1997 江苏大厦
2008 四个高层建筑加一个总体城市设计

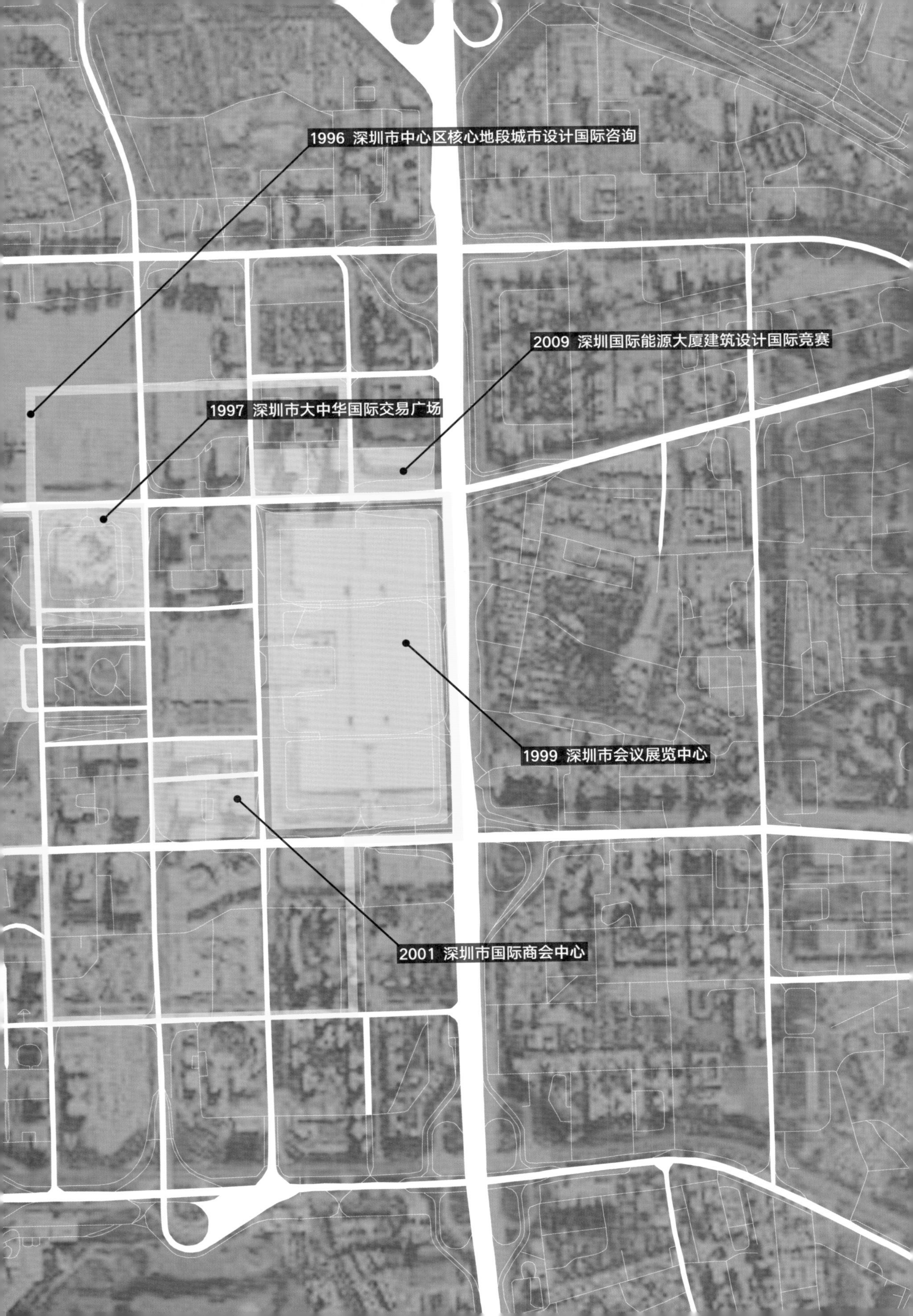

1996 深圳市中心区核心地段城市设计国际咨询
2009 深圳国际能源大厦建筑设计国际竞赛
1997 深圳市大中华国际交易广场
1999 深圳市会议展览中心
2001 深圳市国际商会中心

深圳南山区历年竞赛及地块

2014 深圳湾超级总部（云城市）

深圳南山区历年竞赛及地块

2011 阿里巴巴深圳大厦建筑设计概念方案
2011 中铁南方总部大厦建筑设计概念方案

深圳南山区历年竞赛及地块

2012 海纳百川总部大厦建筑设计
2010 前海地区概念规划国际咨询

深圳城市 / 建筑竞赛部分专家评审

吴良镛

中国科学院院士
中国工程院院士
中国建筑学家
城乡规划学家和教育家
人居环境科学的创建者

周干峙

中国科学院院士
中国工程院院士
原建设部副部长

马国馨

中国工程院院士
“梁思成建筑奖”获得者
全国工程勘察设计大师

孟建民

中国工程院院士
中国建筑学会常务理事
建筑师分会副理事长
第七届“梁思成建筑奖”得主

鲍家声

南京大学建筑与城市规划学院教授
建筑设计及理论博士生导师

齐康

东南大学建筑研究所所长、教授
法国建筑科学院外籍院士

彭一刚

中国科学院院士
“梁思成建筑奖”获得者

潘祖尧

全国政协委员
香港潘祖尧顾问有限公司董事长
香港房屋协会原主席
亚洲建筑师学会理事长

项秉仁

中国第一个建筑学博士
同济大学教授

钟华楠

上海同济大学建筑系顾问教授
广州华工大学建筑系顾问教授
香港大学建筑系名誉教授

邢同和

当代中国建筑大师
中国工程院院士
中国建筑设计研究院名誉院长、总建筑师
国家工程设计大师

崔恺

中国工程院院士
中国建筑设计研究院副院长、总建筑师

深圳城市 / 建筑竞赛专家库部分成员

王才强
新加坡国立大学环境与建筑学院院长

阿黛尔·诺德-桑多斯
MIT建筑学院院长

布莱恩·李
SOM合伙人

约翰·巴适奇
哈佛大学建筑系教授

马克·威格
哥伦比亚大学建筑
院长

王澍
中国美术学院建筑艺术学院院长

彼得·库克
Archigram创始人

拉斐尔·莫尼欧
拉斐尔·莫尼欧建筑事务所创始人

严迅奇
香港许严李建筑师事物所创始人之一

汤姆·梅恩
摩弗西斯建筑事务
始人

王维仁
王维仁建筑设计研究室

廖维武
香港中文大学教授

王路
清华大学建筑系教授

张永和
非常建筑创始人

朱竞翔
香港中文大学教

吴文一
深圳市都市实践设计有限公司顾问

亮华飞
香港大学建筑学院长，前普林斯顿大学建筑学院院

斯蒂文·霍尔
Steven Holl Architects
合伙人

维尼·马斯
MVRDV建筑事务所创始人

沃夫·皮克斯
蓝天组创始人

矶崎新
矶崎新工作室创始人

金广君
哈工大建筑系教授

李虎
开放建筑创始合伙人及主持建筑师

马清运
马达思班创始人
南加州建筑学院院长

马岩松
MAD建筑事务所创

斯林 · 斯拉吉
elier Seraji创始人

欧蒂娜 · 戴克
ODBC合伙人

亚历杭德罗 · 扎拉保罗
FOA创始人

林纯正
Studio 8创始人

张之杨
局内设计

冯越强
AUBE董事&合伙人

顾大庆
香港中文大学建筑系教授

哈尼 · 拉什德
渐进线建筑事务所创始人

汉斯 · 霍莱因
汉斯 · 霍莱因建筑事务所
创始人

朱荣远
中国城市规划设计研究院
深圳分院副院长

雷姆 · 库哈斯
OMA创始人

陈丙骅
香港陈丙骅建筑师有限公司

奥雷 · 舍人
buro-os合伙人

彼得 · 洛伦兹
彼得 · 洛伦兹工作室创始人

朱涛
香港大学香港大学建筑系
副教授

艾未未
艺术家

雅克 · 赫佐格
H&dM建筑事务所创始人

埃尔 · 德梅隆
H&dM建筑事务所创始人

韩冬青
东南大学建筑学院院长

夏铸九
台湾建筑学家
台湾大学建筑与城乡研究所
名誉教授

孙一民
南理工建筑系教授

汤桦
重庆大学建筑系教授

童明
同济大学规划系教授

魏琏
深圳市泛华工程集团
有限公司

克里斯蒂安 · 克雷兹
克里斯蒂安 · 克雷兹建筑
事务所创始人
苏黎世联邦理工学院教授

历年深圳城市 / 建筑竞赛参加机构分布地图

加拿大
美国

附录 II

历年深圳竞赛信息一览

Appendix II

Archives 1994-2014

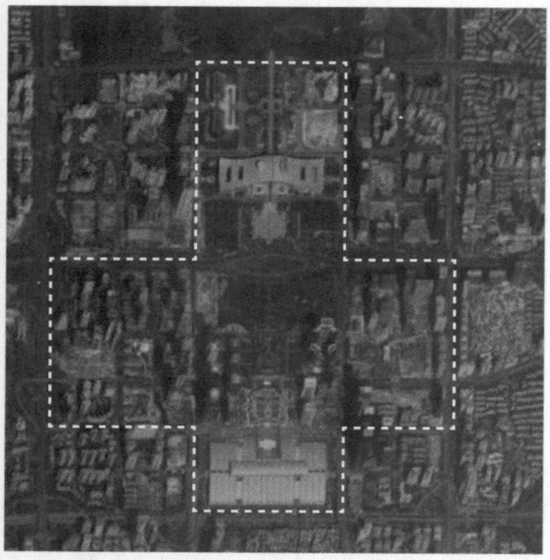

1996
深圳市中心区核心地段城市设计国际咨询

时间：1996年
区域：福田区
规模：193 000 000平方米
类型：城市设计
状态：实施

竞赛概要：在深圳市中心区的总体功能布局和道路网络结构的基础上，1996 年组织的中心区核心地段城市设计国际咨询以南北北向空间主轴线和南半部中心商务区为设计范围，奠定了了中轴线、中心商务区、内外交通联络以及市民中心单体方案的总体形态布局和后续深化概念。

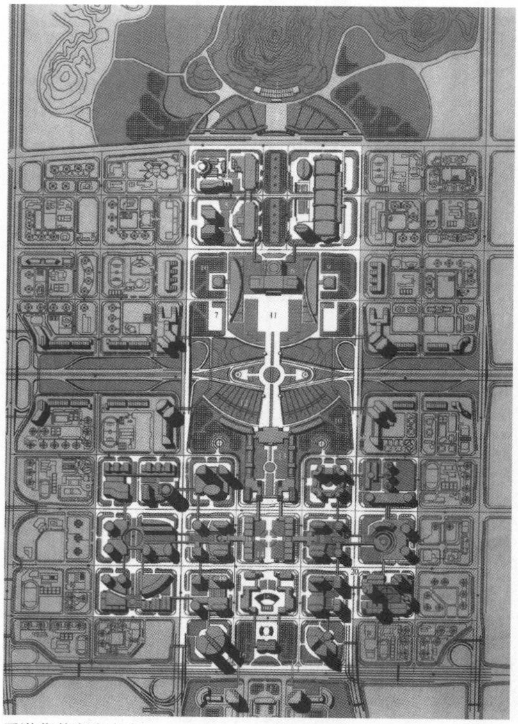

香港华艺参赛方案

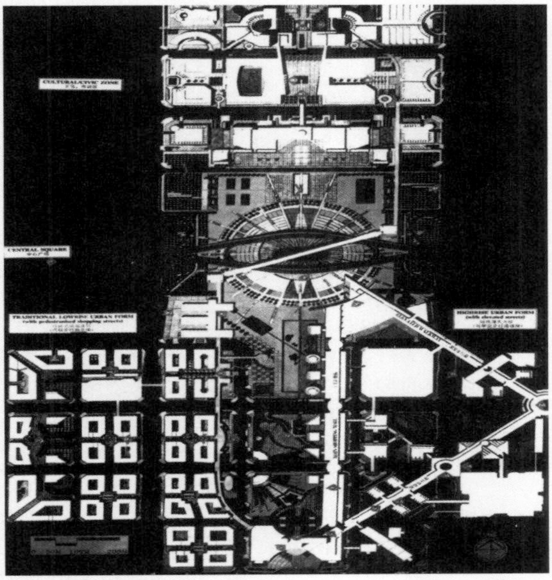

新加坡雅科本参赛方案

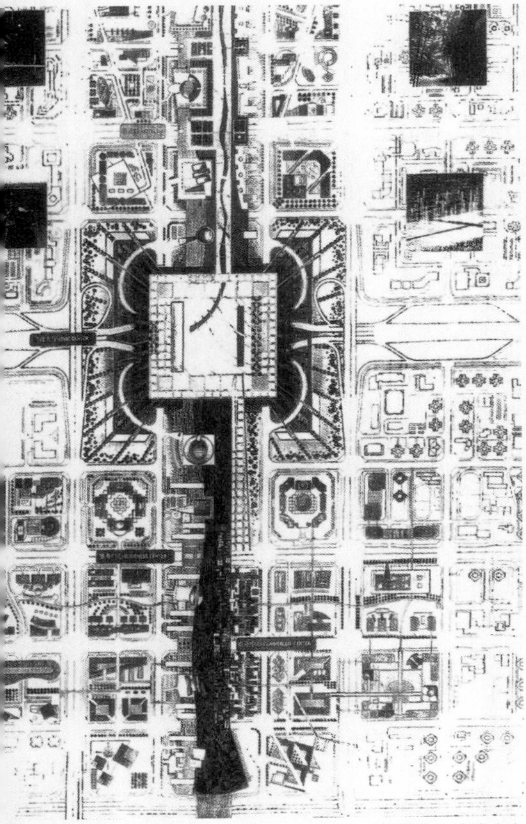
法国SCAU参赛方案

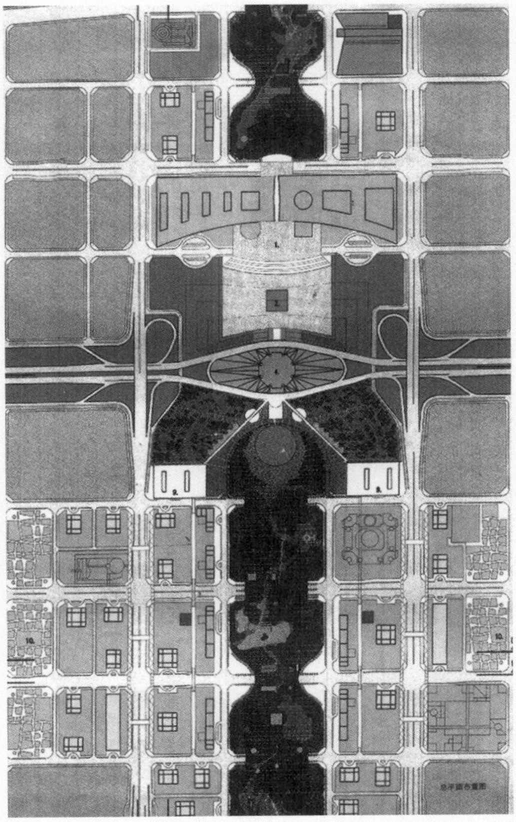
美国李名仪／……参赛方案

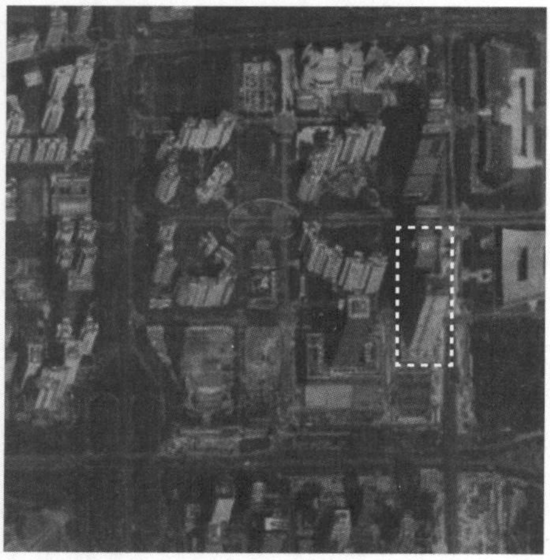

1997
江胜大厦

时间：1997年
区域：福田区
规模：72 108平方米
类型：办公建筑
状态：建成

竞赛概要：深圳中心区核心地段中最早实现的高层商业建筑之一，邀请数家设计单位，经过两轮竞赛与评审确定实施方案。

华森参赛方案

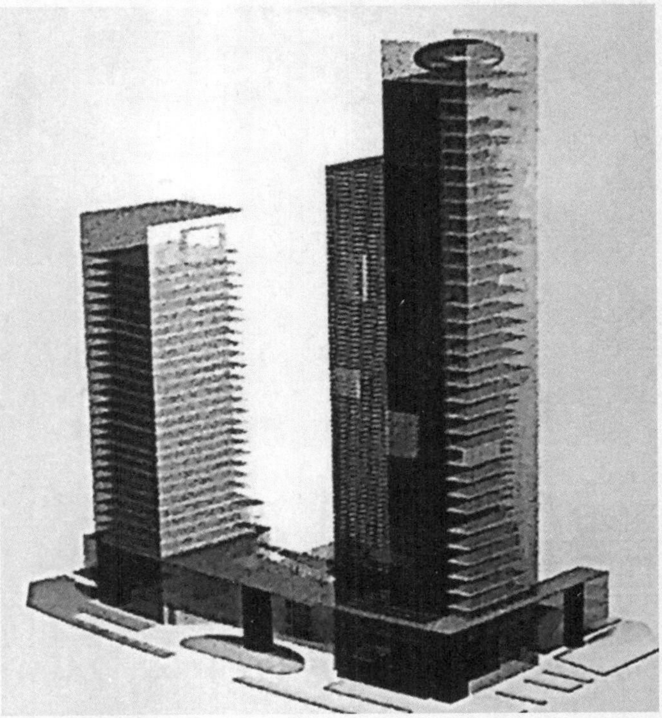
建设部设计院参赛方案

香港王董参赛方案

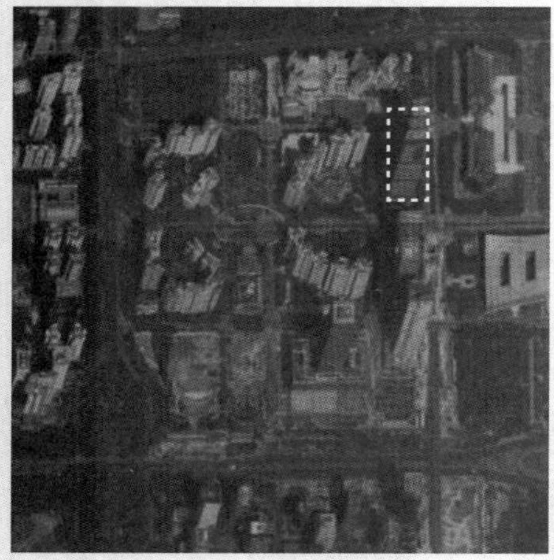

1997
江苏大厦

时间：1997年
区域：福田区
规模：115 776平方米
类型：办公建筑
状态：建成

竞赛概要：深圳中心区核心地段中最早实现的高层商业建筑之一，包含商业、写字楼和配套公寓。针对建筑地块的限高，在设计招标轮中做了突破100米限高的指标突破。

深建院参赛方案

中建（深圳）参赛方案

1997
深圳市大中华国际交易广场

时间：1997年

区域：福田区

规模：310 000平方米

类型：商业建筑

状态：建成

竞赛概要：福田中心区内城市规划及网格街区实施后的的大型商业项目。在方案确定后，又历经数年对立面进行修改。

矶崎新建筑师事务所参赛方案

罗布施拉时曼哈克尔参赛方案

新加坡安宝建筑参赛方案

1997
深圳市电视中心

时间：1997年
区域：福田区
规模：45 000平方米
类型：文化建筑
状态：建成

竞赛概要：为了更好地建设深圳电视中心工程，更大地发挥经济效益，把深圳电视中心建设成深圳市文化建筑的标志，创造出公共建筑精品，市政府决定将此建筑面积45000平方米，占地20000平方米的工程设计邀请国际建筑设计单位承担。1998年经专家会议评审，中标单位为深圳华渝建筑设计公司，1999年终止与该单位合同，改由机械工业部深圳设计研究院为新的设计单位。

中国航天建筑设计研究院参赛方案

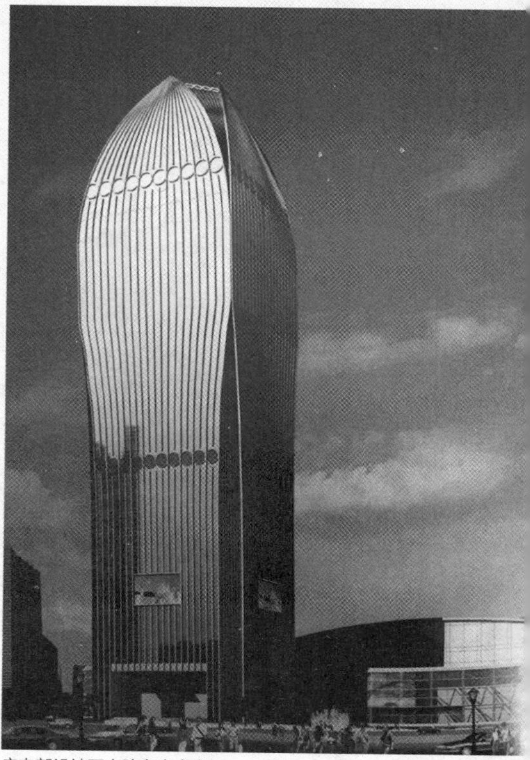
广电部设计研究院参赛方案

B+H国际建筑事务所参赛方案

华森建筑参赛方案

佘峻南建筑师事务所参赛方案

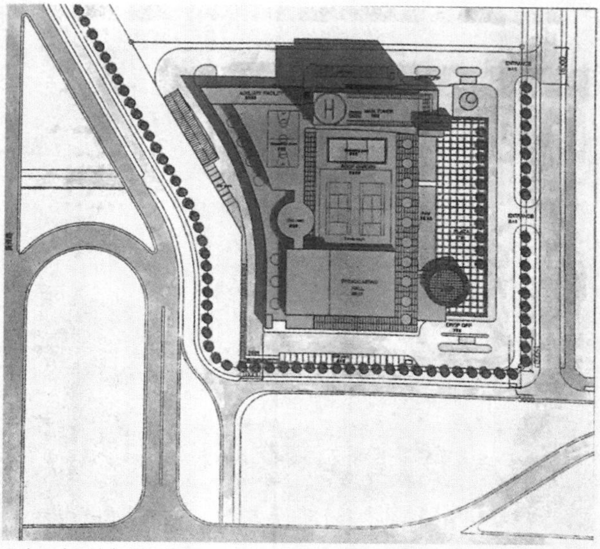

日本日建设计参赛方案

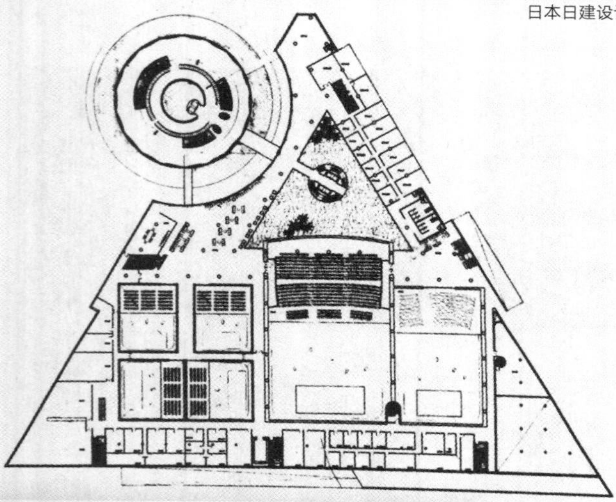

法国欧博建筑参赛方案

上海建筑设计研究院参赛方案

美国Kling Lindquist建筑参赛方案

建设部设计院参赛方案

华东院参赛方案

重建工华渝建筑参赛方案

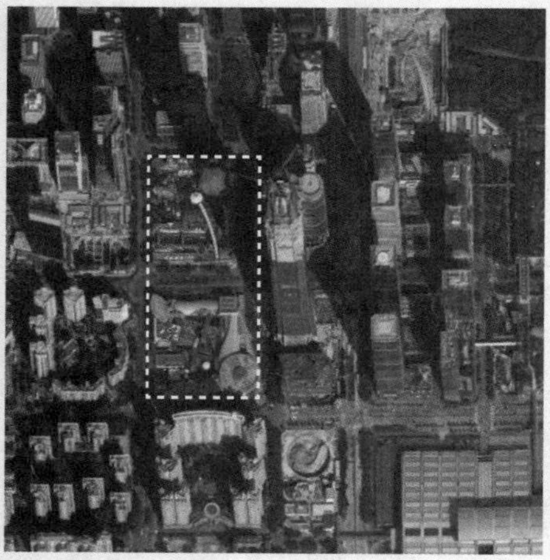

1997
深圳市社区购物公园

时间：1997年
区域：福田区
规模：58 200平方米
类型：商业建筑
状态：未实施

竞赛概要：在1996年举行的城市设计国际咨询中，美国李名仪／廷丘勒建筑师事务所方案被评为优选方案，并得到市政府的确认。优选方案中提出规划两个社区购物公园，作为中心区南片区商务中心与居住区追安的缓冲及城市空间的过渡，经国土局批准将中心区西侧社区购物公园的规划设计进行邀请招标。

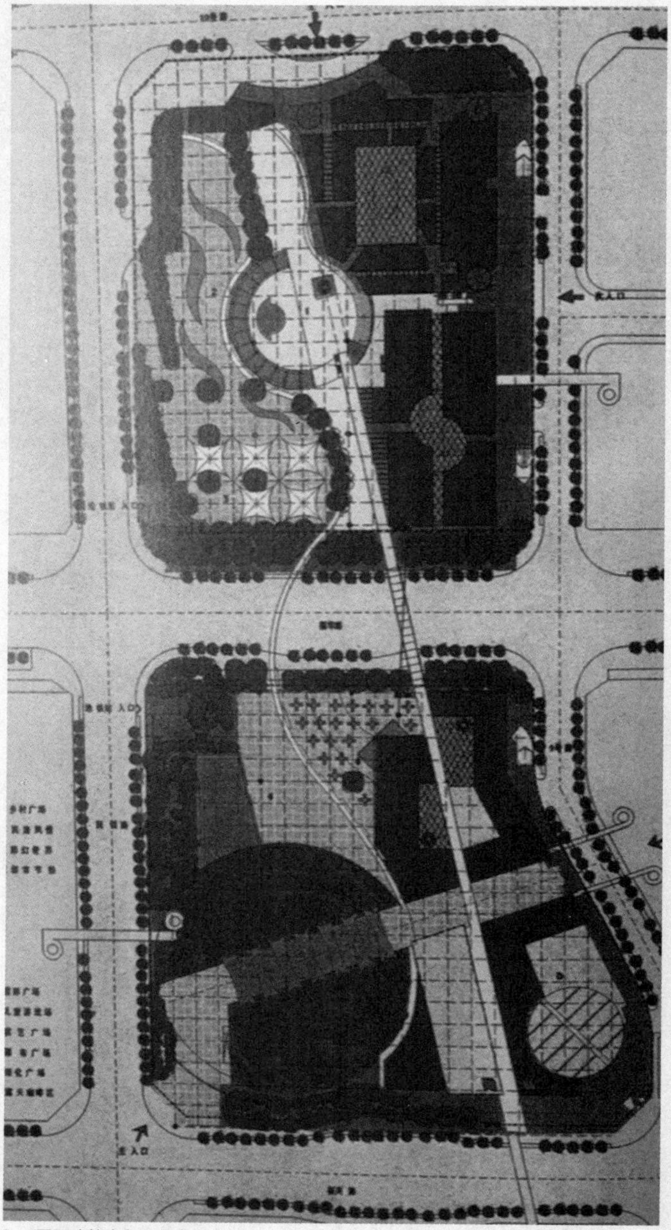

B+H国际建筑事务所参赛方案

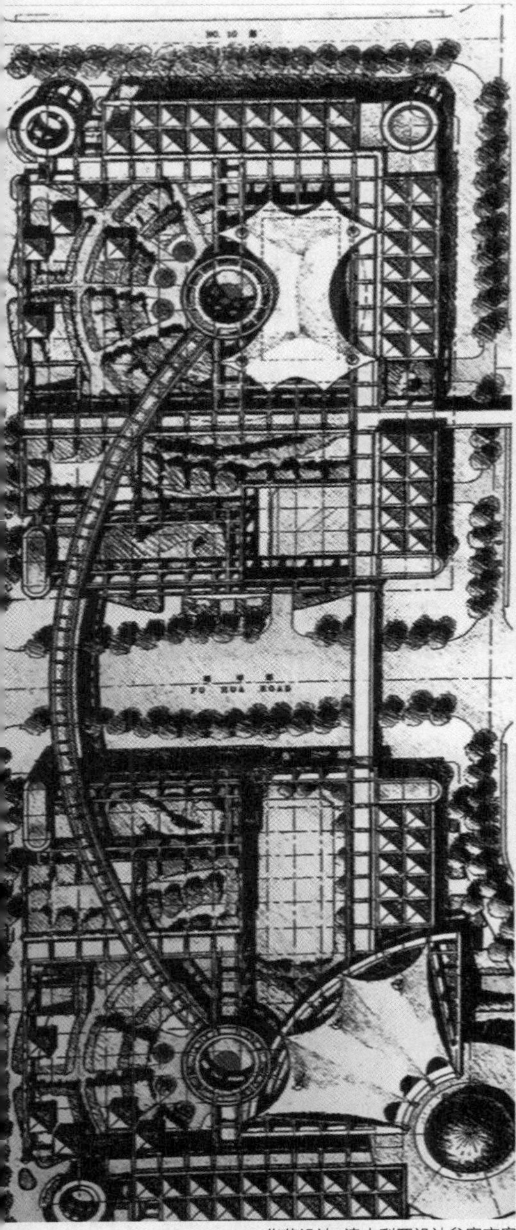

华艺设计+澳大利亚设计参赛方案

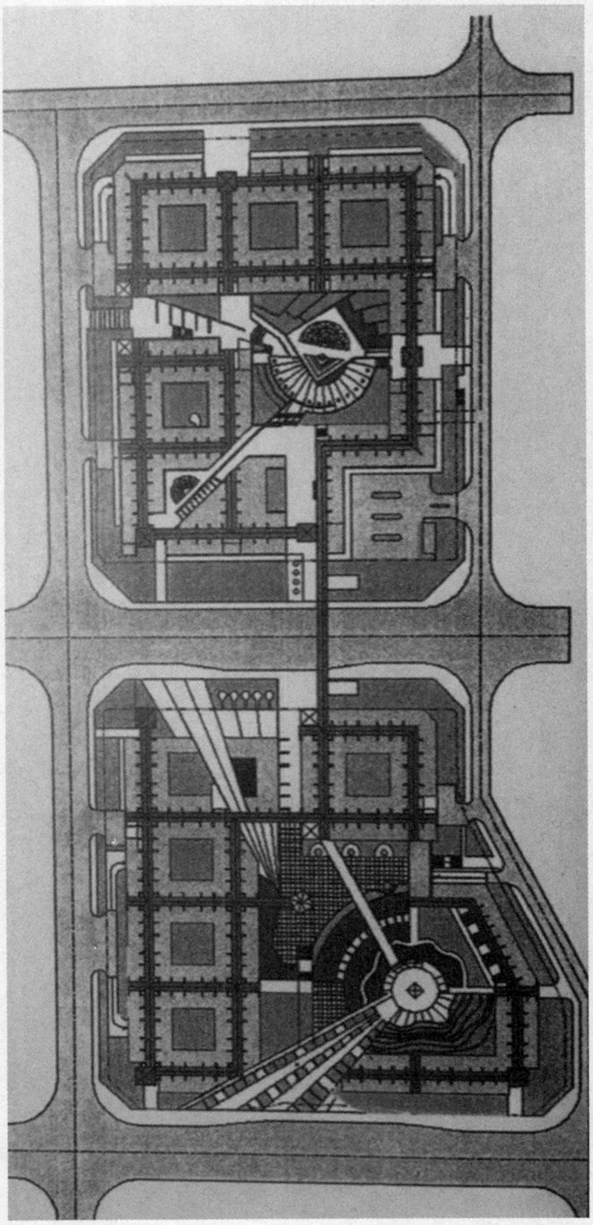

东京大学大野研究室参赛方案

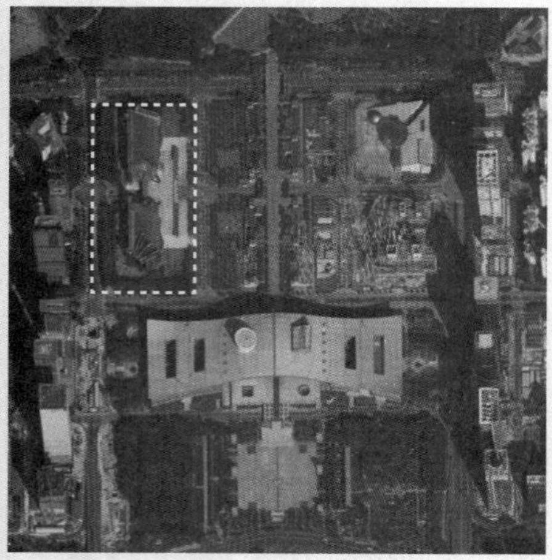

1997
深圳市文化中心国际设计竞赛

时间：1997年

区域：福田区

规模：音乐厅 20 000平方米 / 图书馆 35 000平方米

类型：文化建筑

状态：建成

竞赛概要：在迈向现代化国际性城市的进程中，市政府决定在未来的城市中心区——福田中心区显要地段兴建一座文化中心，该中心由一座独立的音乐厅和一座独立的中心图书馆组成。为保证文化中心的高水平设计，决定邀请有限的国际建筑设计单位参加设计竞赛。

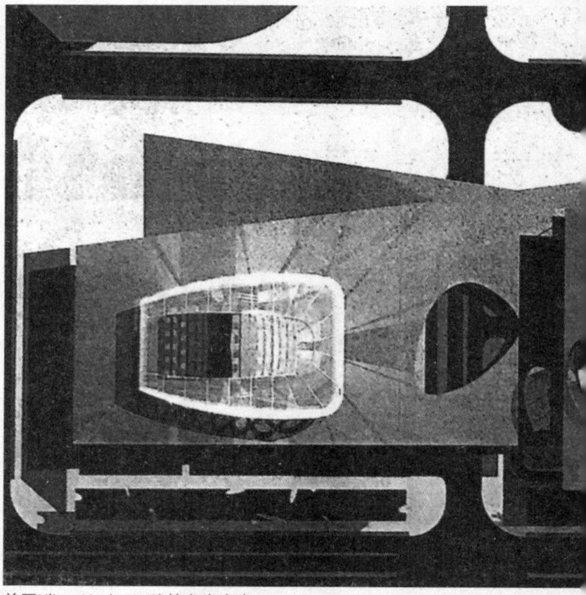

美国Kling Lindquist建筑参赛方案

北京院参赛方案

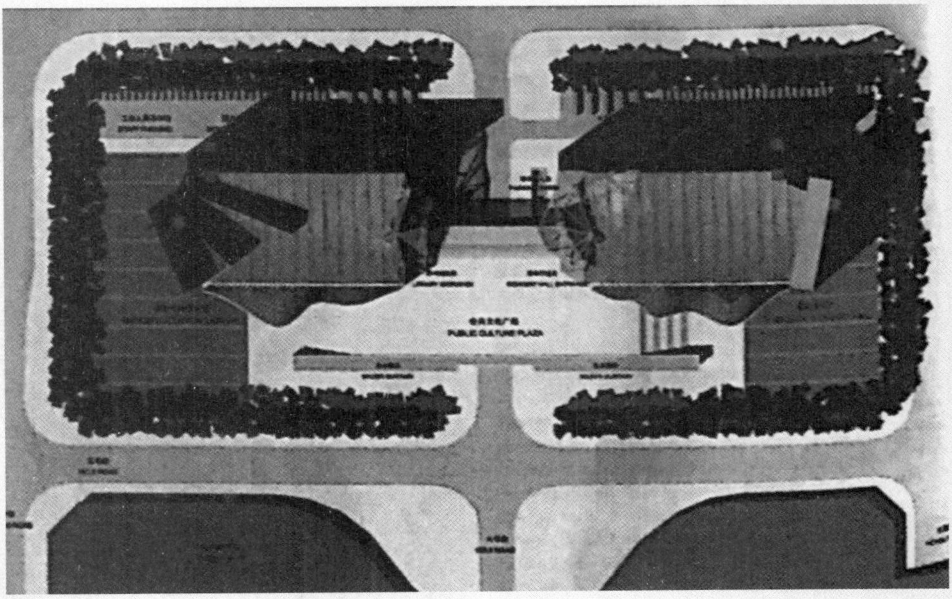

矶崎新设计室参赛方案

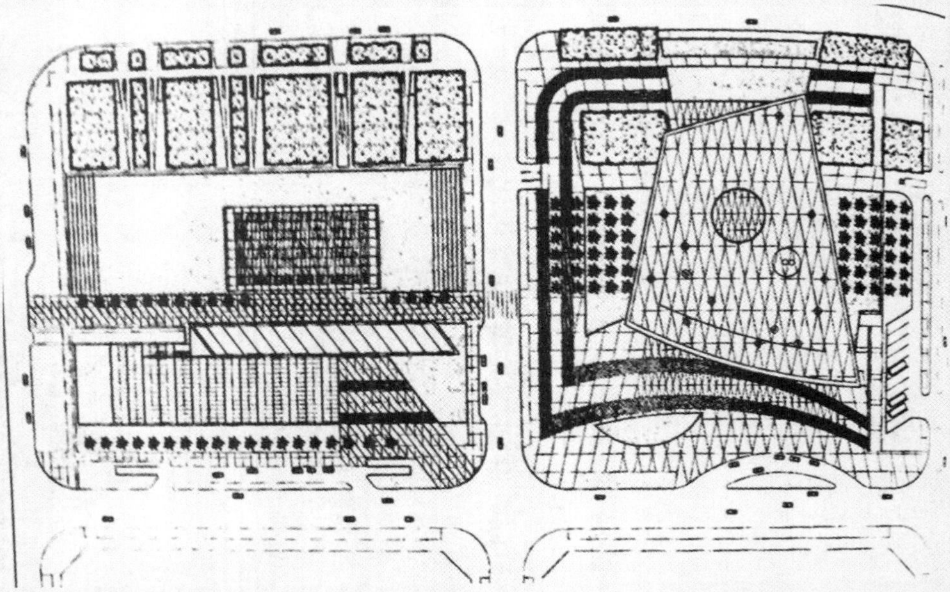

L.S.H建筑参赛方案

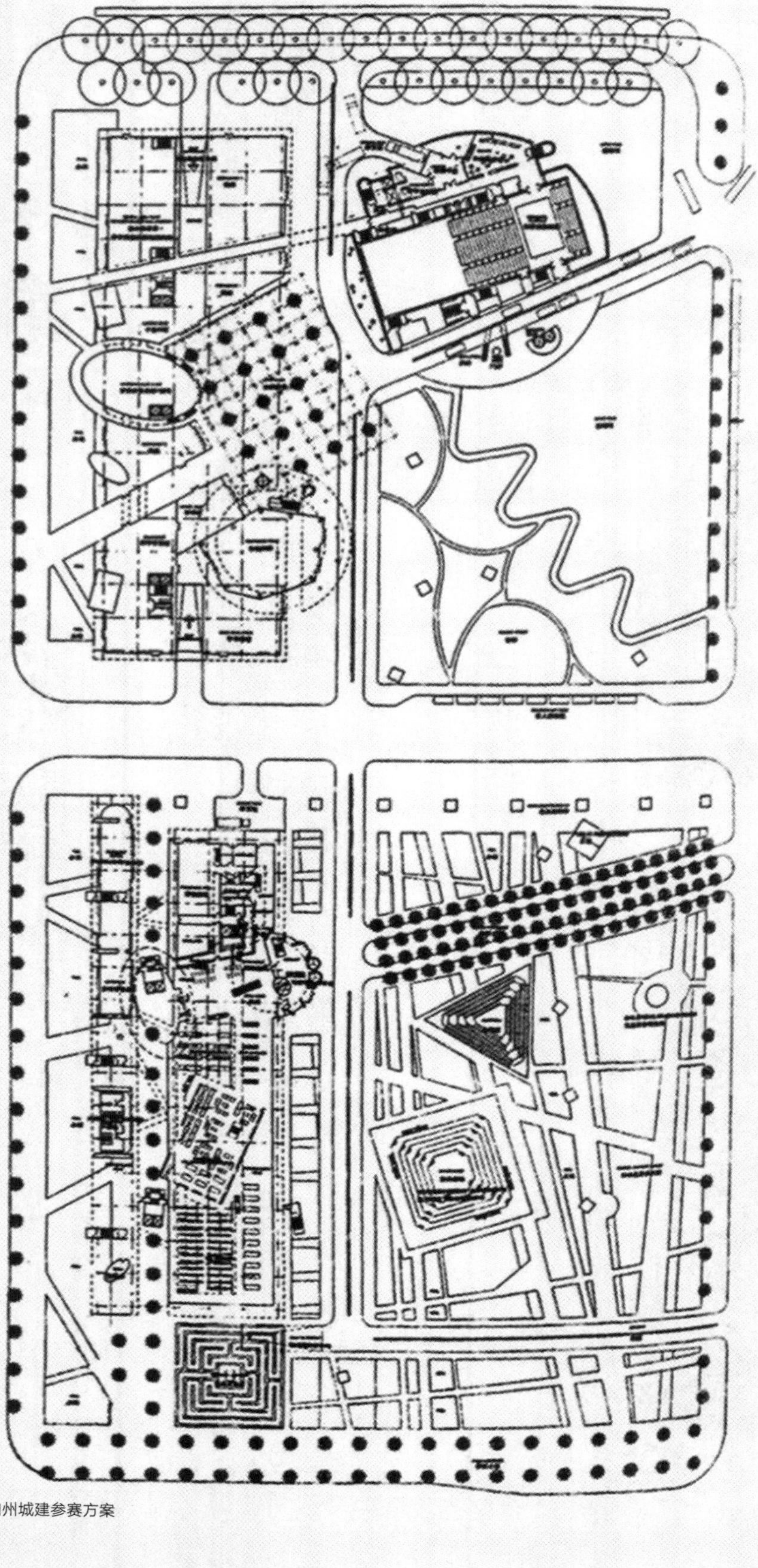

加州城建参赛方案

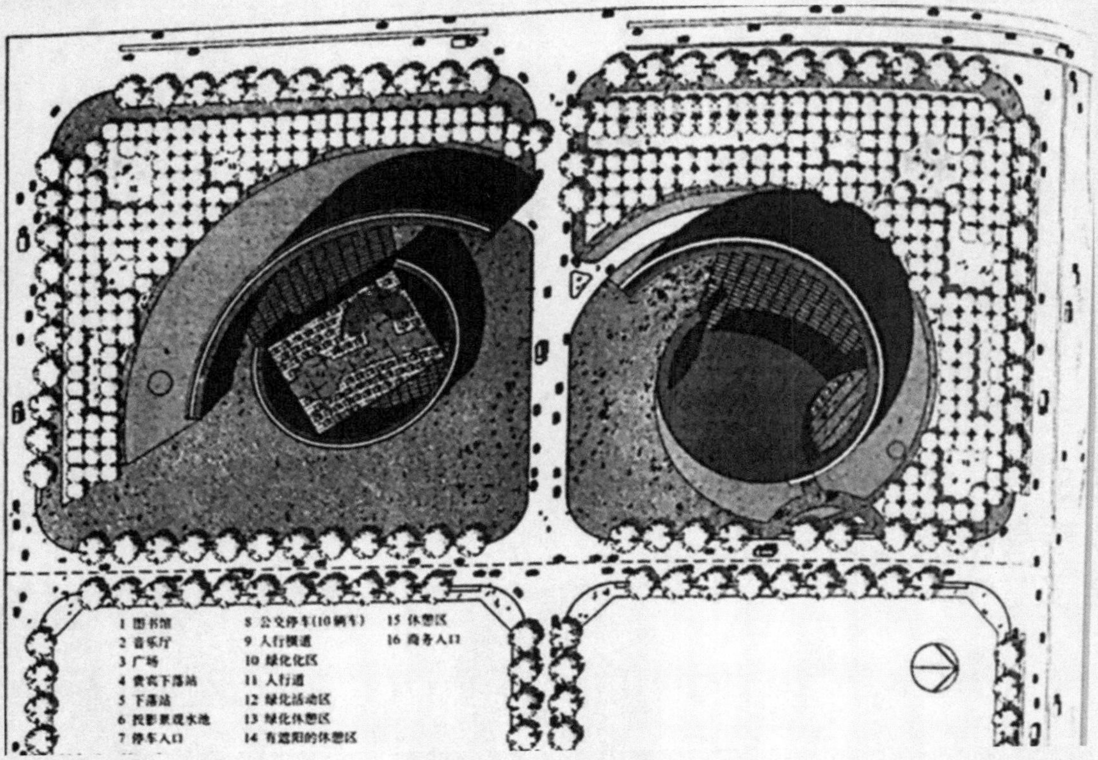

萨夫迪建筑参赛方案

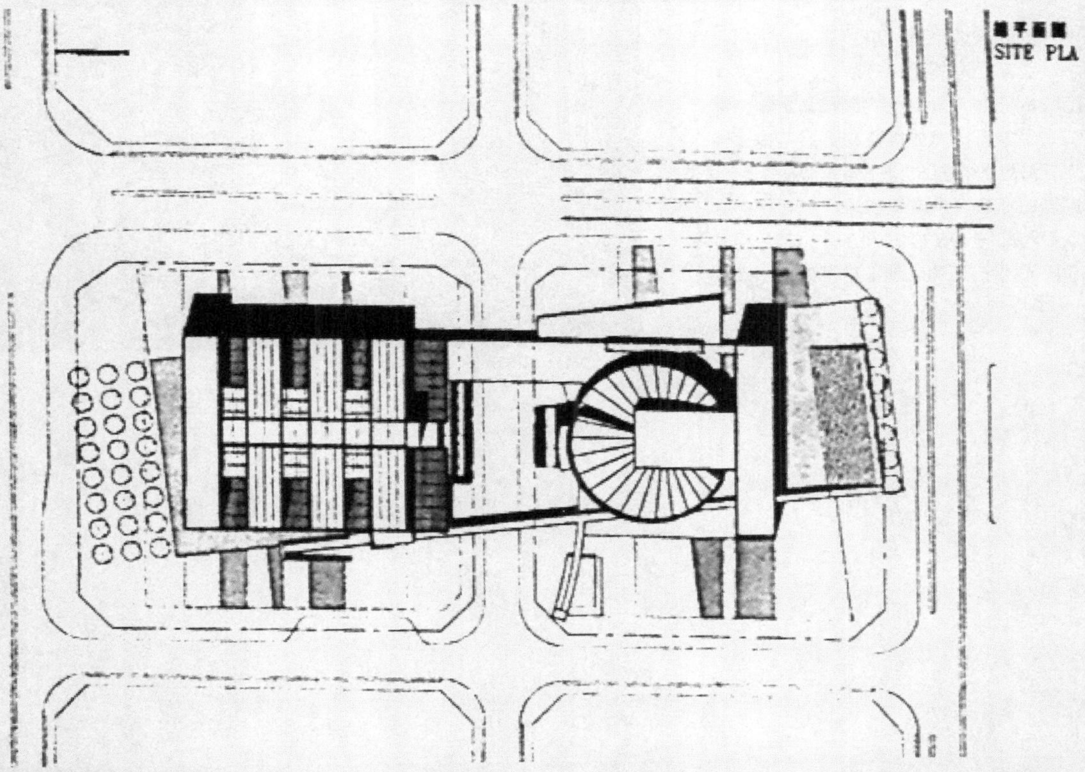

许李严建筑参赛方案

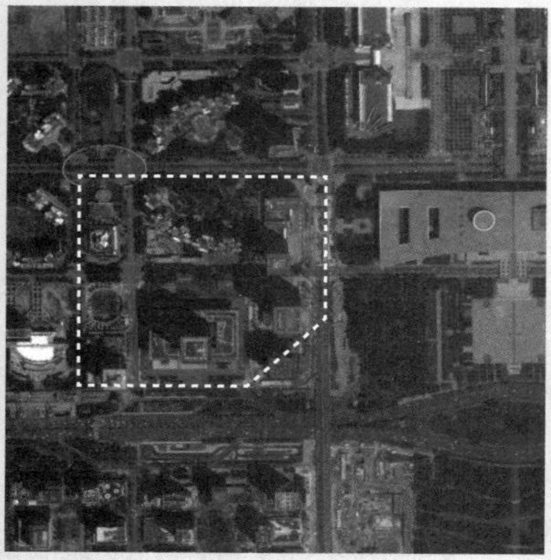

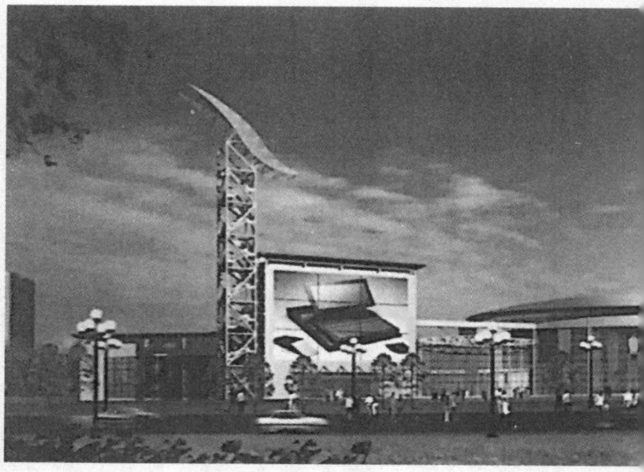

1998
深圳市高新技术成果交易会展览馆

时间：1998年
区域：福田区
规模：23 000平方米
类型：文化建筑（临时展览场馆）
状态：建成

竞赛概要：当时深圳市委、市政府决定与科技部、信息产业部、对外贸易经济合作部一集中国科学院联合举办中国·深圳高新技术成果交易会，因此兴建高新技术成果交易会展览馆是使深圳成为区域性的科技成果交易中心的大事，同时为全国的高新技术成果实现产业化服务。深圳市政府因此决定在福田中心区的黄金地块中划出54000平方米的土地，用于建设本次展览馆。

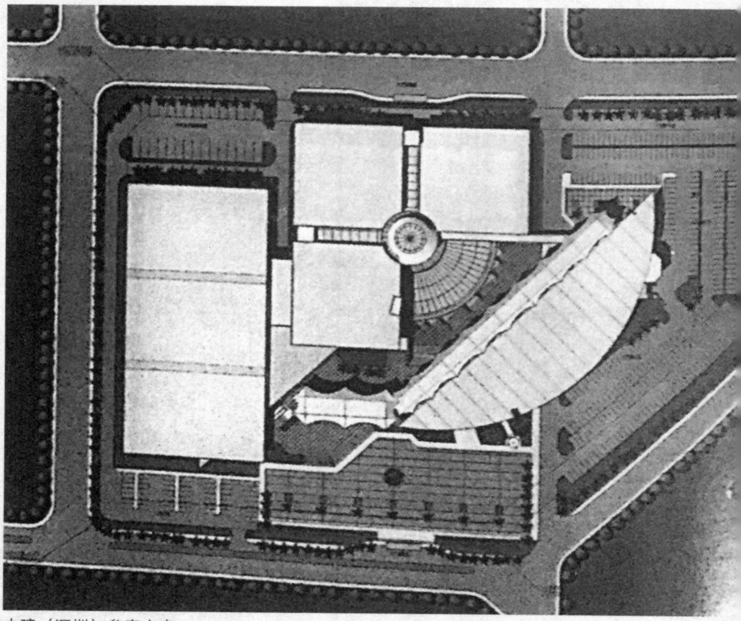

中建（深圳）参赛方案

陈世民建筑事务所参赛方案

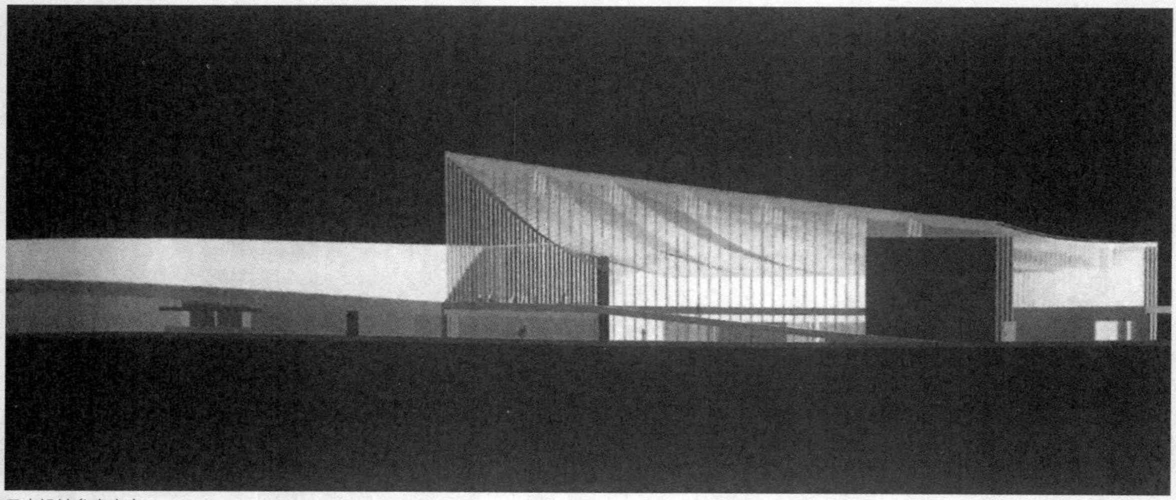
日本设计参赛方案

1998
深圳市少年宫

时间：1998年
区域：福田区
规模：30 000平方米
类型：文化建筑
状态：建成

竞赛概要：少年宫是深圳在 2000 年前筹建的四大文化设施质疑，为了保证该项目的高水准设计，决定对建筑设计方案进行国际招标

华森参赛方案

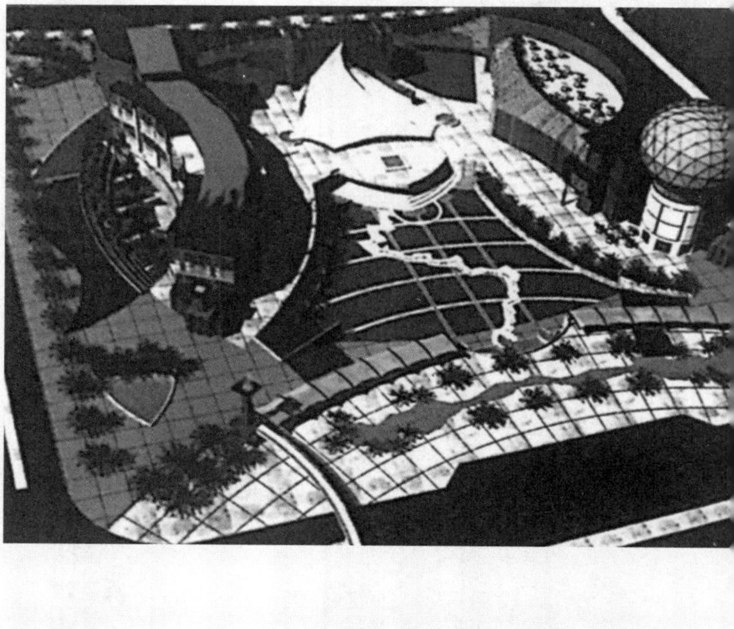

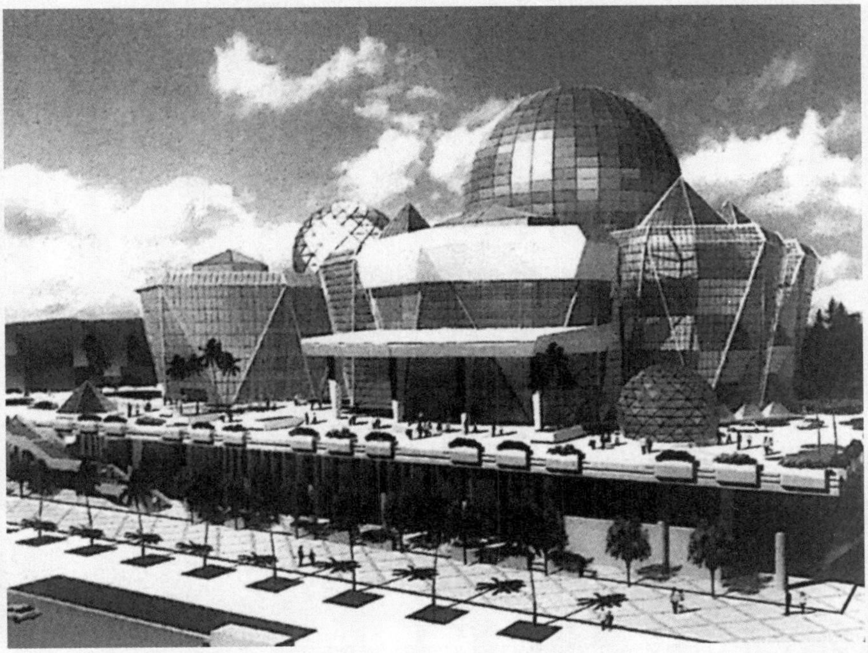

机械工业部设计院参赛方案

深大院参赛方案

诺玮设计参赛方案

宗瀚建筑师事务所参赛方案

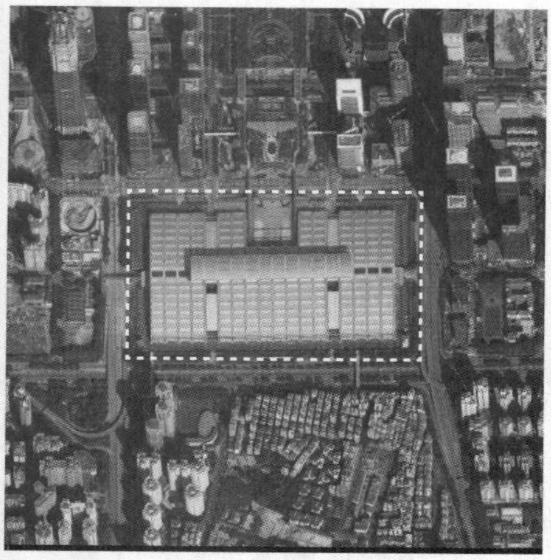

1999
深圳市会议展览中心建筑设计方案国际竞标

时间：1999年
区域：原南山区，后移址到福田区
规模：200 000平方米
类型：展览会议建筑
状态：建成

竞赛概要：考虑到深圳现代化国际性城市的定位，市政府决定建设具有国际先进水平的大型会议展览中心，促进城市雨国内外经济文化的交流。建筑的功能以展览会议为主、兼顾与主题相关的展示、演示、表演等功能，能容纳超大型、大中型展览及配套设施。项目经过论证后，基地由南山区易址到福田区，并改由GMP建筑师事务所设计。

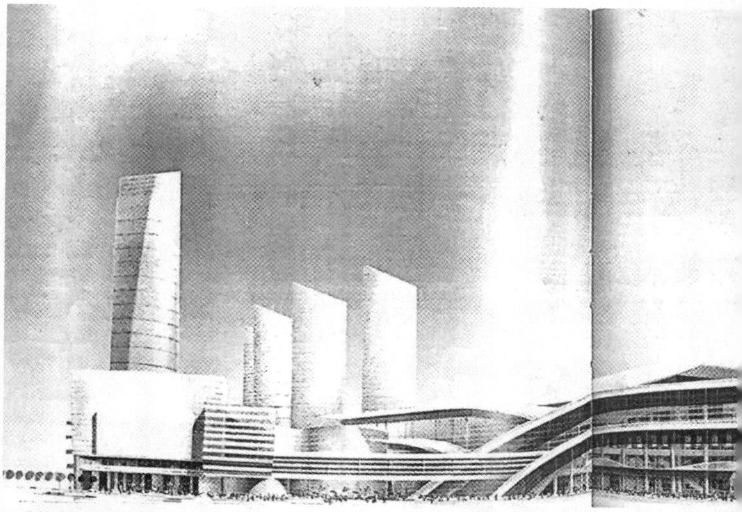

王欧阳有限公司参赛方案

柏涛建筑+深圳华艺参赛方案

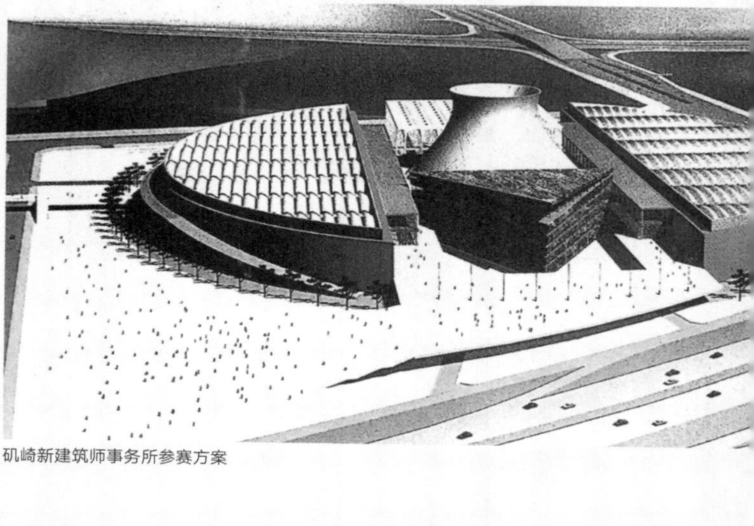

矶崎新建筑师事务所参赛方案

GMP参赛方案

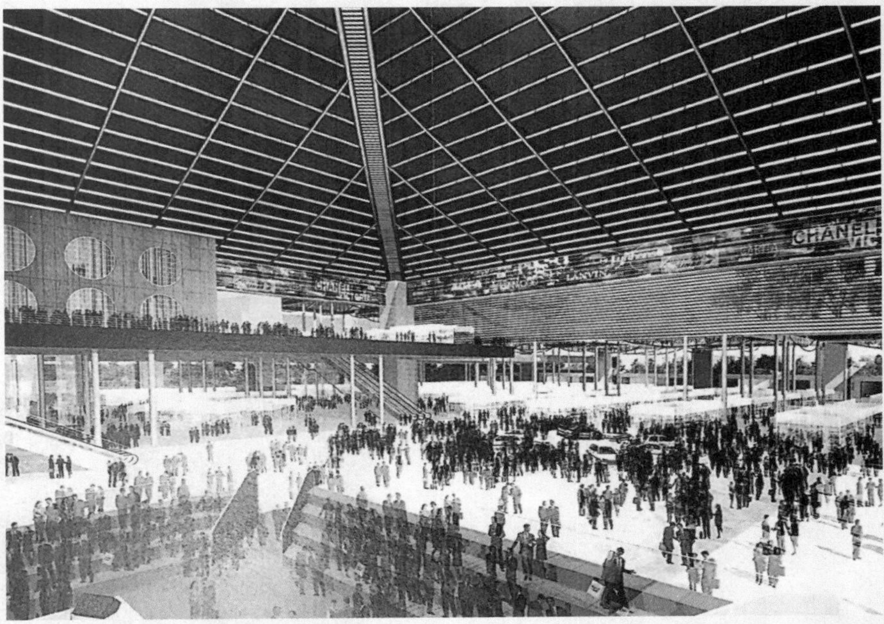

法国SCAU参赛方案

墨菲 / 杨+东北院参赛方案

亚瑟-埃里克森+CPC参赛方案

深建院参赛方案

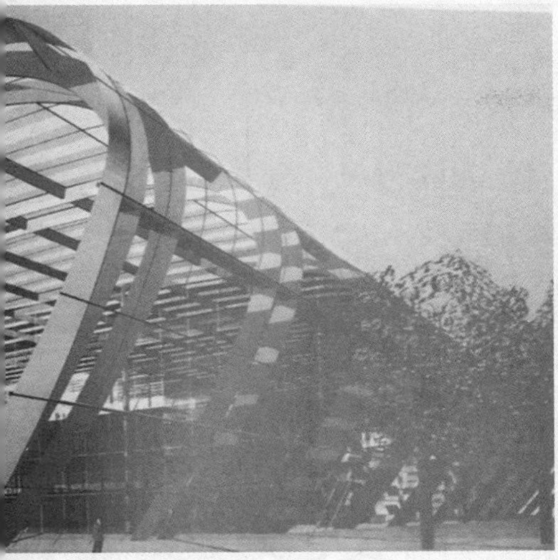

特里·法雷尔建筑事务所参赛方案

日本佐藤综合设计参赛方案

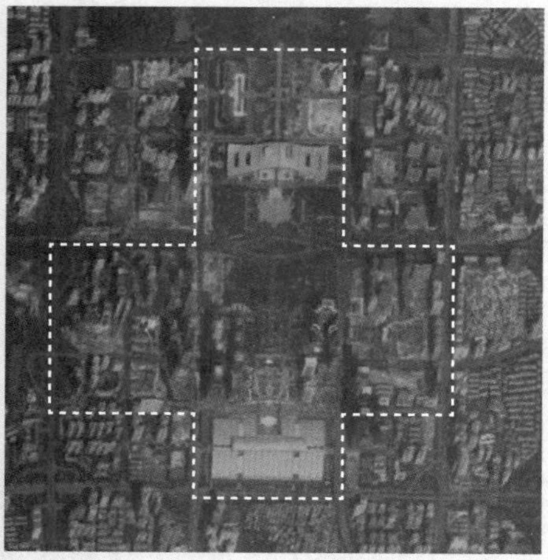

1999
深圳市中心区城市设计及地下空间总和规划国际咨询

时间：1999年
区域：福田区
规模：6 070 000平方米
类型：城市设计及地下空间设计
状态：不详

竞赛概要：在中心区的城市、建筑全面开发建设的过程中，通过本次咨询斟酌和完善中心区现有的规划设计对中心区交通规划、地下空间开发利用、城市设计进行综合研究，提出系统的、完整的中心区城市设计，其中包括承接核心地段城市设计国际咨询中提出的水晶岛、市民广场的概念等。

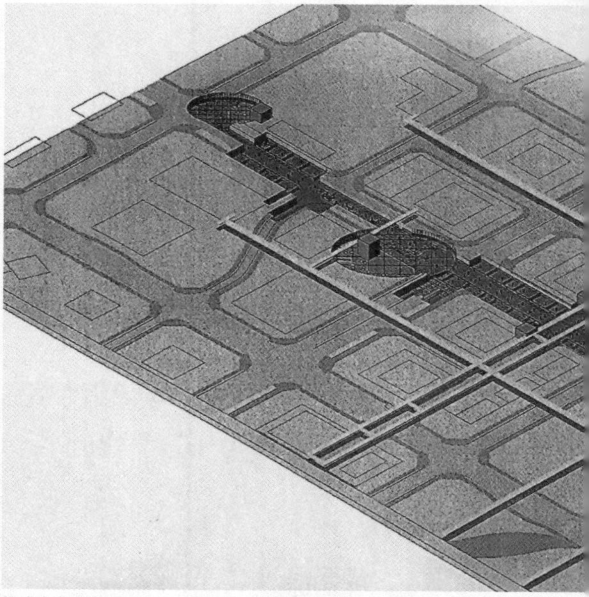

株式会参赛方案

SOM参赛方案

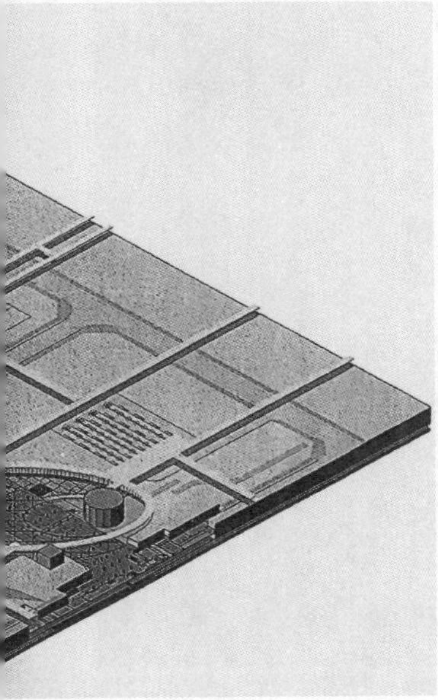

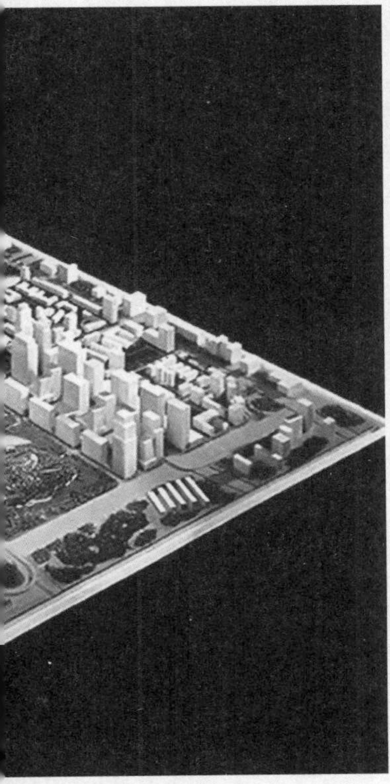

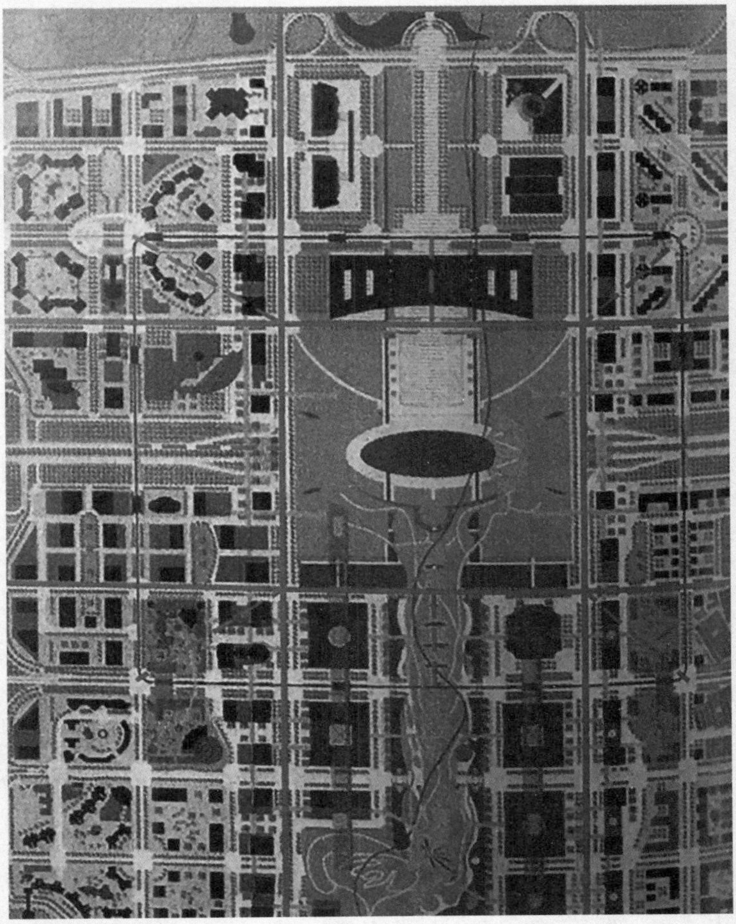

欧博参赛方案

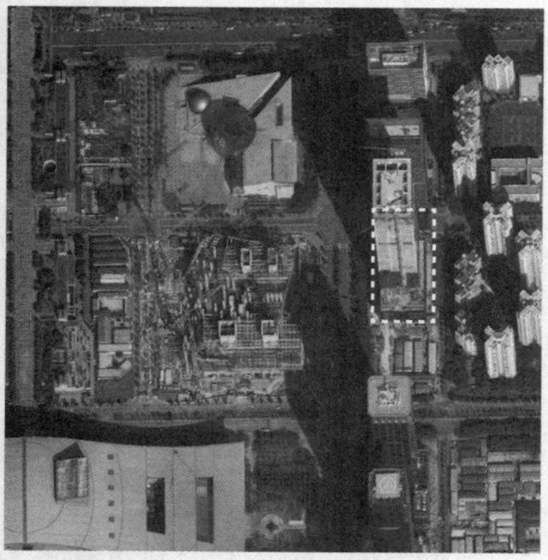

2001
深圳市地铁大厦

时间：2001年
区域：福田区
规模：87 481平方米
类型：办公建筑
状态：建成

竞赛概要：同样是在深圳网格系统标准地块下实施的高层办公建筑设计，在投标开始前由美国都市国际设计（后来的 URBANUS 都市实践）和深圳招商建筑设计共同就地块做布局不同、高度不同的城市设计研究。事实上，1999 年之后的中心区办公楼在提出城市设计要点之前，都要进行项目所在街区的城市设计研究，以保证能形成良好的街区整体效果和整齐连续的街道界面。

中建（深圳）参赛方案一

中建（深圳）参赛方案二

招商设计参赛方案

都市国际+招商设计参赛方案

都市国际+招商设计参赛方案修改

2001
深圳市国际商会中心

时间：2001年
区域：福田区
规模：106 496平方米
类型：办公建筑
状态：建成

竞赛概要：在福田中心区典型街区形成之后，出现了一批容积率在 10 以上，高度在 100m 以上的高层办公建筑类型。在本案中，同样就既有的建筑与城市环境，在前期展开城市研究，并对建筑开口等作了论证。在提交的各个方案中也更为强调城市关系。

灵创设计参赛方案

中建（深圳）参赛方案

南油工程参赛方案

欧博建筑设计参赛方案

招商设计参赛方案

2002
深圳市安联大厦

时间：2002年
区域：福田区
规模：71 008平方米
类型：办公建筑
状态：建成

竞赛概要：主管部门开始介入前期城市研究。在福田中心区的城市设计背景下，适应于该地段的高层办公建筑逐渐成熟。在安联大厦的设计中，主管部门开始有意识地介入并组织前期城市研究，以此作为撰写任务书与评价方案的标准。

深大院参赛方案

王董参赛方案

华艺参赛方案

深建院参赛方案

柏涛建筑参赛方案

2002
深圳市海关办公大楼

时间：2002年
区域：福田区
规模：142 519平方米
类型：办公建筑
状态：建成

竞赛概要：中心区核心地段中较为典型的高层办公楼建筑竞赛。

北京院参赛方案

深圳中航建筑设计参赛方案

北京有色金属设计研究院参赛方案

广东院参赛方案

黑川纪章建筑参赛方案

华东院参赛方案

同济院参赛方案

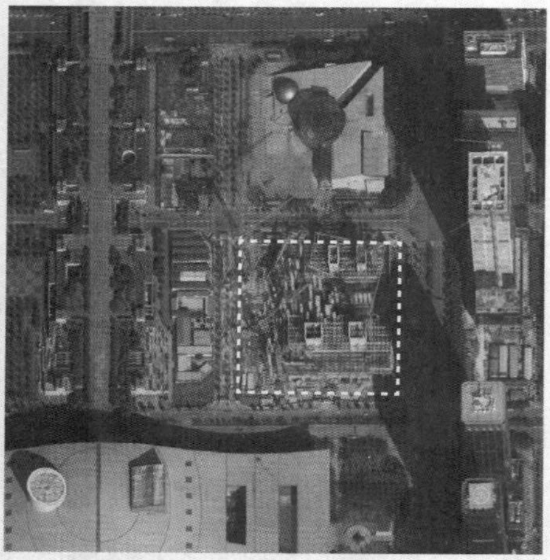

2007 深圳市当代艺术馆与城市规划展览馆（第二轮）

时间：2007年
区域：中心区
规模：80 000平方米
类型：文化建筑
状态：实施

竞赛概要：深圳市当代艺术馆与城市规划馆竞赛中采了公开国际竞赛，并且不限资质，以此吸引了不少国际、国内设计机构的参与。两馆的用地处于核心地块中轴线上的重要位置。

蓝天组参赛方案

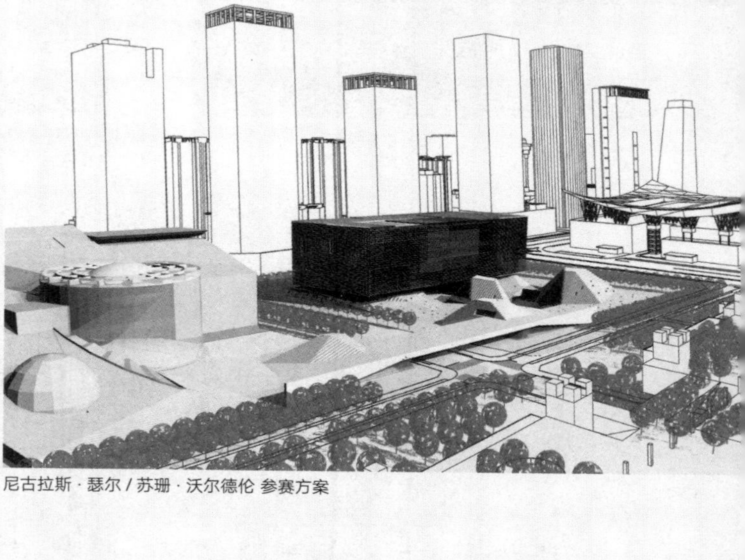

尼古拉斯·瑟尔/苏珊·沃尔德伦 参赛方案

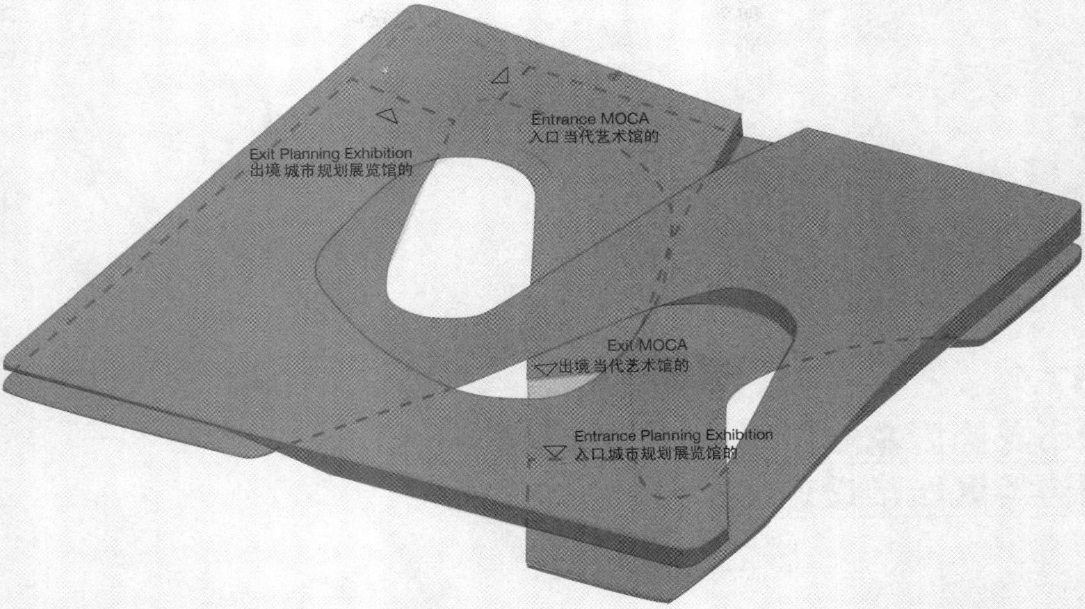

LWA参赛方案

KLF设计参赛方案

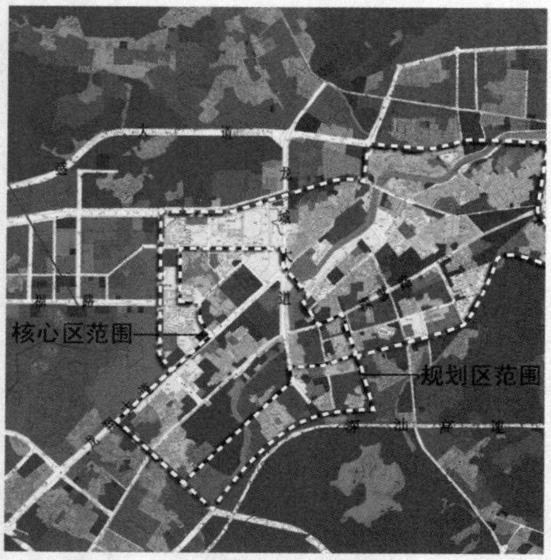

2007
深圳市龙岗区龙城广场及周边地区城市设计

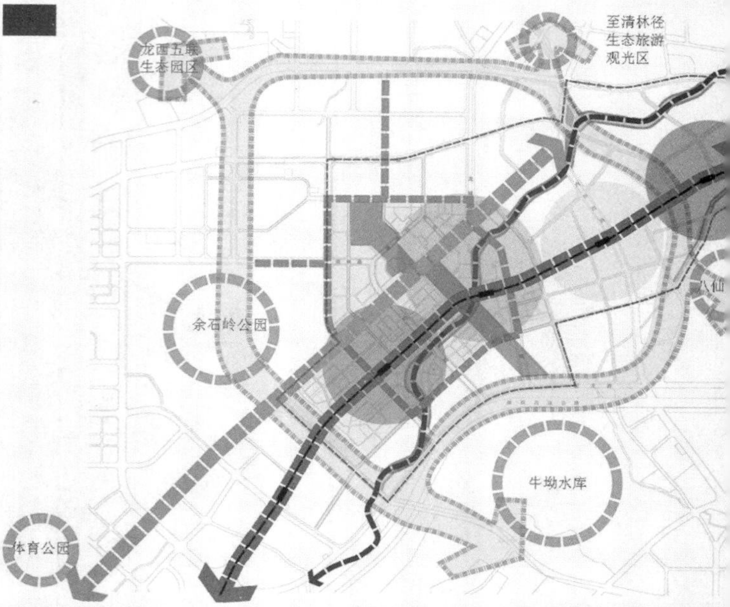

NUS + SUPG参赛方案

时间：2007年
区域：龙岗区
规模：11 800 000平方米
类型：城市设计
状态：实施

竞赛概要：项目共占地约11.8平方公里，由龙城广场和周边地区构成，主要包括龙城广场核心地区、龙岗河两岸地区、地铁三号线及站点周边地区和吉祥路地区。

向粤东北地区提供生产和生活服务的区域性现代化服务中心；深圳市东部地区的行政、文化、商业中心；以商贸、金融和现代服务业为主体的龙岗城市核心区。

体现龙岗整体空间资源利用水平，树立中心城市公共服务标准，突出多元化都市形象的中心城区；通过多种城市空间资源增值策略，全面提升城市的服务品质和环境品质。

重点发展高端商务办公、酒店、大型商业中心和高档居住；通过存量优化（包括旧区更新、旧村改造与地下空间的利用），对现有空间资源进行整合利用和再次开发。

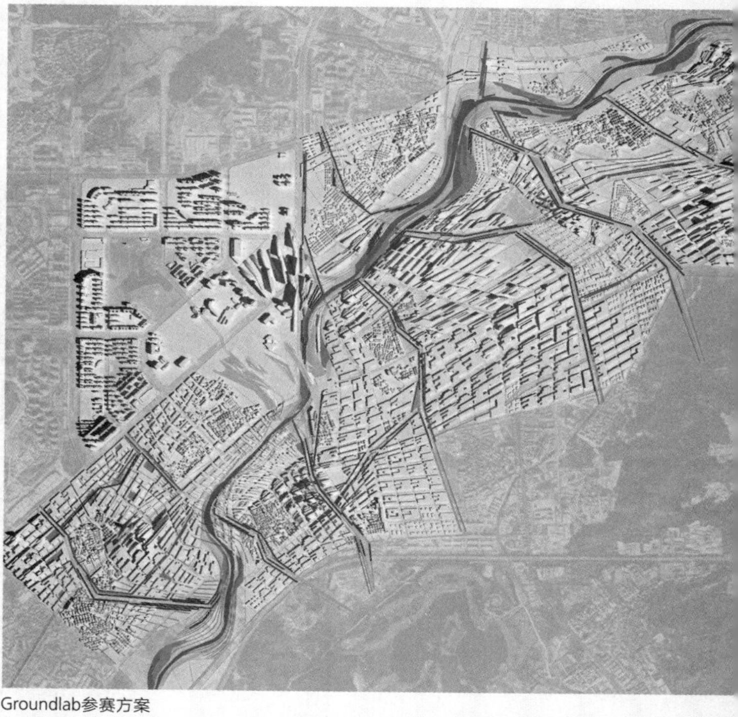
Groundlab参赛方案

美国FTZ景观建筑参赛方案

TMG参赛方案

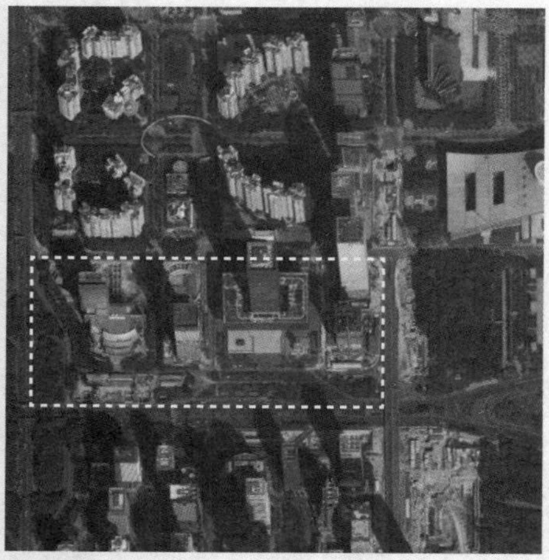

2008
四个高层建筑加一个总体城市设计

时间：2008年

区域：福田区

规模：广电 97 300平方米 / 建行 77 100平方米 / 中保 100 300平方米 / 基金 80 500平方米

类型：办公建筑

状态：实施

竞赛概要：项目位于深圳市福田中心区市民中心西侧，深南大道北侧，是中心区最后的重要建筑群。

根据深圳市政府的要求，在深圳市金融办和规划局的直接监督下，深圳广电集团、深圳建设银行、深圳中保太平投资有限公司和南方博时基金四个项目的业主决定同时进行本次方案设计竞赛，通过邀请世界知名的建筑师，在获得各自项目优秀方案的同时，希望在整体城市设计和生态节能方面，创造高品质的未来城市空间。

MVRDV参赛方案

汉斯·霍莱茵参赛方案

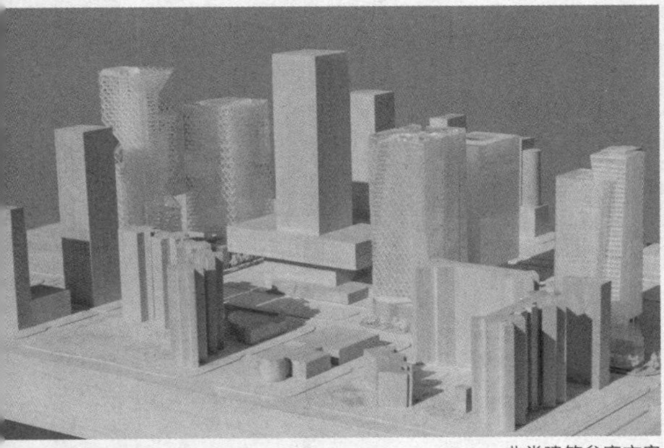

非常建筑参赛方案

斯蒂文·霍尔建筑事务所参赛方案

蓝天组参赛方案

摩弗西斯建筑参赛方案

2008
光明新区中央公园（第一轮）

时间：2008年
区域：光明新区
规模：2 370 000平方米
类型：城市设计
状态：实施

竞赛概要：光明新区中央公园（暂定名）位于深圳市光明新区中心区北部，北为公常公路，东为光侨路，西南为光明大街，初步划定面积2.37平方公里。中央公园位于光明新区中心区的核心区域，中心绿地周围布置了较高容积率的商业、服务业、办公设施及政府社团用地，是新城规划与建设中的点睛之笔和开篇之作，也是落实2006-2007年“光明新城中心区城市设计”国际竞赛的首批重要项目。

rpaX建筑参赛方案

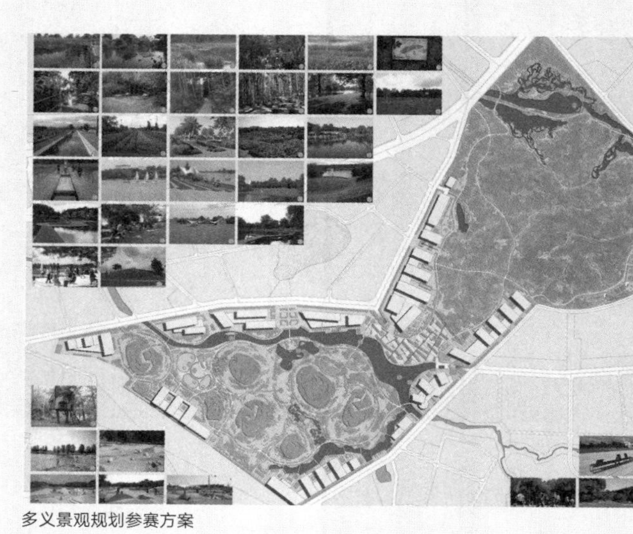

多义景观规划参赛方案

SWA集团参赛方案

Studio 8参赛方案

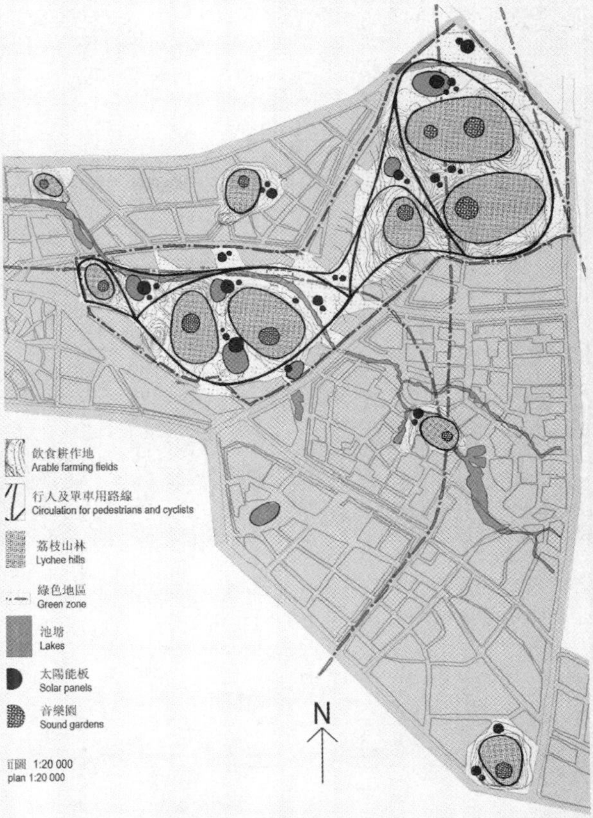

Studio 8参赛方案

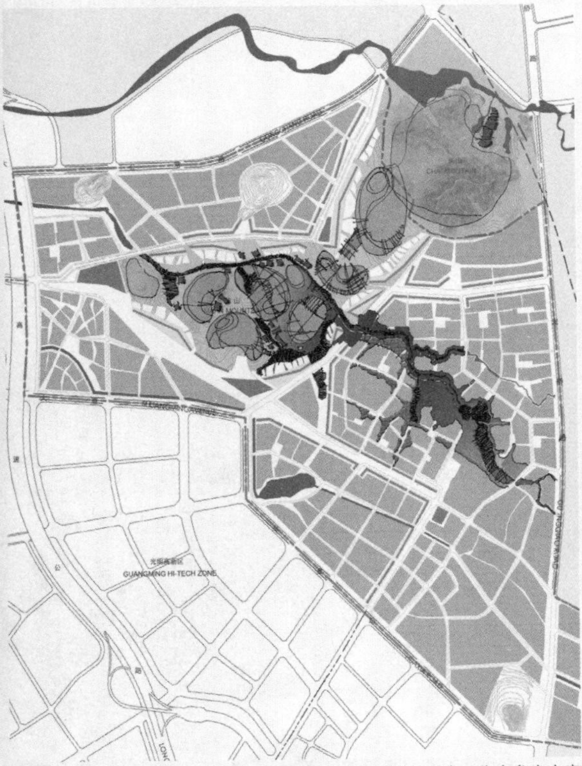

东南大学杜顺宝工作室参赛方案

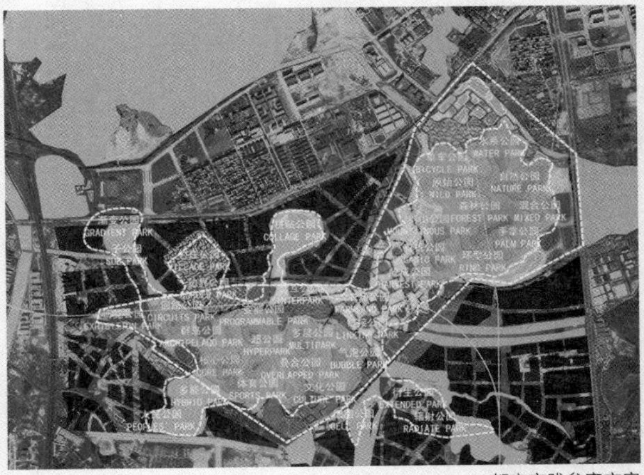

都市实践参赛方案

北大中国城市设计研究中心参赛方案

长湖郊野公园
Changhu Country Park
居住区主题公园
Residential area
theme park
楼村古镇
Loucun Village town
居住区主题公园
茅洲河
Maozhou River

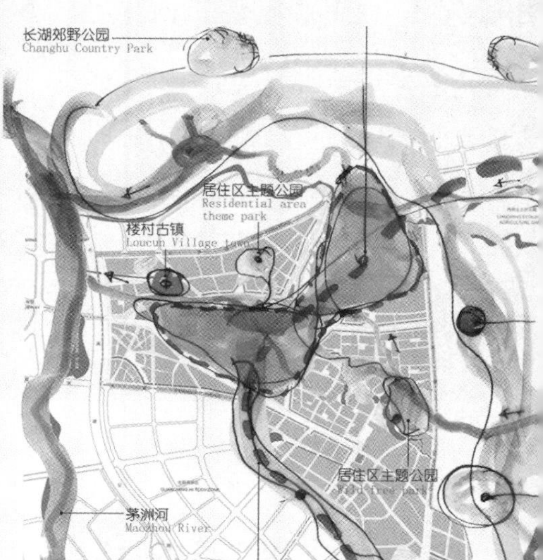

广东城乡规划设计研究院+德国AP建筑参赛方案

德国布兰登菲斯参赛方案

Towers/ Godle参赛方案

法国欧博建筑参赛方案

CAO-PERROT参赛方案

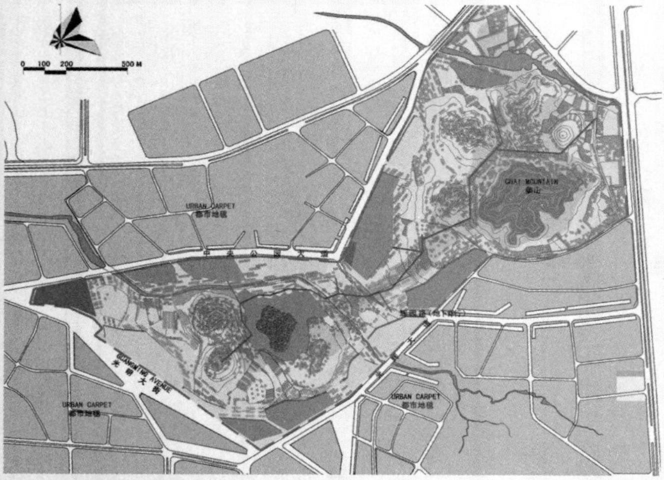

深圳园林装饰参赛方案

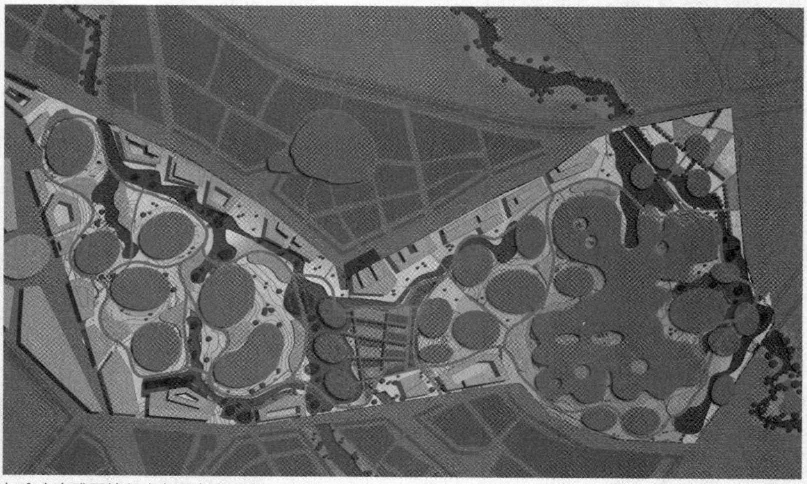

加拿大奥雅园境师事务所参赛方案

香港中国城市研究院+广东新空间参赛方案

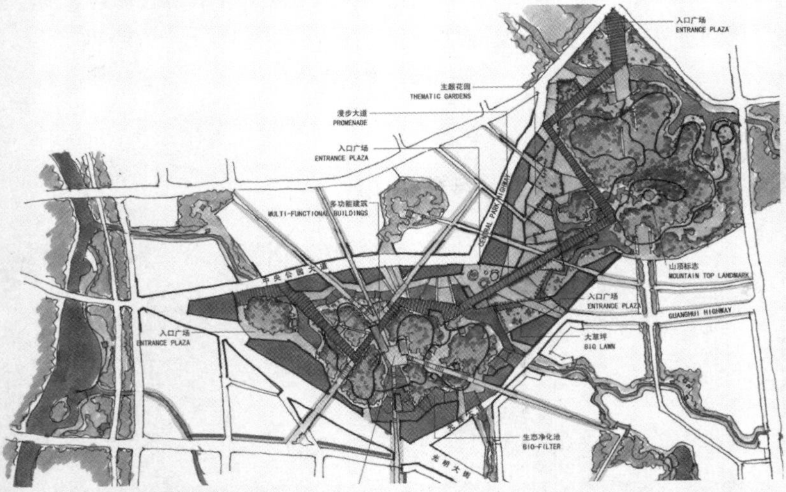

深圳东大+加拿大WAA参赛方案

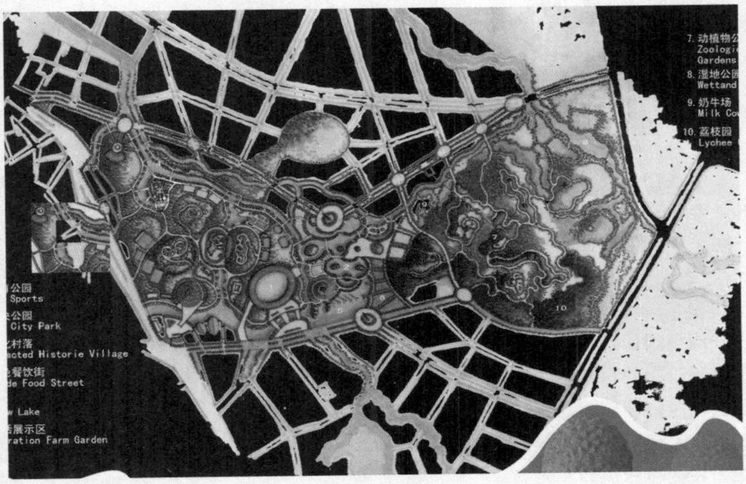

深圳库博建筑参赛方案

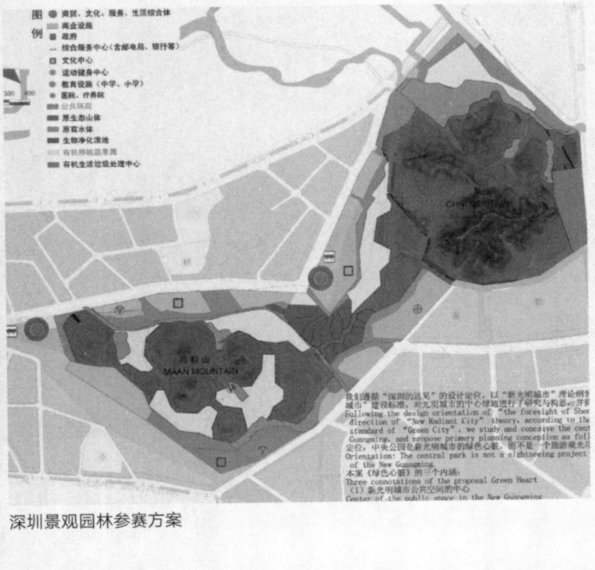

深圳景观园林参赛方案

筑博设计参赛方案

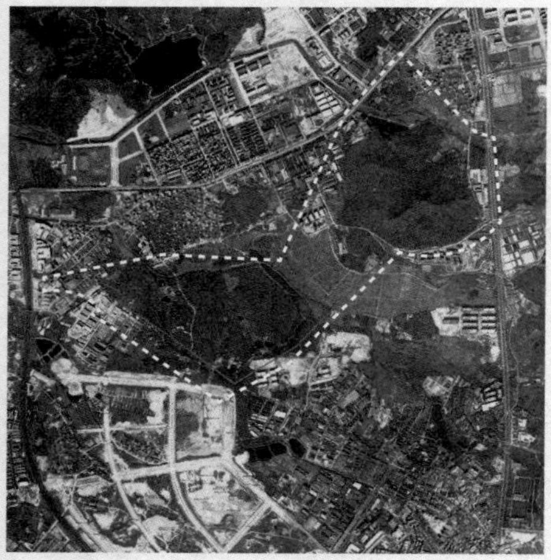

2008
光明新区中央公园（第二轮）

时间：2008年
区域：光明新区
规模：2 380 000平方米
类型：城市设计
状态：实施

竞赛概要：第二阶段——概念规划方案竞赛：该阶段的设计强调在创新基础上的可实施性。深圳市光明新区中央公园概念性规划国际咨询经过方案草图提案阶段，从近 20 个提案中评选出 4 个入围方案参加本阶段的概念规划竞赛。本阶段将提取方案草图提案中的部分概念和策略，结合评审委员会的建议，对概念规划竞赛提出具体的要求和建议。

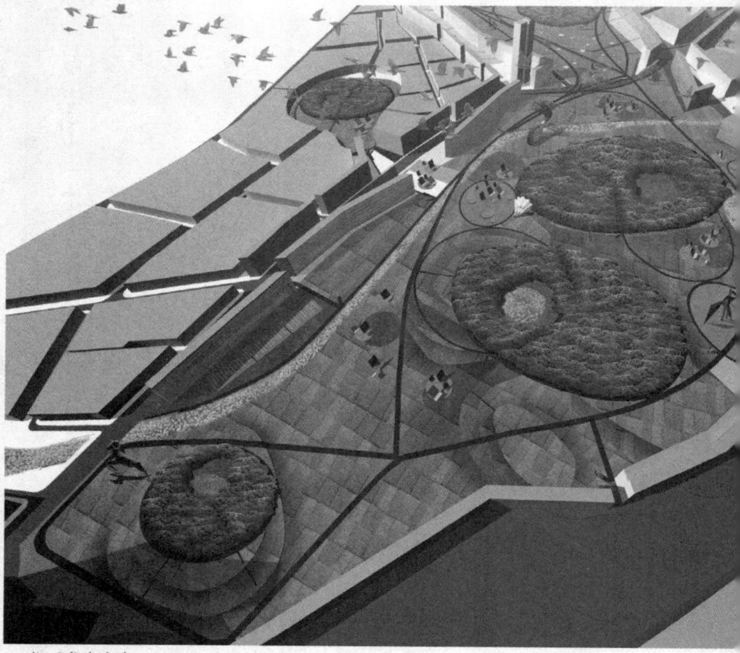

studio 8参赛方案

CAO-PERROT参赛方案

都市实践参赛方案

深圳园林装饰参赛方案

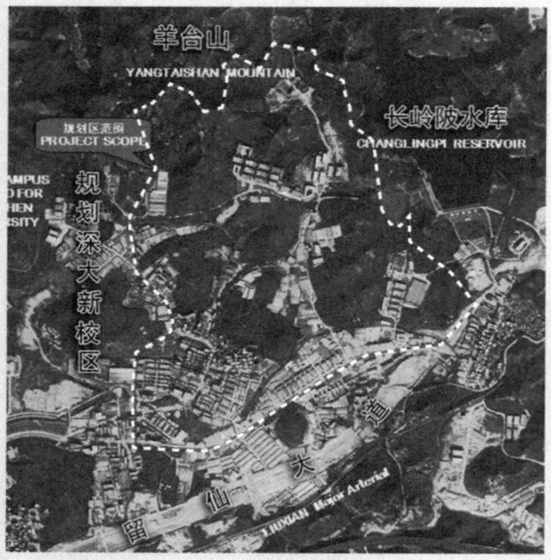

2008 南方科技大学校园规划及首期建筑设计

时间：2008年

区域：南方科技大学校园

规模：312 200平方米

类型：校园规划

状态：实施

竞赛概要：本次招标活动的目的在于集思广益，对南方科技大学校园现状条件、办学模式、规划布局进行详细研究，在此基础之完成南方科技大学校园规划方案的优选确定，同时完成首期建筑设计单位的选择工作。选出的首期建筑设计单位，按照任务书的规定，按时完成首期建筑方案设计的工作。

这种“合二为一”的招标组织方式，一方面有利于集思广益，另一方面也节约了时间，保证了首期建筑设计工作能够如期顺利完成。

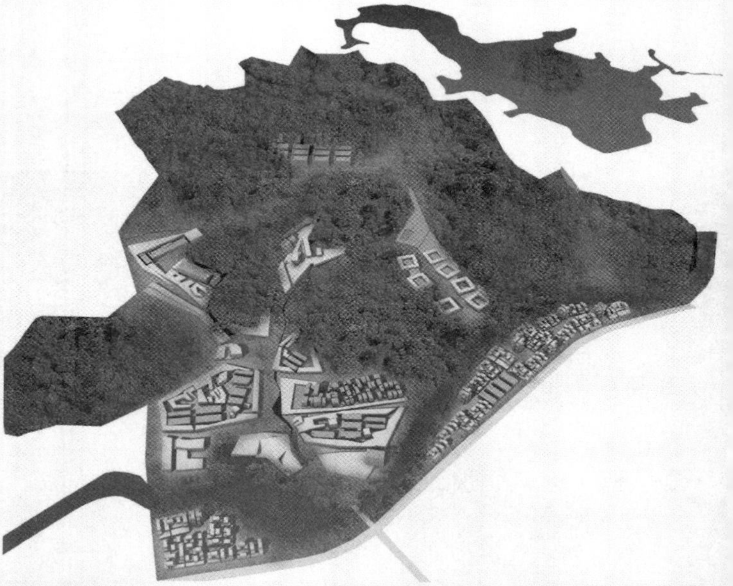

rpaX建筑参赛方案

深总院参赛方案

中建（深圳）参赛方案

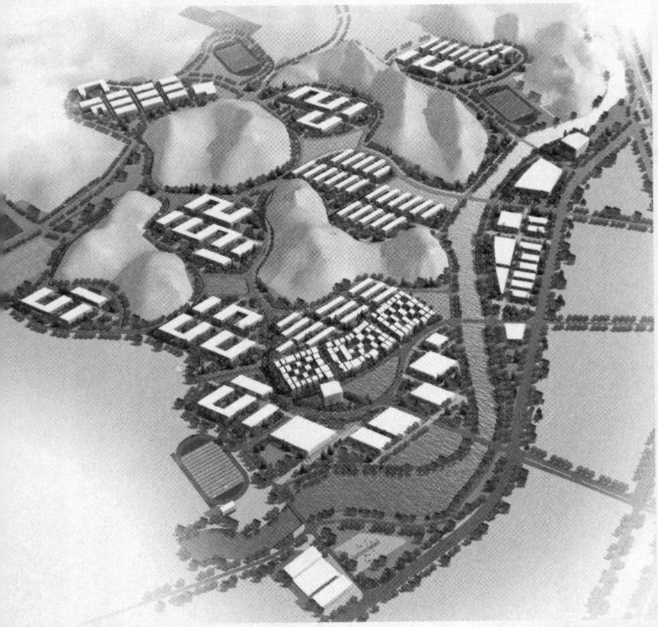

南大建院参赛方案

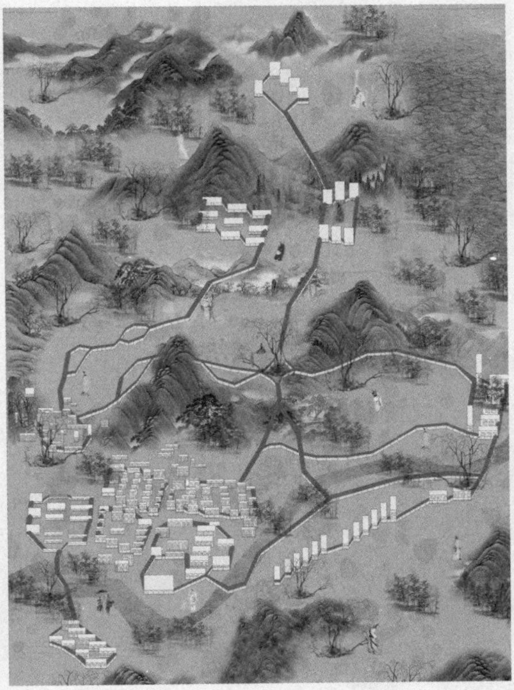

非常建筑参赛方案

都市实践参赛方案

Eric Owen Moss参赛方案

马达思班参赛方案

台湾大元建筑参赛方案

深圳汤桦建筑参赛方案

许李严建筑参赛方案

IDU参赛方案

深大院+伍兹贝格参赛方案

筑博设计参赛方案

王维仁建筑设计研究室参赛方案

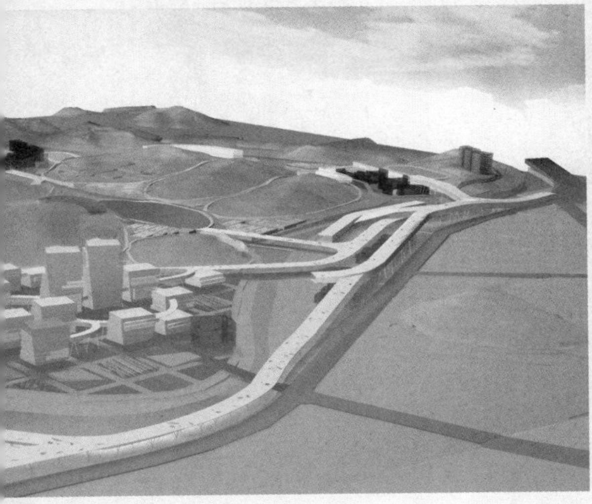

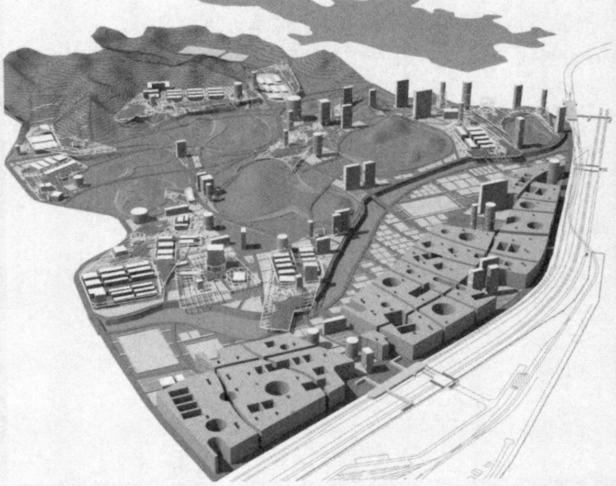

Studio 8参赛方案

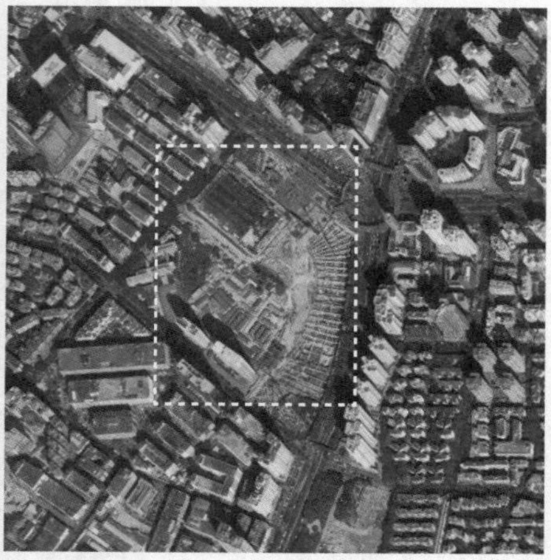

2008 南油购物公园规划及建筑竞赛

时间：2008年

区域：南山区

规模：130 000平方米

类型：城市设计

状态：实施

竞赛概要：南油购物公园位于深圳市南山区南海大道和创业路路口，是一个包括商业、办公、酒店、公寓、公共文化以及一个公园的综合性项目。

项目总用地面积约 13 万平方米，其中公园用地面积为 9.15 万平方米。项目的地上建筑面积为 28.5 万平方米，分布在围绕公园的八个地块；地下建筑面积为 16.9 万平方米，包括 4000 个停车位。

本项目为南山区最繁华的中心地区的标志性都市综合体，希望通过规划和建筑竞赛，建设具时尚特色、生态和开放的都市客厅。

王昀工作室参赛方案

法国欧博参赛方案

局内设计参赛方案

都市实践参赛方案

P&T参赛方案

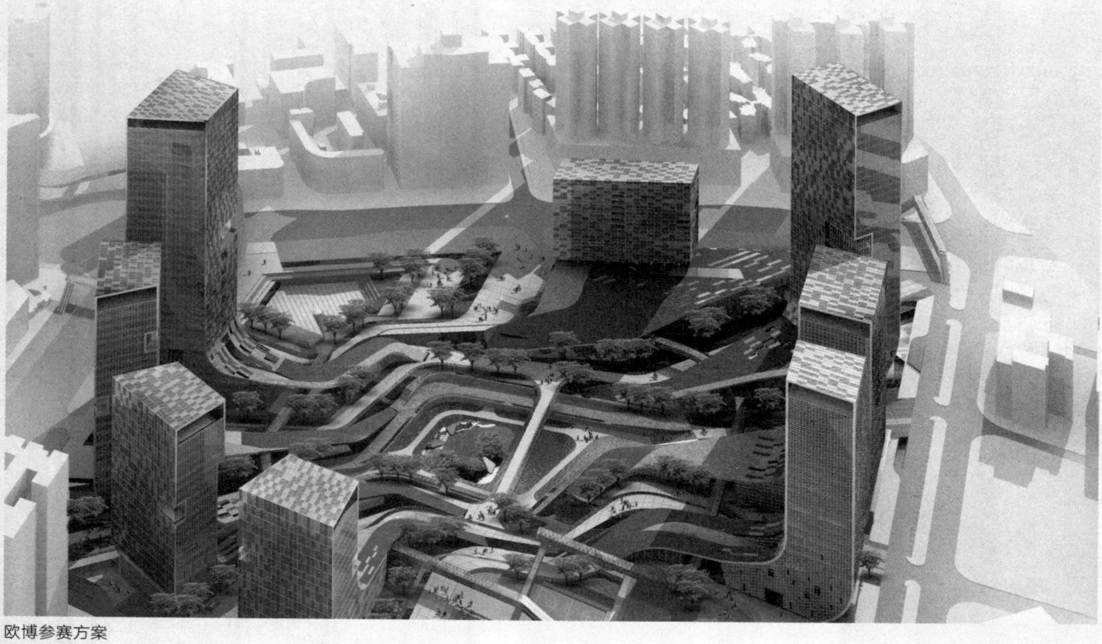

欧博参赛方案

吕元祥参赛方案

Studio 8参赛方案

ADDP参赛方案

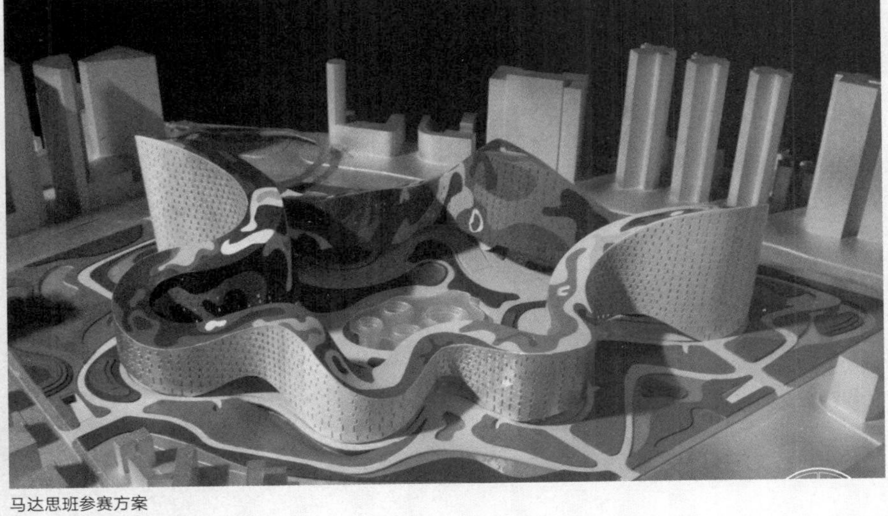

马达思班参赛方案

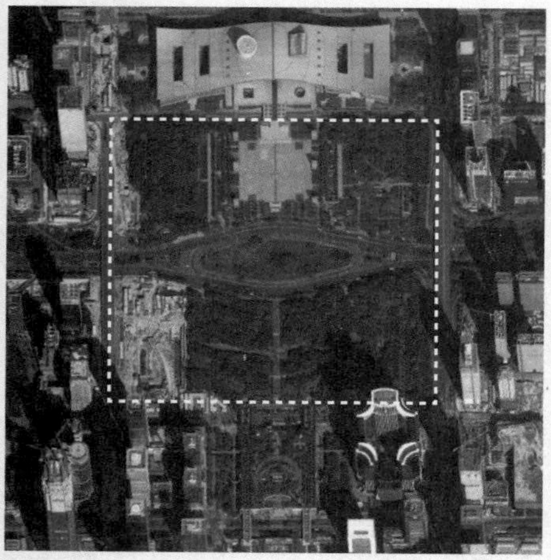

Rafael Vinoly Architects参赛方案

2009
深圳市中心区水晶岛规划设计方案国际竞赛

时间：2009年
区域：中心区
规模：450 000平方米
类型：城市设计
状态：实施

竞赛概要：水晶岛位于深圳市中心区的核心地理位置，同时也是整个中心区的坐标中心，是未来深圳市最重要的地标，同时也是深圳市的形象展示中心。由于深圳市中心区轨道交通设施的建设已经对水晶岛进行了开挖，影响了中心区的城市景观，为了避免轨道设施完成后水晶岛建设的再次开挖，按照2008年11月27日市政府办公会议的要求，决定启动中心区水晶岛规划设计方案国际竞赛。

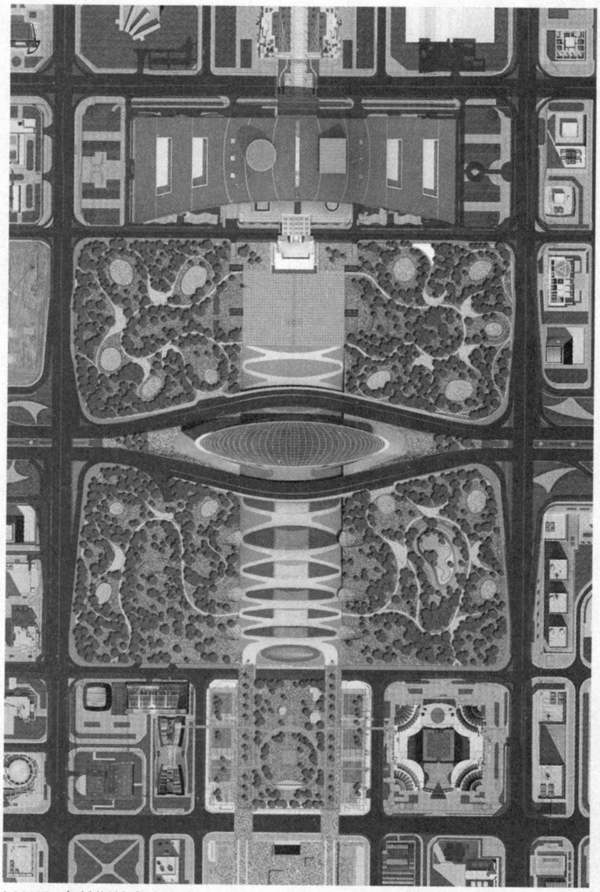

MAKE+奥兰斯特参赛方案

OMA+都市实践参赛方案

深建院参赛方案

BIG + ARUP参赛方案

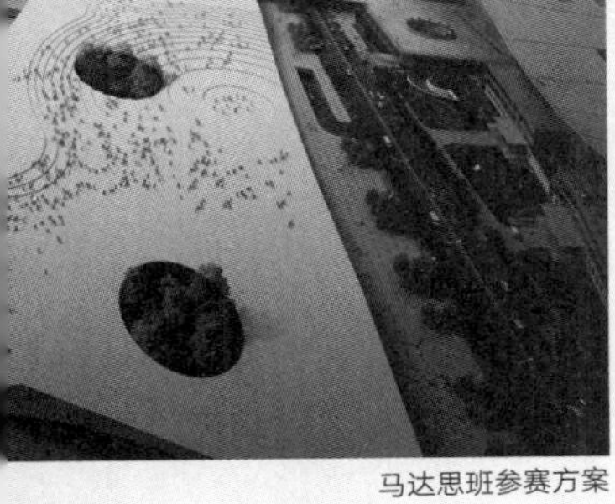

马达思班参赛方案

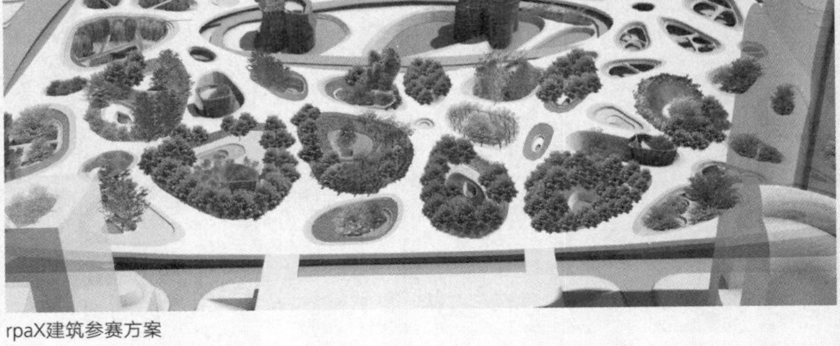

rpaX建筑参赛方案

LOM参赛方案

加拿大SHDT参赛方案

翟飞+Anna del Monaco+Andea Gianotti参赛方案

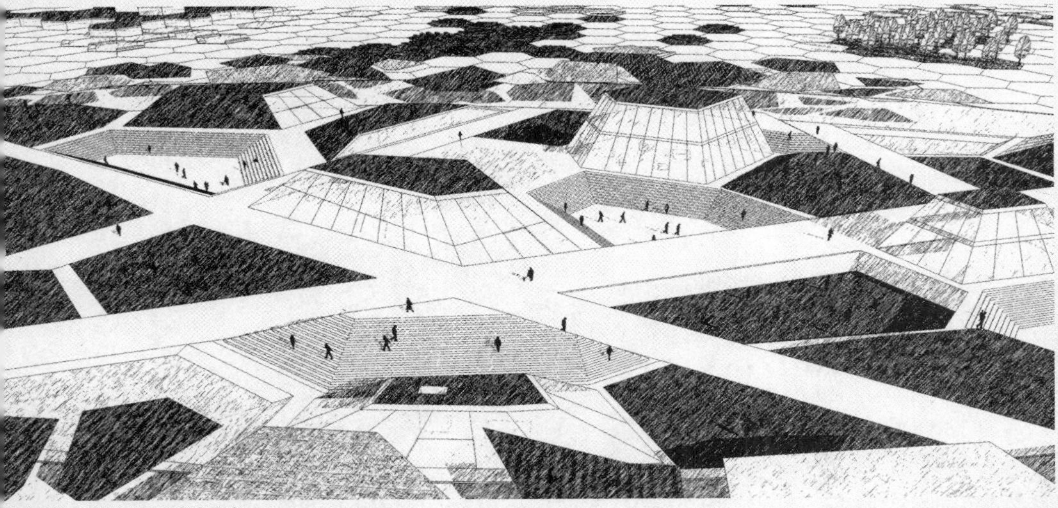

南京都市可能概念工厂参赛方案

深圳智造文化传播参赛方案

肖明参赛方案

钟展宁+彭智伟参赛方案

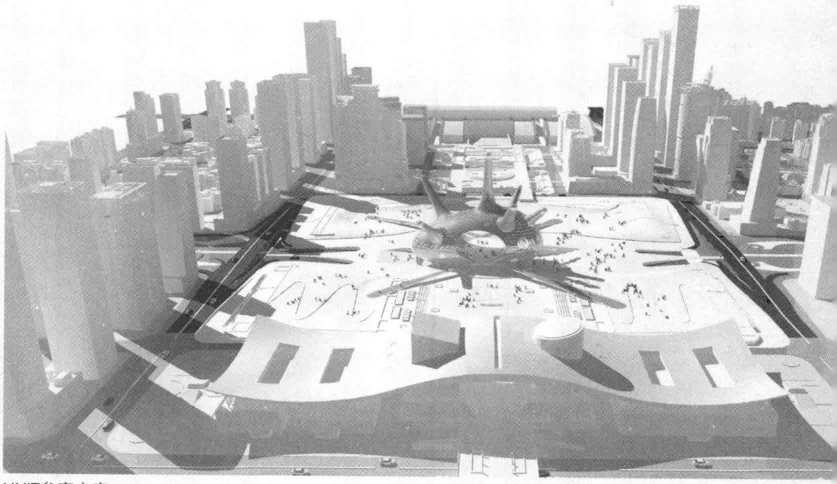
UNIT参赛方案

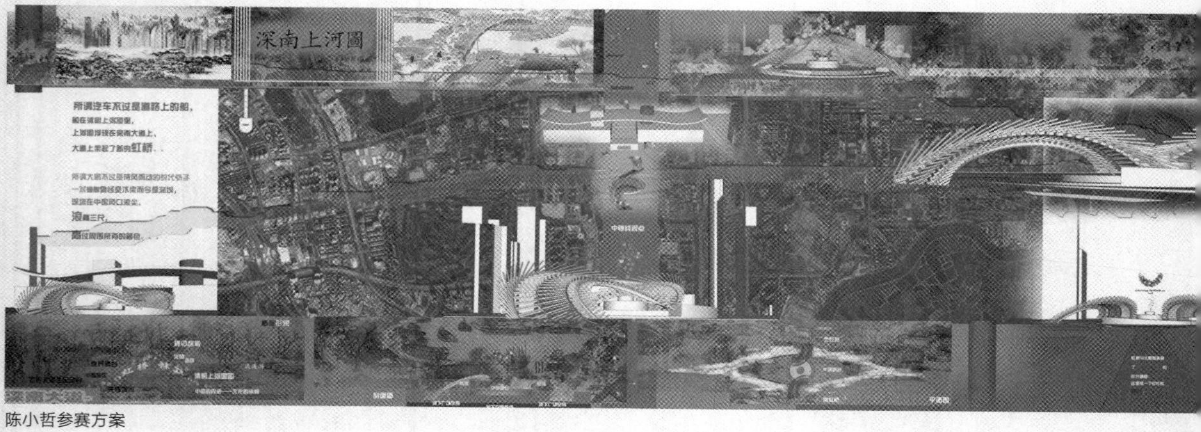

陈小哲参赛方案

内设计参赛方案

靠建筑参赛方案

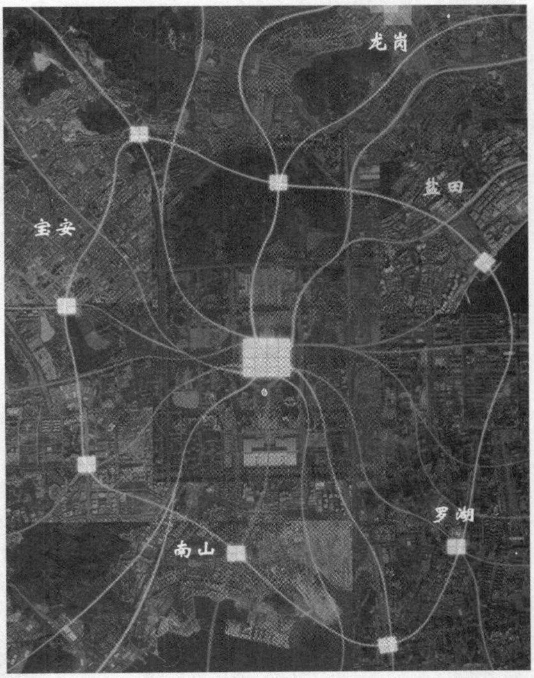

同济人参赛方案

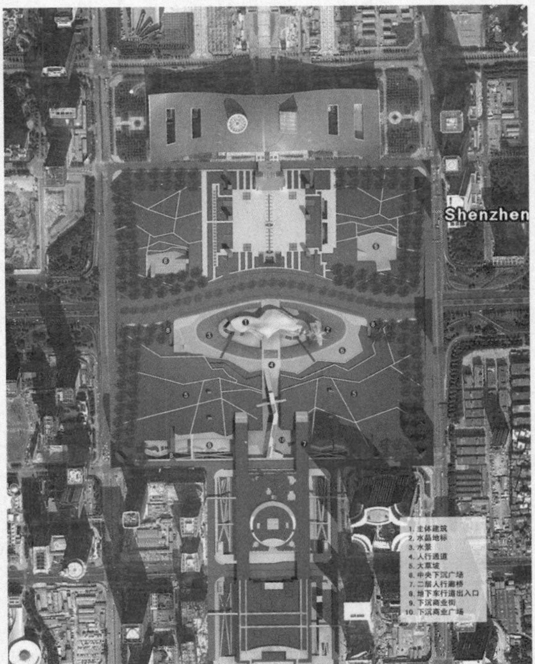

周舸参赛方案

深圳镭博建筑设计参赛方案

深圳奥雅纳参赛方案

黄朝捷参赛方案

肖枢参赛方案

深规院+筑博设计参赛方案

深圳库博建筑参赛方案

深大设计艺术研究所参赛方案

德国 ASA参赛方案

德国S.I.C参赛方案

台湾 山水国际参赛方案

OX参赛方案

刘吴斌参赛方案

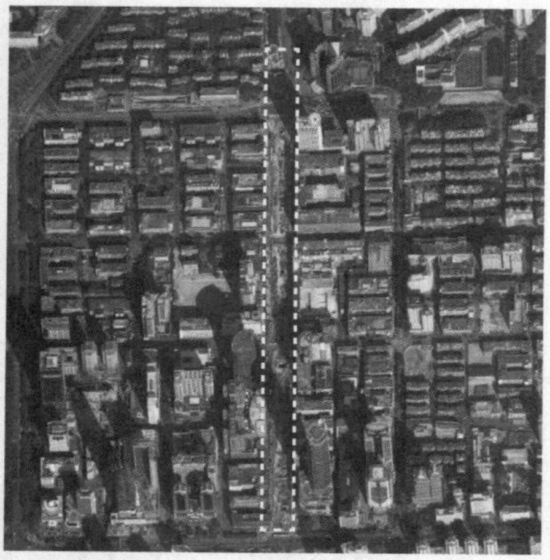

2009
华强北路立体街道城市设计方案国际咨询

时间：2009年

区域：福田区

规模：450 000平方米

类型：城市设计

状态：实施

竞赛概要：华强北路位于深圳市福田区华强北片区（也称上步片区），设计区间南北长930米，道路红线宽度30米。

以华强北路为中轴，本次国际咨询的研究范围东至华发北路，西至中航路和八号路，北至红荔路，南至深南中路，面积45公顷；详细设计范围面积22公顷。

筑博设计+WORK参赛方案

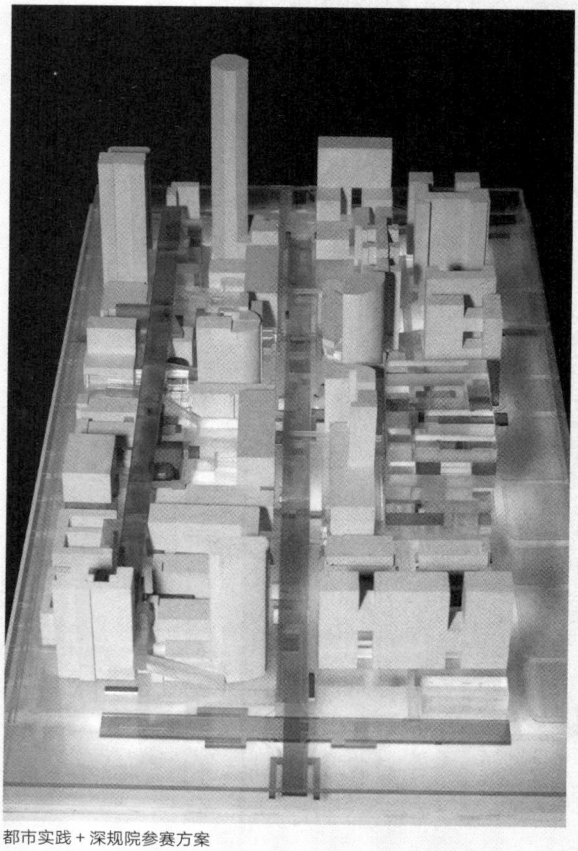

都市实践＋深规院参赛方案

德国佩西参赛方案

非常建筑参赛方案

局内设计参赛方案

日本Urban/GK参赛方案

MVRDV参赛方案

香港城市设计参赛方案

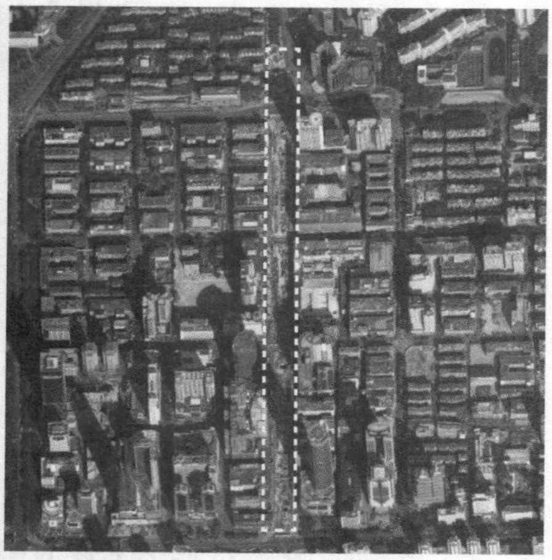

2009
华强北路立体街道城市设计方案（第二轮）

时间：2009年
区域：福田区
规模：460 000平方米
类型：城市设计
状态：实施

竞赛概要：华强北路位于深圳市福田区华强北片区（也称上步片区），设计区间南北长930米，道路红线宽度30米。

以华强北路为中轴，本次国际咨询的研究范围东至华发北路，西至中航路和八号路，北至红荔路，南至深南中路，面积45公顷；详细设计范围面积22公顷。

重新解析设计招标任务书，严格按照标书设计内容和成果要求进行修改。应充分认识本项目是基于地下空间开发需求而做的规划设计，方案必需具备可实施性。

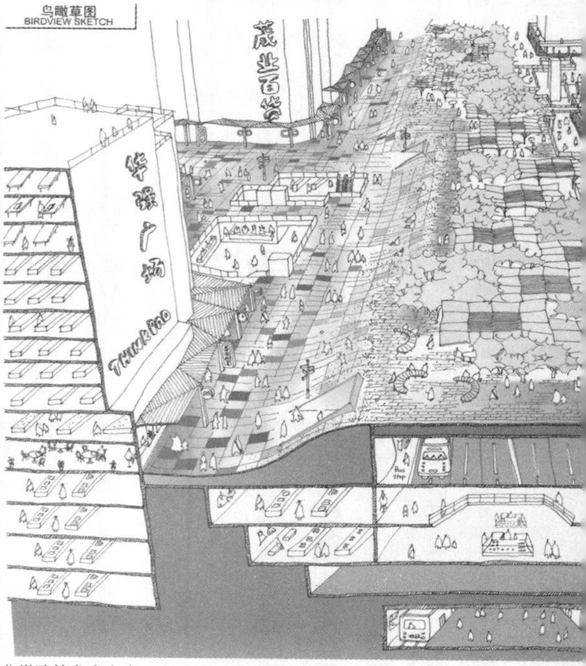

非常建筑参赛方案

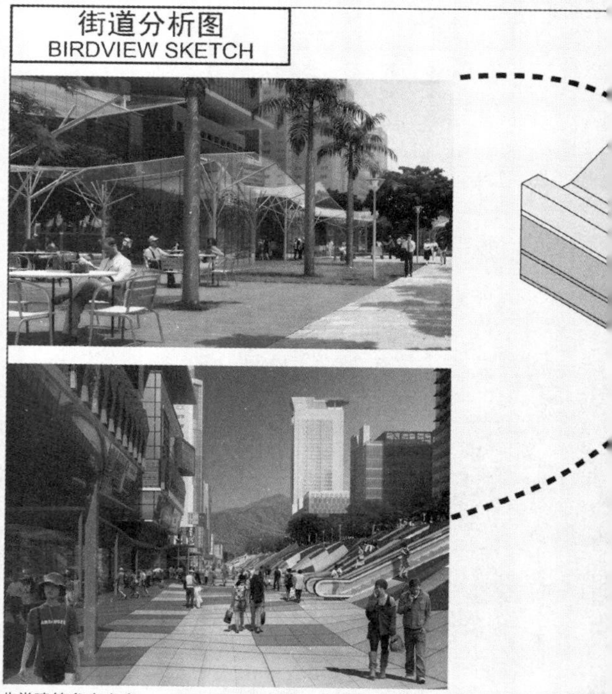

非常建筑参赛方案

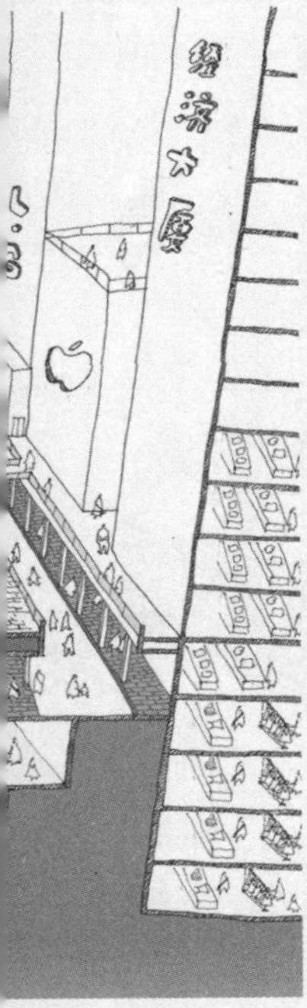

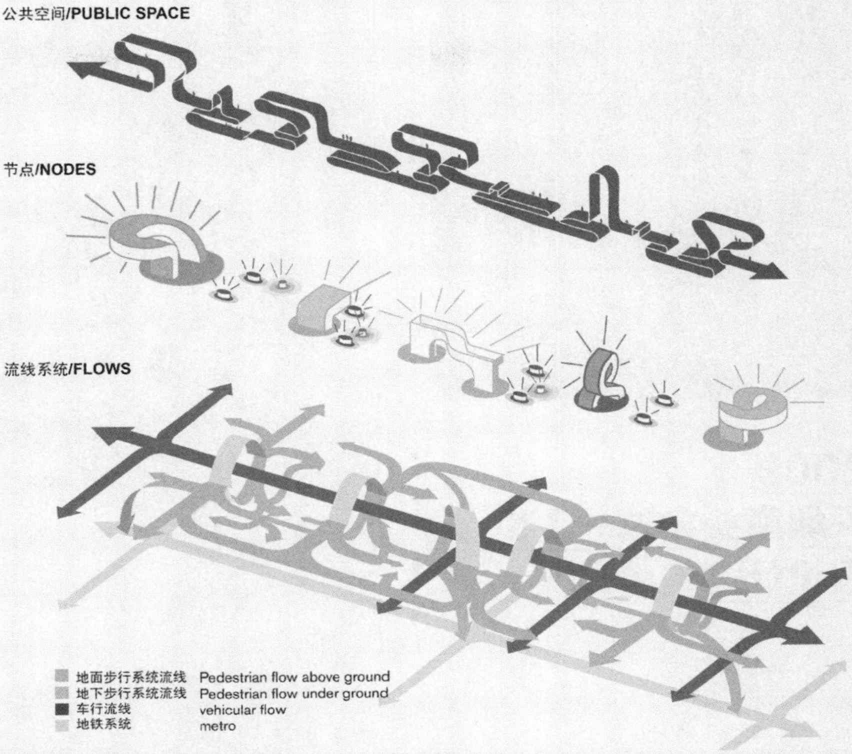
公共空间/PUBLIC SPACE
节点/NODES
流线系统/FLOWS
地面步行系统流线 Pedestrian flow above ground
地下步行系统流线 Pedestrian flow under ground
车行流线 vehicular flow
地铁系统 metro

筑博设计+WORK参赛方案

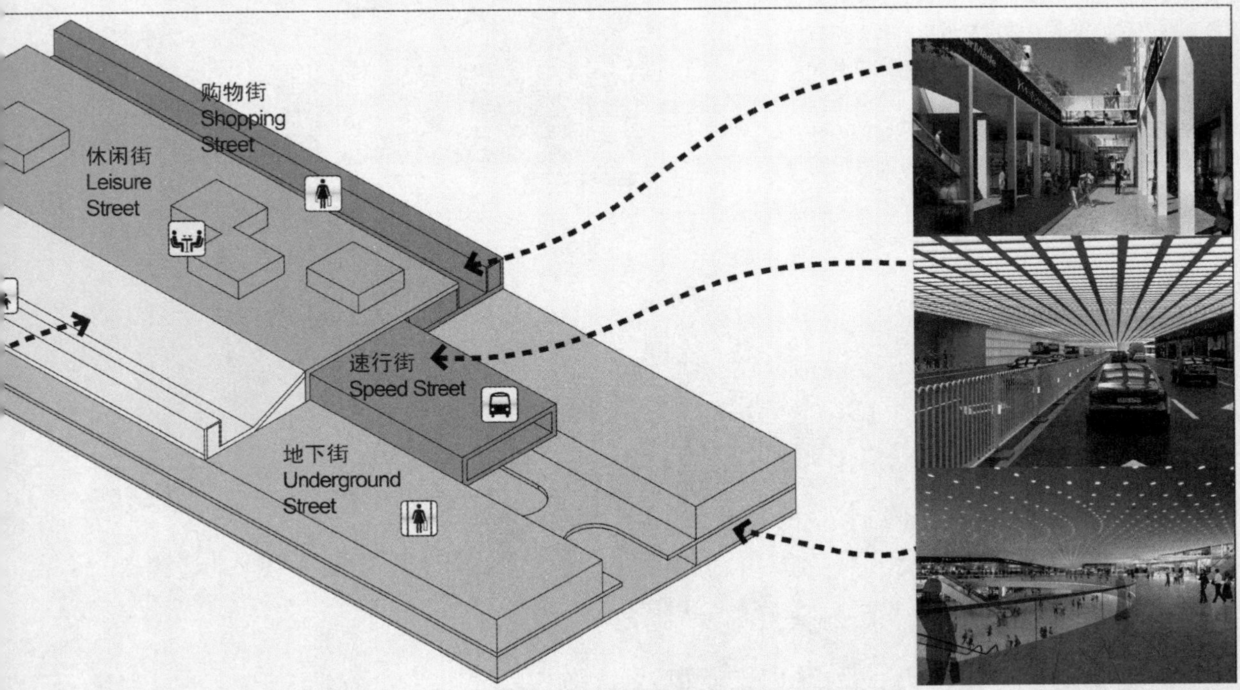
购物街
Shopping Street
休闲街
Leisure Street
速行街
Speed Street
地下街
Underground Street

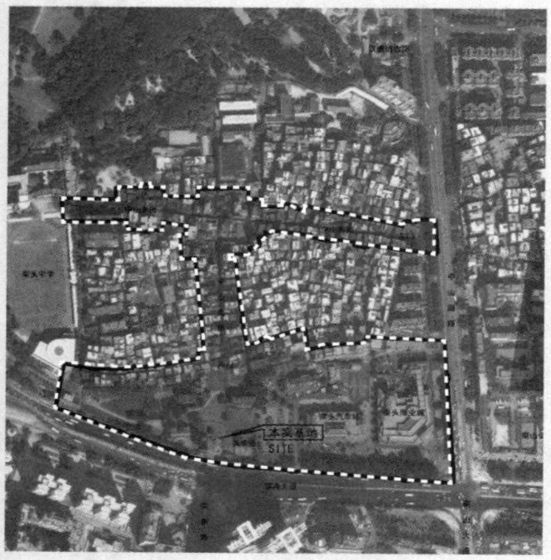

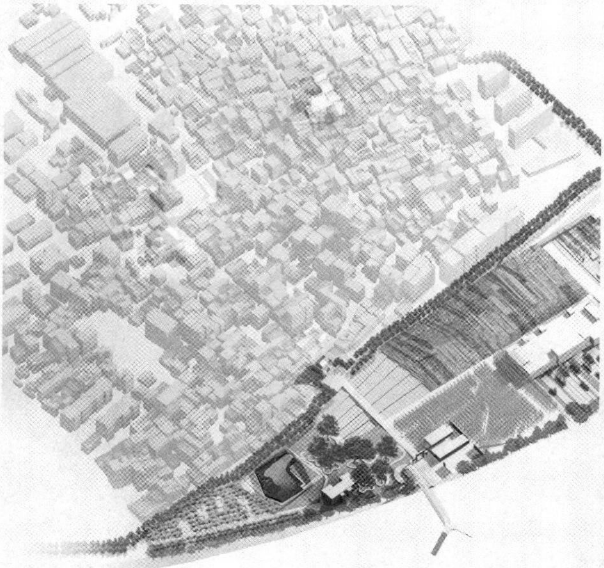

IDU参赛方案

2009
深圳南头古城—2街1园设计竞赛

时间：2009年

区域：南山区

规模：108 446平方米

类型：城市设计

状态：实施

竞赛概要：为更好地保护南头古城历史文物和特色，彰显深圳悠久的城市发展史，在保持古城城市肌理的前提下，在尊重并最大程度减少对古城居民生活状态破坏的前提下，通过国际竞赛的方式，寻求适合的保护南头古城的更好的改造设计方案，并在节能和环保方面提出新的思路。

英国BDP参赛方案

深圳欧博参赛方案

南沙原创参赛方案

筑博设计参赛方案

深圳园林装饰参赛方案

香港城市设计参赛方案

2009
深圳国际能源大厦建筑设计国际竞赛

时间：2009年

区域：中心区

规模：6 427.70平方米

类型：办公建筑

状态：实施

竞赛概要：深圳国际能源大厦项目（以下称本项目）是深圳能源集团股份有限公司（以下称本公司）总部及其职能管理部门、关联企业的办公场地，同时有相当部分将租赁给国内外知名企业及与能源电力行业相关的企业作为办公场地。本项目部分场地作为本公司会议与培训基地、员工健身活动、后勤服务保障、大厦物业管理、商业及其他出租经营用途。

法国欧博参赛方案

上海侯梁建筑参赛方案

香港B+E参赛方案

上海畅想参赛方案

上海联创参赛方案

德国HPP参赛方案

华森建筑参赛方案

以靠建筑参赛方案

深圳华阳参赛方案

中建国际参赛方案

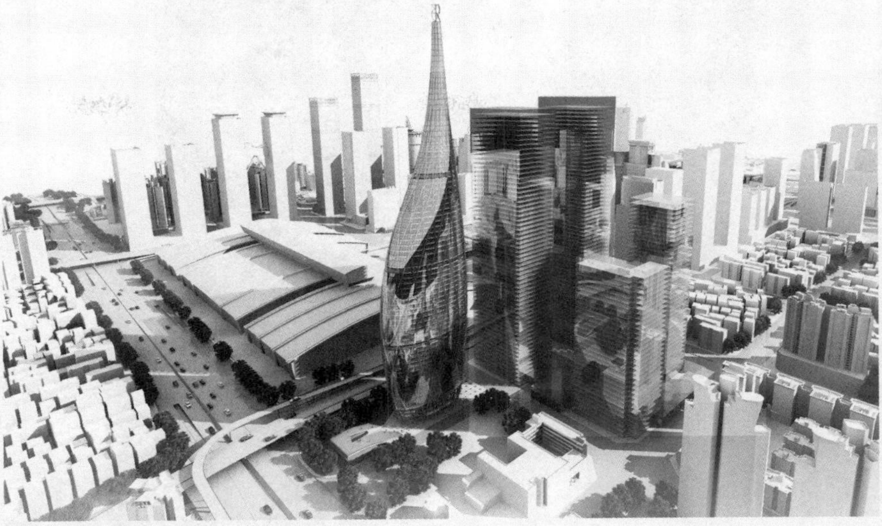

深圳单元建筑设计参赛方案

水晶石＋构易参赛方案

北京院＋FUKSAS参赛方案

办公塔楼、裙房及空中花园简洁的组合打造出滨河大道上的标志性景观。
The simplicity of the form and composition of the offices, podium and skygarden creates an iconic statement along Binhe avenue.

墨菲/杨+东北院参赛方案

筑博设计参赛方案

BIG + TRANSSOLAR参赛方案

柏涛建筑参赛方案

2009
深圳市西丽人民医院扩建工程

时间：2009年
区域：西丽医院
规模：74 700平方米
类型：医疗建筑
状态：实施

竞赛概要：本次设计任务为深圳西丽医院项目设计总承包。范围包括从规划报建方案、单体建筑方案、建筑报建、初步设计、施工图设计、室内装修（包括特殊医疗科室装修设计）、室外工程及园林景观设计等。

中建国际参赛方案

筑博设计参赛方案

中建院参赛方案

西南院参赛方案

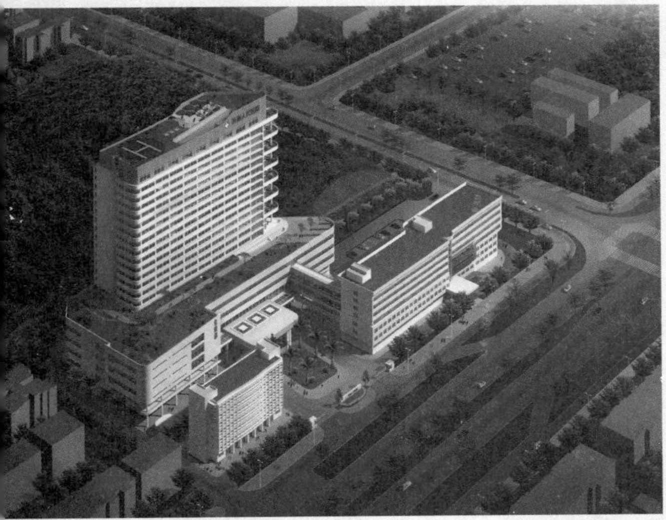

同济院参赛方案

2010
前海地区概念规划国际咨询

时间：2010年
区域：西部滨海
规模：18 040 000平方米
类型：城市设计
状态：实施

竞赛概要：这是一项征集深圳市前海地区未来空间发展概念规划方案的国际咨询工作。前海是深圳市西部滨海的待开发填海地区，总规划面积约为1804公顷。咨询的目的在于集思广益，征集具远见、富创意、并且可行的方案。以国际性视野、前瞻性的发展理念确定前海地区的空间发展结构，打造高标准的滨海城市中心地区，形成独有特色的城市景观风貌。同时，空间规划方案必须具有可操作性，能够为下一步规划工作提供系统性、框架性的设计指引。

BIG参赛方案

OMA参赛方案

NO2参赛方案

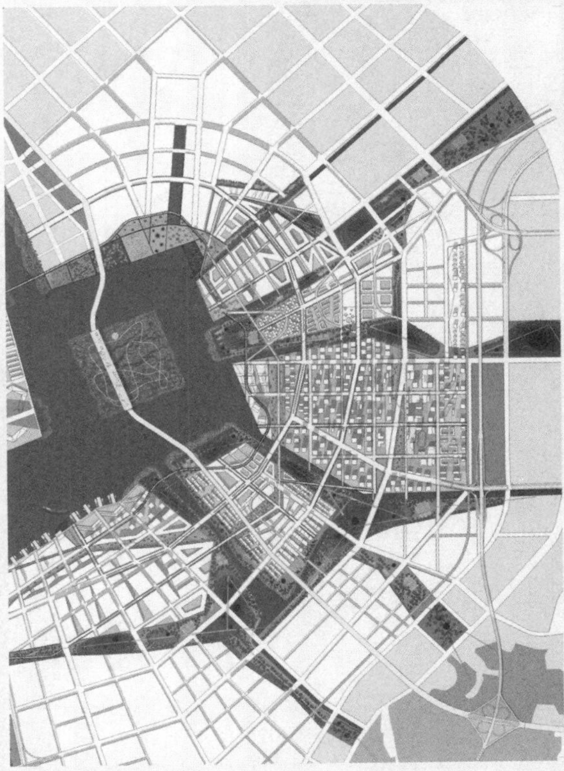

中规院+奥雅纳参赛方案

日建设计参赛方案

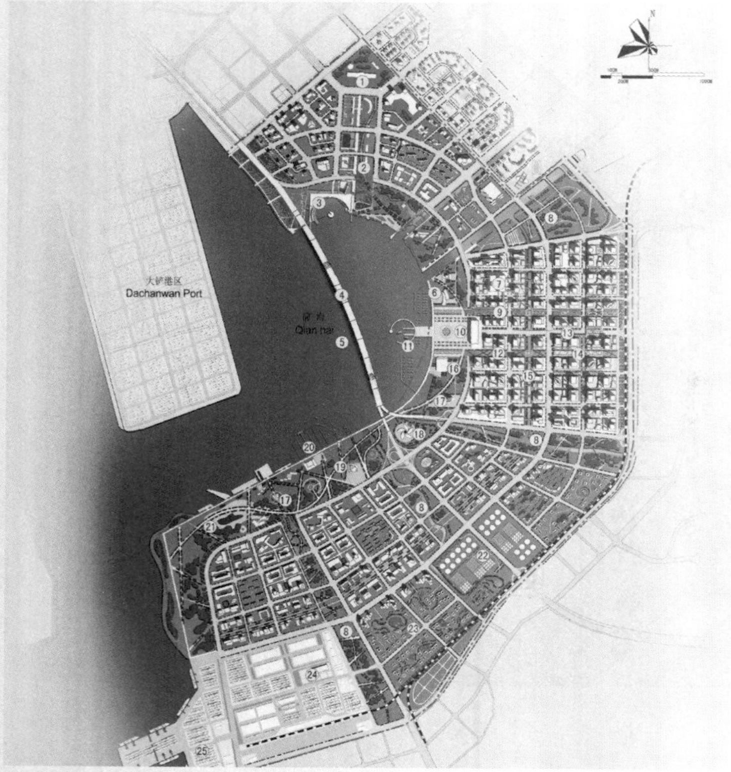

白林建筑参赛方案

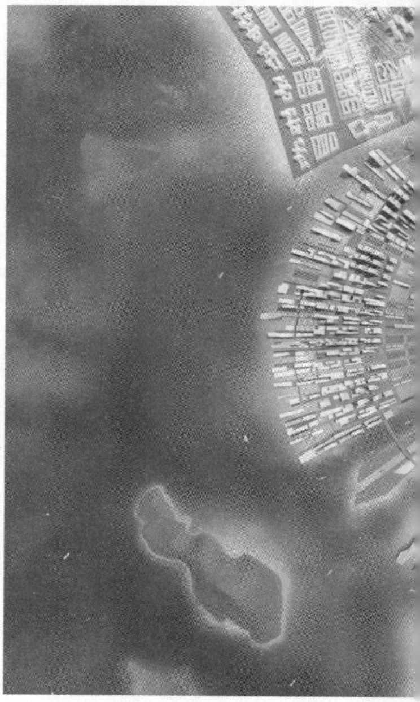
高柏+筑博设计参赛方案

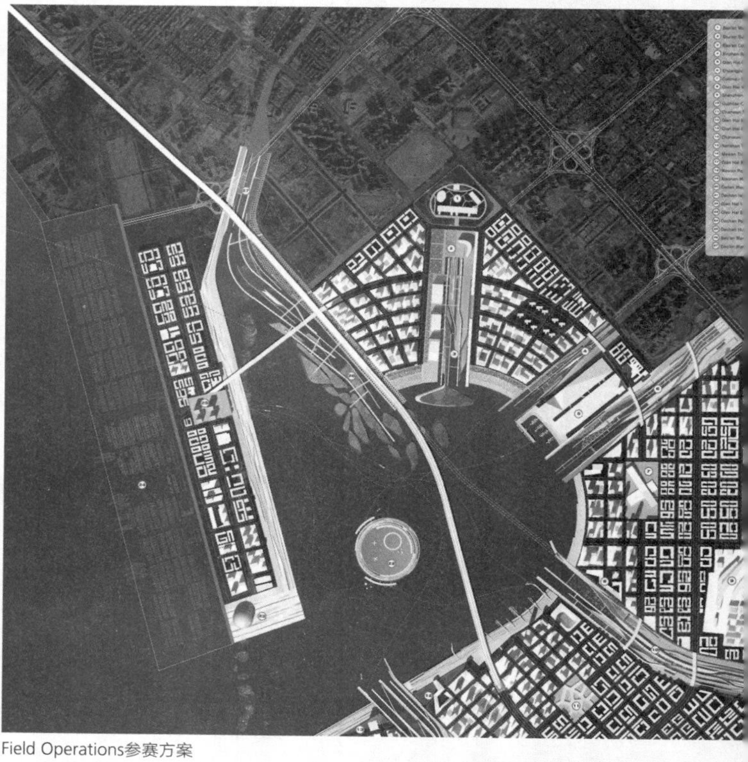
Field Operations参赛方案

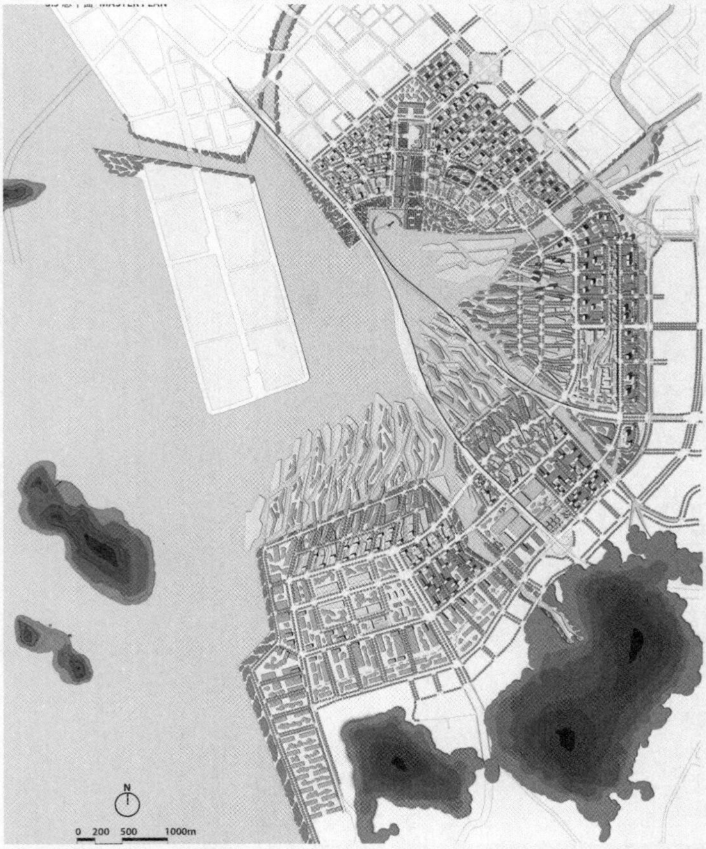

SWA集团参赛方案

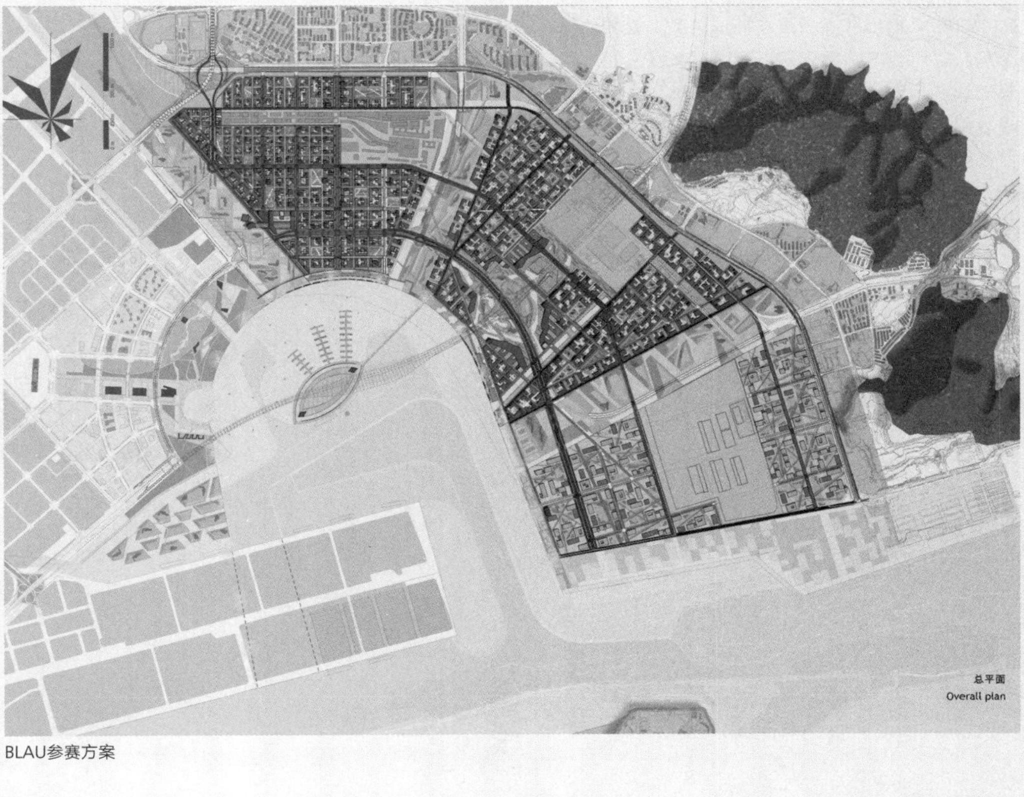

BLAU参赛方案

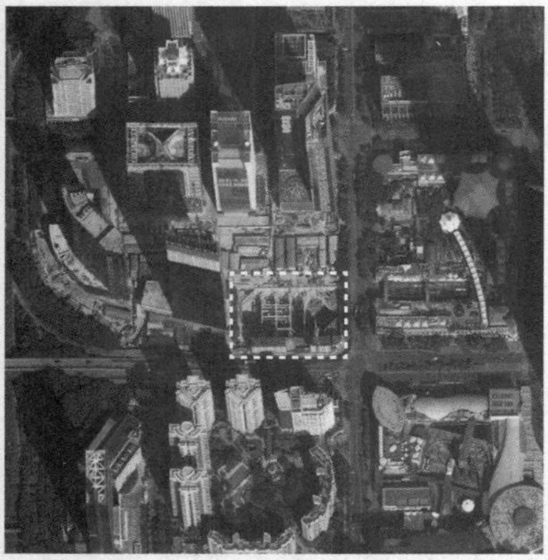

2010
国信证券大厦建筑方案设计竞赛

时间：2010年
区域：中心区
规模：5 454.78平方米
类型：办公建筑
状态：实施

竞赛概要：本项目位于深圳市福田中心区B116-0080地块（民田路与福华路交汇处的西北角）。用地东临民田路、南临福华路、西北临地块内规划支路，占地面积为5454.78平方米。呈东西向长方形，南北长度51.25米，东西长度为106.67米。地块目前为平整后的空置地，基地内无制约规划布局的不利条件。土地周边道路、供水、排水、供电等管网设施完善，达到“七通一平”，具备开工条件。
深圳市福田中心区是深圳市的政治、文化和金融中心，本项目位于深圳市福田中心区西南部，处于金融核心区南区的门户位置。

香港B+E+华通参赛方案

汉沙杨参赛方案

香港B+E+华通参赛方案

华南理工参赛方案

北京院参赛方案

FUKSAS+深建院参赛方案

筑博设计参赛方案

北京院参赛方案

2010

深圳市南山医院改扩建工程方案设计

时间：2010年

区域：南头岛

规模：176 050平方米

类型：医疗建筑

状态：实施

竞赛概要：本南山区全区总面积 193.3 平方公里，下辖八个街道办事处。截至 2009 年底，南山区实际管理和服务的人口为 144.83 万，其中户籍人口 54.61 万，流动人口 90.22 万。近年来南山区的各项卫生资源有了较大增长，医疗服务供给能力也不断增强，但南山区人口也呈快速增长态势，因此，卫生资源配置仍滞后于医疗市场需求。

改扩建工程应在不影响现有院区工作的前提下进行，要求布局合理、流程顺畅、保障有力、运行经济、节能环保、人文关怀、外观时尚。其功能设置及医疗流程需按国家三级甲等综医院的标准和国际 JCI 认证标准进行设计。

外科住院楼

2010
深圳地铁 1 号线深大站综合体上盖物业项目

时间：2010年

区域：地铁1号线

规模：97 760平方米

类型：城市综合体建筑

状态：实施

竞赛概要：深圳地铁 1 号线深大站是南山片区内重要的交通接驳枢纽，是集地铁、常规公交、社会车辆、出租车在内的综合交通枢纽。深圳地铁 1 号线深大站综合体上盖物业项目（以下称本项目）为集片区交为集片区甲级写字楼、五星级酒店、商业、交通枢纽为一体的超高层综合建筑。是深南路上科技园段最重要的地标性建筑物之一。

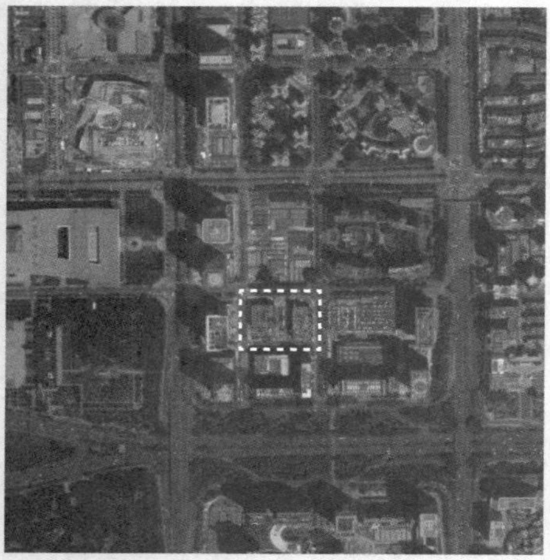

2011
国银——民生金融大厦建筑设计方案竞赛

时间：2011年
区域：福田区
规模：5 454.78平方米
类型：办公建筑
状态：实施

竞赛概要：本项目位于深圳市福田中心区B116-0080地块（民田路与福华路交汇处的西北角）。用地东临民田路、南临福华路、西北临地块内规划支路，占地面积为5454.78平方米。呈东西向长方形，南北长度51.25米，东西长度为106.67米。地块目前为平整后的空置地，基地内无制约规划布局的不利条件。土地周边道路、供水、排水、供电等管网设施完善，达到“七通一平”，具备开工条件。
深圳市福田中心区是深圳市的政治、文化和金融中心，本项目位于深圳市福田中心区西南部，处于金融核心区南区的门户位置。

ASGG联合体参赛方案

许李严建筑联合体参赛方案

天大院参赛方案

REX联合体参赛方案

FUKSAS联合体参赛方案

都市实践+ADEPT+中外建参赛方案

筑博设计参赛方案

瀚旅联合体参赛方案

深大院参赛方案

华通设计参赛方案

寿恒建筑联合体参赛方案

中建国际参赛方案

IDU设计联合体参赛方案

视觉建筑联合体参赛方案

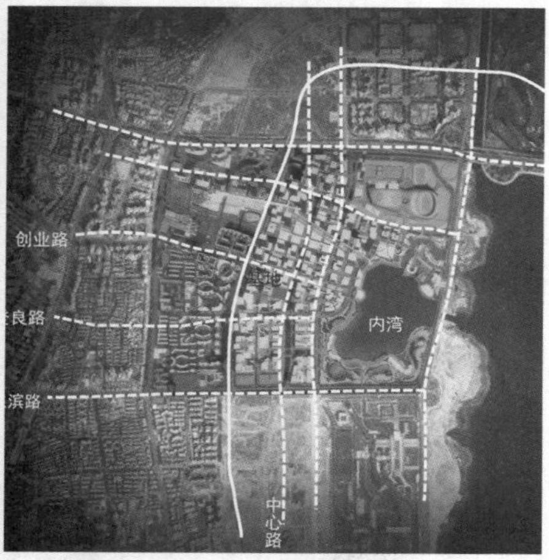

2011
中铁南方总部大厦建筑设计概念性方案

时间：2011年
区域：南山区
规模：43 100平方米
类型：办公建筑
状态：实施

竞赛概要：本项目位于位于深圳市南山区后海片区中心公园路北段以西，创业路以南，登良路以北之间T107-0023号地块。目前地块所属开发区域内，基本交通框架正在完善中，项目周边尚未实现七通一平。中心路目前正在施工状态，登良路、创业路规划中。

满足项目经济技术指标要求的前提下，建筑设计应具有鲜明的时代特征，充分体现二十一世纪建筑高科技的发展水平，建筑的品质应该达到投资级品质，其质量标准应与国际5A级办公建筑执行管理标准一致。

ZHONGTIE PLAZA

中铁南方
REC

2011
塘朗车辆段 A 区建筑概念方案设计

时间：2011年
区域：南山区
规模：261 510平方米
类型：城市综合体建筑
状态：实施

竞赛概要：本项目（A 区）位于深圳市大学城片区。深圳市大学城片区是深圳市未来的文化教育基地。项目北接城市快速路留仙大道，与北侧南方科技大学遥相呼应；南临塘朗山，贴近生态线。用地紧邻地铁环中线（5 号线）塘朗站，可与塘朗站进行无缝接驳。与本地块相连的塘朗上盖保障性住房项目需通过本地块与市政留仙大道相接。
通过国际竞赛的方式，寻求技术先进、节能降耗、造价经济合理、环境舒适优美、智能化、具有片区地标性的综合服务的优秀设计方案，并在设计方案上体现项目优良品质。

Doffice参赛方案

Mecanoo参赛方案

德国HPP参赛方案

法国AREP+CCDI中建国际参赛方案

法国欧博+博艺建筑参赛方案

德杰盟参赛方案

2011
塘朗车辆段 A 区建筑概念方案设计（第二轮）

时间：2011年
区域：南山区
规模：261 511平方米
类型：城市综合体建筑
状态：建成

竞赛概要：在塘朗车辆段 A 区建筑概念方案的六家参赛者提交了方案之后，综合专家与业主意见，进行了第二轮方案修改，并确定最终实施方案。

法国欧博+博艺建筑参赛方案

Mecanoo参赛方案

2011
百度国际大厦建筑设计

时间：2011年
区域：南山高新区
规模：5 995.14平方米 / 8 148.2平方米
类型：办公建筑
状态：实施

竞赛概要：百度国际大厦（暂定名）作为百度国际总部、华南总部及研发中心运营和研发场所的综合性研发办公楼，位于南山高新区填海六区 T204-0120、T204-0121 两块土地。

北京院参赛方案

鸟瞰图 perspective
concept_design_of_baidu_international_tower

从东南透视 SOUTHEAST PEDESTRIAN VIEW

中建国际CCDI参赛方案

ZNA+AECOM参赛方案

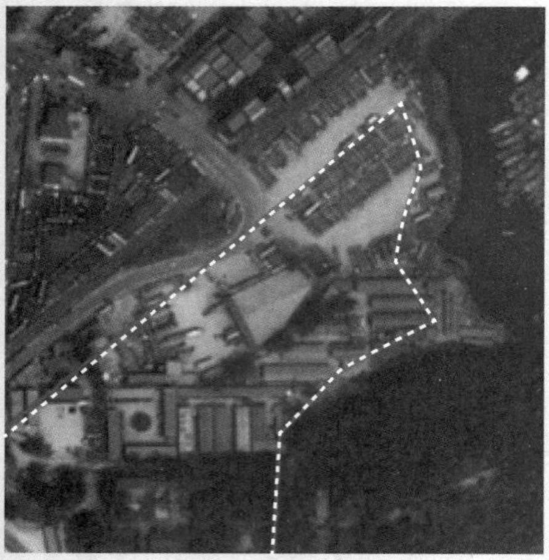

2011 翡翠岛项目规划及建筑设计

时间：2011年
区域：盐田港区
规模：55 000平方米
类型：城市设计
状态：建成

竞赛概要：本项目在深圳盐田港区，位于盐田港中、东港区之间的烟墩山半岛。地块东侧为烟墩山，南靠盐田中港区，西临盐田港后方陆域，临近深盐路，北接盐田河。

地块具体位置：东临烟墩山山地，东北侧是自然形成的天然避风塘；西北是疏港铁路——平盐铁路，西南侧是明珠立交，邻近盐田港出入闸口与疏港道路，与盐田国际大厦隔路相望。项目用地呈狭长不规则形，用地面积约5.5万平方米。

法国欧博+博艺建筑参赛方案

渐近线+筑博设计参赛方案

华森建筑参赛方案

深建院参赛方案

深圳物业国际建筑设计参赛方

西北院＋TECON参赛方案

中建国际CCDI+局内设计参赛

中外建＋坊城建筑参赛方案

2011
阿里巴巴深圳大厦建筑设计概念方案

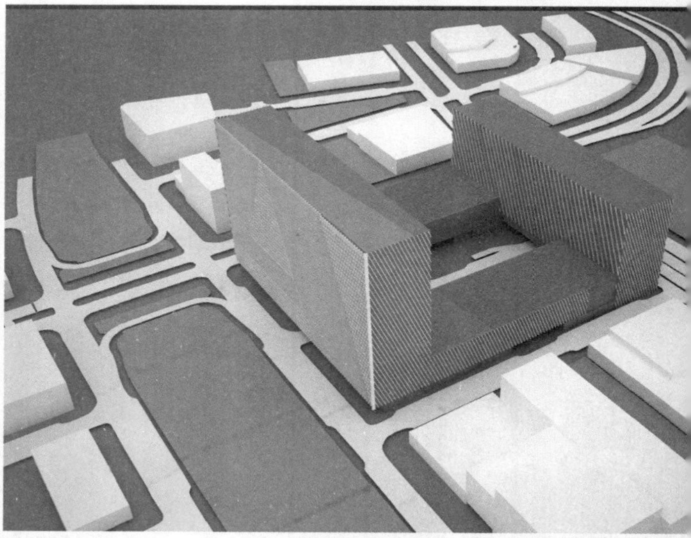

模度空间参赛方案

时间：2011年
区域：南山区
规模：81 400平方米
类型：办公建筑
状态：实施

竞赛概要：“阿里巴巴深圳后海项目”项目拟建设于深圳市南山后海中心区 N-06、N-07 地块，该地块位于深圳湾金融商务区的东侧，北为登良路，南面为一条规划道路，西面与中心路相隔为中心河开敞空间，东面与科苑大道相隔为内湾公园以及 F1 赛艇会场，生态环境、景观优越。地块周边已经展现出新的都市风貌，居住条件、商业氛围逐步提升，前景较好。地块周边交通条件便利，拥有地铁 2 号线、滨海大道、西部通道等优势，据有高可达性。

莫亚建筑参赛方案

SAHURI参赛方案

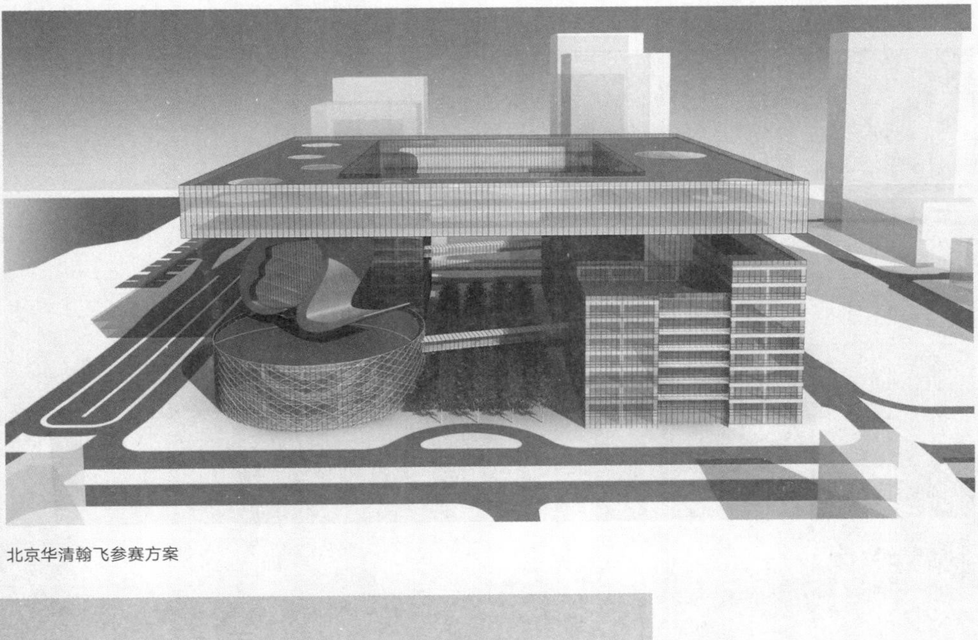

北京华清翰飞参赛方案

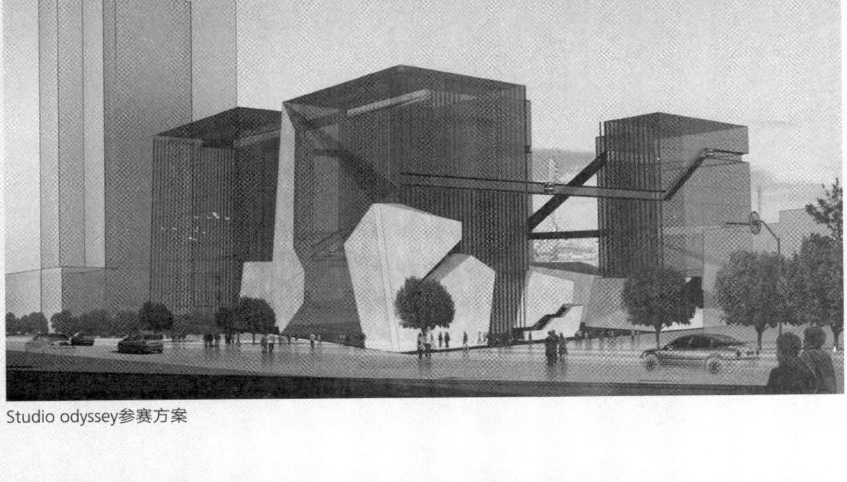

Studio odyssey参赛方案

三菱地所设计参赛方案

Group8 Sarl参赛方案

Philippe Samyn参赛方案

AKE Architects参赛方案

Amorphous official seal参赛方案

武汉和创参赛方案

Environ International参赛方案

天津凯佳李建参赛方案

法国韦瓦建筑参赛方案

中信集团武汉市建筑设计院参赛方案

善创建筑参赛方案

ECTOR HOOGSTAD参赛方案

深圳中海世纪参赛方案

袁培煌国际参赛方案

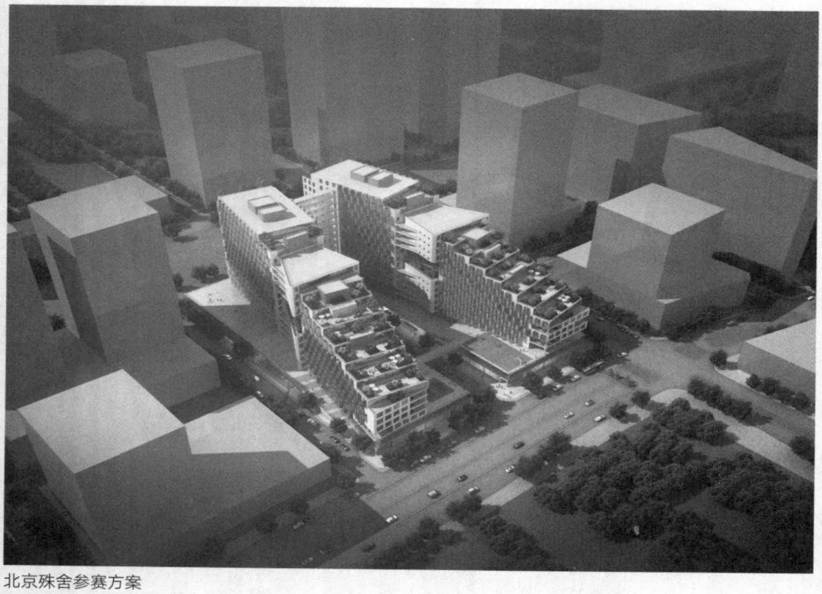

北京殊舍参赛方案

秦氏道简参赛方案

武汉理工大设计研究院参赛方案

浙江大学建筑设计研究院参赛方案

深圳市联盟建筑设计参赛方案

上海天华参赛方案

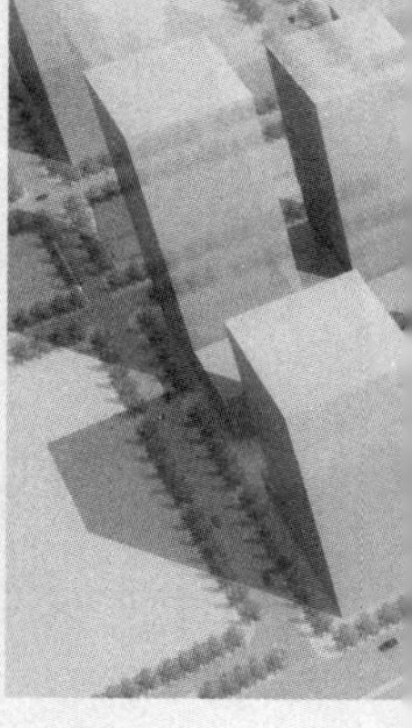

深圳艺洲参赛方案

深大院参赛方案

局内设计参赛方案

深圳市新城市规划建筑设计参赛方案

中建国际CCDI参赛方案

铿晓设计参赛方案

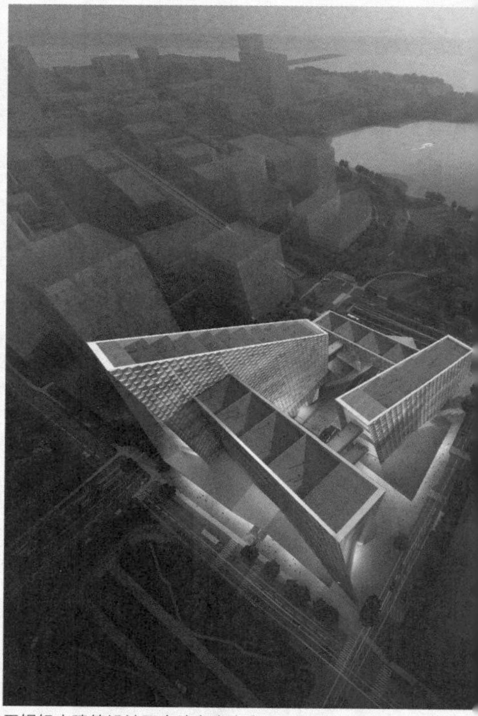
无锡轻大建筑设计研究院参赛方案

华阳国际参赛方案

北京炎黄联合参赛方案

中国轻工业西安设计参赛方案

上海集和建筑参赛方案

天大院参赛方案

SZYPURA参赛方案

同济人参赛方案

坊城建筑参赛方案

上海奥雅纳参赛方案

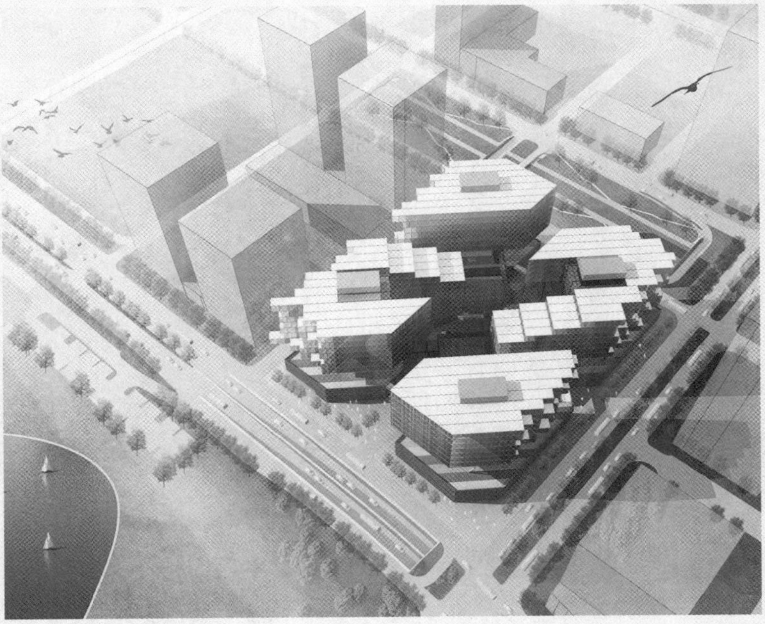

赛朴莱茵参赛方案

法国欧博参赛方案

中国联合工程公司参赛方案

深圳钢铁院建筑设计参赛方案

筑博设计参赛方案

APE参赛方案

王维仁建筑设计研究室参赛方案

深圳华品参赛方案

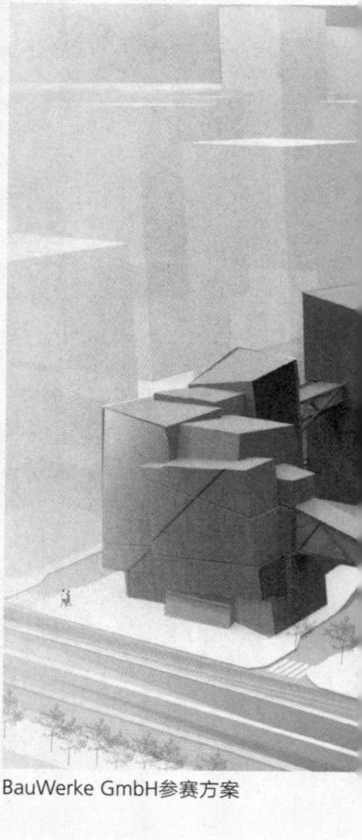

BauWerke GmbH参赛方案

北京国科天创参赛方案

山水国际参赛方案

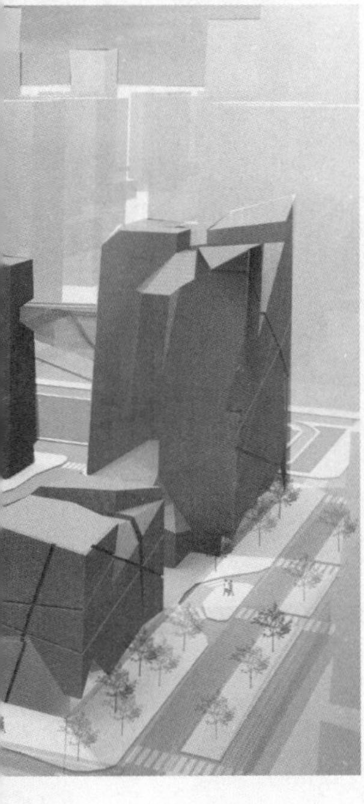

法国韦瓦参赛方案

2012
大成基金总部大厦

时间：2012年
区域：南山区
规模：58 000平方米
类型：办公建筑
状态：实施

竞赛概要：本次竞赛活动的目的在于集思广益，借鉴国内外优秀写字楼设计经验，根据本公司的行业特点及实力形象，将本项目设计塑造成技术先进、节能降耗、环境舒适优美5A甲级写字楼，成为深圳市后海中心区能够真正体现本公司企业形象的标志性建筑。

都市实践参赛方案

许李严建筑参赛方案

矶崎新上海工作室参赛方案

2012
汉京中心建筑设计

时间：2012年
区域：南山区
规模：110 169平方米
类型：办公建筑
状态：实施

竞赛概要：本次竞赛设计内容为罗兰斯宝（汉京中心）项目的建筑概念方案设计。
项目在深南大道所处的位置：紧邻城市门户地段的科教段，是步入深圳现代都市的重要节点。

Leo A Daly联合体参赛方案

Gensler联合体参赛方案

ASGG联合体参赛方案

摩弗西斯建筑联合体参赛方案

特里·法雷尔建筑事务所参赛方案

Gensler联合体参赛方案

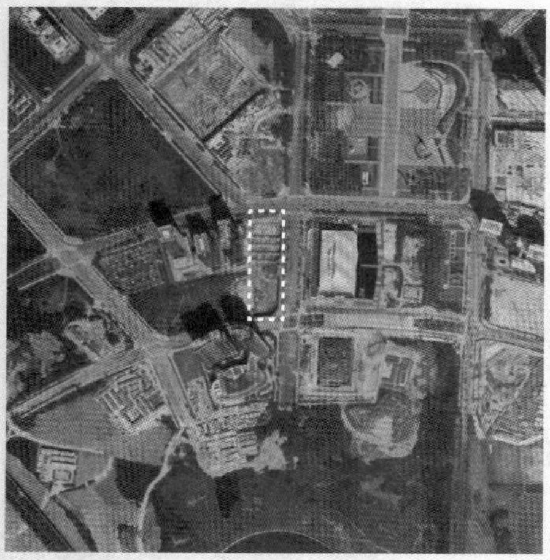

2012 海纳百川总部大厦建筑设计

时间：2012年

区域：宝安区

规模：71 030平方米

类型：办公建筑

状态：实施

竞赛概要：本项目是宝安区五大总部园区之一，是区政府为促进区域经济发展，优化人才发展环境，针对宝安区上市企业、行业龙头企业专门打造的一个总部大厦项目。求大厦建成是一个总部式的生态型、适度标志性、适宜性、整体协调的 5A 甲级写字楼物业。

项目位于宝安中心区滨海片区商务办公区东侧，靠近中央绿轴。要求设置对公众全天后开放且宽度不小于 6 米的首层的公共出入口，中间要再设宽度不小于 5 米连续的首层公共通道连通；在两个地块之间设对公众开放的二层天桥。建筑空间形态与周边地块协调。

TMG+欧博设计参赛方案

中外建联合体参赛方案

中建国际CCDI参赛方案

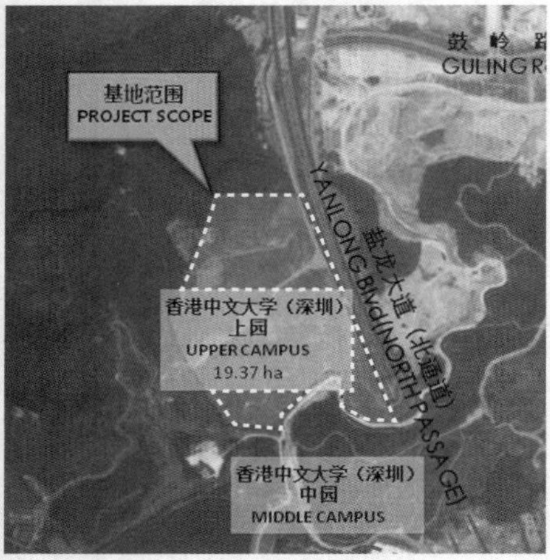

2012
香港中文大学（深圳）整体规划及一期工程

时间：2012年
区域：福田区
规模：450 000平方米
类型：教育建筑
状态：实施

竞赛概要：本次招标活动的目的在于集思广益，在对校园现状条件和规划布局进行详细研究的基础上，借鉴国内外优秀校园规划设计经验，充分吸纳香港中文大学沙田校区的校园特征，尊重周边地区的文脉肌理和文化特征，完成校园整体规划及一期工程设计，塑造出既具有深圳本土文化地域特色，又具有现代城市地域特征的新型校园。

摩弗西斯建筑联合体参赛方案

都市实践联合体参赛方案

2013
深圳地铁前海湾综合交通枢纽上盖项目

时间：2013年
区域：南山区
规模：1 950 000平方米
类型：城市综合体建筑
状态：建成

竞赛概要：前海湾综合交通枢纽用地由位于航海路西侧的A地块和B地块(合计约19.5公顷)组成,地块由东至西平行布设地铁1、5、11号线、穗莞深城际线及深港西部快线车站，是深圳市西部重要的综合交通枢纽，将成为前海区的商业、金融、总部经济的重要地块之一，其上盖物业是由商业、办公楼、酒店、文化设施及服务式公寓等业态组成的多元化、多层次的城市综合体。
本项目分为近期和远期两期开发。本次设计的范围是本项目的近期工程，总用地面积约10万平方米，上盖物业建筑面积（绝对标高暂定+8.5m以上部分）约100.57万平方米，枢纽非换乘区域建筑面积（绝对标高暂定+8.5m以下部分）约42万平方米。

中建国际CCDI+特里·法雷尔建筑事务所参赛方案

深建科+凯达环球参赛方案

德国海茵+深圳库博建筑参赛方案

GMP参赛方案

新利安+华森建筑参赛方案

2013
华侨城大厦建筑概念设计

时间：2013年

区域：南山区

规模：151 169.6平方米

类型：办公建筑

状态：实施

竞赛概要：本项目基地位于深圳华侨城中部，南临深圳城市东西向主干道——深南大道，西临芳华苑住宅区，北临沃尔玛超市，东临汉唐大厦，距用地东南角的地铁 1 号线出口一百余米。
主体建筑建成后西南可望大型文化旅游景区世界之窗及至深圳湾、香港元朗区；东南可观中国文化主题公园锦绣中华民俗文化村；西北可眺现代主题乐园欢乐谷、生态广场，还有具有异域风情的波托菲诺、栖湖花园等优美社区；东北远看美丽的燕晗山，景色优美，具有良好的景观视线。

德国海茵联合体参赛方案

法国欧博联合体参赛方案

KPF参赛方案

设计概念 CONCEPT

悉地国际CCDI联合体参赛方案

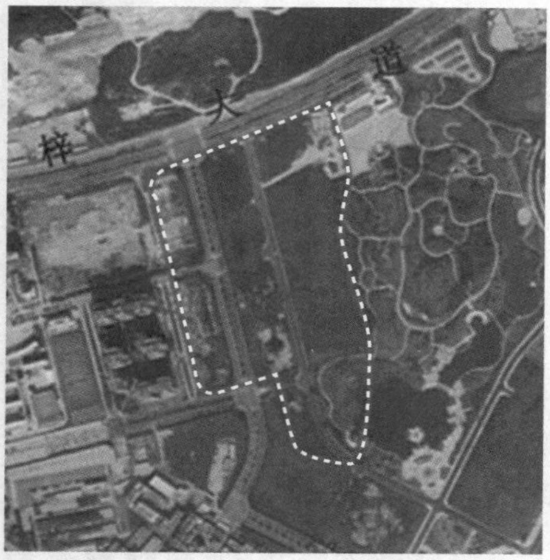

2013 深圳市坪山新区文化综合体建筑设计

时间：2013年

区域：坪山新区

规模：74 300平方米

类型：城市综合体建筑

状态：实施

竞赛概要：“坪山文化聚落”项目作为坪山公共文化服务体系的重要构成，以满足坪山新区常住人群文化生活需求为根本，以改善新区文化基础设施条件、提升市民文化品位和新区文化软实力为导向，集中规划发展公共文化设施，突出新区文化特色和内涵，打造集文化阅览、公共展览、文化活动和演出艺术于一体的深圳东部城市文化综合体。

筑博设计联合体参赛方案

都市实践联合体参赛方案

华南理工大学联合体参赛方案

王维仁建筑设计研究室联合体参赛方案

维思平联合体参赛方案

2013

招商局蛇口太子湾综合开发项目概念性规划

时间：2013年
区域：南山区
规模：72 980 000平方米
类型：城市设计
状态：实施

竞赛概要：太子湾片区是由深圳市蛇口的现有工业岸线一突堤码头，以及未来的填海造地区域，共同组成的城市更新片区。总体规划面积约为 72.98 公顷（陆域面积 69.76 公顷，海上构筑物面积 3.22 公顷），计入容积率的建筑开发总量约为 170 万平方米，陆域容积率约为 2.44。委托咨询的目的在于集思广益，征集具远见、富创意、并且可行的方案。

以前瞻性的发展理念确定太子湾片区的空间发展结构，打造高标准的以邮轮母港为前提的滨海城市综合发展区域，形成独有特色的城市景观风貌。

OMA参赛方案

SOM参赛方案

2013
地铁红树湾站上盖物业开发项目建筑设计

时间：2013年
区域：地铁2、9、11号线红树湾站交汇区域
规模：4 190 000平方米
类型：城市综合体建筑
状态：实施

竞赛概要：项目位于南山区深圳湾南侧，紧邻红树林滨海公园休闲带，周边以高端休闲、旅游、居住功能为主。项目处于白石四道与深湾一路交汇处东北角，由白石四道、深湾一路、规划路、白石三道围合而成。地铁深湾站上盖物业项目位于南山区深湾片区，处于2号线（红树湾站）、9号线、11号线换乘站深湾站交汇区域，规划用地面积约6.83万平方米，计入容积率建筑面积为41.9万平方米，建筑高度不超过400米。

华森建筑+德国海茵参赛方案

欧博设计+AREP Ville参赛方案

墨菲 / 杨+东北院参赛方案

GMP参赛方案

华阳国际+RTKL参赛方案

2013 深圳市烟草物流中心项目

时间：2013年
区域：龙岗区
规模：257 180.46平方米
类型：仓库用地
状态：实施

竞赛概要：项目建设用地位于龙岗区平湖物流园，地处南湾街道李朗路与田心东路交叉口南侧，用地性质为仓储用地。
严格遵循建设规范和各项要求，以“现代、经济、适用、效率”为建设方向，寻求高水平的整体规划、建筑方案及建筑设计单位，突出智能、节能、环保、人性化等因素，打造科技物流、精益物流、人本物流。

华艺设计参赛方案

深圳机械院参赛方案

华森建筑参赛方案

深大院参赛方案

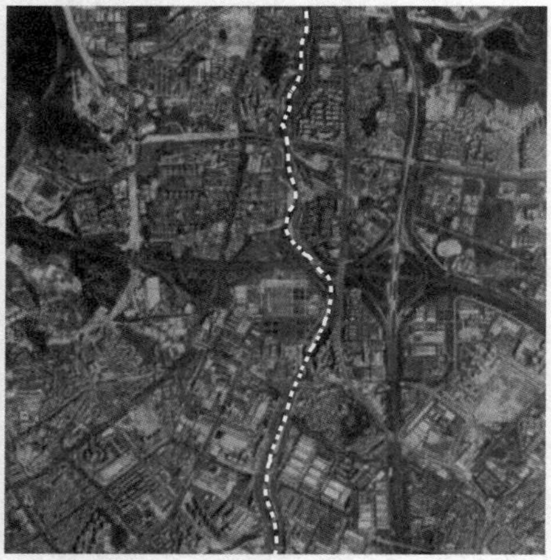

2013
观澜河生态文化走廊规划设计（总体阶段）

时间：2013年

区域：东临龙岗，西接宝安、南山、光明，南连福田，北至东莞

规模：15 900 000平方米

类型：办公建筑

状态：实施

竞赛概要：随着龙华新区行政体系调整、产业功能整合、新的发展定位确立，现龙华新区政府与深圳市规划和国土资源委员会龙华管理局联合组织开展观澜河生态文化走廊概念规划国际咨询工作，希望以国际视野和创新理念谋划观澜河沿岸地区的发展蓝图，以此带动观澜河沿岸的城市功能转型和城市空间品质的提升。

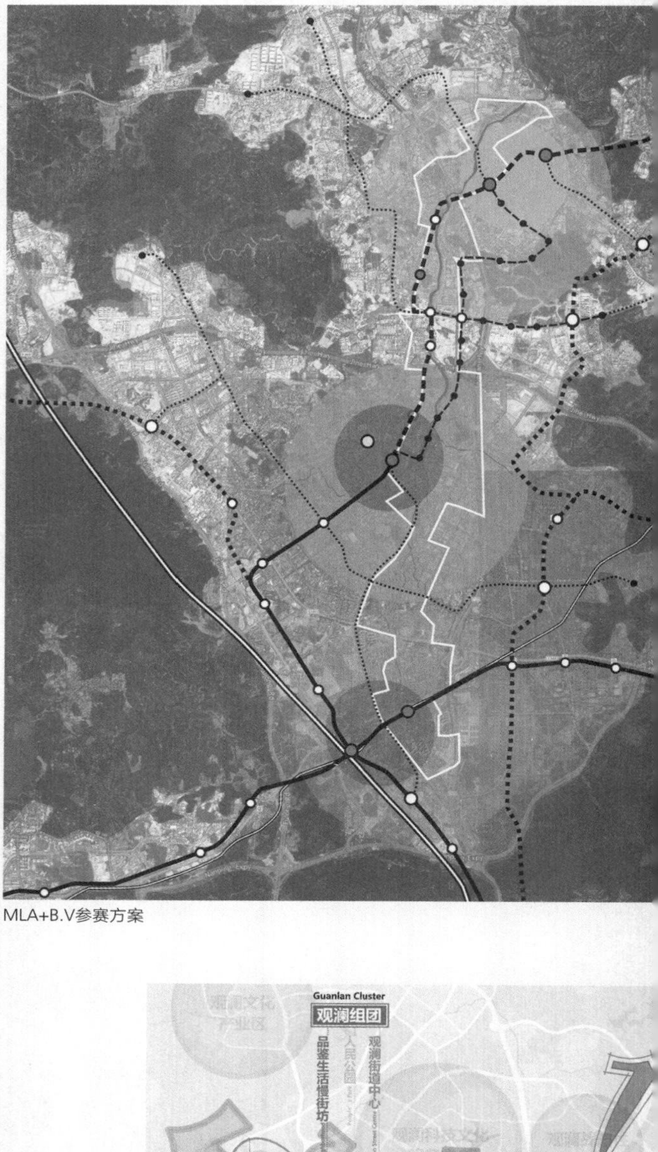

MLA+B.V参赛方案

东大院参赛方案

ADEPT参赛方案

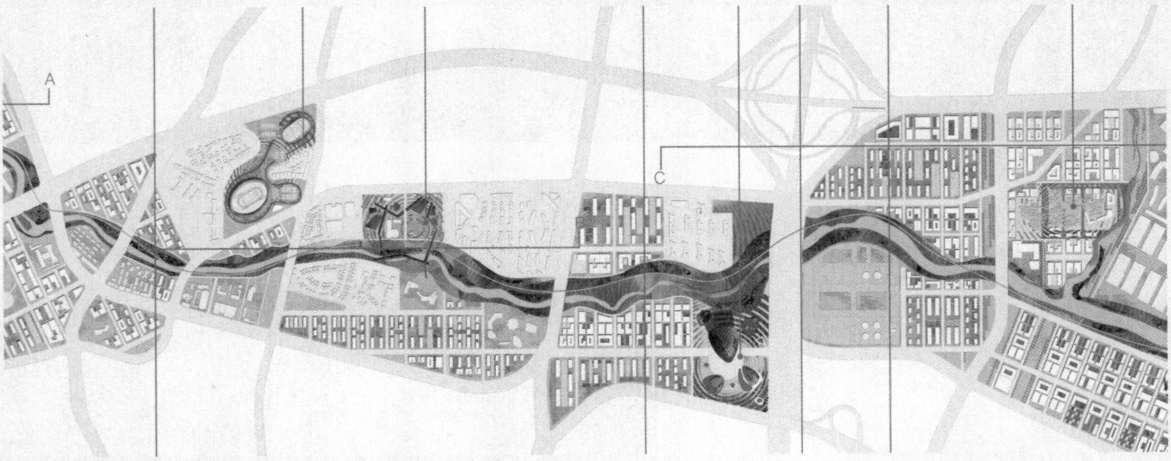

深大院参赛方案

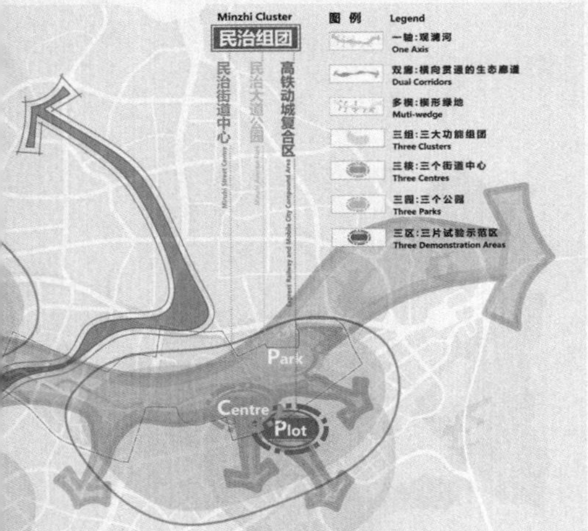

欧博设计+AUBE参赛方案

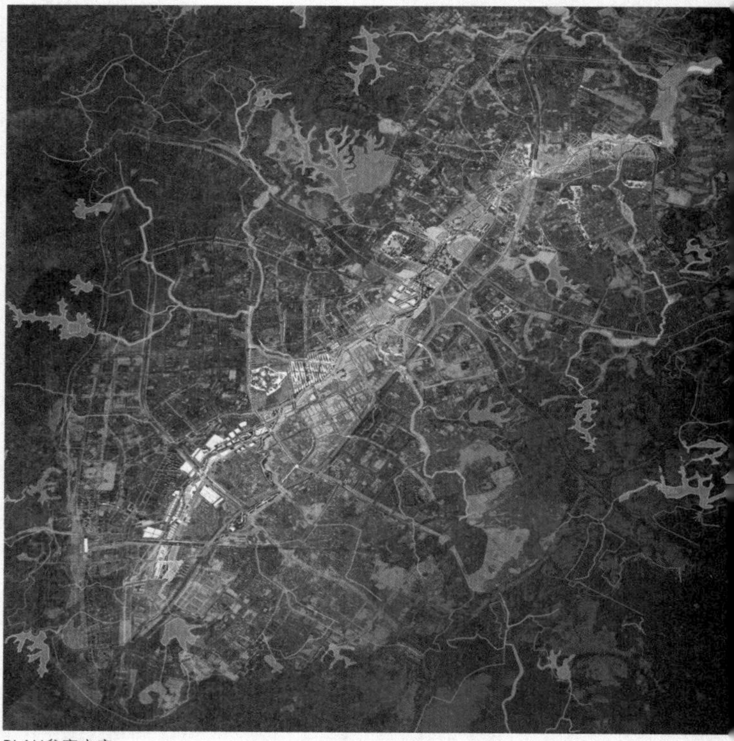
BLAU参赛方案

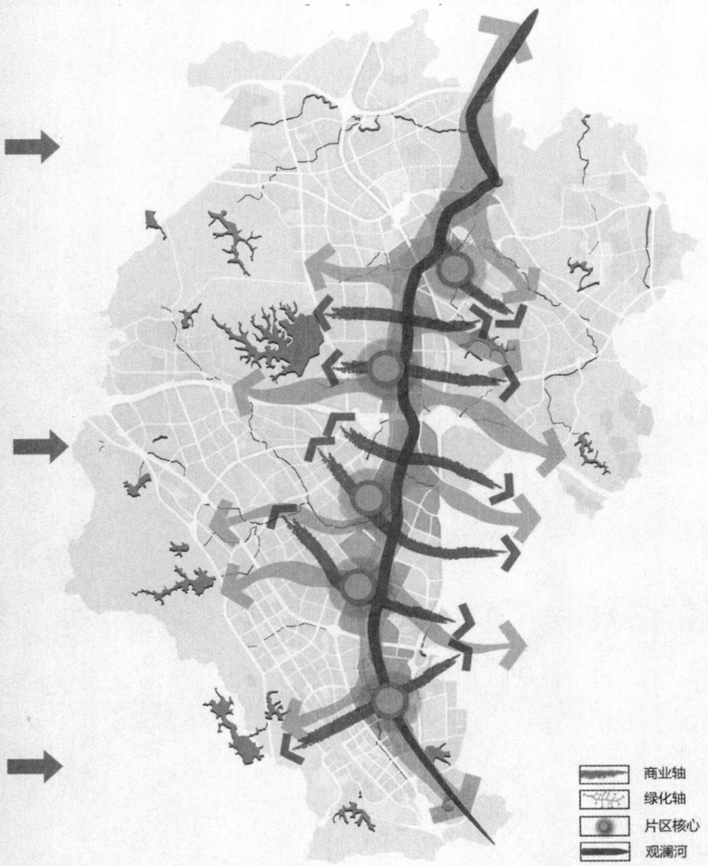

德国佩西参赛方案

南沙原创+SLAB参赛方案

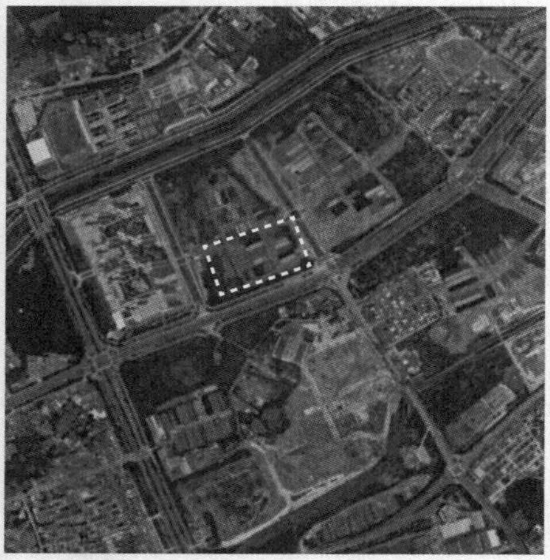

2014
坪山中小企业总部基地建筑设计

时间：2013年
区域：坪山新区
规模：490 000平方米
类型：办公建筑
状态：实施

竞赛概要：坪山中小企业总部基地位于坪山新区中心区，占地总面积 30 万平方米，位于坪山新区中山大道与荣昌路交汇处，处于坪山新区的门户位置，是深圳市区辐射坪山新区的第一站。基地片区启动区域开发用地为 4.9 万平方米，基地交通便利，东南两侧紧邻城市主干道中山大道和坪联路，地铁 12 号线从片区东侧通过，距离罗湖区、福田区 40 分钟车程，距离龙岗中心城 20 分钟车程。

欧博设计参赛方案

筑博设计+包赞巴克参赛方案

香港华艺 + HELLER MANUS参赛方案

深建科+凯达环球参赛方案

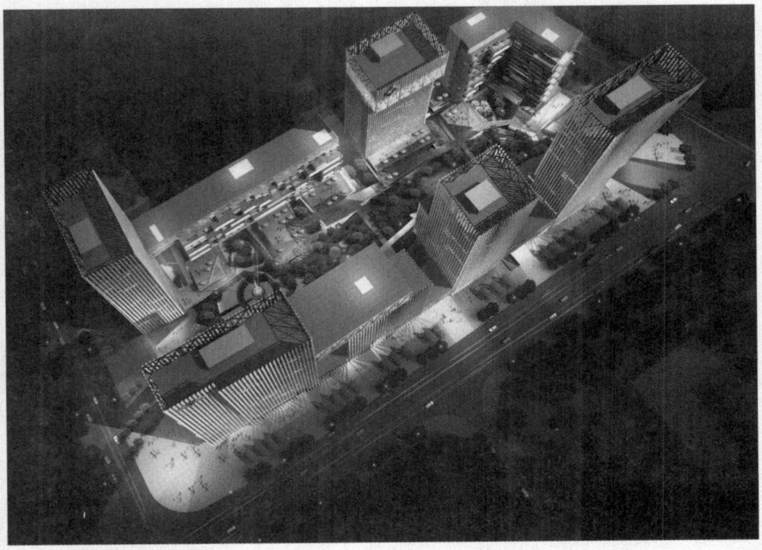
深大院参赛方案

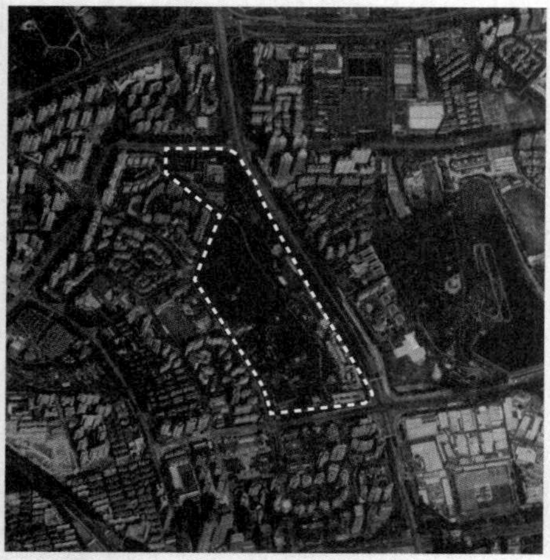

2014
香蜜公园

时间：2013年
区域：福田区
规模：424 448.07平方米
类型：城市设计
状态：实施

竞赛概要：香蜜公园地处寸土寸金的城市中心，香蜜公园规划建设以公共开放和生态保护为原则，汇集城市休闲娱乐等功能，将文化、休闲、体验融为一体。

深建科联合体参赛方案

欧博设计联合体参赛方案

致道思维联合体参赛方案

丘联合体参赛方案

奥雅景观联合体参赛方案

参考文献
Reference

会议论文集

1. Ronn, Magnus. *The Architectural Competition: Research Inquiries and Experiences. Stockholm, Axl Books: 2010*
2. Lipstadt, Helene. *The Experimental Tradition: Essays on Competitions in Architecture*. New York, Princeton Architectural Press: 1989
3. Envisioning Gateway http://www.vanalen.org/gateway/partners_politicsofdesign.php
4. Quality Through Design Competitions? http://www.wohnforum.arch.ethz.ch/en/quality-through-design-competitions
5. FORMakademisk: Architectural Competition I&II https://journals.hioa.no/index.php/formakademisk/issue/archive
6. da:THE ELEPHANT IN THE ROOM http://www.darchitectures.com/que-savons-nous-des-concours-a1158.html http://www.darchitectures.com/da-numero-216.html

深圳城市设计与建筑设计：

1. 陈一新，深圳市规划与国土资源局．《深圳市中心区城市设计与建筑设计 1996—2002》系列丛书．中国建筑工业出版社：2002
2. 深圳会议展览中心建筑设计国际竞标方案集．中国建筑工业出版社：1999
3. 深圳市规划局．深圳市光明新区中央公园概念规划方案国际咨询．中国建筑工业出版社：2009
4. 深圳市规划局．深圳市中心区中心广场及南中轴景观环境方案设计．中国建筑工业出版社：2005
5. 世界建筑导报：深圳市宝安中心区核心区规划设计咨询专辑．2007:(02)
6. 时代建筑：深圳专辑．2014:(04)
7. Chuihua Judy Chung, Jeffery Inaba, Rem Koolhaas. Great Leap Forward: Harvard Design School Project on the City. Taschen:2002
8. Rem Koolhaas, Bruce Mau. S,M,L,XL. Monacelli Press:1997
9. Shenzhen China, Urban Design Studio 2014: From Hong Kong's Productive Hinterland to Globally Connected Metropolitian Region, ETH Prof. Kees Christiaanse

对深圳城市发展阶段性成果的总结：

《深圳市中心区城市设计与建筑设计 1996—2002》系列丛书（中英）

丛书主编单位：深圳市规划与国土资源局 主编：陈一新 黄伟文

开本：220 X 290

中国建筑工业出版社

一套共十一分册，分别是

1. 深圳市中心区核心地段城市设计国际咨询 ：1996 年深圳市中心区最重要的一次城市设计国际咨询，美法新港四个地区的设计机构
2. 深圳市中心区中轴线公共空间系统城市设计：1997 年黑川纪章对 1996 年城市咨询优选方案的深化
3. 深圳市中心区城市设计及地下空间综合规划国际咨询：1999 年在前两轮成果及 1998 年 SOM 两个街坊城市设计等规划成果基础上，就中心区交通规划、地下空间和城市空间整体协调的国际咨询，是之前成果的整合优化
4. 深圳市中心区 22、23—1 街坊城市设计及建筑设计：1998 年两个办公街坊
5. 深圳市市民中心及市民广场设计：市民中心
6. 深圳市中心区文化建筑设计方案集：中心区 1996—2000 年由政府投资建设的 5 个文化建筑的设计招标成果，包括音乐厅、图书馆、少年宫、电视中心和高新技术成果交易会展馆，收录包括任务书、投标方案、评审纪要等来自组织方与专家的意见
7. 深圳市中心区商业办公建筑设计招标方案集：中心区 1996—2002 年六个商业地块项目，包括招标方案和实施方案，其中部分地块性质与“四塔”竞赛类似
8. 深圳市中心区住宅设计招标方案集：1996—2002 年中心区范围内的 13 个项目及一个旧村改造设计
9. 深圳市中心区专项规划设计研究：对国际咨询成果的消化吸收、改进完善、管理实施过程及专家评审的反馈意见、公众征询意见
10. 深圳会议展览中心：2002年大型会展项目的项目变更过程（国际招标见《深圳会议展览中心建筑设计国际竞标方案集》，中国建筑工业出版社，1999年），包含来自各投标机构、政府部门的研究报告及对投标机构负责人的采访
11. 深圳市中心区中心广场及南中轴景观环境方案设计（深圳市规划局主编）：参加投标的机构与方案跟前几年相比都有很大不同

图书在版编目（C I P）数据

深圳竞赛 ：深圳城市 / 建筑设计国际竞赛 ：1994—2014 / 深圳市规划和国土资源委员会（市海洋局）编 . -- 上海 ：同济大学出版社，2017.1

ISBN 978-7-5608-6656-7

Ⅰ . ①深⋯ Ⅱ . ①深⋯ Ⅲ . ①城市规划 - 建筑设计 - 研究 - 中国 Ⅳ . ① TU984.2

中国版本图书馆 CIP 数据核字 (2016) 第 271477 号

深圳竞赛

深圳城市 / 建筑设计国际竞赛 ：1994—2014

深圳市规划和国土资源委员会（市海洋局）编

策划：周红玫，刁中，秦蕾，周渐佳

项目统筹：一和研发

责任编辑：秦蕾

特约编辑：周渐佳 / 冶是工作室

责任校对：徐春莲

平面设计：韩文斌 / 七月合作社

版次：2017 年 1 月第 1 版

印次：2017 年 1 月第 1 次印刷

印刷：北京东君印刷有限公司

开本：787mm×1092mm 1/16

印张：37

字数：936 000

书号：ISBN 978-7-5608-6656-7

定价：198.00 元

出版发行：同济大学出版社

地址：上海市四平路 1239 号

邮政编码：200092

网址：http://www.tongjipress.com.cn

经销：全国各地新华书店

光 明 城

LUMINOCITY

“光明城”是同济大学出版社城市、建筑、设计专业出版品牌，由群岛工作室负责策划及出版，致力以更新的出版理念、更敏锐的视角、更积极的态度，回应今天中国城市、建筑与设计领域的问题。